Anorganische Chemie

auf physikalisch-chemischer Grundlage

Von

Dr. phil. Alfons Klemenc

o. Professor an der Technischen Hochschule und Privatdozent
an der Universität in Wien

Mit 117 Textabbildungen

Wien
Springer-Verlag
1951

ISBN-13:978-3-7091-7794-5   e-ISBN-13:978-3-7091-7793-8
DOI: 10.1007/978-3-7091-7793-8

Vorwort

Dieses Buch ist aus der Not der Zeit entstanden; es hat sich nach 1945 ein großer Mangel an Lehrbüchern für Chemie eingestellt, und es bestand wenig Aussicht, daß sich dies in nächster Zukunft bessern könnte. So habe ich mich entschlossen, ein Lehrbuch zu schreiben; es hätte ein „kleines" werden sollen. In dem Maße jedoch als die Arbeit fortschritt und ich die alten Vorlesungshefte hervorholte, wurde bald bemerkt, daß nur ein „größeres" Lehrbuch einen Wert haben kann, — so entstand das vorliegende Lehrbuch der Anorganischen Chemie.

Ein Lehrbuch der Anorganischen Chemie muß einerseits eine Einführung in das Studium der Chemie sein, andererseits soll es das große Gebiet der Anorganischen Chemie in den Grundlinien lehren. Das kann mit Erfolg nur nach Heranziehung und Benützung allgemeiner Gesetze der Physik und ihrer experimentellen Methoden gelöst werden. Dies ist ein besonderer Umstand, der nicht mehr übersehen werden darf. Die Verknüpfung physikalischer Vorgänge mit den chemischen Vorgängen zu einem einheitlichen Wissensgebiet, also durch die Einführung der physikalischen Chemie, zu lehren, ist schon allein eine besondere Aufgabe für sich. Da man gleich zu Beginn des Studiums damit anfangen muß, ergeben sich nun in dem Gerechtwerden *zweier* Aufgaben erhebliche Schwierigkeiten; sie sind allerdings mehr didaktischer als prinzipieller Natur. Es sind mehrere Lösungen möglich, ob die hier gewählte glücklich ist, wird sich erst zeigen müssen. Der eingeschlagene Weg ist nicht besonders neu, man findet ihn in den modernen Lehrbüchern schon mehr oder weniger deutlich ausgeprägt in Benützung. Es werden allgemeine physikalische Gesetze als bekannt durch entsprechende Gleichungen eingeführt und von einem genauen Beweis oder einer Ableitung vorerst abgesehen; scharfe, über den gewohnten Rahmen hinausgehende Festlegung von Begriffen kann man ja im Anfangsunterricht vermeiden. Erweist sich an einer Stelle die Notwendigkeit, z. B. die chemische Kinetik heranzuziehen, so wird an dieser Stelle nicht nur das gerade zu Behandelnde entwickelt, sondern das Gebiet wird so weit ausgeführt, wie es im Rahmen des Lehrbuches notwendig ist, um auch an seinen anderen Stellen, wo ebenfalls Beispiele der Kinetik herangezogen werden, darauf hinzuweisen. Freilich erfährt dadurch die Benützung des Lehrbuches einige Änderungen.

Man wird vorerst nur das gerade Notwendige herauslesen, den Rest überschlagen, bis man im weiteren auch die restlichen Ausführungen durchzulesen hat. Dazu ist ein ausführliches Register notwendig.

Die Jugend der Gegenwart hat bereits ein viel mehr ausgebildetes naturwissenschaftliches Gefühl als die vor einigen Jahrzehnten, ganz besonders, wenn das Studium der Chemie oder Physik gewählt wird. Man kann ein richtiges Verständnis von Gesetzen oder allgemeinen Begriffen auch dann erwarten, wenn dies nicht von Grund aus entwickelt wird. So wird sich z. B. unter „Konzentration" ein jeder etwas ungefähr Richtiges vorstellen: Daß dieser Begriff eine vielseitige Bedeutung haben kann und deshalb strenge zu definieren ist, kann viel später auseinandergesetzt werden. Die Gefahr unklarer Begriffe wird ja im weiteren Studium immer mehr eingeschränkt, was durch häufig herangezogene Beispiele erreichbar ist.

Der Stoff, mit dem ein Lehrbuch der Anorganischen Chemie fertig werden muß, ist bedeutend. Es soll neben dem bereits Angedeuteten auch etwas die Analytische Chemie, die Chemische Technologie berücksichtigt werden. Dazu kommen noch die Grenzgebiete Mineralogie, Kristallographie, Petrographie, Geochemie u. a. In den Bestrebungen, diese reiche Fülle des Stoffes zu berücksichtigen, wird man trachten, mehr in die Tiefe als in die Breite zu gehen, wodurch sich Einzelheiten dieser Gebiete von selbst ausschließen müssen.

Das Experiment steht im chemischen Unterricht an allererster Stelle: ohne seine gründlichste Berücksichtigung kann es keinen Erfolg geben; hier kann niemals genug getan werden. Wie weit ist dies in einem Lehrbuch für Anorganische Chemie anzustreben? Die Antwort auf diese Frage scheint nur die eine zu sein: Dies ist eine Angelegenheit des Unterrichtes, also der Vorlesungen und im weiteren der Übungen im chemischen Laboratorium; dazu stehen besondere Bücher zur Verfügung. Aus diesem Grunde werden in diesem Buche besondere „Versuche" nur an wenigen Stellen angeführt.

Die Chemische Technologie ist mit zwei Ausnahmen (Technologie der Schwefelsäure und Metallurgie des Eisens) in dem Buch nicht eingehender behandelt. Besondere Vorlesungen über Chemische Technologie werden an allen Hochschulen abgehalten, so daß es wohl überflüssig ist, dies in einem einführenden Lehrbuch zu behandeln, zumal dies nur unvollständig erfolgen könnte. Besonderen Wert jedoch habe ich darauf gelegt, die chemischen und physikalischen Grundlagen chemischer Prozesse zu besprechen, die bei der Gewinnung einzelner Elemente und Verbindungen in der Technik eine Rolle spielen.

Gebiete der Mineralogie, Kristallographie kann man leider nur andeutend behandeln. Die Geochemie konnte man nicht vollständig außer acht lassen; gerade hier bietet sich Gelegenheit, das Verhalten der Elemente und die Entstehung der wichtigsten Verbindungen in der Natur kennenzulernen, und zwar unter den allgemeinsten Bedingungen im gewaltigen Laboratorium des Werdens der Erde. Die Seltenen Erden sind deshalb etwas ausführlicher behandelt, weil sich an diesen, neben anderen allgemeinen Verhalten, auch geochemische Betrachtungen besonders schön entwickeln lassen.

Das Periodische System der Elemente ist sehr bald im Buche eingeschaltet. Ich habe die Form gewählt, die von J. THOMSEN 1895 vor der Kenntnis des Atombaues angegeben worden ist und die dann nach dessen Aufstellung von NILS BOHR selbst verwendet wurde. Es scheint mir, daß alle Anordnungen des P. S. E., die nicht den Atombau berücksichtigen, immer weniger Bedeutung haben. So kann man auch der alten Anordnung von LOTHAR MEYER nicht mehr jene Stellung zuerkennen, die sie bisher hatte; ihrer einst fundamentalen Bedeutung ist damit kein Abbruch getan. Es sind in diesem Buche alle diesbezüglichen Betrachtungen auf die THOMSEN-Tabelle bezogen, der ich eine einfachere Form gegeben habe. Es scheint nämlich, daß die alte Form, die etwas unübersichtlich ist, der Grund ist, daß sie bisher so wenig beachtet worden ist. Die alten Anordnungen der P. S. E. sind niemals mit den Seltenen Erden fertig geworden, und nun kommen noch die Transurane (Actiniden) dazu; die neue Form löst dieses einst so schwierige Problem von selbst. Die Einteilung nach Haupt- und Nebengruppen entfällt, sie ergeben sich durch eine Ineinanderschiebung der natürlichen Perioden und man erkennt immer mehr, daß jene „Gruppen" deshalb keine tiefere Bedeutung haben können. Es bleibt nur der Begriff der Periode und der homologen Elemente. Die Stellung der Übergangselemente, die Wertigkeit gegen Sauerstoff, die Stellung der Metalle, Halbmetalle und Nichtmetalle prägt sich in dieser neuen Form viel deutlicher aus als in den alten Formen. Man sieht in dieser Anordnung erst recht deutlich das Periodensystem der chemischen Elemente. Es wäre zu betonen, daß diese Form des P. S. E. nach längeren Überlegungen gewählt wurde, im Hinblick auf ihren erprobten didaktischen Wert. Man kann nicht die Absicht und noch weniger den Ehrgeiz haben, den zahllosen bereits angegebenen Formen, die über die ursprüngliche LOTHAR-MEYER-Tabelle hinausgehen, für das P. S. E. noch eine weitere Form ohne sehr triftigen Grund hinzuzufügen. Die Begriffe der Gruppen jedoch sind für die Reihung der Elemente gegenwärtig noch tief eingewurzelt; aus diesem Grunde ist auch die LOTHAR-MEYER-Form des P. S. E. in diesem Buche angegeben.

Die DALTON-Theorie ist an die Spitze der Betrachtungen zur Stöchiometrie gestellt, wodurch sich ihre Gesetzmäßigkeiten in primitiver Darstellung ergeben. Vielfach geht man hier noch geschichtlich vor; behandelt vorerst die Gesetze der konstanten und vielfachen Gewichtsverhältnisse wie der Verbindungsgewichte und betont am Schluß ihre Ableitbarkeit aus der DALTON-Theorie.

Es erscheint wichtig, so viel als möglich Anwendungen der Wärmehauptsätze auf die verschiedenen chemischen Vorgänge einzuflechten, deren Verständnis ja von grundlegender Bedeutung ist. Gerne hätte ich deshalb eine Reihe von Aufgaben darüber an verschiedenen Stellen eingeschaltet, mußte aber vorläufig davon absehen. Physikalisch-chemische Untersuchungen werden mehr als bisher herangezogen. Dies geschieht nicht allein deshalb, um bestimmte allgemeine Gesetzmäßigkeiten an diesen abzulesen, sondern vor allem deshalb, um mit deren Hilfe das vielseitige Verhalten der Stoffe in einem gegebenen System bei Ablauf einer Reaktion kennenzulernen. Es ist erstaunlich, mit wie wenig Gleichungen über die Hauptsätze, Quantentheorie und chemischen Kinetik und damit zusammenhängenden Gebieten man auskommt und damit schon tiefgehende Erkenntnisse zu gewinnen. Die Sprache der Mathematik recht bald verstehen zu lernen, muß Ziel sein: zwischen Chemie und Physik ist nur ein gradueller Unterschied vorhanden.

Das Massenwirkungsgesetz ist nur klassisch verwendet; auch die Aktivität zu behandeln scheint in einem einführenden Lehrbuch nicht günstig. Erst wenn sich das Verständnis für die allgemeinen einfachen Gesetze und ihre Anwendung eingestellt hat, kann man darangehen, neue thermodynamische Begriffe einzuführen. Die thermodynamischen Symbole und Zeichen sind die, welche G. N. LEWIS und M. RANDALL in ihrem Buche *"Thermodynamics and the free energy of Chemical Substances"* (1923) verwendeten. Die Bezeichnungsweise hat sich schon vielfach eingeführt, vor allem das Vorzeichen für Wärmetönung und freie Energie.

Geschichtliche Bemerkungen in einem Lehrbuch einzuflechten, ist in mehrfacher Hinsicht zu wünschen und von allgemeinem didaktischem Wert. Namentlich in England widmet man diesem eine besondere Aufmerksamkeit. Die Geschichte der Wissenschaft ist die Wissenschaft selbst, sagt W. OSTWALD treffend, doch kann sich in diesem Sinne dafür ein Verständnis erst im Laufe der Jahre einstellen, wenn ein Überblick in Chemie und Physik gewonnen ist, so daß es gut ist, hier sehr auswählend vorzugehen. Das gegenwärtige Lehrbuch der Chemie will sachlicher, um nicht zu sagen nüchterner in dieser Richtung geschrieben sein, als dies früher der Fall war. Auch hier kann die Vorlesung einiges ergänzen; an richtiger Stelle angebrachte geschichtliche Bemerkungen tragen viel zur Würze der Vorlesung bei und prägen sich oft mit überraschender Treue bei den Hörern ein. Das Lesen jedoch besonderer Werke zur Geschichte der Chemie bleibe „höheren Semestern" vorbehalten.

Die Bezeichnungsweise der Verbindungen in der Anorganischen Chemie ist noch lange nicht so einheitlich durchgeführt wie dies erwünscht wäre. Ich habe Weisungen verwendet, die der Tagung der Internationalen Nomenklatur für Anorganische Chemie, Luzern, August 1936, als Grundlage gedient haben.

Ein Lehrbuch für Chemie ohne Mängel ist noch nicht geschrieben worden, und so wird es auch mit dem hier vorliegenden der Fall sein. Vielfach habe ich mich einer möglichst kurzen Ausdrucksweise bedient, was vielleicht stellenweise zu Unklarheiten Veranlassung geben könnte. Ich wäre für jede diesbezügliche Bemerkung sehr dankbar. Einige Kollegen hatten die Güte, Korrekturbögen zu lesen und mir wertvolle Hinweise zur Verfügung gestellt. So Professor HAYEK (Innsbruck), dem ich unter anderem den Abschnitt über basische Salze verdanke, Frau Professor KARLIK hat das Kapitel über Radioaktivität durchgesehen,

Professor MACHATSCHKI die Chemie der Silikate einer eingehenden Durchsicht unterzogen, Professor NOVOTNY verdanke ich Bemerkungen zum Kapitel über Metallegierungen. Nicht zuletzt haben mir meine Assistenten Dr. GUTMANN und Dr. WIRTH viele gute Dienste geleistet. Allen Genannten danke ich auch an dieser Stelle.

Zum Schlusse habe ich dem Springer-Verlag, Herrn OTTO LANGE, Dank und Anerkennung auszudrücken, dem es trotz der Ungunst der Zeit möglich gewesen ist, den Druck des Buches zu ermöglichen.

Möge dieses Buch neben den vielen ausgezeichneten Lehrbüchern für Anorganische Chemie bestehen und ein Beitrag sein zu den Bemühungen, ihre Lehre und ihr Studium auf die breite Grundlage naturwissenschaftlicher Erkenntnisse zu stellen.

Wien, im Juni 1951.   **A. Klemenc.**

Inhaltsverzeichnis

Inhaltsverzeichnis IX

Zeichen und Abkürzungen

$[x]$	Dimension von x im cm-g-sec-System.
$\sim$	„proportional".
$\approx$	ungefähr gleich.
$\neq$	verschieden; $A \neq 0$, A ist von Null verschieden.
$\rightleftarrows$	Reaktion führt zu einem Gleichgewicht.
$\equiv$	Definitionsgleichung.
$\rightarrow$	Richtung eines chemischen Vorganges zum Endprodukt, ohne Berücksichtigung der Stöchiometrie.
I, II, III	Wertigkeiten, z. B. — I, + II negativ einwertig, positiv zwei-wertig, über der chemischen Formel in chemischer Gleichung geschrieben bedeutet, daß Disproportionierung vorliegt.
A	Massenzahl $A = Z + N$.
A_I	Ionisierungsenergie.
Å	Ångström-Einheiten, $1\ \text{Å} = 10^{-8}$ cm.
Atg.	Atomgewicht.
α	Dissoziationsgrad im allgemeinen.
β	siehe e^-.
c_A	Lösungskonzentration, Mol des wasserfreien Stoffes A in 1000 g Lösungsmittel, oft als *Molarität* bezeichnet, Mol/Liter. Ist n_A die Molzahl, m_L Menge des Lösungsmittels in Gramm, so ist $c_A = n_A \cdot 1000/m_L$.
c	Lichtgeschwindigkeit $3 \cdot 10^{10}$ cm/sec.
c	Volumkonzentration, n_2 Mol des gelösten Stoffes, v Lösungs-volumen, $c = 1000\, n_2/v$ Mol des gelösten Stoffes in 1000 cm³, bei einer bestimmten Temperatur.
$C_p,\ C_v$ $c_p,\ c_v$	Molwärmen $\qquad$ bei konstantem Druck bzw. kon-spezifische Wärmen $\}$ stantem Volumen.
d_t	Dichte, spezifisches Gewicht bei der Temperatur $t°$ C.
$E,\ \Delta E$	E (gebildeter Stoff) — E (verbrauchter Stoff) $= \Delta E$, $E = {}$ $= $ Wärmeinhalt (Innenenergie).
e	Elementarladung der Elektrizität, $e = 4{,}802 \cdot 10^{-10}$ elektro-statische Einheiten.
$e^-,\ e^+$	Elektron, Positron, e^- hat die gleiche Bedeutung wie β. (Atg. $5{,}485 \cdot 10^{-4}$).
$\mathfrak{F}$	FARADAY-Äquivalent 96500 Coulomb, Elektrizitätsmenge für die Abscheidung eines Grammäquivalentes eines einfach ge-ladenen Ions.
ΔF	freie Energie, alle Angaben für Zimmertemperatur, wenn nicht etwas anderes angegeben.
Gew.-% A	Gramme des Stoffes A in 100 g eines Stoffes (Gas, Lösung, oder fest).
Gl.	Gleichung.
Glgw.	Gleichgewicht.
h	PLANCK-Konstante $6{,}55 \cdot 10^{-27}$ Erg $\times$ sec.
ΔH	$\Delta H = \Delta E + RT\, \Delta n$ Wärmetönung, Wärme gebildet — ΔH; Wärme aufgenommen $+ \Delta H$, bei konstantem Druck, alle An-gaben für Zimmertemperatur, wenn nicht etwas anderes an-gegeben, Δn Mole Gas gebildet.
K	Gleichgewichtskonstante im allgemeinen.
K_p	Gleichgewichtskonstante, wenn Partialdrucke (in Atm.) ver-wendet werden.

K_c	Gleichgewichtskonstante, wenn Konzentrationen verwendet werden.
K.W.	Kohlenwasserstoff.
K°	Grad Kelvin $t° + 273,2 = $ K°.
K_I, K_{II}, ...	Elektrolytische Dissoziationskonstante, erster, zweiter, ... Stufe.
$\varkappa$	Spezifisches elektrisches Leitvermögen (Leitfähigkeit); Widerstand, $W = \dfrac{1}{\varkappa}\dfrac{\text{Länge}}{\text{Querschnitt}}$; $1/\varkappa$ spezifischer elektrischer Widerstand.
l_A	Löslichkeit des festen Stoffes A; Gramm des wasserfreien Stoffes A in 100 g reinem Lösungsmittel, bei einer bestimmten Temperatur.
l	Länge.
L	Löslichkeitsprodukt, gilt für Zimmertemperatur, wenn nicht anderes bemerkt.
L	Konstante des Verteilungsgleichgewichtes; Löslichkeitskoeffizient, gilt für Zimmertenperatur.
ln, log	natürlicher bzw. BRIGGS-Logarithmus.
Λ_c, Λ_∞	äquivalente elektrische Leitfähigkeit einer Elektrolytlösung bei der Äquivalentkonzentration c und in unendlich verdünnter Lösung.
$\lambda = \dfrac{1}{\nu}$	Wellenlänge.
M.-W.-G.	Massenwirkungsgesetz.
Mol.-Gew.	Molekulargewicht.
m	Masse des Atoms oder Elektrons.
$N.$	Zahl der Neutronen.
N_L	LOSCHMIDT-Zahl $6{,}023 \cdot 10^{23}$.
n	Normalität, z. B. $^1/_2$ n H_2SO_4.
n_1, n_2	n_1 Mole Lösungsmittel, n_2 Mole gelöster Stoff.
ν	Wellenzahl $[\nu] = cm^{-1}$.
ν'	Frequenz $[\nu'] = sec^{-1}$.
Ω	Widerstand in Ohm.
P. S. E.	periodisches System der chemischen Elemente, Periodensystem der chemischen Elemente.
p	Gesamtdruck.
p_A, p_B, ...	Partialdrucke der Stoffe A, B, ... in Atmosphären, wenn nicht etwas anderes angegeben.
p_H	Wasserstoffexponent.
q	Wärmestrom, Wärmeleitvermögen $q = $ (Fläche) $\lambda\, \dfrac{dt}{dl}$; $\dfrac{dt}{dl}$ Temperaturgefälle, λ Wärmeleitzahl.
R. G.	Reaktionsgeschwindigkeit.
ϱ_t	spezifischer elektrischer Widerstand in Ω . cm bei $t°$ C.
r. a.	radioaktiver Stoff.
Sdp.	Siedepunkt bei 1 Atm. Druck.
Schmp.	Schmelzpunkt bei 1 Atm. Druck.
T	absolute Temperatur $t° + 273,2 = T$; Term.
$t°$	Grad Celsius.
W.-H.	Wärmehauptsatz, I. W.-H., II. W.-H.
x_2	Molenbruch des gelösten Stoffes $x_2 \equiv \dfrac{n_2}{n_1 + n_2}$.
Z	Zahl der Protonen, Kernladungszahl.

    Wasser ist das *wichtigste* Lösungsmittel; in diesem Buch ist deshalb, sobald Löslichkeit oder mit dieser zusammenhängende Vorgänge erwähnt werden, stets Wasser, ohne genannt zu werden, als Lösungsmittel gemeint.

Internationale Atomgewichte 1949

		Ord.-Z.	Atomgewicht[1]			Ord.-Z.	Atomgewicht[1]
Actinium	Ac	89	227	Neptunium	Np	93	[237]
Aluminium	Al	13	26,97	Neon	Ne	10	20,183
Americium	Am	95	[241]	Nickel	Ni	28	58,69
Antimon	Sb	51	121,76	Niob	Nb	41	92,91
Argon	A	18	39,944	Osmium	Os	76	190,2
Arsen	As	33	74,91	Palladium	Pd	46	106,7
Astatine	At	85	[210]	Phosphor	P	15	30,98
Barium	Ba	56	137,36	Platin	Pt	78	195,23
Beryllium	Be	4	9,013	Plutonium	Pu	94	[239]
Blei	Pb	82	207,21	Polonium	Po	84	210
Bor	B	5	10,82	Praseodym	Pr	59	140,92
Brom	Br	35	79,916	Promethium	Pm	61	[147]
Cäsium	Cs	55	132,91	Protactinium	Pa	91	231
Cassiopeium	Cp	71	174,99	Quecksilber	Hg	80	200,61
Cer	Ce	58	140,13	Radium	Ra	88	226,05
Chlor	Cl	17	35,457	Radon	Rn	86	222
Chrom	Cr	24	52,01	Rhenium	Re	75	186,31
Cobalt	Co	27	58,94	Rhodium	Rh	45	102,91
Curium	Cm	96	[242]	Rubidium	Rb	37	85,48
Dysprosium	Dy	66	162,46	Ruthenium	Ru	44	101,7
Eisen	Fe	26	55,85	Samarium	Sm	62	150,43
Erbium	Er	68	167,2	Sauerstoff	O	8	16,0000
Europium	Eu	63	152,0	Scandium	Sc	21	45,10
Fluor	F	9	19,00	Schwefel	S	16	32,066
Francium	Fr	87	[223]	Selen	Se	34	78,96
Gadolinium	Gd	64	156,9	Silber	Ag	47	107,880
Gallium	Ga	31	69,72	Silizium	Si	14	28,06
Germanium	Ge	32	72,60	Stickstoff	N	7	14,008
Gold	Au	79	197,2	Strontium	Sr	38	87,63
Hafnium	Hf	72	178,6	Tantal	Ta	73	180,88
Helium	He	2	4,003	Technetium	Tc	43	[99]
Holmium	Ho	67	164,94	Tellur	Te	52	127,61
Indium	In	49	114,76	Terbium	Tb	65	159,2
Iod	I	53	126,92	Thallium	Tl	81	204,39
Iridium	Ir	77	193,1	Thorium	Th	90	232,12
Kadmium	Cd	48	112,41	Thulium	Tm	69	169,4
Kalium	K	19	39,096	Titan	Ti	22	47,90
Kalzium	Ca	20	40,08	Uran	U	92	238,07
Kohlenstoff	C	6	12,010	Vanadin	V	23	50,95
Krypton	Kr	36	83,7	Wasserstoff	H	1	1,0080
Kupfer	Cu	29	63,54	Wismut	Bi	83	209,00
Lanthan	La	57	138,92	Wolfram	W	74	183,92
Lithium	Li	3	6,940	Xenon	Xe	54	131,3
Magnesium	Mg	12	24,32	Ytterbium	Yb	70	173,04
Mangan	Mn	25	54,93	Yttrium	Y	39	88,92
Molybdän	Mo	42	95,95	Zink	Zn	30	65,38
Natrium	Na	11	22,997	Zinn	Sn	50	118,70
Neodym	Nd	60	144,27	Zirkonium	Zr	40	91,22

[1] Der in Klammer angegebene Wert ist die Massenzahl des stabilsten bekannten Isotopen.

I. Einleitung

Chemie ist die Lehre von den Stoffen und ihren Umwandlungen. Ein Stoff ist entweder ein chemisches Element oder eine Verbindung von chemischen Elementen. Stoffe sind vorerst durch ihre physikalische Eigenschaften gekennzeichnet, sie besitzten z. B. eine bestimmte Dichte, Farbe, Härte, Leitfähigkeit für den elektrischen Strom, Wärme usw. Nach ihren verschiedenen physikalischen Verhalten können die Stoffe voneinander unterschieden werden. Die mechanische Teilbarkeit der Stoffe ist beschränkt, die Bausteine der Elemente sind Atome, der Verbindungen die Molekeln. Atom und Molekel sind fundamentale Begriffe der Naturbetrachtung, deren wirkliches Bestehen außer Zweifel ist.

Stoffe können in drei Formarten vorkommen, als Gase, als Flüssigkeiten und als feste Körper. Nachdem ein bestimmter Stoff in allen drei Formenarten selbstverständlich die gleiche chemische Zusammensetzung hat, ist die Formart gekennzeichnet durch Kräfte, die zwischen ihren Molekeln (oder Atomen) vorhanden sind. Diese Kräfte sind in Gasen klein, so daß sich die Molekeln (Atome) frei bewegen können. In Flüssigkeiten sind die Kräfte größer, aber noch so klein, daß freie Beweglichkeit auch hier vorhanden ist, sie ist aber im Verhältnis zum Gaszustand doch schon deutlich eingeschränkt. Im festen Zustande endlich sind die Kräfte zwischen den Bausteinen bereits sehr groß, da diese ganz bestimmte Lagen zueinander im Raume einnehmen, an denen sie nur mehr geringe Schwingungen um eine Mittellage ausführen. In ihrer Gesamtheit beziehen sie Lagen von hoher Symmetrie: es entsteht ein Kristall. Einige physikalische Eigenschaften sind jetzt von der Richtung abhängig: dies ist das Kennzeichen des Kristalls, die hervorragende Form des festen Körpers.

Die physikalischen Eigenschaften der Stoffe lassen sich allgemein von einem gegebenen Zustand aus mehr oder weniger deutlich ändern; z. B. die Dichte, die Härte, durch Erhöhung der Temperatur. Solche Änderungen sind nicht bleibend, stellt man den ursprünglichen Zustand wieder her, so ist alles im allgemeinen wieder gleich.

Von 'den Änderungen der physikalischen Eigenschaften der Stoffe sind die *Umwandlungen* der Stoffe zu unterscheiden, bei denen eine tiefgreifende Änderung physikalischer Eigenschaften eintritt. Diese vollziehen sich nur unter Bedingungen, die einen *chemischen Vorgang* (Reaktion) zur Folge haben. Erhitzt man Schwefel an der Luft, so wird er verbrennen, es bildet sich Schwefeldioxyd; oder eine Mischung Eisen und Schwefel gibt beim Erhitzen unter Erglühen Schwefeleisen; es entsteht ein Stoff, der sich von Schwefel bzw. von der Mischung vollkommen unterscheidet. Eine Anordnung von Stoffen oder eine Mischung bezeichnet man ein *chemisches System* oder kurz *System*, man sagt dann: im System Eisen und Schwefel wird beim Erwärmen Schwefeleisen gebildet.

Das chemische Verhalten der Stoffe untereinander kennzeichnet schließlich jeden einzelnen Stoff, das *eines* bestimmten Stoffes ist gegeben durch sein Verhalten gegen alle anderen Stoffe. Nun ist die Zahl der Stoffe, mit denen er in Wechselwirkung treten kann, so groß, daß die Zahl der einzelnen, an ihm feststellbaren physikalischen Eigenschaften im Verhältnis zur ersteren sehr klein ist. Damit ist jedoch nicht außer acht zu lassen die große Bedeutung physikalischer Eigenschaften eines bestimmten Stoffes unter besonderen experimentellen Bedingungen. Gerade die angedeutete Vielseitigkeit des Verhaltens der Stoffe kennenzulernen, ist Gegenstand der Chemie. In der Gesamtheit ist ein Stoff durch sein physikalisches *und* chemisches Verhalten erst vollständig gekennzeichnet. Aus diesem Grunde ist ein jeder zwischen Stoffen ablaufende Vorgang eigentlich erst vollständig erschlossen, wenn alle ihn begleitenden chemischen Umwandlungen *und* physikalischen Änderungen bekannt sind.

Die Vielseitigkeit des Verhaltens der Stoffe ergäbe nun eine unübersichtliche Aufzählung von Vorgängen; glücklicherweise jedoch gibt es allgemeine Gesetze, die das gesamte Verhalten der Stoffe regeln, so vor allem solche Gesetze, die sich durch die Anwendung der Thermodynamik ergeben. Es läßt sich im vorhinein angeben, ob zwei Stoffe A und B chemisch in Reaktion treten können oder nicht. Es wäre nicht schwer feststellbar, wie sich Schwefel mit den verschiedensten Metallen, z. B. bei 600° und dann bei 1000°, verhalten wird. Derartige Berechnungen lassen sich vorerst an relativ einfachen Systemen anstellen, sind sie weniger einfach, so können gleiche Überlegungen immer noch, wenn auch mit geringerer Sicherheit gemacht werden. Je mehr sich in dieser Richtung Fortschritte erzielen lassen, um so mehr rückt die Chemie von ihrer früheren Stellung, ein Gebiet der Naturerkenntnis zu sein, das durch Reihung einzelner Beobachtungen zu erschöpfen wäre, in den Rang einer exakten Wissenschaft.

Der chemische Aufbau der Stoffe aus den Elementen wird *Synthese* bezeichnet. Der Synthese ist in keiner Richtung eine Grenze gezogen; bei der Herstellung hochmolekularer Stoffe tritt nur die Schwierigkeit auf, das genaue Molekulargewicht zu bestimmen. Der Zerlegung der Stoffe — der *Analyse* im allgemeinsten Sinne — ist eine Grenze gesetzt durch die letzten Bausteine der Materie überhaupt, das sind Proton, Neutron, Elektron, Positron, Meson und das noch fragliche Neutrino.

Einteilung der Chemie. Die *Anorganische Chemie* befaßt sich mit allen Stoffen der Erde, soweit sie nicht unmittelbare Produkte der Pflanzen- und Tierwelt sind. Die *Organische Chemie* ist die Chemie des Kohlenstoffes; dieses Element, obgleich dem Bereiche der Anorganischen

Chemie angehörig, bildet mit einigen wenigen Elementen (vor allem Wasserstoff, Sauerstoff, Stickstoff) eine Klasse von Verbindungen, die entweder in genannter Welt der Lebewesen in deren „Organismen" entstehen oder durch Synthese hergestellt werden können. Die Zahl der Stoffe, die sich auf diesen zwei Gebieten ergeben, ist unvergleichlich viel größer als die Zahl der Verbindungen aller anderen Elemente, so daß sich aus diesen Gründen die Zweiteilung der Chemie ergeben mußte.

II. Die Verbreitung der chemischen Elemente

An der Zusammensetzung der uns zugänglichen Teile der Erde, d. i. *Atmosphäre, Hydrosphäre, Biosphäre* und *Lithosphäre* sind die 92 chemischen Elemente sehr verschieden beteiligt. Die Erforschung der Zusammensetzung unserer Erde ist Gegenstand der *Geochemie*. Von der Erde ist zwar direkt nur ein winziger Teil zugänglich; die Bergwerke dringen bis höchstens 2000 m in die Erdkruste ein, Erdbohrungen sind stellenweise bis etwa 5000 m Tiefe vorgetrieben: dies gestattet nur an wenigen Stellen die Zusammensetzung tieferer Schichten festzustellen. Die geologischen Vorgänge an der Oberfläche jedoch haben das Jugendantlitz der Erde verändert; diese sind hervorgerufen durch klimatische Einwirkungen, wie Sonnenstrahlung, Kälte, Wasser, Einwirkung der Kohlensäure, ferner durch das tierische und pflanzliche Leben. Das hat im ganzen Verschiebungen größerer Erdschichten zur Folge, wodurch tiefere Schichten an die Oberfläche gebracht werden konnten. Es hat sich dies zwar nicht rasch abgespielt, aber in den 3,8 Milliarden Jahren seit dem Erstarren der Erde sind Veränderungen weit vor sich gegangen; man kann mit einiger Sicherheit feststellen, daß uns etwa 20 km Tiefe der Erdschichte „chemisch" faßbar geworden sind. Das ist im Verhältnis zum Erdradius (6380 km) zwar verschwindend wenig, doch lassen sich nach Heranziehung der Erkenntnisse über chemische Vorgänge von allgemeinsten Gesichtspunkten, ferner aus der Dichte der Erde als Planet der Sonne, aus dem Verlauf der Erdbebenwellen, aus der geothermischen Tiefenstufe u. a. weitere Erfahrungen gewinnen, die uns Kenntnisse über sehr viel tiefere Erdschichten sowie deren ungefähren chemischen Bau liefern.

Die Gesteine, welche die feste Oberfläche der Erde ausmachen, bestehen aus einer *Mischung* der verschiedensten Minerale; nur Minerale sind chemisch einheitliche Stoffe, die Gesteine, im Frühzustand der Erde entstanden, sind *Glutfluß* oder *Eruptivgesteine*. Diese haben, wie bereits angedeutet, im Lauf der Zeit vielfach Umwandlungen (Verwitterung) erfahren; es entstanden *Sandsteine, Schiefergesteine, Kalkstein* und andere junge Gesteinsarten. Die Tab. 1 enthält Angaben, in welchen Gewichtsprozenten die einzelnen Elemente an der chemischen Zusammensetzung der Gesteine beteiligt sind. Da die Eruptivgesteine 95% der Zusammensetzung der Lithosphäre ausmachen, gibt die Tabelle zugleich eine genügende Übersicht zur Verteilung der chemischen Elemente in dem zugänglichen Teil der Erde überhaupt. Die Zusammensetzung der Atmosphäre S. 109.

1*

Tabelle 1

Gestein Element	Eruptiv- gesteine 95%	Schiefer 4%	Sandsteine 0,8%	Kalksteine 0,2%
Sauerstoff	46,6	49,5	51,9	49,6
Silizium	27,6	27,2	36,6	2,4
Aluminium	8,1	8,2	2,5	0,4
Eisen	5,2	4,7	1,0	0,4
Kalzium	3,6	2,2	4,0	30,4
Magnesium	2,1	1,5	0,7	4,7
Natrium	2,6	1,0	0,3	$4 \cdot 10^{-2}$
Kalium	2,6	2,7	1,1	0,3
Titan	0,5	0,4	0,15	$3 \cdot 10^{-2}$
Wasserstoff	0,13	0,6	0,2	0,1
Phosphor	0,1	$6 \cdot 10^{-2}$	$3 \cdot 10^{-2}$	$2 \cdot 10^{-2}$
Mangan	0,1	—	—	$4 \cdot 10^{-2}$
Chlor	$5 \cdot 10^{-2}$	—	—	$2 \cdot 10^{-2}$
Schwefel	$5 \cdot 10^{-2}$	0,3	$3 \cdot 10^{-2}$	$2 \cdot 10^{-2}$
Barium	$4 \cdot 10^{-2}$	$5 \cdot 10^{-2}$	$5 \cdot 10^{-2}$	—
Chrom	$3 \cdot 10^{-2}$	—	—	—
Kohlenstoff	$3 \cdot 10^{-2}$	1,5	1,4	11,3
Fluor	$3 \cdot 10^{-2}$	—	—	—
Strontium	$3 \cdot 10^{-2}$	—	—	—
Zirkonium	$3 \cdot 10^{-2}$	—	—	—
Rubidium	$3 \cdot 10^{-2}$	—	—	—
Cer, Seltene Erden	$2 \cdot 10^{-2}$	—	—	—
Vanadium	$2 \cdot 10^{-2}$	—	—	—
Nickel	$2 \cdot 10^{-2}$	—	—	—
Kupfer	$1 \cdot 10^{-2}$	—	—	—
Wolfram	$5 \cdot 10^{-3}$	—	—	—
Zink	$4 \cdot 10^{-3}$	—	—	—
Zinn	$4 \cdot 10^{-3}$	—	—	—
Kobalt	$4 \cdot 10^{-3}$	—	—	—
Lithium	$3 \cdot 10^{-3}$	—	—	—
Blei	$2 \cdot 10^{-3}$	—	—	—
Thorium	$1 \cdot 10^{-3}$	—	—	—
Bor	$1 \cdot 10^{-3}$	—	—	—
Molybdän	$1 \cdot 10^{-3}$	—	—	—
Beryllium	$5 \cdot 10^{-4}$	—	—	—
Uran	$2 \cdot 10^{-4}$	—	—	—
Silber	$1 \cdot 10^{-5}$	—	—	—
Quecksilber	$1 \cdot 10^{-5}$	—	—	—
Gold	$5 \cdot 10^{-7}$	—	—	—
Platin und Platinmetalle	$3 \cdot 10^{-7}$	—	—	—

Eine etwas genauere Zusammenstellung in Gewichtsprozent sei noch in der Tab. 2 angefügt

Man sieht, schon 18 Elemente machen 99,8% der Erdrinde, der Meere und der Atmosphäre aus, demnach nur 20% der bekannten Elemente werden in beachtenswerteren Mengen zum Aufbau herangezogen.

Das meistverbreitete Element ist der Sauerstoff: er macht fast die Hälfte der zugänglichen Erdrinde aus.

Von den Metallen erscheint in der ·Zusammenstellung zuerst das Aluminium, dieses Metall steht demnach in größter Menge zur Verfügung,

Tabelle 2

1. Sauerstoff	49,5%	9. Wasserstoff	0,87%
2. Silizium	25,7%	10. Titan	0,58%
3. Aluminium	7,5%	11. Chlor	0,19%
4. Eisen	4,7%	12. Phosphor	0,12%
5. Kalzium	3,39%	13. Mangan	0,09%
6. Natrium	2,63%	14. Kohlenstoff	0,08%
7. Kalium	2,40%	15. Schwefel	0,06%
8. Magnesium	1,93%	16. Barium	0,04%
	97,75%	17. Chrom	0,033%
		18. Stickstoff	0,030%
			2,093%

und es ist verständlich, daß es tatsächlich in der Gegenwart schon ausgedehnte Verwendung findet. In Gemeinschaft mit Magnesium ist es bestimmt, die anbrechende Periode der Menschen, das Zeitalter *der Leichtmetalle* zu beherrschen.

Die so wichtigen Metalle, wie Kupfer, Zink, Nickel, Blei, Zinn, findet man in der Tabelle 2 überhaupt nicht, sie wären demnach als seltene Elemente zu bezeichnen. Daß man doch ganz beträchtliche Mengen davon gewinnen kann, hat als Ursache ihr Vorkommen an bestimmten *Lagerstätten*; dadurch wird ihre Gewinnung erleichtert und man kann sie nicht als „selten" bezeichnen. Gerade solche Lagerstätten sind deshalb sehr frühzeitig vom Menschen aufgefunden und ausgebeutet worden; sie sind stellenweise, wegen des großen Bedarfes an Rohstoffen, im letzten Jahrhundert bereits erschöpft: man ist an die Ausbeutung immer ärmerer Erzlagerstätten angewiesen. Jedenfalls muß die Gegenwart damit rechnen, daß gewisse Rohstoffe mineralischen Ursprunges *nicht mehr unbeschränkt* zur Verfügung stehen. Während z. B. Eisenerzlagerstätten für die nächsten Jahrhunderte hinreichen, ist dies (den gegenwärtigen Verbrauch berücksichtigend) *sicher nicht der Fall* beim Kupfer, Blei, Zinn, Asbest, Glimmer u. a. Hier wird *Sparsamkeit einzuschlagen* sein, der *Verwertung von Altmetallen* wird man viel mehr Beachtung widmen müssen; die Heranziehung von Leichtmetallen, und aus der organischen synthetischen Körperklasse stammenden Werkstoffen, ist ein Gebot der Zeit geworden.

Der Aufbau der Erde

Die Ansicht, die man sich zur Zeit macht, wie das Innere der Erde aussehen kann, vermittelt die Abb. 1. Es ist ein Bild, das noch am besten verglichen werden könnte mit der Anordnung, die das Innere eines knapp vor dem Abstich stehenden Hochofens besitzt: Unten die Schmelzzone des flüssigen Eisens, dann folgt die Zone der halbflüssigen Silikatgesteine, und ganz oben die Silikatschlackenschicht. Bei der Erde reicht die Silikatschlackenschicht, die eigentliche *Lithosphäre*, bis etwa 1200 km Tiefe. Dann schließt sich 1700 km tiefer die aus Schwermetalloxyden und Sulfiden bestehende Zone an, zuletzt bis zur Mitte der Erdkugel der *Eisen-Nickel-Kern*. Einige Kenntnis dieses Teiles der Erde vermitteln

uns indirekt die Eisenmeteorite, die zufällig auf die Erde gelangen; es sind
Boten aus fernen, nicht zu unserem Sonnensystem gehörenden Welten,
die Kunde bringen von zerfallenen Himmelskörpern; sie lassen ver-

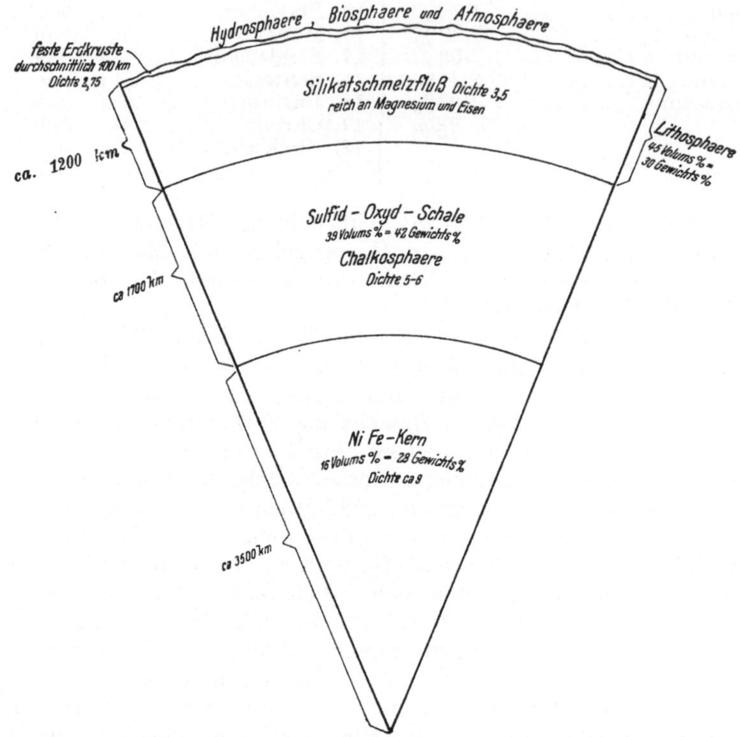

Abb. 1. Querschnitt durch den Erdball nach der Nickel-Eisen-Kerntheorie (TAMANN-GOLDSCHMIDT).

muten, wie es im Inneren unserer Erde aussehen könnte. Wie es tatsächlich in den großen Tiefen der Erde aussieht, ist gänzlich unbekannt.

Das Bild ist für den verwöhnten Menschen nicht erfreulich, er sieht
seine Biosphäre auf eine an Kieselsäure reiche Schlackenschicht gestellt:
die kostbaren Schwermetalle, sein Nibelungenschatz, sind ihm in unzu-
gängliche Tiefen für immer versunken.

III. Allgemeines

A. Der erste Hauptsatz der Thermodynamik. I. W.-H.

Gesetz von der Erhaltung der Energie. Der Energieinhalt oder die
Innenenergie E ist eine Eigenschaft des Stoffes in einem bestimmten
Zustand; erfährt ein Stoff eine Änderung dieser Eigenschaft, indem er

von einem Zustand A in den Zustand B übergeht, so beträgt der *Zuwachs*
der Energie ΔE,

$$\Delta E = E(B) - E(A), \tag{1}$$

unabhängig vom Weg, auf dem sich der Übergang vom Anfang zum
Endzustand $A \to B$ vollzieht.

Entsprechend dem I. W.-H. enthält jedes System (jeder Stoff) in
einem bestimmten Zustand eine bestimmte Energiemenge; ändert sich
dieses System, so ist jeder *Gewinn* oder *Verlust* an Innenenergie gleich
dem *Verlust* oder *Gewinn* der Energie der Umgebung des Systems. In
jedem physikalischen oder chemischen Vorgang ist die Zunahme der
Energie eines bestimmten Systems (eines bestimmten Stoffes) gleich der
aufgenommenen Wärmemenge q aus seiner Umgebung, vermindert um
die Arbeit w, die das System auf seine Umgebung leistet:

$$\Delta E = E(B) - E(A) = q - w. \tag{2}$$

Wärme und Arbeit in *gleichen* Einheiten ausgedrückt. Wird der Vorgang
so geleitet, daß keine Änderung der Innenenergie erfolgt, $\Delta E = 0$, so ist

$$w = q. \tag{3}$$

In dieser Form ist der I. W.-H. zuerst erkannt worden: *Arbeit* und *Wärme*
sind einander äquivalent. Es war aufzufinden, welche mechanische Arbeit
einer Kalorie entspricht. Man findet $1 \text{ cal} = 4{,}183 \cdot 10^7 \text{ Erg} = 4{,}183 \text{ Joule}$.
Der Zahlenwert ist das *mechanische Wärmeäquivalent*, aufgefunden 1843
bis 1850 von J. P. JOULE (England). Der Begründer des Gesetzes von
der Erhaltung der Energie ist J. ROBERT MAYER (Deutschland), aufgestellt 1842.

In der Chemie benützt man als Energiemaß die Kalorie, sie ist definiert:
Die Wärmemenge, die gebraucht wird, um die Temperatur von 1 g Wasser
von $14{,}5°$ auf $15{,}5°$ zu erhöhen, entspricht 1 Kalorie, abgekürzt 1 cal,
$10^3 \cdot \text{cal} = 1 \text{ kcal}$.

Statt der Innenenergie E kann man den Wärmeinhalt $H = E + PV$
(*Enthalpie*) als eine weitere thermodynamische Funktion einführen. Es
ist $\Delta H = \Delta E + RT\,\Delta n$. Δn Zahl der Mole Gas gebildet, vermindert
um die Zahl der verbrauchten Mole.

B. Der zweite Hauptsatz der Thermodynamik. II. W.-H.

Wenn in der Natur in einem System irgendein Vorgang stattfindet,
so ist es unmöglich, eine Vorrichtung zu erfinden, die *alle* in Betracht
kommenden Teile desselben Systems in den ursprünglichen Zustand
zurückführt. Aus diesem Grunde ist ein jeder in der Natur ablaufende
Vorgang ein *irreversibler* Vorgang.

Als Maß für die Irreversibilität der Vorgänge dient der Begriff der
Entropie S. Die Zunahme dS der Entropie irgendeines besonderen Systems
(eines besonderen Stoffes) ist gleich der sehr kleinen aufgenommenen
Wärme q dividiert durch die absolute Temperatur T, bei der die Wärmeaufnahme erfolgt.

$$dS = \frac{q}{T}, \quad [S] = \frac{\text{cal}}{\text{Grad}}; \tag{4}$$

dS entspricht demnach der Dimension der spez. Wärme. In einem irreversiblen Vorgang nimmt die Entropie aller Teile des Systems zu; bei einem reversiblen Vorgang ist die Summe der Entropieänderungen aller Teile Null. Reversible Vorgänge kommen in der Natur nicht vor, man kann aber durch besondere Gedankenexperimente Bedingungen erkennen, unter denen solche Vorgänge möglich gemacht werden könnten.

Hat man zwei große Wärmebehälter mit der Temperatur T und T', wobei $T > T'$ ist, so würde beim direkten Ausgleich der Wärme keine Arbeit geleistet. Wenn man aber eine Wärmekraftmaschine (z. B. eine Dampfmaschine) dazwischenschaltet, so wird eine bestimmte Menge äußere Arbeit w geleistet. So eine Maschine erfährt selbst dabei keine Veränderung, sie leistet nur dadurch Arbeit, daß sie Wärme vom heißen Behälter T aufnimmt und den Rest der Wärme auf den kalten Behälter T' abgibt. Wenn angenommen wird, daß die verwendete Maschine eine ideale Vorrichtung ist, die keine Reibung besitzt, jeden Wärmeverlust an die Umgebung verhindert, in jedem Augenblick zwischen den mechanischen Kräften *Gleichgewicht* herrscht, so wäre dies eine Vorrichtung zu einem reversiblen Vorgang, der das *Maximum* an Arbeit w leisten würde, die diese Vorrichtung überhaupt leisten könnte. Die geleistete Arbeit ist durch die grundlegende Gleichung ausgedrückt:

$$w = q\,\frac{T - T'}{T}. \tag{5}$$

Eine Dampfmaschine, mit einem Kondensator von $t' = 27°$ d. i. $T' = 300°$ und einem Dampf von $t = 327°$ d. i. $T = 600° K$ arbeitend, kann die aufgenommene Wärme nur zur Hälfte in äußere Arbeit überführen.

In den Gl. 4 und 5 liegt der wesentliche Teil des II. W.-H. ausgedrückt. Von diesem lassen sich die Gesetze des chemischen Gleichgewichtes ableiten. Diese grundlegenden Gesetze werden in diesem Buche nicht abgeleitet, sie werden aber häufig verwendet. Die kurzen Ausführungen sollen die große und allgemeine Bedeutung dieser Gesetze vorerst andeuten.

Im I. W.-H. gilt $w = q$. Unter den hier gemachten Bedingungen kann man restlos mechanische Arbeit in Wärme umwandeln. Der II. W.-H. jedoch zeigt, daß der umgekehrte Weg, die Überführung von Wärme in Arbeit, von der Temperatur abhängt, bei der sich der Wärmeübergang vollzieht. Diese wichtige Erkenntnis, von der ausgehend sich erst der II. W.-H. aufbaute, verdankt man S. CARNOT (Frankreich), 1824. Der Begriff „Entropie" ist von R. CLAUSIUS (Deutschland), 1854.

1. Gesetz von der Erhaltung der Masse. Bei allen chemischen Vorgängen bleibt die Gesamtmasse der daran beteiligten Stoffe konstant. Wenn demnach zwei oder mehrere Stoffe untereinander eine chemische Umsetzung eingehen, so ist die Masse des *gebildeten* Stoffes genau gleich der Summe der Massen der ursprünglichen Stoffe.

Dieses fundamentale Gesetz ist vom französischen Chemiker A. L. LAVOISIER 1789 zum erstenmal ausgesprochen worden. In diese Zeit hat man eigentlich den Anfang zu setzen, von der das Zeitalter der modernen Chemie seinen Ausgang genommen hat.

Dieses Gesetz läßt sich sehr leicht prüfen, wenn die Waage als Meßinstrument herangezogen wird. Besonders genau ist die Richtigkeit des Gesetzes von H. LANDOLT (Deutschland) 1893 geprüft worden. Er fand, daß innerhalb der Genauigkeit, mit der die Messungen gemacht werden können, keine Abweichungen zu beobachten sind.

Beim Brennen einer Kerze könnte man vorerst meinen, daß bei der chemischen Reaktion, die mit dem Abbrennen verbunden ist, Masse verlorengeht. Wenn man jedoch gründlich die Verbrennungsprodukte Kohlendioxyd und Wasser sammelt, so findet man, daß beim Brennen der Kerze das Gewicht zunimmt. Um dies zu prüfen, läßt man, wie in der Abb. 2 angegeben, die Kerze auf einer Waage abbrennen; über ihr ist ein Stoff angebracht, der die genannten Verbrennungs-

Abb. 2.

produkte aufnimmt. In dem Maße, wie die Kerze verbrennt, nimmt das Gewicht zu und der Waagebalken senkt sich nach der Seite der brennenden Kerze.

Die Aufstellung des Gesetzes von der Erhaltung der Masse beendet das Zeitalter der *Phlogiston*-Theorie in der Chemie. Diese Theorie versuchte vor allem die Verbrennung zu erklären, ihr Begründer ist GEORG E. STAHL, 1660 bis 1734 (Deutschland). Obgleich unzulänglich, hatte diese Theorie einen richtigen Kern und beherrschte im 18. Jahrhundert die chemische Forschung vollständig. Es sind sehr wichtige Entdeckungen auf dem Gebiete der Chemie in dieser Zeit gemacht worden. HENRY CAVENDISH, 1731 bis 1810 (England), entdeckte den Wasserstoff, JOSEF PRISTLEY, 1733 bis 1804 (England), findet den Sauerstoff; zu dieser Zeit lebte der größte Meister des Experiments, CARL WILHELM SCHEELE, 1742 bis 1786 (Schweden), und der lange Zeit verkannte und unterschätzte JEREMIAS B. RICHTER, 1762 bis 1807 (Deutschland), der Entdecker der Verbindungsgewichte.

2. Das Gesetz von der Erhaltung der Energie ist ein Grenzgesetz. Die allgemeine Relativitätstheorie liefert das Ergebnis, daß Energie träge Masse besitzt; die entsprechende Gleichung lautet:

$$m = \frac{\text{Energie}}{c^2}, \tag{6}$$

$m = \text{Gramm-Masse}$,
$c = \text{Lichtgeschwindigkeit } 3 \cdot 10^{10} \text{ cm/sec}$.

Wird bei einer chemischen Reaktion Energie ΔE, abgegeben, so ist das zugleich mit einer Abnahme an Masse verbunden:

$$\Delta m = \frac{\Delta E}{9 \cdot 10^{20}}. \tag{7}$$

In chemischen Reaktionen beträgt pro 1 g eines gebildeten Stoffes die entwickelte Wärme im extremsten Fall etwa 10 kcal, meist jedoch ist der Wert wesentlich kleiner. Wie groß in diesem Fall die Abnahme an Masse beträgt, ergibt sich aus der Gl. 7.

$$\Delta m = \frac{10 \cdot 10^3 \cdot 4{,}19 \cdot 10^7}{9 \cdot 10^{20}} \approx 5 \cdot 10^{-10} \text{ g}. \tag{8}$$

Diese Gewichtsänderung kann natürlich mit einer Waage nicht bestimmt werden, so daß das Gesetz von der Konstanz der Masse für chemische Umsetzungen als ganz genau gelten muß. Es ist zu bemerken, daß bei kernchemischen Reaktionen, S. 390 ff., die Wärmeentwicklung oder allgemein die Energieänderungen etwa 10^6 mal größer sind als bei chemischen Vorgängen; hier werden dann Massenänderungen auch feststellbar.

Nach der Relativitätstheorie wäre also das Gesetz von der Erhaltung der Energie nur eine andere Form des Gesetzes von der Erhaltung der Masse: *Masse* und *Energie messen die gleiche Größe in verschiedenen Einheiten.*

3. Bedingungen für das Eintreten einer chemischen Reaktion. Man hat eine chemische Reaktion A = B, die von selbst in der Richtung $\rightarrow$ verläuft. Ein jeder freiwillig verlaufende Vorgang kann bei einer bestimmten Temperatur und bestimmtem Druck einen endlichen Betrag äußere Arbeit w leisten. Ist der Vorgang reversibel, A $\rightleftarrows$ B, so entspricht die *maximale* Arbeit der *Abnahme* der freien Energie $-\Delta F$ des Systems. Beträgt die freie Energie der Stoffe A, B in der Reaktion bzw. F_A, F_B, so ist

$$F_B - F_A = \Delta F \text{ (analytisch ausgedrückt)},$$
$$F_A - F_B = -\Delta F,$$

demnach

$$-\Delta F = w. \tag{9}$$

Im allgemeinen wird bei irgendeinem isotherm verlaufenden Vorgang die *Abnahme* der freien Energie *größer* sein als die geleistete äußere Arbeit: $-\Delta F > w$. Man kann alle chemischen Reaktionen so ablaufen lassen, daß keine äußere Arbeit geleistet wird, z. B. die Auflösung eines Metalles in einer Säure, die Verbrennung der Kohle usw.[1] In diesen allgemeinen Fällen ist $w = 0$, oder $\Delta F < 0$; d. h. *nur chemische Vorgänge, bei denen*

---

[1] Die Arbeit gegen den äußeren Druck, die Volumarbeit, ist hier außer acht zu lassen, da sie im Verhältnis zur gesamten Wärmetönung klein ist.

ΔF *negativ ist, können wirklich eintreten.* Das Äquivalent der nicht geleisteten Arbeit müßte als Wärme, als *Wärmetönung* $-\Delta H$, beim Ablauf der chemischen Reaktion auftreten.

Die Wärmetönung $-\Delta H$ einer chemischen Reaktion wäre dann das direkte Maß für die äußere Arbeit, welche die Reaktion leisten könnte. Tatsächlich war man lange Zeit dieser Meinung, bis dann die Anwendung des II. W.-H. lehrte, daß dies nicht allgemein richtig sein kann. Die Änderung der freien Energie ΔF hängt mit der Änderung der Wärmetönung ΔH, mit der Änderung der Entropie ΔS bei konstanter Temperatur durch die wichtige Gl. 10 zusammen:

$$\Delta F = \Delta H - T\,\Delta S. \tag{10}$$

Es könnte mithin $\Delta F = \Delta H$ sein, wenn $\Delta S = 0$ wäre, was allgemein nicht der Fall ist. Die Wärmetönung der chemischen Reaktion bleibt aber doch ein, wenn auch mitunter sehr angenähertes, Maß für die Änderung der freien Energie ΔF: *In einem chemischen System wird dann eine chemische Reaktion eintreten können, wenn bei ihrem Ablauf Wärme frei wird*:

$$\Delta H_{\mathrm{B}} - \Delta H_{\mathrm{A}} = \Delta H < 0. \tag{11}$$

Die Bedeutung dieser Feststellung liegt darin, daß es möglich ist, die Wärmetönung einer chemischen Reaktion in sehr vielen Fällen leicht im vorhinein zu berechnen; ΔF ist umständlicher aufzufinden.

4. Die Berechnung der Entropie und der dritte Wärmesatz der Thermodynamik. III. W.-H. Hat man einen *reversiblen Vorgang*, so kann die Gl. 4 direkt auf diesen angewendet werden. Wir betrachten a) das Schmelzen, b) das Sieden des Quecksilbers:

a) $\mathrm{Hg_{fest}} \rightleftarrows \mathrm{Hg_{flüssig}}, \quad \Delta H = 560\ \mathrm{cal};$

b) $\mathrm{Hg_{flüssig}} \rightleftarrows \mathrm{Hg_{Gas}}, \quad \Delta H = 14{,}3\ \mathrm{kcal}.$

a) Der Schmelzpunkt des Quecksilbers liegt bei $T = 234{,}9$ die Schmelzwärme pro Grammatom Quecksilber beträgt $\Delta H = 560$ cal, die Änderung der Entropie ist demnach

$$\Delta S_{234,9} = \frac{560}{234{,}9} = 2{,}39\ \mathrm{cal/Grad},$$

in Worten: Bei $234{,}9°$ K ist die Entropie von 1 Grammatom flüssigem Quecksilber um $2{,}39$ cal/Grad *höher* als die von 1 Grammatom festem Quecksilber.

b) Der Siedepunkt des Quecksilbers beträgt $630°$ K. Die Verdampfungswärme $\Delta H = 14{,}3$ kcal.

$$\Delta S_{630} = \frac{14\,300}{630} = 22{,}5\ \mathrm{cal/Grad}.$$

Wird einem System Wärme q *zugeführt*, so ist $q = C_p\,dT$, wobei C_p die spez. Wärme bei konstantem Druck und dT die unendlich kleine Temperaturerhöhung bedeutet. Es ist dann

$$dS = C_p\,\frac{d\,T}{T}; \tag{12}$$

allgemein ist $C_p = f(T)$, kennt man diese Funktion, so ist es möglich, die Integration durchzuführen:

$$S_T - S_0 = \int_0^T C_p \, d(\ln T).\tag{13}$$

Jeder Stoff hat einen *endlichen* Wert für die Entropie; beim absoluten Nullpunkt *kann die Entropie Null werden*, sie *ist Null* bei einem festen kristallinischen und einheitlichen Stoff. Danach ist $S_0 = 0$, und es folgt

$$S_T = \int_0^T C_p \, d(\ln T).\tag{14}$$

Für jeden Stoff (Element oder Verbindung) ist bei einer bestimmten Temperatur T der Wert der Entropie S_T zu finden, wenn der Verlauf seiner spez. Wärme von T bis zu sehr tiefen Temperaturen bekannt ist.

Entropien einiger Elemente pro Mol oder Grammatom bei 25°:

	He	H_2	H	N_2	N	O_2
S_{298}	30,1	31,2	27,4	45,8	36,6	49,0

	$C_{Diamant}$	$C_{Graphit}$	K	Ag	$Sn_{weiß}$	Pb
S_{298}	0,6	1,4	15,2	10,2	12,4	15,5

In der Gl. 14 ist zum Ausdruck gebracht, daß *für $T = 0$ auch $C_p = 0$* wird. Der Abfall der spezifischen Wärme der festen Stoffe erfolgt bei tiefen Temperaturen sehr rasch (S. 17).

Das Ergebnis dieses Kapitels bildet den Inhalt des III. W.-H. der Thermodynamik, dessen Aufstellung 1906 von W. NERNST (Deutschland) erfolgte.

Die Entropien der Elemente und Verbindungen sind in leicht zugänglichen Handbüchern zu finden. 1 cal/Mol.-Grad = 1 Clausius = 1 Cl, diese Bezeichnungsweise ist eingeführt worden.

5. Die Bestimmung der freien Energie ΔF. Es ist in den meisten Fällen nicht möglich, eine Anordnung zu treffen, um einen chemischen Vorgang zu zwingen, äußere Arbeit w zu leisten. Ein direkter Weg zur Bestimmung der freien Energie ergibt sich, wenn es gelingt, den Vorgang in einem galvanischen Element ablaufend zu machen, was jedoch nur in einigen wenigen Fällen möglich ist. Kennt man jedoch die Gleichgewichtskonstante K irgend eines Vorganges bei einer bestimmten Temperatur T, so ist

$$\Delta F_T = - R\,T \ln K.\tag{15}$$

Auf diesem Weg läßt sich allgemein die freie Energie ΔF auffinden.

Beispiele:

a) Die freie Energie bei der Verdampfung des Wassers

$$H_2O_{flüssig} \rightleftarrows H_2O_{Gas}.$$

Die Gleichgewichtskonstante dieses Vorganges ist durch den Dampfdruck des Wassers bei der bestimmten Temperatur T gegeben. $K = p_{H_2O}$.
Bei $25° = 298°$ K beträgt $p_{H_2O} = 0,0313$ at, also

$$\Delta F_{298} = - R\,T \ln K = 2,053 \text{ kcal.}$$

b) Die freie Energie des Vorganges, Umwandlung des rhombischen
Schwefels S_{rh} in monoklinen Schwefel S_{mkl}, Temperatur $25° = 298°$ K:

$$S_{rh\,fest} \rightarrow S_{mkl\,fest}.$$

Man bestimmt die *Löslichkeit* (S. 174) beider Formarten in verschiedenen Lösungsmitteln bei $25°$:

$$\frac{\begin{array}{c} S_{rh\,fest} \rightleftarrows S_{rh\,gelöst} \\ S_{mkl\,fest} \rightleftarrows S_{mkl\,gelöst} \end{array}}{S_{rh\,fest} + S_{mkl\,gelöst} \rightleftarrows S_{rh\,gelöst} + S_{mkl\,fest}}$$

Die Gleichgewichtskonstante dieses Vorganges ist für den gelösten
Schwefel:

$$K = \frac{C_{S_{rh}}}{C_{S_{mkl}}}.$$

Experimentell findet man für die *Lösungskonzentrationen*: $C_{S_{mkl}} = 1,28\,C_{S_{rh}}$,
und daß in allen Lösungsmitteln Schwefel als S_8-Molekel gelöst ist.
Dann ist für 1 Grammatom

$$\Delta F_{298} = - \frac{1}{8}\,R\,T \ln \frac{1}{1,28} = 18,3 \text{ cal.}$$

Da ΔF positiv ist, kann die Umwandlung bei $25°$ in der $\rightarrow$-Richtung *nicht*
stattfinden, wohl aber in der entgegengesetzten.

Nach der Gl. 10, 12 und 20 findet man

$$\left(\frac{\partial \Delta F}{\partial T}\right)_P = \left(\frac{\partial \Delta H}{\partial T}\right)_P - T\left(\frac{\partial \Delta S}{\partial T}\right)_P - \Delta S$$

da $\left(\dfrac{\partial \Delta H}{\partial T}\right)_P = T\left(\dfrac{\partial \Delta S}{\partial T}\right)_P$ nach einer bekannten Gleichung der Thermodynamik ist, beträgt

$$\left(\frac{\partial \Delta F}{\partial T}\right)_P = - \Delta S = \frac{\Delta F - \Delta H}{T}.$$

Nach einfacher Umformung

$$\frac{d(\Delta F/T)}{dT} = \frac{\Delta H}{T^2} \tag{16}$$

oder

$$\frac{\Delta F}{T} = \int\limits_{T}^{T'} \frac{\Delta H}{T^2}\,dT, \tag{17}$$

d. h. kennt man die freie Energie ΔF bei einer bestimmten Temperatur,
so kann man sie für alle Temperaturen berechnen, in denen der Verlauf
der spez. Wärme bekannt, wie z. B. in Gl. 21 ausgedrückt.

Eine solche Gleichung lautet z. B. für die freie Energie des Überganges $Sn_{weiß} \rightleftarrows Sn_{grau}$:

$$\Delta F = -332,4 + 3,143\ T \log T - 5,677\ T - 4,37 \cdot 10^{-3}\ T^2 +$$
$$+ 4,86 \cdot 10^{-6}\ T^3 - 2,7 \cdot 10^{-9}\ T^4, \tag{18}$$

gültig von $T = 298$ bis $T = 0$.

6. Freie Energie und Gleichgewicht. Für einen reversiblen isothermen Vorgang ist nach Gl. 9 $-\Delta F = w$. Da ein solcher Vorgang nur im Gleichgewicht möglich ist, ist dieser Ausdruck zugleich ein Kriterium für ein im Gleichgewicht befindliches System. Verläuft der Vorgang *ohne* Leistung äußerer Arbeit, so ist $w = 0$. So ein System kann sich nach rechts oder links umwandeln, wobei in keiner Richtung äußere Arbeit geleistet wird. Es muß für jede mögliche Änderung im System

$$\Delta F = 0 \tag{19}$$

sein. Das ist das entscheidende Kennzeichen für das Bestehen eines chemischen Gleichgewichtes.

7. Wir betrachten einen besonders einfachen Fall. Die Ausführung dazu ist in allen anderen Fällen prinzipiell gleich. Es wäre die freie Energie ΔF der Umwandlung von weißem Zinn in graues Zinn zu bestimmen:

$$Sn_{weiß} \rightleftarrows Sn_{grau}, \quad \Delta H_{298} = -544\ \text{cal.}$$

Die angegebene Umwandlungswärme ΔH_{298} ist bei $25° = 298°\ K$ nach der Gl. 21 zu finden. Die freie Energie ergibt sich für die gleiche Temperatur aus der Gl. 18. In dieser ist die freie Energie beim Umwandlungspunkt $19° = 292°\ K$ enthalten: bei dieser Temperatur ist $\Delta F_{293} = 0$, da hier *beide* Formen des Zinns beständig sind: sie sind im Gleichgewicht. Man findet nach dem II. W.-H. also $\Delta F_{298} = 1,6\ \text{cal.}$

Berechnung mit Berücksichtigung des III. W.-H. Für weißes Zinn ist die Entropie $S_{298} = 12,4$, für graues Zinn $S_{298} = 10,6\ \text{cal/Grad}$, also $\Delta S = S_{\text{gr. Sn}} - S_{\text{weiß. Sn}} = -1,8\ \text{cal/Grad}$; nach Gl. 10 ist

$$\Delta F_{298} = \Delta H_{298} - 298\ \Delta S_{298}.$$

Setzt man den Wert für ΔS_{298} in diese Gleichung ein, so findet man, *nur mit Verwendung der Wärmetönung*, den Wert für die freie Energie ΔF_{298}. Die *Prüfung* des letzten Ausdruckes, der den gerade gefundenen Wert $\Delta F_{298} = 1,6\ \text{cal}$ ergeben sollte, ist auf diesem Wege, bei den kleinen absoluten Kalorienbeträgen ungenau; die Fehler in der Ermittlung von ΔS werden mit fast 300 multipliziert! Man kann die Gleichung besser und richtiger prüfen, wenn man den Ausdruck in der Form benützt:

$$\Delta S_{298} = \frac{\Delta H_{298} - \Delta F_{298}}{298}$$

und in diesen den nach dem II. W.-H. gewonnenen Wert $\Delta F = 1,6$ einsetzt und sieht, wie der nun berechnete Wert ΔS_{298} mit dem bereits angegebenen übereinstimmt. Man findet $\Delta S_{298} = (-544 - 1,6)/298 = -1,8\ \text{cal/Grad}$; demnach *eine vollständige Übereinstimmung*.

8. Die Verwendung thermochemischer Gleichungen. Die Änderung der Wärmetönung mit der Temperatur. In den folgenden Ausführungen werden häufig thermochemische Gleichungen herangezogen. Es ist notwendig, darauf hinzuweisen, wie sie nach dem I. W.-H. verwendet werden können.

1. Thermochemische Gleichungen können so behandelt werden wie Gleichungen in der Mathematik. Z. B.: Die Bildung des Wassers und des Silberoxydes erfolgt nach der Gleichung,

$$H_2 + {}^1/_2\, O_2 = H_2O_{Gas}, \qquad \Delta H = -\ 57,8 \text{ kcal},$$

$$2\ Ag + {}^1/_2\, O_2 = Ag_2O, \qquad \Delta H = -\ 6,95 \text{ kcal};$$

werden beide Gleichungen voneinander subtrahiert, so erhält man:

$$Ag_2O + H_2 = 2\ Ag + H_2O_{Gas}, \quad \Delta H = -\ 50,85 \text{ kcal},$$

d. h. die Wärmetönung für die *Reduktion* des *Silberoxydes* mit gasförmigem Wasserstoff bei Zimmertemperatur beträgt $\Delta H = -\ 50,85$ kcal. Will man die Wärmetönung auf die Bildung des flüssigen Wassers beziehen, so hat man zur letzten Gleichung zu addieren

$$H_2O_{Gas} \rightleftarrows H_2O_{flüssig}, \quad \Delta H = -\ 9,73 \text{ kcal}$$

und erhält:

$$Ag_2O + H_2 = 2\ Ag + H_2O_{flüssig}, \quad \Delta H = -\ 60,58 \text{ kcal}.$$

Die Angaben der Formart der Stoffe, die an der Reaktion beteiligt sind, ist stets notwendig, außer sie ist selbstverständlich.

Auf diese Art ist es möglich, die Wärmetönung einer chemischen Reaktion zu berechnen, die nicht direkt bestimmt werden kann, oder die Wärmetönung eines neuen chemischen Vorganges.

2. *Verwendung der Bildungswärme* (S. 60). *Die Wärmetönung einer chemischen Reaktion ist gleich der Summe der Bildungswärme der gebildeten Stoffe, vermindert um die Summe der Bildungswärme der verbrauchten Stoffe.*

Hat man eine allgemeine chemische Reaktion

$$A + B = C + D, \qquad \Delta H,$$

so beträgt ihre Wärmetönung $\Delta H = \Delta H_C + \Delta H_D - \Delta H_A - \Delta H_B$, wenn $\Delta H_A, \Delta H_B, \ldots$ die *Bildungswärmen* der entsprechenden Stoffe bedeuten.

3. *Verwendung der freien Energie und Entropie.* Genau das gleiche gilt für die thermochemischen Gleichungen, welche die freie Energie oder die Entropie enthalten. Für den allgemeinen Fall:

$$\Delta F = \Delta F_C + \Delta F_D - \Delta F_A - \Delta F_B,$$

$$\Delta S = \Delta S_C + \Delta S_D - \Delta S_A - \Delta S_B.$$

4. Die thermochemischen Gleichungen gelten für Zimmertemperatur, es ist aber sehr häufig notwendig, die Wärmetönung bei einer anderen Temperatur zu kennen. Nach dem I. W.-H. ist die Änderung der Wärmetönung mit der Temperatur gegeben durch den Ausdruck

$$\left(\frac{\partial \Delta H}{\partial T}\right)_P = \Delta C_p \tag{20}$$

Gleichung von KIRCHHOFF.

ΔC_p ist die Summe der spez. Wärmen bei konstantem Druck der gebildeten Stoffe, vermindert um die der verbrauchten Stoffe.

Beträgt ΔH_T die Wärmetönung bei T und $\Delta H_{T'}$ bei T', so ist

$$\Delta H_{T'} - \Delta H_T = \int_T^{T'} \Delta C_p \, dT.$$

Die Integration kann erst durchgeführt werden, wenn die Abhängigkeit der spez. Wärme von der Temperatur bekannt ist. Dafür gibt es theoretische (S. 17) und empirische Ausdrücke. Als Beispiel, wie eine solche integrierte Gleichung von $0°$ K bis $298°$ K aussieht, sei die Wärmetönung für den Übergang $Sn_{weiß} \rightleftarrows Sn_{grau}$ angegeben:

$$\Delta H = -332{,}4 - 1{,}365 \, T + 4{,}37 \cdot 10^{-3} \, T^2 - 9{,}72 \cdot 10^{-6} \, T^3 +$$
$$+ \, 8{,}1 \cdot 10^{-9} \, T^4. \tag{21}$$

Darnach wäre die Wärmetönung beim absoluten Nullpunkt $\Delta H_0 = -332{,}4$ cal.

Auf Einzelheiten soll hier nicht näher eingegangen werden, da weiter keine direkte Anwendung der Gl. 20 in diesem Buche erfolgt. Diese soll nur zeigen, wie man zur Kenntnis der Wärmetönung einer chemischen Reaktion gelangt, die bei verschiedenen Temperaturen verläuft.

Experimentelle Untersuchungen über die Bildungswärme und Wärmetönungen von chemischen Reaktionen verdankt man J. THOMSON (Dänemark) und M. BERTELOT (Frankreich). Seit den letzten Jahrzehnten beteiligt man sich in allen Ländern an den Verbesserungen der Methoden, die genannte Forscher in den Jahren 1853 bis 1865 angewendet haben.

Die zugrunde liegende Erkenntnis ist schon frühzeitig bekannt gewesen; sie ist in dem Satze von der *Konstanz der Wärmesummen* enthalten, den G. HESS (Deutschland) 1840 aufstellte.

IV. Quantentheorie

In der Physik und Physikalischen Chemie nimmt die Quantentheorie eine fundamentale Stellung ein. Sie entwickelte sich aus den Strahlungsgesetzen, die also Vorgänge betreffen, an denen Licht und Materie in Wechselwirkung treten. Die Atome vermögen nicht jede beliebige Energie aufzunehmen, sondern nur bestimmte Energiequanten. Das Atom im Verbande eines Stoffes führt Schwingungen aus, die in erster Näherung gleich einem linearen (harmonischen) Oszillator zu beschreiben sind. Jede Bewegungskomponente des Atoms kann nur n *ganze Vielfache* eines bestimmten Energiequantums ε_0 aufnehmen, wodurch seine Energie E den Wert

$$E = n\,\varepsilon_0 \tag{1}$$

erhält. Der Wert des Energiequantums wird in Zusammenhang gebracht mit der Eigenfrequenz ν_0 des Oszillators, es ist $\varepsilon_0 = h\,\nu_0$ oder

$$E = n\,h\,\nu_0. \tag{2}$$

In dieser fundamentalen Gl. 2 ist h eine *universelle* Konstante, sie wird PLANCK-*Konstante* bezeichnet; ihr Wert beträgt

$h = 6{,}55 \cdot 10^{-27}$ Erg $\times$ sec. $\quad(3)$

Nach einer hier nicht näher angegebenen Rechnung erhält man für die mittlere Energie $\overline{E}$ eines im Schwingungszustand befindlichen Atoms

$$\overline{E} = \frac{\varepsilon_0}{e^{\varepsilon_0/kT} - 1},$$

$$k = \frac{R}{N_L}$$

BOLTZMANN-Konstante.

Für 1 Grammatom oder Mol beträgt diese Energie

$$E = \overline{E}\,N_L = \frac{N_L\,h\,\nu_0}{e^{\frac{h\nu_0}{kT}} - 1}, \tag{4}$$

$h\nu_0/k = \varepsilon_0/k =$
$= (6{,}55 \cdot 10^{-27}/1{,}37 \cdot 10^{-16})\,\nu_0 =$
$= 4{,}8 \cdot 10^{-11}\,\nu_0 \equiv \Theta. \tag{5}$

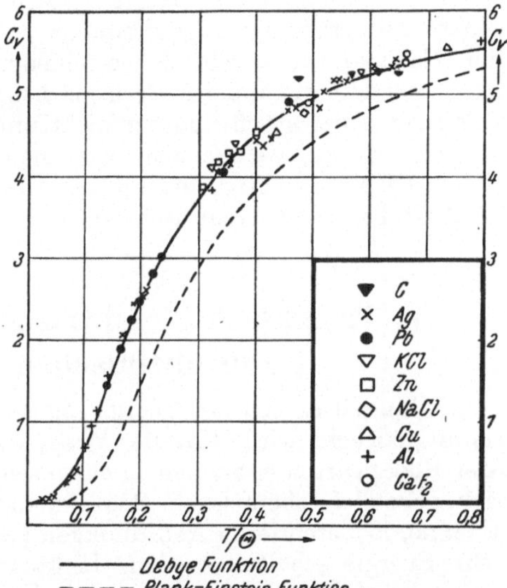

Abb. 3. Verlauf der Atom- (Mol-) Wärme C_v einiger Stoffe in Abhängigkeit von T/Θ a) nach der PLANCK-EINSTEIN-, b) nach der DEBYE-Funktion. Man sieht, wieviel genauer letztere Funktion die exp. Werte, die durch die verschiedenen Zeichen angegeben sind, richtig wiedergibt.

Die Atom- (Mol-) Wärme beträgt, wenn man berücksichtigt, daß der „räumliche Oszillator" dem mit 3 multiplizierten linearen entspricht,

$$C_v = 3\left(\frac{dE}{dT}\right) = 3\,R\,\frac{\left(\dfrac{\Theta}{T}\right)^2 e^{\frac{\Theta}{T}}}{\left(e^{\frac{\Theta}{T}} - 1\right)^2} \tag{6}$$

PLANCK-EINSTEIN-Gleichung.

Θ wird *charakteristische Temperatur* bezeichnet.

Die Gleichung gibt das bemerkenswerte Ergebnis, daß der Wärmeinhalt der festen Stoffe mit fallender Temperatur abnehmen muß und bei sehr tiefer Temperatur 0 wird.

Um den Abfall der Mol- (Atom-) Wärme nach der Gl. 6 richtig darstellen zu können, müssen für die einzelnen Elemente entsprechende Werte für Θ gefunden werden.

$$\Theta \qquad\qquad \nu_0 \cdot 10^{-12}$$

$$
\begin{array}{lll}
\text{Diamant} \ldots \ldots 1295 & 25 & \text{sec}^{-1} \\
\text{Kupfer} \ldots \ldots \ldots 225 & 4{,}9 & \text{,,} \\
\text{Blei} \ldots \ldots \ldots 67 & 1{,}4 & \text{,,}
\end{array}
$$

woraus sich dann nach Gl. 5 die Frequenz ν_0 finden läßt.

Die PLANCK-EINSTEIN-Gleichung gibt den Verlauf der Mol- (Atom-) Wärme in Abhängigkeit von der Temperatur nur qualitativ richtig wieder. In Wirklichkeit besitzt ein Atom im Verbande des festen Stoffes nicht eine bestimmte Eigenfrequenz ν_0, da auf dieses zufolge Bewegung der Nachbaratome zeitlich verschiedene Kräfte einwirken und seine Frequenz dauernd ändern. Berücksichtigt man, daß darnach der feste Zustand ein inneres Schwingungsspektrum besitzen muß, so gelangt man zu Gleichungen, welche den experimentell gefundenen Verlauf der Mol- (Atom-) Wärme richtig wiedergeben. Diese Rechnungen sind von P. DEBYE 1912 (Holland) gemacht worden.

V. Thermische, elektrische und Lichtenergie in chemischen Systemen

1. Handelt es sich um Energie, so ist es gleichgültig, in welchem Maße sie ausgedrückt wird [Kalorie, Watt, Lichtenergie (Hefnerkerze)]. Diese drei Energiearten entstehen in chemischen Systemen als Folgen hier vor sich gehender chemischer Reaktionen; am häufigsten ist thermische Energie, in besonderen Anordnungen (Galvanische Ketten) kann elektrische Energie erhalten werden. Lichtenergie ist selten als unmittelbare Folge chemischer Vorgänge zu beobachten; ihr Auftreten wird *Chemilumineszenz* bezeichnet. Häufig ist diese von thermischer Energie begleitet, wie dies z. B. in manchen Gasflammen der Fall ist (S. 240) (nicht zu verwechseln mit Temperaturstrahlung!); ein besonders einfaches Beispiel ist die Chemilumineszenz des gelben Phosphors (S. 202).

2. Die Anwendung dieser drei Energiearten auf chemische Systeme zur Herbeiführung chemischer Vorgänge vollzieht sich nach verschiedenem „Mechanismus": Die Wärmezufuhr erhöht die Temperatur des Systems, wodurch eine Steigerung der Reaktionsgeschwindigkeit erreicht wird, und, sobald das System unter Verbrauch von Wärme reagiert, wird ihm diese so zur Verfügung gestellt.

3. Unter den drei Energiearten nimmt in dieser Hinsicht die elektrische Energie eine besondere Stellung ein. Man kann sie auf ein chemisches System erst anwenden, wenn es für den elektrischen Strom leitend ist, In Lösungssystemen ferner ist die Wirkung stets *polar*; d. h. immer bewirkt der elektrische Strom zwei Vorgänge, einen an der Anode und einen an der Kathode, die bezüglich Ladungsänderungen direkt entgegengesetzt sind. Die vom elektrischen Strom hervorgerufenen Umsätze erfolgen strenge nach dem FARADAY-*Gesetz*. Ein Grammatom Elektronen $5{,}5 \cdot 10^{-4}$ g finden sich in Verbindung mit 1 Grammatom oder

Grammradikal, dem es eine einwertige negative Ladung erteilt. Es werden primär pro 1 FARADAY-*Äquivalent* 5,5 . 10^{-4} Grammelektronen in Freiheit gesetzt, dies entspricht der Elektrizitätsmenge von 96500 *Coulomb*. Durch diese Elektrizitätsmenge werden von 1 Grammatom einwertig negativ geladenen Ionen die Elektronen entfernt und diese positiven Ionen zugeführt, wobei genau 1 Grammatom einwertig positiv geladene Ionen entladen werden. Die Elektrizitätsmenge

$$96500 \text{ Coulomb} = \mathfrak{F} \tag{1}$$

wird allgemein 1 Faraday bezeichnet. Die Stromstärke 1 Ampere entspricht 1 Coulomb/Sekunde. Die an den Elektroden entsprechend dem FARADAY-Äquivalent primär entladenen Ionen können hier weitere Umsetzungen erfahren, was nach Berücksichtigung der Stöchiometrie zu ermitteln ist. Ohne Nebenreaktionen verläuft im allgemeinen die z. B. Abscheidung der Metalle an der Kathode.

Von diesen Betrachtungen sind die Wirkungen des elektrischen Stromes ausgenommen, die durch elektrische Entladungen in Gasen vor sich gehen, wie dies z. B. im Ozonisator (S. 146) der Fall ist, dazu gehören vor allem die Entladungen in verdünnten Gasen. Unter diesen Umständen kommt das FARADAY-Äquivalent nicht mehr direkt zur Geltung. Die Leitung des Stromes erfolgt durch Gasionen und Elektronen, die chemischen Vorgänge sind dann lediglich „thermisch" bedingt durch das Zusammenstoßen von Ionen großer Geschwindigkeit mit neutralen Molekeln (unelastische Zusammenstöße). Eine Zwischenstellung nimmt die *Glimmlichtelektrolyse* ein (S. 165).

4. Für die Einwirkung des Lichtes auf chemische Systeme gilt das *Photochemische Grundgesetz*: *Nur Licht, das vom System absorbiert wird, kann chemisch wirksam sein.* (Gesetz von GROTTHUS, 1818, DRAPER, 1839). Dieses Gesetz ist lediglich eine Forderung, die sich nach Berücksichtigung des I. W.-H. ergibt. Der Primärakt der Einwirkung von Licht auf Materie ist seine *quantenhafte Absorption. Ein Lichtquant wird stets von einer einzelnen Molekel aufgenommen (Photochemisches Äquivalent-Gesetz).* Nach der Quantentheorie entspricht die Energie ε eines Lichtquantes dem Produkte $\varepsilon = h\,\nu$, die Zahl n der absorbierten Quanten ist nach der Gl. (2) (S. 17) $n = E/h\,\nu$ gegeben, wenn ε die *absorbierte* Lichtenergie bedeutet. Von der Materie werden nur ganze Lichtquanten aufgenommen oder abgegeben *(emittiert)*. Die Energie des Lichtquantes hängt von der Frequenz des Lichtes ab, kann also einen Wert haben, der innerhalb weiter Bereiche liegt. Ein Mol Lichtquanten sind $6{,}06 . 10^{23}$ einzelne Lichtquanten. Für eine einzelne Molekel beträgt

$$\varepsilon = 6{,}55 . 10^{-27}\,\nu = \frac{19{,}6 . 10^{-9}}{\lambda} \text{ Erg, } \lambda \text{ in Å-Einheiten;}$$

$$\text{für 1 Mol } N_L \frac{19{,}6 . 10^{-9}}{\lambda} \text{ Erg oder } E = \frac{2{,}85 . 10^5}{\lambda} \text{ kcal.} \tag{2}$$

In der Anwendung elektrischer Energie erfahren zuweilen die primär an den Elektroden entladenen Ionen weitere Umsetzungen; dadurch stehen die gebildeten Stoffe in einem nicht einfachen Zusammenhang mit der angewendeten Elektrizitätsmenge (S. 19). Während dies bei den elektrochemischen Vorgängen nicht der häufigste Fall ist, ist bei photochemischen Vorgängen das aufgenommene Lichtquant so verschiedenartig wandelbar, daß hier Abweichungen vom direkten Zusammenhang Regel ist, wie das Folgende ausführt.

5. Nimmt eine Molekel A ein Lichtquant $h\,\nu$ auf; $A + h\,\nu = A^*$, so entsteht eine angeregte Molekel A^*, diese kann eine chemische Reaktion zur Folge haben, die stöchiometrisch erfaßt werden kann, wenn sie sich mit einer anderen Molekel B verbindet. $A^* + B = AB$. Vorgänge solcher Art sind selten, vielmehr kann sich die aufgenommene Energie von A^* in verschiedener Weise verbrauchen, was von der Zusammensetzung des Systems abhängig ist:

1. $A^* = A + e^-$ Abspaltung des Elektrons, S. 53,
2. $A^* = A + h\,\nu'$ Fluoreszenz und Phosphoreszenz
                     $h\,\nu' \leqq h\,\nu$, S. 59,
3. $A^* + C = A + C^*$ Sensibilisation, S. 68,
4. $A^* = A + \text{Wärme}$.

Licht kann von einem chemischen System aufgenommen werden, wenn der Vorgang endotherm verläuft, verläuft er exotherm, so kommt dem Licht lediglich die Rolle zu, auslösend auf den Prozeß zu wirken. Im ersten Fall hat man es mit *Speicherung der Lichtenergie* zu tun; zu diesem gehört die so wichtige Assimilation der Kohlensäure von den Pflanzen, die unter Einwirkung der Sonnenstrahlung erfolgt. Ganz allgemein werden die in chemischen Systemen nach der quantenhaften Absorption des Lichtes erfolgten Umsetzungen im Zusammenhang mit der Zahl der absorbierten Lichtquanten gebracht, durch das Verhältnis

$$\frac{\text{Zahl der verbrauchten oder entstehenden Molekeln}}{\text{Zahl der absorbierten Quanten}} = \gamma \tag{3}$$

(γ ist die Quantenausbeute oder Quantenempfindlichkeit);

es gibt die pro 1 Quant sich ergebenden Umsätze im System. Die Quantenausbeute γ kann von Fall zu Fall verschieden sein, sie kann gleich, kleiner oder größer als 1 sein. Daß γ in den seltenen Fällen 1 ist, entspricht den oben erwähnten Ausführungen. Experimentell arbeitet man mit Licht einer bestimmten Wellenlänge *(monochromatisches Licht)* und mißt die absorbierte Lichtenergie. Der Temperaturkoeffizient photochemischer Prozesse ist im Vergleich zu thermischen Prozessen meist klein.

VI. Dalton-Atomtheorie

Um die zu Beginn des 19. Jahrhunderts bekannten experimentellen Ergebnisse auf dem Gebiete chemischer Vorgänge allgemeiner zu deuten, machte JOHN DALTON (1805) (England) eine bedeutungsvolle Hypothese. Die Beachtung der Gewichtsmengen, mit denen die Stoffe bei der Bildung einer chemischen Verbindung beteiligt sind, war eine besondere Veranlassung dazu gewesen. Ein Stoff kann mechanisch nicht in beliebig kleine Teile geteilt werden, sondern man müsse schließlich zu Teilchen gelangen, an denen eine weitere Teilung nicht mehr durchführbar wäre; diese Teilchen bezeichnet DALTON als „Atome" ($\tau\acute{o}\ \mathring{\alpha}\tau o\mu o\nu$, das Unteilbare) im allgemeinsten Sinne. In einem bestimmten Stoff wären die „Atome" *alle untereinander gleich*, haben ein *gleiches* Gewicht, also auch in einem chemischen Element. Dieser Vorstellung entsprechend, ist das Atom eines chemischen Elementes das einfachste Gebilde eines Stoffes überhaupt. Die „Atome" einer Verbindung enthalten alle Atome der Elemente, die an der Verbindung beteiligt sind. In der späteren Entwicklung der Theorie erhält das „Atom" einer Verbindung die Bezeichnung *Molekel*.

Man kennzeichnet ein Atom eines bestimmten Elementes durch das entsprechende Symbol, z. B. H, O bedeutet 1 Atom Wasserstoff, 1 Atom Sauerstoff.

Die Atomtheorie ist für die Entwicklung der Chemie und Physik von größter Bedeutung geworden. Der zugrunde liegende Gedanke, beschränkte Teilbarkeit der Materie, ist bereits im 5. Jahrhundert v. Chr. in der griechischen Naturphilosophie zu finden. Er entspricht demnach einem besonderen Gefühle unserer Betrachtung von Vorgängen in der Natur.

VII. Atomgewicht und Molekulargewicht

Atomgewicht. Das Gewicht einzelner Atome kann natürlich nicht bestimmt werden, es ist aber möglich, nach besonderen Methoden relative Werte zu erhalten. 1 Liter Wasserstoffgas ist 15,88mal leichter als 1 Liter Sauerstoff. Wasserstoff ist das leichteste Element, sein Atomgewicht ist 1 gesetzt worden, das Atomgewicht des Sauerstoffs wäre dann 15,88. Aus experimentellen Gründen setzt man jedoch das Atomgewicht des Sauerstoffs 16,000, das Atomgewicht des Wasserstoffs beträgt dann 1,0078. Die Atomgewichte aller Elemente werden demnach auf Sauerstoff-Atomgewicht 16,000 bezogen. *Das Atomgewicht ist eine Zahl, die angibt, wievielmal 1 Atom eines Elements schwerer ist als der 16. Teil eines Atoms Sauerstoff.* Das Atomgewicht ist also eine Verhältniszahl und hat deshalb die Dimension Null.

In der Molekel einer Verbindung befinden sich die Atome der einzelnen Elemente, die die Verbindung zusammensetzen. Das Molekulargewicht der Verbindung ist dann gleich der Summe der Atomgewichte in der Molekel, z. B. die Molekel Wasser besteht aus 2 Atomen Wasserstoff und 1 Atom Sauerstoff: das Molekulargewicht ist also gleich 2 . 1,0078 + + 1 . 16,000 = 18,0156.

VIII. Ordnungszahl

Das Atom besteht aus polar getrennten, elektrisch geladenen Massenteilchen. Das Atom ist elektrisch neutral, die Ladungen heben sich deshalb gegenseitig auf. Die gesamte positive Ladung ist im Kern vereinigt, in dem auch die Masse des Atoms liegt; die gleiche negative Ladung ist auf die einzelnen Elektronen verteilt, die um den Kern kreisen. Eine elektrische Ladung beträgt $4{,}80 \cdot 10^{-10}$ e. st. E. ($cm^{3/2} \cdot g^{1/2} \cdot sec^{-1}$). Die im Kern des Atoms vorhandene Anzahl positiver elektrischer Ladungen bezeichnet man als *Ordnungszahl*; Wasserstoff hat die Ordnungszahl 1, Sauerstoff 8 usw.

Atomgewicht und Ordnungszahl sind fundamentale Größen für die Kennzeichnung chemischer Elemente. Die Ordnungszahl muß immer eine ganze Zahl sein, das Atomgewicht weicht von der Ganzzahligkeit meist um ein geringes ab (S. 99).

Eine genauere Bedeutung der chemischen Symbole. Wie schon betont, bedeutet das chemische Zeichen für ein Element, z. B. H, 1 Atom Wasserstoff. Es hat sich als zweckmäßig ergeben, mit diesem Zeichen auch ein quantitatives Maß zu verbinden; danach bedeutet das Zeichen für ein Element so viel Gramm des Elements, als sein Atomgewicht beträgt. Es drückt H 1,0078 g Wasserstoff, O 16,000 g Sauerstoff aus. Man bezeichnet diese Größe als *Grammatom*.

Gleich ist das Symbol (die Formel) für eine chemische Verbindung festgelegt. Das quantitative Maß bestimmt hier das *Molekulargewicht*; es bedeutet H_2O 18,0156 g Wasser, CO_2 44,000 g Kohlendioxyd. Hier bezeichnet man diese Größe als *Mol*, demnach beträgt 1 Mol Wasser 18,0156 g, 2 Mole Wasser $2 \cdot 18{,}0156$ g usw.

IX. Das Wasser

(H_2O, *Molekulargewicht 18,0*)

Das Wasser gehört zu einer sehr häufigen chemischen Verbindung auf der Erde. Mehr als zwei Drittel ihrer Oberfläche sind mit Wasser bedeckt, es ist daher verständlich, daß das chemische und physikalische Geschehen auf unserem Planeten durch Wasser weitgehend beeinflußt sein wird.

Der Wasserdampf der Erdoberfläche wird in höheren Schichten abgekühlt, es kommt zur Nebel- und Wolkenbildung, als Regen, Schnee, Hagel gelangt das Wasser wieder zur Erde zurück. Es vollzieht sich auf diese Weise ein Destillationsvorgang — die Niederschläge sind deshalb das reinste in der Natur vorkommende Wasser.

Das Wasser der Quellen, der Flüsse und der Meere enthält die verschiedensten Stoffe gelöst, sie stammen von Stellen, mit denen es im Laufe der Zeit in Berührung kommt. Im allgemeinen sind im natürlichen Wasser gelöst: Hydrokarbonate und Sulfate der Erdalkalien, Natriumchlorid, Magnesiumchlorid. Enthält das Wasser am Ursprung besondere Stoffe gelöst, wie Kohlendioxyd, Bittersalz, Jodverbindungen u. a., so bezeichnet man es als *Mineralwasser*, dem auch öfter eine besondere heilende Wirkung zugeschrieben wird. Das Wasser der Meere kennzeichnet ein hoher Gehalt an Natriumchlorid, etwa 1,5% beträgt er in der Nordsee, 3% in der Adria, im Durchschnitt etwa 3,5%. Konzentrierte Natriumchloridlösungen enthält das *Tote Meer* (25%), *Karabugas-Bucht* (28%).

Der Gehalt des Wassers an gelösten Stoffen ist für seine Verwendung von nicht zu unterschätzender Bedeutung. Man bezeichnet ein Wasser „hart", wenn es viel Salze der Erdalkalien gelöst enthält; sie scheiden sich beim Erwärmen und Verdampfen des Wassers ab (Kesselstein). Kesselspeisewasser und Wasser, die in Wäschereien verwendet werden, müssen „enthärtet" werden.

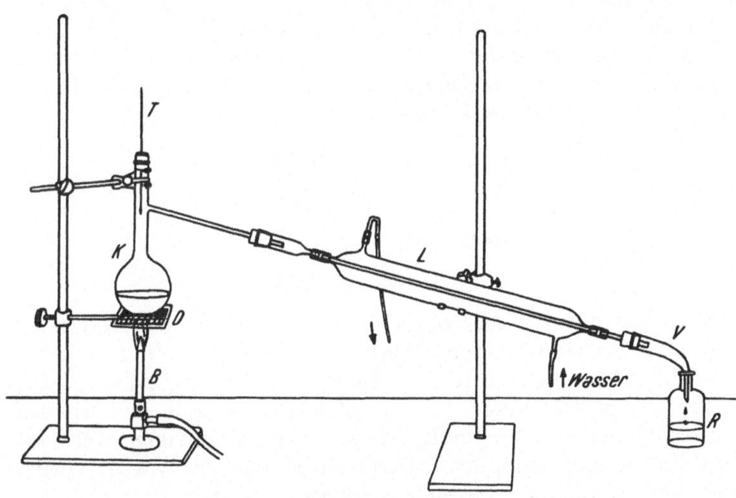

Abb. 4. Anordnung für eine Destillation im kleinen. *K* Glaskolben, *D* Drahtnetz, *B* Brenner, *T* Thermometer, *L* LIEBIG-Kühler, *V* Vorstoß, *R* Vorlage. Die Kühlung erfolgt im Prinzip des Gegenstromes: eine wirksame Ausnützung von Energie und Anordnung.

1. Reinigung des Wassers. Natürlich vorkommend, ist das Wasser niemals rein. Als Quell- und Brunnenwasser kann es fast immer zum Trinken verwendet werden, obgleich letzteres schon einige Vorsicht verlangt. Wässer, die in der Nähe großer Ansiedlungen geschöpft oder gefördert werden, können krankheitserregende Bakterien enthalten, eine Gefahr, die man durch entsprechende hygienische Maßnahmen sicher abwenden kann. Für die Verwendung im chemischen Laboratorium und für besondere Zwecke in der Medizin muß das Wasser vollkommen rein sein. Man gewinnt solches Wasser durch Destillation (Abb. 4).

Wird die Destillation im großen durchgeführt, was in jedem chemischen Laboratorium der Fall ist, so werden andere Vorrichtungen verwendet. An Stelle des Glaskolbens *K* tritt eine große Metallblase, meist aus Kupfer bestehend; der Kühler ist eine spiralig gewundene Röhre aus Zinn, die in einem von kaltem Wasser durchflossenen Behälter steht.

Wird bei der Destillation die Luft nicht ausgeschlossen, so erhält man auf diese Art noch kein vollständig reines Wasser, da es Kohlendioxyd aus der Luft und diese selbst löst. Erst wenn man die Destillation unter völligem Abschluß von Luft (im Vakuum) und Verwendung von Zinngefäßen durchführt, erhält man reines Wasser. So ein Wasser kann nur in Gefäßen aus Platin und anderen Edelmetallen aufbewahrt werden, in Glas und Quarzgefäßen werden bald merkliche Mengen davon gelöst. Die empfindlichste Kontrolle für vollkommen reines Wasser ist die Messung seiner elektrischen Leitfähigkeit. Ein ziemlich reines Wasser erhält man durch Ausfrieren, indem man den noch nicht gefrorenen Anteil, der die Verunreinigungen enthält, abgießt.

2. Eigenschaften des reinen Wassers. 1. Das Wasser ist farblos, nur in großen Schichten betrachtet, erscheint es blau. Es ist geschmack- und geruchlos. Auffallend ist die Abhängigkeit der Dichte von der Temperatur. Im allgemeinen nimmt die Dichte der Stoffe mit steigender Temperatur ab, Wasser bildet dazu eine Ausnahme.

$$
\text{Eis} \quad d_0: \quad 0,9167,
$$

$$
\text{Wasser} \begin{cases} d_0: & 0,99987, \\ d_4: & 1,0000, \\ d_{10}: & 0,99973. \end{cases}
$$

Auf die Dichte des Wassers bei 4° wird die Dichte der anderen Stoffe bezogen. Da Eis eine kleinere Dichte als Wasser bei 0° hat, muß beim Gefrieren Ausdehnung eintreten. Damit im Zusammenhang steht die Verwitterung der Gesteine. Da aus gleichem Grunde das Eis auf dem Wasser bei 0° schwimmen muß, ist ein rasches Gefrieren der Gewässer bis zum Boden nicht möglich. Dadurch ist das im Wasser vorhandene tierische und pflanzliche Leben geschützt.

3. Gefrierpunkt (Schmelzpunkt, Schmp.) **und Siedepunkt** (Sdp.) **des Wassers.** Der Gefrier- und der Siedepunkt des Wassers sind physikalisch deshalb von Bedeutung, weil sie die Fixpunkte der allgemein angenommenen Temperaturskala in Grad Celsius bilden. Nach dieser liegt der Gefrierpunkt des Wassers bei 760 Torr genau bei 0°, der Siedepunkt genau bei 100,00°.

Das Gefrieren des Wassers bei 0° ist ein Vorgang, den man durch eine Gleichung darstellen kann mit Verwendung des I. W.-H.

$$
\begin{array}{cc} \text{A} & \text{B} \\ \mathrm{H_2O_{flüssig}} & \rightarrow \mathrm{H_2O_{fest}}. \end{array}
$$

$$
\Delta E = E\,(\mathrm{B}) - E\,(\mathrm{A}) = E\,(\mathrm{H_2O})_{\text{fest}} - E\,(\mathrm{H_2O})_{\text{flüssig}} =
$$

$$
= H\,(\mathrm{H_2O})_{\text{fest}} - H\,(\mathrm{H_2O})_{\text{flüssig}} = \Delta H = -\,1{,}42 \ \mathrm{kcal/Mol};
$$

sie drückt aus: 1 Mol flüssiges Wasser verwandelt sich in 1 Mol Eis, zugleich werden 1,42 kcal Wärme frei. Demnach ist der Wärmeinhalt von 1 Mol flüssigem Wasser um 1,420 kcal größer als von 1 Mol Eis. Die beim Festwerden eines Stoffes entwickelte Wärme wird als *Kristallisationswärme (Erstarrungswärme)* bezeichnet. Die molekulare Kristallisationswärme (Erstarrungswärme) des Wassers beträgt $\Delta H = -\,1{,}42$ kcal.

Das Schmelzen des Wassers drückt die Gleichung aus:

$$H_2O_{fest} \rightarrow H_2O_{flüssig}, \quad \Delta H = 1{,}42 \text{ kcal/Mol.}$$

Es wird demnach beim Schmelzen die gleiche Wärmemenge verbraucht, die beim Gefrieren frei wird.

Betrachtet man die beiden Gleichungen, so sieht man, daß das Fest- und Flüssigwerden eines Stoffes genau entgegengesetzte Vorgänge sind; diese Feststellungen gelten allgemein.

Den Schmelzpunkt des Eises kann man nicht überschreiten, hingegen ist es möglich, flüssiges Wasser unter den Nullpunkt abzukühlen. Diese Unterkühlung kann man mit einem kleinen Stück Eiskristall aufheben. Das Versetzen einer unterkühlten Flüssigkeit mit dem festen Stoff bezeichnet man *Impfen*, als *Keim* den festen Stoff, der die Unterkühlung aufhebt.

Das Sieden des Wassers bei 100° drückt die Gleichung aus:

$$H_2O_{flüssig} \rightarrow H_2O_{Dampf},$$

$$\Delta H = 9{,}72 \text{ kcal/Mol,}$$

$$H_2O_{Dampf} \rightarrow H_2O_{flüssig},$$

$$\Delta H = -9{,}72 \text{ kcal/Mol.}$$

Der Verdampfungsvorgang verbraucht pro 1 Mol Wasser $\Delta H = 9{,}72$ kcal: Der Wärmeinhalt eines Mols Wasserdampf bei 100° und 1 Atm. Druck ist um diesen Betrag höher als der von 1 Mol flüssigem Wasser bei gleicher Temperatur.

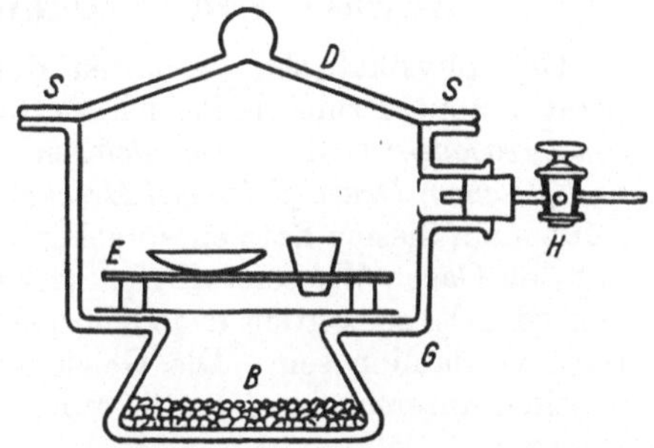

Abb. 5. Exsikkator. Der Glasdeckel *D* sitzt auf dem starkwandigen Gefäß *G* an den Schliffstellen *S* vakuumdicht. Am Boden *B* befinden sich die Trockenmittel, die Einlage *E* dient zur Aufnahme der zu trocknenden Stoffe, über den Hahn *H* wird das Gefäß evakuiert.

Die beim Verdampfen eines Stoffes aufgenommene Wärme wird als *Verdampfungswärme*, die beim umgekehrten Vorgang freiwerdende Wärme als *Kondensationswärme* bezeichnet: die molare Kondensationswärme des Wassers bei 100° beträgt demnach $\Delta H = -9{,}72$ kcal. Man kann beide Vorgänge in einer Gleichung ausdrücken:

$$H_2O_{flüssig} \rightleftarrows H_2O_{Dampf}, \quad \Delta H = 9{,}72 \text{ kcal.}$$

Vorgang in der Richtung $\leftarrow$ verläuft unter Wärmeabgabe, in der $\rightarrow$-Richtung unter Wärmeaufnahme: Vorgang erster Art wird *exotherm*, der zweiten Art *endotherm* bezeichnet.

Sehr reines Wasser läßt sich über den Siedepunkt erwärmen, ohne daß es zum Sieden kommt. Dieser Siedeverzug kann sich zuweilen explosionsartig von selbst aufheben, Tonstückchen, kleine Platinschnitzel, die Luft adsorbieren, können solche Siedeverzüge verhindern.

Die Kondensation läßt sich (ähnlich wie beim Gefrieren) auch unterschreiten. Ein unter 100° abgekühlter Wasserdampf kann durch Staubteilchen sofort zur Kondensation gebracht werden. Diese Auslösung kann auch durch gasförmige Ionen erfolgen; auf diesem Verhalten beruht die WILSON-*Kammer*, die in der Strahlungsforschung (Radioaktivität, kosmische Strahlung) eine hervorragende Stellung einnimmt.

4. Trocknung. Die Luft enthält stets Feuchtigkeit, und zwar ist sie meist bis zu etwa 60% gesättigt. Stoffe, die an der Luft liegen, sind deshalb nicht absolut trocken zu erhalten. Um sie von Feuchtigkeit zu befreien, bringt man sie in einen *Exsikkator* (Abb. 5). Es ist ein Glasgefäß von der angegebenen Form, in dem sich am Boden ein Stoff befindet, der Wasserdampf absorbiert; solche Stoffe sind: konz. Schwefelsäure, Kalziumchlorid, Phosphorpentoxyd, Magnesiumperchlorat usw. Die Geschwindigkeit der Trocknung wird beschleunigt, wenn der Raum im Exsikkator luftleer gemacht wird.

X. Satz von Avogadro. Die Gasgesetze

Das physikalische Verhalten der Gase in Abhängigkeit von Temperatur und Druck läßt sich durch Gasgesetze ausdrücken. *Der Satz von Avogadro*[1] (1811): *Im gleichen Raum sind bei gleicher Temperatur und gleichem Druck gleich viel Molekel vorhanden, unabhängig von der Gasart.* Füllt man, diesem Satz entsprechend, z. B. vier genau gleich große Würfel mit den Gasen Wasserstoff H_2, Stickstoff N_2, Sauerstoff O_2 und Schwefeldioxyd SO_2, so werden in jedem dieser Würfel gleich viele Molekel dieser Gase vorhanden sein. Die Gewichte der Würfel werden sich aber sehr deutlich unterscheiden, da die Molekel dieser Gase verschiedene Gewichte haben.

Der genannte Satz ist zuerst als Hypothese aufgestellt worden, um die Änderungen der Volumina zu verstehen, die man bei chem. Reaktionen feststellt, an denen sich nur gasförmige Stoffe beteiligen; die DALTON-Theorie hat sich darin als zu enge erwiesen. Bevor auf diesen grundlegenden Satz näher eingegangen werden kann, hat man die folgenden Gasgesetze zu beachten.

1. Das Boyle-Mariotte-Gesetz. Es lautet:

$$p \cdot v = \text{konstant.} \tag{1}$$

Der Druck wird im allgemeinen in Atmosphären, das Volumen in Liter angegeben. Das Produkt Liter × Atmosphären hat die Dimension einer Arbeit.

2. Das Gesetz von Gay-Lussac (1802).

$$v_t = v_0\left(1 + \frac{1}{273}\,t\right) = \frac{v_0}{273}\,T, \quad 273{,}15 + t \equiv T \text{ Grad Kelvin (K°),} \tag{2}$$

in Worten: bei konstantem Druck dehnt sich das Volumen eines Gases bei der Erwärmung um 1° um das $1/_{273}$fache des Anfangswertes aus. Wird das Volumen konstant gehalten, so ändert sich der Druck entsprechend:

$$p_t = \frac{p_0}{273}T. \tag{3}$$

---

[1] AMADEO AVOGADRO (1776—1850), Italien.

Es wird $273{,}15 + t = T$ gesetzt und *absolute Temperatur* bezeichnet, sie wird in Grad Kelvin K° angegeben.

Ein Gas bei 0° und Druck 1 Atm. $= 760$ Torr steht unter normalen Bedingungen. $1/273 = \alpha$ ist der *Ausdehnungskoeffizient*. Die letzten zwei Gasgesetze lassen sich in eine Gleichung fassen:

$$p\, v_{T,p} = p_0\, v_0 \frac{T}{273} \tag{4}$$

(p_0 Druck des Gases vom Volumen v_0).

3. Das Dalton-Gesetz, Gesamt- und Partialdruck. *Vermengt man Gase, die alle unter dem gleichen Druck stehen und gleiche Temperatur haben, so ist das Endvolumen gleich der Summe der Volumina, welche die Gase vor der Mischung haben.*

Ein jedes Gas hat nach seiner Vermischung einen bestimmten Partialdruck, er ist definitionsgemäß:

$$p_1 = \frac{V_1\, p}{V_e}. \tag{5}$$

V_1, p_1 ist das Volumen bzw. der Druck des ersten Gases, V_e das Endvolumen nach der Vereinigung aller Gase, p ist der *Gesamtdruck*.

$$p\, V_1 = p_1\, V_e$$
$$p\, V_2 = p_2\, V_e$$
$$\cdots\cdots\cdots$$
$$p\, V_n = p_n\, V_e$$
$$\overline{p\,(V_1 + V_2 + \cdots + V_n) = V_e\,(p_1 + p_2 + \cdots + p_n)};$$

nach dem Dalton-Gesetz ist $V_e = V_1 + V_2 + \cdots + V_n$, demnach

$$p = p_1 + p_2 + \cdots + p_n, \tag{6}$$

d. h. die *Summe der Partialdrucke ist gleich dem Enddruck der Gasmischung.* Beispiel: Luft besteht aus 20,8 Vol.-% Sauerstoff und 79,2 Vol.-% Stickstoff. Der Partialdruck des Stickstoffes in der Luft beträgt demnach:

$$p = p_{\text{Sauerst.}} + p_{\text{Stickst.}} = 1 \text{ Atm.},$$

$$p_{\text{Sauerst.}} = \frac{1 \cdot 20{,}8}{100} = 0{,}208 \text{ Atm.}$$

4. Das allgemeine ideale Gasgesetz. In zwei Würfeln Volumen V_1 und V_2 wären genau 18 g Wasserdampf und 2 g Wasserstoff, also je 1 Mol vorhanden. In 1 cm³ dieser Würfel müssen nach dem Satz von Avogadro genau N einzelne Molekel vorhanden sein. Das Gewicht der einzelnen Molekel beträgt m_{H_2}, $m_{\text{H}_2\text{O}}$, dann wird

$$\left. \begin{array}{l} V_1\, N\, m_{\text{H}_2\text{O}} = 18 \text{ g} \\ V_2\, N\, m_{\text{H}_2} = 2 \text{ g} \end{array} \right\} \quad \frac{V_2\, m_{\text{H}_2}}{V_1\, m_{\text{H}_2\text{O}}} = \frac{2}{18}.$$

Die einzelnen Gewichte der Molekel müssen sich jedoch wie ihre Molekulargewichte verhalten:

$$\frac{m_{\text{H}_2}}{m_{\text{H}_2\text{O}}} = \frac{2}{18}.$$

Daraus folgt
$$V_1 = V_2.$$

Diese Beziehung gilt natürlich allgemein. *Ein Volumen, das gerade ein Mol eines Gases enthält, muß bei einer bestimmten Temperatur und einem bestimmten Druck für alle Gase gleich groß sein;* dieses Volumen bezeichnet man *Molvolumen.*

Unter den normalen Bedingungen 0°, 1 Atm. beträgt das Molvolumen 22,415 Liter.

Es gibt Stoffe, die als Gase aus Atomen bestehen, z. B. die Edelgase, Quecksilberdampf; für diese gilt das gleiche für das Volumen eines Grammatoms.

Bezieht man die zwei Gasgesetze (Gl. 4) auf 1 Mol eines Gases, so erhält man die *Zustandsgleichung* für ein *ideales Gas* für 1 Mol:

$$p \cdot v = \frac{1 \cdot 22{,}415}{273}\, T = R\,T. \qquad (7)$$

$R = 0{,}0820$ Liter $\times$ Atmosphäre/Grad ist die *Gaskonstante.* Hat man n Mole eines Gases, so lautet die Zustandsgleichung

$$p\,v = n\,R\,T. \qquad (8)$$

XI. Dampfdruck des Wassers und des Eises

Begriff des Gleichgewichtes und der Phase.

1. Bringt man in das TORRICELLI-Vakuum (Anordnung Abb. 6) etwas Wasser, so füllt sich der Raum mit Wasserdampf bis zu einem bestimmten, der Temperatur entsprechenden Druck; erhöht man die Temperatur, so steigt der Druck an. Bei 20° beträgt der Druck 17,5 Torr, 17,5/760 = = 0,023 Atm.

Der Dampfdruck des Wassers (und jeder Flüssigkeit) steigt mit steigender Temperatur sehr rasch an. Bei 100° beträgt der Dampfdruck 1 Atm., dies kennzeichnet den Siedepunkt des Wassers. Bei 180° beträgt der Druck 10, bei 240° bereits 30 Atm. Vermindert man den Druck, so siedet das Wasser (und jeder andere Stoff) bei einer niedrigeren Temperatur; von dieser Eigenschaft wird vielseitig Gebrauch gemacht.

Die Abhängigkeit des Dampfdruckes von der Temperatur läßt sich allgemein für kleinere, etwa 100° betragende Intervalle durch folgende (thermodynamische) Gleichung darstellen:

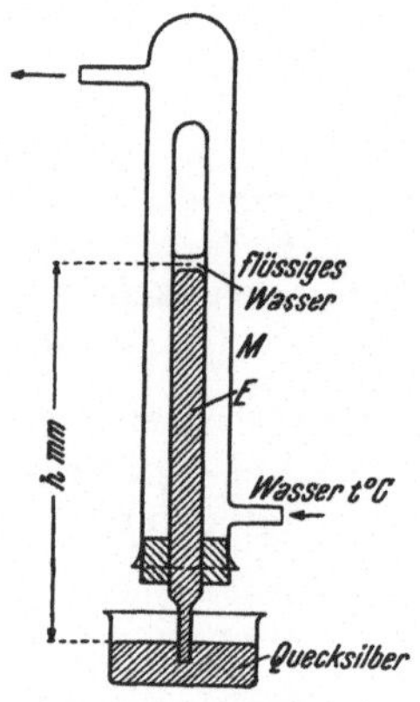

Abb. 6. Prinzipielle Anordnung zur Messung des Dampfdruckes von Wasser bei verschiedenen Temperaturen. E ist die mit Quecksilber gefüllte Barometerröhre, durch den Glasmantel M wird Wasser verschiedener Temperatur geleitet. Ist P der Atmosphärendruck in Torr, so beträgt der Dampfdruck des Wassers $p = P - h$, wenn h in mm gemessen wird.

$$\log p = -\frac{A}{T} + B \quad (A \text{ und } B \text{ sind Konstanten}).$$

Trägt man demnach $\log p$ als Funktion von $1/T$ auf, so hat man die Gleichung einer Geraden.

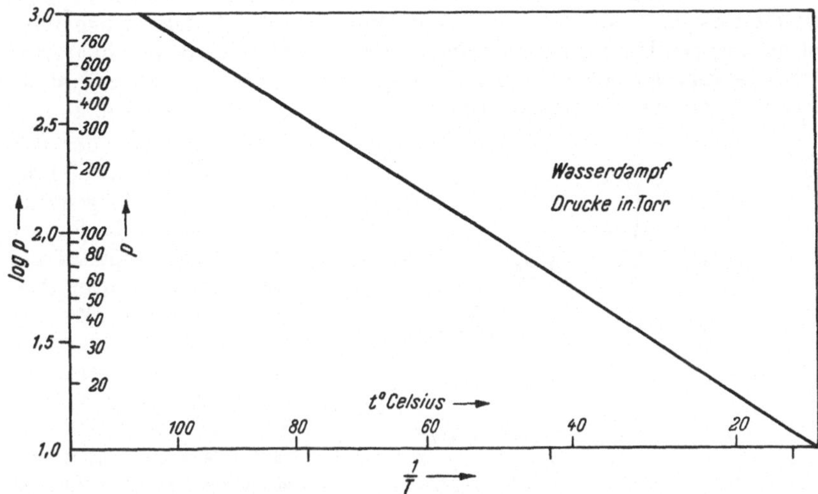

Abb. 7. Dampfdruck des Wassers als Funktion $1/T$, $\log p$.

2. Bei 0° haben Wasser und Eis gleichen Dampfdruck, sie stehen im *Gleichgewicht*. Man drückt dies aus: die *feste* und *flüssige Phase* des Wassers hat bei 0° den gleichen Dampfdruck. Der Dampfdruck einer festen Phase wird als *Sublimationsdruck* bezeichnet.

	Dampfdruck in Torr	
	Wasser	Eis
0°	4,58	4,58
— 10°	2,15	1,950
— 15°	1,436	1,241

In der Zusammenstellung ist zu beachten, daß nur bei 0° die Dampfdrucke der beiden Phasen gleich sind, sonst aber der des Wassers höher liegt als vom Eis. Bei Temperaturen unter 0° sind die beiden Phasen des Wassers nicht im Gleichgewicht, und zwar ist die flüssige Phase mit dem höheren Dampfdruck die *instabile* Phase. Hat man ein Gefäß mit zwei Kugeln, die miteinander durch eine Röhre verbunden sind, so kann man bei —10° in der einen Kugel flüssiges Wasser, in der anderen Eis haben (Abb. 8). Dieses System ist jedoch nicht im Gleichgewicht: das flüssige Wasser mit dem höheren Dampfdruck destilliert

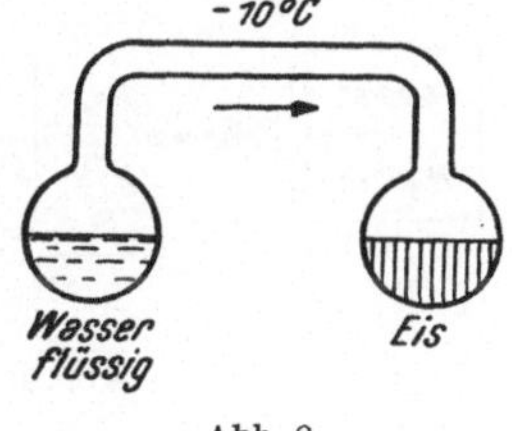

Abb. 8.

in die Kugel, die Eis enthält. Dieser Destillationsvorgang wird so lange andauern, bis das ganze flüssige Wasser überdestilliert und sich in die der Temperatur entsprechende *stabile* Phase (Eis) verwandelt.

Die in einem System durch Grenzschichten getrennten Teile bezeichnet man seine Phasen.

Zustandsdiagramm des Wassers. Der Siedepunkt und der Schmelzpunkt des Wassers bzw. des Eises sind vom Druck abhängig. Das Eis schmilzt bei niedrigerer Temperatur, wenn der Druck erhöht wird, bei 2000 Atm. Druck beträgt der Schmelzpunkt —20°. Diese Eigenschaften des Systems Wasser kann man in einem Diagramm anschaulich darstellen.

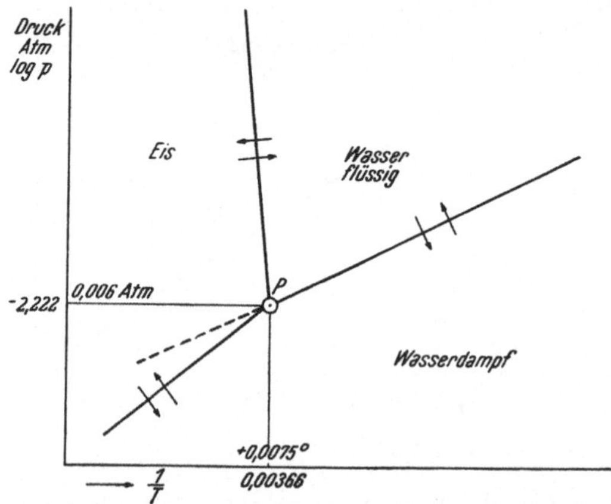

Abb. 9. Zustandsdiagramm des Wassers (schematisch).

Längs einer der drei Geraden sind zwei Phasen im Gleichgewicht, also stabil, nur im Punkte P, im Schnittpunkt der Geraden, sind drei Phasen, flüssiges Wasser, Wasserdampf und Eis nebeneinander beständig. In diesem Punkt hat das System eine ganz bestimmte Temperatur und ganz bestimmten Druck. Wird eine dieser Größen geändert, so verschwindet eine Phase. Dieser Punkt wird, da in ihm drei Phasen zusammentreffen, *Tripelpunkt* bezeichnet. Die Kurve Wasserdampf—Wasser flüssig ist in der Abbildung nach links über den Tripelpunkt P gestrichelt fortgesetzt; dies ist das instabile Gebiet des unterkühlten Wassers.

XII. Das Phasengesetz

Vorhergehend sind im Gleichgewicht befindliche Systeme betrachtet. Solche Systeme fügen sich dem allgemeingültigen Phasengesetz. Ein System kennzeichnen a) die Phasen: Dies sind die physikalisch trennbaren Bestandteile des Systems, z. B. im System Wasser—Dampf, bzw. festes Salz, gesättigte Lösung—Dampf:

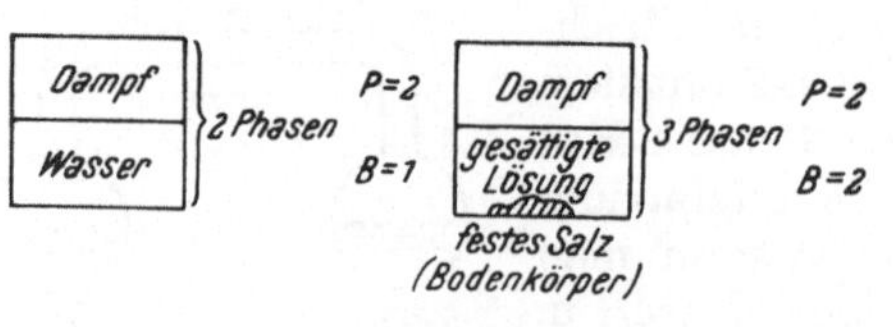

Abb. 10.

b) die unabhängigen Bestandteile: Das sind jene Stoffe, welche notwendig und hinreichend sind, um unter den Versuchsbedingungen (Mengenverhältnisse, Druck und Temperaturgrenzen, Zeit) 1. die Gleichgewichtszustände des Systems aufzubauen und 2. beim Gleichgewicht die Zusammensetzung jeder einzelnen Phase auszudrücken.

Im System Wasser oder Wasser + Kochsalz ist die Anzahl der Bestandteile 1 bzw. 2.

Der Zustand des Systems ist bestimmt durch die physikalischen Größen, Temperatur, Druck und Konzentration.

Das allgemeine Phasengesetz lautet: Die *Freiheiten F* eines Systems sind gleich der Anzahl der unabhängigen Bestandteile *B*, vermindert um die Anzahl der Phasen *P*, vermehrt um 2.

$$F = B - P + 2.$$

Die Freiheiten eines Systems sind die Anzahl derjenigen physikalischen Größen, die im System geändert werden können, **ohne daß eine Veränderung der Phasenzahl eintritt.**

Beispiele. 1. Wasser—Wasserdampf, $B = 1, P = 2, F = 1 - 2 + 2 = 1$; man kann beliebig, entweder die Temperatur oder den Druck, ändern.

2. Wasser—Eis, $B = 1$, $P = 2$, $F = 1$, also gleich wie bei 1; die beiden Systeme sind *univariant*.

3. Wasser—Eis—Dampf, $B = 1$, $P = 3$, $F = 0$, das System hat *keine* Freiheit, es kann nur bei einer bestimmten Temperatur und einem bestimmten Druck bestehen; das System ist *invariant*. Dies ist bereits oben, S. 30, behandelt.

4. In einer gesättigten Lösung hat man etwas von dem ungelöst gebliebenen Stoff am Boden des Gefäßes (man sagt, der Stoff ist *Bodenkörper*). Jetzt ist $B = 2$, $P = 3$, $F = 1$, d. h. wählt man eine bestimmte Temperatur, so sind Druck und Sättigungskonzentration damit schon festgelegt; wählt man einen bestimmten Salzgehalt in der gesättigten Lösung, so kann dieser nur bei einer bestimmten Temperatur und bestimmtem Dampfdruck der Lösung gefunden werden.

5. Das Salz sei im Wasser gelöst, z. B. Kochsalz. Die Lösung kennzeichnet: $B = 2$, $P = 2$ (Lösung und ihr Dampfraum), demnach $F = 2$. Das System ist *divariant*, d. h. Temperatur und Druck sind frei wählbar oder Temperatur und Gehalt der Lösung (Konzentration), in diesem Fall ist der Druck über der Lösung schon bestimmt, also nicht mehr frei wählbar.

Das Phasengesetz ist von allgemeiner Bedeutung, es ergibt sich aus den beiden Hauptsätzen der Thermodynamik.

XIII. Der Osmotische Druck

In Lösungen ist die Beachtung des Osmotischen Druckes von Bedeutung. Um diesen aufzufinden, bedarf man einer halbdurchlässigen (semipermeablen) Wand. So eine Wand hat die bemerkenswerte Eigenschaft, z. B. in der Lösung von Zucker in Wasser das Lösungsmittel, also das Wasser, durchzulassen, jedoch nicht den gelösten Zucker. Man verwendet ein Gefäß von der Form G, das am unteren Ende dicht mit der Membran abgeschlossen ist. Der ganze erweiterte Teil von G füllt die Zuckerlösung aus, die Anordnung wird dann, wie die Abb. 11 angibt, in ein Gefäß W gestellt, das reines Wasser enthält.

Nach einiger Zeit bemerkt man im Rohr von G ein Steigen der Lösung, das erst nach längerer Zeit zum Stillstand kommt. Die Membran läßt nur das reine Wasser aus W in das Gefäß G eintreten, verhindert aber zugleich dem gelösten Zucker ein Entweichen. Im Laufe der Zeit kommt es zu einem Gleichgewicht; der Druck der Wassersäule im Gefäß G, gegeben durch die Höhe h, wirkt dem Druck des reinen Wassers in W, sich noch weiteren Eintritt in G zu erzwingen, entgegen. Der auf diese Art beobachtete Überdruck wird Osmotischer Druck bezeichnet, er ist in allen Lösungen feststellbar.

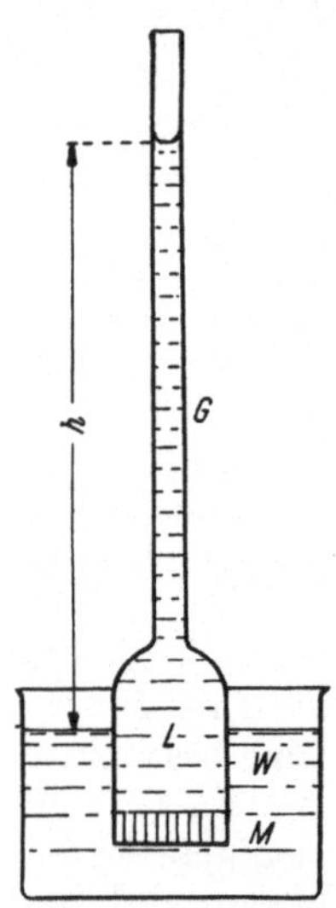

Der Osmotische Druck ist im tierischen und pflanzlichen Leben von grundlegender Bedeutung. Die Zellwände der Bakterien der höheren Pflanzen sind halbdurchlässig für Salzlösungen, das Steigen der Pflanzensäfte, die Auswirkung von Reizvorgängen an Pflanzen und vieles andere sind auf den Osmotischen Druck zurückzuführen. Es ist deshalb verständlich, daß es gerade ein Botaniker war, der als erster auf den Osmotischen Druck aufmerksam gemacht hat. W. PFEFFER, 1877 (Deutschland).

Statt tierische und pflanzliche Membranen zu verwenden, hat man nun gelernt, festere und sicher wirkende halbdurchlässige Membranen herzustellen. Man erhält geeignete Membranen bei Verwendung einer porösen Tonzelle, die man zuerst mit Ferrocyankaliumlösung füllt und dann in eine starke Kupfersulfatlösung hineinstellt. Es bildet sich in den Poren ein zusammenhängender Niederschlag $Cu_2[Fe(CN)_6]$, der als Membran wirkt. Membranzellen auf diese Art hergestellt gestatten, die Gesetzmäßigkeiten des Osmotischen Druckes genau festzustellen.

Abb. 11. Osmotische Zelle. W reines Wasser, M halbdurchlässige Membran, L Lösung.

Die grundsätzlich wichtige Erkenntnis ist nun, daß der Osmotische Druck verdünnter Lösungen den idealen Gasgesetzen folgt. Ist p der Osmotische Druck, ist n die Anzahl Mole des gelösten Stoffes in V Liter Lösung, so ist

$$P V = n R T \quad \text{oder} \quad P = \frac{n}{V} R T = c R T;$$

c ist dann die Anzahl Mole gelöster Stoff pro 1 Liter Lösung. Der Osmotische Druck P ist demnach proportional der Konzentration c (Volumkonzentration!).

Aus dem Bestehen des Osmotischen Druckes ergeben sich die Gesetze für die *Dampfdruckerniedrigung, Siedepunktserhöhung, Gefrierpunktserniedrigung.* In diesen das wichtige System chemischer Lösungen erfassenden Gesetzen ist die Messung des Osmotischen Druckes am schwierigsten; man verwendet die den anderen genannten Gesetzen zugrunde liegenden Messungen, besonders die Gefrierpunktserniedrigung, die sich mit großer Genauigkeit durchführen läßt, und berechnet daraus den Osmotischen Druck, wenn notwendig.

Gefrierpunktserniedrigung, Siedepunktserhöhung und Dampfdruckerniedrigung

Löst man einen Stoff in Wasser auf, so findet man, daß dessen Dampfdruck sich erniedrigt. In der Abb. 12 sind die damit zusammenhängenden Erscheinungen ausgeführt. Die Zeichnung ergibt drei neue, physikalisch erfaßbare Größen: es erfolgt eine Dampfdruckerniedrigung Δp, eine Siedepunktserhöhung ΔT_s und eine Gefrierpunktserniedrigung ΔT_g.

Verhalten einer Lösung:

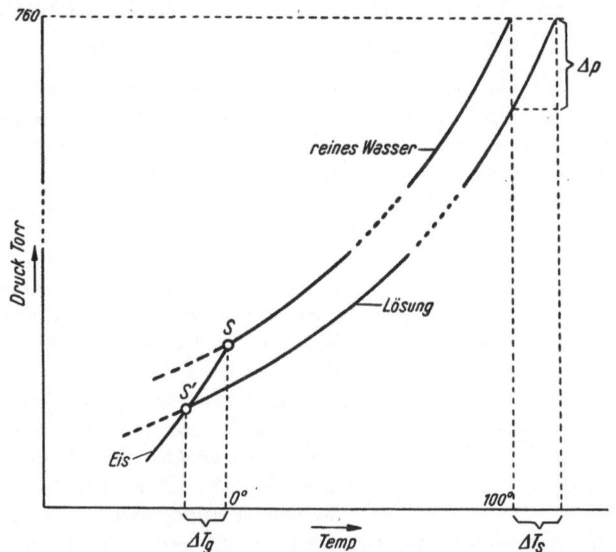

Abb. 12. Schematische Darstellung der Siedepunktserhöhung ΔT_s, Dampfdruckerniedrigung Δp und Gefrierpunktserniedrigung ΔT_g.

Experimentell findet man:

$$\Delta T_s = \text{prop.} \ \frac{\text{Gewicht des gelösten Stoffes}}{\text{Molekulargewicht des gelösten Stoffes}} =$$

$$= \text{prop. Zahl der gelösten Mole,}$$

$$\Delta T_s = E_{0s} \cdot c_{\text{gelöster Stoff}}.$$

Gleich ist

$$\Delta T_g = E_{0g} \cdot c_{\text{gelöster Stoff}}.$$

E_{0s}, E_{0g} bedeuten die *molare Siedepunktserhöhung* bzw. *molare Gefrierpunktserniedrigung*, $c_{\text{gelöster Stoff}}$ ist Mol in 1000 g Wasser. Für Wasser beträgt $E_{0s} = 0{,}513$, $E_{0g} = 1{,}859$, d. h. 1 Mol in 1000 g Wasser gelöst erhöht den Siedepunkt um 0,513° und erniedrigt den Schmelzpunkt um 1,859°. Man beachte, daß ΔT_s, ΔT_g nicht von der Gewichtsmenge, sondern von der Zahl der gelösten Mole abhängig ist.

Das hier für Wasser als Lösungsmittel Gesagte gilt allgemein für jede reine Flüssigkeit. Eine jede hat einen bestimmten Wert für E_{0s} und E_{0g}, diese Größen werden auch *Ebullioskopische* bzw. *Kryoskopische* Konstanten bezeichnet.

	E_{0s}	E_{0g}
Wasser	0,515	1,86
Fluorwasserstoff	1,9	1,31
Chlorwasserstoff	0,64	4,98
Ammoniak	0,34	1,32

XIV. Die Bestimmung des Molekulargewichtes
A. Überführung in den Gaszustand

1. Ballonmethode. Wie Abschn. 3, S. 35, ausgeführt, ist für die Bestimmung des Molekulargewichtes gasförmiger Stoffe die Kenntnis ihrer Litergewichte, also ihrer Dichte, notwendig. Die einfachste Methode wäre demnach die Wägung eines bekannten Volumens eines Gases. Nach dieser „Ballonmethode" wägt man einen Rundkolben (Abb. 13 a) zuerst luftleer und dann gefüllt mit Gas, von einem bestimmten Druck p. Das Volumen V des Rundkolbens wird mit Wasser gefüllt ausgewogen und so bestimmt. Kennt man das Gewicht des Gases g_G und V, so ist die Dichte $d_G = g_G/V$.

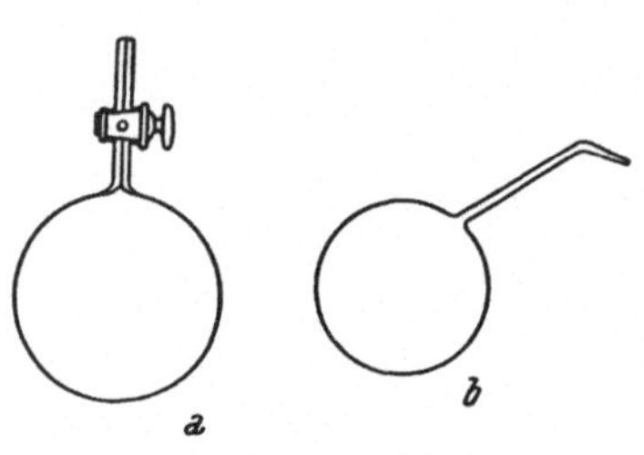

Abb. 13.

Die Molekulargewichte der Gase verhalten sich wie ihre Dichten oder wie ihre Litergewichte. Die Begründung dazu S. 26, 43. Man bezieht, wie schon wiederholt angegeben, alles auf das definierte Molekulargewicht des Sauerstoffes 32,0000. Es ist dann das Mol.-Gew. M_G eines bestimmten Gases G (d_{O_2}, d_G sind die entsprechenden Dichten bei gleicher Temperatur und gleichem Druck)

$$\frac{M_G}{32,0000} = \frac{d_G}{d_{O_2}} = \frac{L_G}{L_{O_2}},$$

woraus M_G gefunden wird. Diese Berechnung macht man unter der stillschweigenden Voraussetzung, daß in dem Volumen V gleich viel Mole vom Gas G wie von Sauerstoff vorhanden sind, was nur dann richtig wäre, wenn für beide Gase das ideale Gasgesetz $p V = n R T$ gälte, was sicher nicht der Fall ist. Um diese Messung zu verwerten, muß man die nach den realen Gasgesetzen sich ergebenden Werte auf die umrechnen, die sich nach dem idealen Gaszustand ergeben.

2. Das reale und ideale Gasgesetz. Das bereits S. 28 verwendete ideale Gasgesetz gilt für ein Modell eines Gases, das in Wirklichkeit nicht vorhanden ist. Das Verhalten der realen Gase läßt sich durch die Gleichung von VAN DER WAALS beschreiben, es lautet für 1 Mol:

$$\left(p + \frac{a}{V^2}\right)(v - b) = R T.$$

Es sind a, b *individuelle* Konstanten, die für jedes Gas bestimmt werden müssen. Für Drucke von etwa 1 Atm. und niedrigere läßt sich diese Gleichung umformen:

$$p\,v = RT\left(1 - \frac{p}{RT}\left(\frac{a}{RT} - b\right)\right) = RT\,(1 - \lambda\,p),$$

$$\frac{1}{RT}\left(\frac{a}{RT} - b\right) \equiv \lambda.$$

Daraus folgt:

$$(p\,v)_{\text{ideal}} = \frac{(p\,v)_{\text{real}}}{(1 - \lambda\,p)} \approx (p\,v)_{\text{real}}\,(1 + \lambda\,p) \quad \text{Drücke in Atm.} \qquad (1)$$

Mit Hilfe dieser Gleichung kann man das Verhalten des realen Gases auf das des idealen beziehen, und zwar in dem Druckbereich für den die Werte von $(1 + \lambda)$ bestimmt sind. Letztere findet man in Handbüchern. Z. B. beträgt für Sauerstoff, Kohlendioxyd (Druckbereich 0,3 bis 1 Atm.) $(1 + \lambda) = 1{,}00092(8)$ bzw. $1{,}00694$.

3. Die genaue Bestimmung der Dichten und des Litergewichtes. Man kann nach der Gl. 1 das ideale Volumen $V^{(i)}$ eines Gases berechnen, das Volumen also, welches das Gas haben müßte, wenn es, unter dem Druck 1 Atm. stehend, ideales Verhalten zeigte. Es ist

$$V^{(i)}_{760} = \frac{(p\,v)_{\text{real}}\,(1 + \lambda)}{760}.$$

Kennt man das ideale Volumen, so kann man die ideale Dichte $d^{(i)}$ und damit das ideale Litergewicht L^0 finden.

$$d^{(i)} = \frac{\text{Gewicht des Gases}}{V^{(i)}_{760}}.$$

Es ist

$$M_{\text{G}} = 32{,}0000\,\frac{d^{(i)}_{\text{G}}}{d^{(i)}_{\text{O}_2}} = 32{,}0000\,\frac{L^0_{\text{G}}}{L^0_{\text{O}_2}};$$

$L_{\text{O}_2}^0$, L_{G}^0 sind die Litergewichte von Sauerstoff bzw. von Gas G bei $p = 1$ Atm. und $0°$, wenn die beiden Gase ideales Verhalten besäßen. Die Litergewichte lassen sich durch Extrapolation gewinnen, da im Druckbereich $p = 0{,}3$ bis $p = 1$ Atm. eine lineare Abhängigkeit der Litergewichte vom Druck besteht, und zwar nach der Gleichung:

$$L^{(p)} = L^0 + a'\,p;$$

a' ist eine Konstante. Es wird auf den Druck $p = 0$ extrapoliert, bei dem das Gas sicher ideales Verhalten zeigt. Z. B. gilt für Sauerstoff:

$$L^{(p)}_{\text{O}_2} = 1{,}4276(43) + 0{,}0012\,(95)\,p.$$

4. Von Stoffen, die leicht verdampfen, bestimmt man das Molekulargewicht:

a) *Methode von* Dumas. Man füllt eine genügende Menge eines Stoffes, dessen Molekulargewicht zu bestimmen ist, in eine dünne Glasbirne von der angegebenen Form (Abb. 13 b) und stellt diese in ein Bad von konst. Temperatur, die höher ist als der Siedepunkt des Stoffes. Ist alles vom

Stoff verdampft und damit die Luft in der Birne vollständig verdrängt, wird die feine Spitze zugeschmolzen und die Birne gewogen. Folgende Größen bestimmt man:

1. Birne in Luft gewogen .... g_1 Gramm bei $t°$,
2. Birne + Stoff .... g_2 ,,   ,, $t°$,
3. Birne + Wasser .... g_3 ,,   ,, $t°$.

Beim Zuschmelzen der Birne ist der Barometerstand p Atm. und die Temperatur des Bades T. Aus 1 und 3 ergibt sich das Volumen der Birne $v = (g_3 - g_1)/1000$ in Liter; das Gewicht der Birne beträgt in Luftleere,

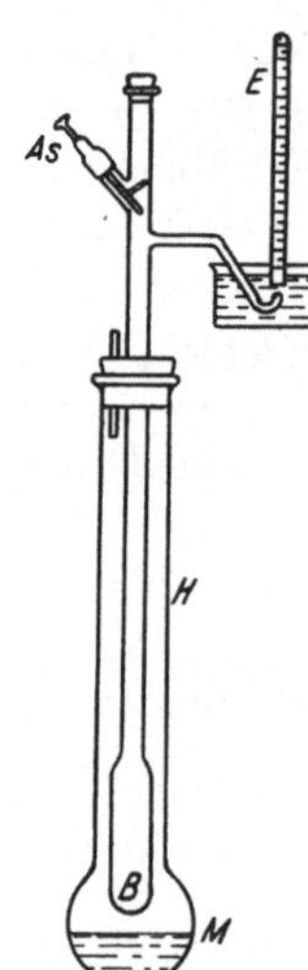

nach Berücksichtigung des Auftriebes, $g_1 - V s$ ($s =$ = Dichte der Luft bei $t°$), das Gewicht des Stoffes, der in der Birne verblieben, ist $g_2 - g_1 + V_s$. Nach der Gleichung $p v = n R T$ findet man das Mol.-Gew. M des Stoffes, wenn g Gramm in Gaszustand sich befinden:

$$p v = \frac{g}{M} RT, \quad M = \frac{g \cdot RT}{p v},$$

demnach

$$M = \frac{(g_2 - g_1 + V_s) RT \cdot 1000}{p (g_3 - g_1)}.$$

b) *Methode von* VIKTOR MEYER. Wird eine bestimmte Menge eines Stoffes g verdampft und das dabei eingenommene Volumen V ermittelt, so ergibt sich unmittelbar das Molekulargewicht. Diese Aufgabe löst die genannte Methode auf eine sehr elegante Weise. Der einfache Apparat besteht aus einem Innengefäß, das von einem zweiten Gefäß M umgeben ist. Es ist dies ein größerer Rundkolben, der in seinem oberen Teil H als Heizmantel wirkt. Im Rundkolben befindet sich eine konstant siedende Flüssigkeit. Löst man während des Siedens die Auslösevorrichtung As,

Abb. 14. Apparat zur Bestimmung der Dampfdichte nach V. MEYER.

so fällt das kleine Wägegläschen mit dem abgewogenen Stoff nach B, wo es gleich verdampft; es erfolgt eine entsprechende Verdrängung der Luft aus dem Innengefäß, die im Eudiometerrohr E gesammelt und so gemessen wird. Ist p der Barometerstand nach der Abkühlung des Volumens in E und t die Temperatur, so kann sofort nach oben das Molekulargewicht angegeben werden. Die Temperatur bei der Verdampfung braucht nicht bekannt zu sein. Einzelheiten der Bestimmung sollen an dieser Stelle unerwähnt bleiben.

Diese Methode läßt sich auch auf hochsiedende Stoffe, z. B. Salze, anwenden, die Apparate dazu erfahren nur entsprechende Änderungen.

B. Bestimmung des Molekulargewichtes in Lösungen

Die gelösten Stoffe besitzen einen Osmotischen Druck, sie zeigen in Lösungen ein Verhalten ganz entsprechend dem der Gase. Man kann demnach durch Berücksichtigung des Osmotischen Druckes der Stoffe in Lösungen ihre Molekulargewichte finden. Nachdem sich jedoch der Osmotische Druck nur schwer genau messen läßt, benützt man die damit thermodynamisch zusammenhängende Gesetzmäßigkeit der Gefrierpunktserniedrigung und Siedepunktserhöhung, die sich viel genauer und einfacher messend verfolgen läßt.

Nach S. 33 ist z. B. für die Gefrierpunktserniedrigung $\Delta T_g = E_{0g} \cdot c$. Löst man in einer Flüssigkeit g Gramme eines Stoffes, dessen Molekulargewicht M zu bestimmen ist, so ist

$$c = \frac{g}{\dfrac{M \cdot L}{1000}},$$

wenn L Gramme Lösungsmittel verwendet werden. Das Molekulargewicht ist dann:

$$M = 1000 \, \frac{E_{0g} \, g}{\Delta T_g \cdot L}.$$

E_{0g} ist die Kryoskopische Konstante des verwendeten Lösungsmittels.

In gleicher Weise läßt sich das Molekulargewicht durch Verwendung der Siedepunktserhöhung bestimmen. Für die Ausführungen der kryoskopischen und ebullioskopischen Messungen sind besondere Apparate ausgebildet, deren Beschreibung man in den Lehrbüchern für Physikalische Chemie findet.

XV. Die Zersetzung und Bildung des Wassers

1. Leitet man Wasserdampf über schwachglühendes Eisen, so wird das Wasser zersetzt, es bildet sich Eisenoxyd und ein Gas, Wasserstoff, entweicht. Statt Eisen hätte man noch eine Reihe anderer Metalle nehmen können, die unter gleichen Bedingungen die Zersetzung bewirken. Eine besondere Stellung nehmen jedoch die Alkalimetalle (Lithium, Natrium, Kalium usw.) und die Erdalkalimetalle (Kalzium, Strontium, Barium) ein; diese zersetzen das Wasser bereits bei Zimmertemperatur. Mit Eisen führte man den Versuch in einer Anordnung durch, wie sie in der Abb. 15 angedeutet ist.

Die Bildung des Wasserstoffes können wir an einer ihn kennzeichnenden Eigenschaft erkennen, nämlich an der Luft mit farbloser Flamme zu verbrennen. Das Eisen in der Röhre ist zum Teil verändert, es hat sich eine Verbindung des Eisens mit Sauerstoff gebildet, die als Rost leicht erkannt wird.

2. Die Zersetzung des Wassers durch Elektrolyse (Abb. 16). Man erhält beim Durchleiten des elektrischen Stromes durch eine schwach angesäuerte wäßrige Lösung an der Anode A Sauerstoff und an der Kathode K Wasserstoff. Die Bildung der beiden Gase erkennt man leicht an ihren chemischen Eigenschaften: ein glimmender Fichtenspan kommt zum Brennen, sobald man ihn in die Nähe des ein wenig geöffneten Hahnes H_1 an der Anodenseite bringt, an der Kathodenseite, Hahn H_2, entzündet der glimmende Fichtenspan das entweichende Gas.

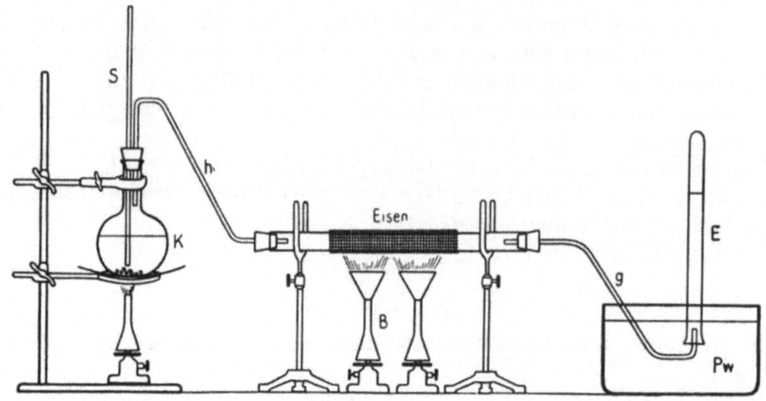

Abb. 15. Im Glaskolben *K* befindet sich siedendes Wasser, Wasserdampf entweicht durch die Rohre *h* und tritt in die Glasröhre (oder Eisenröhre) ein, die mit Eisenfeilicht gefüllt ist und durch die beiden Schmetterlingsbrenner *B* zur Rotglut erhitzt wird. Der gebildete Wasserstoff entweicht durch das Gasentbindungsrohr *g* und wird mit Hilfe der Röhre *E* in der Pneumatischen Wanne *Pw* aufgefangen. *S* ist ein Sicherheitsrohr, es verhindert das Zurücksteigen des Wassers aus *Pw* in die erhitzte Röhre.

Die Durchführung dieser Zersetzung zeigt, daß sich das Volumen des gebildeten Wasserstoffes zu dem des Sauerstoffes genau wie 2 : 1 verhält. Die erste Art des Versuches zur Zersetzung liefert eine qualitative Analyse des Wassers, während die Elektrolyse seine quantitative Analyse auszuführen gestattet.

3. Um die Bildung, die Synthese, des Wassers genau zu erfassen,

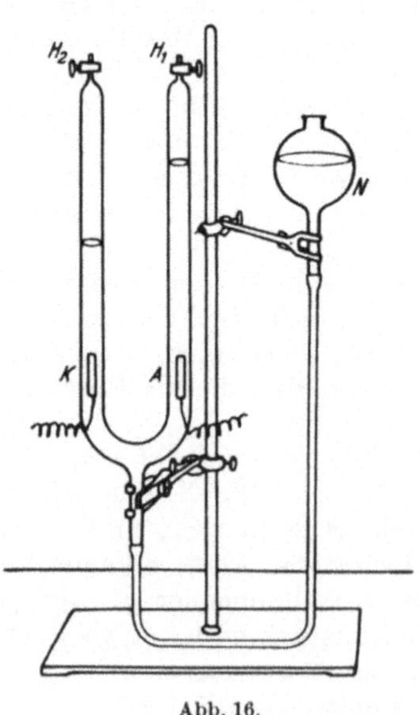

Abb. 16.

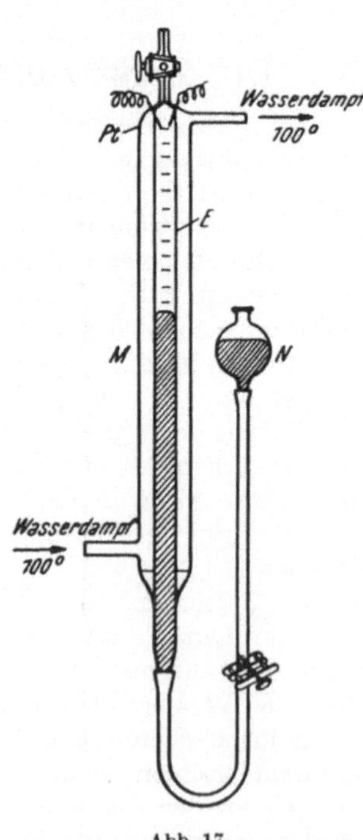

Abb. 17.

verwendet man die Vorrichtung Abb. 17. Eine Mischung von genau 2 Vol. Wasserstoff und 1 Vol. Sauerstoff steht zur Verfügung. Ein bestimmtes Volumen V_t dieser Gasmischung (Knallgas bezeichnet) bringt man bei $t°$ in die Gasmeßröhre E. Durch Senkung des Niveaugefäßes N wird ein Unterdruck in E hergestellt und mit Hilfe eines elektrischen Funkens (der zwischen den beiden Platindrähten Pt erzeugt wird) das Gasgemisch zur Reaktion gebracht. Das Quecksilber steigt nun, wenn ihm dazu Gelegenheit gegeben wird, in E sehr rasch und erfüllt sie vollständig. Leitet man Wasserdampf von 100° durch den Mantel M, so verdampft das bei der Reaktion gebildete Wasser und nimmt ein Volumen ein, das genau $^2/_3\ V_t \dfrac{373}{273+t}$ entspricht. Dieser Versuch gibt die Berechtigung für die Gleichung 2 Vol. Wasserstoff + 1 Vol. Sauerstoff = 2 Vol. Wasserdampf. Nach dem Gesetz von AVOGADRO wären in jedem Volumen N Molekeln, man kann also auch schreiben

2 N Molekeln Wasserstoff + N Molekeln Sauerstoff = 2 N Molekeln
Wasserdampf

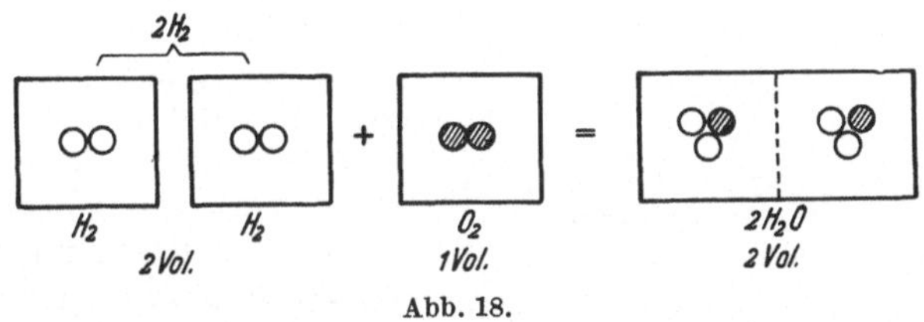

Abb. 18.

oder, auf *einzelne* Molekeln H_2, O_2 bezogen, mit dem chemischen Zeichen geschrieben, folgt

$$2\,H_2 + O_2 = 2\,H_2O.$$

Damit ergibt sich die chemische Gleichung für die Bildung des Wassers aus den Elementen; zugleich ist damit auch die Zusammensetzung der Molekeln des Wassers bestimmt.

Die große Bedeutung des AVOGADRO-Satzes erhellt aus diesem Beispiel zur Genüge. Der Satz hat noch eine weitere Klärung über Aufbau der Gasmolekel von nicht geringerer Bedeutung gebracht. Die Bildung des Wassers nach den Volumina stellt anschaulich dar (die Rechtecke bedeuten gleiche Volumina) Abb. 18. Da in einer Molekel H_2O mindestens 1 Atom Sauerstoff vorhanden sein muß, muß sich die Sauerstoffmolekel in zwei Atome spalten, daraus folgt: die Molekel Sauerstoff besteht aus zwei Atomen Sauerstoff.

Die folgerichtige Anwendung des AVOGADRO-Satzes zeigt, daß die Molekeln aller bei gewöhnlicher Temperatur als Gase vorkommenden Elemente (mit Ausnahme der Edelgase) aus 2 Atomen bestehen. Außer diesen chemischen Methoden sind davon ganz unabhängig physikalische Methoden nachträglich aufgefunden worden, die zum gleichen Ergebnis führen. Demnach beträgt das Molekulargewicht der Gase $H_2 = 2\,.\,1{,}0078 =$ $= 2{,}0156$; $O_2 = 2\,.\,16{,}000 = 32{,}000$, $N_2 = 2\,.\,14{,}008 = 28{,}0016$ usw.

XVI. Dalton-Theorie, Grundlagen der Stöchiometrie

Da die Atome jedes Elements untereinander gleich sind, haben sie auch ein gleiches Gewicht (richtiger gleiche Massen). Es seien (Abb. 19)

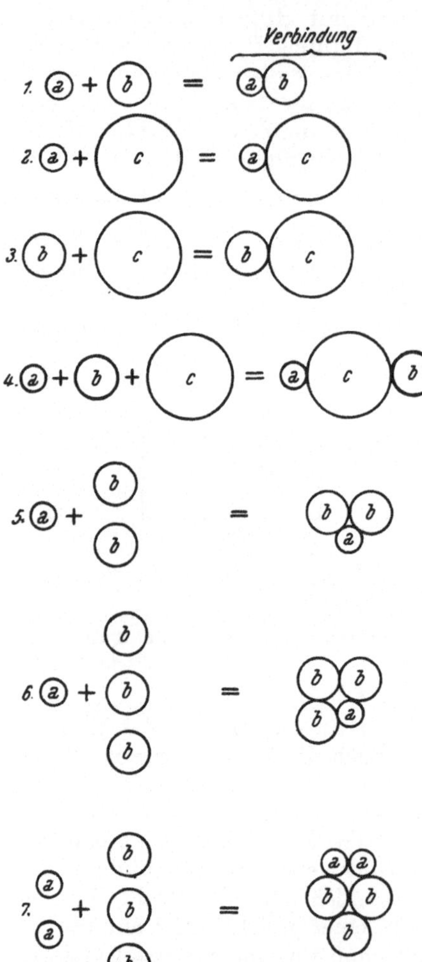

3 Atome dreier verschiedener Elemente a, b und c, die als Kugel gedachten Atome haben ihrer Größe entsprechend auch ein verschiedenes Gewicht.

Aus diesen Darstellungen kann man sofort drei Gesetzmäßigkeiten ableiten, die sich notwendig ergeben:

1. Es muß sich bei der Bildung einer chemischen Verbindung eine bekannte Gewichtsmenge des einen Elements mit einer ganz bestimmten Gewichtsmenge des anderen Elements vereinigen.

2. Analysiert man eine chemische Verbindung, so müssen die Gewichtsmengen der Elemente, die an der Verbindung beteiligt sind, in einem ganz bestimmten Gewichtsverhältnis zueinander stehen.

3. Verbindet sich ein Element mit einem anderen Element mit verschiedenen Gewichtsmengen, so müssen sich diese Gewichtsmengen wie ganze Zahlen verhalten. Z. B. aus 1, 5 und 6 der Abb. 19 ergibt sich der Reihe nach

$$1:1; \quad 1:2, \quad 1:3 \quad \text{oder} \quad 1:2:3;$$

zieht man auch 7 heran,

$$1:1, \ 1:2, \ 1:3, \ 2:3 \ \text{oder} \ 2:3:4:6.$$

Dieses Gesetz wird noch zuweilen als das Gesetz der *ganzzahligen multiplen Proportion* bezeichnet.

Zum Verständnis der drei Gesetzmäßigkeiten sollen einige

Abb. 19. Anschauliche Darstellung zur Bildung von Verbindungen nach der Atomtheorie.

Beispiele hervorgehoben werden. Experimentell ist gefunden:

1. 1 g Wasserstoff reagiert mit 8 g Sauerstoff;
2. 1 g Wasserstoff reagiert mit 35 g Chlor;
3. 1 g Wasserstoff reagiert mit $4\frac{2}{3}$ g Stickstoff;
4. 1 g Wasserstoff reagiert mit 23 g Natrium;

5. 1 g Natrium reagiert mit 1,52 g Chlor;
6. 1 g Natrium reagiert mit 0,202 g Stickstoff;
7. 1 g Natrium reagiert mit 0,347 g Sauerstoff.

Statt „reagiert mit" sagt man auch „ist gewichtsäquivalent": also 1 g Wasserstoff ist gewichtsäquivalent 8 g Sauerstoff usw. Die auf 1 g eines Elements bezogene Gewichtsmenge des anderen Elements in der Verbindung bezeichnet man *Verbindungsgewicht.*

Aus den sieben Beispielen leitet man ab:

1 g Sauerstoff ist gewichtsäquivalent $^1/_8$ g Wasserstoff; 2,88 g Natrium.

1 g Stickstoff ist gewichtsäquivalent $^1/_{4^2/_3}$ g Wasserstoff; 4,93 g Natrium.

1 g Chlor ist gewichtsäquivalent $^1/_{35}$ g Wasserstoff; 0,658 g Natrium.

1 g Natrium ist gewichtsäquivalent $^1/_{23}$ g Wasserstoff; 1,52 g Chlor; 0,202 g Stickstoff; 0,348 g Sauerstoff.

Aus dieser Zusammenstellung findet man die *Verbindungsgewichte* für Wasserstoff, wie zu erwarten, wieder:

1 g Wasserstoff ist gewichtsäquivalent $2,88 \cdot 8 = 23$ g Natrium;

1 g Wasserstoff ist gewichtsäquivalent $4^2/_3 \cdot 4,93 = 23$ g Natrium.

1 g Wasserstoff ist gewichtsäquivalent $0,658 \cdot 35 = 23$ g Natrium;

1 g Wasserstoff ist gewichtsäquivalent 35 g Chlor; $4^2/_3$ g Stickstoff; 8 g Sauerstoff.

Daraus folgt: Wasserstoff tritt in die Verbindungen mit Sauerstoff, Chlor, Stickstoff und Natrium mit gleichem Verbindungsgewicht ein, oder Natrium tritt in die Verbindungen mit Wasserstoff, Chlor, Stickstoff und Sauerstoff mit gleichem Verbindungsgewicht. Demnach: für jedes hervorgehobene Element der fünf als Beispiel herangezogenen Elemente gilt die gleiche Feststellung.

Die hier gewonnene Erkenntnis gilt auf Grund der Atomtheorie allgemein: *die chemischen Elemente beteiligen sich an allen Reaktionen mit den gleichen Verbindungsgewichten.*

Würde außerhalb der Reihe 1 bis 7 gefunden werden, daß z. B. 1 g Wasserstoff mit 70 g Chlor sich verbindet, so müßte die folgende Gewichtsäquivalenz bestehen:

1 g Chlor ist gewichtsäquivalent $^1/_{70}$ g Wasserstoff;

nach 5:   1 g Chlor ist gewichtsäquivalent 0,658 g Natrium;

danach wäre 1 g Wasserstoff gewichtsäquivalent $70 \cdot 0,658 = 46$ g Natrium, was mit 4 in Widerspruch stünde. Das herangezogene Beispiel müßte entweder ein falsches Ergebnis sein, oder es liegt eine Reaktion vor, in der sich Wasserstoff mit einem Verbindungsgewicht beteiligt, das abweichend wäre von dem, das der Wasserstoff in den Reaktionen 1 bis 7 betätigt.

Man hat diese Gesetzmäßigkeiten schon zum Teil vor der Aufstellung der Atomtheorie gekannt, sie waren es gerade, die DALTON zur Aufstellung der Theorie überhaupt geführt haben. Die Zeit nach 1804 war in der Chemie bis in die Mitte des Jahrhunderts ganz besonders der genauen Prüfung und Verwertung angegebener Gesetze gewidmet. Es ist dabei nicht ohne

Fehlschlüsse zugegangen, und ganz besonders war es dem italienischen Chemiker St. CANNIZZARO möglich, auf dem damals noch schwer erfaßbaren Gebiete klare Erkenntnisse zu vermitteln, welche die Atomtheorie und der Satz von AVOGADRO forderten.

Die angegebene formale Darstellung der Bilanz einer Verbindung aus Atomen ist jetzt durch die chemischen Zeichen für die einzelnen Elemente und die chemischen Gleichungen ersetzt. Diese neue Bezeichnung hat der berühmte schwedische Chemiker JACOB BERCELIUS (1779 bis 1848)

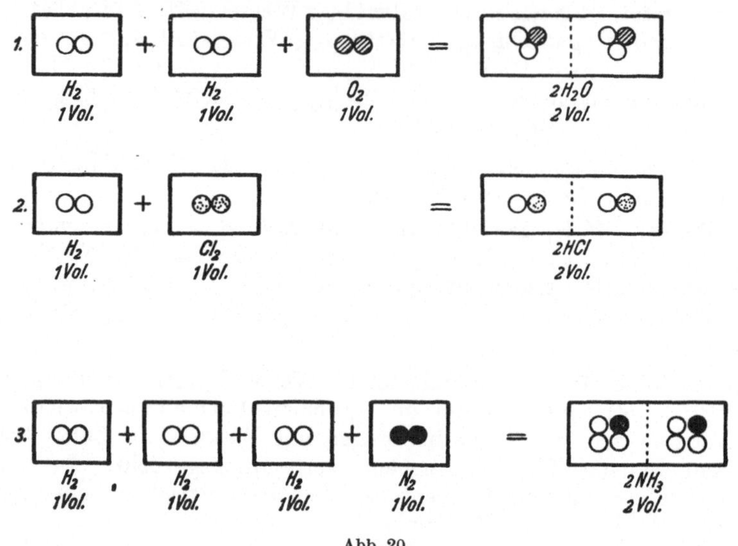

Abb. 20.

eingeführt. Dieser hervorragende Gelehrte hat für die Entwicklung der Chemie, mit der Atomtheorie als Führerin, grundlegende Arbeiten geliefert; ihm verdankt man die ersten Atomgewichtstabellen.

Gesetz von Gay-Lussac-Humboldt. Bei der Bildung gasförmiger Verbindungen aus Gasen ergibt sich auf Grund der Atomtheorie und des AVOGADRO-Satzes die folgende einfache Darstellung, die schon oben verwendet worden ist; einige weitere Beispiele sollen ergänzend herangezogen werden.

Man sieht in Reaktionen, in denen sich nur Gase beteiligen, zwischen den Volumina der verbrauchten Gase und den Volumina der gebildeten Verbindungen eine einfache Gesetzmäßigkeit. Das Verhältnis

$$\frac{\text{Summe der Volumina der verbrauchten Gase}}{\text{Volumen des gebildeten Gases}}$$

gibt einen Zahlenwert, der durch einen Bruch auszudrücken ist, in dem Zähler und Nenner ganze Zahlen sind. In 1, 2 und 3 ist in der Tat der Reihe nach das Verhältnis: $\frac{3}{2}$; $\frac{2}{2}$; $\frac{4}{2}$.

Diese Gesetzmäßigkeit ist lange vor einer klaren Erkenntnis der beiden zugrunde liegenden Lehren in gemeinsamer Arbeit von JOSEPH L. GAY-LUSSAC, 1778 bis 1850 (Frankreich), und ALEXANDER VON HUMBOLDT (Deutschland) aufgefunden und nach diesen benannt worden.

XVII. Die Bestimmung des Molekulargewichtes
(Schluß von S. 34)

Atomtheorie und AVOGADRO-Satz führen nun direkt zur Erkenntnis, wie das Molekulargewicht eines Stoffes zu bestimmen ist, wenn dieser als Gas vorliegt. *Die Litergewichte zweier Gase bei gleichem Druck und gleicher Temperatur müssen sich wie ihre Molekulargewichte verhalten.* Dieses Ergebnis ist schon S. 34—36 vorweggenommen. Sauerstoff hat nach der Definition das festgelegte Molekulargewicht 32,0000, sein Litergewicht beträgt bei 0° und 760 Torr $L = 1,4276$ g. Ist M_G das Molekulargewicht irgend eines Gases G, und sein experimentell bei 0°, 760 Torr gefundenes Litergewicht L_G^0, so ist (nach S. 34 wiederholt):

$$\frac{L_G^0}{L_{O_2}^0} = \frac{M_G}{32,000} \quad \text{oder} \quad M_G = \frac{32,000}{1,4276_3} L_G^0 = 22,415 \; L_G^0.$$

Das Molekulargewicht einer Verbindung in Gasform ergibt demnach das Produkt aus dem Molvolumen 22,415 und dem Litergewicht der Verbindung bei 0° 760 Torr. Die Gleichung zeigt auch, wie der Wert für das Molvolumen gefunden wird, der schon oben verwendet worden ist. Die Gleichung ist auch auf Gasmischungen anwendbar; man findet so das „mittlere Molekulargewicht"; es beträgt z. B. für Luft $L_{Luft}^0 = 1,2928$, $M_{Luft} = 28,96$.

Verwendung der chemischen Gleichungen. Hat man eine chemische Gleichung gefunden, so kann man damit die Gewichtsmengen der in Reaktion tretenden Stoffe berechnen. Z. B. welche Gewichtsmenge Sauerstoff ist notwendig, um 10 g Wasserstoff zu Wasser zu verbrennen. Nach der Gleichung

$$H_2 + \tfrac{1}{2} O_2 = H_2O$$

ergibt sich sofort:

$$2,00 : \frac{32,0}{2} = 10 : x; \quad x = 80 \text{ g Sauerstoff.}$$

Das Volumen: $\dfrac{80 \cdot 22,4}{32,0} = 56,2$ Liter (0° 1 Atm.) Sauerstoff.

Solche Rechnungen werden *stöchiometrische* Rechnungen bezeichnet.

XVIII. Die Bestimmung des Atomgewichtes

1. Das Gesetz von der **Konstanz der Verbindungsgewichte** mit Heranziehung des AVOGADRO-Satzes gibt die Grundlagen für die Auffindung der Atomgewichte der Elemente. *Das Atomgewicht eines bestimmten*

Elements ist die kleinste Gewichtsmenge in Gramm, die in irgendeinem Gramm-Mol einer Verbindung vorkommen kann. Demnach ist in der Verbindung eine genaue Kenntnis des Äquivalentgewichtes der Elemente notwendig, ferner muß das Molekulargewicht der Verbindung bekannt sein. Z. B. (es werden abgerundete Werte verwendet):

Verbindung	Molekel	Molekular-gewicht (Gramm-Mol)	Im Mol sind Gramme Sauer-stoff enthalten
Wasser	H_2O	18	16
Hydroperoxyd	H_2O_2	34	32
Kohlendioxyd	CO_2	44	32
Schwefeltrioxyd	SO_3	80	48

Soviel Verbindungen man auch untersucht, weniger als 16 g Sauerstoff kommen im Mol einer Verbindung nicht vor, mithin ist $O = 16$ das Atomgewicht des Sauerstoffes. In einem anderen Beispiel findet man für Stickstoff:

Verbindung	Molekel	Molekular-gewicht (Gramm-Mol)	Im Mol sind Gramme Stick-stoff enthalten
Distickstoffoxyd	N_2O	44	28
Stickstoffoxyd	NO	30	14
Stickstoffdioxyd	NO_2	46	14
Distickstofftrioxyd	N_2O_3	76	28
Distickstoffpentoxyd	N_2O_5	108	28
Ammoniak	NH_3	17	14

Eine noch weiter ausgedehnte Versuchsreihe würde im Mol einer Stickstoffverbindung keine Zahl unter 14 ergeben: 14 ist das Atomgewicht des Stickstoffes.

2. Der feste Stoff. Viel häufiger hat man keine gasförmige Verbindung und ihr Molekulargewicht ist oft unbekannt. Die Ermittlung des Atomgewichtes der Elemente in solchen festen Verbindungen ist indirekt möglich. Bezieht man die Verbindungsgewichte auf das festgesetzte Atomgewicht $O = 16{,}000$ (also nicht auf 1 g, sondern auf ein Grammatom), so erhält man das Gewicht der Atome, die auf 1 Grammatom Sauerstoff der Verbindung entfallen. Auf diese Weise kommt man vorerst in Verbindungen, die möglichst nur aus zwei Elementen bestehen, den Atomgewichten der anderen Elemente nahe.

Als Beispiel wählen wir drei Metalle: Magnesium, Aluminium und Zinn, die sich mit Sauerstoff zu Oxyden verbinden.

Mit 16,0 g Sauerstoff verbinden sich $\left\{ \begin{array}{l} 24{,}3 \text{ g Magnesium,} \\ 18{,}0 \text{ g Aluminium,} \\ 59{,}4 \text{ g Zinn.} \end{array} \right.$

Mit diesen den Atomgewichten nahestehenden Zahlen kann man, da das Molekulargewicht der entsprechenden Oxyde nicht bekannt ist, die wirklichen Atomgewichte nicht direkt ableiten; auch die chemische Formel der Oxyde kann aus diesem Grunde natürlich nicht angegeben werden. Man weiß jedoch, zufolge der Atomtheorie, daß nach Multiplikation dieser Zahlen mit einem durch ganze Zahlen ausdrückbaren Koeffizienten das richtige Atomgewicht sich ergeben muß. Beträgt die Zusammensetzung des Magnesiumoxydes Mg_xO_y, so ist das Mol.-Gew. $= x\,Mg + y\,O$; oder

$$\frac{\text{Mol.-Gew.}}{y} = \frac{x}{y}\,Mg + 16{,}0; \quad \frac{x}{y} \text{ ist der zu bestimmende Koeffizient.}$$

3. Die Regel von Dulong und Petit. Nach dieser Regel gilt der Satz: Das Produkt der spezifischen Wärme eines *festen* Elements mit seinem Atomgewicht beträgt rund 6,1 bei gewöhnlicher Temperatur. Dieser Wert, die *Atomwärme* eines Elements, zeigt kleine Schwankungen unter den verschiedenen Elementen.

Beispiel:

Element	Spez. Wärme	$\dfrac{6{,}1}{\text{spez. Wärme}}$ = Atomgewicht
Magnesium	0,248	24,6
Aluminium	0,224	27,5
Zinn	0,054	113

Vergleicht man diese Atomgewichte mit den oben den Atomgewichten nahestehenden Zahlen, so sieht man, daß für Magnesium der Koeffizient $y/x = 1$ ist, also die Formel MgO sein muß. Das genaue Atomgewicht des Aluminiums: $Al_x\,O_y$; Mol.-Gew. $= x\,Al + y\,O$; Mol.-Gew./$y = \dfrac{x}{y}\,Al +$ $+\,16{,}0$; nach oben muß $\dfrac{x}{y}\,Al = 18$ sein, also $Al = 18\,y/x$; $y/x = 3/2$, da $18\,\dfrac{3}{2} = 27{,}2$ ist, wie es experimentell gefunden wird; demnach die Zusammensetzung Al_2O_3. Für Zinn ist $y/x = 2$. Die Koeffizienten sind also der Reihe nach 1, $^3/_2$ und 2.

Erheblich tiefer unter 6,1 liegen die Atomwärmen einiger Elemente mit niedrigem Atomgewicht, z. B. Bor, Kohlenstoff und Silizium. Das allgemeine Ansteigen der Atomwärme bei steigender Temperatur vollzieht sich dann besonders rasch an den genannten drei Elementen (S. 17).

4. Die Bestimmung des Verbindungsgewichtes (Atomgewichtes) des Silbers und Chlors. In der Bestimmung des *Äquivalentgewichtes* ist die genaue Kenntnis der Verbindungsgewichte des Silbers und des Chlors von großer Bedeutung. Sie lassen sich genau bestimmen, wenn man von Silberchlorat ausgeht, das sich sehr rein herstellen läßt. Es wird eine gewogene Menge G Silberchlorat zu Silberchlorid reduziert und dessen

Gewicht g_{AgCl} bestimmt: $AgClO_3 = AgCl + {}^3/_2 O_2$. Das gibt das Verbindungsgewicht des Silberchlorids, bezogen auf das definierte Atomgewicht des Sauerstoffes.

$$(Ag + Cl) = \frac{g_{AgCl} \cdot 48{,}000}{G - g_{AgCl}}. \tag{1}$$

Es wird ferner eine gewogene Menge g_{Ag} reinsten Silbers im Chlorstrom in Silberchlorid übergeführt und gewogen g'_{AgCl}, diese Zahlen geben das Verhältnis

$$\frac{Cl}{Ag} = \frac{g'_{AgCl} - g_{Ag}}{g_{Ag}}. \tag{2}$$

Aus den beiden Gleichungen findet man dann die Verbindungsgewichte für das Silber und das Chlor:

$$Cl = Ag \, \frac{g'_{AgCl} - g_{Ag}}{g_{Ag}}, \quad Ag = \frac{g_{AgCl} \cdot g_{Ag} \cdot 48{,}000}{(G - g_{AgCl}) \, g'_{AgCl}}. \tag{3}$$

Z. B. fand man in einer Versuchsreihe: $G = 138{,}789$ gab bei der Reduktion $103{,}980$ g $= g_{AgCl}$ Silberchlorid, ferner erhielt man aus $g_{Ag} = 108{,}579$ g Silber $g'_{AgCl} = 144{,}207$ g Silberchlorid, daraus ergibt sich

$$Ag = \frac{103{,}980 \cdot 108{,}579 \cdot 48{,}000}{(138{,}789 - 103{,}980) \, 144{,}207} = 107{,}95. \tag{4}$$

Kennt man das genaue Äquivalentgewicht (Atomgewicht) einiger Elemente, so ist es möglich, das Atomgewicht anderer Elemente zu bestimmen, wenn man deren Verbindungen herstellt. Diese müssen vollkommen rein herzustellen sein, die Verbindung darf neben dem zu untersuchenden Element nur Elemente von bekanntem Atomgewicht enthalten. Die Wertigkeit des Elements muß genau bekannt sein (die Verbindung darf also nicht ein Gemisch verschiedener Wertigkeitsstufen des Elements sein), ferner ist es notwendig, daß die Verbindung genau analysierbar ist, oder genau aus gewogenen Mengen synthetisch herzustellen ist.

5. Satz von Mitscherlich. In der Frühzeit der Erforschung der Atomgewichte spielte dieser Satz eine besondere Rolle. Nach diesem gibt es Stoffe, die eine gleiche Kristallform haben und die Fähigkeit besitzen, untereinander Mischkristalle zu bilden: sie sind *isomorph*. In solchen Verbindungen kann man die verschiedenen Elemente im Verhältnis ihrer Atomgewichte vertauschen. Eine isomorphe Reihe bilden z. B.:

$$Tl_2SO_4, \ (NH_4)_2SO_4, \ Rb_2(SO_4), \ K_2SO_4, \ Cs_2SO_4, \ Na_2SO_4, \ Ag_2SO_4$$
$$CaCO_3 \ (Aragonit), \ SrCO_3, \ PbCO_3, \ usw.$$

6. Schlußbemerkung. Die gegebene Entwicklung zur Bestimmung des Atomgewichtes soll zeigen, welche Bedeutung der Atomtheorie zukommt, die alle experimentellen beobachteten quantitativ darstellbaren chemischen Vorgänge aus der Grundvorstellung zu klären vermag. Die Verwertung der Ergebnisse führt zu widerspruchsloser allgemeiner Erkenntnis — es wurde die klassische Methode der Atomgewichtsbestimmung behandelt.

Gegenwärtig sind die Atomgewichte aller Elemente bekannt; man ist bestrebt, den Wert möglichst genau zu bestimmen. Es werden zwei Wege dazu eingeschlagen: mit Hilfe chemischer, also klassischer Methoden, bestimmt man möglichst genau die Äquivalentgewichte der verschiedenen Elemente, ihre Genauigkeit beträgt etwa 1 : 10000; die zweite, rein physikalische Methode, bedient sich der Massenspektrographie: sie vermag Massen mit einer Genauigkeit, etwa 1 : 100000 zu bestimmen.

7. Bestimmung des Atomgewichtes mit Hilfe des Massenspektrographen. Als Maßeinheit der physikalischen Skala des Atomgewichtes dient die Masse des Atoms des Sauerstoffisotopen $^{16}O = 16{,}0000$, die chemische Skala benützt nach S. 21 das Atomgewicht des Sauerstoffes, in dem jedoch drei Isotope ^{16}O, ^{17}O, ^{18}O vorhanden sind. Aus diesem Grunde muß das physikalische, mit dem Massenspektrographen gefundene Atomgewicht niedriger sein als das nach chemischen Methoden gefundene. Für die Umrechnung ist die genaue Kenntnis der Häufigkeit der drei Sauerstoff-isotope notwendig; man fand $^{16}O/^{18}O = 503$, von ^{17}O ist so wenig vorhanden, daß man dieses außer acht lassen kann. Es ist dann

$$\text{Phys. Atomgewicht} = 1{,}000275 \times \text{chem. Atomgewicht.} \qquad (5)$$

Die Ermittlung des Atomgewichtes nach den Messungen im Massen-spektrographen erfolgt nun kurz folgendermaßen: Man bestimmt zuerst die mittlere Massenzahl A_m, indem man die Massenzahl A der einzelnen Isotopen mit deren relativer Häufigkeit multipliziert und die Produkte addiert. Dann hat man den experimentell bestimmten Packungsanteil f (oder den Massendefekt ΔM) zu berücksichtigen: man benützt Gl. 1, S. 100, indem man für A nun die mittlere Massenzahl einsetzt: $M = A_m (1 + f)$; das wäre das physikalische Atomgewicht; nach der Gl. 5 ergibt sich schließlich das chemische Atomgewicht.

Z. B. sind im Strontium die Isotope vorhanden A: 84   86   87   88

relative Häufigkeit in %:   0,56   9,86   7,02   82,56

Mittlere Massenzahl $A_m = 84 \cdot 0{,}0056 + 86 \cdot 0{,}0986 + 87 \cdot 0{,}0702 +$
$+ 88 \cdot 0{,}8256 = 87{,}710(2)$.

Der Packungsanteil $f = -6{,}9 \cdot 10^{-4}\ ME$; es beträgt dann das chemische Atomgewicht

$$\frac{87{,}710(1 - 6.9 \cdot 10^{-4})}{1{,}000275} = 87{,}625.$$

8. Die Atomgewichtstabellen. Die Atomgewichte werden von einer internationalen wissenschaftlichen Kommission überwacht, welche die jährlich veröffentlichten Arbeiten über Atomgewichte der Elemente prüft. Soweit sich diese Arbeiten als verwertungsfähig erweisen, wird eine entsprechende Änderung am Atomgewicht vorgenommen. Jedes Jahr wird dann eine Atomgewichtstabelle veröffentlicht und von den Mit-gliedern der Kommission gezeichnet.

XIX. Wertigkeit

Die Zahl der Atome Wasserstoff, die ein Atom irgendeines Elements zu binden vermag, bezeichnet man als *Wertigkeit*. In den Verbindungen H_2O, CH_4, HCl und NH_3 beträgt die Wertigkeit für Sauerstoff II, für Kohlenstoff IV, Chlor I und Stickstoff III; man pflegt die Wertigkeit in römischen Zahlen auszudrücken. Man kennzeichnet die Wertigkeit des Elements in der Verbindung auch O^{II}, Cl^{I}, Cl^{-I} usw. Es verbinden sich nur einige Elemente mit Wasserstoff, hingegen fast alle mit Sauerstoff. Aus diesen Verbindungen findet man sehr leicht die Wertigkeit, z. B.

Element	Verbindung	1 Atom des Elements verbindet sich mit Atomen Sauerstoff	Dem geb. Sauerstoff sind äquivalent Atome Wasserstoff	Wertigkeit des Elements
Zinn	SnO_2	2	4	IV
Aluminium	Al_2O_3	$^3/_2$	3	III
Magnesium	MgO	1	2	II

Manche Elemente treten in verschiedenen Wertigkeiten auf, z. B. bildet der Stickstoff, wie schon angegeben, die Oxyde N_2O, NO, NO_2, N_2O_5, demnach beträgt seine Wertigkeit (in gleicher Reihenfolge) I, II, IV und V. Schwefel hat die Wertigkeiten S^{II}, S^{IV}, S^{VI}. Zinn ist entsprechend den Oxyden SnO und SnO_2 II- und IV-wertig. Beim Stickstoff ist I die niedrigste und V die höchste positive Wertigkeit, bei Zinn ist IV die höchste Wertigkeit. Die Verbindungen nennt man so, daß die Wertigkeit des Elements darin enthalten ist. N_2O: Distickstoff I-oxyd, N_2O_5: Distickstoff V-oxyd, SnO: Zinn II-oxyd, SnO_2: Zinn VI-oxyd. Neben dieser Bezeichnung findet man noch häufig die ältere; z. B. für N_2O: Stickstoffoxydul, N_2O_5: Stickstoffpentoxyd, SnO_2: Stannioxyd, SnO: Stannooxyd usw.

Wasserstoff kann nur die Wertigkeit Eins haben.

Positive und negative Wertigkeit s. S. 119, elektrochemische Wertigkeit S. 19.

Äquivalenz. Atome, die gleiche Wertigkeit haben, bezeichnet man *gleichwertig* oder *äquivalent.* S^{II}, O^{II}, Mg^{II}; ebenso sind äquivalente Atome Cl^{I}, H. Atomgewicht dividiert durch die Wertigkeit wird *Äquivalentgewicht* bezeichnet. Das Verhältnis

$$\frac{\text{Atomgewicht in Grammen}}{\text{Wertigkeit}} = \frac{\text{Grammatom}}{\text{Wertigkeit}}$$

bezeichnete man als *Grammäquivalent.* Es ist ein Grammäquivalent irgendeines Elements bestimmter Wertigkeit stets äquivalent einem Grammatom Wasserstoff, z. B.

	O^{II}	Cl^{I}	N^{III}	Sn^{IV}	Al^{III}	S^{VI}
Gramm- äquivalent	$\dfrac{16}{2}$	$\dfrac{35}{1}$	$\dfrac{14}{3}$	$\dfrac{118}{4}$	$\dfrac{27}{3}$	$\dfrac{32}{6}$.

Das Äquivalentgewicht hängt mit dem oben bereits verwendeten Verbindungsgewicht innig zusammen. Man kann den Satz (S. 41) auch ausdrücken: die Elemente verbinden sich mit konstanten Äquivalentgewichten.

1. Äquivalente Elemente können sich in den Verbindungen ersetzen, z. B.

$$O^{II} \text{ durch } S^{II} \text{ in } H_2O \rightarrow H_2S \text{ Schwefelwasserstoff,}$$

$$Sn^{IV} \text{ durch } S^{IV} \text{ in } SnO_2 \rightarrow SO_2 \text{ Schwefeldioxyd.}$$

2. Ebenso können sich n I-wertige Atome, $n/2$ II-wertige, $n/3$ III-wertige, $n/4$ IV-wertige Atome gegenseitig ersetzen. Z. B. $MgCl_2$ hat $n = 2$ I-wertige Cl-Atome, das entspricht einem II-wertigen Atom, z. B. O^{II}, demnach wäre die mögliche Verbindung MgO.

$AlCl_3$ hat drei I-wertige Chloratome $n = 3$, das entspricht 3/2 II-wertigen Atomen, z. B. O^{II}, nachdem aber in einer Molekel nur ganze Vielfache eines Atoms vorhanden sein können, wäre die mögliche Verbindung Al_2O_3.

3. Hat man eine Verbindung $E_n^{w}\, E_{n'}^{w'}$, aus zwei Elementen E^w und $E^{w'}$ und deren Anzahl n, n' mit den entsprechenden Wertigkeiten w und w', so muß $n\,w = n'\,w'$ betragen, z. B.

$$Cl_2O_7 \begin{cases} Cl: & n = 2, \quad w = 7; \\ O: & n' = 7, \quad w' = 2; \end{cases} \qquad N_2O_5 \begin{cases} N: & n = 2, \quad w = 5, \\ O: & n' = 5, \quad w' = 2. \end{cases}$$

Ist in einer chemischen Verbindung diese Gleichung nicht erfüllt, so ist dies ein Hinweis dafür, daß in der Molekel zusätzlich die Elemente besonderen gegenseitigen Einflüssen unterworfen sind.

4. In Verbindungen, die drei und mehr Elemente enthalten, besteht keine direkt ablesbare Beziehung zwischen den Elementen; die in 2 ausgedrückte gegenseitige Ersetzbarkeit äquivalenter Ionen muß auch hier bestehen. Als Beispiel wählen wir drei chemische Verbindungen (Säuren), in diesen kann man den Wasserstoff durch Metalle ersetzen.

Chlorsäure	$HClO_3$	$NaClO_3$		
Schwefelsäure......	H_2SO_4	Na_2SO_4	$MgSO_4$	$Al_2(SO_4)_3$
Phosphorsäure	H_3PO_4	Na_3PO_4	$Mg_3(PO_4)_2$	$AlPO_4$

Wie man bemerkt, bleiben beim Ersetzen des Wasserstoffes in den drei Verbindungen die Gruppen ClO_3^{I}, SO_4^{II}, PO_4^{III} unverändert, sie haben die angegebene Wertigkeit und verhalten sich wie Atome von gleicher Wertigkeit. Solche Gruppen bezeichnet man Komplex-Gruppen *(Radikale)*. Sie sind ebenso wie die Atome sehr reaktionsfähig und werden häufig in Klammern (eckige oder runde) gesetzt: $[ClO_3]H$, $[SO_4]H_2$. Kennt man die Wertigkeit des Radikals, so kann in einer Verbindung seine Anzahl nach 3 gefunden werden; in der letzten Tabelle ist dies bereits an Beispielen verwendet.

XX. Das Wasserstoffatom

1. Spektrum. Das Wasserstoffatom ist das einfachste Atom, sein Bau ist deshalb auch zuerst aufgefunden worden. Das Atom besteht im allgemeinen aus einem Kern, um den Elektronen kreisen. Den Bau der Elektronenhülle vermitteln die Spektra der Elemente, das Wasserstoffatom wird als einfachstes Gebilde besonders einfache Spektra besitzen. Ein Atom sendet stets *Linienspektra* aus, die entsprechenden Linien finden sich in allen Spektralbereichen vor. Im Ultrarot, im sichtbaren und ultravioletten Gebiet. Die Linien dieser Spektra folgen immer enger aneinandergereiht, bis dann das Kontinuum folgt.

Das Linienspektrum des Wasserstoffatoms befolgt eine einfache Gesetzmäßigkeit, die durch die Gl. 1 ausgedrückt wird:

$$v = \Re\left(\frac{1}{n_2^2} - \frac{1}{n_1^2}\right), \quad n_1 > n_2. \tag{1}$$

n sind ganze Zahlen, $v = \dfrac{1}{\lambda}$ Wellenzahl

$\Re = 109\,677{,}747\ \mathrm{cm}^{-1}$ ... RYDBERG-Konstante

$n_2 \qquad n_1$ Laufzahl

n_2	n_1		
1	2,3 ...	LYMAN-Serie:	Ultraviolettes Gebiet
2	3,4 ...	BALMER-Serie:	Sichtbares Gebiet
3	4,5 ...	PASCHEN-Serie	⎫
4	5,6 ...	BRACKETT-Serie	⎬ Ultrarotes Gebiet
5	6,7 ...	PFUND-Serie	⎭

An der Seriengrenze sind unendlich viele Linien vorhanden. Die Gleichung (1) ist von J. J. BALMER (Schweiz) empirisch für die Linien im sichtbaren Gebiet gefunden und wurde für die Entwicklung der Spektroskopie von größter Bedeutung.

Die RYDBERG-Konstante, die sich empirisch aus den Spektren ergeben hat, ist theoretisch aus der Annahme a und b ableitbar, die man sich über den Bau des Wasserstoffatoms macht.

$$v = \frac{2\,\pi^2\,\mu\,e^4}{c\,h^3}\,Z^2\left(\frac{1}{n_2^2} - \frac{1}{n_1^2}\right). \tag{2}$$

$$\Re = \frac{2\,\pi^2\,\mu\,e^4}{c\,h^3}. \tag{3}$$

$$v = \frac{\Re\,Z^2}{n_2^2} - \frac{\Re\,Z^2}{n_1^2}. \tag{4}$$

$\mu = 9{,}045 \cdot 10^{-28}$ g red. Masse des Elektrons;

$e = 4{,}803 \cdot 10^{-10}\ \mathrm{cm}^{1/2} \cdot \mathrm{g}^{1/2}$ Elementarquantum der Elektrizität in el. mag. Einh.;

$h = 6{,}54 \cdot 10^{-27}$ erg $\times$ sec PLANCK-Konstante;

$Z = $ Zahl der positiven Ladungen des Atomkernes.

2. Rutherford-Bohr-Grundannahme über den Bau des Atoms. Zugrunde liegen zwei Annahmen: a und b.

a) Von den kontinuierlich vielen, nach der klassischen Mechanik möglichen Bahnen eines Elektrons um den Kern kommen nur bestimmte diskrete Bahnen vor, die eine bestimmte Quantenbedingung erfüllen; ferner, ganz im Gegensatz zur Vorstellung bewegter elektrischer Massen, senden die in beschleunigter Bewegung sich befindliche Elektronen *keine* elektromagnetische Strahlung (also kein Licht) aus.

b) Strahlung (Licht) wird ausgesendet beim Übergang des Elektrons aus einem Quantenzustand in den anderen, jedem kommt ein bestimmter Energiewert zu; die Differenz der Energiewerte entspricht der Energie der ausgesendeten Strahlung. (*Erhaltung der Energie*, I. W.-H.) Die Energie der Strahlung ergibt das Produkt $h\,v'$, wenn v' die Frequenz des Lichtes beträgt. Es soll demnach

$$h\,v' = E_{n_1} - E_{n_2}. \tag{5}$$

$$\left.\begin{array}{l} E_{n_1} = \text{Energie des oberen} \\ E_{n_2} = \text{Energie des unteren} \end{array}\right\} \text{Quantenzustandes.}$$

Das ist die grundlegende BOHR-*Frequenzbedingung*.

Der Lichtabsorption eines Atoms entspricht der Übergang des Elektrons von einer niedrigen Quantenbahn auf eine höhere, Lichtemission entspricht dem umgekehrten Vorgang.

$$\left.\begin{array}{l} v' = \dfrac{E_{n_1}}{h} - \dfrac{E_{n_2}}{h}, \\[3mm] v = \dfrac{v'}{c} = \dfrac{E_{n_1}}{h\,c} - \dfrac{E_{n_2}}{h\,c}. \end{array}\right\} \tag{6}$$

3. Term-Darstellung der Spektrallinien. Die Wellenzahl einer beliebigen Linie des H-Atoms läßt sich, wie die Gl. 6 ausdrückt, als *Differenz zweier Glieder* darstellen; die Glieder bezeichnet man *Terme T*. Man schreibt dies

$$v = T_2 - T_1. \tag{7}$$

Dies gilt *allgemein* für die Linienspektra aller Elemente, die Umkehrung, daß sich jede Spektrallinie als Differenz zweier Terme darstellen läßt, bezeichnet man als das RYDBERG-RITZ-*Kombinationsprinzip*. Man sieht die formale Ähnlichkeit dieses Ausdruckes mit der Grundannahme b, Gl. 5. Es ist

$$T_1 = -\frac{E_{n_1}}{h\,c}, \quad T_2 = -\frac{E_{n_2}}{h\,c}. \tag{8}$$

Aus den Gl. 4, 7 und 6 folgt, wenn $-E = \varDelta H$ gesetzt wird:

$$\left.\begin{array}{l} T_1 = \dfrac{\Re\,Z^2}{n_1{}^2} = \dfrac{E_{n_1}}{h\,c} = \dfrac{\varDelta H_1}{h\,c}, \\[3mm] T_2 = \dfrac{\Re\,Z^2}{n_2{}^2} = \dfrac{E_{n_2}}{h\,c} = \dfrac{\varDelta H_2}{h\,c}. \end{array}\right\} \tag{9}$$

4. Bahnen des Elektrons im Wasserstoffatom $Z = 1$. Durch die Quantentheorie bestimmt, kann das Elektron im Wasserstoffatom bei seiner Bewegung um den Kern nur eine diskrete Anzahl von Ellipsen-

bahnen ausführen. Allgemein ergibt die Theorie für a, b die große bzw.
kleine Ellipsenachse:

$$a = \text{Konstante} \cdot n^2/Z, \qquad \text{Konstante} = \frac{h^2}{4\pi^2 \mu e^2} = a = 0{,}528\ \text{Å}.$$
$$b = \text{Konstante} \cdot n\,k/Z,$$

Es sind n und k ganze Zahlen, n ist die *Hauptquantenzahl*, k die *Nebenquantenzahl*. Ist $k = n$, so liegen Kreisbahnen vor. In der Abb. 21 sind
die Kreis- und Ellipsenbahnen (maßstabgemäß) gezeichnet.

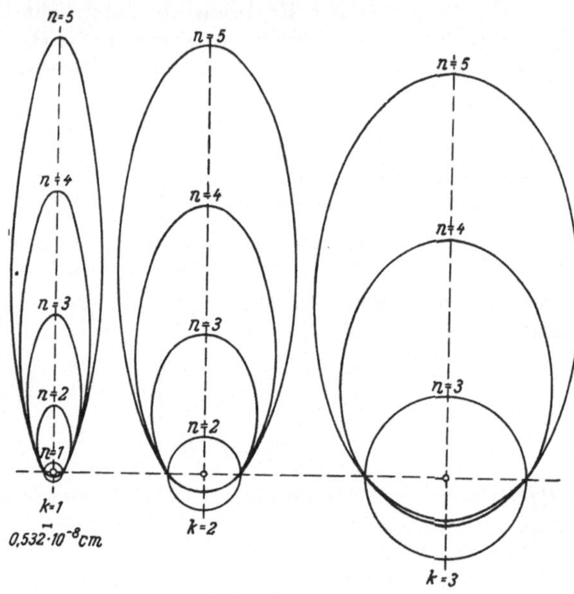

Abb. 21.

Die Nebenquantenzahl k hat eine allgemeinere Bedeutung, sie ist
in dem Ausdruck für den *Drehimpuls* $k \cdot h/2\pi$ des Elektrons enthalten.
In der Wellenmechanik wird k durch die Quantenzahl l ersetzt. $l = k - 1$;
es kann l die Werte

$$l,\ l-1,\ l-2 \ldots 0 \qquad (10)$$

haben.

Es ergibt sich, daß der Energieunterschied der Bahnen mit gleichem
n bei verschiedenem k klein ist.

5. Ionisierungsenergie *(Ionisierungsarbeit)*. Wird in der Gl. 2 die
Laufzahl $n_1 = \infty$, so bedeutet dies, daß sich das Elektron unendlich
weit vom Kern befindet, d. h. aus dessen Bereich abgetrennt ist. Die
dazu notwendige Arbeit wird als *Ionisierungsenergie* bezeichnet. Für
Wasserstoff $Z = 1$ und den durch $n_2 = 1$ gekennzeichneten Quantenzustand (der Grundbahn) folgt aus Gl. 9 die Ionisierungsenergie:

$$\Delta H_2 = \frac{\Re Z^2 h c}{n_2{}^2} = \frac{1{,}09 \cdot 10^5 \cdot 6{,}55 \cdot 10^{-27} \cdot 3 \cdot 10^{10} \cdot 6 \cdot 10^{23}}{4{,}2 \cdot 10^7 \cdot 10^3} = 310\ \text{kcal/Mol}.$$

Man kann diesen Vorgang, die Entfernung des Elektrons aus der Grundbahn $n_2 = 1$ des Wasserstoffes, durch die Gleichung ausdrücken:

$$\text{H} \rightleftarrows \text{H}^+ + e^-, \quad \Delta H = 310 \text{ kcal.}$$

H$^+$ wird als *Proton* bezeichnet, e^- ist das Elektron; dies ist *die einfachste chemische Reaktion.*

Das Elektron ist demnach ein Materienteilchen, das chemische Reaktionen wie jedes andere Element eingeht, seine Masse beträgt 0,00055, bezogen auf O = 16,0000. Das Elektron vermag sich auch mit neutralen Atomen und Molekeln zu verbinden. Dieser Vorgang ist besonders bei den Halogen-Atomen bemerkenswert. Mit Chlor z. B.:

$$\text{Cl} + e^- = \text{Cl}^-,$$

$$\Delta H = -88 \text{ kcal.}$$

Man findet, daß bei der Bildung der Verbindung — negativ geladenes Chlor-Ion — Wärme frei wird, demnach die Reaktion freiwillig verlaufen muß; die *Ionisierungsenergie* ist hier positiv: das negative Chlor-Ion ist stabiler als das Chlor-Atom.

6. Übersichtliche Darstellung. Die Spektra der Elemente werden übersichtlich durch ein Niveauschema dargestellt. In der Abb. 22 ist es für das H-Atom angegeben.

Rechts ist als Ordinate die Wellenzahl $\Re/n^2$ ($n = \infty$, $\nu = 0$), auf der linken Seite ist

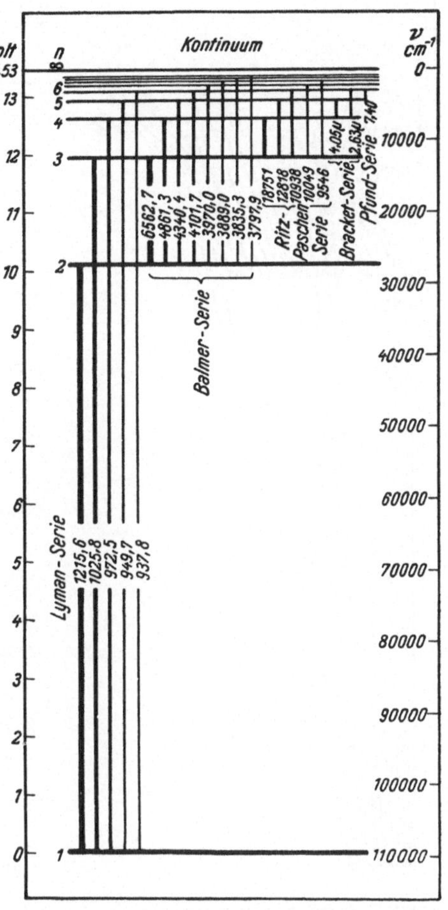

Abb. 22. Niveauschema des Wasserstoffatoms.

die Energie in Volt eingetragen, die beim Grundzustand des H-Atoms mit Null beginnt. Die einzelnen Niveaus sind durch die *Hauptquantenzahl n* gekennzeichnet. Durch Zuführung von Energie geht das Elektron in ein höheres Niveau (*angeregter* Zustand) über, die dazu notwendige Energie ist an der Voltskala direkt ablesbar. Die vollständige Entfernung entspricht 13,5 Elektro-Volt = 310 kcal. Die Spektrallinien entstehen durch den Übergang des Elektrons von einem Energieniveau zu einem anderen. Das *Absorptionsspektrum* ist durch den Übergang vom niedrigen Niveau zu einem höheren, das *Emissionsspektrum* durch den entgegengesetzten Vorgang bestimmt. In der Abbildung sind durch die vertikalen Striche die entsprechenden Spektrallinien angedeutet,

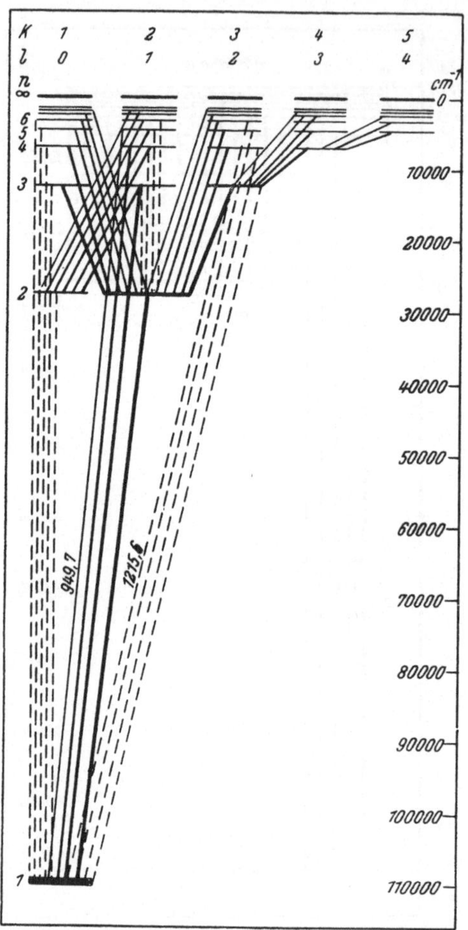

Abb. 23. Niveauschema des H-Atoms mit Berücksichtigung der Haupt- und Nebenquantenzahl, n und $l = k - 1$.

ihre Zusammenfassung in den Serien ist ohne weiteres zu ersehen. Die angegebenen Zahlen sind Wellenlängen λ in Å-Einheiten. An dem Schema kann man nun die einzelnen Spektrallinien ausdrücken, z. B. entspricht den BALMER-Linien $\lambda = 6562$ und 4101 der Übergang $\Re/2^2 - \Re/3^2$ bzw. $\Re/2^2 - \Re/6^2$.

Der erste angeregte Zustand des Wasserstoffatoms wird erreicht durch den Übergang $\Re/1^2 - \Re/2^2$, er entspricht der ersten Linie der LYMAN-Serie $\lambda = 1215$; eine solche erste Anregungslinie bezeichnet man als *Resonanzlinie* (S. 59).

In der Abb. 22 ist nur die Hauptquantenzahl n verwendet. Das Spektrum des Wasserstoffatoms kann aber erst durch Verwendung *beider* Quantenzahlen n und k etwas genauer dargestellt werden. Deshalb ist erst in der Abb. 23 eine schematisch richtigere Darstellung angegeben.

In dieser Abbildung sieht man etwas prinzipiell Neues: Nach der Gl. 10 werden für jede Hauptquantenzahl besondere Energieniveaus festgelegt, die durch l gekennzeichnet sind:

$$n = 1 \atop l = 0 \qquad n = 2 \begin{cases} l = 0 \\ l = 1 \end{cases} \qquad n = 3 \begin{cases} l = 0 \\ l = 1 \\ l = 2 \end{cases} \text{usw.}$$

Diese Energieniveaus haben hier allerdings noch so kleine Energieunterschiede, daß sie in der Abbildung in gleicher Höhe gezeichnet erscheinen. Da nach dem Kombinationsprinzip alle Niveaus für die

Übergänge des Elektrons gleichwertig sind, sieht man, daß mit Ausnahme der Linien der LYMAN-Serie alle anderen Linien des H-Atoms *Mehrfachlinien* sein müßten, wie dies auch experimentell gefunden wird. Die Aufspaltung der Linien ist jedoch weniger zahlreich als zu erwarten wäre; diese Verminderung ergibt sich daher, weil nur Übergänge $\Delta l \pm 1$ möglich sind, alle anderen sind „verboten". Entsprechend der kleinen Energieunterschiede ist die Aufspaltung der H-Linien der BALMER-Serie nur mit Spektralapparaten feststellbar, die ein großes Auflösungsvermögen besitzen. Die Aufspaltung der Spektrallinien, die *Multiplizität* der Spektrallinien, ist bei allen Atomspektren zu finden und ist für deren Kennzeichnung von größter Bedeutung.

XXI. Die Spektren der Elemente im allgemeinen

Während sich das Spektrum des Wasserstoffatoms durch die angegebene einfache Gleichung genau darstellen läßt, ist dies schon beim nächsten Element, dem Helium, nicht mehr möglich. Es treten hier wie in allen Fällen Systeme zusammengehörender Spektrallinien auf, deren Verknüpfung nur nach neuen Gesichtspunkten erfolgen kann. Je größer die Ordnungszahl des Elements, um so reicher und vielseitiger ist sein Spektrum. Sind mehrere Elektronen im Atom vorhanden, so erfolgt die Bewegung eines einzelnen Elektrons nicht mehr unter dem Einfluß der vollen Kernladung, was schon in dieser Hinsicht eine Änderung der einfachen Gl. 1 bedingt. Die Elektronen beeinflussen einander gegenseitig im Verbande des Atoms, wodurch sich neue Bewegungssysteme ergeben, deren Darstellung die Einführung neuer Parameter erfordert. Das Gebiet 600 Å und niedriger ist das der Röntgenstrahlen, das Ultraviolett liegt zwischen $1,4 . 10^2 - 4 . 10^2$ Å, das sichtbare (optische) Gebiet zwischen $3,6 . 10^3 - 7,8 . 10^3$ Å, von $7,8 . 10^3$ bis etwa $4 . 10^6$ erstreckt sich Ultrarot-Gebiet. Erstere geben Aufschluß über Energieänderung der inneren, letztere der äußeren Elektronenschalen. Da die chemischen Eigenschaften der Elemente vorwiegend durch die äußeren Elektronenanordnung bestimmt sind, werden die optischen Linienspektra für den Chemiker von besonderem Interesse.

1. Die vier Quantenzahlen n, l, m, s. Die Elektronen ordnen sich in einem Atom so, daß die Gesamtenergie des Atoms ein Minimum wird. Diese Anordnung wird nicht dadurch erreicht, daß sich alle Elektronen in einer Schale um den Kern sammeln; man sieht dies schon daraus, daß eine Periodizität im System der Elemente vorhanden ist.

Die Elektronen reihen sich vielmehr in Gruppen und Untergruppen. Diese Gruppen ergeben sich durch Berücksichtigung der *Röntgenspektra* (Innenspektra) und der *Linienspektra* der äußersten Elektronen im Atom. Die Bewegung des Elektrons im Verbande des Atoms ist durch vier Quantenzahlen bestimmt. Die Hauptquantenzahl n, die Quantenzahl für den Drehimpuls l, dazu kommt noch die Quantenzahl m, welche die Einstellung des Elektrons im Atom kennzeichnet, wenn sich dieses in einem magnetischen Felde befindet. Das Elektron führt eine Bewegung um seine eigene Achse aus *(Elektronenspin)*, die entsprechende Quantenzahl wird mit m_s bezeichnet.

Für ein bestimmtes n kann l die Werte $0, 1, 2, \ldots, n-1$ annehmen; ferner kann m_l die Werte haben $m_l = l, l-1, l-2, \ldots, -l$, während $m_s = \pm \, {}^1/_2$ sein kann. In der Berücksichtigung der vier Quantenzahlen ist noch das Prinzip des *Verbotes äquivalenter* Bahnen heranzuziehen. Dieses Prinzip sagt aus, daß es in einem bestimmten Atom keine zwei Elektronen geben kann, welche die gleichen vier Quantenzahlen haben (Pauli-Prinzip).

2. Die Bildung abgeschlossener Schalen und deren Untergruppen. Die Einteilung der möglichen Quantenzustände eines Elektrons im Atom ist nun durchführbar. Beginnt man mit $n = 1$, so kann nur der Wert $l = 0$ vorkommen, dann ist $m_l = 0$, und $m_s = + \, {}^1/_2$ (↑); ein zweites Elektron kann mit den Werten $n = 1$, $l = 0$, $m_l = 0$, $m_s = -{}^1/_2$ (↓) neben dem ersten bestehen. Die Hinzufügung eines dritten Elektrons mit $n = 1$, $l = 0, m_l = 0$, ist nach dem Prinzip nicht mehr möglich. Die beiden Elektronen haben einen antiparallelen Spin; man kennzeichnet dies durch die Zeichen ↑↓. Die K-Schale (oder auch Gruppe genannt) ist mit den zwei Elektronen, gekennzeichnet durch ↑↓, ausgefüllt. Geht man zur nächsten Hauptquantenzahl $n = 2$, so erfolgt die Auffüllung der L-Schale, nach der in Tab. 3 angegebenen Weise; hier sind L_1 und L_2 die Untergruppen. Ist $n = 3$, heißen die Untergruppen M_1, M_2 und M_3. Die Zahl der Elektronen, die in einer vollständigen Schale vorhanden sind, ergibt die Abzählung der Pfeile. Bei gleichen n, l, m_l wäre ↑↑ oder ↓↓ nach dem Prinzip unmöglich. Die Zahl der Elektronen bei gleicher Hauptquantenzahl n beträgt $2\,n^2$, demnach können in der K-Schale zwei Elektronen, in der L-Schale 8, in die M-Schale 18 usw. Elektronen untergebracht werden.

Die Untergruppen sind durch die *bestimmten* Quantenzahlen n und l gekennzeichnet. Elektronen mit $l = 0$ bezeichnet man s-Elektronen, sie haben keinen Bahndrehimpuls. Beim Wasserstoffatom und wasserstoffähnlichen Ionen bezieht das Elektron eine kugelsymmetrische Anordnung im Atom. Elektronen mit $l = 1$ heißen p-Elektronen usw.

Tabelle 3. *Die möglichen Quantenzustände eines Elektrons*

<table>
<tr><td rowspan="2"></td><td>K</td><td colspan="2">L</td><td colspan="3">M</td><td colspan="4">N</td></tr>
<tr><td>n</td><td>1</td><td colspan="2">2</td><td colspan="3">3</td><td colspan="4">4</td></tr>
<tr><td>l</td><td>0</td><td>0</td><td>1</td><td>0</td><td>1</td><td>2</td><td>0</td><td>1</td><td>2</td><td>3</td></tr>
<tr><td>Elektron</td><td>s</td><td>s</td><td>p</td><td>s</td><td>p</td><td>d</td><td>s</td><td>p</td><td>d</td><td>f</td></tr>
<tr><td>m_l</td><td>0</td><td>0</td><td>-1 0 +1</td><td>0</td><td>-1 0 +1</td><td>-2 -1 0 +1 +2</td><td>0</td><td>-1 0 +1</td><td>-2 -1 0 +1 +2</td><td>-3 -2 -1 0 +1 +2 +3</td></tr>
<tr><td>m_s</td><td>↑↓</td><td>↑↓</td><td>↑↓ ↑↓ ↑↓</td><td>↑↓</td><td>↑↓ ↑↓ ↑↓</td><td>↑↓ ↑↓ ↑↓ ↑↓ ↑↓</td><td>↑↓</td><td>↑↓ ↑↓ ↑↓</td><td>↑↓ ↑↓ ↑↓ ↑↓ ↑↓</td><td>↑↓ ↑↓ ↑↓ ↑↓ ↑↓ ↑↓ ↑↓</td></tr>
<tr><td></td><td>K</td><td>L_1</td><td>L_2</td><td>M_1</td><td>M_2</td><td>M_3</td><td>N_1</td><td>N_2</td><td>N_3</td><td>N_4</td></tr>
</table>

Die Auffüllung der einzelnen Schalen ergibt sich nach dem *Aufbauprinzip* (S. 97). Dieses, vereint mit der Erkenntnis der abgeschlossenen Schalen, führt zum Verständnis des Periodischen Systems der Elemente.

3. Radien der Edelgase. Die Zunahme der Elektronenzahl in den Schalen vergrößert das Atom nicht stark. In dem Maße, als die Kernladung wächst, nimmt der Radius der äußeren Schalen ab. Das jedem Edelgas folgende Element hat eine Außenschale, die nur sehr wenig größer ist als die des Edelgases. Die Edelgase haben die folgenden Radien in Å:

Helium	0,9	Krypton	1,7
Neon	1,1	Xenon	1,9
Argon	1,5	Radon	2,2

4. Zustand des Atoms. Jedes Elektron im Atom besitzt einen Bahndrehimpuls l mit den Werten $0, 1, 2, \ldots, m - 1$ in Einheiten $h/2\pi$. Die Einzeldrehimpulse setzen sich zu einem resultierenden ganzzahligen Bahndrehimpuls L zusammen, der nach der Grundforderung der Quantenmechanik ein ganzzahliges Vielfaches von $h/2\pi$ sein muß. Nachdem das Elektron, neben seiner Bewegung um den Kern, auch noch eine Bewegung um seine eigene Achse besitzt — Spin —, muß auch diese berücksichtigt werden. Der Spin — der Eigendrehimpuls des Elektrons — beträgt für alle Elektronen $\pm 1/2\, h/2\pi$, die vektorielle Summe dieses Spins wird mit S bezeichnet. Es beträgt dann der *Gesamtdrehimpuls* J im Atom

$$J = L + S. \tag{1}$$

Wieder kann nach der Quantenmechanik der Vektor J nur bestimmte Werte, als Vielfache von $J\,h/2\pi$, oder richtiger von $\sqrt{J(J+1)}\,\dfrac{h}{2\pi}$, besitzen. J kann nur positiv oder 0 sein:

$$J, J - 1, J - 2, \ldots, 0.$$

Die in der Gl. 1 vorhandenen drei Größen drücken den *Zustand* eines Atoms aus, der durch den *Term* gekennzeichnet ist. Jeder Term wird also diese Größe enthalten, der in besonderer Schreibweise dem Element hinzugefügt wird. Es wird jedoch die Größe S als $(2S + 1)$ eingeführt, ein Wert, der die Multiplizität des Terms zugleich ausdrückt. Die Bezeichnung ist

$$^{(2S+1)}L_J.$$

$L =$	1	2	3	4
Termsymbole	S	P	D	F

Dem Termsymbol wird links oben $(2S + 1)$ und rechts unten der Wert für den Gesamtdrehimpuls J geschrieben.

Es ist von Interesse, den *Grundzustand* (den *Grundterm*) eines Elements kennenzulernen, von dem aus das Leuchtelektron bei Zuführung von Energie ausgeht. In allen Edelgasen z. B. ist der Grundzustand ein $^1S_0$-Zustand (ausgesprochen Singulett S Null), oder der Grundzustand des Natriums ist ein $^2S_{1/2}$ (Dublett S einhalb). Es ist *wichtig zu bemerken,* daß das Termsymbol S nicht mit dem S zu verwechseln ist, das mit dem Spin zusammenhängt.

Der S-Term ist immer einfach, während die anderen Terme „aufgespalten" sein können, was durch verschiedene J (als Index) gekennzeichnet wird; am stärksten aufgespalten sind die P-Terme und dann rasch abnehmend die folgenden D-, F-... Terme.

Die Linienspektra der Elemente bestehen aus Systemen von einfachen Linien (*Singulett*-System) und Mehrfachlinien (*Dublett, Triplett* usw.). Wie in Abb. 25 am Beispiel des Quecksilbers zu sehen, besteht sein Liniensystem aus einem Singulett und einem Triplettsystem. Da in jedem System ein durch das Termsymbol S auszudrückender Grundzustand vorhanden ist, wird diesem S links oben angeschrieben, welchem Liniensystem es angehört, z. B. beim Quecksilber im Singulettsystem $^1S_0$, im Triplettsystem $^3S_1$.

5. Höhere Energiezustände des Atoms. Wird einem Atom Energie zugeführt, so geht es aus dem Grundzustand in einen höheren „angeregten" Zustand über, der durch

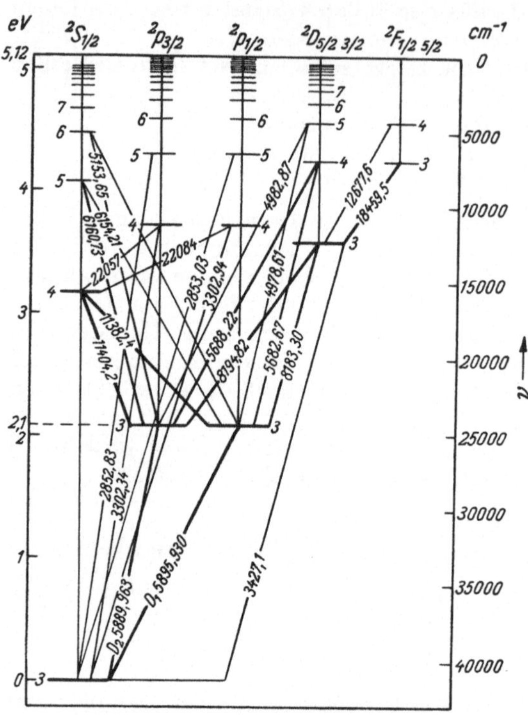

Abb. 24. Die Bezeichnung in der Abbildung ist gleich wie beim Wasserstoff, Abb. 23. Das Na-Spektrum ist ein Dublettsystem, die D_2-Na-Linie entspricht, wie man sieht, dem Übergang $^2S_{1/2} - {}^2P_{3/2}$, die D_1-Linie dem Übergang $^2S_{1/2} - {}^2P_{1/2}$; beide Linien sind Resonanzlinien.

eine andere Bezeichnung auszudrücken ist. Siehe bei Wasserstoff. Diese Änderung des Zustandes wird dadurch erreicht, daß ein Elektron (das *Leuchtelektron*) des Atoms von einem Grundniveau auf das Niveau eines höheren energiereicheren Zustandes gehoben wird (z. B. Abb. 24). Wird ein Natriumatom angeregt (z. B. durch Einwirkung von Licht), so geht ein Elektron von seinem Grundzustand $^2S_{1/2}$ auf das *nächst*höhere $^2P_{1/2}$-Niveau; wird die Energie, welche die Anregung bewirkte, entfernt, so fällt das Elektron auf sein ursprüngliches Grundniveau zurück und sendet die Linie aus, die dem *Energieunterschied* der beiden unmittelbar benachbarten Niveaus entspricht. Die Linie ist gekennzeichnet durch den Übergang $^2S_{1/2} - {}^2P_{1/2}$; es ist dies die bekannte D-Linie des Natriums (sie ist eine Doppellinie!). Der Grundzustand des Quecksilberatoms ist ein $^1S_0$-Term; wird der

Dampf des Quecksilbers mit Licht der Wellenlänge 2536 Å bestrahlt, so geht das Atom in den *ersten* angeregten $^3P_1$-Zustand über, nach dem Aufhören der Lichteinwirkung sendet nun das Hg-Atom, indem es in den Grundzustand zurückgeht, Licht von der Wellenlänge 2536 Å aus; diese Linie entspricht dem Übergang $^1S_0 - {}^3P_1$.

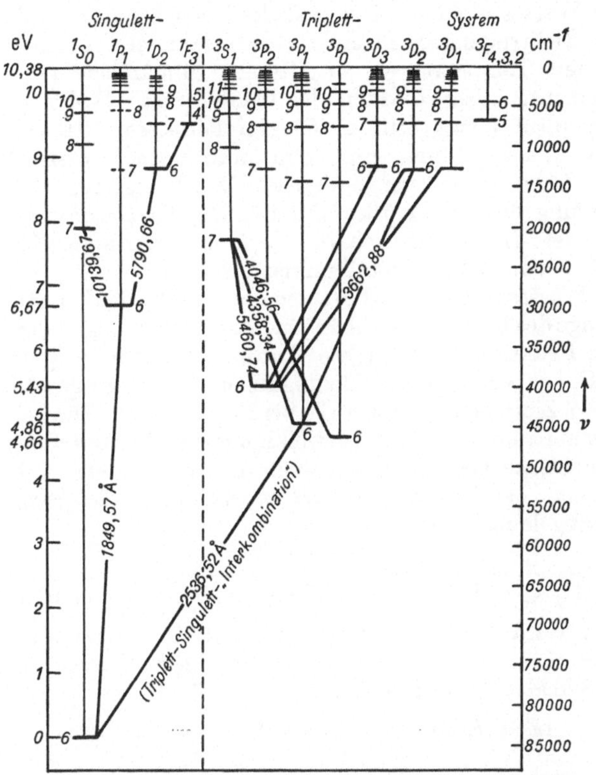

Abb. 25. Das Spektrum des Quecksilbers besteht aus einem Singulett- und Triplettsystem. Der oben angegebene Übergang $^1S_0 - {}^3P_1$ entspricht dem sehr seltenen Fall eines Überganges zwischen einem Singulett- und Triplettsystem, man kennzeichnet dies als Interkombination.

Resonanzlinien kennzeichnen den Übergang des Leuchtelektrons vom Grundniveau auf das nächsthöhere Niveau. Die angegebenen Linien des Natriums und Quecksilbers sind Resonanzlinien, z. B. bei Hg:

Absorption der Resonanzlinie

$^1S_0$ $\longrightarrow$ $^3P_1$

Resonanzfluoreszenz (Resonanzstrahlung).

XXII. Das System Wasserstoff—Sauerstoff

(Thermochemische Gleichung, Katalyse)

1. Knallgas. Mischt man 2 Vol.-Teile Wasserstoff und 1 Vol.-Teil Sauerstoff, so erhält man Knallgas. Diese Gasmischung ergibt sich direkt, wenn man Wasser elektrolysiert und die Vorrichtung so wählt, daß sich die beiden Elektrodengase in einer Röhre sammeln. Bringt man Knallgas auf höhere Temperaturen, so tritt eine allmähliche Vereinigung der beiden Elemente unter Bildung des Wassers ein. Wählt man eine zu hohe Temperatur (etwa 450° in Glasgefäßen), so tritt explosionsartig verlaufende Wasserbildung ein. Man muß unter diesen Bedingungen die beiden Gase unter vermindertem Druck halten, da sonst eine Zertrümmerung des Glasgefäßes eintritt. Die Explosion ist durch einen Knall begleitet; dieser Eigenschaft entspringt der Name. Zündung kann auch durch einen elektrischen Funken erfolgen.

Bei der Wasserbildung wird Wärme entwickelt, die Wärmemenge wird von der Menge des Knallgases abhängen. Man bezieht allgemein die bei einer chemischen Reaktion freigemachte Wärme auf 1 Mol der gebildeten Verbindung. Die experimentellen Bedingungen werden so gewählt, daß sich alle Stoffe bei Zimmertemperatur (18 bis 25°) befinden. Die bei chemischen Reaktionen auftretende Wärmeentwicklung wird *Wärmetönung* bezeichnet.

Eine chemische Gleichung, die auch die Wärmemengen der Reaktion berücksichtigt, bezeichnet man *thermochemische Gleichung*. Für die Wasserbildung lautet sie:

$$\overbrace{H_{2\,Gas} + {}^1/_2\,O_{2\,Gas}}^{A} = \overset{B}{H_2O_{Gas}}, \quad \Delta H = -\,57,8\,\text{kcal}. \tag{1}$$

In Worten: Wird bei Zimmertemperatur 1 Mol Wasserstoffgas (2,0 g) und $^1/_2$ Mol Sauerstoff (16,0 g) zu gasförmigem Wasser verbrannt, so werden 57,8 kcal Wärme frei. Nach dem I. W.-H. ist

$$\Delta E = E(B) - E(A) = E(H_2O) - E(H_2, {}^1/_2\,O_2)$$

oder

$$\Delta H = H\,(H_2O) - H\,(H_2, {}^1/_2\,O_2) = -\,57,8\,\text{kcal}.$$

1 Mol Wasserdampf hat einen um 57,8 kcal kleineren Wärmeinhalt als die Gasmischung 1 Mol Wasserstoff und $^1/_2$ Mol Sauerstoff. Man kann die Gl. 1 auch schreiben:

$$H_2O_{Gas} + 57{,}8\,\overrightarrow{\text{kcal}} = \overrightarrow{H_{2\,Gas}} + {}^1/_2\,O_{2\,Gas}.$$

In Worten: Bei der chemischen Reaktion, Bildung von 1 Mol Wasserstoffgas und $^1/_2$ Mol Sauerstoffgas aus Wasserdampf, ist der notwendige *Wärmebedarf* 57,8 kcal. Reaktion in der →-Richtung bezeichnet man endotherm, in der ←-Richtung exotherm; gleich wie schon S. 25 oben für einen physikalischen Vorgang angegeben.

Die bei der Bildung eines Mols einer Verbindung *aus ihren Elementen* auftretende Wärme wird *Bildungswärme* bezeichnet: die Bildungswärme des Wassers beträgt $\Delta H = -57{,}8$ kcal. Über die Bedeutung der Bildungswärmen und ihre Anwendung S. 15.

Die physikalischen Vorgänge, Schmelzen des Eises, Verdampfen des Wassers usw. (S. 24 f.), sind durch entsprechende Wärmeänderungen gekennzeichnet, ebenso ist dies bei chemischen Reaktionen der Fall; demnach besteht in dieser Hinsicht zwischen chemischen und physikalischen Vorgängen grundsätzlich kein Unterschied.

2. Katalyse. Wenn man Knallgas mit einer kleinen Menge, auf Asbest fein verteilten, Platin zusammenbringt, so erfolgt sofort eine Explosion unter Wasserbildung. Das Platin hat die bei gewöhnlicher Temperatur ungemein langsam verlaufende Reaktion zwischen Wasserstoff und Sauerstoff so beschleunigt, daß sie schließlich explosionsartig rasch abläuft. Bei dieser Reaktion verändert sich das Platin nicht, die notwendige Menge

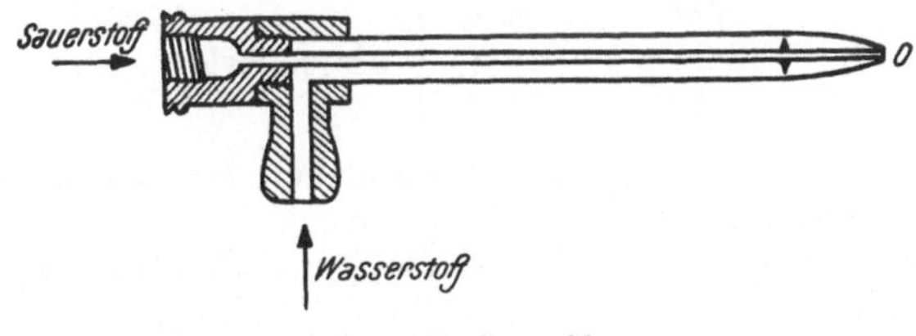

Abb. 26. Knallgasgebläse.

kann sehr klein sein, ein dem Kopf einer Stecknadel entsprechend großer Platin-Asbest-Bausch genügt. Man könnte mit dieser Menge unbegrenzt große Mengen Knallgas nacheinander zur Explosion bringen. Ein Stoff, der eine sehr langsam verlaufende chemische Reaktion beschleunigt, ohne daran feststellbar selbst chemisch beteiligt zu sein, wird ein *Katalysator* bezeichnet. Ein chemischer Vorgang, der unter dem Einfluß eines Katalysators abläuft, ist ein *katalysierter* Vorgang. Die Beschleunigung einer chemischen Reaktion durch einen Katalysator bezeichnet man *Katalyse.* In dem behandelten Fall liegt eine *heterogene* Katalyse vor. Die Katalyse ist für das Gebiet chemischer Vorgänge von allergrößter Bedeutung, wie noch auszuführen sein wird. Die angegebene Definition ist nicht erschöpfend; sie genügt nur zu einer ersten allgemeinen Festlegung der Begriffe. Der oft tief verborgene Mechanismus der Katalyse und damit die Wirksamkeit eines Katalysators läßt sich auffinden vor allem nach Heranziehung der chemischen Kinetik (S. 179 f.).

Die Eigenschaft des Platins, Knallgas bei Zimmertemperatur zu entzünden, ist schon lange bekannt. Auf dieser Eigenschaft beruht die heute nur mehr noch geschichtliches Interesse beanspruchende *Döbereiner Zündmaschine:* man läßt Wasserstoffgas gegen eine Fläche, die Platinmohr fein verteilt enthält, strömen; der Wasserstoff entzündet sich. Zur Zeit, da Zündhölzer noch nicht bekannt waren, war diese Vorrichtung nicht ohne Bedeutung.

Knallgasgebläse. Die hohe Verbrennungswärme bei der Wasserbildung wird technisch zur Erzeugung hoher Temperaturen ausgewertet, namentlich in der Technik der Metallschweißung. Dazu ist ein besonderer Brenner notwendig, der es gestattet, Wasserstoff und Sauerstoff unmittelbar nach ihrer Vereinigung zur Reaktion zu bringen (Abb. 26, Knallgasgebläse).

3. Thermische Dissoziation (thermische Spaltung). Erwärmt man Wasserdampf auf hohe Temperaturen, so spaltet sich die Molekel nach der Gleichung

$$H_2O_{Gas} \rightleftarrows H_{2\ Gas} + {}^1/_2\ O_{2\ Gas}, \quad \Delta H = 57,8\ kcal.$$

Die dazu notwendige Energie, der Wärmebedarf, beträgt, wie schon angegeben, 57,8 kcal. Diesen Vorgang bezeichnet man *thermische* Dissoziation, ihr Ausmaß ist von der Temperatur und vom Druck abhängig. Bei 1 Atm. Gesamtdruck $p = p_{H_2} + p_{O_2}$ findet man

Temperatur		
2500°	4%	
3000°	14%	dissoziiert.
3500°	31%	

Bei 2500° sind von 100 Molekeln erst 4 Molekeln gespalten, mit steigender Temperatur nimmt die Spaltung rasch zu.

Bei einem Wärmebedarf 61 kcal kann die Spaltung auch nach der Gleichung erfolgen:

$$61\ kcal + H_2O_{Gas} \rightleftarrows {}^1/_2 H_{2\ Gas} + OH_{Gas}.$$

Bei 1 Atm. und 3000° K sind etwa 24% gespalten, die gebildete OH-Molekel ist ein *Radikal* und wird *Hydroxyl* bezeichnet. Es ist bei gewöhnlicher Temperatur nicht beständig.

XXIII. Wasserstoff H
(Atomgewicht 1,0078, Ordnungszahl 1)

Wasserstoff ist schon frühzeitig aufgefunden worden. Als ein besonderes Gas erkannte es HENRY CAVENDISH, England 1766. Auf der Erde kommt Wasserstoff frei praktisch nicht vor. Hingegen kommt er in allen heißen Sternen vor, in den planetarischen Nebeln und Sternen von nicht zu hohem Alter ist Wasserstoff neben Helium der hauptsächlichste Bestandteil. Gewaltige Mengen Wasserstoff zeigen die Sonnenfackeln an.

Herstellung.
a) *Durch Elektrolyse von Wasser* (s. oben S. 38).
b) *Zersetzung des Wassers durch Metalle.* Die Metalle der Alkalien zersetzen das Wasser schon bei Zimmertemperatur, die Reaktion verläuft bei Anwendung der Alkalien viel heftiger als bei den Erdalkalien. Bei hoher Temperatur zersetzen Wasser eine große Reihe von Metallen, mit Ausnahme der Edelmetalle. Eisen reagiert nach der Gleichung

$$3\ Fe + 4\ H_2O \rightleftarrows Fe_3O_4 + 4\ H_2$$

bei schwacher Rotglut (600, 700°).

c) *Lösung von Metallen in Säuren oder Laugen.*

$$Fe + 2\,HCl = FeCl_2 + H_2,$$
$$Zn + 2\,HCl = ZnCl_2 + H_2,$$
$$Zn + H_2SO_4 = ZnSO_4 + H_2,$$
$$2\,Al + 6\,H_2O = 2\,Al(OH)_3 + 3\,H_2 \ldots \text{ in alkalischen Lösungen.}$$

Die Zersetzung der Metalle mit Säuren ist jedenfalls die bequemste Methode zur Herstellung von Wasserstoff und wird im Chemischen Laboratorium sehr viel verwendet. Man benützt dazu den KIPP-Apparat (Abb. 27); es ist einer der häufigst verwendeten Geräte im Chemischen Laboratorium und ist, so wie einst die Retorte, jetzt zum Symbol für „Chemie" geworden.

Im KIPP-Apparat erhält man keinen reinen Wasserstoff, neben anderen Begleitgasen enthält er immer etwas Sauerstoff, von der gelösten Luft stammend, die sich in der Säure löst. Leitet man das Gas, wie angegeben, über erhitzten Platin-Asbest, so wird der Sauerstoff durch Wasserbildung entfernt, die Trocknung erfolgt in anzuschließenden Trockenanordnungen (konzentrierte Schwefelsäure, Phosphorpentoxyd).

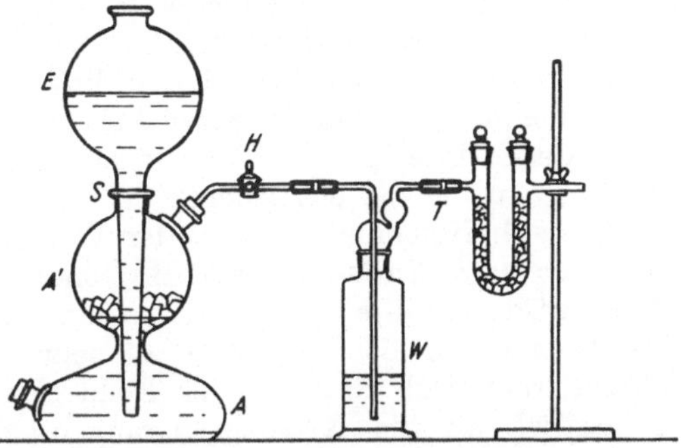

Ganz reines Zink reagiert nicht mit Säuren,

Abb. 27. KIPP-Apparat. *AA'* ist ein Doppelgefäß, in das der Einsatz *E* am Schliff *S* gasdicht eingeführt wird. In der Verengung zwischen *A* und *A'* ist ein Sieb. In *A'* werden Zinkstückchen eingefüllt, in die Öffnung von *E* verdünnte Säure eingegossen. Diese kann erst zum Zink, wenn der Hahn *H* geöffnet wird, wobei sofort die Entwicklung von Wasserstoff einsetzt. Soll diese unterbrochen werden, so wird der Hahn *H* geschlossen, das in der nächsten Viertelminute entwickelte Gas drückt die Säure nach *A* zurück: die Gasentbindung hört auf. Verbrauchte und unverbrauchte Säure vermengen sich, das ist eine unwirtschaftliche Verwendung, die man in Kauf nehmen muß.

gibt man jedoch eine geringe Menge Kupfersalz (oder noch besser ein Platinsalz) zur Säure, so tritt sofort Gasentwicklung ein: die Reaktionshemmung wird durch Ausbildung eines Lokalelements aufgehoben.

d) *Herstellung des Wasserstoffes im großen.* Es werden gegenwärtig gewaltige Mengen Wasserstoff hergestellt. Großtechnisch stehen zwei Methoden zur Verfügung: a) Elektrolyse des Wassers. Diese Methode ist nur an Stellen wirtschaftlich durchführbar, die über billigen elektrischen Strom verfügen. b) Von allgemeiner Bedeutung ist die Herstellung mit Verwendung der Kohle. Man leitet Wasserdampf über glühende Kohle; die Reaktion vollzieht sich nach der Gleichung

$$C + H_2O = CO + H_2, \quad \Delta H = 31,4 \text{ kcal.}$$

Man erhält ein sogenanntes Wassergas. Durch besondere Verfahren kann das gebildete Kohlenoxyd abgetrennt werden und dann ebenfalls für die Herstellung weiterer Mengen Wasserstoff verwendet werden:

$$CO + H_2O \rightleftharpoons CO_2 + H_2, \quad \Delta H = 9{,}3 \text{ kcal.}$$

Das Kohlendioxyd wird durch Waschen des Gases mit Wasser unter Druck entfernt. Restliches, in geringeren Mengen vorhandenes Kohlenoxyd wird mit einer Kupfer I-chlorid-Lösung abgetrennt (S. 233).

e) *Wasserstoff im Entstehungszustand* (im status nascendi). Bei den angegebenen Reaktionen der Herstellung des Wasserstoffs mit Hilfe von Metallen und Säuren wird der Wasserstoff als Atom frei. Die Atome vereinigen sich dann zu Molekeln. Es ist deshalb zu erwarten, daß Wasserstoff, der unter diesen Bedingungen entsteht, besonders wirksam sein wird. Man sieht dies deutlich, wenn man z. B. in die rotgefärbte Lösung von Kaliumpermanganat, die etwas verdünnte Schwefelsäure enthält, gewöhnlichen Wasserstoff einleitet. Es wird keine Wirkung hervorgebracht; gibt man aber einige Zinkstückchen hinein, so bewirkt der Wasserstoff sehr bald Entfärbung. Es muß allerdings gesagt werden, daß die Atome, unter diesen Bedingungen entwickelt, nicht ganz frei sind, sie werden schon wegen ihrer großen Reaktionsfähigkeit von der Metallfläche festgehalten, an der sie entstehen.

Eigenschaften eines naszierenden Wasserstoffes zeigt auch ein Wasserstoff, der nach Entladung von H^+-Ionen an der Kathode als H-Atom „frei“ wird: $H^+ + e^- = H$. Mit so einem Wasserstoff lassen sich viele Reduktionen an Stoffen, auch an sehr schwer reduzierbaren, durchführen, wenn sich diese in der Elektrolytlösung gelöst befinden oder mechanisch an die Kathode herangebracht werden. Beispiele:

$$NaNO_3 + 2\,H = NaNO_2 + H_2O] \quad \text{Reduktion von Nitraten;}$$
$$Fe^{+++} + H = Fe^{++} + H^+ \quad \text{Reduktion von Eisen III-Salzen;}$$
$$O_2 + 2\,H = H_2O_2 \quad \text{Anlagerung des Wasserstoffes an}$$

Sauerstoff; Bildung von Wasserstoffperoxyd; der Sauerstoff wird an der Kathode vorbei perlen gelassen.

Für die Durchführung solcher kathodischer Reduktionen ist auch die Art der Metallkathode maßgebend. Die Menge des gebildeten Reduktionsproduktes ist meist geringer, als nach dem Faraday-Gesetz zu erwarten wäre: ein Teil des Wasserstoffes entweicht molekular (S. 19 f.).

Chemische Eigenschaften des Wasserstoffes. 1. Bei gewöhnlicher Temperatur ist Wasserstoff ein sehr wenig reaktionsfähiges Gas, nur unter besonderen Bedingungen vermag er in Reaktion zu treten. Dies ist z. B. der Fall, wenn Wasserstoff auf Metalle der Platinreihe einwirkt. Diese Metalle erhöhen seine Reaktionsfähigkeit (zum Teil dadurch, daß sich Wasserstoffatome bilden). Man kann dann in Anwesenheit genannter Metalle Wasserstoff direkt in organische Verbindungen bei Zimmertemperatur einführen. So gelingt es, den ungesättigten Kohlenwasserstoff Äthylen nach der Gleichung

$$CH_2{=}CH_2 + H_2 = CH_3{-}CH_3$$

in einen gesättigten Kohlenwasserstoff, das Äthan, überzuführen. Diesen Vorgang bezeichnet man *Hydrierung*.

2. Bei höheren Temperaturen wird Wasserstoff sehr reaktionsfähig, es wird Metalloxyden der Sauerstoff entzogen. An Kupferoxyd vollzieht sich dieser Vorgang bereits bei etwa 500 bis 600° sehr rasch:

$$CuO + H_2 = Cu + H_2O.$$

Wird Sauerstoff einer chemischen Verbindung entzogen, so bezeichnet man dies als Reduktion; die Gleichung kennzeichnet demnach einen *Reduktionsvorgang*. Aus der Menge des gebildeten Wassers G läßt sich die Gewichtsmenge des reduzierten Kupferoxydes berechnen:

$$CuO : H_2O = x : G; \quad x = \frac{CuO \cdot G}{H_2O} = \frac{79 \cdot G}{18} = \text{Gramm Kupferoxyd.}$$

Der dazu notwendige Apparat ist in der Abb. 28 angegeben.

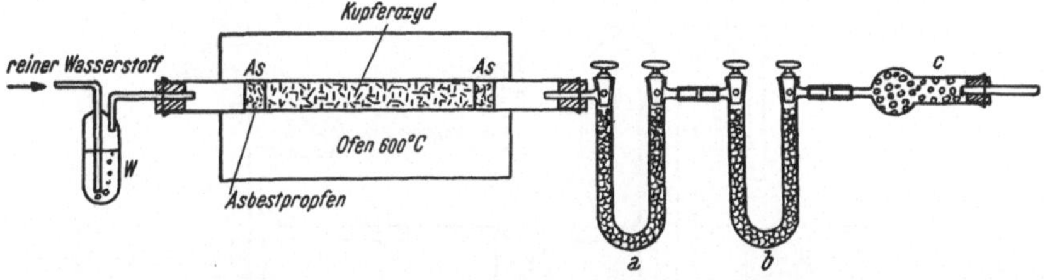

Abb. 28. Wägung des gebildeten Wassers: Wasserstoff streicht durch die konz. Schwefelsäure enthaltende Waschflasche W, das im Ofen gebildete Wasser wird von den Chlorkalziumröhren a, b aufgenommen, die gewogen werden, c ist ein mit Chlorkalzium gefülltes Schutzrohr gegen die Feuchtigkeit der Luft.

Ferner kann man in einem Gemisch, z. B. Stickstoff + Wasserstoff, den Gehalt an Wasserstoff bestimmen, wenn das Volumen V der durchgeleiteten Mischung bekannt ist:

$$H_2O : H_2 = G : x; \quad \frac{2\,G}{18\,V} \text{ Gramm Wasserstoff pro Volumeinheit.}$$

3. Mit den Metallen der Alkalien und Erdalkalien verbindet sich der Wasserstoff zu beständigen *Hydriden* (S. 296, 308). In verschiedenen anderen Metallen löst sich Wasserstoff, bildet aber keine einfach zusammengesetzten Lösungssysteme; s. unten.

Physikalisches Verhalten des Wasserstoffes. Wasserstoff ist farb- und geruchlos. Er ist das leichteste Gas und hat deshalb einmal in der Luftfahrt eine große Rolle gespielt; es ist etwa 14,4mal leichter als Luft. Gegenwärtig hat diese Verwendung nur noch geringere Bedeutung; man kann den Wasserstoff durch Leuchtgas ersetzen, das etwa 60% Wasserstoff enthält.

Wasserstoff hat das größte Wärmeleitvermögen, das aller anderen Gase beträgt bei 0° nur 0,2 seines Wertes, einzig Helium und Deuterium kommen ihm mit etwa 0,8 seines Wertes nahe. Wasserstoff hat die kleinste innere Reibung, die größte Diffusionsgeschwindigkeit und die größte spez. Wärme.

d_{Fl} 0,0700
Schmp. .... —257,3
Sdp. .... —252,8
Kritische Temperatur...... —239,9

Wenn ein reales Gas komprimiert wird, so kühlt es sich, bei einer
Ausdehnung ohne Arbeitsleistung, ab. Wasserstoff und Helium bilden
unter normalen Bedingungen eine Ausnahme, sie erwärmen sich.
Erst wenn der komprimierte Wasserstoff unter —70° abgekühlt wird,
tritt bei der Ausdehnung Abkühlung ein. Aus diesem Grunde gelingt die
Verflüssigung des Wasserstoffes erst nach möglichst starker Abkühlung
des komprimierten Gases. In technischen Anordnungen zur Verflüssigung
des Wasserstoffes wird dieser mit flüssiger Luft gekühlt.

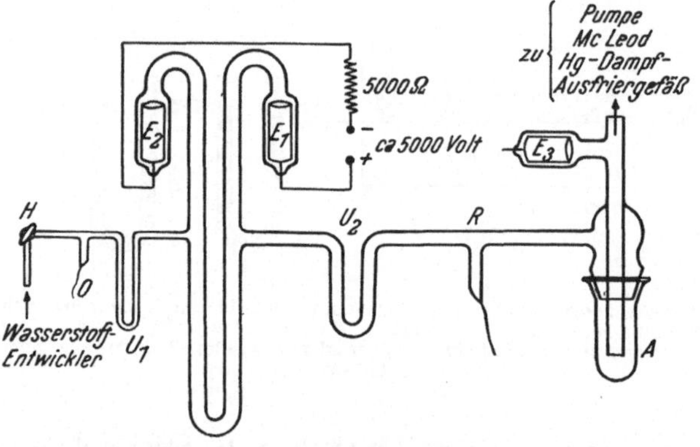

Abb. 29. Der durch den Regulierhahn H eintretende sauerstofffreie Wasserstoff ist entweder feucht
oder trocken. In letzterem Falle wird ihm in O Sauerstoff zugesetzt und der Wasserdampf in U ausgefroren. Die Entladungsstromstärke zwischen den Elektroden E_1 und E_2 beträgt zwischen 100 und
500 Milliampere. Der aus dem Entladungsrohr mit einer Geschwindigkeit von einigen Metern in der
Sekunde bei einem Druck von 0,5 mm austretende atomare Wasserstoff kann *durch Kühlen von* U_2
mit flüssiger Luft zerstört werden. Die in R ausgeführten chemischen Reaktionen können gasförmige
Reaktionsprodukte liefern, die in A ausgefroren und analysiert werden. E_3 ist eine Hilfselektrode,
von der aus Entladungen in die Apparatur zu Reinigungszwecken geschickt werden. (Nach K. F. BON-
HOEFFER.)

Wasser löst nur geringe Mengen Wasserstoff: 1 Liter löst bei Zimmertemperatur bei einem Druck von 1 Atm. 18 cm³ Wasserstoff. Zu beachten ist die große Löslichkeit in den Metallen, namentlich bei höheren
Temperaturen. Eisen, das unter diesen Bedingungen Wasserstoff gelöst
enthält, wird brüchig. Platin und besonders Palladium lösen große
Mengen; fein verteiltes Platin löst (absorbiert) mehr als das Hundertfache
seines Volumens bei gewöhnlichen Temperaturen. Die große Löslichkeit
des Wasserstoffes in beiden Metallen ist die Ursache, daß Wasserstoff
sehr leicht durch erhitztes Platin und Palladium diffundiert. 1 Vol.
Palladium löst bei Zimmertemperatur das 900fache Volumen Wasserstoff. In diesem Metall ist der gelöste Wasserstoff zum Teil in Atome gespalten, wodurch er eine besondere Reaktionsfähigkeit erhält. Man macht
davon besonders in der Organischen Chemie Gebrauch, um in organische
Stoffe Wasserstoff einzuführen, wie schon oben erwähnt.

Dissoziation der Molekel H_2. 1. Läßt man bei niedrigen Drucken H_2-Molekeln über hoch erhitzten Wolframdraht streichen, so erfolgt die Spaltung nach der Gleichung

$$H_{2\,Gas} \rightleftarrows 2\,H, \quad \Delta H = 103 \text{ kcal.}$$

Bei 2600° K sind etwa 2%, bei 3500° 29% der Molekeln bei 1 Atm. Gesamtdruck gespalten. Die Reaktion führt zu einem chemischen Gleichgewicht, was durch das Zeichen $\rightleftarrows$ ausgedrückt ist. Es können sowohl Atome gebildet werden, als auch gleichzeitig solche in umgekehrter Richtung unter Bildung von H_2 verschwinden. Beide Vorgänge spielen sich so ein, daß pro Zeiteinheit ebensoviel H-Atome gebildet werden wie solche in der ⟵-Richtung abnehmen.

Man erzielt eine bedeutend höhere Spaltung, wenn man das verdünnte Gas elektrischen Glimmentladungen unterwirft. Methode von R. W. Wood. Man kann auf diese Weise ein Gas mit etwa 20% H-Atome erhalten.

Wasserstoffatome vereinigen sich wirksam erst an festen Stoffen zu Molekeln. Wie man sieht, ist der Wärmebedarf für die Molekelspaltung erheblich. Vereinigen sich zwei H-Atome zur Molekel H_2, so wird die gleiche Wärmemenge wieder frei; davon wird Gebrauch gemacht, um recht hohe Temperaturen in einer Wasserstoffatmosphäre herzustellen. Man erzeugt zwischen zwei Wolframdrähten einen elektrischen Lichtbogen und verbläst ihn mit Wasserstoffgas. Im Bogen

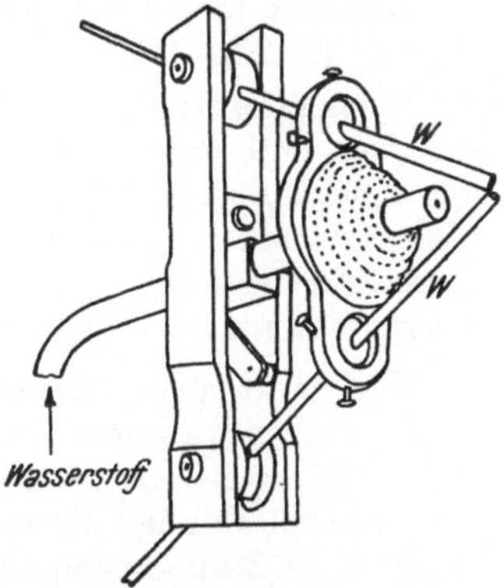

Abb. 30. Vorrichtung zur Schweißung in einem atomaren Wasserstoff enthaltenden Lichtbogen. (Nach I. Langmuir.)

werden H-Atome gebildet, die gegen den zu schmelzenden Stoff geblasen werden, wo sie sich zu Molekeln vereinigen. Man kann auf diese Weise bis 4000° K hohe Temperaturen erreichen, die sonst durch keine andere chemische Reaktion geliefert werden können. Wichtiger noch als die hohe Temperatur ist, daß Schweißungen von besonderen Metallen in reiner Wasserstoffatmosphäre in Abwesenheit von Kohlenstoff, Sauerstoff, Stickstoff durchgeführt werden können.

Einwirkung von Licht. Die zur Spaltung notwendige Energie kann der Wasserstoffmolekel durch Lichteinstrahlung nur dann zugeführt werden, wenn sie das Licht absorbiert (S. 19). Erst Licht von der Wellenlänge 850 Å kann absorbiert werden, das ist ein so schwer zugänglicher Wellenbereich, daß eine praktische Verwertung dieser Methode zur Erzeugung von H-Atomen nicht von Bedeutung sein wird.

Es gibt jedoch eine sehr wirksame photochemische Methode zur Herstellung von atomarem Wasserstoff, die auf indirektem Wege zum Ziel führt. Wird Quecksilberdampf mit Licht einer Quecksilberlampe bestrahlt, so vermag ihr Licht von der Wellenlänge 2537 Å die Hg-Atome anzuregen, d. h. das Atom nimmt Energie auf, indem sein Elektron auf eine höhere Bahn gehoben wird; man schreibt dies nach der Gleichung

$$Hg + h\,\nu = Hg^*.$$

Das angeregte Hg-Atom Hg^* hat eine Energie aufgenommen, die pro Grammatom etwas mehr als 103 kcal entspricht. Trifft so ein Hg-Atom mit H_2-Molekeln zusammen, so werden diese in Atome gespalten:

$$Hg^* + H_2 = Hg + 2\,H.$$

Verwendet man also einfach eine Gasmischung H_2-Hg, so werden bei einem Druck von 1 Atm. in dieser während der Bestrahlung H-Atome gebildet.

Man hat hier das typische Beispiel einer photochemischen Sensibilisierung (S. 20).

Wasserstoffatome werden an Glaswände treffend von diesen festgehalten und adsorbiert; sie können erst bei etwa 300° im Vakuum nun als Molekeln wieder entfernt werden. Sind in einem Gefäß Wasserstoffatome vorhanden, so sinkt der Druck des Gases mit der Zeit zufolge dieser Adsorption; man bezeichnet dies als den „*clean-up*"-Effekt der Wasserstoffatome.

Wasserstoffatome haben bei einem Druck von 0,1 Torr eine Lebensdauer von etwa 1 sec; sie vereinigen sich keineswegs momentan zu Molekeln; höchstens jeder millionste Zusammenstoß zweier Atome führt zur Molekelbildung. Atomarer Wasserstoff ist sehr reaktionsfähig; er vermag bei Zimmertemperatur Metalloxyde zu reduzieren, z. B.:

$$CuO + 2\,H = Cu + H_2O.$$

Das starke Bestreben der H-Atome, sich wieder zu Molekeln zu vereinigen, zeigten die folgenden Reaktionen:

$$HCl + H = H_2 + Cl, \qquad \varDelta H = -0,5 \text{ kcal},$$
$$HBr + H = H_2 + Br, \qquad \varDelta H = -16,5 \text{ kcal},$$

nach denen also ein freies Chlor- bzw. Bromatom entsteht.

Ortho- und Parawasserstoff. Der gewöhnliche Wasserstoff (g-H_2) ist eine Mischung von zwei verschieden gebauten Molekeln; die eine Form bezeichnet man mit Parawasserstoff (p-H_2), die andere mit Orthowasserstoff (o-H_2). Bei Zimmertemperatur sind 25,1% p-H_2 und 74,9% o-H_2, also rund $^1/_4$ Para- und $^3/_4$ Orthowasserstoff, im gewöhnlichem Gas enthalten. Zwischen den beiden Formen stellt sich ein Gleichgewicht her:

$$o\text{-}H_2 \rightleftarrows p\text{-}H_2, \quad \varDelta H \begin{cases} 20°\,K: -0,33 \text{ kcal},\\ 100°\,K: -0,30 \text{ kcal}. \end{cases}$$

Man kann dieses Gleichgewicht mit Hilfe von Tier- oder Holzkohle, die als Katalysator wirkt, bei tiefer Temperatur in der →-Richtung verschieben. Bei der Temperatur von 20° K (−253°) sind 99,8% p-H_2 vorhanden, steigert man die Temperatur auf Zimmertemperatur, so kann wieder die ursprüngliche Zusammensetzung hergestellt werden, wenn man besonders günstige Bedingungen dazu schafft. Genannte Kohlenarten können bemerkenswerterweise diese Umwandlung *nicht* katalysieren. Jedenfalls tritt eine Umwandlung p-H_2 → g-H_2 bei Temperaturen über 600° ein. Parawasserstoff kann bei Abwesenheit von paramagnetischen Stoffen praktisch als stabiles Gas gelten; so ein länger dauernder instabiler Zustand eines Stoffes wird *metastabiler Zustand* genannt, der gerade hier sehr lange Zeit (einige hundert Jahre lang) bestehen kann.

Die beiden Formen des Wasserstoffes unterscheiden sich nur physikalisch, die chemischen Eigenschaften sind gleich. Der Dampfdruck des Parawasserstoffes beträgt bei —253° 733 Torr, der des gewöhnlichen Wasserstoffes 708 Torr, die verschiedene Wärmeleitfähigkeit beider Formen gestattet eine genaue Bestimmung der Zusammensetzung in einer Mischung.

Der Grund zum Bestehen dieser beiden Formen liegt im Bau der Molekeln. Der Kern des Wasserstoffatoms rotiert um seine Achse, er hat einen Spin. Nun können sich zwei Wasserstoffatome zu einer stabilen Molekel vereinigen, wenn

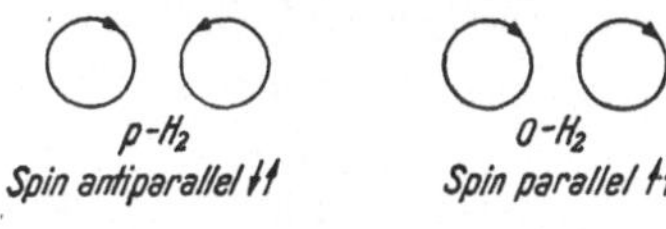

Abb. 31.

entweder die Kernspins parallel oder antiparallel zueinander gerichtet sind:

Die zu jedem Wasserstoffatom gehörigen Elektronen besitzen ebenfalls einen Spin, diese können in der Molekel nur antiparallel gerichtet sein (S. 56).

Deuterium, Isotopie. 1. Der Kern des Wasserstoffatoms kann bei gleicher Ladung auch die Masse 2 haben. Atome dieser Art kommen in der Molekel des gewöhnlichen Wasserstoffes vor, und zwar kommt auf etwa 5000 Atome von der Masse 1 ein Atom mit der Masse 2. Chemisch sind die beiden Atomarten vollständig gleich, Wasserstoff kann demnach das Atomgewicht 1,0078 und 2,0156 haben. Wasserstoff vom letzten Atomgewicht wird *Deuterium*, mit dem chemischen Zeichen D, bezeichnet. Sobald man auf die Zusammensetzung des Atomkernes Rücksicht nehmen muß, wird eine besondere Schreibweise des Elements angewendet. Man fügt zum Zeichen für das Element links unten die Ordnungszahl, links oben die Masse, z. B. $_1^1H$, $_8^{16}O$, $_1^2D$. Elemente mit gleicher Ordnungszahl bezeichnet man *Isotope*. Die beiden Arten des Wasserstoffatoms sind demnach *isotop*, ihr gegenseitiges Mengenverhältnis sollte in der Natur konstant sein. Hier sind jedoch Bedingungen möglich, die eine Trennung der Isotopen herbeiführen können, vor allem die Verdampfung des Wassers, ferner scheinen biologische Vorgänge direkt wirksam zu sein. So ist eine Zunahme des Deuteriumgehaltes gegenüber dem gewöhnlichen Wasser, z. B. im Wasser des Toten Meeres und in manchen Mineralwässern, gefunden worden. Ferner besitzen Wasserstoffverbindungen, die auf tierischen oder pflanzlichen Ursprung hinweisen, einen höheren Gehalt an Deuterium. Die Unterschiede sind allerdings klein, sie betragen nur drei bis höchstens acht Einheiten in 10^5. Dies dürfte der einzige Fall sein, wo in der Natur mit Sicherheit eine Isotopentrennung festzustellen ist.

2. Um den Wasserstoff in die beiden Isotope zu trennen, stehen gegenwärtig mehrere Methoden zur Verfügung. Die bequemste und bisher wohl am meisten benützte ist die Elektrolyse des Wassers. Es werden bei der Elektrolyse pro Sekunde mehr Wassermolekeln H_2O als Molekeln D_2O zersetzt, so daß bei fortgesetzter Elektrolyse einer bestimmten Menge Wasser darin eine ständige Anreicherung an Deuteriumoxyd, an *„schwerem Wasser"*, eintritt.

Die Herstellung von Deuterium erfolgt durch Überleiten von Deuteriumoxyd über Metalle:

$$4\,D_2O + 3\,Fe = Fe_2O_3 + 4\,D_2.$$

3. Das Deuteriumoxyd D_2O unterscheidet sich vom gewöhnlichen Wasser nur physikalisch. Folgend sind einige Beispiele angegeben.

a) *Dampfdruck in Torr:*

20°	H_2O: 17,5	D_2O: 15,2
60°	H_2O: 149,4	D_2O: 136,3
100°	H_2O: 760	D_2O: 721

b) *Schmelzpunkt:* $\begin{cases} H_2O:\ 0° \\ D_2O:\ 3,8° \end{cases}$ *Siedepunkt:* $\begin{cases} H_2O:\ 100,0° \\ D_2O:\ 101,4° \end{cases}$

c) *Dichtemaximum:*

$$H_2O:\ 4,0° \qquad\qquad D_2O:\ 11,6°$$

4. Das Deuteriumoxyd dient zur Herstellung von anderen Deuteriumverbindungen:

ND_3: $Mg_3N_2 + D_2O \rightarrow ND_3$,   *Deuteroammoniak;*

DCl: $MgCl_2 + D_2O$ bei hoher Temperatur $\rightarrow DCl$, *Deuterochlorwasserstoff.*

5. *Austauschreaktionen.* Beispiele:

a)
$$H_2O + D_2O \rightleftarrows 2\,HDO,$$
$$H_2O + HD \rightleftarrows HDO + H_2;$$

werden durch Platinmohr katalysiert, es bildet sich ein Gleichgewicht.

b) $H_2 + D_2 \rightleftarrows 2\,HD$, $K = \dfrac{c_{HD}^2}{c_{H_2} \cdot c_{D_2}} \approx 3$ (bei Zimmertemperatur).

Die Einstellung des Gleichgewichtes wird durch Chromoxyd Cr_2O_3 und Nickel katalysiert.

c) Die Bildung der Deuteroessigsäure:

$$CH_3COOAg + DCl = CH_3COOD + AgCl.$$

d) An $[Co(NH_3)_6](NO_3)_3$ erfolgt in Lösung in Deuteriumoxyd ein vollständiger Ersatz des Wasserstoffes durch Deuterium. Solche Austauschreaktionen finden sehr vielseitig statt.

Löst man Zucker in Deuteriumoxyd auf, so wird ein Teil des vorhandenen Wasserstoffes in der Molekel durch das Deuterium ersetzt. Der

Zucker wird schwerer, bleibt aber sonst chemisch vollkommen gleich. Es erfolgt der Umsatz an der Gruppe:

$$\begin{array}{ccc} \underset{|}{\overset{H}{H}}\ \underset{|}{\overset{H}{H}} & & \underset{|}{\overset{H}{H}}\ \underset{|}{\overset{H}{H}} \\ -C{-}C- & \rightarrow & -C{-}C- \\ \underset{|}{OH}\ \underset{|}{OH} & & \underset{|}{OD}\ \underset{|}{OD} \end{array}$$

6. Unterschied zwischen Wasserstoff und Deuterium:

Schmp.	H_2: 12,9° K	D_2: 18,6° K
Sdp.	H_2: 20,4° K	D_2: 23,5° K

XXIV. Säuren, Basen, Salze
(Elektrolytische Dissoziation)

Die Lösung von Oxyden in Wasser gibt, je nach der Art des Oxydes, entweder eine *Säure* oder eine *Base*, Lösungen von Basen werden auch zuweilen als *Laugen* bezeichnet. Das entsprechende Oxyd ist demnach *Anhydrid* einer Säure oder Base. Z. B. ist Schwefeldioxyd das Anhydrid der Schwefligen Säure H_2SO_3, Kalziumoxyd das Anhydrid der Base Kalziumhydroxyd $Ca(OH)_2$:

$$H_2O + SO_2 = H_2SO_3,$$
$$H_2O + CaO = Ca(OH)_2.$$

Man erkennt diese Stoffe leicht am Verhalten gegen die zwiebelrot gefärbte Lackmuslösung: Säuren färben sie rot, Basen blau. Fügt man zur rot gefärbten Säurelösung eine Base, so wird nach entsprechendem Zusatz die rote Färbung verschwinden und die ursprüngliche zwiebelrote Farbe der Lackmuslösung wird sich einstellen: Säure und Base haben sich gegenseitig *neutralisiert* und ein Salz gebildet, z. B. Natriumchlorid, Salzsäure und Natronlauge:

$$HCl + NaOH = NaCl + H_2O.$$

Alle Säuren enthalten einen durch Metall vertretbaren Wasserstoff in der Molekel, dieser ist demnach kennzeichnend für eine Säure. Bei der Herstellung des Wasserstoffes aus Säuren macht man davon Gebrauch. Basen enthalten in der Molekel mindestens eine OH-Gruppe, *Hydroxyl* bezeichnet; Basen sind im allgemeinen Metallhydroxyde.

Reines Wasser leitet nicht den elektrischen Strom, löst man darin eine Säure, eine Base oder ein Salz auf, so erfolgt eine starke Erhöhung der elektrischen Leitfähigkeit. Wegen dieser Eigenschaft bezeichnet man Säuren, Basen und Salze als *Elektrolyte*. Elektrolyte sind Stoffe, deren Molekeln sich in der wäßrigen Lösung spalten, und zwar in positiv und negativ elektrisch geladene Anteile, die man *Ionen* bezeichnet; z. B. HCl spaltet sich in ein positiv geladenes Wasserstoffion H^+ und ein negativ geladenes Chlorion Cl^-. Die Spaltung des Natriumchlorids und des Natriumhydroxydes (Natronlauge) erfolgt dann nach folgenden Gleichungen:

$$HCl \rightleftharpoons H^+ + Cl^-$$
$$NaOH \rightleftharpoons Na^+ + OH^-$$
$$NaCl \rightleftharpoons Na^+ + Cl^-.$$

Die Spaltung der Elektrolyte in Ionen bezeichnet man als *elektrolytische Dissoziation*, sie ist für das System der Lösungen von grundlegender Bedeutung. Flüssigkeiten, die den elektrischen Strom leiten, enthalten Ionen. Nichtleiter für den elektrischen Strom sind demnach Flüssigkeiten, welche praktisch keine Ionen enthalten, z. B. das Wasser.

Allgemein ist eine Säure eine chemische Verbindung, die in der wäßrigen Lösung Wasserstoffionen H^+ abspaltet, oder noch anders ausgedrückt: Säuren spalten, in Wasser gelöst, *Protonen ab*.

Eine Base ist eine chemische Verbindung, die im Wasser gelöst, Hydroxylionen OH^- abspaltet. Von Salzen läßt sich bezüglich ihrer Spaltung in Ionen kein allgemeines Kennzeichen angeben.

Die Bildung der Wasserstoffionen, z. B. bei der Lösung des Chlorwasserstoffes in Wasser, ist auf eine chemische Reaktion zwischen diesen beiden Stoffen zurückzuführen:

$$HCl + H_2O = H_3O^+ + Cl^-.$$

Es bildet sich das *Hydroxonium-Ion* H_3O^+. Das Proton ist demnach in der Lösung nicht frei, sondern an eine Wassermolekel gebunden, die das Proton von der HCl-Molekel aufnimmt. Gewöhnlich wird H^+ statt H_3O^+ geschrieben. Die Bildung des Salzes aus Säure und Base vollzieht sich demnach, in der Ionenschreibweise, für den schon oben angegebenen Vorgang:

$$H^+ + Cl^- + Na^+ + OH^- = Na^+ + Cl^- + H_2O.$$

Demnach ist die kennzeichnende Reaktion bei einer Salzbildung die Entstehung von elektrolytisch undissoziiertem Wasser aus H^+- und OH^--Ionen, also der Vorgang

$$H^+ + OH^- = H_2O, \quad \Delta H = -14 \ kcal.$$

Die pro 1 Äquivalent geltende *Neutralisationswärme* $\Delta H = -14$ kcal ist deshalb von der Säure und Base *unabhängig*. Ist dies nicht der Fall, so lassen sich daraus Schlüsse auf ihren Dissoziationsgrad ziehen. Jedenfalls ist die Neutralisationswärme gleich für alle starken Säuren und starken Basen, die praktisch vollständig im Wasser elektrolytisch dissoziiert sind.

Die Stärke von Säuren und Basen. Die Stärke von Säuren und Basen ist durch ihren Dissoziationsgrad α bestimmt. Als Beispiel sei eine Säure von der allgemeinen Formel HA genommen. Sie dissoziiert in wäßriger Lösung nach der Gleichung

$$HA \rightleftharpoons H^+ + A^-; \tag{1}$$

der Vorgang führt zu einem Gleichgewicht:

$$K_c = \frac{c_{H^+} \cdot c_{A^-}}{c_{HA}}. \tag{2}$$

K_c wird als *Dissoziationskonstante* bezeichnet. c_{H+}, c_{A-}, c_{HA} bedeuten Mole gelöst in 1 Liter Wasser, K_c ist bei einer sehr stark verdünnten Lösung der Säure (unendlich stark verdünnte Lösung) eine wirkliche Konstante. Sie ist sonst von der Konzentration c etwas abhängig. Wir wollen hier die Betrachtungen so durchführen, als ob diese Abhängigkeit nicht bestünde, also $K_c = K$ eine wirkliche Konstante wäre. Sie gilt, da K von der Temperatur abhängig ist, für eine bestimmte Temperatur.

Die Gesamtkonzentration c der gelösten Säure HA beträgt:

$$c = c_{HA} + c_{A-}. \tag{3}$$

Den Bruchteil der Gesamtkonzentration in der Säure, der in Ionen dissoziiert, wird als Dissoziationsgrad α bezeichnet.

$$c_{A-} = \alpha\, c. \tag{4}$$

Demnach

$$c_{HA} = (1 - \alpha)\, c. \tag{5}$$

Da eine Elektrolyte enthaltende Lösung immer elektrisch neutral ist, muß die Konzentration der entgegengesetzt geladenen Ionen gleich sein, d. h. es muß

$$c_{H+} = c_{A-} = \alpha\, c \tag{6}$$

sein, daraus folgt,

$$\frac{1-\alpha}{\alpha^2} = \frac{c}{K} \quad \text{oder} \quad K = \frac{c\,\alpha^2}{1-\alpha}. \tag{7}$$

Mit steigender Gesamtkonzentration c der Säure nimmt der Dissoziationsgrad ab. Ein direktes Maß, also für die Stärke der Säure, ist demnach der α-Wert; eine starke Säure hat einen großen, eine schwache Säure einen kleinen α-Wert. In gleicher Weise ist auch die Größe K dafür ein Maß. $K \gg 0$ gilt für eine starke Säure, $K < 10^{-3}$ gilt für eine schwache Säure, dazwischenliegende Werte kennzeichnen mittelstarke Säuren. S. Tab. 15, S. 401. Ist $\alpha \ll 1$, liegt eine schwache Säure vor, so läßt sich α angenähert bestimmen nach der Gleichung

$$\alpha \approx \sqrt{\frac{K}{c}}. \tag{8}$$

Bei sehr starker oder vollständiger Dissoziation ist $(1 - \alpha) \ll 1$, also

$$(1 - \alpha) \approx \frac{c}{K}. \tag{9}$$

Wird die Gl. 2 logarithmiert, so erhält man:

$$\log K = \log c_{H+} + \log c_{A-} - \log c_{HA}. \tag{10}$$

Definitionsgemäß setzt man

$$\begin{aligned} -\log c_{H+} &= p_H, \\ -\log K\ &= p_K \end{aligned} \tag{11}$$

p_H ist demnach ein Maß für die Konzentration der Wasserstoffionen in einer Lösung. Man bezeichnet p_H auch als *Wasserstoffionenexponent*, p_K als *Säureexponent*.

$$p_K = p_H - \log \frac{c_{A^-}}{c_{HA}}$$

oder

$$p_H - p_K = \log \frac{\alpha}{1-\alpha}. \tag{12}$$

Die entwickelten Gleichungen werden an verschiedenen Stellen weiter unten verwendet.

Die Säuren HCl, H_2SO_4 und H_3PO_4 enthalten in der Molekel 1, 2 bzw. 3 Atome Wasserstoff, nach diesen ist der Reihe nach Chlorwasserstoff eine *einbasische*, Schwefelsäure eine *zwei-* und Phosphorsäure eine *dreibasische* Säure. Entsprechend $NaOH$ und $Ca(OH_2)$, Natriumhydroxyd ist eine *einsäurige*, Kalziumhydroxyd eine *zweisäurige* Base.

Eine Säure und eine Base, die eine gleiche Anzahl von Wasserstoffionen bzw. Hydroxylionen abspalten, bezeichnet man *äquivalent*, z. B. HCl und $NaOH$, oder H_2SO_4 und $Ca(OH)_2$. Gleiche Molmengen einer äquivalenten Säure und Base neutralisieren sich gegenseitig und geben das neutrale Salz.

1 Grammäquivalent Säure ist die Molmenge $\dfrac{HCl}{1}$, $\dfrac{H_2SO_4}{2}$, $\dfrac{H_3PO_4}{3}$.

1 Grammäquivalent Base $\dfrac{NaOH}{1}$, $\dfrac{Ca(OH)_2}{2}$ usw.

Normallösungen. Löst man in 1 Liter Wasser ein Mol HCl, ein halbes Mol H_2SO_4 und ein Drittel Mol H_3PO_4, demnach 1 Grammäquivalent, so ist in 1 Liter je 1 Grammatom Wasserstoff als H^+ abspaltbar gelöst; solche Lösungen werden *Normalsäurelösungen* genannt — Bezeichnungsweise: 1/1 n. Das gleiche gilt für Basen, wenn hier das Hydroxylion OH^- zugrunde gelegt wird. 1/1 $NaOH$, $\dfrac{Ca(OH)_2}{2}$.

1 Liter einer Normalsäurelösung neutralisiert genau 1 Liter einer Normalbasenlösung und umgekehrt. Statt 1/1 n Lösungen verwendet man sehr häufig 0,1 n, 0,01 n Lösungen, sie sind für die Titrationsmethoden, die in der Analytischen Chemie eine wichtige Rolle spielen, von Wert.

Salze. Salze entstehen in der schon genannten Reaktion zwischen Säuren und Basen, und beim Lösen eines Metalles durch eine Säure. Ferner führt zur Salzbildung

$$\text{Säureanhydrid} + \text{Basenanhydrid} = \text{Salz,}$$
Beispiel: $\quad\quad SO_2 \quad + \quad Na_2O \quad = Na_2SO_3.$

$$\text{Säure} + \text{Basenanhydrid}$$
Beispiel: $\quad\quad 2\,HCl + \quad\quad MgO \quad\quad = MgCl_2 + H_2O,$

$$\text{Säureanhydrid} + \text{Base}$$
Beispiel: $\quad\quad CO_2 \quad\quad + Ca(OH)_2 = CaCO_3 + H_2O.$

Eine besondere Stellung nehmen die Halogene (S. 131 ff.) ein, sie geben mit Metallen direkt Salze: z. B. das Chlor

$$2\,Na + Cl_2 = 2\,NaCl.$$

Äquivalente Salze sind: $\dfrac{NaCl}{1}$, $\dfrac{Na_2SO_4}{2}$, $\dfrac{Na_3PO_4}{3}$ usw.

Salze sind in wäßrigen Lösungen *fast vollständig* elektrolytisch dissoziiert. Die positive Ladung trägt das von der Base, die negative Ladung das von der Säure stammende Radikal, z. B.

$$2\,NH_4OH + H_2SO_4 = (NH_4)_2SO_4 + 2\,H_2O,$$
$$(NH_4)_2SO_4 = 2\,NH_4^+ + SO_4^{--}.$$

Ist in einer Säure der durch Metalle vertretbare Wasserstoff nur teilweise durch ein Metall ersetzt, so erhält man ein saures Salz oder auch *Hydrogensalz* bezeichnet, z. B. $NaHSO_4$, Natriumhydrosulfat. Von einer zweibasischen Säure bezeichnet man das saure Salz bzw. Neutralsalz als *primäres* bzw. *sekundäres* Salz. Ist in einer mehrsäurigen Base nur ein Teil der Hydroxyle neutralisiert, so erhält man *basische Salze*, z. B. $Bi(OH)_2Cl$ WismutIII-Hydroxychlorid. Weiteres über basische Salze S. 336.

Säure-Basen-Eigenschaften eines Elementes, „*saurer Charakter*", „*basischer Charakter*", „*Basizität*". Diese vielgebrauchten, groben Begriffe können durch ungefähre Zahlenwerte sogar etwas näher gekennzeichnet werden, wenn für ein bestimmtes Element eine Säure oder Base bekannt ist. Offenbar kann man als ein Maß für die Säure- oder Baseneigenschaften (für die Stärke) die Anzahl Grammatome H^+-Ionen bzw. Mol OH^--Ionen betrachten, die pro *ein* Mol Säure bzw. Base abgespalten werden. Für diese *Größe ist die Dissoziationskonstante K ein direktes Maß*. Wie man aus der Gl. 2 sieht, beträgt für eine Säure HA, wenn $c_{HA} = 1$ Mol $c_{H^+} = \sqrt{K_S}$, für eine Base $c_{OH^-} = \sqrt{K_B}$ (K_S, K_B Dissoziationskonstanten). Um z. B. ein Maß für das Verhältnis der Säureeigenschaften Kohlenstoff/Silizium zu gewinnen, vergleicht man die Dissoziationskonstanten der Kohlensäure und der Meta-kieselsäure:

$$\left.\begin{array}{l} H_2CO_3 \rightleftarrows HCO_3' + H^+, \quad K = 5 \cdot 10^{-4}, \\ H_2SiO_3 \rightleftarrows HSiO_3' + H^+, \quad K = 2 \cdot 10^{-10}, \end{array}\right\} \text{Zimmertemperatur}$$

(für die Kohlensäure ist die wahre Dissoziationskonstante verwendet). Dann ist

$$\frac{\text{saure Eigenschaft des Kohlenstoffes}}{\text{saure Eigenschaft des Siliziums}} = \sqrt{\frac{5 \cdot 10^{-4}}{2 \cdot 10^{-10}}} \approx 2 \cdot 10^3.$$

In gleicher Weise läßt sich die Baseneigenschaft, die „Basizität", ausdrücken. Die Dissoziationskonstante der Basen Ammonium- und Calciumhydroxyd betragen

$$\left.\begin{array}{l} NH_4OH \rightleftarrows NH_4^+ + OH^-, \quad K = 2 \cdot 10^{-5}, \\ Ca(OH)_2 \rightleftarrows Ca^{++} + 2\,OH^-, \quad K = 4 \cdot 10^{-3}, \end{array}\right\} \text{Zimmertemperatur,}$$

$$c_{OH^-} = \sqrt{2 \cdot 10^{-5}}/\text{Mol},$$

$$c_{OH^-} = \sqrt[3]{2 \cdot 4 \cdot 10^{-3}}/\text{Mol},$$

demnach

$$\frac{\text{Basizität des Kalziums}}{\text{Basizität des Ammoniums}} = \frac{1}{2}\frac{\sqrt[3]{8 \cdot 10^{-3}}}{\sqrt{2 \cdot 10^{-5}}} \approx 20.$$

Aus dem Löslichkeitsprodukt schwerlöslicher Basen lassen sich ebenfalls Schätzungswerte gewinnen (S. 176).

A. Bestimmung des Dissoziationsgrades und der Dissoziationskonstante.

1. Elektrische Leitfähigkeit. In Flüssigkeiten, vor allem in Wasser, gelöste Elektrolyte werden elektrolytisch dissoziiert. Dieser physikalische und chemische Vorgang in der Lösung muß durch Gesetze erfaßbar sein, die für Lösungen gelten. Der Osmotische Druck einer Lösung ist ein Maß für die darin gelösten Molekeln. Dissoziiert ein Elektrolyt HA in zwei Ionen H^+ und A^-, so liefern n Mole dieses Elektrolyten, wenn sein Dissoziationsgrad α beträgt:

$$n\,(1 - \alpha + 2\,\alpha) = n\,(1 + \alpha)\ \text{Mole.} \tag{13}$$

Der Osmotische Druck p ist demnach bei der Temperatur T

$$p = \frac{(1 + \alpha)\,n}{v} \cdot RT, \tag{14}$$

wenn v das Volumen der Lösung ist, in der n Mole des Elektrolyten gelöst sind. Die Messung des Osmotischen Druckes liefert also unmittelbar den gesuchten Dissoziationsgrad α. Genauere Werte erhält man durch Messungen von Eigenschaften an Lösungen, die mit dem Osmotischen Druck zusammenhängen, vor allem die *Gefrierpunktserniedrigung*.

Ein direktes Maß für den Dissoziationsgrad α gibt die Messung der elektrischen Leitfähigkeit der Lösungen. Man bestimmt die spez. Leitfähigkeit $\varkappa$ der Lösung; $\varkappa$ ist der reziproke elektrische Widerstand der Lösung zwischen zwei Elektroden mit 1 cm² Oberfläche in 1 cm Entfernung. In 1 cm³ dieser Lösung befinden sich c *Äquivalente* des Elektrolyten gelöst. Jedes Ion, als Träger elektrischer Ladung, liefert einen Beitrag zur Leitfähigkeit. In 1 cm³ der Lösung sind c_I Ionen vorhanden, es ist $c_I = \alpha\,c$. Die Leitfähigkeit $\varkappa$ muß demnach $\varkappa = $ prop. c_I sein. Bei unendlich verdünnter Lösung c_∞, in der $\alpha = 1$ wird, ist $\varkappa_\infty = $ prop. c_∞. Man erhält nach Eliminierung des Prop. Faktors

$$\alpha = \frac{\varkappa/c}{\varkappa_\infty/c_\infty} = \frac{\Lambda_c}{\Lambda_\infty}, \tag{15}$$

Gleichung von S. Arrhenius.

Λ_c, Λ_∞ bedeuten *Äquivalentleitfähigkeiten*.

Die Übereinstimmung des α-Wertes nach Gl. 14 und 15, die ganz verschiedenen Untersuchungsmethoden entspringen, war eine hervorragende Bestätigung der klassischen elektrolytischen Dissoziationstheorie von Svante Arrhenius (Schweden) 1887.

Ist α bekannt, so kann nach der Gl. 7 die Dissoziationskonstante K berechnet werden. Die weitere Entwicklung dieser Theorie führt dann zur Erkenntnis, daß die Anwendung des M.-W.-G. nach der Gl. 2 um so weniger zulässig ist, je stärkere Dissoziation vorliegt. Lösungen starker Elektrolyte können erst nach Einführung neuer Begriffe gesetzmäßig erfaßt werden. Bei schwachen Elektrolyten kommt man mit der klassischen Vorstellung aus.

Dissoziationswärme. Im Dissoziationsvorgang

$$HA \rightleftarrows H^+ + A^- \, \Delta H$$

ist ΔH die *Dissoziationswärme.* Da meistens $\Delta H > 0$, folgt (S. 105), daß mit zunehmender Temperatur auch α zunimmt.

2. Die Bedeutung des Wassers als Lösungsmittel für Elektrolyte. Ursache der elektrolytischen Dissoziation. Wasser hat eine sehr hohe Dielektrizitätskonstante (sie ist 80mal größer als die der Luft). Die Wassermolekeln verbinden sich mit Ionen zu Hydraten; beide Eigenschaften sind Folgen des hohen Dipolmoments der H_2O-Molekel (S. 116). Wegen der hohen dielektrischen Wirkung wäre die elektrische Kraftwirkung z. B. zwischen Na^+ und Cl^- im Wasser etwa 80mal geringer als in Luft, sie wird noch weiter vermindert, weil sich die Ionen mit Wassermolekeln umgeben.

3. Ermittlung der Dissoziationskonstante. Aus der Gl. 12 sieht man, daß nach Kenntnis von c_{A^-}/c_{HA} und p_H die Berechnung von K sich ergibt. Zur Bestimmung von p_H hat man mehrere Methoden (S. 321).

Bei schwachen Säuren ist das Mischungsverhältnis c_{A^-}/c_{HA} näherungsweise leicht zu finden. Die Salze sind im allgemeinen *vollständig* dissoziiert, in den Lösungen ist die Anionen-Konzentration c_{A^-} gleich der Gesamtkonzentration des Salzes. Eine schwache Säure HA ist bei einer Konzentration $c > 0,01$ so wenig dissoziiert, daß man c_{HA} der Gesamtkonzentration der Säure setzen kann. Mischt man also z. B. eine schwache Säure mit ihrem Alkalisalz im Verhältnis $1:1$, so ist $\log (c_{A^-}/c_{HA}) = 0$. Dann folgt aus der Gl. 12, $p_K = p_H$ oder $K = c_{H^+}$, d. h. die Dissoziationskonstante einer schwachen Säure ist gleich der Konzentration der Wasserstoffionen in einer gleichmolaren Mischung aus Säure und ihrem Salz. Bei einem anderen Mischungsverhältnis liefert die Gl. 12 nach Kenntnis von p_H den Wert für K.

Statt eine Mischung von Säure und Salz zu verwenden, kann man, ausgehend von einer Säurekonzentration c, durch Zusatz einer starken Base (z. B. NaOH) in einem bestimmten Bruchteil von c neutralisieren, wobei nach

$$HA + OH^- \rightleftarrows A^- + H_2O$$

A^--Anionen, entsprechend dem Zusatz, gebildet werden. Es ist das Mischungsverhältnis Gl. 4

$$\frac{\text{Lauge}}{\text{Säure}} = \frac{c_{A^-}}{c} = \alpha. \tag{16}$$

Hat man die Säure genau bis zur Hälfte neutralisiert, so ist $\alpha = 0,5$, also $\alpha/(1-\alpha) = 1$, und deshalb $p_K = p_H$ und $c_{HA} = c_{A^-}$. In der Abb. 32 ist α gegen $(p_H - p_K)$ aufgetragen. Man kann in dieser ohne weiteres

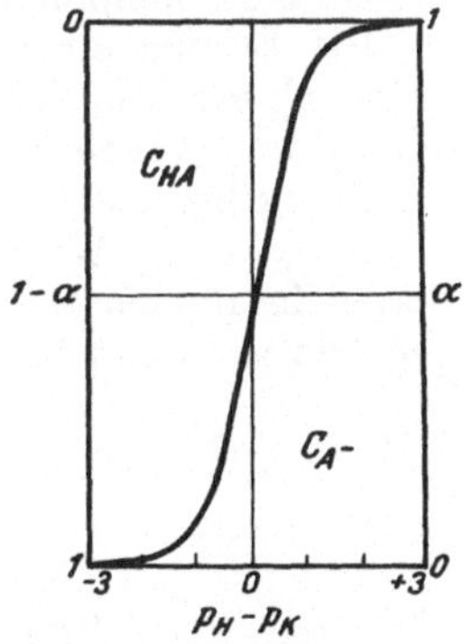

Abb. 32. Dissoziationsgrad α in Abhängigkeit von $(p_H - p_K)$.

($p_H - p_K$) ablesen, das zu einem bestimmten Dissoziationsgrad α gehört, d. h., nach Gl. 16, das einem bestimmten molaren Verhältnis Lauge/Säure entspricht.

B. Bestimmung der Wasserstoffionenkonzentration (p_H). Pufferlösung

Kennt man die Dissoziationskonstante K, so kann man aus der Abb. 32 p_H finden, wenn der Wert von α bekannt ist. In der Abbildung ist ein besonders kennzeichnender Umstand abzulesen: Der Wert von α kann sich z. B. von 0,1 bis 0,9 ändern, der Wert von ($p_H - p_K$) jedoch ändert sich nur von —1 auf +1, d. h. die Wasserstoffionenkonzentration ändert sich entsprechend wenig.

Die Lösung einer schwachen Säure mit ihrem Salz in Wasser hat demnach die bemerkenswerte Eigenschaft, auf Zusatz von Lauge, Säure oder durch Verdünnung wenig ihren p_H-Wert zu ändern. Eine solche Mischung bezeichnet man als *Pufferlösung*.

Beispiel 1. Wir berechnen die p_H-Änderung in 100-cm³-Lösung, deren Zusammensetzung durch die Gleichung $c_{\text{Natriumazetat}} = c_{\text{HCl}} = 0,1$ gegeben ist, wenn $^1/_{1000}$ Mol HCl hinzugefügt wird. Es ist

$$\log \frac{c_{A^-}}{c_{HA}} = p_H - p_K \quad \text{vor dem HCl-Zusatz,}$$

$$\log \frac{c'_{A^-}}{c'_{HA}} = p'_H - p'_K \quad \text{nach dem HCl-Zusatz,}$$

demnach

$$p'_H - p_H = \log \frac{c'_{A^-}}{c'_{HA}} - \log \frac{c_{A^-}}{c_{HA}}.$$

Im gewählten Beispiel ist $\log (c_{A^-}/c_{HA}) = 0$. Die zu 100 cm³ zugesetzte Menge Salzsäure entspricht in 1 Liter der Mischung $\dfrac{10^{-3}}{0,1} = 10^{-2}$ Mol HCl/Liter. Dann ist $c'_{A^-} = 0,1 - 0,01$ und $c'_{HA} = 0,1 + 0,01$, also

$$\log \frac{c'_{A^-}}{c'_{HA}} = \log \frac{0,09}{0,11} = \log 0,818 = -0,0871,$$

folglich $p'_H = p_H - 0,0871$.

Beispiel 2. Fügt man die gleiche Menge Salzsäure wie im Beispiel 1 zu 100 cm³ einer 0,01 n HCl, so ergibt sich: In 0,01 n HCl ist $p_H = 2$, der Zusatz erhöht den Salzsäuregehalt in 1 Liter dieser Lösung um 0,01 Mol, worauf die Gesamtkonzentration der Wasserstoffionen $c_{H^-} = 0,01 + 0,01 = 0,02$ beträgt. Jetzt ist $p'_H = -\log 0,02 = 1,7$, folglich $p'_H = p_H - 0,3$. Man sieht, in der gepufferten Lösung ist die p_H-Änderung fast 31/2-mal kleiner.

Die Wirkung der Pufferlösung (die *Pufferkapazität*) ist am größten im Mittelgebiet, in dem $p_H \approx p_K \pm 1$ beträgt. Die Pufferkapazität hängt natürlich von der Menge der angewendeten Lösung ab. Weiteres S. 206.

C. Dissoziation des Wassers

Das Wasser ist ein extrem schwacher Elektrolyt, die Molekel dissoziiert nach der Gleichung:

$$H_2O \rightleftarrows H^+ + OH^-, \quad \Delta H = 14 \text{ kcal.}$$

Das Produkt

$$c_{H^+} \cdot c_{OH^-} = K_W = 10^{-14} \, (18°) \tag{17}$$

wird als *Ionenprodukt* des Wassers bezeichnet, genauere Werte s. S. 173. In einer neutralen Lösung muß zufolge

$$c_{H^+} = c_{OH^-} = 10^{-7},$$

$p_H = 7$ sein. Allgemein kennzeichnet demnach

$$\begin{aligned} p_H &= 7 \quad &\text{neutrale Reaktion,} \\ p_H &< 7 \quad &\text{saure Reaktion,} \\ p_H &> 7 \quad &\text{alkalische Reaktion.} \end{aligned} \tag{18}$$

In einer wäßrigen Lösung kann gleichzeitig c_{H^+} und c_{OH^-} nur außerordentlich niedrig sein; die Bildung des Salzes aus Säure und Base wird dadurch verständlich.

Die Kenntnis von K_W gestattet, in einer Lösung die gleichzeitig vorhandenen c_{H^+}- und c_{OH^-}-Werte anzugeben. Z.B. beträgt in einer 0,1 n NaOH, $c_{H^+} = 10^{-14}/10^{-1} = 10^{-13}$, in einer 0,01 n HCl ist $c_{OH^-} = 10^{-14}/10^{-2} = 10^{-12}$ Mol/Liter.

D. Neutralisation zwischen starken Säuren und Basen

(Indikatoren, Alkalimetrie, Azidimetrie)

1. Titration. Der fortschreitenden Neutralisation einer starken Base durch eine starke Säure entspricht ein gleichzeitiger Rückgang der OH^-- und eine Zunahme der H^+-Ionenkonzentration. Sobald genau Neutralisation vorliegt, der *Äquivalenzpunkt* erreicht ist, beträgt $c_{H^+} = c_{OH^-} = 10^{-7}$.

Es werden 100 cm³ 0,1 n NaOH mit 0,1 n HCl versetzt (titriert), die Base ist sehr weitgehend dissoziiert. In der Nähe des Äquivalenzpunktes werden sich die folgenden p_H-Werte ergeben. Nach Zusatz von 95 cm³ der 0,1 n HCl beträgt

$$c_{OH^-} = 0,1 - \frac{0,1 \cdot 95}{100} = 5 \cdot 10^{-3}.$$

Demnach $c_{H^+} = 10^{-14}/5 \cdot 10^{-3} = 2 \cdot 10^{-12}$, sind 99,9 cm³ hinzugefügt, ist $c_{H^+} = 10^{-10}$ usw. Die Werte findet man durch Berücksichtigung:

$$K_W = c_{H^+} \cdot c_{OH^-}, \quad K = \frac{c_{Na^+} \cdot c_{OH^-}}{c_{NaOH}}, \quad \text{da immer } c_{H^+} + c_{Na^+} = c_{OH^-} \text{ ist, ergibt sich}$$

$$c_{H^+} = K_W \frac{1}{\sqrt{K c_{NaOH} + K_W}} = \frac{K_W}{\sqrt{c^2_{OH^-} + K_W}},$$

solange $c_{OH^-} \gg K_W$, ist $c_{H^+} = \dfrac{K_W}{c_{OH^-}}$, wenn die ganze Natronlauge neutralisiert ist, beträgt $c_{NaOH} = 0$ und $c_{H^+} = \sqrt{K_W}$ im Äquivalenzpunkt.

Die folgende Tabelle enthält einige diesbezügliche Werte zusammengestellt:

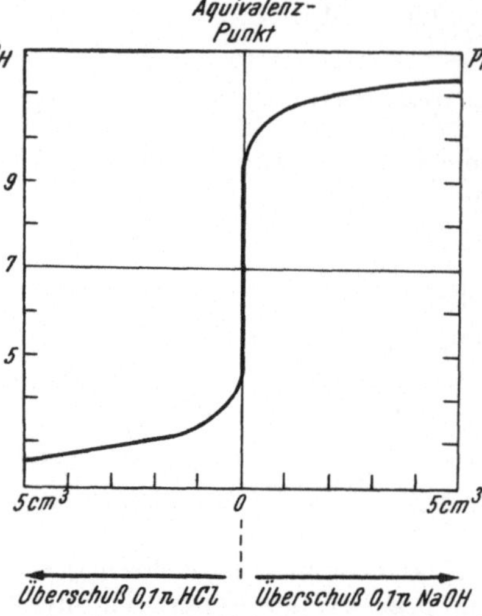

Abb. 33. Neutralisationskurve: Titration 0,1 n NaOH mit 0,1 n HCl. Änderung des p-H Wertes in der Nähe des Äquivalenzpunktes.

Titration einer 0,1 n NaOH mit Salzsäure;
$$K_W = 10^{-14}.$$

Zugesetzt cm³ 0,1 n HCl	c_{H^+}	p_H
95	2.10^{-12}	11,7
99	10^{-11}	11
99,9	10^{-10}	10
99,97	3.10^{-10}	9,5
100,00	10^{-7}	7
100,03	3.10^{-5}	4,5
101	10^{-3}	3

Zu beachten ist, daß im Äquivalenzpunkt bei Zusatz von 0,03 cm³ 0,1 n HCl oder 0,1 n NaOH sich der p_H-Wert *sprunghaft* um etwa fünf Einheiten ändert.

Abb. 33 gibt anschaulich die in der Tabelle enthaltenen Werte wieder.

2. Indikatoren. Indikatoren sind schwache Säuren, deren Ionen anders gefärbt sind als die undissoziierten Säuren, z. B.:

	K_i	p_{K_i}	HA	p_H	A⁻	p_H
Methylorange	3.10^{-4}	3,3	rot	(3,1)	gelb	(4,4)
Methylrot	9.10^{-6}	4,9	rot	(4,4)	gelb	(6,2)
Lackmus	1.10^{-7}	7	rot	(4,4)	blau	(6,2)
Phenolphthalein............	3.10^{-10}	9,5	farblos	(8,6)	rot	(10,0)
Thymolblau, 2. Stufe	$1,1 . 10^{-9}$	8,9	gelb	(8,0)	blau	(9,6)

Versetzt man eine Lösung, deren p_H zu bestimmen ist, mit einer *kleinen* Menge eines Indikators und mißt *kolorimetrisch* den Dissoziationsgrad α, so kann man nach Gl. 12 p_H berechnen, oder man liest den Wert aus der Kurve Abb. 32 ab. Dies wird man am genauesten in dem Gebiet $p_H - p_{K_i} = \pm 1$ treffen. Zeigt der Indikator genau die *Mischfarbe* an, d. h. ist $\alpha = 0,5$, so ist $p_H = p_{K_i}$, der Indikator zeigt somit das p_H der Lösung an.

Im allgemeinen ist es nicht möglich, mit freiem Auge die Mischfarbe des Indikators festzustellen. Man erkennt nur ein Farbenintervall. Das heißt, man wird statt $\alpha = 0,5$ einen Wert α' finden. Liegt die mit freiem

Auge erkennbare Farbenänderung bei $\alpha' = 0{,}99$, also fast im alkalischen Gebiet ($c_{A^-}/c_{HA} = 0{,}99$), so ist $p_H = p_{K_i} - 1$, im fast sauren Gebiet wäre $p_H = p_{K_i} + 1$.

Jedenfalls kann man bei Beobachtungen mit freiem Auge die Kurve der Abb. 32 benützen, um p_H zu finden; es wäre jedoch der p_H-Wert je nach der Lage der erkennbaren Farbenänderung bis $+1$ oder -1 ungenau bestimmbar. Die Indikatoren ändern ihre Farbe innerhalb von etwa 2 p_H-Einheiten; man bezeichnet dies als *Umschlagsintervall* oder *Umschlagsgebiet* des Indikators.

Neben der genannten Eigenart des Indikators ist noch sein p_{K_i} zu berücksichtigen. Nach der Gl. 12 kann ein Indikator erst ansprechen, wenn bei einem festzustellenden p_H-Wert $p_{K_i} \leqq p_H$ und mit Berücksichtigung des Umschlagsintervalles

$$p_H - 2 < p_{K_i} < p_H + 2 \tag{19}$$

ist.

3. Verwendung des Indikators bei der Titration. Wie oben S. 80 ausgeführt, ändert sich im Äquivalenzpunkt der p_H-Wert um fünf Einheiten. Da Farbenänderung eines Indikators innerhalb der Änderung von 2 p_H-Einheiten erfolgt, sieht man, daß eine ganz grobe Beobachtung der Farbenänderung bei einer Titration genügend genau den Äquivalenzpunkt zu bestimmen gestattet. Im behandelten Falle der Titration einer starken Base mit einer starken Säure können alle Indikatoren verwendet werden, deren p_{K_i}-Wert zwischen 4,5 und 10 liegt. Bei allen Titrationen in der Azidimetrie und Alkalimetrie ist die Ungleichung 19 zu beachten.

Bei der Titration einer *schwachen* Säure SH[1] mit einer *starken* Base kann man den zu verwendenden Indikator finden, wenn man den Verlauf der Neutralisationskurve kennt; man benützt dazu die Gl. 12

$$p_H = p_K + \log \frac{c_{A^-}}{c_{HA}} = p_{K_{SH}} + \log \frac{c_S}{c_{SH}}.$$

Im Äquivalenzpunkt gibt die Hydrolysengleichung (S. 174) den p_H-Wert.

Beispiel. Titration einer 0,1 n Essigsäure $K_{SH} = 1{,}8 \cdot 10^{-5}$ (25°); zu Beginn beträgt $c_{H^+} = 0{,}1 \sqrt{\dfrac{1{,}8 \cdot 10^{-5}}{0{,}1}} = 1{,}3 \cdot 10^{-3}$; sind 10% neutralisiert, so ist die Salzkonzentration $c_{S^-} = 0{,}1 \cdot 0{,}1 = 10^{-2}$, die Säurekonzentration $c_{SH} = 0{,}1 - 0{,}1 \cdot 0{,}1 = 0{,}09$, dann ist $p_H = 3{,}8$, für weitere Punkte findet man:

										Überschuß an Lauge		
% neutralisiert:	0	10	25	50	75	90	99	99,9	100	0,1	0,2	1
$10^2\,c_{S^-}$		0,13	1	2,5	5,0	7,5	9,0	9,9	9,99	10	—	—	—
$10^2\,c_{SH}$		0,1	9	7,5	5,0	2,5	1,0	0,1	0,01	0	—	—	—
p_H	2,98	3,8	4,3	4,7	5,2	5,7	6,7	7,7		8,4	10,0	10,3	11

---

[1] Die Schiefstellung S soll „schwache Säure" ausdrücken.

Die entsprechende Kurve ist in der Abb. 34 gezeichnet, aus dieser und der Tabelle entnimmt man, daß, eine Genauigkeit $\pm 0,1\%$ anstrebend, ein Indikator entsprechen wird, dessen Wert der Bedingung

$$9 - 2 < \mathrm{p}_{K_i} < 9 + 2$$

entspricht, d. h. $\mathrm{p}'_{K_i} \approx 9$. Aus der Tabelle oben findet man, daß sich *Phenolphthalein* oder *Thymolblau* eignen wird. Vergleicht man den Verlauf der Neutralisationskurve für Salzsäure, Abb. 33, mit der für Essigsäure, Abb. 34, so sieht man, daß die Zahl der verwendbaren Indikatoren im letzten Fall kleiner sein wird.

4. Analyse durch Titration. Die Eigenschaft der Indikatoren benützt man in einer besonderen Methode der quantitativen chemischen Analyse. Man verwendet Lösungen von Säuren oder Basen, deren Gehalt bekannt ist. Es ist in einer verdünnten

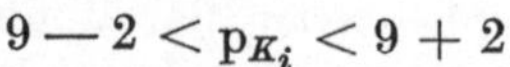

Abb. 34. Titration einer 0,1 n Essigsäure mit starker Lauge.

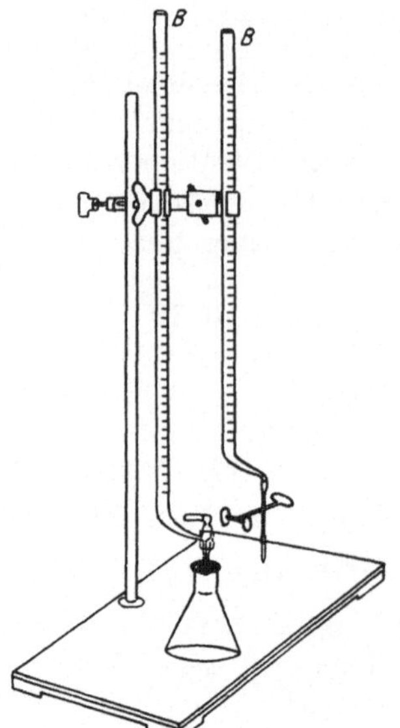

Abb. 35. *Gerät für das Titrieren.* Die Büretten *B* fassen genau je 50 cm³, eingeteilt in Kubikzentimeter und Zehntelkubikzentimeter. Die linke Bürette enthält die Säure, die rechte die Lauge, erstere ist mit einem Glashahn, letztere mit einem Quetschhahn abgesperrt. Es lassen sich mit dieser Anordnung „halbe Tropfen" herstellen, die gegen das Ende der Titration notwendig werden.

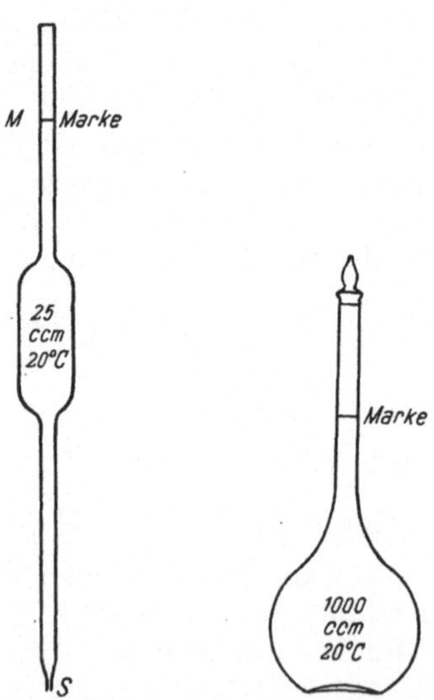

Abb. 36. Links: *Pipette.* Der Inhalt zwischen der Marke *M* und der Spitze *S* hat das Volumen, welches auf der Pipette angeschrieben steht; es werden stets runde Volumina 5, 10, 25, 100 cm³ verwendet. Eine 100-cm³-Pipette läßt sich auf etwa 0,08% genau eichen. Bei genauem Arbeiten ist die Temperatur zu berücksichtigen. Rechts: *Meßkolben.* Es gibt verschiedene Größen, immer runde Volummengen fassend. Ein 1000-cm³-Meßkolben läßt sich auf 0,02 bis 0,03% genau eichen. Bei genauem Arbeiten ist die Temperatur zu berücksichtigen.

Kalilauge deren Gehalt zu bestimmen: Man versetzt diese mit einem Tropfen Phenolphthaleinlösung; fügt man nun die Säurelösung von bekanntem Gehalt dazu, so wird, wenn die Entfärbung eintritt, eine ganz bestimmte Volummenge der Säurelösung verbraucht. Kennt man ihren Gehalt (den Titer), so ist nach einer einfachen Rechnung der KOH-Gehalt der Lösung zu finden: dazu genügt die Ablesung eines Volumens. Diese Analysenmethode bezeichnet man allgemein *Maßanalyse (Volumetrie)*; die Arbeit nach dieser Methode wird *Titration* genannt. Es ist eine wichtige Methode, die sehr rasch quantitative Analysen auszuführen gestattet; die Genauigkeit ist etwas geringer als die der Gewichtsanalyse, läßt sich aber zu weilen stark erhöhen.

Das Gerät für das Titrieren bildet die *Bürette* (Abb. 35), die *Pipette* und der *Meßkolben* (Abb. 36). Es ist eine Anordnung angegeben, wie sie für eine Neutralisationsanalyse (Azidimetrie, Alkalimetrie) verwendet wird.

XXV. Das Periodische System der Elemente (P. S. E.)

Reiht man die Elemente nach *steigendem* Atomgewicht, beginnend mit Lithium, Atomgewicht 6,9, so bemerkt man, daß nach acht Elementen Natrium kommt, das dem Lithium ähnliche chemische Eigenschaften besitzt. Reiht man weiter, so kommt nach acht Elementen Kalium, wieder ein Element, das dem Lithium und dem Natrium sehr ähnliche chemische Eigenschaften besitzt:

Li	Be	B	C	N	O	F	Ne
Na	Mg	Al	Si	P	S	Cl	Ar
K	Ca	—	—	—	—		

Auch die anderen Elemente, die untereinander zu stehen kommen, haben sehr weitgehend chemische Eigenschaften gemeinsam. Man bemerkt, von jedem beliebigen Element dieser Reihe kommt nach acht Elementen ein diesem ähnliches: Sauerstoff und Schwefel, Fluor und Chlor, die Edelgase.

Dehnt man diese Zusammenstellung der chemischen Elemente auf alle bekannten Elemente aus, so erhält man eine Anordnung, die als das *Periodische System der Elemente* bezeichnet wird.

Die geschichtlich sich entwickelten Anschauungen über das P. S. E. sind in der Tabelle ausgedrückt worden, deren Form zuerst Lothar Meyer angegeben hat. Diese Tabelle, die für die Entwicklung der Anorganischen Chemie von fundamentalster Bedeutung gewesen ist, wird nun abgelöst durch eine Anordnung der Elemente, die den *Atombau* berücksichtigt. Eine solche Anordnung stammt von J. Thomsen, die später N. Bohr verwendet. Wir wollen sie allen Betrachtungen in diesem Buche zugrunde legen (s. S. 84). Der hohe didaktische Wert der Tabelle von Lothar Meyer ist hervorzuheben, sie ist S. 85 in der zur Zeit verwendeten Form angeführt (Tab. 4).

In der Anordnung THOMSEN-BOHR sind die Elemente in Perioden eingeteilt. Es gibt eine kleine Periode aus zwei Elementen Wasserstoff und Helium, dann folgt die 2. und 3. Periode mit je acht Elementen,

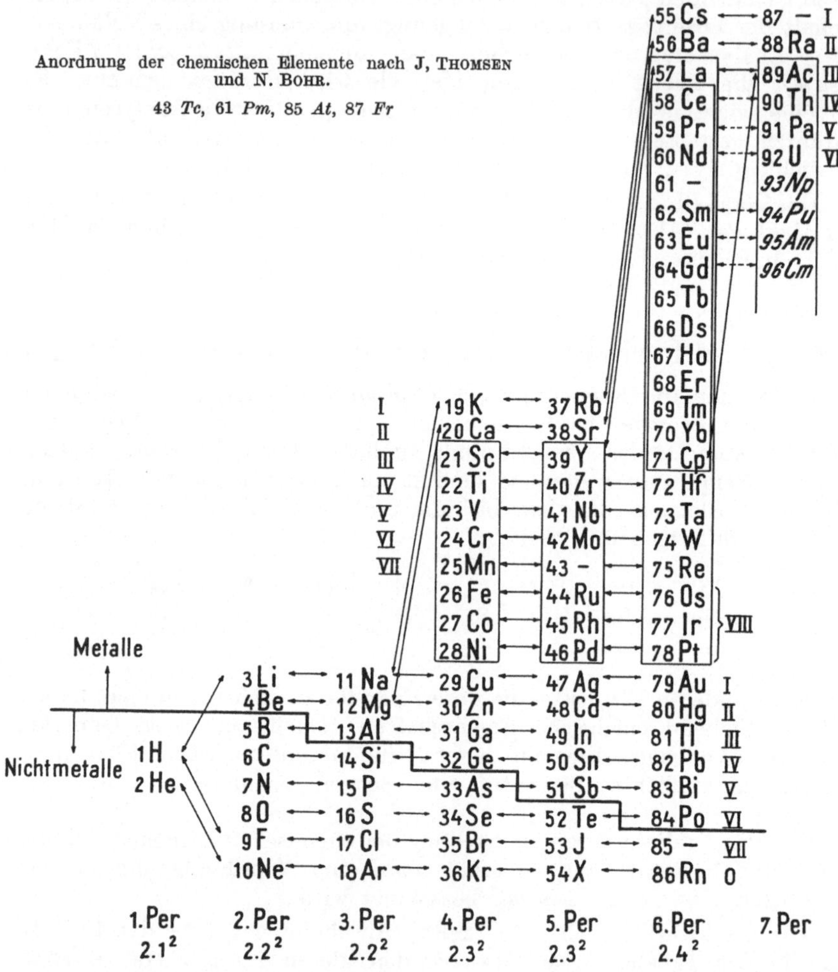

die 5. und 6. Periode enthalten je 18 Elemente, die 6. Periode ist die längste, sie enthält 32 Elemente, die anschließende 7. Periode ist unvollständig; sie hat nur sechs Elemente und bricht mit dem schwersten allerdings in kleinsten Konzentrationen natürlich vorkommenden Element Plutonium ab. Nach dieser Tabelle sieht man, entsprechend der schon erwähnten Beobachtung, daß für jedes hervorgekommene Element

nach einer bestimmten Zahl weiterer Elemente ein Element folgt, das dem hervorgehobenen chemischen ähnlich ist. Es ändert sich nur die Zahl der dazwischenliegenden Elemente. Demnach ergeben sich bei der

Tabelle 4. *Das Periodische System der chemischen Elemente*

Periode	Gruppe I a	Gruppe I b	Gruppe II a	Gruppe II b	Gruppe III a	Gruppe III b	Gruppe IV a	Gruppe IV b	Gruppe V a	Gruppe V b	Gruppe VI a	Gruppe VI b	Gruppe VII a	Gruppe VII b	Gruppe VIII	Gruppe 0
I	1 H 1,0080															2 He 4,002
II	3 Li 6,940		4 Be 9,02			5 B 10,82		6 C 12,01		7 N 14,008		8 O 16,0000		9 F 19,000			10 Ne 20,183
III	11 Na 22,997		12 Mg 24,32			13 Al 26,97		14 Si 28,06		15 P 30,97		16 S 32,06		17 Cl 35,457			18 Ar 39,944
IV	19 K 39,096	29 Cu 63,57	20 Ca 40,08	30 Zn 65,38	21 Sc 45,10	31 Ga 69,72	22 Ti 47,90	32 Ge 72,60	23 V 50,05	33 As 74,91	24 Cr 52,01	34 Se 78,96	25 Mn 54,93	35 Br 79,916	26 Fe 55,84 27 Co 58,94 28 Ni 58,69	36 Kr 83,7
V	37 Rb 85,48	47 Ag 107,880	38 Sr 87,63	48 Cd 112,41	39 Y 88,92	49 In 114,76	40 Zr 91,22	50 Sn 118,70	41 Nb 92,91	51 Sb 121,76	42 Mo 95,05	52 Te 127,61	43 Tc —	53 J 126,92	44 Ru 101,7 45 Rh 102,91 46 Pd 106,7	54 X 131,3
VI	55 Cs 132,91	79 Au 197,2	56 Ba 137,36	80 Hg 200,61	57 La bis 71 Seltene Erden*	81 Tl 204,39	72 Hf 178,6	82 Pb 207,21	73 Ta 180,88	83 Bi 209,00	74 W 183,92	84 Po —	75 Re 186,31	85 At —	76 Os 190,2 77 Ir 193,1 78 Pt 195,23	86 Rn 222
VII	87 Fr —		88 Ra 226,05		89 Ac bis 98 Aktinide**											

* Lanthanide (Seltene Erden)

VI 58—71	58 Ce 140,13	59 Pr 140,92	60 Nd 144,27	61 Pm —	62 Sm 150,43	63 Eu 152,0	64 Gd 156,9	65 Tb 159,2	66 Dy 162,46	67 Ho 163,5	68 Er 167,64	69 Tm 169,4	70 Yb 173,04	71 Cp 175,0

** Aktinide

VII 90—98	90 Th 232,12	91 Pa 238,01	92 U	93 Np	94 Pu	95 Am	96 Cm	97 Bk	98 Cf

Nicht in der Natur vorkommende Elemente sind fett gedruckt

Reihung periodisch Elemente, die dem 8., 18. oder 32. vorhergegangenen Element ähnliche chemische Eigenschaften haben.

In dem System erscheinen die Elemente in zwei Anordnungen: a) die vertikal untereinanderstehenden Elemente bilden sieben Perioden; die Elemente sind von *oben* nach *unten* mit aufeinanderfolgenden Ordnungszahlen, mit einem Edelgas endend, gereiht; b) homologe Elemente (kurz *Homologe* bezeichnet), die durch Pfeile miteinander verbunden sind, erstrecken sich in der Tabelle von *links* nach *rechts*.

Durch die eingezeichnete, gleichmäßig treppenförmig von links nach rechts abfallende Linie ist eine Abgrenzung der *Nichtmetalle* und *Metalle* angezeigt.

In der 4. und 5. Periode ist eine gleiche Anzahl von acht Elementen in ein Rechteck eingeschlossen, in der 6. Periode sind wieder acht Elemente einfach, 14 Elemente doppelt eingeschlossen. In der 7. Periode schließt sich eine ähnliche Anordnung von Aktinium beginnend an. Diese eingeschlossenen Elemente werden *Übergangselemente* (oder *Lückenelemente*) bezeichnet; in diesen Elementen befinden sich, nach dem Aufbauprinzip betrachtet, innere Elektronenschalen im Aufbau, so daß die äußerste Elektronenschale unverändert bleibt. Nur Metalle gehören dazu.

Die homologen Elemente zeigen untereinander, also von links nach rechts, weitgehend chemisch und physikalisch ähnliche Eigenschaften, während die Elemente einer Periode, von oben nach unten, sich in diesen Eigenschaften stark unterscheiden. In der 4., 5. und 6. Periode zeigen die Übergangselemente nun auch von *oben nach unten* auffallend ähnliches chemisches und physikalisches Verhalten — sie werden gleichsam den Homologen ähnlich. Ganz besonders ist dies in der 6. Periode bei den doppelt eingeschlossenen Elementen der Fall, welche die *Seltenen Erden* umfassen.

Einige Regeln über das allgemeine Verhalten der Elemente:

1. Die Höchstwertigkeit der Elemente gegen Sauerstoff steigt in der 2. bis 6. Periode von oben nach unten mit der Ordnungszahl von I bis VII scharf an. Bei dem letzten Element, das immer ein Edelgas ist, fällt die Wertigkeit auf Null. Diese Höchstwertigkeiten sind in der Tabelle bei den Homologen mit kleinen römischen Zahlen I bis VIII der besseren Übersicht an drei Stellen angegeben. Man beachte, daß in der 4. bis 7. Periode die obersten zwei Elemente Homologe sind. Die Regelmäßigkeit umfaßt, wie man sieht, Metalle und Nichtmetalle. Die Übergangselemente zeigen ein eigenes Verhalten, das ersteren in der 2. bis 6. Periode ähnlich ist. Bei diesen beginnt die Wertigkeit mit III, steigt von oben nach unten in der 4., 5. und 6. Periode bis VII an (Mn), (43), (Re) und geht dann bei den drei Elementgruppen über in die verschiedenen Wertigkeiten: in der 4. Periode II bis VI (Eisengruppe), in der 5. und 6. Periode II bis VIII (Platinmetalle).

Die Seltenen Erden sind alle III-wertig; es gelingt nur bei fünf von diesen, sie in die II- oder IV-Wertigkeit überzuführen.

2. Elemente von der Ordnungszahl 6 bis 9 und Homologe können auch niedrigere Wertigkeiten betätigen, als die Regel 1 angibt. Die

Beständigkeit der Verbindungen dieser Elemente, von der höchsten Wertigkeit gegen Sauerstoff stammend, nimmt mit steigender Ordnungszahl ab. Bei den homologen Übergangselementen hingegen ist die höhere Wertigkeit gegen Sauerstoff mit zunehmender Ordnungszahl beständiger.

3. Die Elemente von der Ordnungszahl 6 bis 9 und Homologe liefern flüchtige Wasserstoffverbindungen, sie fügen sich der ABEGG-Regel (S. 119). Regel 2 und 3 umfassen Nichtmetalle und Metalle.

4. Das Verhalten eines Elements El als Base in einer Verbindung $El(OH)_n$ nimmt in jeder Periode von *oben* nach *unten* ab, als Säure zu. Bei den Homologen nimmt das Verhalten als Base von *links* nach *rechts* zu, als Säure ab. Ausnahmen bezüglich Verhalten als Base sind vorhanden bei den drei untersten homologen Übergangselementen und den Natrium und Magnesium (in horizontaler Pfeilrichtung) und Aluminium sich anschließenden Homologen, hier mit der Wertigkeit III. Das Verhalten muß auf gleiche Basen- bzw. Säureäquivalente (n) Bezug nehmen.

Daß sich dieser Regel die Seltenen Erden als Basen nicht fügen, ist durch besondere Umstände bedingt (S. 382).

5. Die Säureeigenschaft *flüchtiger* Wasserstoffverbindungen nimmt von *oben* nach *unten* und von *links* nach *rechts* zu. Die Beständigkeit (thermische Dissoziation, Verhalten gegen Sauerstoff u. a.) nimmt in diesen von *oben* nach *unten* zu, jedoch von *links* nach *rechts* ab.

6. Elemente der 2. Periode sind ihren Homologen weniger ähnlich, als es diese untereinander sind. Elemente der 2. Periode zeigen eher mit denen der 3. Periode ähnliche Eigenschaften: Li—Mg; Be—Al usw.

Die ersten Elemente der Übergangselemente Scandium Sc, Yttrium Y, und Lanthan La, unterscheiden sich von den darunterstehenden Elementen stärker als diese untereinander.

Die sechs angegebenen Regeln sind Ausnahmen unterworfen, gestatten aber trotzdem eine allgemeine Übersicht der entsprechenden Eigenschaften der Elemente.

Die Bedeutung des P. S. E. für den Zusammenhang der chemischen und physikalischen Eigenschaften der Elemente

Die Eigenschaften der chemischen Elemente sind nicht regellos auf diese verteilt, sondern befolgen besondere Gesetzmäßigkeiten, deren Ursprung man nicht kennt. Die Reihung der chemischen Elemente im P. S. E. ist auch eine Reihung ihrer chemischen und physikalischen Eigenschaften.

Als Beispiel sei der Zusammenhang der höchsten Oxyde und Hydride angegeben (Tabelle 5 und 6). Man sieht, homologe Elemente haben gegen Sauerstoff oder gegen Wasserstoff gleiche maximale Wertigkeit. Sie zeigen einen regelmäßigen Anstieg innerhalb der Periode mit steigender Ordnungszahl.

Ebenso wie sich die chemischen Eigenschaften der Elemente periodisch ändern, ändern sich auch die physikalischen Eigenschaften. Als Beispiel sei der Zusammenhang Atomvolumen—Ordnungszahl angeführt. Atomvolumen $= \dfrac{\text{Atomgewicht}}{\text{Dichte}}$. Im Zuge der Kurve stehen an ihren gleich-

Tabelle 5. *Die höchsten Oxyde (formal geschrieben!)*

Periode								
2	Li_2O	Be_2O_2	B_2O_3	C_2O_4	N_2O_5			
3	Na_2O	Mg_2O_2	Al_2O_3	Si_2O_4	P_2O_5	S_2O_6	Cl_2O_7	
4	K_2O	Ca_2O_2	Sc_2O_3	Ti_2O_4	V_2O_5	Cr_2O_6	Mn_2O_7	
		Zn_2O_2	Ga_2O_3	Ge_2O_4	As_2O_5	Se_2O_6		
5	Rb_2O	Sr_2O_2	Y_2O_3	Zr_2O_4	Nb_2O_5	Mo_2O_6		Ru_2O_8
	Ag_2O	Cd_2O_2	In_2O_3	Sn_2O_4	Sb_2O_5	Te_2O_6	J_2O_7	
6	Cs_2O	Ba_2O_2	La_2O_3	Hf_2O_4	Ta_2O_5	W_2O_6	Re_2O_7	Os_2O_8
		Hg_2O_2	Tl_2O_3	Pb_2O_4	Bi_2O_5	U_2O_6		

Tabelle 6. *Die höchsten Hydride*

C-Homologe	N-Homologe	O-Homologe	Halogene
CH_4	NH_3	OH_2	FH
SiH_4	PH_3	SH_2	ClH
GeH_4	AsH_3	SeH_2	BrH
SnH_4	SbH_2	TeH_2	JH

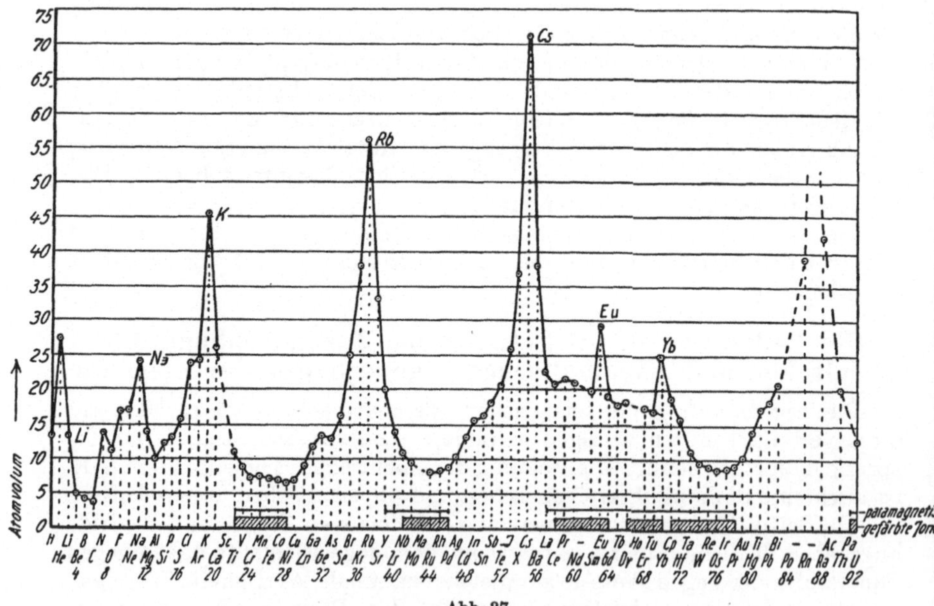

Abb. 37.

geformten Teilen homologe oder eng verwandte Elemente, z. B. an den Spitzen die Alkalien, in den Tälern die Übergangselemente usw.

Die Moseley-Geraden. Die Röntgenspektra geben Aufschluß über den Aufbau der inneren Anordnung der Elektronen. Jedes Element gibt verschiedene Linien, die verschiedenen Serien angehören. Linien einer Serie haben einen sehr ähnlichen Bau. Die Serie kürzester Wellenlänge wird als K-Serie bezeichnet, die ihr angehörigen Linien sind in drei Linien unterteilt (K_α, K_β, K_γ). Diesen Serien gehören demnach Elektronen an, die dem positiv geladenen Kern am nächsten sind. Die Verschiebung der K_α-Linien in Abhängigkeit von der positiven Ladung Z des Kernes ist durch die Gleichung darstellbar;

$$\nu = \Re\,(Z-1)^2\left(\frac{1}{1^2} - \frac{1}{2^2}\right);$$

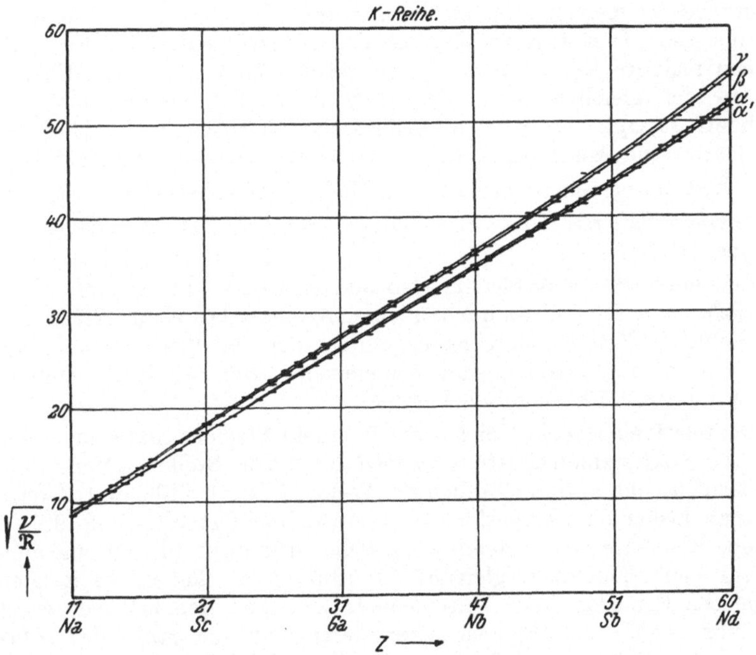

Abb. 38. MOSELEY-Gerade für die Spektrallinien der K-Serie.

sie hat mit der Gleichung für die LYMAN-Serie (S. 50) des Wasserstoffes Ähnlichkeit. Man kann die Gleichung in der Form schreiben:

$$\sqrt{\frac{\nu}{\Re}} = \text{prop.}\ (Z-1).$$

Trägt man $\sqrt{\dfrac{\nu}{\Re}}$ als Funktion von Z auf, so erhält man, für Elemente mittlerer Masse (Ordnungszahl 10 bis etwa 60) eine Gerade. Die MOSELEY-Gerade hat für das P. S. E. vor allem die folgende Bedeutung: Es wird die Ordnungszahl der Elemente experimentell zusammenhängend erkannt und die richtige Reihung der Elemente wird durch die MOSELEY-Gerade erst festgelegt. Z. B. ist die Reihung bei den Elementen Ar—K, Co—Ni und

Te—J erst möglich geworden, da hier eine Umstellung sich ergibt (S. 94). Jede Stelle im P. S. E. hat eine bestimmte Ordnungszahl. Es wird eine genaue Zahl der möglichen Plätze, also eine genaue Zahl der Elemente festgelegt. Ferner: ist ein Element noch nicht aufgefunden, bleibt eine Stelle in der Ordnungszahlachse aus, so kann die Wellenlänge des Röntgenspektrums aus der Abb. 38 abgelesen werden, die das fehlende Element haben muß.

Isotopie. Der Kern eines Elements kann eine verschiedene Masse bei *selbstverständlich* gleichbleibender Ladung haben. Demnach ist ein natürliches Element eine *Mischung* desselben Elements mit verschiedenen Kernmassen. Dies sagt weiter aus: An der gleichen Stelle des P. S. E. können mehrere Elemente mit verschiedenen Massen stehen. Elemente, die an der gleichen Stelle des P. S. E. stehen, werden *Isotope* bezeichnet. *Isotopie* ist dann die allgemeine Eigenschaft der chemischen Elemente, eine Mischung isotoper Elemente zu sein. Wasserstoff hat, wie schon angegeben, zwei Isotope, $_1^1$H, $_1^2$H (letzteres erhielt den Namen *Deuterium*), Sauerstoff hat drei Isotope, ^{16}O, ^{17}O, ^{18}O, Quecksilber neun Isotope.

Elemente, die verschiedene Isotope enthalten, bezeichnet man als *Mischelemente*, solche, die nur aus einer Atomart bestehen, *Reinelemente*. Die Zahl der Reinelemente ist gegenüber der der Mischelemente klein; Fluor, Natrium, Phosphor sind Reinelemente. Zur Zeit kennt man etwa 300 stabile und 700 instabile Isotope.

Die relativen Mengen der Isotope in einem Element sind sehr verschieden, aber vollkommen konstant, *unabhängig* von der Stelle des Vorkommens auf der Erde und anderen Stellen des Weltalls. Nur bei Blei und Strontium hat man bisher eine bemerkenswerte Ausnahme festgestellt (S. 93, 219). Isotope Elemente haben demnach gleiche Ordnungszahl und eine gleiche Anzahl von Elektronen gleicher Anordnung, sie haben völlig gleiche chemische Eigenschaften. Unterschiede zwischen den Isotopen ergeben sich nur, wenn man Eigenschaften heranzieht, die *ganz* oder *teilweise vom Kern* abhängen. Bei den einzelnen Elementen sind die entsprechende Zahl der Isotope angegeben. Es gibt verschiedene Elemente, die eine gleiche Kernmasse haben, solche werden *isobare Elemente* bezeichnet.

Die Isotopie der Elemente hängt innig mit dem Aufbau des Kerns zusammen; je genauer man die hier vorwaltenden Gesetze kennt, um so besser wird die Isotopie verstanden. Bisher aufgefundene Gesetzmäßigkeiten lassen sich in drei, zuerst empirisch aufgefundenen Regeln angeben.

Bezeichnung der Isotope: Man schreibt bei einem Element El links unten die Ordnungszahl, links oben die Massenzahl (S. 99)

$$z + {}_Z^N\mathrm{El}.$$

Die Differenz der beiden Indizes gibt die Zahl der Neutronen im Kern an.

Tabelle 7. *Elektronenkonfiguration und Termart der Grundzustände der Elemente*

	K	L		M			N				O					Grundterm
	1s	2s	2p	3s	3p	3d	4s	4p	4d	4f	5s	5p	5d	5f	5g	
1. H	1															$^2S_{1/2}$
2. He	2															$^1S_0$
3. Li	2	1														$^2S_{1/2}$
4. Be	2	2														$^1S_0$
5. B	2	2	1													$^2P_{1/2}$
6. C	2	2	2													$^3P_0$
7. N	2	2	3													$^4S_{3/2}$
8. O	2	2	4													$^3P_2$
9. F	2	2	5													$^2P_{3/2}$
10. Ne	2	2	6													$^1S_0$
11. Na	2	2	6	1												$^2S_{1/2}$
12. Mg	2	2	6	2												$^1S_0$
13. Al	2	2	6	2	1											$^2P_{1/2}$
14. Si	2	2	6	2	2											$^3P_0$
15. P	2	2	6	2	3											$^4S_{3/2}$
16. S	2	2	6	2	4											$^3P_2$
17. Cl	2	2	6	2	5											$^2P_{3/2}$
18. Ar	2	2	6	2	6											$^1S_0$
19. K	2	2	6	2	6		1									$^2S_{1/2}$
20. Ca	2	2	6	2	6		2									$^1S_0$
21. Sc	2	2	6	2	6	1	2									$^2D_{3/2}$
22. Ti	2	2	6	2	6	2	2									$^3F_2$
23. V	2	2	6	2	6	3	2									$^4F_{3/2}$
24. Cr	2	2	6	2	6	5	1									$^7S_3$
25. Mn	2	2	6	2	6	5	2									$^6S_{5/2}$
26. Fe	2	2	6	2	6	6	2									$^5D_4$
27. Co	2	2	6	2	6	7	2									$^4F_{9/2}$
28. Ni	2	2	6	2	6	8	2									$^3F_4$
29. Cu	2	2	6	2	6	10	1									$^2S_{1/2}$
30. Zn	2	2	6	2	6	10	2									$^1S_0$
31. Ga	2	2	6	2	6	10	2	1								$^2P_{1/2}$
32. Ge	2	2	6	2	6	10	2	2								$^3P_0$
33. As	2	2	6	2	6	10	2	3								$^4S_{3/2}$
34. Se	2	2	6	2	6	10	2	4								$^3P_2$
35. Br	2	2	6	2	6	10	2	5								$^2P_{3/2}$
36. Kr	2	2	6	2	6	10	2	6								$^1S_0$
37. Rb	2	2	6	2	6	10	2	6			1					$^2S_{1/2}$
38. Sr	2	2	6	2	6	10	2	6			2					$^1S_0$
39. Y	2	2	6	2	6	10	2	6	1		2					$^2D_{3/2}$
40. Zr	2	2	6	2	6	10	2	6	2		2					$^3F_2$
41. Nb	2	2	6	2	6	10	2	6	4		1					$^6D_{1/2}$
42. Mo	2	2	6	2	6	10	2	6	5		1					$^7S_3$
43. Tc	2	2	6	2	6	10	2	6	(5)		(2)					$^6D_{9/2}$
44. Ru	2	2	6	2	6	10	2	6	7		1					$^5F_5$
45. Rh	2	2	6	2	6	10	2	6	8		1					$^4F_{9/2}$
46. Pd	2	2	6	2	6	10	2	6	10							$^1S_0$
47. Ag	2	2	6	2	6	10	2	6	10		1					$^2S_{1/2}$
48. Cd	2	2	6	2	6	10	2	6	10		2					$^1S_0$
49. In	2	2	6	2	6	10	2	6	10		2	1				$^2P_{1/2}$
50. Sn	2	2	6	2	6	10	2	6	10		2	2				$^3P_0$

(Fortsetzung der Tab. 7)

	K	L	M	N 4s	4p	4d	4f	O 5s	5p	5d	5f	5g	P 6s	6p	6d	6f	6g	5h	Q 7s..	Grundterm
51. Sb	2	8	18	2	6	10		2	3											$^4S_{3/2}$
52. Te	2	8	18	2	6	10		2	4											$^3P_2$
53. J	2	8	18	2	6	10		2	5											$^2P_{3/2}$
54. X	2	8	18	2	6	10		2	6											$^1S_0$
55. Cs	2	8	18	2	6	10		2	6				1							$^2S_{1/2}$
56. Ba	2	8	18	2	6	10		2	6				2							$^1S_0$
57. La	2	8	**18**	2	6	10		2	6	1			2							$^2D_{3/2}$
58. Ce	2	8	18	2	6	10	(1)	2	6	(1)			(2)							$^3H_4$
59. Pr	2	8	18	2	6	10	(2)	2	6	(1)			(2)							—
60. Nd	2	8	18	2	6	10	(3)	2	6	(1)			(2)							—
61. Pm	2	8	18	2	6	10	(4)	2	6	(1)			(2)							—
62. Sm	2	8	18	2	6	10	6	2	6				2							$^7K_4$
63. Eu	2	8	18	2	6	10	7	2	6				2							$^8S_{7/2}$
64. Gd	2	8	18	2	6	10	7	2	6	1			2							^9D
65. Tb	2	8	18	2	6	10	(8)	2	6	(1)			(2)							—
66. Dy	2	8	18	2	6	10	(9)	2	6	(1)			(2)							—
67. Ho	2	8	18	2	6	10	(10)	2	6	(1)			(2)							—
68. Er	2	8	18	2	6	10	(11)	2	6	(1)			(2)							—
69. Tm	2	8	18	2	6	10	12	2	6	(1)			2							$^4K_{17/2}$
70. Yb	2	8	18	2	6	10	13	2	6	(1)			2							$^3H_6$
71. Cp	2	8	18	2	6	10	14	2	6	1			2							$^2D_{3/2}$
72. Hf	2	8	18	2	6	10	14	2	6	2			2							$^3F_2$
73. Ta	2	8	18	2	6	10	14	2	6	3			2							$^4F_{3/2}$
74. W	2	8	18	2	6	10	14	2	6	4			2							$^5D_0$
75. Re	2	8	18	2	6	10	14	2	6	5			2							$^6S_{5/2}$
76. Os	2	8	18	2	6	10	14	2	6	6			2							$^5D_4$
77. Ir	2	8	18	2	6	10	14	2	6	7			2							$^2D_{5/2}$
78. Pt	2	8	18	2	6	10	14	2	6	9			1							$^3D_3$
79. Au	2	8	18	2	6	10	14	2	6	10			1							$^2S_{1/2}$
80. Hg	2	8	18	2	6	10	14	2	6	10			2							$^1S_0$
81. Tl	2	8	18	2	6	10	14	2	6	10			2	1						$^2P_{1/2}$
82. Pb	2	8	18	2	6	10	14	2	6	10			2	2						$^3P_0$
83. Bi	2	8	18	2	6	10	14	2	6	10			2	3						$^4S_{3/2}$
84. Po	2	8	18	2	6	10	14	2	6	10			2	4						$^3P_2$
85. At	2	8	18	2	6	10	14	2	6	10			2	5						$^2P_{3/2}$
86. Em	2	8	18	2	6	10	14	2	6	10			2	6						$^1S_0$
87. Fr	2	8	18	2	6	10	14	2	6	10			2	6					1	$^2S_{1/2}$
88. Ra	2	8	18	2	6	10	14	2	6	10			2	6					2	$^1S_0$
89. Ac	2	8	18	2	6	10	14	2	8	10			2	6	(1)				(2)	$(^2D_{3/2})$
90. Th	2	8	18	2	6	10	14	2	6	10			2	6	(2)				(2)	$(^3F_2)$
91. Pa	2	8	18	2	6	10	14	2	6	10			2	6	(3)				(2)	$(^4F_{3/2})$
92. U	2	8	18	2	6	10	14	2	6	10			2	6	(4)				(2)	$(^5D_0)$

Eingeklammerte Zahlen und Termsymbole sind unsicher.

1. Aston-*Regel:* Elemente ungerader Ordnungszahl haben höchstens zwei Isotope.

2. Mattauch-*Regel:* Es kann keine stabilen isobaren Elemente *unmittelbar* benachbarter Ordnungszahl geben. Diese Regel gestattet unter anderem die Voraussage von Isotopen und führt auch zur Fest-

stellung instabiler Isotope. Einige Beispiele sollen die Bedeutung der Regel hervorheben.

Kalium $_{19}$K hat drei Isotope, $^{39}_{19}$K (93,4%), $^{40}_{19}$K (6,6%) und $^{41}_{19}$K (0,012%), letzteres ist zwar in sehr geringer Konzentration vorhanden, aber die Anzahl widerspricht der Aston-Regel. Man findet, daß $^{40}_{19}$K mit seinem nächsthöheren Nachbar $_{20}$Ca isobar ist. Da Kalium ein β-Strahler ist, war zu

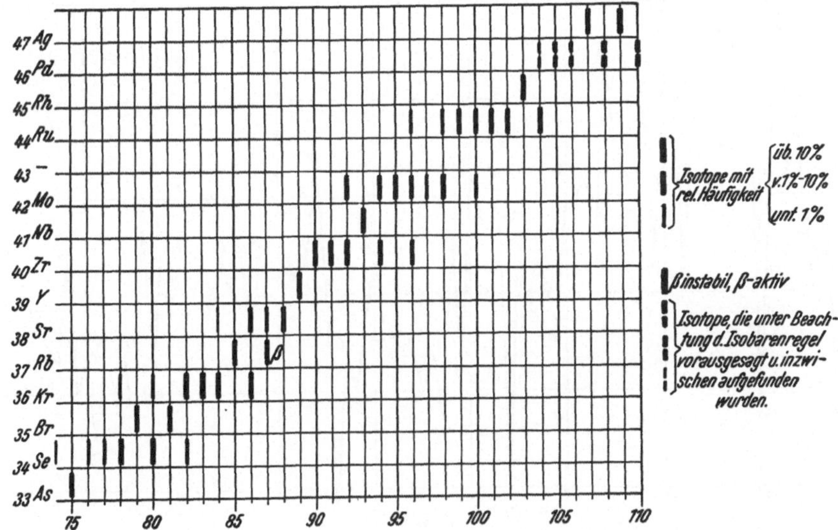

Abb. 39. Massenspektren von Arsen bis Silber, schematisch.

erwarten, daß diese Strahlung dem $^{40}_{19}$K zuzuschreiben wäre. In der Tat bestätigten entsprechende Untersuchungen diese Voraussage. Übrigens ist ^{40}K auch isobar mit seinem nächstniedrigeren Nachbar Argon $_{18}$Ar. Der hier vorliegende Zustand wird durch einen besonderen Vorgang (K-Einfang) erklärt, worauf hier nicht näher eingegangen wird.

Rubidium $_{37}$Rb hat entsprechend der Aston-Regel zwei Isotope, $^{85}_{37}$Rb (71,8%) und $^{87}_{37}$Rb (28,2%), dieses letzte Isotop hat beim nächsthöheren Element $_{38}$Sr ein Isobares. Es war zu vermuten, daß die an natürlichem Rubidium festgestellte β-Aktivität dem ^{87}Rb zugeschrieben werden muß.

$$^{87}_{37}\text{Rb} \xrightarrow[\beta\text{-Strahler}]{} {}^{87}_{38}\text{Sr}.$$

Dieses müßte demnach diese Umwandlung erfahren und ein Sr-Isotop liefern. Tatsächlich zeigte ein geologisch sehr alter, rubidiumreicher Glimmer Spuren von Strontium, das sich tatsächlich als reines $^{87}_{38}$Sr erwies. Die Entstehung dieses Isotopen $^{87}_{38}$Sr ist ähnlich der der Blei-

Isotopen. Diese beiden Elemente haben deshalb eine besondere Bedeutung für die Ermittlung des Alters der Erde.

In der Abbildung sieht man, daß das Element 43 nur Isotope enthielte, die der Isobarenregel widersprechen, denn es sind bereits alle Stellen mit den Nachbarelementen Molybdän und Ruthenium besetzt. Tatsächlich ist es bisher nicht gelungen, dieses Element in der Natur aufzufinden. Gleich steht es mit dem Element 61[1]. Es folgt daraus, daß diese Elemente,

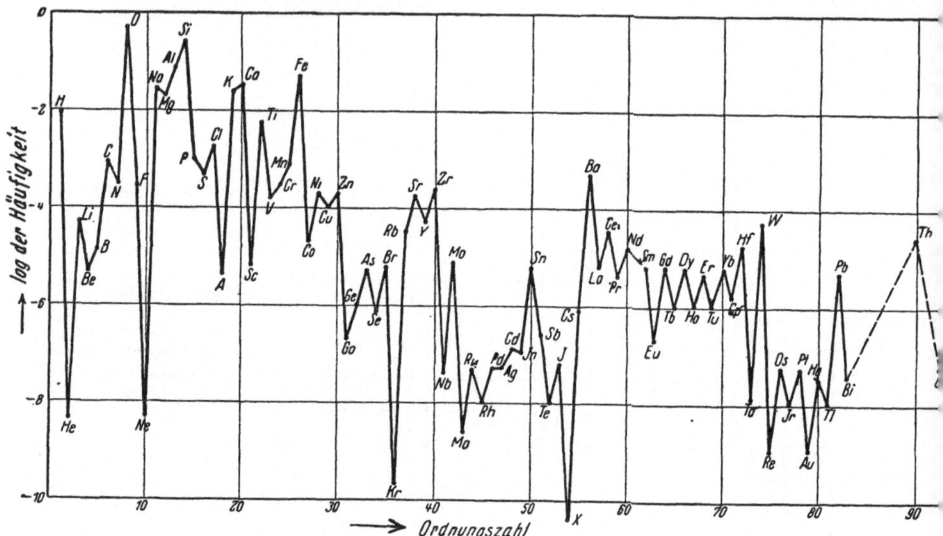

Abb. 40. Häufigkeit der Elemente als Funktion der Ordnungszahl; zu beachten ist der sprunghafte Verlauf von einer Ordnungszahl zur nächsten. *Die Edelgase bilden eine Ausnahme.*

wenn sie je entstanden wären, schon längst ausgestorben sein müßten. Es wäre möglich, daß sie als langlebige instabile Isotope noch in der Natur vorkommen, doch ist dafür bisher kein Anzeichen gefunden worden.

3. HARKINS-*Regel:* Im allgemeinen sind Elemente gerader Ordnungszahl häufiger als ungerader Ordnungszahl. Es sind ferner die Elemente niedriger Ordnungszahl häufiger als die höherer, die um die Ordnungszahl 56 ein Maximum haben.

Die fast gleiche Verteilung der Häufigkeit der chemischen Elemente in der Gesamtmasse der Erde findet man auch in den Meteoriten.

Umstellungen im P. S. E. Die Aufeinanderfolge der Elemente wird an drei Stellen gestört; an diesen folgt einem Element ein solches mit niedrigerem Atomgewicht, wie nachfolgende Tabelle zeigt.

Man sieht, die Umstellung zwischen Argon und Kalium kommt dadurch zustande, daß im Argon das schwerere Isotop in größerer Menge als das leichtere vorhanden ist, beim Nachbarn Kalium ist dies gerade umgekehrt der Fall. Gleich steht es bei den anderen zwei Umstellungen.

---

[1] Die Herstellung der beiden Elemente gelingt künstlich. S. 361.

Ordnungs-zahl	Element	Atom-gewicht	Isotope und Zusammensetzung	
1 {	18	Argon	39,94	$^{36}_{18}$Ar 0,31% $^{40}_{18}$Ar 99,6%
	19	Kalium	39,1	$^{39}_{19}$K 93,4% $^{41}_{19}$K 6,6%
2 {	27	Kobalt	58,94	$^{57}_{27}$Co 0,2% $^{59}_{27}$Co 99,8%
	28	Nickel	58,69	$^{58}_{28}$Ni 66,4% $^{60}_{28}$Ni 26,7%
3 {	52	Tellur	127,5	$_{52}$Te enthält etwa sieben Isotope
	53	Jod	126,9	Jod ist ein Reinelement

Trennung der Isotope. Isotope eines Elementes können nur getrennt werden, wenn man Eigenschaften heranzieht, die vom Kern (also von der Masse) abhängen. Es stehen zurzeit mehrere Methoden zur Verfügung. Eine vollständige Trennung der Isotope gelingt bei einigen Gasen; so z. B. bei dem Edelgas Neon in ^{20}Ne und ^{22}Ne, ferner können die Isotope ^{35}Cl und ^{37}Cl rein erhalten werden, wenn vom gewöhnlichen Chlorwasserstoff ausgegangen wird. Diese Trennung geschieht mit Hilfe des *Thermodiffusions*prinzips: In einem heiß-kalten Gefäß, das eine Gasmischung verschieden schwerer Molekeln (Atome) enthält, sammeln sich an der heißen Stelle die *leichteren* und an der kalten Stelle die *schweren Molekeln* (Atome) an. Durch die in einem solchen Gefäß auftretende *Thermosyphonströmung* gelingt eine Trennung mehr oder weniger vollständig. Nach anderen Methoden können auch schwerere Isotope getrennt werden. Die Isotopentrennung bei Gasen mit Berücksichtigung der Thermodiffusion ist von K. CLUSIUS und K. DICKEL (Deutschland) angegeben worden.

Zur Geschichte des P. S. E. Die Auffindung des P. S. E. hat sich langsam vollzogen, die geschichtliche Entwicklung bis zur Gegenwart gewährt eine beachtenswerte Einsicht in die Entwicklung der chemischen Wissenschaft. Bald nachdem eine größere Zahl von Elementen bekanntgeworden ist, ihre Äquivalentgewichte einigermaßen genau bestimmt waren, konnten besondere Zusammenstellungen gemacht werden. Man fand, daß immer drei Elemente entweder sehr weitgehend ähnlich sind (z. B. Fe, Co und Ni) oder ihre Atomgewichte zeigen einfache zahlenmäßige Zusammenhänge. Um 1825 hat dies besonders J. W. DÖBEREINER (Deutschland) betont: DÖBEREINER-Triadenregel. J. A. R. NEWLANDS (England) findet 1865 ein „Gesetz der Oktaven" und wird dadurch der erste Forscher, der nach einer Reihung der Elemente eine periodische Wiederkehr chemischer Eigenschaften auffindet. Der englische Arzt und Chemiker W. PROUT spricht um 1815 die Hypothese aus, daß alle Elemente durch Kondensation des leichtesten Elementes, des Wasserstoffes, entstanden sind. Diese Hypothese (die übrigens Vorgänger hatte) ist vom schwedischem Chemiker J. BERZELIUS abgelehnt worden. Die Einwendungen waren, in gegenwärtigen Begriffen ausgedrückt, ungefähr die folgenden: Würden die Elemente so aufgebaut sein, dann müßten die Atomgewichte Vielfache des Atomgewichtes des Wasserstoffes sein. Hat dieses das Atomgewicht eins, dann müßten die Atomgewichte der Elemente ganze Zahlen sein, und dies wäre nun durchaus nicht der Fall. Die Ansicht über die PROUT-Hypothese wechselte in den folgenden Jahrzehnten sehr stark. Sie legte den Grund zur Ermittlung möglichst genauer Atomgewichte. Der belgische Chemiker J. S. STASS entwickelt daraufhin klassische Methoden zur Atomgewichtsbestimmung; die Ergebnisse waren für die Richtigkeit der PROUTschen Hypothese nicht günstig.

Erst in den Jahren 1864 bis 1869 waren die Kenntnisse über die chemischen Elemente (besonders ihrer Atomgewichte) so weit, um allgemeinere Gesetzmäßigkeiten abzuleiten. Der deutsche Chemiker LOTHAR MEYER und der russische Chemiker D. MENDELEJEFF fanden fast gleichzeitig die Form des Periodischen Systems der Elemente in der heute noch verwendeten Form. Besonders MENDELEJEFF war von der weitreichenden Gesetzmäßigkeit des P. S. E. so tief überzeugt, daß er chemische Elemente voraussagte, die zu seiner Zeit noch fehlten. Das Element Scandium (Ekabor, Eka = ein), Gallium· (Ekaaluminium), Germanium (Ekasilizium) werden als fehlend angegeben; alle wurden sie in den folgenden Jahren auch gefunden, und zwar mit Eigenschaften, die MENDELEJEFF vorausbestimmte. Mit diesen Ergebnissen hatte das P. S. E. ihre besondere Bestätigung erhalten und ist nun für jede weitere Forschung von grundlegender Bedeutung geworden. Sie steigerte sich mit jeder Auffindung neuer Elemente, ganz besonders nach der Entdeckung der fünf Edelgase 1895 bis 1898 durch Sir W. RAMSAY (England).

Als 1898 die Radioaktivität vom Ehepaar CURIE (Frankreich) aufgefunden wurde, war das P. S. E. berufen, dieses neue Gebiet zu erschließen. Die Theorie des Atomzerfalles (E. RUTHERFORD und F. SODDY 1901, England) brauchte für die Lenkung eine allgemeine Grundlage. Der r. a. Zerfall des Urans und des Thoriums erzeugt an 45 Elemente. Ist das P. S. E. wirklich der Ausdruck eines allgemeinen Gesetzes, so müssen auch diese neuen Elemente Platz im P. S. E. finden. Das Problem forderte, um eine endgültige Lösung zu finden, daß an gleicher Stelle im P. S. E. mehrere Elemente stehen müssen. So ist die Isotopie der chemischen Elemente von F. SODDY (England) aufgefunden worden, betraf aber vorerst nur Elemente der r. a. Zerfallsreihe. Der Zusammenhang der verschiedenen r. a. Stoffe war durch ihre besondere Strahlungsart gegeben, ferner aber auch durch ihre notwendige Stellung im P. S. E. Die zwei „Verschiebungssätze" der Radioaktivität (F. SODDY) erfassen die damit allgemein zugrunde liegende Gesetzmäßigkeit. Es ergaben sich Tatsachen, die erkennen lassen, daß das Atom aus Materienteilchen aufgebaut ist, die polar getrennte elektrische Ladungen tragen; so steigerte das P. S. E. die Verwertung der Ergebnisse an r. a. Stoffen. Zu dieser wichtigen Erkenntnis führte, wie man sieht, die reiche Erfahrung an r. a. Stoffen und die allgemein daraus, unter Verwendung des P. S. E., sich ergebenden Gesetze. Die Heranziehung der Röntgenspektra durch H. G. J. MOSELEY bestätigt die von J. R. RYDBERG 1890 erstmalig angenommene Ordnungszahl der Elemente als die „einzige Variable" der Atome. So konnte N. BOHR 1913 unter Heranziehung der Quantentheorie den entscheidenden Erfolg erreichen, die Konstitution des Wasserstoffatoms, und damit der Atome überhaupt, zu erschließen. Es ergibt sich, auf Grund des Aufbauprinzips, die gegenseitige Lage der Elektronenbahnen im Atom unter Verwendung ihrer natürlichen Reihung im P. S. E.; die Periodizität der chemischen Elemente wird in den Bau der Atome verlegt, ein Vorgehen, das ohne inneren Widerspruch durchführbar war. Anfänglich sich ergebende Härten werden durch die Aufstellung des Prinzips „Verbot äquivalenter Elektronenbahnen" aufgehoben. Das Prinzip hat sich nnr aus dem P. S. E. ablesen lassen, führt aber selbst zurück zu einem Verständnis der Periodizität chemischer Elemente. Eine andere Begründung des äußerst fruchtbaren Prinzips hat sich bisher nicht ergeben. Die Auffindung der Isotopie an Neon durch J. J. THOMSON 1913 war das erste Beispiel, daß diese auch bei Elementen anzutreffen sei, die nicht der bekannten r. a. Zerfallsreihe angehören. Die von diesem Forscher verwendete Parabelmethode der Kanalstrahlenanalyse verbessert sein Schüler J. W. ASTON (England) im Jahre 1919 und konstruierte den eigentlichen Massenspektrographen. Hier werden Massen (ähnlich wie vom Licht ein Linienspektrum erhalten wird) in ein Massenspektrum zerlegt. Es ergibt sich, daß fast alle Elemente Gemische mehrerer Atomarten sind. Man findet, daß die Rein-Elemente tatsächlich fast ganzzahlige

Atomgewichte besitzen und somit der PROUT-Hypothese entsprechen. Die Abweichung von der Ganzzahligkeit liefert wichtige Erkenntnisse über den Bau der Atomkerne. Die drei Umstellungen im P. S. E. ergeben sich aus dem besonderen Isotopengemisch der beteiligten Elemente. Die Massenskala bezieht sich auf Sauerstoffisotop ^{16}O, mit dem definitionsgemäßen Atomgewicht $O = 16{,}0000$, auf dieses beziehen sich die im Massenspektrographen gefundenen Atomgewichte. Da sich Sauerstoff als ein Gemisch dreier Atomarten erwies, stimmen die chemisch bestimmten Atomgewichte nicht vollständig mit ersterem überein. Nach Berücksichtigung dieses Umstandes kontrollieren sich beide Methoden in der Ermittlung der Atomgewichte; die Genauigkeit beträgt etwa 1 in 10000.

Die Steigerung der Genauigkeit der Massenbestimmung durch die Verbesserung des Massenspektrographen (A. J. DEMPSTER, U. S. A., J. MATTAUCH und R. HERZOG, Österreich) auf 1 in etwa 100000 bringt weitere Ergänzung zur Kenntnis des P. S. E. So werden Gesetzmäßigkeiten der Isotope der verschiedenen Elemente aufgefunden, die unter anderem zur Vorausbestimmung noch fehlender Isotope führen. Die Bedeutung des P. S. E. hat sich bis in die unmittelbare Gegenwart noch weiter gesteigert; künstliche Radioaktivität, Kernspaltung z. B. wären in ihrem Verlauf schwer zu überblicken, hätte man nicht als Grundlage das geordnete System der chemischen Elemente.

XXVI. Aufbauprinzip

Geht man von einem bestimmten Element mit der Kernladung Z aus, erhöht diese um Eins und läßt nun das neue Elektron in das Atom eintreten, so wird das Elektron irgendeine freie Stelle in den zur Verfügung stehenden Schalen einnehmen. Die Stelle, die das Elektron bezieht, muß so gelegen sein, daß die Gesamtenergie des Atoms den kleinsten Wert hat.

Sind in einem Atom bereits mehrere Elektronen vorhanden, so gilt die einfache Gleichung für den Wasserstoff (und diesem ähnliche Elemente) nicht mehr genau, da die Kernladung durch die vorhandenen Elektronen zum Teil vermindert wird. Die Gleichung lautet nun:

$$\nu = \frac{\Re Z^{*2}}{n_2{}^2} - \frac{\Re Z^{*2}}{n_1{}^2} = T_2 - T_1. \tag{1}$$

Ein hervorgehobenes Elektron im Verbande des Atoms führt demnach die Bewegung nicht unter dem Einfluß der vollen Kernladungszahl Z aus, sondern unter dem der geminderten Zahl Z^*, die als *effektive Kernladung* bezeichnet wird. Stets ist $Z^* < Z$. Nach dieser für die Röntgenterme geltenden Gleichung (gemessen wird die Wellenzahl ν) ist, da

$$T_1 = -\frac{E\,n_1}{h\,c} = \frac{\Delta H_1}{h\,c} \tag{2}$$

(S. 51, der Term kennzeichnet die Stellung des Elektrons):

$$\frac{Z^{*2}}{n_1{}^2} = \frac{\Delta H_1}{\Re\,h\,c} \quad \text{oder} \quad \frac{Z^*}{n_1} = \sqrt{\frac{\Delta H_1}{\Re\,h\,c}}. \tag{3}$$

Trägt man Z^*/n_1 als Funktion der Ordnungszahl Z auf, so erhält man das folgende Bild; für T_2 wird $n_2 = 1$ gesetzt.

Denkt man sich Atome *schrittweise* aufgebaut, derart, daß man die Ordnungszahl um Eins erhöht und dann das Elektron hinzufügt, so ist es also möglich, aus dem Verhalten der effektiven Kernladungszahl Z^* zu sehen, ob sich das hinzugefügte Elektron vollständig außen anlagert, oder ob die Bahn des Elektrons näher an den Kern herantritt. Z^* erhält man aus dem in der Abb. 41 angegebenen Wert Z^*/n_1 für die K-Schale durch Multiplikation mit $n_1 = 1$, für die L-Schale durch Multiplikation mit $n_1 = 2$ usw.

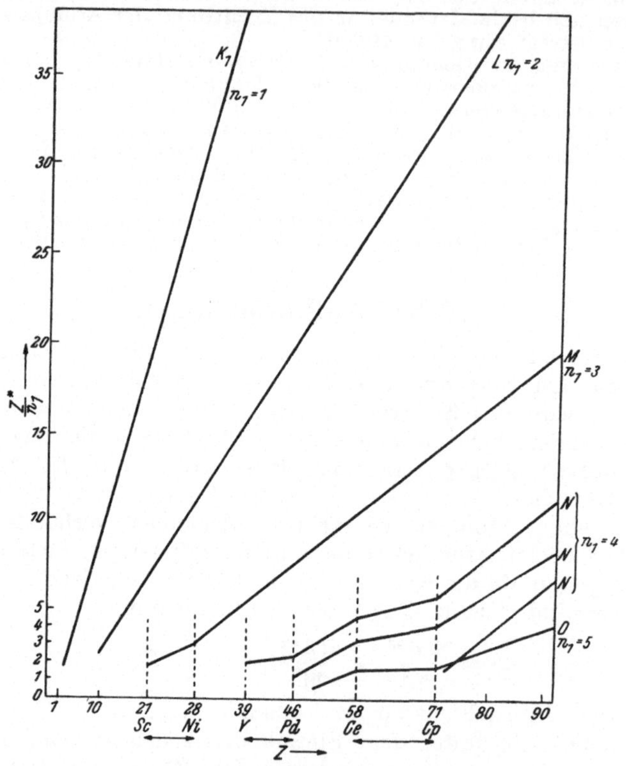

Abb. 41. Effektive Kernladungszahl Z^* der Röntgenterme (bezogen auf $n_2 = 1$) in Abhängigkeit von der wahren Kernladungszahl Z (schematisch).

Ein *steiler* Verlauf der Kurve Z^*/n_1 entspricht einer starken Änderung von Z^*; dies bedeutet: das hinzugefügte Elektron tritt *außerhalb* der bestimmten Schale ein, also der Schale, in der das vorhergehende Elektron den bestimmten Energiewert E_{n1} besitzt. Ein *flacher* Verlauf der Kurve der bestimmten Schale zeigt, daß das hinzugetretene Elektron eine merkliche *Verminderung* der Kernladung bewirkte; das Elektron muß in die bestimmte Schale selbst eingetreten sein. Verläuft die Kurve der bestimmten Schale noch weniger steil oder sogar *horizontal*, d. h. es ändert sich Z^* fast gar nicht, wenn die Kernladung um Eins erhöht wird, so deutet dies an: das Elektron tritt in eine *tiefere* Schale als die bestimmte ein.

Mit Hilfe der Abb. 41 läßt sich das Gesagte noch weiter ausführen. In der Reihenfolge der Elemente geht zum erstenmal bei den Elementen der Ordnungszahlen 21 (Scandium) bis 28 (Nickel) das eintretende Elektron in eine tiefere Schale. Wie aus der Abb. 41 zu entnehmen ist, muß hier das Elektron in die nächst tiefere Schale, also in die M-Schale, eintreten. Gleiches wiederholt sich bei den Elementen 39 (Yttrium) bis 46 (Palladium), hier treten die Elektronen in die ebenfalls nächst niedrigere N-Schale ein. Besonders ausgezeichnet ist die Lage zwischen den Elementen 58 (Cer) bis 72 (Hafnium). Wie man aus dem horizontalen Verlauf der O-Terme sieht, muß das Elektron bei 14 Elementen in die N-Schale eintreten. Ferner ist noch das Schneiden der Kurve sehr zu beachten. Man sieht (Gl. 3), Z^*/n_1 ist ein direktes Maß für die Ionisierungsarbeit des Elektrons, demnach ist ein Elektron der Untergruppe N bis etwa $Z = 75$ *leichter* abspaltbar als ein solches in der höher gelegenen O-Gruppe. Erst nach den höchsten Elementen wird das Elektron aus der N-Untergruppe wieder schwerer abspaltbar.

Berücksichtigt man alle diese angeführten Betrachtungen, so ergibt sich die Elektronengruppierung in den Atomen. Tab. 7, S. 91.

Auf besondere Einzelheiten kann im Rahmen dieser Ausführungen nicht eingegangen werden, es muß auf die entsprechende Literatur verwiesen werden.

XXVII. Packungsanteil

Z Zahl der Protonen, N Zahl der Neutronen im Kern der Elemente. Masse des Protons = Masse des Wasserstoffatoms — Masse des Elektrons = 1,00813 — 0,00055 = 1,00758, Masse des Neutrons 1,00895.

Die Masse eines Atoms (Kernladungszahl Z, *Massenzahl* $A = Z + N$) beträgt:

$$\underbrace{Z\,1{,}00813 + (A - Z)\,1{,}00895}_{\text{Masse bezogen auf } O = 16{,}0000} = A\left(1 + 0{,}00895 - \frac{Z}{A}\,0{,}00082\right),$$

demnach ist die Masse um etwa 0,8% höher als die Massenzahl. In Wirklichkeit ist die Abweichung von der Ganzzahligkeit im allgemeinen viel kleiner und *unterschreitet* dieselbe fast immer. Ausnahmen bilden die leichten Elemente von Wasserstoff bis Neon und die schwersten Elemente Osmium bis Uran.

Die Ursache ist der *Massendefekt*, der sich bei der angenommenen Bildung der Atome aus Protonen und Neutronen ergibt. Der Heliumkern besteht aus zwei Wasserstoffkernen (Protonen) und zwei Neutronen.

$$2\,{}^{1}_{1}\mathrm{H} \;+\; 2\,{}^{1}_{0}n \;=\; {}^{4}_{2}\mathrm{He}$$

$$2 \cdot 1{,}00813 + 2 \cdot 1{,}00895 = 4{,}03416,$$

$$\Delta H = \Delta E = \Delta M = \frac{0{,}03032 \cdot 9 \cdot 10^{20}}{4{,}18 \cdot 10^{7}} \approx -\,7 \cdot 10^{11}\ \text{cal/Grammatom.}$$

In Wirklichkeit beträgt die Masse des Heliums 4,003842, so daß sich ein Massendefekt $\Delta M = 0,03032$ ergibt; es wird bei der Bildung des Heliums die angegebene Wärme ΔH frei.

Die hohe Bildungswärme des Heliums ist zugleich ein Maß für die außerordentlich hohe Bindungsenergie der im Kern vereinigten Protonen und Neutronen. In Gleichungen, die Energieänderungen ausdrücken, an denen Kerne beteiligt sind, wird die Bildungsenergie in *Massendefekten* angegeben, und zwar in Tausendstel-Masseneinheiten (TME).

1 TME $= 0,931$ Millionen Elektrovolt MeV;

1 MeV $= 1,074$ TME;

1 MeV $= 1,6 \cdot 10^{-6}$ erg $= 1,6 \cdot 10^{-13}$ Wattsekunden.

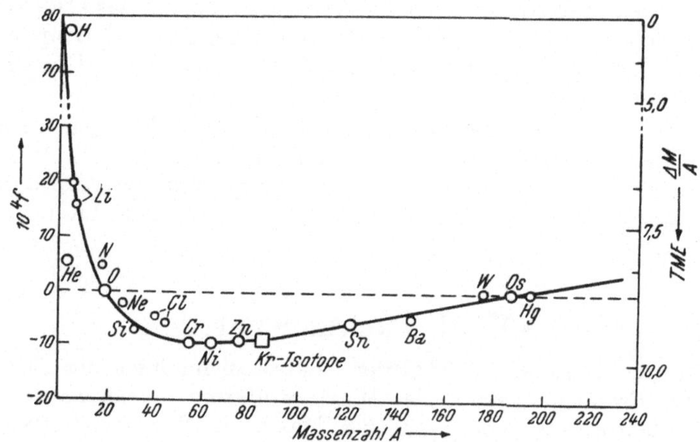

Abb. 42. Packungsanteilkurve (schematisch). Beachte die besondere Stellung des Heliums.

Beträgt M das im Massenspektrographen gefundene Isotopengewicht eines Elements, $M - A$ die Abweichung von der Ganzzahligkeit, so versteht man unter Packungsanteil f, die Größe

$$f = \frac{M - A}{A}, \tag{1}$$

für ^{16}O wird definitionsgemäß $f = 0$ gesetzt. Z. B. Stickstoff N $= 14,00753$, demnach beträgt $M - A = 14,00753 - 14,00000 = 0,00753$, $10^4 f = 5,38$. Der Zusammenhang des Packungsanteiles mit der Massenzahl wird durch eine Kurve dargestellt (Abb. 42).

Es kann f positive und negative Werte haben. Statt f wird für den Packungsanteil auch $\Delta M / A$ verwendet. Dieser Ausdruck kann nur positiv sein.

$\Delta M = Z \, {}^1_1\mathrm{H} + N \, {}^1_0 n -$ (Isotopengewicht, gefunden im Massenspektrographen)

$$\frac{\Delta M}{A} = \frac{\Delta M}{Z \, {}^1_1\mathrm{H} + N \, {}^1_0 n}. \tag{2}$$

Der Massendefekt ist proportional der Massenzahl A. Beide Werte sind in der Abb. 42 eingetragen. Man sieht jedenfalls, daß in dem mittleren Teil der Kurve der Massendefekt ziemlich konstant ist, d. h. sich darin auf alle den Kern aufbauenden Teilchen gleichmäßig erstreckt, nur zu Beginn und etwas am Ende ist ein abweichendes Verhalten vorhanden.

Allgemein entspricht der Massendefekt der *Bildungswärme* des Atomkernes. Die durchschnittliche Bildungswärme beträgt pro Baustein (Proton oder Neutron) etwa 8,56 TME, unabhängig von der Schwere des Atomkernes. Ausnahmen sind vorhanden; so beträgt die Bildungswärme des Kernes des Deuteriums nur 2,14 TME, ferner fällt bei Elementen mit $Z > 81$ der Wert auf ungefähr 6 TME.

XXVIII. Das Massenwirkungsgesetz, Reaktionsgeschwindigkeit und das chemische Gleichgewicht

Der Ablauf einer chemischen Reaktion vollzieht sich gesetzmäßig. Hat man in einem bestimmten Volumen, bei bestimmter Temperatur zwei Stoffe A und B, deren Konzentration c_A, c_B beträgt, so können diese nach der chemischen Gleichung

$$A + B \rightleftharpoons C + D \tag{1}$$

aufeinander einwirken; es bilden sich zwei neue Stoffe C und D. Die *Reaktionsgeschwindigkeit* v_1 dieser chemischen Reaktion ist die Abnahme der Konzentration c_A oder c_B in der Zeiteinheit:

$$v_1 = -\frac{dc_A}{dt} = -\frac{dc_B}{dt}. \tag{2}$$

Die Reaktionsgeschwindigkeit ist *proportional dem Produkt der Konzentrationen der beiden Reaktionsteilnehmer:*

$$v_1 = k_1 \cdot c_A \cdot c_B. \tag{3}$$

· Die konstante Zahl k_1 wird *Geschwindigkeitskonstante* bezeichnet. Sie entspricht demnach der Reaktionsgeschwindigkeit der Reaktion 1, wenn $c_A = c_B = 1$ ist, und ist für diese eine kennzeichnende Größe. Der Wert der Geschwindigkeitskonstante ist abhängig von der Wahl der Zeiteinheit, der gewählten Konzentrationsangabe und von der Temperatur.

Im allgemeinen ist jede chemische Reaktion umkehrbar (reversibel), d. h. entsprechend der Gl. 1 kann nicht nur der Ablauf von links $\rightarrow$ rechts, sondern auch links $\leftarrow$ rechts erfolgen. Im letzten Fall ist die Reaktionsgeschwindigkeit v_2 entsprechend

$$v_2 = k_2 \cdot c_C \cdot c_D. \tag{4}$$

Es verläuft demnach *gleichzeitig* sowohl die Reaktion links $\rightarrow$ rechts als die von links $\leftarrow$ rechts; dies ist in Gl. 1 durch das Zeichen $\rightleftharpoons$ angedeutet; es ist bereits im Vorhergehenden verwendet worden.

Ist $v_1 = v_2$, so findet kein chem. Umsatz mehr statt; es ist ein *chemisches Gleichgewicht* eingetreten. Es wird also

$$k_1 \cdot c_A \cdot c_B = k_2 \cdot c_C \cdot c_D,$$

$$\frac{c_C \cdot c_D}{c_A \cdot c_B} = \frac{k_1}{k_2} = K_c. \tag{5}$$

K_c ist die *Gleichgewichtskonstante*, sie ist demnach das Verhältnis der beiden Geschwindigkeitskonstanten k_1 und k_2.

1. Wir prüfen diese Gleichung für die genau untersuchte Bildung *gasförmiger* Jodwasserstoffsäure:

$$H_{2\,Gas} + J_{2\,Gas} \rightleftharpoons 2\,HJ_{Gas},$$

$$K_c = \frac{p^2_{HJ}}{p_{J_2} \cdot p_{H_2}}. \tag{6}$$

T	Geschwindigkeitskonstanten Konz. in Mol/Liter, Zeit in Min.		$K_c = \dfrac{k_1}{k_2}$	K_c beob.
	k_1	k_2		
556	$1,19 \cdot 10^{-3}$	$9,42 \cdot 10^{-6}$	$1,2 \cdot 10^2$	$0,84 \cdot 10^2$
629	$6,76 \cdot 10^{-3}$	$8,09 \cdot 10^{-4}$	$0,83 \cdot 10^2$	$0,67 \cdot 10^2$
716	$3,75 \cdot 10^{-1}$	$6,70 \cdot 10^{-3}$	$0,56 \cdot 10^2$	$0,50 \cdot 10^2$

Gl. 5 ist der Ausdruck des *Massenwirkungsgesetzes M.-W.-G.* für die zugrunde gelegte Reaktion 1, das für den besonderen Fall abgeleitet wurde. Das M.-W.-G. ergibt sich aus dem II. Hauptsatz der Thermodynamik (S. 7) und ist deshalb für alle chemischen und physikalischen Vorgänge von grundlegender Bedeutung.

Es verlaufe eine allgemeine Reaktion nach der Gleichung

$$n_1\,A + n_2\,B \rightleftharpoons n_1'\,C + n_2'\,D \tag{7}$$

Hier ist nach dem M.-W.-G. $v_1 = k_1\,C_A{}^{n_1}\,C_B{}^{n_2}$. Bei Gasreaktionen werden Drucke und Partialdrucke in Atmosphären ausgedrückt, die Gleichgewichtskonstante beträgt dann

$$K_p = \frac{p_C{}^{n_1'} \cdot p_D{}^{n_2'}}{p_A{}^{n_1} \cdot p_B{}^{n_2}}, \tag{8}$$

der Gesamtdruck $p = p_C + p_D + p_A + p_B$.

Verläuft die Reaktion in einer Lösung, so verwendet man *Lösungskonzentrationen*, entsprechend beträgt dann die Gleichgewichtskonstante

$$K_c = \frac{c_C{}^{n_1'} \cdot c_D{}^{n_2'}}{c_A{}^{n_1} \cdot c_B{}^{n_2}}. \tag{9}$$

Der Wert der Gleichgewichtskonstante hängt demnach von der Wahl ab, in der man die Molzahl angibt. Dies wird durch die entsprechenden Indizes ausgedrückt; ferner ist sie noch von der Temperatur abhängig.

Die Ausdrücke 8 und 9 gelten für niedrige Drucke (etwa 1 bis 2 Atm.), bzw. verdünnte Systeme (0,1 n); sie können aber für viele Fälle der Praxis auch für höhere Drucke und nicht zu konzentrierte Lösungen verwendet werden. Sie gelten auch für Elektrolyte, und sind bereits S. 71 in den Ausführungen zur elektrolytischen Dissoziationstheorie verwendet worden.

Beispiele. 1. Die Bildung und Zersetzung der Jodwasserstoffsäure ist eine besonders einfache Reaktion deshalb, weil sie *ohne Änderung* der Molekelzahl verläuft:

$$2\,\mathrm{HJ_{Gas}} \rightleftarrows \mathrm{H_{2\,Gas}} + \mathrm{J_{2\,Gas}}, \quad \Delta H = 2{,}47\ \mathrm{kcal}, \tag{10}$$

$$K_p = \frac{p_{\mathrm{H_2}} \cdot p_{\mathrm{J_2}}}{p^2_{\mathrm{HJ}}},$$

$$p = p_{\mathrm{H_2}} + p_{\mathrm{J_2}} + p_{\mathrm{HJ}}.$$

Man trachtet, die Variablen der Gleichgewichtskonstanten einzuschränken, dies ist möglich durch Einführung des Dissoziationsgrades α. Setzt man den Anfangsdruck der Jodwasserstoffsäure p, dann ist

$$\frac{p_{\mathrm{H_2}} + p_{\mathrm{J_2}}}{p} = \alpha. \tag{11}$$

Der undissoziierte Anteil beträgt dann $p_{\mathrm{HJ}}/p = 1 - \alpha$.

Entsprechend der Gl. 10 muß $p_{\mathrm{H_2}} = p_{\mathrm{J_2}} = \dfrac{\alpha}{2}\,p$ sein. Nach Eliminierung von p erhält man

$$\left(\frac{\alpha}{1-\alpha}\right)^2 = 4\,K_p. \tag{12}$$

In dieser Form der Gleichgewichtskonstante ist nur mehr eine Veränderliche vorhanden; man sieht, α ist vom Druck *unabhängig.*

Bei 527° ist $K_p = 2{,}68 \cdot 10^{-2}$, demnach $\alpha = 0{,}247$, der Partialdruck bei $p = 1$ Atm. beträgt $p_{\mathrm{H_2}} = p_{\mathrm{J_2}} = 0{,}123$ Atm., $p_{\mathrm{HJ}} = 0{,}754$ Atm.

2. Die thermische Dissoziation des Wasserstoffes in Atome vollzieht sich nach der Gleichung

$$\mathrm{H_{2\,Gas}} \rightleftarrows 2\,\mathrm{H_{Gas}}, \quad \Delta H = 103\ \mathrm{kcal}, \tag{1}$$

die Gleichgewichtskonstante beträgt

$$K_p = \frac{p_{\mathrm{H}}^2}{p_{\mathrm{H_2}}}. \tag{2}$$

Diese Reaktion ist bereits S. 67 behandelt worden, sie erfährt hier noch ihre nähere quantitative Beschreibung. Die Reaktion läßt man bei konstantem äußerem Druck bis zum Gleichgewicht ablaufen; es ändert sich bei dieser die Molekelzahl, was mit einer Änderung des Volumens verbunden ist.

Der in das System zu Beginn eingebrachte Wasserstoffdruck beträgt $p_{\mathrm{H_2}} + {}^1\!/_2\,p_{\mathrm{H}}$, im Gleichgewicht ist der Gesamtdruck p

$$p = p_{\mathrm{H_2}} + p_{\mathrm{H}}. \tag{3}$$

Als Dissoziationsgrad α ist hier zu setzen

$$\alpha = \frac{p_{\mathrm{H}}}{2\left(p_{\mathrm{H_2}} + \dfrac{1}{2}\,p_{\mathrm{H}}\right)} = \frac{p_{\mathrm{H}}}{2\,p_{\mathrm{H_2}} + p_{\mathrm{H}}}. \tag{4}$$

$$p_{\mathrm{H}} = \frac{2\,\alpha\,p_{\mathrm{H_2}}}{1-\alpha}. \tag{5}$$

Dieser Wert in Gl. 3 eingesetzt, ergibt

$$p_{\mathrm{H2}} = \frac{p\,(1-\alpha)}{(1+\alpha)}, \tag{6}$$

woraus man findet

$$p_{\mathrm{H}} = \frac{2\,\alpha}{(1+\alpha)}\,p. \tag{7}$$

Schließlich folgt

$$K_p = \frac{4\,\alpha^2}{(1-\alpha^2)}\,p. \tag{8}$$

In dieser Reaktion ist demnach α vom Gesamtdruck p *abhängig*. Solange $1 \gg \alpha$, ist einfach

$$\alpha = \frac{1}{2}\sqrt{\frac{K_p}{p}}. \tag{9}$$

Bei $T = 2000°$ beträgt $K_p = 3{,}2 \cdot 10^{-4}$, bei $p = 10^{-2}$ Atm. ist

$$\alpha = \frac{1}{2}\sqrt{\frac{3{,}2 \cdot 10^{-4}}{10^{-2}}} = 9 \cdot 10^{-2}.$$

Bei der angegebenen Temperatur T und Druck p sind von 1 Mol Wasserstoffmolekeln 0,09 Mole als Wasserstoffatome vorhanden; ihr Partialdruck beträgt (nach Gl. 7) $1{,}8 \cdot 10^{-3}$ Atm.

Weitere Bemerkungen zum chemischen Gleichgewicht

1. Die Verschiebung des Gleichgewichtes. Erhöht man bei gleichbleibendem Druck p z. B. den Partialdruck p_{C} der in chemischem Gleichgewicht befindlichen Reaktion 7, S. 102 so sieht man aus dem Ausdruck für die Gleichgewichtskonstante K_p, daß dies eine Verminderung von p_{D} und eine Zunahme von p_{A} und p_{B} zur Folge haben muß, d. h. die Reaktion wird sich von links ← rechts zu einem neuen Gleichgewicht verschieben.

Im einfachen Fall der Dissoziation der Jodwasserstoffsäure Gl. 10 wäre die Verschiebung des Gleichgewichtes zu finden. Es soll z. B. bei konstantem Druck p und konstanter Temperatur p_{H2} auf p'_{H2} erhöht werden. Die damit verbundene Änderung an den bekannten Gleichgewichtsdrucken läßt sich aus der unmittelbar sich ergebenden Gleichung

$$K_p = \frac{(p'_{\mathrm{H_2}} - x)\,(p_{\mathrm{J_2}} - x)}{(p_{\mathrm{HJ}} + 2\,x)^2}$$

finden, wenn x berechnet wird.

2. Temperatur und Gleichgewichtskonstante. *Die Gleichgewichtskonstante* ist von der Temperatur *abhängig*. Beträgt ΔH die Wärmetönung beim Ablauf der Reaktion von links → rechts, und schreibt man wie immer die gebildeten Stoffe in den Zähler der Konstante, so ist bei konstantem Druck

$$\left(\frac{d \ln K_p}{dT}\right)_p = \frac{\Delta H}{R\,T^2} \tag{1}$$

(van 't Hoff-Gleichung)

Ist ΔH positiv, so wird bei einer Temperaturerhöhung die Gleichgewichtskonstante zunehmen, sie wird abnehmen, wenn ΔH negativ ist.

Z. B. wird die Dissoziationskonstante der Jodwasserstoffsäure (Gl. 10, S. 103) mit steigender Temperatur zunehmen, d. h. ihr Partialdruck wird abnehmen und der von p_{H_2} und p_{J_2} entsprechend zunehmen. Ebenso wird die Spaltung der Wasserstoffmolekel mit steigender Temperatur zunehmen (Gl. 1, S. 103).

Allgemein wird eine Steigerung der Temperatur endotherme Reaktionen begünstigen, exotherme Reaktionen zurückdrängen.

3. Satz von Le Chatelier-Braun. Die Gl. 8, 9 (S. 102) und 1 sind Ausdruck strenger Gesetze, nichtsdestoweniger läßt der genannte Satz qualitativ die Gesetzmäßigkeiten erkennen. Er lautet: Übt man auf ein im Gleichgewicht befindliches System durch Änderung der Gleichgewichtsbedingungen einen Zwang aus, so verschiebt sich das Gleichgewicht derart, daß es dem Zwange ausweicht.

Z. B. Jodwasserstoff-Dissoziation: Erwärmt man das im Gleichgewicht befindliche System, so wird der Erwärmung das System dadurch ausweichen, daß es die ihm aufgezwungene Wärmezuführung verwendet, um Jodwasserstoff zu dissoziieren, wodurch eine Temperaturerhöhung sich vermindert.

Verläuft eine Reaktion von links → rechts unter *Volumzunahme*, so wird einer Steigerung des äußeren Druckes das System ausweichen, indem ein Vorgang links ← rechts einsetzt, der einer *Volumabnahme* entspricht: d. h. Druckerhöhung bewirkt einen Rückgang der Dissoziation. Quantitativ ist der Druckeinfluß bei der thermischen Dissoziation der Wasserstoffmolekeln oben Gl. 1 behandelt. Bei der Dissoziation der Jodwasserstoffsäure findet keine Volumänderung statt; es wird demnach eine Druckänderung auf das System keine Änderung des Dissoziationsgrades herbeiführen. In der Gl. 12 (S. 103) ist dies zum Ausdruck gebracht.

Auch auf physikalische Vorgänge ist der Satz allgemein anwendbar. Z. B. das Erstarren des Wassers bei 0° geht unter Vergrößerung des Volumens vor sich. Erhöht man den Druck, so wird das System dadurch ausweichen, daß Schmelzen eintritt, da mit diesem eine Volumverminderung verbunden ist: der Schmelzpunkt des Eises sinkt mit der Druckerhöhung (Abb. 9, S. 30).

XXIX. Einige allgemeine Eigenschaften von Lösungen
(Eutektischer Punkt, fraktionierte Destillation, Mischkristalle und fraktionierte Kristallisation)

Im Vorhergegangenen sind Beispiele behandelt, denen eine bestimmte Formart des betreffenden Stoffes zugrunde gelegt war. Die angegebenen Eigenschaften gelten allgemein. Im allgemeinen kann jeder Stoff in alle drei Formarten übergeführt werden.

1. Die Gesetzmäßigkeit gasförmiger Systeme ist bereits genügend dargelegt.

2. Hat man eine **reine Flüssigkeit,** so verhält sich diese so, wie am Beispiel des Wassers gezeigt worden ist. Geht man zu Flüssigkeitssystemen über, so können sie aufgebaut sein: Flüssigkeit enthält einen festen Stoff gelöst, oder Lösung zweier Flüssigkeiten ineinander.

Das Verhalten des erstgenannten Systems ist am Beispiel Wasser—Salz (S. 33) in den Grundlagen beschrieben, über das letzte S. 193.

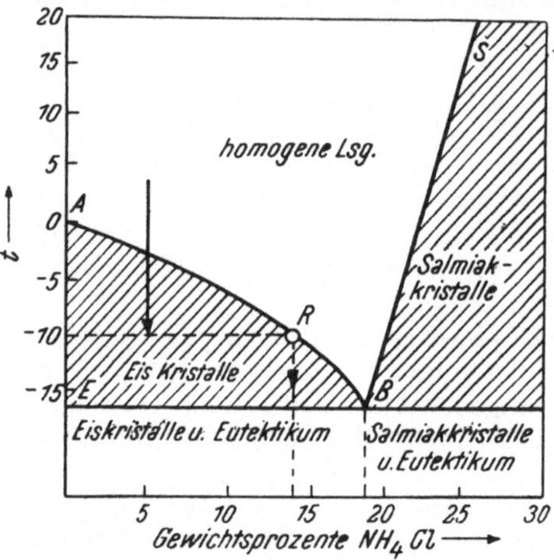

Abb. 43. Schmelzdiagramm des Systems Wasser—Salmiak.

Gelöster fester Stoff und Flüssigkeit können durch eine einfache Destillation voneinander getrennt werden.

3. Schmelzdiagramm. Von Interesse ist es nun, das Verhalten einer Lösung kennenzulernen, wenn die Temperatur bis zum Auftreten neuer Phasen erniedrigt wird. Als Beispiel wählen wir das System Wasser—Salmiak.

Kühlt man die verdünnte wäßrige Salmiaklösung ab, so beginnt dicht unterhalb 0° die Abscheidung von *reinem Eis.* Dadurch wird die Lösung konzentrierter, der Gefrierpunkt sinkt, man bewegt sich entlang der Kurve ARB. Diese kennzeichnet die Lage des Gleichgewichtes der Lösung mit steigendem Salmiakgehalt und reinem Eis. Bei fortgesetzter Abkühlung wird schließlich B erreicht, wo die Lösung *gesättigt* ist. Kühlt man weiter ab, so muß sich nun neben Eis auch fester Salmiak ausscheiden, es stehen vier Phasen im Gleichgewicht: Phasengesetz: $B = 2$, $P = 4$, also $F = 0$.

Man bezeichnet so einen Punkt, bei dem eine Schmelze mit zwei verschiedenen Kristallarten im Gleichgewicht steht und dessen Temperatur tiefer liegt als der Schmelzpunkt der beiden Bestandteile, als einen *eutektischen Punkt,* die im Punkte B auskristallisierende Mischung kennzeichnet man als *Eutektikum.* Eine Lösung, die bereits die Zusammensetzung des Eutektikums hat, erstarrt im eutektischen Punkt. Die Kurve BS drückt die Abhängigkeit der Löslichkeit von Salmiak von der Temperatur aus. Die schraffierten Teile entsprechen keiner stabilen Mischphase; kühlt man z. B. eine 5%ige Lösung auf —10° ab, wie der Pfeil andeutet, so bildet sich Eis und eine Lösung von der Zusammensetzung R; in der Abbildung ist deshalb nur das stabile System eingetragen.

4. Verdampfen und Sieden flüssiger Gemische. Eine Mischung zweier sich gegenseitig lösender Flüssigkeiten kann oft (nicht immer) durch *fraktionierte Destillation* in die beiden flüssigen Bestandteile zerlegt werden. Es zeigt sich, daß in der Regel die Dampfphase der flüssigen Mischung eine *andere* Zusammensetzung hat als die Flüssigkeit und sehr häufig der *leichter flüchtige* Bestandteil im Dampf angereichert ist. Es muß betont werden, daß dies nicht allgemein gültig sein kann. Als Beispiel sei das Flüssigkeitssystem Stickstoff—Sauerstoff bei 1 Atm. Druck betrachtet.

Es sind *a, b* der Siedepunkt des Stickstoffes bzw. des Sauerstoffes. Die *Siedekurve* gibt die Zusammensetzung der flüssigen Phase an, die *Kondensationskurve* die bei gleicher Temperatur im Gleichgewicht mit der flüssigen Phase befindliche Dampfphase. Wie man aus der Abbildung entnimmt, siedet bei 1 Atm. eine Stickstoff-Sauerstoff-Mischung mit 60% O_2 bei 82,5° K (Punkt *A*); die Zusammensetzung der Dampfphase, die damit im Gleichgewicht steht, wird durch den Punkt *B* angegeben, d. i. 30% O_2 und 70% N_2. Kühlt man ein gasförmiges Gemisch von 60% O_2 ab, so kondensiert sich eine an Sauerstoff *reichere* Flüssigkeit, die durch den Punkt *A'* angezeigt wird.

Hat man ein Flüssigkeitsgemisch *A* und bringt es zum Sieden, so wird sich seine Zusammensetzung in der Richtung nach *A'* ändern, und die des koexistierenden Dampfes wird von *B* nach *B'* gehen, gleichzeitig steigt der Siedepunkt; die Flüssigkeit von der Zusammensetzung *A* hat bis zur Zusammensetzung *A'* ein *Siedeintervall Δt*. Führt man die Dampfphase ab, so wird bei *A'* nicht haltgemacht: die Zusammensetzung wird über *A'* nach *b* gehen müssen, d. h. man wird zum Schluß einen *reinen* Sauerstoff erhalten. Geht man z. B. von einer Dampfzusammensetzung *B'* aus, so kann man durch wiederholte Kondensation und Wiederverdampfung zu *reinem* Stickstoff gelangen. Kennzeichnend für ein Flüssigkeitsgemisch ist demnach in der Regel das Auftreten eines Siedeintervalles *Δt*, während eine reine Flüssigkeit einen konstanten Siedepunkt hat. Oberhalb der Kondensationskurve liegt das Gebiet der Dampfphase, unterhalb der Siedekurve das Gebiet der Flüssigkeitsphase. Das Gebiet zwischen den beiden Kurven würde dann beiden Phasen angehören; so ein Gebiet ist nicht stabil, kühlt man z. B. eine Dampfmischung, die 45% O_2 enthält, auf 82,5° K (Punkt *L*), so wird spontan ein *isothermer* Zerfall in die flüssige Phase (Punkt *A* 60% O_2) und die gasförmige Phase (Punkt *B* 30% O_2) eintreten.

5. Fraktionierte Destillation. Die Forderung, die Bestandteile des

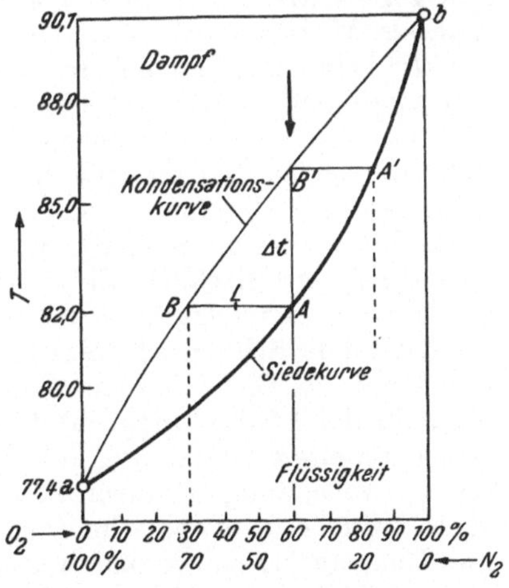

Abb. 44. Siedediagramm des Systems O_2—N_2.
$p_{O_2} + p_{N_2} = 1$ Atm.

Systems N_2—O_2 und jedes flüssigen Systemes (a—b) zu trennen, erfüllen die *Destillationsaufsätze* in all den vielen Varianten. Tritt in den Aufsatz z. B. der Dampf B' und wird dieser um Δt abgekühlt, so bleibt ein Dampf B übrig, demnach kann in einem Zug aus A' 90% Sauerstoff ein Dampf 30% Sauerstoff erzeugt werden. In einem Destillationsaufsatz (Destillationskolonne) spielt sich der genannte Vorgang wiederholt ab, wodurch eine entsprechend rasche Trennung der Bestandteile erreicht wird.

6. Feste Lösungen, Mischkristalle, Schmelzpunktskurve. Feste Lösungen können in bestimmten Systemen entstehen, wenn sich beim Erkalten einer Lösung nicht reine Bestandteile ausscheiden, sondern sich gegenseitig lösen. Solche kristallinische feste Lösungen bezeichnet man als *Mischkristalle*.

Wir behandeln den Fall an einem binären System A—B, in dem sich eine *kontinuierliche* (lückenlose) Reihe von Mischkristallen bildet (Abb. 45).

Die Form des angegebenen Diagramms ist allgemein für den Fall, daß die beiden Bestandteile in *reinem* Zustand auskristallisieren, also *keine* festen Verbindungen bilden.

Kühlt man eine Schmelze von der Zusammensetzung a ab, so wird sich bei t_2 ein Mischkristall von der Zusammensetzung a' ausscheiden, der mit der Schmelze bei a im Gleichgewicht steht. Kühlt man weiter ab, so wird die Schmelze in der Pfeilrichtung ständig an A reicher, während die damit im Gleichgewicht abgeschiedenen Mischkristalle den Gehalt an A in der Pfeilrichtung ebenfalls ständig ändern; in b' angekommen, scheidet weitere Abkühlung keine Mischkristalle mehr aus: die Schmelze erstarrt vollständig. Erwärmt man einen Mischkristall, Zusammensetzung b', so wird bei t_1 etwas schmelzen, Gehalt der Schmelze b, steigert man die Temperatur, so werden weitere Mengen schmelzen; die im Gleichgewicht befindlichen Phasen, flüssige Schmelze—Mischkristalle, ändern die Zusammensetzung $b \to a$ bzw. $b' \to a'$. Wird die Temperatur t_2 erreicht, so ist alles geschmolzen, demnach: Schmelzen und Erstarren sind durch das *Temperaturintervall* Δt gekennzeichnet.

Das hier allgemein entwickelte System wird von dem Metallpaar Silber—Gold befolgt:

A Schmp. des Silbers	$t_1 = \ \ 987°$	a 30% Au	a' 45% Au
B Schmp. des Goldes	$t_2 = 1000°$	b 15% Au	b' 30% Au
	$\Delta t = \ \ \ \ 13°$		

Im behandelten Fall liegt die Schmelzpunktskurve aller Gemische gleichmäßig verlaufend zwischen dem Schmelzpunkt der reinen Bestandteile. Es kann aber auch der Fall eintreten, daß die Schmelzpunktskurve durch ein Maximum oder durch ein Minimum geht. Für den letzten bildet das System Kupfer—Gold ein Beispiel.

Vergleicht man die Ausführungen S. 107 und den hier gegebenen an den Abbildungen und Abb. 45, so sieht man eine weitgehende Ähnlichkeit: der Trennung einer Lösung zweier Flüssigkeiten in ihre Bestandteile durch fraktionierte Destillation steht gegenüber die Trennung zweier sich gegenseitig lösender fester Stoffe durch *fraktionierte Kristallisation*. Diese ist allerdings dem Chemiker meist geläufig in Systemen, wo Wasser Lösungsmittel ist, das mehrere feste Stoffe gelöst enthält und das Wasser sich an der Bildung des Bodenkörpers als Lösungsphase *nicht* beteiligt; man nützt nur den Unterschied der Löslichkeitsprodukte der gelösten Stoffe (S. 174) aus.

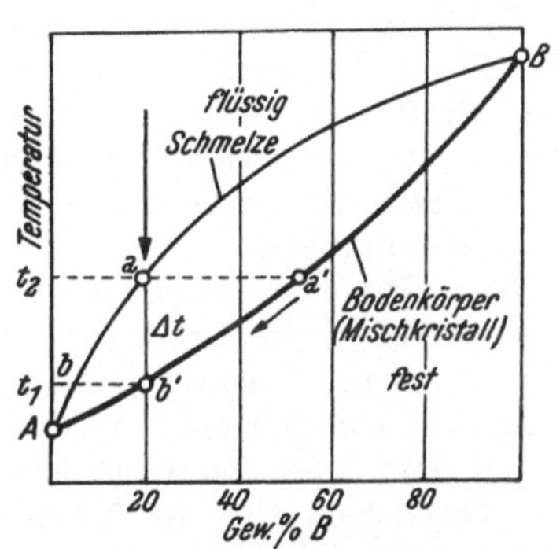
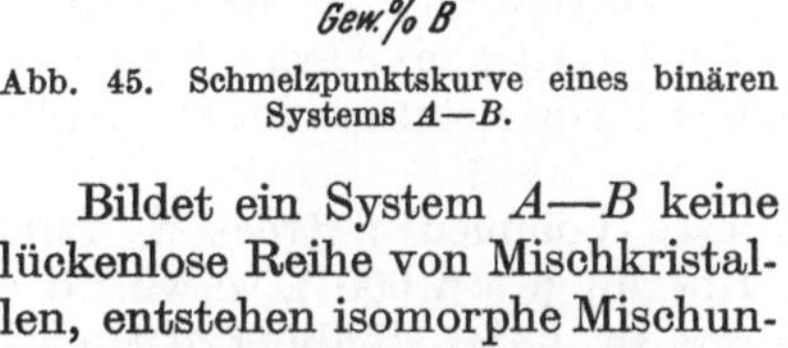

Abb. 45. Schmelzpunktskurve eines binären Systems *A—B*.

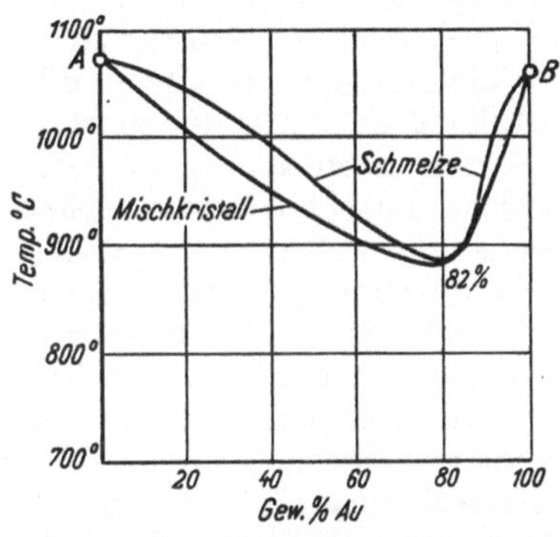

Abb. 46. Schmelzpunktskurve Cu—Au, die Metalle bilden eine lückenlose Reihe von Mischkristallen. *A* 1084, *B* 1063, Schmp. des Kupfers bzw. des Goldes. Die niedrigste schmelzende Legierung mit einem Gehalt 82% Au ist im Gleichgewicht mit der Schmelze gleicher Zusammensetzung. Sie hat einen konstanten Schmp. 880°, während dies an allen anderen Stellen nicht der Fall ist.

Bildet ein System *A—B* keine lückenlose Reihe von Mischkristallen, entstehen isomorphe Mischungen (S. 46) oder sogar Verbindungen, so werden zusätzliche Phasen gebildet. Mit Heranziehung des Phasengesetzes sind auch solche Systeme, die gar nicht selten sind, vollständig zu überblicken. An dieser Stelle kann jedoch nur darauf hingewiesen werden, man findet sie in den Lehrbüchern der Physikalischen Chemie und in den angegebenen Lehrbüchern über Metallographie ausgeführt.

XXX. Die Luft

Alle Stoffe unserer unmittelbaren Umgebung sind chemische Verbindungen, nur die Luft nimmt darin eine besondere Stellung ein; sie ist ein Gemenge, in dem Stickstoff und Sauerstoff vorwiegen. Die Zusammensetzung der trockenen Luft an der Erdoberfläche:

Sauerstoff	20,93	Vol.-%
Stickstoff	78,10	,,
Argon	0,93	,,
Kohlendioxyd	0,03	,,
Wasserstoff	0,01	,,
Summe der restlichen Edelgase etwa	0,0024	,,

Diese Zusammensetzung der Luft ist an allen Punkten der Erdoberfläche gleich. Sie enthält immer eine bestimmte Menge Wasserdampf,

Luftfeuchtigkeit bezeichnet. Diese ist nicht konstant, sie ist von der Temperatur abhängig, Zeit und örtliche Umstände sind ebenfalls maßgebend. Die relative Feuchtigkeit wird durch Hygrometer angezeigt. Löslichkeit der Luft in Wasser S. 178.

1. Verbrennung. Die Reaktion der Stoffe mit dem Sauerstoff der Luft wird Verbrennung genannt. Die Verbrennung ist im allgemeinen von Licht und Wärmeentwicklung begleitet, sie erfolgt in reinem Sauerstoff viel rascher, wodurch sich die pro Zeiteinheit entwickelte Wärme und Lichtenergie bedeutend erhöht. Damit die Verbrennung einsetzt, muß die Temperatur des zu verbrennenden Stoffes auf die *Entzündungstemperatur* gebracht werden, die von der Natur des Stoffes abhängt. Farbloser Phosphor beginnt schon bei 60° zu brennen, Kohle und flüssige Brennstoffe muß man auf etwa 450° und höher erhitzen.

Die Verbrennung ist chemisch betrachtet eine *Oxydation*, die Verbindung des Stoffes mit Sauerstoff. Die Verbrennung, also die Oxydation, kann auch ohne direkt merkbare Anzeichen (Licht, Wärme) verlaufen, das wird dann der Fall sein, wenn sie langsam vor sich geht, z. B. das Rosten des Eisens. Durch die Atmung wird dem lebenden Organismus Sauerstoff zugeführt, der schließlich zur Oxydation der als Nahrung aufgenommenen Stoffe dient, die damit freiwerdende Wärme dient zur Erhaltung des Lebens; alle diese Vorgänge kennzeichnet man als „stille (langsame)" Verbrennung.

2. Analyse. Leitet man ein bestimmtes Volumen V trockene Luft über Kupfer oder Eisen bei schwacher Rotglut (etwa 600°), so wird der Sauerstoff von diesen Metallen vollkommen unter Bildung der entsprechenden Oxyde aufgenommen. Sind die Metalle in einer Röhre eingeschlossen und ist das Gewicht zu Beginn und am Ende des Versuches bekannt, so gibt die Gewichtsdifferenz die Menge des Sauerstoffes an, die in V vorhanden ist. Sammelt man den Stickstoff in einer Gasbürette, bestimmt sein Volumen, so ist damit die Zusammensetzung der Luft bekannt.

Wesentlich einfacher läßt sich die Analyse durchführen, wenn man von der Fähigkeit des farblosen Phosphors Gebrauch macht, Sauerstoff schon bei Zimmertemperatur vollkommen aufzunehmen. Dazu dient eine Vorrichtung nach Abb. 47. Die Luft wird in der Gasbürette über Wasser als Sperrflüssigkeit abgemessen und mit Hilfe des Niveaugefäßes in die mit Wasser gefüllte Phosphorpipette hineingedrückt. Sobald die Luft mit dem Phosphor (in Stangenform) zusammentrifft, wird der Sauerstoff unter Auftreten von Nebel absorbiert. Durch entsprechendes Senken des Niveaugefäßes kann dann der Stickstoff in der Gasbürette abgemessen werden.

Statt gelber Phosphor kann als Absorptionsmittel für Sauerstoff auch eine alkalische Pyrogallollösung verwendet werden.

In der Praxis kann man sich auch einer indirekten Analysenmethode bedienen. Fügt man einem bestimmten Volumen Luft ein bestimmtes Volumen überschüssigen Wasserstoffes bei und bringt diese Gasmischung unter entsprechender Vorsicht zur Explosion, so läßt sich aus der auftretenden Kontraktion V_k der Sauerstoffgehalt ermitteln. Vorgang bei der Explosion ist die Bildung des flüssigen Wassers:

$$2\,H_2 + O_2 = 2\,H_2O$$

$$2\ \text{Vol} \quad 1\ \text{Vol} \quad 0\ \text{Vol} \qquad \text{Kontraktion}\ V_k = 3\ \text{Volumina};$$

danach beträgt das Sauerstoffvolumen $V_k/3$, die Menge des verbrauchten Wasserstoffes $2/3\ V_k$.

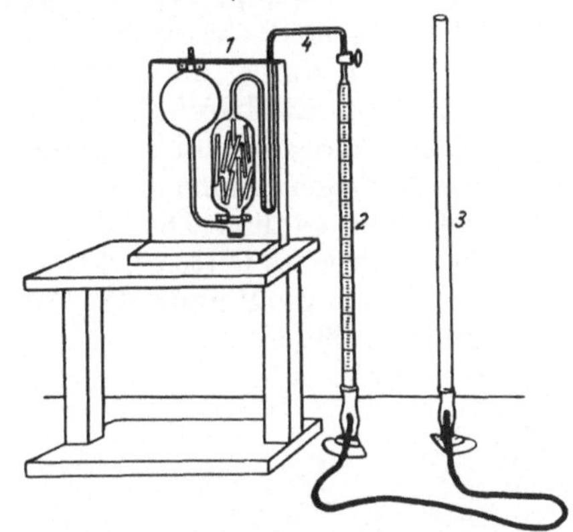

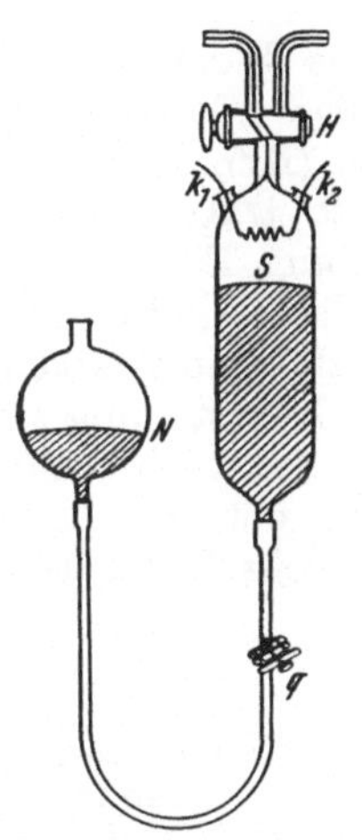

Abb. 47. Analyse der Luft in einer Phosphorpipette *1*. *2* Gasbürette. *3* Niveaugefäß. *4* Überführungsbrücke.

Abb. 48. Vorrichtung zur indirekten Bestimmung des Sauerstoffes (oder Wasserstoffes) in einer Gasmischung. Sperrflüssigkeit Quecksilber, k_1, k_2 eingeschmolzene Platinspirale, durch elektrischen Strom zum Glühen gebracht, H Zweiweghahn, N Niveaugefäß, q Schraubenquetschhahn, Explosion wird erst nach Erzeugung eines verminderten Druckes bewirkt, durch Senken des Niveaugefäßes N.

3. Flüssige Luft. Die Verflüssigung der Luft wird gegenwärtig in großem Maßstabe durchgeführt, man erreicht dadurch vor allem die Gewinnung des reinen Sauerstoffes und reinen Stickstoffes. Die flüssige Luft dient außerdem in den wissenschaftlichen Untersuchungen zur Erzeugung von tiefen Temperaturen und ist darin von großem Wert. Frisch bereitete flüssige Luft ist farblos, nach längerem Stehen, wenn der flüchtigere Stickstoff absiedet, wird sie schön lichtblau. Da flüssige Luft ein Flüssigkeitsgemisch ist, hat sie keinen festen Siedepunkt, sondern nur ein Siedeintervall Δt, ihre „Siedetemperatur" liegt bei etwa —185°. Läßt man flüssige Luft im luftverdünnten Raum absieden, so fällt die Temperatur bis etwa —220°. Für das Experimentieren mit flüssiger Luft werden besondere Gefäße verwendet, um ein zu rasches Absieden zu verhindern (DEWAR-Gefäße).

Es wird ein doppelwandiges Gefäß verwendet, dessen Zwischenraum hoch evakuiert ist. Um den Wärmeaustausch mit der Umgebung noch weiter einzuschränken, sind die Innenwände versilbert, eine Form gibt Abb. 49.

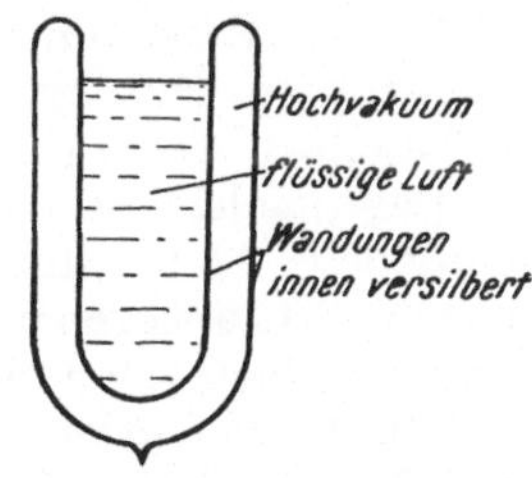

Abb. 49. Doppelwandiges Gefäß (DEWAR-Gefäß).

Flüssige Luft zeigt stark oxydierende Eigenschaften, besonders wenn sich nach einigem Stehen Sauerstoff angereichert hat. Mit Holzkohle vermengt, kann sie durch Entzündung starke Sprengwirkungen hervorrufen (Oxyliquid).

XXXI. Edelgase

1. Die Elemente des P. S. E., die jede Periode abschließen, sind gasförmig: Dazu gehören Helium (He), Neon (Ne), Argon (Ar), Krypton (Kr), Xenon (Xe) und Radon (Rn). Es sind chemisch außerordentlich träge Elemente, eine Eigenschaft, die durch die Gruppenbezeichnung Edelgase ausgedrückt wird. Die unmittelbaren Nachbarn der Edelgase sind die äußerst reaktionsfähigen Halogene und die ebenso reaktionsfähigen Alkalimetalle. Die Edelgase beziehen demnach eine besondere Grenzstellung zwischen Metallen und Nichtmetallen. Die Edelgase bilden im festen Zustand ein flächenzentriertes kubisches Gitter dichtester Packung, mit der Koordinationszahl 12, wie einige Metalle (S. 130).

Alle sechs Edelgase kommen in der Luft vor, diese enthält

$$
\begin{array}{lll}
\text{Helium} & 0,00046 & \text{Vol.-\%} \\
\text{Neon} & 0,00161 & \text{,,} \\
\text{Argon} & 0,9325 & \text{,,} \\
\text{Krypton} & 0,000108 & \text{,,} \\
\text{Xenon} & 0,000008 & \text{,,} \\
\text{Radon} & 5,10^{-18} & \text{,,}
\end{array}
\left\{
\begin{array}{l}
\text{am Boden der Erdoberfläche;} \\
\text{der Gehalt ist am Festland} \\
\text{höher als über dem Meer.}
\end{array}
\right.
$$

Helium findet sich in Erdgasquellen, die ganz besonders reich (bis 1% He enthaltend) in U.S.A. (im Staate Texas) vorkommen. Es ist das ein Endprodukt des r. a. Zerfalls von Uran—Thorium. Helium entsteht aus Wasserstoff in der Sonnenatmosphäre. Weiteres in Ergänzungen.

2. Die Gewinnung der Edelgase aus Luft wird gegenwärtig in großtechnischem Maßstabe nach Verflüssigung der Luft ausgeführt. Durch fraktionierte Destillation der flüssigen Luft läßt sich aus den ersten Fraktionen (He + Ne) gewinnen, die Mittelfraktion enthält das Argon. Weitere fraktionierte Destillation führt dann zu mehr oder weniger reinem Handelsprodukt. Krypton und Xenon werden, nach einem besonderen Verfahren in der Fraktionierung, ebenfalls in größerem Maßstabe hergestellt: Verfahren von G. CLAUDE.

3. Das Vorkommen des Heliums in dem seltenen Mineral Cleveït, Monazitsand und Thorianit ist eine besondere Eigenart dieses Gases. Es kann aus diesen durch Erhitzen entfernt werden.

Das „Molekular‟-Gewicht der Edelgase kann nach der allgemeinen Methode S. 43 bestimmt werden. Das Atomgewicht läßt sich nicht nach dem S. 43 f. angegebenen Vorgang finden, da die Edelgase keine Verbindungen bilden. Man muß einen anderen Weg einschlagen.

Die *fortschreitende* Bewegung der Gasmolekel kann man nach den drei Richtungen im Raume zerlegt denken, sie haben dafür drei Freiheitsgrade der Bewegung. Ein einatomiges Molekel hat keine weiteren Freiheitsgrade der Bewegung. Nach der kinetischen Gastheorie beträgt die Energie E für 1 Freiheitsgrad $R/2\,T$, demnach für die genannten drei Freiheitsgrade

$$E = \frac{3}{2} \cdot R\,T.$$

Die spez. Wärme bei konst. Volumen $c_v = \left(\dfrac{dE}{dT}\right)_v = \dfrac{3}{2}\,R = 2{,}97.$

Dieser Wert wird für alle Edelgase gefunden: sie bestehen demnach aus Atomen. Die Bestimmung des Molekulargewichtes liefert demnach bei den Edelgasen das Atomgewicht.

Da die Edelgase einatomig sind, haben sie eine geringe Wärmeleitfähigkeit. Einige physikalische Daten enthält die Tabelle:

	Ordnungszahl	Atomgewicht	Schmelzpunkt °C	Siedepunkt °C	A der Isotope
Helium	2	4,003	—272,1[1]	—268,98	3, 4
Neon	10	20,183	—248,6	—246,03	20, 21, 22
Argon	18	39,944	—189,4	—185,8	36, 38, 40
Krypton ...	36	83,7	—157,2	—152,9	78, 82, 80, 83, 84, 86
Xenon	54	131,3	—111,8	—107,1	9 Isotope
Radon	86	222	— 71	— 65	219, 220, 222

[1] Druck 25 Atm.

Die Edelgase beanspruchen den höchsten Wärmeaufwand für die Abspaltung eines Elektrons, sie haben demnach die höchste Ionisierungsenergie A_I unter den Elementen. In der folgenden Abbildung ist dies besonders zum Ausdruck gebracht.

Die hohen Werte der Ionisierungsenergie sind Ursache der geringen Fähigkeit der Edelgase, chemische Verbindungen einzugehen; sie bedingen die besondere Stellung der Edelgase unter den Elementen.

5. Die Edelgase finden Verwendung in der gegenwärtig auf hoher Stufe stehenden Beleuchtungstechnik. a) *Glühlampenindustrie:* Die Lichtausbeute kann erhöht werden, wenn der Metallfaden in Lampen glüht, die mit Gas (Druck etwa 0,5 Atm.) gefüllt sind, da seine Temperatur gesteigert werden kann und die Verstäubung (Verdampfung) des Fadens vermindert wird. Die Lichtausbeute steigt prop. T^4, deshalb wird jede mögliche Erhöhung der Temperatur des glühenden Fadens anzustreben sein. Dies erreicht man vor allem, wenn das Gas ein möglichst kleines Wärmeleitvermögen λ hat: dem entsprechen besonders das Argon, Krypton und Xenon. So wurde der anfänglich verwendete Stickstoff durch Argon und jetzt auch dieses durch die noch schwereren Edelgase verdrängt. b) *Effektbeleuchtung:* Eine Glimmlichtentladung (also elektrische Entladung in Gasen unter Drucken von einigen Torr) in Neon liefert z. B. ein schönes rotes Licht, ein Zusatz von Hg-Dampf verändert

die Farbe, man erhält ein bläuliches Licht. Änderungen bei den Entladungsbedingungen, Änderungen der Farbe des Glases, gestatten mannigfache Lichteffekte zu erzeugen.

Die Verwendung des Heliums in der Luftschiffahrt dürfte zur Zeit kaum noch von Bedeutung sein. Helium hat den tiefst bekannten Siedepunkt. Mit Verwendung des flüssigen Heliums kann man, nach Zuhilfenahme paramagnetischer Stoffe, Systeme bis nahe an den absoluten Nullpunkt (etwa 0,004° K) abkühlen.

Über Radon s. S. 394.

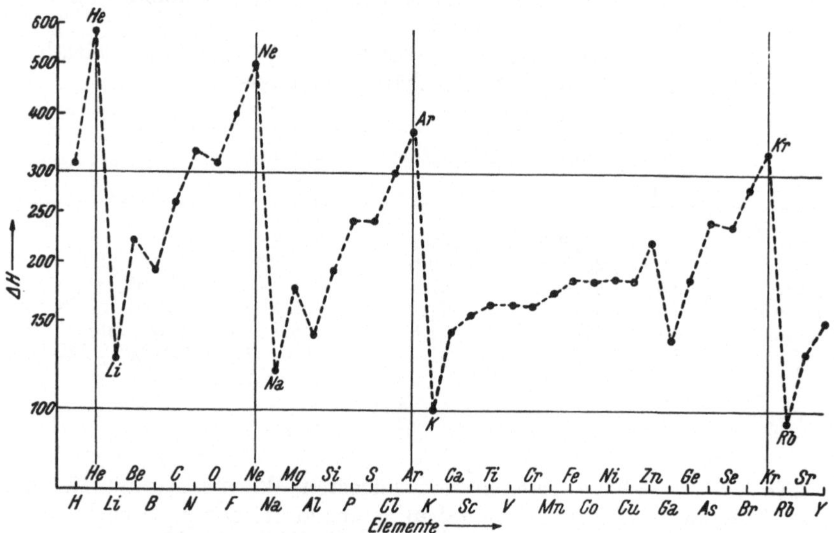

Abb. 50. Ionisierungsenergie einiger Elemente bis Yttrium in kcal in log. Skala eingetragen. Man sieht, die Edelgase nehmen durchwegs die höchsten Stellen in den Kurven ein.

Geschichtliches. R. J. RAYLEIGH (England) fand 1894, daß Stickstoff, aus der Luft hergestellt, eine höhere Dichte hat als Stickstoff, der aus chemischen Verbindungen gewonnen wird. Das wäre möglich, wenn man annimmt, daß der Stickstoff der Luft noch ein Gas enthält, das eine höhere Dichte hätte. Tatsächlich entdeckte 1895 Sir WILLIAM RAMSAY (England) im Luftstickstoff ein schweres Gas, dem er den Namen Argon gab. Die Auflösung von Uranmineralien gibt, wie F. HILLEBRAND (USA.) schon viele Jahre vorher feststellen konnte, stets ein chemisches, nicht reaktionsfähiges Gas, das ein besonderes Spektrum bei der Entladung aufweist. Dieses Gas wurde von RAMSAY als ein weiteres Edelgas erkannt. Das Spektrum stimmt überein mit Linien, die der Astrophysiker N. LOKYER (England) mehrere Jahrzehnte vorher (1868) bereits im Sonnenspektrum entdeckte. Aus diesem Grunde erhielt dieses neu aufgefundene Edelgas den Namen Helium ($\dot{\eta}\acute{\epsilon}\lambda\iota o\varsigma$ Sonne). Die Auffindung der restlichen Edelgase war erst möglich, nachdem 1895 technisch die Verflüssigung der Luft möglich gemacht worden ist: KARL V. LINDE (Deutschland), WILLIAM HAMPSON (England). Zwischen Helium und Argon vermutete RAMSAY ein weiteres Edelgas. Durch Fraktionierung der Luft, die anfangs nur sehr primitiv durchgeführt werden konnte, gelang es tatsächlich diesem unermüdlichen Forscher, das gesuchte Edelgas festzustellen, dem er den Namen Neon gab. RAMSAY gelang es dann noch, das Krypton und Xenon aufzufinden. Die Verwendung der Spektralanalyse war für diese mit vorbildlichem experimentellem Geschick durchgeführten Untersuchungen von allergrößter Bedeutung.

Das Radon (Emanation) ist von E. RUTHERFORD und F. SODDY (England) beim Studium des r. a. Zerfalls des Radiums aufgefunden worden (1900).

Die schwierige Verflüssigung des Heliums gelingt erst 1903 dem holländischen Physiker KAMMERLINGH ONNES in Leiden. Gegenwärtig kann man Helium bereits leicht verflüssigen. Man verwendet die Eigenschaft, daß sich ein komprimiertes Gas bei der Ausdehnung unter Arbeitsleistung abkühlen muß. H. S. COLLINS (USA.).

XXXII. Das Zustandekommen chemischer Bindung

1. Polare Verbindungen. Die Erfahrung, acht Elektronen in der äußeren Schale geben eine besonders stabile Anordnung, läßt erwarten, daß auch bei der Bildung einer Verbindung die Elektronen der sich vereinigenden Atome eine gleiche Ordnung *(Edelgaskonfiguration)* anstreben werden. Besonders deutlich sieht man dies bei der Bildung von NaCl, aus der Tabelle 7, S. 91 liest man ab: Wenn das Na-Atom ein Elektron abgibt erlangt es als Na^+ eine Neon-Konfiguration, wenn Chlor ein Elektron aufnimmt als Cl^- eine Argon-Konfiguration. In der Verbindung Na^+Cl^- hat das Chlor das vom Natrium abgegebene Elektron aufgenommen, beide Teile haben demnach Edelgaskonfiguration und werden, da sie entgegengesetzt elektrische Ladungen tragen, durch elektrische Kräfte zusammengehalten. Kennzeichnet man in einem Atom die Elektronen, die *vor* Auffüllung der Schale mit acht Elektronen bereits vorhanden sind (Tabelle 7), mit Punkten, so ist die Bildung von NaCl zu schreiben

$$\dot{Na} + :\ddot{Cl}\cdot\ = Na^+ + :\ddot{Cl}:^-$$
$$\underbrace{\qquad}_{\text{Neon-Konf.}} \underbrace{\qquad}_{\text{Argon-Konf.}}$$

oder

$$\ddot{Mg} + :\ddot{O}: = Mg^{++} + :\ddot{O}:^{--}$$
$$\underbrace{\qquad}_{\text{Neon-Konf.}} \underbrace{\qquad}_{\text{Neon-Konf.}}$$

Verbindungen, die auf diese Art entstehen, bezeichnet man als *polare* (heteropolare) Verbindungen, die Bindung als *Ionenbindung*. Die entwickelte Vorstellung entspricht der *Oktett-Theorie*.

2. Kovalente Verbindungen. Nicht immer ist es möglich, eine Bindung auf diese Art zu erklären. Die Atome, z. B. Chlor, Sauerstoff, Stickstoff, sind in den entsprechenden Molekeln Cl_2, O_2, N_2 sehr fest gebunden. Es kann hier zur *Ausbildung der stabilen Anordnung von acht Elektronen* kommen, wenn sich die Atome gegenseitig ihre Elektronen zur Verfügung stellen; die Vorstellung, Elektronen können verschiedenen Atomen *gemeinsam* angehören, ist von prinzipieller Bedeutung.

$$: \overset{..}{\underset{..}{Cl}} \cdot + \cdot \overset{..}{\underset{..}{Cl}} : \; = \; : \overset{..}{\underset{..}{Cl}} : \overset{..}{\underset{..}{Cl}} :$$

$$\overset{..}{\underset{..}{O}} : + : \overset{..}{\underset{..}{O}} \; = \; \overset{..}{\underset{..}{O}} : : \overset{..}{\underset{..}{O}}$$

$$\cdot \overset{..}{\underset{.}{N}} + \overset{..}{\underset{.}{N}} \cdot \; = \; \overset{.}{\underset{.}{N}} : : : \overset{.}{\underset{.}{N}}$$

Bei der Wasserstoffmolekel wird die Heliumkonfiguration erreicht:

$$H : H.$$

Daß Elektronen *gemeinsam* mehreren Atomen angehören, ist somit eine Erweiterung der oben entwickelten Oktet-Theorie.

Verbindungen dieser Art bezeichnet man als *kovalente* (unpolare, homöopolare) Verbindungen, die Bindung als *kovalente Bindung*.

Man schreibt statt H : H auch H—H; einem Valenzstrich einer *kovalenten* Bindung entsprechen demnach zwei *gemeinsame* Elektronen (einem *Elektronendoublett*) der Atome, die der Strich verbindet:

$$: \overset{..}{\underset{..}{Cl}}\!\!-\!\!\overset{..}{\underset{..}{Cl}} : \qquad \overset{..}{\underset{..}{O}}\!=\!\overset{..}{\underset{..}{O}} \qquad \overset{.}{\underset{.}{N}}\!\equiv\!\overset{.}{\underset{.}{N}}$$

Zwischen den beiden Extremen, polare Verbindung — kovalente Verbindung, liegt die größte Zahl der chemischen Verbindungen. Eine scharfe Grenze innerhalb dieser besteht nicht, solche mit kovalenten Bindungen sind am häufigsten.

3. Dipolmoment. In einem als Kugel gedachten Atom kann man sich die positive und negative Elektrizitätsmenge im Mittelpunkt (Schwerpunkt) vereinigt vorstellen. Bringt man das Atom in ein entsprechend starkes elektrisches Feld, siehe Abb. 51, so wird eine *Verschiebung* der Ladung eintreten und damit zugleich seine Kugelgestalt *deformiert*. Es entsteht ein *Dipol*, er wird durch das Dipolmoment gekennzeichnet:

$$\mu = d \cdot e = \alpha \, \mathfrak{E};$$

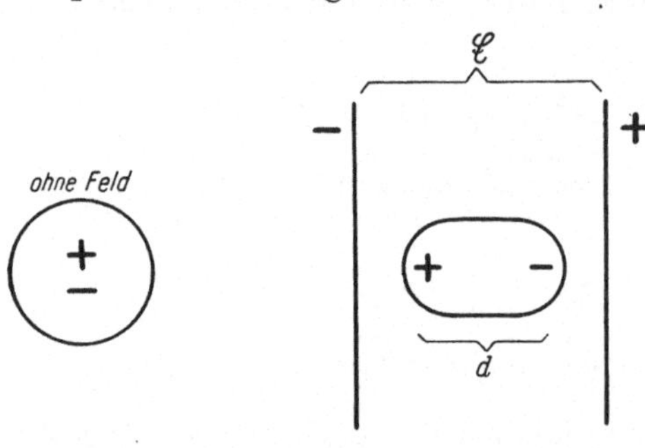

Abb. 51.

d ist die Entfernung der elektrischen Ladung e, α ist die *Polarisierbarkeit*, die proportional der inneren elektrischen Feldstärke $\mathfrak{E}$ gesetzt wird. Der Wert von α ist der Ausdruck für die „Weichheit", mit der die elektrische Ladung in einem Atom verschoben werden kann, er ist experimentell bestimmbar. $[\alpha] = cm^3$.

Es zeigt sich, daß in manchen Molekeln, auch wenn sie nicht polare Bindungen enthalten, getrennte elektrische Ladungen bestehen. Einige Beispiele:

	N_2	CO_2	HCl	HBr	HJ	H_2O	CH_4
$\mu \cdot 10^{18}$	0	0	1,03	0,78	0,38	1,87	0

Auch an Ionen können im elektrischen Feld die Ladungen verschoben und die Ionen dadurch deformiert werden.

	Li_4^+	NH^+	Na^+	Mg^{++}	Si^{++++}	K^+	Sr^{++}	$Co^{\cdot+}$	F^-	Cl^-	Br^-	J^-	O^{--}
Ionen-Radius in Å	0,78	1,48	0,96	0,72	0,40	1,33	1,20	1,67	1,34	1,81	1,95	2,18	1,36
$\alpha \cdot 10^{18}$	0,075	—	0,21	0,12	0,043	0,87	1,42	2,5	0,99	5,05	4,17	6,28	?

Man sieht, je größer der Radius, um so größer ist die Polarisierbarkeit α; bei den Halogenionen ist sie so groß, daß man im Vergleich gegen die anderen Ionen nur die Halogenionen als polarisierbar betrachten kann; α ist um so kleiner, je größer die Ladung. In einer Verbindung gibt es

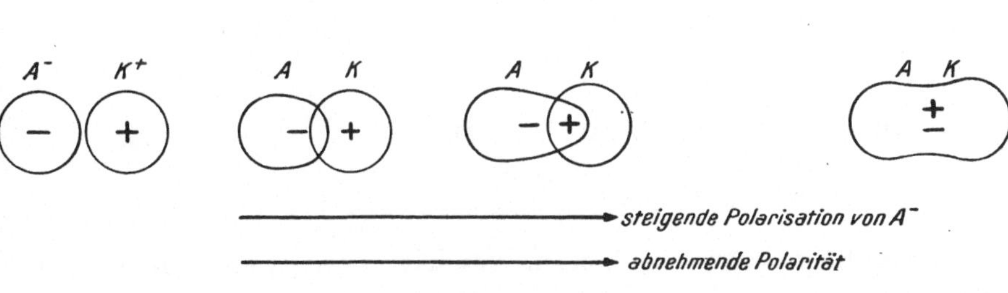

Abb. 52.

demnach *polarisierende* und *polarisierte* Atome. Zufolge der Polarisation wird die Elektronenwolke des negativen Ions gleichsam zum positiven Ion hinübergezogen, wodurch die eigene Ladung der beiden Ionen gemindert wird. Dieser Vorgang bewirkt, daß streng polare Verbindungen, also z. B. Salze, nur in besonderen günstigen Umständen sich bilden werden: scharfer Übergang zwischen Ionenbindung und kovalenter Bindung kann demnach nicht vorhanden sein. Bildlich ergänzt das Gesagte die Abb. 52.

4. Eigenschaften polarer Verbindungen. Diese haben einen hohen Schmelzpunkt und einen sehr hohen Siedepunkt, d. h. sie sind sehr schwer flüchtig, außerdem besitzen sie eine große Härte. Beim Schmelzpunkt zeigen z. B. die Chloride polarer Verbindungen eine hohe elektrische Leitfähigkeit: $MgCl_2$ hat eine 300mal größere elektrische Leitfähigkeit als die homologe Verbindung $BeCl_2$; $ScCl_3$ hat eine Leitfähigkeit, die etwa 10^6mal größer ist als die des $AlCl_3$. $MgCl_2$ und $ScCl_3$ sind demnach polar, die beiden anderen Verbindungen unpolar.

Polare Verbindungen bilden Ionengitter (S. 129). In den polaren Verbindungen haben die Ionen, entsprechend ihrer Edelgaskonfiguration, eine hohe Stabilität, diese ist nicht nur in den festen Verbindungen vorhanden, sondern die Ionen bleiben erhalten, wenn die Verbindungen in Wasser gelöst werden: Na^+, Mg^{++}, Cl^-, S^{--} sind also auch in Lösungen beständig. Es gibt allerdings Metalle, die in *verschiedenen* Wertigkeiten vorkommen und stabile Ionen bilden, denen dann nicht durchwegs Edelgaskonfiguration zukommen kann. Dazu gehören z. B. die Übergangselemente der 4. Periode und noch das benachbarte Kupfer, z. B. Cr^{+++}/Cr^{++}; Mn^{++}/Mn^{+++}; Fe^{+++}/Fe^{++}; Cu^{++}/Cu^+ usw.; diese Ionen haben eine verschiedene Stabilität.

5. Kovalente (schwachpolare) Verbindungen. a) In den folgenden Beispielen sieht man, daß die Zahl der äußeren Elektronen 8 beträgt, die Verbindungen sind mehr unpolar als polar anzusehen:

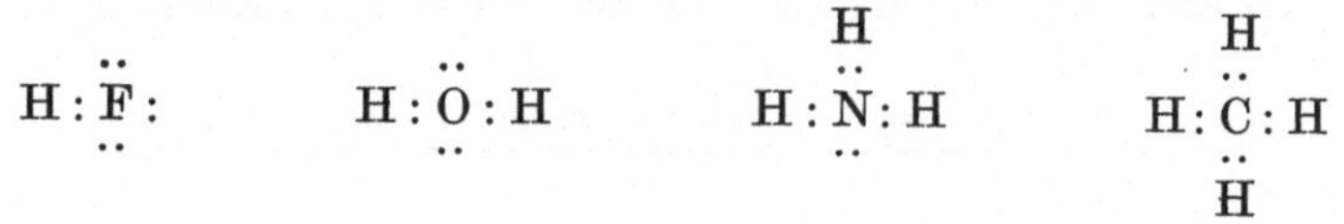

$$H:\ddot{\underset{..}{F}}: \qquad H:\overset{..}{\underset{..}{O}}:H \qquad H:\overset{\overset{\textstyle H}{..}}{\underset{..}{N}}:H \qquad H:\overset{\overset{\textstyle H}{..}}{\underset{\underset{\textstyle H}{..}}{C}}:H$$

oder

$$H{-}\ddot{\underset{..}{F}}: \qquad H{-}\overset{..}{\underset{..}{O}}{-}H \qquad H{-}\overset{\overset{\textstyle H}{|}}{\underset{..}{N}}{-}H \qquad H{-}\overset{\overset{\textstyle H}{|}}{\underset{\underset{\textstyle H}{|}}{C}}{-}H$$

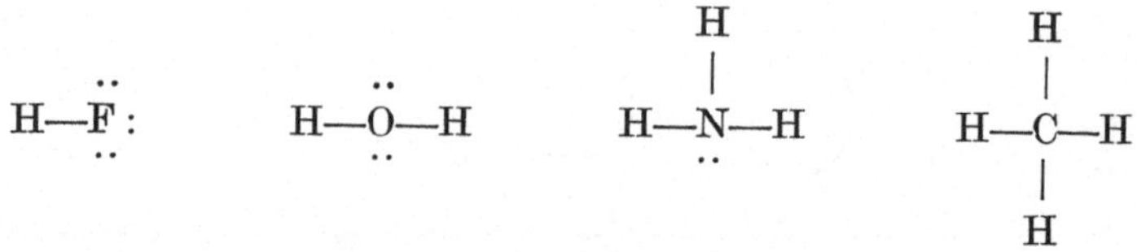

Freie Elektronenpaare können zuweilen noch weitere Bindungen eingehen, z. B. im Ammoniak bildet sich:

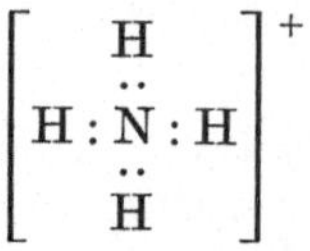

$$\left[\overset{\overset{\textstyle H}{..}}{\underset{\underset{\textstyle H}{..}}{H:N:H}}\right]^+$$

b) *Zwitterbildung* („Resonanz"). Es ist zuweilen nicht möglich, einer bestimmten Verbindung eine eindeutige Elektronenkonfiguration zuzuschreiben, für Ozon z. B. sind die beiden Formen möglich:

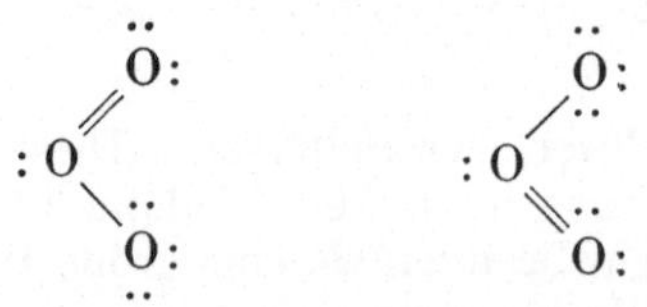

$$:O\overset{\displaystyle \ddot{O}:}{\underset{\displaystyle \ddot{O}:}{\Big\langle}} \qquad\qquad :O\overset{\displaystyle \ddot{O}:}{\underset{\displaystyle \ddot{O}:}{\Big\langle}}$$

Nach experimenteller Erfahrung ist kein Grund vorhanden, im Ozon einem Sauerstoffatom eine andere Bindung zuzuordnen als den beiden anderen; man muß deshalb annehmen, daß jede Bindung im Ozon sowohl einfach als auch doppelt sein kann; man kann diese *Zwitterbindung* auch ausdrücken: die Doppelbindung schwingt zwischen den beiden Stellungen in der Ozonmolekel, sie steht zwischen den beiden Stellungen in „Resonanz".

Ob in einer Verbindung Ionen- oder kovalente Bindung vorhanden ist, kann nur im Hinblick auf ein besonderes Verhalten der Verbindung entschieden werden. Bei Salzen, die in Wasser gelöst Ionen liefern, die in Ionengittern kristallisieren, ist Ionenbindung außer Zweifel. Bei Chlorwasserstoff HCl (der im Molekelgitter kristallisiert) jedoch sind beide Arten von Bindungen anzunehmen; man kann solche Bindungen in einer Molekel ebenfalls als in „Resonanz" befindlich und nebeneinander bestehend darstellen. Z. B.

$$H^+ : \overset{\cdot\cdot}{\underset{\cdot\cdot}{Cl}} :^- \qquad\qquad H : \overset{\cdot\cdot}{\underset{\cdot\cdot}{Cl}} :$$

c) Bei der Bildung einer polaren Verbindung gibt der eine Bestandteil (Atom) K Valenzelektronen ab, die der andere A aufnehmen muß, K hat eine *positive*, A eine *negative Wertigkeit, sie ist gleich der entsprechenden Ladung.* Die Zahl der Elemente, die nur positive Wertigkeit haben, ist viel größer als die Zahl jener, die auch negative Wertigkeit besitzen. Es ist daher in diesem Buche, wenn Wertigkeit behandelt ist, stets die positive Wertigkeit gemeint, wenn nichts anderes bemerkt. Die Wertigkeit eines bestimmten Elementes kann wechselnd sein und kann sich auch dem Vorzeichen nach ändern. In HCl hat Chlor die Wertigkeit —I, in Cl_2O_7 jedoch +VII; in NH_3, NO, N_2O_5 hat Stickstoff der Reihe nach die Wertigkeit —III, +II, +V. Ein Atom kann in einer Verbindung entweder durch Abgabe seiner äußeren Elektronen oder durch Aufnahme von Elektronen zu einer Achter-Anordnung seiner äußeren Elektronen gelangen. Es muß daher die Summe der *maximalen* positiven und *maximalen* negativen Valenz eines Elements 8 betragen, beim Chlor und Stickstoff ist dies an zwei gerade herangezogenen Beispielen zu sehen. Diese Gesetzmäßigkeit ist von R. Abegg bereits zu einer Zeit (1906) erkannt worden, als noch nichts über den Atombau bekannt war.

Bei kovalenten Verbindungen kann man die Wertigkeit der Atome oft nicht ohne besondere Untersuchung feststellen. Es gilt die folgende Regel: Hat man eine kovalente Verbindung bekannter Struktur, so entspricht die Wertigkeit jedes einzelnen Atoms der Ladung, die an dem Atom zurückbleibt, wenn jedes gemeinsame Elektronenpaar vollständig dem elektronegativsten der beiden Elemente zugeordnet wird. Ein Elektronenpaar, zwei gleichen Atomen gehörend, wird aufgeteilt. Fluor und dann Sauerstoff sind die elektronegativsten Elemente. Beispiele:

$$\begin{array}{ccc}
\text{H} & \text{H}\quad\text{H} & \\
\overset{\cdot\cdot}{H : N : H} & \overset{\cdot\cdot}{H : N}—\overset{\cdot\cdot}{N : H} & : \overset{\cdot\cdot}{\underset{\cdot\cdot}{O}} : H \\
(N^{3-})\,(H^+)_3 & (N^{2-})_2\,(H^+)_4 & [O^{2-}\,H^+]^- \\
\end{array}$$

$$\begin{array}{ccc}
 & \text{H} & \\
: \overset{\cdot\cdot}{\underset{\cdot\cdot}{Cl}} : \overset{\cdot\cdot}{\underset{\cdot\cdot}{F}} : & H : \overset{\cdot\cdot}{\underset{\cdot\cdot}{C}} : H & : C : \overset{\cdot\cdot}{\underset{\cdot\cdot}{O}} : \\
 & \text{H} & \\
(Cl^+)\,(F^-) & (C^{4-})\,(H^+)_4 & (C^{2+})\,(O^{2-}) \\
\end{array}$$

In den Alkali- und Erdalkalihydriden hat Wasserstoff abweichend eine negative Ladung: $(Li^+)\,(H^-)$.

d) Die Eigenschaft schwach polarer Verbindungen bestimmt α) die Größe der Ladung und β) der Radius der Atome.

α) In HCl, H_2O, NH_3 beträgt die Ladung von Cl^-, O^{--}, N^{---}, es ist deshalb das H^+-Ion in HCl leicht, schwer in H_2O und nicht mehr in NH_3 abspaltbar.

β) In der Reihe H_2O, H_2S, H_2Se, H_2Te nehmen die Radien der Wasserstoffpartner in gleicher Reihenfolge zu, dementsprechend steigt die Konstante für die elektrolytische Dissoziation.

In $R(OH)^n$ werden OH^--Ionen in wäßriger Lösung abgespalten, wenn R ein Alkalimetall ist. Ist R, Si, P, S usw., werden H^--Ionen gebildet. In der Verbindung ist der Radius des H^+ winzig gegenüber R und O, bei $NaOH$ spaltet es sich deshalb mit OH^- ab. Ersetzt man R der Reihe nach durch Mg^{++}, Al^{+++}, Si^{++++}, S^{++++++}, Cl^{7+}, so übt jetzt die stark positive Ladung dieser Ionen abstoßende Wirkung auf das ebenfalls positiv geladene H^+-Ion. $Mg(OH)_2$ ist nur eine schwache Base, $Al(OH)_3$ ist bereits amphoter, während $Si(OH)_4$, $SO_2(OH)_2$, ClO_4H bereits ausgesprochene Säuren sind.

e) *Valenzrichtung.* Die vier Elektronenpaare eines Oktetts trachten sich im Raume symmetrisch einzustellen: sie stellen sich in die vier Ecken eines gleichseitigen Tetraeders, dessen Mitte das Atom ausfüllt. Obgleich ausschließlich elektrische Kräfte bei der Bildung chemischer Verbindungen vorliegen, also Kräfte, die nach allen Richtungen wirken, ordnen sich die Atome in einer Molekel zufolge Polarisation im weiteren, auch wegen des Raumbedarfes der Atome, so an, daß damit eine *Valenzrichtung* innerhalb der Molekel festzustellen ist.

Die gegenseitig räumliche Anordnung der Atome in der Molekel läßt sich lediglich durch Berücksichtigung von Coulombschen Kräften (ohne vorerst eine Polarisation zu beachten) zwischen den geladenen Atomen berechnen, die mit der Messung übereinstimmen. In polaren Verbindungen ist die räumliche Anordnung der Ionen durch das entsprechende Ionengitter bestimmt (S. 129).

Ausnahmen in der Oktett-Theorie. Bei einigen Elementen mit großem Atomradius kommt es vor, daß sie mehr als vier Elektronendoubletts enthalten, z. B.

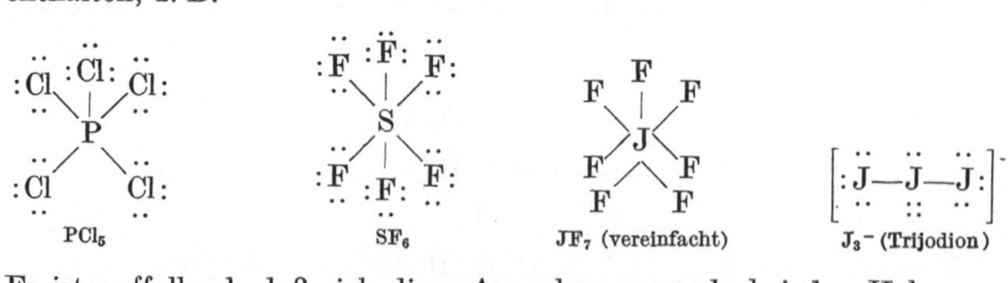

$$PCl_5 \qquad\qquad SF_6 \qquad\qquad JF_7 \text{ (vereinfacht)} \qquad\qquad J_3^- \text{ (Trijodion)}$$

Es ist auffallend, daß sich diese Ausnahmen gerade bei den Halogenen vorfindet, die eine hohe Elektronenaffinität (S. 53) und Elektronegativität besitzen (S. 125).

6. Verbindungen höherer Ordnung. Verbindungen, in denen die Ionen zuerst (im ersten Akt) nach dem Prinzip der Erreichung der Edelgasanordnung gebildet sind, bezeichnet man als *Verbindungen erster Ordnung*. Zu diesen gehören alle bisher in diesem Abschnitt genannten Verbindungen. Nach dem ersten Akt ist das Atom noch weiter befähigt, Atome anzulagern: es entstehen *Komplexionen*. Zu diesen sind sowohl positiv als negativ geladene Atome befähigt.

a) *Komplexbildung an Anionen*. In der Molekel Na$^+$ $\left[:\overset{\cdot\cdot}{\underset{\cdot\cdot}{Cl}}: \right]^-$ enthält das Chlorion vier freie Elektronenpaare, die zur Auffüllung unvollständiger Elektronenschalen anderer Atome dienen können. Die Anlagerung z. B. des Sauerstoffes kann sich in folgender Art *formal* vollziehen:

$$
\left[:\overset{\cdot\cdot}{Cl}:\overset{\cdot\cdot}{\underset{\cdot\cdot}{O}}: \right]^- Na^+
\qquad
\left[:\overset{\cdot\cdot}{\underset{\cdot\cdot}{O}}:\overset{\cdot\cdot}{Cl}:\overset{\cdot\cdot}{\underset{\cdot\cdot}{O}}: \right]^- Na^+
\qquad
\left[\begin{matrix} \overset{\cdot\cdot}{O} \\ :\overset{\cdot\cdot}{\underset{\cdot\cdot}{O}}:\overset{\cdot\cdot}{Cl}:\overset{\cdot\cdot}{\underset{\cdot\cdot}{O}}: \end{matrix} \right]^- Na^+
\qquad
\left[\begin{matrix} \overset{\cdot\cdot}{O} \\ :\overset{\cdot\cdot}{\underset{\cdot\cdot}{O}}:\overset{\cdot\cdot}{Cl}:\overset{\cdot\cdot}{\underset{\cdot\cdot}{O}}: \\ \overset{\cdot\cdot}{\underset{\cdot\cdot}{O}} \end{matrix} \right]^- Na^+
$$

Natriumhypochlorit	Natriumchlorit	Natriumchlorat	Natriumperchlorat

Verbindungen dieser Art sind *Verbindungen höherer Ordnung*. In diesen ist allgemein ein besonders hervortretendes Ion festzustellen, das als *Zentralion* bezeichnet wird, im vorliegenden ist es das Chlor. Nach vollzogener Anlagerung ist anzunehmen, daß sich zwischen dem Zentralion und dem angelagerten Bestandteil ein Ladungsunterschied ausgebildet hat. Diese Ausbildung der Polarität ist jedoch *verschieden* von der im ersten Akt betätigten, weil sie sich nun zwischen zwei Atomen vollzieht, von denen das eine bereits Edelgaskonfiguration hat. Bindungen dieser Art bezeichnet man als *koordinative Bindung*.

Die Ladung des Zentralions und der angelagerten Atome läßt sich bei gegebener Anordnung *formal* ermitteln. Man zählt die Elektronen jedes einzelnen Ions ab, wobei ein gemeinschaftliches Elektronendoublett als 1 gezählt wird, und vergleicht dann die Elektronenzahl mit denen freier (neutraler) Atome.

In den weiteren Beispielen sind formal folgende Ionen $\left[:\overset{\cdot\cdot}{\underset{\cdot\cdot}{S}}: \right]^{--}$, $\left[:\overset{\cdot\cdot}{\underset{\cdot\cdot}{P}}: \right]^{---}$, $\left[:\overset{\cdot\cdot}{\underset{\cdot\cdot}{Si}}: \right]^{----}$ enthalten. Z. B.:

$$
\left[\begin{matrix} \overset{\cdot\cdot}{\underset{-}{O}} \\ \overset{-}{:}\overset{+\ +}{O}\overset{-}{:} \\ :O:S:O: \\ \underset{\cdot\cdot}{\overset{-}{O}} \end{matrix} \right]^{--} 2\,Na^+
\qquad
\left[\begin{matrix} \overset{\cdot\cdot}{\underset{-}{O}} \\ \overset{-}{:}\overset{+}{O}\overset{-}{:} \\ :O:P:O: \\ \underset{\cdot\cdot}{\overset{-}{O}} \end{matrix} \right]^{---} 3\,Na^+
\qquad
\left[\begin{matrix} :\overset{\cdot\cdot}{O}: \\ :O:Si:O: \\ \underset{\cdot\cdot}{\overset{-}{O}} \end{matrix} \right]^{----} 4\,Na^+
$$

Natriumsulfat	Natriumphosphat	Natriumsilikat

Es können sich um ein Zentralatom auch verschiedenartige Atome anlagern, z B. (in vereinfachter Schreibweise):

$$\begin{bmatrix} O & O \\ & As & \\ O & O \end{bmatrix}^{---} \qquad \begin{bmatrix} O & S \\ & As & \\ O & O \end{bmatrix}^{---} \qquad \begin{bmatrix} O & S \\ & As & \\ O & S \end{bmatrix}^{---} \qquad \begin{bmatrix} O & S \\ & As & \\ S & S \end{bmatrix}^{---} \qquad \begin{bmatrix} S & S \\ & As & \\ S & S \end{bmatrix}^{---}$$

Arsensäure   Oxythioarsensäuren   Thioarsensäure

b) *Komplexbildung an Kationen.* Es lassen sich an Kationen Atome und Molekel mit *abgeschlossenen* Achterschalen anlagern; je nachdem, ob dabei koordinative Bindung zwischen dem Kation und dem anlagernden Teil, oder ob Dipolkräfte zur Geltung kommen, spricht man α) von *Durchdringungskomplexen* oder β) von *Anlagerungskomplexen.* Einige Beispiele seien unter Verwendung folgender Atome, Molekel und Radikale angeführt:

$$\alpha) \qquad H : \overset{\cdot\cdot}{\underset{\cdot\cdot}{N}} : H \qquad [: C ::: N :]^- \qquad \left[: \overset{\cdot\cdot}{\underset{\cdot\cdot}{Cl}} :\right]^- \qquad H : \overset{\cdot\cdot}{\underset{\cdot\cdot}{O}} : H$$

(mit H über dem N)

$$[Cu]^{++} + 4 : NH_3 \rightarrow [Cu(:NH_3)_4]^{++}$$
$$[Pt]^{+++} + 6 : Cl^- \rightarrow [Pt(:Cl)_6]^{--}$$
$$[Fe^{++}] + 6 : CN^- \rightarrow [Fe(:CN)_6]^{----}$$
$$[W]^{++++} + 8 : CN^- \rightarrow [W(:CN)_8]^{----}$$

β) zu den Anlagerungskomplexen gehören vor allem *Hydrate, Ammoniakate* usw., die sich bilden, wenn entsprechende Salze in die verschiedenen Lösungsmittel eingetragen werden.

Bildung von Solvaten. Es ist zu erwarten, daß diese um so leichter entstehen, je größer das Dipolmoment der Molekeln des Lösungsmittels ist. Es werden sich um so mehr Molekel anlagern können, je größer das Zentralatom ist und je größer seine Ladung. Letzteres erfüllen besonders die Metallionen. Anionen als Zentralatom werden aus diesem Grunde selten sein. Wasser hat ein besonders hohes Dipolmoment, deshalb sind Hydrate besonders häufig.

Beispiele:

$$[Ca(H_2O)_6]^{++} \qquad\qquad \text{Radius} \begin{cases} Ca^{++} & 1{,}03 \text{ Å} \\ Ba^{++} & 1{,}40 \text{ Å} \end{cases} \qquad [Te(NH_3)_6]^{++}$$
$$[Ba(H_2O)_8]^{++} \qquad\qquad\qquad\qquad\qquad\qquad\qquad\qquad\qquad [Co(NH_3)_6]^{+++}$$
$$[Te(H_2O)_4]^{++}$$

Die Bindung der Wassermolekel durch die II-wertigen und III-wertigen Metalle ist oft sehr stark; kristallisiert ein solches Salz aus der Lösung, so behalten die Metallionen die gebundenen H_2O-Molekel, die im Salz als Kristallwasser festgestellt werden. Die Anlagerungskomplexe zeigen den Magnetismus des Zentralions, bei den Durchdringungskomplexen *ändert* das Zentralion den Magnetismus.

c) *Allgemeine Bemerkungen.* α) Beachtet man die Komplexverbindungen allgemein, so sieht man, daß das Zentralatom von vier, sechs oder acht Atomen (oder Radikalen) umgeben ist. Diese Symmetrie ist bedingt einmal durch die räumliche Ausdehnung sowohl des Zentralatoms als auch der angelagerten Teile, weiter aber auch durch ihr Bestreben, Edelgasanordnung zu erreichen oder ihr möglichst nahezukommen.

Die Zahl der angelagerten Atome oder Radikale um das Zentralion bezeichnet man als seine *Koordinationszahl,* die auch seine *koordinative Wertigkeit* ausdrückt. Zwischen der Wertigkeit des Zentralions im ersten Akt und seiner koordinativen Wertigkeit besteht kein direkter Zusammenhang.

Die Bezeichnung und Schreibweise der Komplexverbindungen ist festgelegt, z. B.:

$[Cu(NH_3)_4]SO_4$	TetramminkupferII-sulfat,
$K_2[PtCl_6]$	Kaliumhexachloro-platinIV,
$K_4[W(CN)_8]$	Kaliumoktocyano-wolframIV,
$K_3[Co(NO_2)_6]$	Kaliumhexanitrito-kobaltIII,
$[CrCl_2(H_2O)_4]Cl$	Dichloro-tetraaquo-chromIII-chlorid.

Es wird demnach das Kation zuerst und das Anion zum Schluß angegeben. Man beginnt mit der Zahl der Säurereste, deren Namen ein O angehängt erhält. Die Molekel, wie H_2O (aquo), NH_3 (ammin), stehen vor dem Namen des Zentralatoms, seine Wertigkeit wird in römischen Zahlen angegeben.

Die Komplexverbindungen sind eine interessante Klasse anorganischer Verbindungen. Ihrem Verhalten nach bilden sie gleichsam einen Übergang zwischen anorganischen und organischen Verbindungen. Sie zeigen einerseits oft eine außerordentlich leichte Substitution in der Koordinationssphäre, bilden eine Reihe von Isomeriearten, die in den organischen Verbindungen häufig vorkommen, aber sonst in den übrigen anorganischen Verbindungen selten sind. Sie geben sehr schön gefärbte Salze, sowohl in festem Zustand als auch in Lösung. Anderseits sind die Komplexverbindungen typische anorganische Verbindungen; sie sind vor allem Salze, also Elektrolyte.

β) *Valenzstrichformel.* Die Bindung zwischen Atomen in einer Molekel drückt man durch einen Valenzstrich aus:

$$Na\text{—}Cl \qquad Ca\text{=}O \qquad H\text{—}O\text{—}H \qquad H\text{—}\underset{|}{\overset{H}{N}}\text{—}H \qquad Cl\text{—}Cl$$

Man sieht, daß der Valenzstrich nicht anzeigt, daß in den ersten beiden Verbindungen typische polare Verbindungen vorliegen, während die anderen drei unpolar sind.

Deutlicher noch kommt die Unzulänglichkeit der Valenzstrichformel in den folgenden Verbindungen zum Ausdruck:

$$
\begin{array}{llll}
\text{O} & \text{O}\quad\text{ONa} & \text{O—Na} & \text{O—Na}\\[-2pt]
\diagdown & \diagdown\;/ & | & / \;\; \text{O—Na}\\[-2pt]
\text{O=Cl—O—Na} & \text{S} & \text{O}=\text{P—O—Na} & \text{Si}\\[-2pt]
/ & /\;\diagdown & | & \diagdown \;\; \text{O—Na}\\[-2pt]
\text{O} & \text{O}\quad\text{ONa} & \text{O—Na} & \text{O—Na}
\end{array}
$$

Hier wäre man geneigt anzunehmen, daß die Salze der Säuren der vier Elemente Cl, S, P und Si eine ganz verschiedene Konstitution haben. Die Elektronenformel in den Verbindungen zeigt jedoch, daß sie alle die gleiche Symmetrie haben und ganz analog aufgebaut sind (s. oben). Namentlich bei Verbindungen höherer Ordnung ist die Valenzstrichformel besonders ungeeignet.

Die umständliche Schreibweise der Elektronenformel vermeidend, schreibt man nur die Addenden (Liganden) um das Zentralatom:

$$
\begin{bmatrix} & \text{O} & \\ \text{O} & \text{Cl} & \text{O} \\ & \text{O} & \end{bmatrix}\text{Na}
\qquad
\begin{bmatrix} & \text{O} & \\ \text{O} & \text{S} & \text{O} \\ & \text{O} & \end{bmatrix}\text{Na}_2 \quad \text{usw.}
$$

Relative Elektronegativität der Elemente

Wie ausgeführt, gibt es keine scharfen Übergänge zwischen Ionen- und kovalenter Bindung; auch in einer ganz bestimmten Verbindung können beide Bindungsformen zu einem gewissen Prozentanteil vorhanden sein.

Es ist jedoch möglich, den Elementen eine Kraft zuzuordnen, mit der sie Elektronen in einer kovalenten Bindung anziehen. Eine Zahl für diese Kraft gibt dann einen Hinweis für die Größe des Anteiles der Ionenbindung in einer kovalenten Verbindung. Man bezeichnet diese Anziehungskraft für das Elektron in einer kovalenten Bindung als *Elektronegativität*[1] der Elemente. Diese Werte ergeben sich weitgehend durch die Berücksichtigung der Bildungswärmen der Verbindungen.

Trägt man dem Umstand Rechnung, daß im allgemeinen eine einzelne kovalente Bindung zum Teil Ionen-Bindungscharakter hat, so beträgt diese besonderer kovalenter Bindungsart entsprechende Bildungswärme ΔH_ε ungefähr dem Ausdruck:

$$\Delta H_\varepsilon = 55_{n_\mathrm{N}} + 24_{n_\mathrm{O}} - 23\,\Sigma\,(\varepsilon_\mathrm{A} - \varepsilon_\mathrm{B})^2 \quad \text{kcal/Mol.}$$

Gleichung von L. Pauling

Hier bedeutet ε_A und ε_B den Wert für die Elektronegativität (in Elektronvolt) der beiden Elemente A und B, wenn sie eine Verbindung $\mathrm{A_a B_b}$ bilden. Das Σ bedeutet, daß über alle Bindungen zu addieren ist, die sich zwischen

---

[1] Ist verschieden von den Begriffen Elektrodenpotential, S. 319, Ionisierungsenergie, S. 52, Elektronenaffinität, S. 114.

A und B und der Verbindung ausgebildet haben. Da die Stickstoff- und Sauerstoffmolekel besonders stabil sind (S. 148, 184), beträgt ihre Plusenergie infolge Mehrfachbindung für die Stickstoff- und Sauerstoffmolekel beziehungsweise 111 und 48 kcal/Mol. Dies ist zu berücksichtigen, wenn in der Molekel $A_a B_b$ n_N Atome Stickstoff, n_O Atome Sauerstoff sich befinden.

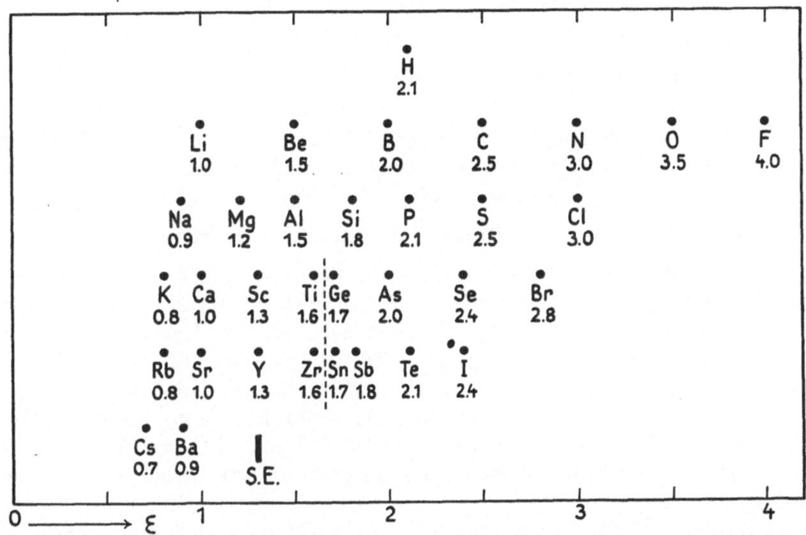

Abb. 53. Die Elektronegativität der Elemente. Der dicke Strich und der punktierte zeigt die Lage der Übergangselemente; die Seltenen Erden haben alle $\varepsilon = 1{,}3$, die anderen $\varepsilon = 1{,}6$.

In der Abb. 53 ist, wie man sieht, Fluor mit $\varepsilon = 4{,}0$ das elektronegativste Element, Cäsium hat den niedrigsten ε-Wert. Dem Fluor folgt als nächststehend der Sauerstoff, dann Stickstoff und Chlor. Wasserstoff und die typischen Halbmetalle befinden sich in der Mitte mit $\varepsilon \approx 2$. Je weiter horizontal entfernt in der Abb. 53 zwei Elemente sich befinden, um so höher ist der Anteil der Ionenbindung in ihrer Verbindung. Beträgt der Unterschied in den ε-Werten 1,7, so ist, wie besondere Untersuchungen zeigen, der Anteil der Ionenbindung etwa 50%; ist der Unterschied größer, könnte man überwiegend Ionenbindung annehmen, ist er kleiner, wäre eine vollständige kovalente Bindung zu erwarten. Es werden Verbindungen des Fluors mit irgend einem Metall oder mit H, B, P, As, Fe in denen $(\varepsilon_A - \varepsilon_B) \approx 2$ ist, Ionenbindung besitzen. Diese Regel ist jedoch nur ungefähr richtig, es können sich Ausnahmen ergeben.

Die Berücksichtigung der Elektronegativität der Elemente gibt rasch einen ungefähren Wert für die Stabilität einer Bindung. Je weiter entfernt die Elemente in der Tabelle stehen, um so größer ist die Stärke ihrer möglichen Bindung; einer Bindung entspricht eine hohe Bildungswärme bei der Entstehung der Verbindung aus den Elementen. Sind die Elemente nur wenig voneinander entfernt, der Unterschied in den ε-Werten nur klein, so wird die Bildungswärme und damit die Stabilität der Verbindung niedrig sein.

Es beträgt die experimentell gefundene Bildungswärme ΔH der vier Halogenwasserstoffsäuren der Reihe nach und in gleicher Folge ΔH_ε.

	HF	HCl	HBr	HJ
ΔH	—64	—22	— 8,3	—5,9
ΔH_ε	—82	—19	—11	—2

Chlor und Fluor bilden die Verbindung Cl—F, hier ist $\varepsilon_{Cl} - \varepsilon_F = 1$, demnach $\Delta H_\varepsilon = {}$—23 kcal, experimentell wird —26 kcal gefunden. NCl_3, Chlorstickstoff, $\varepsilon_N = \varepsilon_{Cl}$, demnach $\Delta H_\varepsilon = 55$ kcal, d. h. die Reaktion $^1/_2\,N_2 + \dfrac{3}{2}\,Cl_2 = NCl_3$ ist stark endotherm, die Bindung zwischen diesen Atomen wird sehr schwach sein, Chlorstickstoff ist in der Tat eine äußerst explosive Verbindung. Fluorstickstoff NF_3 jedoch hat $\Delta H_\varepsilon = {}- 14$ kcal, dieser ist auch eine sehr stabile Verbindung. Für Cl_2O und ClO_2 findet man für ΔH_ε der Reihe nach 12 bzw. 36 kcal, d. h. das Chlormonoxyd ist stabiler als das Dioxyd, was auch der Fall ist. Die Blausäure HCN ist wegen $\Delta H_\varepsilon = 45$ kcal eine instabile Verbindung. Von den beiden Verbindungen SbOCl und SbOJ ist $\Delta H_\varepsilon = {}$—76 und —51 kcal, deshalb ist das Antimonylchlorid die beständigere Verbindung.

In ähnlicher Weise lassen sich aus der Abb. 53 noch andere eingehende Betrachtungen gewinnen. Z. B. Wasserstoff und Jod haben einen kleinen Unterschied in ihren ε-Werten, demnach werden sich die Stärken der kovalenten Bindung in H—H und $:\!\overset{..}{J}\!—\!\overset{..}{J}\!:$ nicht viel unterscheiden können; ziemlich gleich wird sie auch in $H—\overset{..}{J}:$ sein müssen — woraus die niedrige Bildungswärme für HJ folgt. Es beträgt die Wärmetönung für den Vorgang $J + H = JH$, $\Delta H = {}- 72$ kcal und liegt in der Tat nicht weit vom Mittel der Wärmetönungen, $H + H = H_2$, $\Delta H = {}$—103,8; $J + J = J_2$, $\Delta H = {}$—51, das ist $\Delta H_{Mittel} = {}$—77,5. Tellur und Wasserstoff haben gleiche ε-Werte, es ist zu erwarten, daß die Dissoziationswärme $Te_{2\,Gas} \rightleftarrows 2\,Te_{Gas}$ gleich der der Wasserstoffmolekel sein wird.

Geschichtliches. Der erste Forscher, der elektrische Kräfte als Ursache chemischer Bindung bezeichnete, war J. J. BERZELIUS (1812), seine elektrochemische Theorie (als *dualistische Theorie* bezeichnet) wird bald abgelehnt; sie erwies sich in der Organischen Chemie, die damals das Feld beherrschte, als widersprechend. Als J. H. VAN T'HOFF (1875) (Holland) und unabhängig davon J. A. LE BEL sogar zeigten, daß für die Kohlenstoffverbindungen *gerichtete Valenzkräfte* anzunehmen seien (Tetraederanordnung im CH_4), erlitt die Theorie eine weitere Einbuße mit der Begründung, daß elektrische Kräfte nach allen Richtungen *gleich* wirken müßten. A. WERNER (Schweiz) vermeidet jede diesbezügliche Ansicht; mit den neuen Begriffen Haupt- und Nebenvalenz gelingt es ihm, die anorganischen Verbindungen in ein fruchtbares und widerspruchsloses System einzureihen. Die Bedeutung dieses Systems hat sich bis zur Gegenwart erhalten. Das latente Problem der chemischen Valenz löst endgültig erst die Aufstellung des Atombaues durch N. Bohr (1914). Davon ausgehend, konnte W. Kossel (Deutschland) (1916), die Erfahrung heranziehend zeigen, daß die Edelgase ein besonders stabiles Elektronensystem enthalten, die ersten qualitativen Untersuchungen über die Bildung polarer chemischer Verbindungen entwickeln. Fast gleichzeitig befaßt sich G. N. Lewis (USA.) mit ähnlichen Überlegungen. Seine Oktett-Theorie, allgemeinerer Natur, widmet sich mehr der Konstitution unpolarer Verbindungen; die Rolle des Elektronendoubletts wird hervorgehoben, das für die chemische Bindung verantwortlich ist. An der Entwicklung der Theorie war auch I. Langmuir (USA.) beteiligt. L. Pauling (USA.) u. a. vervollständigten die Oktett-Theorie durch Heranziehung von Überlegungen mit Hilfe der Wellenmechanik.

XXXIII. Der feste Stoff, Struktur der Kristalle

(Kristallchemie)

Die Struktur der Kristalle lehrt den Aufbau der festen Stoffe. Molekeln eines Stoffes, die bei irgendeinem Vorgang aus den Atomen entstehen, erfahren in festem Zustande zusätzliche physikalische Kräfte, die einen Einfluß auf die Molekeln selbst oder ihre Bestandteile ausüben. Diesem Einfluß entsprechend, ergibt sich eine besondere gegenseitige räumliche Anordnung der Molekeln oder ihrer Bestandteile. Die Anordnung erfolgt in *Gitterpunkten*, deren Gesamtheit als *Gitter* bezeichnet wird.

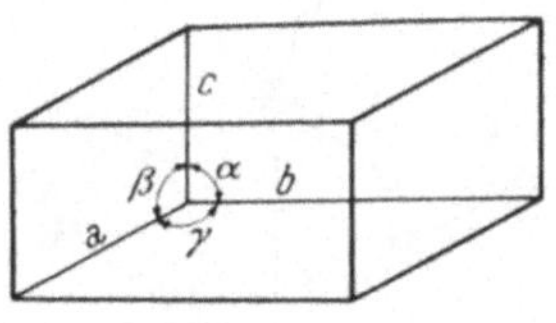

Abb. 54. Gitterkonstanten einer Elementarzelle. a, b, c Kantenlänge, α, β, γ Kantenwinkel.

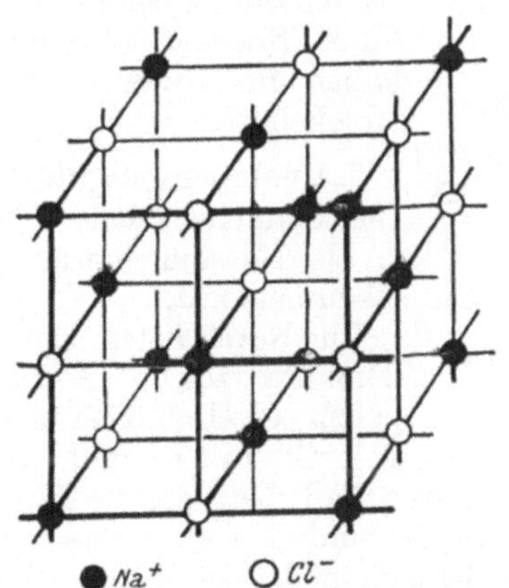

Abb. 55. Steinsalzgitter. Die Elementarzelle enthält 4 Na+ und 4 Cl--Ionen, also $4\,n$ Molekeln NaCl.
$$\alpha = \beta = \gamma = 90°$$
$$a = b = c = 5{,}628\,\text{Å}$$ Gitterkonstanten.
Der Abstand zwischen einem Na+ und Cl--Ion beträgt $\frac{a}{2} = 2{,}814\,\text{Å}$.

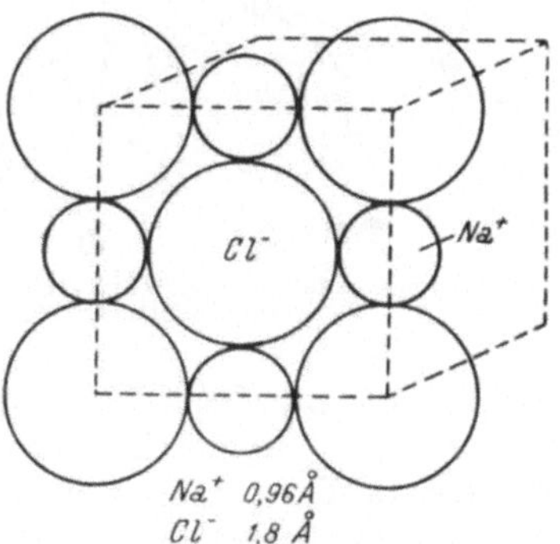

Abb. 56. Raumerfüllung im NaCl-Gitter. Die Ionen sind dem Größenverhältnis nach eingezeichnet. Die Zahlen geben die Radien der Ionen an. Nur die Stirnfläche des Würfels ist ausgedrückt.

Die vollständige Beschreibung eines *einfachen* Gitters erfordert die Kenntnis der räumlichen Gestalt seiner *Elementarzelle* (Elementarkörper), dessen Verschiebung nach den drei Raumrichtungen den festen Stoff in beliebig großer Ausdehnung aufbauen kann (Abb. 54).

Viel häufiger sind die *zusammengesetzten Gitter*, die durch Ineinanderschiebung einfacher Gitter entstanden zu denken sind. Die so entstandenen Elementarzelle ist dann wieder durch besondere Gitterkonstanten zu kennzeichnen. Als Beispiel ist in der Abb. 55 Steinsalz dargestellt, dessen Elementarzelle aus zwei einfachen Gittern besteht.

In dem angegebenen Gitter sind nur die „Schwerpunkte" der Ionen gezeichnet. Man kann sich die Ionen als Kugeln vorstellen, die sich fast bis zur Berührung nähern. Zufolge der äußeren Elektronenhülle kann es jedoch, wegen der abstoßenden Kräfte gleichartiger Ladung, nicht zu einer Berührung kommen.

A. Einteilung der Kristallgitter

1. Molekelgitter. In diesen sind die Gitterpunkte durch Molekeln besetzt. Sie werden in festen Lagen durch schwache VAN DER WAALS-Kräfte gehalten. Stoffe dieser Art aufgebaut, sind gekennzeichnet durch ihre Flüchtigkeit, sie haben einen niedrigen Siedepunkt und Schmelzpunkt, eine geringe Härte usw.

Die Elemente Wasserstoff, Sauerstoff, Stickstoff, Fluor, Chlor, Brom, Jod, Schwefel haben im festen Zustande Molekelgitter.

2. Koordinationsgitter. Solche einfache Gitter bilden z. B. Natriumchlorid und Cäsiumchlorid.

Im NaCl-Gitter sind jedem Na^+-Ion 6 Cl^--Ionen, jedem Cl^--Ion 6 Na^+-Ionen

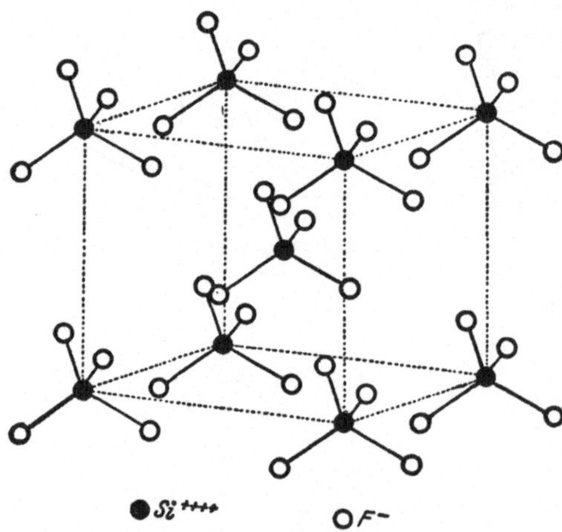

Abb. 57. Elementarzelle des SiF₄, als Beispiel eines Molekelgitters.

koordiniert, im CsCl-Gitter jedem Cs^+-Ion 8 Cl^--Ionen und jedem Cl^--Ion 8 Cs^+-Ionen koordiniert; im ersten Fall beträgt die Koordinationszahl 6, im zweiten 8 (Na und Cs sind I-wertig), demnach: die Koordinationszahl und Wertigkeit hängen nicht direkt zusammen. Diese Anordnung ist nach allen drei Raumrichtungen „unendlich" ausgedehnt gleich. Während in der gasförmigen Molekel NaCl jedem Na ein ganz bestimmtes Cl-Atom zugehört, ist dies im festen Zustande nicht mehr der Fall: hier kann man einem bestimmten Na^+-Ion kein bestimmtes Cl^--Ion zuteilen. Gleich ist es in allen Verbindungen mit Koordinationsgittern. Man sieht, daß in diesen der Begriff „Molekel“ aufgehoben ist. So ist z. B. der ganze Steinsalzkristall eine „Riesenmolekel“ NaCl.

Es gibt drei Arten Koordinationsgitter.

a) *Dreidimensionale Koordinationsgitter*, Beispiele dazu sind die eben angegebenen NaCl- und CsCl-Gitter, Steinsalz und Cäsiumchlorid kristallisieren kubisch (k). Die Salze kennzeichnet die Schreibweise: $\overset{3}{\infty}$ [Na$^{[6]}$ Cl$^{[6]}$] k $\quad\overset{3}{\infty}$ [Cs$^{[8]}$ Cl$^{[8]}$] k.

b) *Schichtgitter*. Ist die Koordination nur über zwei Richtungen (eine Ebene) vorhanden, so hat man ebene Riesenmolekeln. In diesen so gebildeten Schichtgittern besteht ebenfalls eine hochsymmetrische Anordnung; die Bindung zwischen den Schichten besorgen die schwachen VAN DER WAALS-Kräfte. Ein typisches Schichtgitter hat der Graphit, Talk und Glimmer. Stoffe in Schichtgittern vorkommend zeichnen sich äußerlich aus: sie bilden blättrige, schuppige Formen, haben leichte Spaltbarkeit in der Richtung der Schichtebene.

c) *Kettengitter*. Bei diesen erstreckt sich die Koordination nur nach einer Richtung im Raume: man hat eine ebene (eindimensionale) „Riesenmolekel“. Die Bindung zwischen den parallelgestellten Bündeln wird hier durch VAN DER WAALS-Kräfte bewirkt. Stoffe in Kettengittern auftretend zeichnen sich ihrem physikalischem Verhalten nach auch hier aus: leichte Spaltbarkeit zur Richtung der Kettenausdehnung, prismatisch bis feinfaserige Ausbildungen. Ein gutes Beispiel bildet SO$_3$ (S. 161). Die kompliziert zusammengesetzten Asbeste (S. 257) gehören zu dieser Gitterart, auch in der Organischen Chemie spielt sie eine wichtige Rolle: Zellulose, Spinnstoffe usw.

B. Bindungen in den Koordinationsgittern

1. Ionengitter. Die Gitterpunkte sind von Anionen und Kationen besetzt, sie werden durch elektrische Kräfte in ihren Lagen gehalten. Ein bestimmtes Ion wird symmetrisch von anderen Ionen entgegengesetzter Ladung umgeben. Oben ist dies bereits im einzelnen ausgeführt. Statt einfacher Elementionen (Na$^+$, Cs$^+$, Cl$^-$, Ca^{++} usw.) können natürlich auch Radikalionen, wie OH$^-$, CO$_3^{--}$, SO$_4^{--}$, PtCl$_6^{--}$ usw., in Gitterpunkten auftreten. Im Gitter z. B. des rhombisch kristallisierenden Kalkspates CaCO$_3$ sind die Ionen Ca^{++} und CO$_3^{--}$ vorhanden. Man kann das Gitter des Kalkspates als ein Steinsalzgitter auffassen; die Na$^+$- und

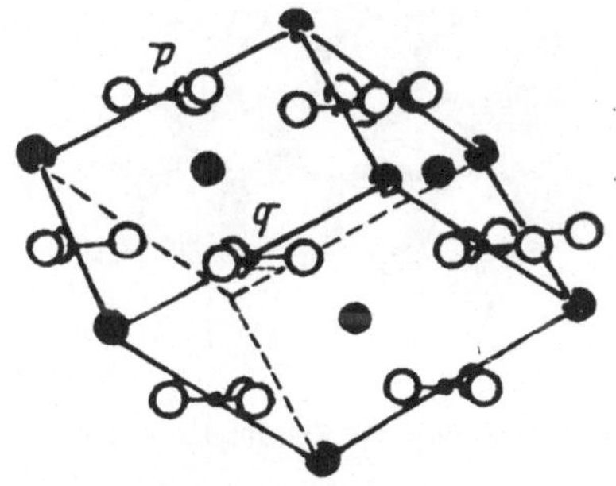

Abb. 58. Aufbau des Raumgitters von Kalkspat. Die [CO$_3$]$^{2-}$-Ionen treten als geschlossene Gruppen auf. Übersichtshalber sind die auf den Mitten der verdeckten, gestrichelten Kanten sitzenden [CO$_3$]$^{2-}$ nicht eingezeichnet. Kleine schwarze Scheiben C^{4+}, große Ca^{2+}, Ringe sind O^{2-}.

Cl^--Ionen sind entsprechend durch Ca^{++} und CO_3^{--}-Ionen vertreten, die Ebenen der CO_3^{--}-Ionen stehen alle parallel zueinander. Die auf diesen Ebenen senkrecht stehende Achse des Würfels wäre dann als Stauungsachse zu betrachten, die den Würfel in das Rhomboeder überführt.

Ionengitterkristalle haben niedrige elektrische und thermische Leitfähigkeit. Sie sind durchsichtig, farblos, enthalten sie Ionen bestimmter Schwermetalle, z. B. der Übergangselemente, so sind sie gefärbt.

2. Atomgitter. Die Gitterpunkte sind durch Atome besetzt. In diesem Fall besteht zwischen den Atomen eine kovalente Bindung, so wie S. 115 ausgeführt ist. Ein sehr kennzeichnendes einfaches Beispiel ist der Diamant (S. 221).

Es gibt keine scharfen Grenzen zwischen einem Ionen- und Atomgitter. Sind die Anionen unter dem Einfluß der Kationen deformierbar, so wird ein Zustand herbeigeführt, wie S. 117 ausgeführt. Nähert sich demnach so ein Ionengitter einer Atomgitteranordnung, so hat dies eine besondere Lagerung der Ionen gegeneinander zur Folge; es wird eine gleichartige Orientierung nach allen drei Raumrichtungen aufgehoben, und Bildung von Schichtgittern wird möglich. Ein Beispiel bildet das in Blättchen kristallisierende Magnesiumbromid $MgBr_2$.

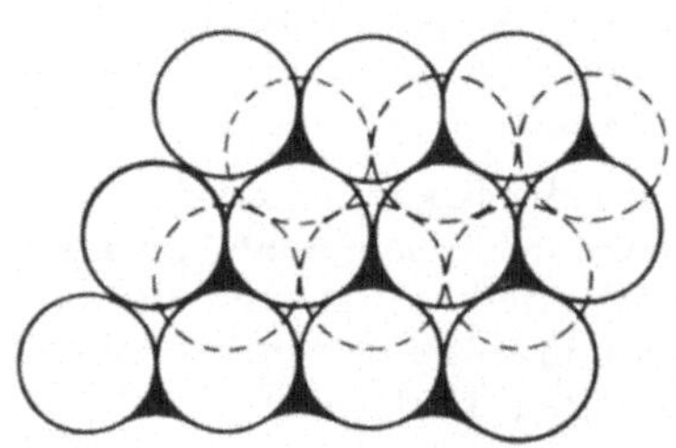

Abb. 59. In der Zeichenebene hat jede Kugel, durch den Radius des größten Kreises angedeutet, sechs nächste Nachbarn, dann je drei oberhalb und unterhalb der Ebene, die sich in den Zwischenraum einstellen, jeder Kugel sind demnach zwölf Kugeln koordiniert.

3. Metallgitter. In den Metallen haben die Atome häufig eine dichteste Kugelpackung: Jedes Atom hat zwölf nächste Nachbarn in gleicher Entfernung, wie dies durch die Abb. 59 und 60 veranschaulicht ist.

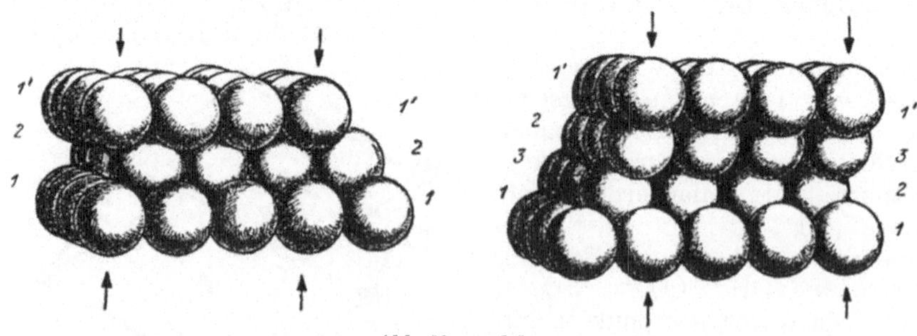

Abb. 60a und b.

a) Hexagonal dichteste Kugelpackung. Beispiele: Be, Mg, Zn, Ti, Os. b) Kubisch dichteste Kugelpackung. Beispiele: Cu, Ag, Ca, Al, Pb, Th, Fe (γ), Pt.

Steht die dritte Kugellage genau über der ersten, so hat man eine a) *hexagonale dichteste Kugelpackung*, steht erst die vierte Kugellage genau über der ersten, so liegt b) *kubisch dichteste Kugelpackung* vor.

Ferner können c) einige Metalle in einem *regulär körper- (raum-)
zentrierten* Gitter vorkommen, in dem jedes Atom acht nächste Nachbarn hat.

In den Metallen ist die Zahl der Nachbaratome, die *Koordinationszahl*, wie man sieht,
außerordentlich hoch; dieser engen Packung
entspricht die große Dichte der Metalle.

C. Kristallbau-Analyse

Der Aufbau der Raumgitter wird durch
Messungen der Röntgenstrahlinterferenzen
gefunden. Es sind besonders zwei Unter-
suchungsverfahren in Verwendung: a) die
BRAGG-*Methode* (Messung des Glanzwinkels)

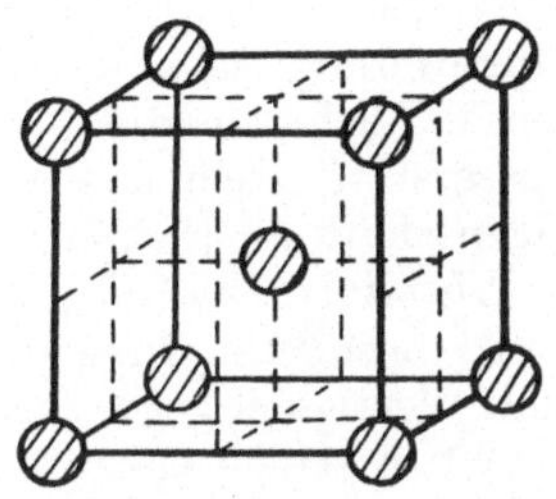

Abb. 61. Regulär körper- (raum-)
zentriertes Gitter. Beispiele: Alkalimetalle, Ba, V, Ta, Cr, Mo, W.

und b) *Methode von* DEBYE-SCHERER (Pulverdiagramm). Über diese grundlegenden Verfahren unterrichten die entsprechenden Lehrbücher zur
Strukturanalyse mit Hilfe der Röntgenstrahlen.

XXXIV. Die Halogene

Übersicht

Ordnungszahl	Element	Atomgewicht	Isotope	Schmelzpunkt °C	Siedepunkt °C	Wertigkeit	Ionisierungsenergie ΔH in kcal
9	Fluor F	19,0	Reinelement	—223°	—187°	—I	—94
17	Chlor Cl	35,46	^{35}Cl 75,4%; ^{37}Cl 24,6%	—102°	—34,7°	—I, I, III, IV, V, VI, VII	—88
35	Brom Br	79,9	$A\begin{cases}79\\81\end{cases}$	—7,3°	58,8°	—I, I, III, IV, V	—80
53	Jod J	126,9	Reinelement	113,5°	184,5°	—I, I, III, IV, V, VII	—72
85	(Astatine) At	—	3 nat. Isotope (α-Strahler)[1]	—	—	—	—

Als Halogene (Salzbildner) bezeichnet man die Elemente Fluor, Chlor,
Brom und Jod. Der gemeinsame Name kennzeichnet ihre Eigenschaft,
mit Metallen direkt Salze zu geben, die man *Halogenide* bezeichnet.
Es sind sehr reaktionsfähige Elemente und kommen deshalb in der Natur
nicht frei vor; meist bilden sie hier einfache Verbindungen. Der Industrie,
Wirtschaft und Heilkunde liefern sie alle wertvolle Stoffe. Zu den Halogenen gehört auch das sehr seltene, noch wenig bekannte Element Ordnungszahl 85. Es ist in den Folgeprodukten der Radium-, Thor- und

---

[1] Insgesamt sind etwa 10 Isotope des künstlich hergestellten Elementes
bekannt.

Aktinium-Emanation in Isotopen sehr kurzer Halbwertzeit aufgefunden worden. B. Karlik (Österreich). Es ist auch durch Kernreaktionen künstlich herstellbar und als *Astatine* bezeichnet. Man erhält es durch Einstrahlung sehr stark beschleunigter α-Teilchen auf Wismuth. Es verhält sich wie die übrigen Halogene; die Fällbarkeit mit Schwefelwasserstoff, auch aus stark sauren Lösungen, zeigt bereits metallische Eigenschaft an (S. 277).

Übersicht. Die Halogene können sowohl elektronegativ als auch elektropositiv auftreten, im ersten Fall bilden sie Ionen. Die zu erwartende maximale Wertigkeit gegen Sauerstoff wird nur bei Chlor und Jod erreicht. Fluor weicht in seinen chemischen Eigenschaften am meisten von den anderen Halogenen ab (Regel 6, S. 87). Die Ionisierungsenergie (Tabelle S. 131), welche die Halogene besonders kennzeichnet, nimmt mit steigender Ordnungszahl ab. Daraus folgt: Aus den Metallsalzen und sonst im System mit ionogen gebundenen Halogenen vermag Fluor alle Halogene, Chlor das Brom und das Jod, Brom nur das Jod auszuscheiden, da jeder einzelne dieser Vorgänge mit Entwicklung von Wärme verbunden sein muß. Die Halogenwasserstoffe bilden, alle in Wasser gelöst, sehr starke Säuren.

In den Sauerstoffverbindungen der Halogene, in denen das Halogen positive Ladung trägt, erfolgt aus gleichem Grunde (zusätzlich Regel 4, S. 87), z. B. die Reaktion:

$$\tfrac{1}{2}\,\mathrm{J}_2 + \mathrm{ClO_3}' = \mathrm{JO_3}' + \tfrac{1}{2}\,\mathrm{Cl}_2.$$

Die Bildungswärme der Halogenwasserstoffsäuren nimmt vom Chlorwasserstoff zum Jodwasserstoff ab, deshalb ist die thermische Dissoziation bei einer bestimmten Temperatur des Jodwasserstoffes am größten. Ganz gleich läuft damit die Fähigkeit der Halogenwasserstoffe, oxydierbar zu sein und Halogen abzuscheiden. Die Jodwasserstoffsäure ist bereits ein wirksames Reduktionsmittel. Fluorwasserstoff ist stark assoziiert, die anderen Halogenwasserstoffe nicht; in den stark verschiedenen Siedepunkten kommt dies physikalisch zum Ausdruck. Die Beständigkeit der Sauerstoffverbindungen nimmt von Fluor bis Jod zu, unter ihnen sind Jodsäure und die Überjodsäure am beständigsten.

1. Fluor F

Das wichtigste Fluormineral ist der Flußspat, Kalziumfluorid CaF_2. Dieser hat für ein Mineral einen auffallend niedrigen Schmelzpunkt (1360°), davon ist auch der Name, wegen seiner Verwendung als Flußmittel (fluere, fließen), abgeleitet. Ferner ist von Bedeutung der Kryolith $AlF_3 \cdot 3\,NaF$ und der Apatit $Ca_3(PO_4)_2 \cdot Ca(F,\,Cl)_2$. Auch in anderen Gesteinen finden sich geringe Mengen Fluor; auffallenderweise ist es in den Zähnen enthalten.

Die Darstellung des Fluors erfolgt elektrolytisch. Als Elektrolyt verwendet man eine Schmelze von ungefährer Zusammensetzung $KF \cdot 2\,HF$ bei 85°; die Elektroden bestehen aus Graphit. Die Elektrolyse kann in Kupfergefäßen (auch solche aus Magnesium und seinen

Legierungen, ferner aus Stahl, werden verwendet) durchgeführt werden. Genannte Metalle überziehen sich oberflächlich mit festhaftenden Fluoridschichten, die vor weiterem Angriff schützen. H. Moissan (Frankreich), der das Element 1886 zuerst dargestellt hat, benützte Platingefäße. Die außerordentliche Reaktionsfähigkeit des elementaren Fluors erschwert seine Darstellung. Nur ganz trocken läßt es sich rein vorübergehend in Glas- oder Silbergefäße aufheben; technisch kann es bei Drücken von 25 Atm. in Stahl- oder Nickelzylindern sogar längere Zeit aufbewahrt werden.

Fluor ist schwach grünlichgelb gefärbt. Es vereinigt sich mit allen Elementen, Edelgase ausgenommen; es ist das reaktionsfähigste Element. Wasser wird zersetzt:

$$H_2O + F_2 = {}^1/_2\,O_2 + 2\,HF.$$

Ein Teil des gebildeten Sauerstoffes entweicht als Ozon. Mit Kohlenwasserstoffen vereinigt es sich mit großer Heftigkeit, Leuchtgas kann zur Entzündung gebracht werden. Elementares Fluor hat gegenwärtig in der Technik zur Herstellung organischer Fluorverbindungen eine gewisse Bedeutung erlangt.

Fluorwasserstoff HF, Schmp. —92,3°, Sdp. 19,5°, ist die wichtigste Fluorverbindung, deren wäßrige Lösung als *Flußsäure* bezeichnet wird. Die Darstellung erfolgt aus Flußspat mit konz. Schwefelsäure:

$$CaF_2 + H_2SO_4 = 2\,HF + CaSO_4.$$

Die Reaktion wird in Bleigefäßen durchgeführt, da sonst alle Metalle (Gold, Platin ausgenommen) angegriffen werden. Im Gaszustand bildet sich eine Reihe von assoziierten Molekeln H_2F_2, H_3F_3, am beständigsten scheint H_6F_6 zu sein. Diese Assoziation wird dadurch erklärt, daß die positive Ladung des Protons in einer bestimmten Fluorwasserstoffmolekel auf die stark negativ geladenen Fluorionen anderer Molekeln elektrostatische Kräfte ausübt: $F^- —H^+ \ldots F^- —H^+$. Dieses besondere Verhalten der gebundenen Wasserstoffatome, allgemein als *Wasserstoffbindung* bezeichnet, vermag oft ein besonderes physikalisches Verhalten von Verbindungen zu erklären. So ist der hohe Siedepunkt des Fluorwasserstoffes im Vergleich zu dem des Chlorwasserstoffes (—85°) auf die Wasserstoffbindung zurückzuführen, da Chlor nicht so stark elektronegativ wirkt wie Fluor.

Im Laboratorium wird die Flußsäure (etwa 24 Gew.-% HF enthaltend) in Gefäßen aus genannten Metallen, Guttapercha oder Hartparaffinflaschen aufbewahrt. In den letzten Jahren sind technische Methoden für Darstellung und Transport (in Stahlflaschen) ausgearbeitet worden. Die Säure erzeugt auf der Hand schmerzhafte Wunden, eingeatmet wirkt sie stark giftig.

Eine wertvolle Eigenschaft der Flußsäure ist ihr Verhalten gegen Verbindungen des Siliziumdioxydes in irgendeiner Form:

$$SiO_2 + 4\,FH \rightleftharpoons SiF_4 + 2\,H_2O.$$

Silikate, Glas, werden in gleicher Weise angegriffen; SiF_4 *Siliziumtetra-*

fluorid entweicht als Gas. Auf dieser Reaktion beruht die Verwendung der Flußsäure beim Ätzen des Glases. Auch in der Chemie ist sie für die Analyse der Silikate von Bedeutung.

Zu beachten ist das Auftreten der Flußsäure als eine mehrbasische Säure: es ist eine Reihe saurer Salze bekannt, z. B. NaH_3F_4, $NaHF_2$. Alkalisalze sind löslich, unlöslich sind die Salze vieler anderer Metalle. Sehr leicht löslich hingegen ist das *Silberfluorid* AgF, das sich von allen anderen Silberhalogeniden unterscheidet.

Fluoride besitzen eine stark keimtötende Wirkung und werden in der Lebensmittelindustrie verwendet.

Leitet man Fluorgas durch verdünnte Natronlauge, so bildet sich ein beständiges *Fluoroxyd* OF_2, Schmp. —224°, Sdp. —144°:

$$2\,F_2 + 2\,NaOH = OF_2 + 2\,NaF + H_2O.$$

Es ist ein sehr reaktionsfähiges Gas. Konstitution:

$$\begin{array}{c} :\ddot{\underset{..}{F}}: \\ | \quad\ddot{} \\ :O—\ddot{\underset{..}{F}}: \;; \qquad (F^-)_2O^{++}. \\ \ddot{} \quad\ddot{} \end{array}$$

2. Chlor Cl

Das Vorkommen des Chlors in der Natur ist fast ausschließlich auf die Verbindung NaCl *Steinsalz* (Kochsalz) beschränkt. Die Meere enthalten etwa 2 bis 3% davon gelöst. Durch Eindunstung großer Teile des Meeres sind die mächtigen Salzlagerstätten in der norddeutschen Ebene entstanden. Solche Steinsalzlager finden sich auch an anderen Stellen der Erde. Salzseen, z. B. das Tote Meer, enthalten konz. Lösungen von Natriumchlorid.

Die Darstellung des Chlors erfolgt im Laboratorium durch Einwirkung konz. Salzsäure auf Braunstein:

$$4\,HCl + MnO_2 = Cl_2 + MnCl_2 + 2\,H_2O.$$

Man kann statt Braunstein auch Kaliumpermanganat verwenden. Die Elektrolyse starker Salzsäure liefert an der Anode Chlor, das jedoch in der Elektrolytlösung leicht löslich ist. Man verwendet Kohleelektroden, da nur diese genügend widerstandsfähig sind. Durch Elektrolyse von NaCl-Lösungen wird gegenwärtig das Chlor fast ausschließlich technisch hergestellt. Es wird in Stahlflaschen oder in besonderen Kesselwagen verflüssigt abgegeben.

Gegenwärtig nur mehr geschichtliche Bedeutung hat die Gewinnung des Chlors aus Salzsäuregas und Luft:

$$4\,HCl_{Gas} + O_2 \rightleftarrows 2\,Cl_2 + 2\,H_2O, \qquad \Delta H = -14{,}7 \text{ kcal.}$$

Diese Reaktion geht bei Anwendung eines Katalysators aus Kupferoxyd vor sich, der auf porösen Steinen verteilt wird, die auf 450 bis 700° erhitzt werden. Es stellt sich ein Gleichgewicht ein:

$$K_p = \frac{p^2_{Cl_2} \cdot p^2_{H_2O}}{p^4_{HCl} \cdot p_{O_2}},$$

das sich mit zunehmender Temperatur in der ←-Richtung verschiebt. Dieser DEACON-*Prozeß*, so wird er bezeichnet, kann jedoch nur ein mit Stickstoff stark verdünntes Chlor liefern. Der Prozeß hatte deshalb nur in einer Zeit Bedeutung, da die Chlorelektrolyse technisch noch nicht ausgebildet war.

Chlor ist ein gelbgrünes Gas, das die Schleimhäute und Atmungsorgane sehr heftig angreift; es ist deshalb auch noch in hoher Verdünnung lebensgefährlich. Als Gas ist das Chlor schwerer als Luft und kann deshalb bequem in Gefäßen gesammelt werden. Es kann leicht verflüssigt werden. Chlor ist in Wasser leicht löslich (Chlorwasser); unterhalb $+8°$ kristallisiert aus der Lösung ein Hydrat $Cl_2 . 8 H_2O$ aus.

Chemische Eigenschaften. Das Chlor ist äußerst reaktionsfähig, doch weniger als das Fluor, außer mit Kohlenstoff und Sauerstoff verbindet es sich direkt mit allen Elementen, meist schon bei gewöhnlicher Temperatur. Die unedlen Metalle, Arsen, Antimon, Wismut in Pulverform, Zinn (als Stanniol) usw., entzünden sich beim Eintragen in das Chlor. Auch die Edelmetalle Silber, Gold werden angegriffen, Platin, Iridium sind gegen Chlor ziemlich beständig. In jedem Fall bilden sich die entsprechenden Metallchloride.

Mit Wasserstoff tritt im Dunkeln keine Reaktion ein, sondern erst bei Einwirkung einer absorbierbaren Lichtstrahlung. Eine Mischung gleicher Raumteile Wasserstoff und Chlor (*Chlorknallgas*) explodiert in direktem Sonnenlicht.

Die Vereinigung des Chlors mit Wasserstoff im Licht ist sehr bemerkenswert und deshalb viel untersucht worden:

$$Cl_2 + H_2 = 2\,HCl, \qquad \Delta H = -21{,}9\,\text{kcal.}$$

Auffallend ist bei dieser die hohe Quantenausbeute $\gamma \approx 10^5$ (S. 20), was nur durch Bildung von *Reaktionsketten* verständlich ist. Das System H_2—Cl_2 absorbiert ein Licht $\lambda < 4785$ Å kontinuierlich, das Cl_2-Molekeln in Atome spalten kann:

$$Cl_2 + h\,\nu = 2\,Cl.$$

Man kann durch Verwendung der Gl. (2) (S. 19) prüfen, ob Licht dieser Wellenlänge genügt: Für den Vorgang $Cl_2 \rightleftarrows 2\,Cl$ beträgt $\Delta H = 57$ kcal,

$$\frac{2{,}85 . 10^5}{4785} = 59{,}5\,\text{kcal,}$$

demnach kann eine Dissoziation nach Gl. (1) erfolgen. Die gebildeten Cl-Atome treffen auf H_2-Molekeln, wobei sich H-Atome bilden:

$$Cl + H_2 = HCl + H, \qquad \Delta H \approx 0.$$

Die H-Atome stoßen mit Cl_2-Molekeln zusammen, es entstehen wieder Cl-Atome:

$$H + Cl_2 = HCl + Cl, \qquad \Delta H = -44{,}5\,\text{kcal.}$$

Somit werden bei Verwendung von je einer Cl_2- und H_2-Molekel zwei Molekeln HCl gebildet, wobei stets die ursprüngliche Zahl von Cl-Atomen hergestellt wird. Man kann nun verstehen, daß durch *ein* absorbiertes Lichtquant sich die genannte hohe Quantenausbeute für das verbrauchte Chlor ergeben kann.

Wiederholt, ist also die Reaktionskette:

$$Cl_2 + h\,\nu = 2\,Cl \text{ (photochemischer Primärprozeß)},$$
$$Cl + H_2 = HCl + H,$$
$$H + Cl_2 = HCl + Cl.$$

Der *Kettenabbruch* erfolgt durch das Zusammentreffen der H- und Cl-Atome mit O_2-Molekeln, die in winzigen Mengen auch im „reinsten" Chlor noch vorhanden sind. Es entstehen ($O_2 + H = O_2H$; $Cl + O_2 = ClO_2$) Molekelarten, deren weiteres Schicksal nicht genau bekannt ist. Ferner kann ein *Kettenabbruch* an der Wand erfolgen, wo ebenfalls eine Vereinigung der Atome zu Molekeln erfolgt.

Wird ein sauerstofffreies Chlorgas verwendet, so beträgt die Geschwindigkeit der photochemischen Reaktion nach der Gleichung

$$v = \frac{dc_{HCl}}{dt} = k\,J_{abs} \cdot c_{H_2}.$$

J_{abs} ist die *absorbierte Lichtintensität*. Der Kettenabbruch erfolgt in diesem Fall lediglich durch Vorgänge, an denen sich die Glaswand beteiligt.

In den Ausführungen ist ein Zusammentreffen von Atomen, was ebenfalls zum Kettenabbruch führen kann, außer acht gelassen, da solche Vorgänge im Verhältnis zu den behandelten sehr viel seltener sind.

Kettenreaktionen sind von erheblicher theoretischer und praktischer Bedeutung, sie treten auch außerhalb photochemischer Reaktionen auf (S. 398).

Organische Stoffe werden von Chlor angegriffen, wobei das Chlor an die Stelle des Wasserstoffes in die Molekel eintritt. So wird z. B. Methan in Chlormethan, Essigsäure in Monochloressigsäure übergeführt:

$$CH_4 + Cl_2 = CH_3Cl + HCl,$$
$$CH_3COOH + Cl_2 = CH_2ClCOOH + HCl.$$

Vielfach ist die Einwirkung des Chlors auf organische Stoffe mit deren Zerstörung verbunden, z. B. ist dies der Fall bei den Farb- und Riechstoffen; Bakterien werden abgetötet.

Die angegebenen chemischen Eigenschaften des Chlors werden in der Organischen Chemie zur Herstellung von Chlorsubstitutionsprodukten verwendet. In der allgemeinen Desinfektion, insbesondere in der Entkeimung des Trinkwassers, in Bleichereien und in noch vielen anderen Industriezweigen ist das Chlor von großem Wert.

1. Phosgen $COCl_2$, Schmp. —126°, Sdp. 8,2°. Mit Kohlenoxyd verbindet sich Chlor zu *Phosgen*, die Bildung wird durch Licht im Wellenbereich λ 4000 bis 4300 Å in Gang gebracht, die Quantenausbeute $\gamma \approx 10^3$ ist hoch,

demnach ist Kettenreaktion anzunehmen. Es ist ein äußerst giftiges Gas, das in der Synthese organischer Verbindungen wertvolle Dienste leistet.

2. **Chlorwasserstoff** HCl, Sdp. $-85°$, Schmp. $-111°$. Die Herstellung aus den Elementen S. 135. Die Verbindung gewinnt man durch Einwirkung von konz. Schwefelsäure auf Kochsalz[1]:

$$NaCl + H_2SO_4 = HCl + NaHSO_4.$$

Chlorwasserstoff ist ein farbloses Gas und ist vor allem dadurch gekennzeichnet, daß Nebel gebildet werden, sobald es mit feuchter Luft in Berührung kommt. In Wasser ist es sehr leicht löslich: Ein Raumteil Wasser löst bei $18°$ etwa 450 Raumteile Chlorwasserstoff von 1 Atm. Druck. Die wäßrige Lösung des Chlorwasserstoffgases wird *Salzsäure* genannt. Im Handel ist eine konz. Salzsäure erhältlich, sie enthält 25 Gew.-% HCl ($d_{18} = 1,12$); ferner gibt es eine *rauchende* Salzsäure mit 38 Gew.-% HCl ($d_{18} = 1,19$). Die technischen Salzsäuren enthalten Eisen gelöst und sind deshalb gelb gefärbt.

Erwärmt man die Salzsäure, so vermindert sich ihr Gehalt an Chlorwasserstoff, man erhält schließlich eine 20%ige Salzsäure, die unter Atmosphärendruck konstant bei $110°$ siedet.

Salzsäure ist eine starke Säure, sie löst viele Metalle, wie Zink, Aluminium, Eisen u. a. Es bilden sich unter Entwicklung von Wasserstoff die entsprechenden Metallchloride. Sie findet in chemischen Laboratorien und in der Industrie sehr ausgedehnte Verwendung.

Die Salze der Chlorwasserstoffsäure werden *Chloride* bezeichnet; man erhält sie im allgemeinen durch Lösen der Metalle, der Oxyde oder Hydroxyde in Salzsäure:

$$Cu(OH)_2 + 2\,HCl = CuCl_2 + 2\,H_2O,$$
$$CuO + 2\,HCl = CuCl_2 + H_2O.$$

Die meisten Metallchloride sind leicht löslich und kristallisieren mit Kristallwasser, z. B.: $CuCl_2 . 2\,H_2O$, $BaCl_2 . 2\,H_2O$; $CsCl_2 . 6\,H_2O$. Unlöslich ist das Silberchlorid AgCl; dieses Salz ist deshalb zum Nachweis von Chlorionen besonders geeignet. Die Bildung des Silberchlorides nach Zusatz von Silbernitrat:

$$H^+ + Cl^- + Ag^+ + NO_3^- = AgCl + H^+ + NO_3^-$$

oder einfacher

$$Cl^- + Ag^+ = AgCl.$$

Nach diesen Gleichungen sieht man, daß Ag^+-Ionen ein Reagens auf Cl^--Ionen und diese umgekehrt ein Reagens auf Ag^+-Ionen sind. Das Silberchlorid ist ein weißer käsiger Niederschlag, der im Wasser sehr wenig löslich ist. Er löst sich leicht in einer wäßrigen Ammoniaklösung.

Nicht alle chlorhaltigen Verbindungen, geben mit Silbernitrat einen Niederschlag. Die Verbindungen z. B. H_2PtCl_6 (Platinchlorwasserstoffsäure), $CH_2ClCOOH$ (Monochloressigsäure), die sehr leicht löslich sind,

---

[1] Gegenwärtig nur mehr selten angewendet. — Hauptherstellung ist die Chloralkalielektrolyse (S. 311).

geben keine Chlor-Reaktion; in diesen Verbindungen ist das Chlor nicht ionogen gebunden. Chlor kann also *ionogen* und *nichtionogen* gebunden sein; gleiches gilt für alle Halogene.

Sauerstoffverbindungen des Chlors. Eine direkte Vereinigung von molekularem Chlor mit molekularem Sauerstoff findet nicht statt, hingegen ist es möglich, indirekt, d. h. durch Anwendung besonderer Reaktionsfolgen, Verbindungen zwischen Chlor und Sauerstoff zu erzwingen.

1. Chlormonoxyd Cl_2O, Sdp. 3,8°. Man gewinnt dieses durch Einwirkung von Chlor auf Quecksilberoxyd:

$$HgO + 2\,Cl_2 = HgCl_2 + Cl_2O.$$

Das gasförmig entweichende Chlormonoxyd ist gelbbraun gefärbt und sehr unbeständig. Es neigt zu explosionsartigen Zersetzungen. In Wasser ist es leicht löslich, es bildet sich die *Unterchlorige Säure* $HClO$:

$$Cl_2O_{Gas} + H_2O \rightleftharpoons 2\,HClO_{gelöst}, \qquad \Delta H = -\,8{,}5 \text{ kcal.}$$

Chlormonoxyd ist demnach das Anhydrid dieser Säure.

2. Die Unterchlorige Säure ist eine schwache Säure, $K = 6{,}7 \cdot 10^{-10}$, sie ist nur in wäßrigen verdünnten Lösungen beständig. Dies ist zu erwarten, da sie sich, entsprechend der letzten Gleichung, bei einem Versuch, sie zu konzentrieren, in der $\leftarrow$-Richtung umsetzen muß. Die Salze werden *Hypochlorite* bezeichnet, die man durch Einwirkung von Chlor auf Basen schon bei gewöhnlicher Temperatur erhält:

$$2\,NaOH + Cl_2 = NaOCl + NaCl + H_2O.$$

Unterchlorige Säure entsteht in Lösungen von Chlor in Wasser, ist also im Chlorwasser vorhanden.

$$Cl_2 + H_2O \rightleftharpoons HClO + HCl. \tag{1}$$

Die freie Säure zersetzt sich unter Bildung von *Chlorsäure* $HClO_3$. Sie ist ein sehr wirksames Oxydationsmittel; Konstitution S. 121.

Leitet man Chlor über gelöschten Kalk, so erhält man den *Chlorkalk*, der keine einheitliche Verbindung ist. Den Vorgang der Bildung kann etwa die Gleichung ausdrücken:

$$Ca{\overset{\textstyle OH}{\underset{\textstyle OH}{<}}} + Cl_2 = Ca{\overset{\textstyle Cl}{\underset{\textstyle OCl}{<}}} + H_2O.$$

Nach dieser, das Verhalten der Verbindung genügend genau kennzeichnenden, Gleichung wäre Chlorkalk gleichzeitig das Kalziumsalz der Chlorwasserstoffsäure und der Unterchlorigen Säure, wäre demnach ein „*gemischtes*" Salz. Chlorkalk ist ein weißes, krümliges Pulver von eigentümlichem Geruch.

Mit Salzsäure gibt der Chlorkalk das ganze gebundene Chlor wieder ab. Die zugrunde liegende Reaktion ist durch die Gl. (1) in der ←-Richtung ausgedrückt.

Hypochlorite und Chlorkalk werden in der chemischen Industrie, in Bleichereien und als Desinfektionsmittel in großen Mengen verwendet.

3. **Chlorsäure und Chlorate.** Leitet man in eine konz. heiße Kalilauge Chlorgas ein, so ergibt sich der Vorgang:

$$6\,KOH + 3\,Cl_2 = KClO_3 + 5\,KCl + 3\,H_2O.$$

Es bildet sich *Kaliumchlorat* $KClO_3$. Die Ausbeute, bezogen auf die Ausgangsstoffe, ist, wie diese Gleichung zeigt, sehr ungünstig. Kaliumchlorat bildet farblose Kristalle, die ohne Zersetzung bei 370° schmelzen. Bei höherer Temperatur aber zerfällt es unter Bildung von Kaliumperchlorat und Kaliumchlorid.

$$4\,\overset{V}{K}ClO_3 = 3\,\overset{VII}{K}ClO_4 + \overset{-I}{K}Cl.$$

Mit Braunstein innig vermengt, zerfällt Kaliumchlorat beim Erhitzen unter Entwicklung von Sauerstoff:

$$2\,KClO_3 = 2\,KCl + 3\,O_2.$$

Da alle Chlorate in der Hitze leicht Sauerstoff abgeben, werden sie zu verschiedenen Oxydationsreaktionen herangezogen: In der Sprengstoffindustrie, bei der Herstellung von Zündhölzern benützt man sie; auch in der Feuerwerkerei spielen Chlorate eine Rolle.

Chlorate geben mit konz. Schwefelsäure die unbeständige starke *Chlorsäure* $HClO_3$, die besonders gesteigerte Oxydationswirkung besitzt. Konstitution S. 121.

4. **Chlordioxyd** ClO_2, Schmp. —76°, Sdp. 10°. Die Zersetzung der Chlorsäure erfolgt:

$$4\,HClO_3 = 2\,H_2O + 4\,ClO_2 + O_2.$$

Das gebildete Chlordioxyd ist ein gefährlich explosives, grünlichgelb gefärbtes Gas; flüssig ist es rotbraun. Mit Alkalilaugen findet die Umsetzung statt:

$$2\,ClO_2 + 2\,NaOH = NaClO_3 + NaClO_2 + H_2O.$$
Natriumchlorit

Nach dieser Gleichung wäre Chlordioxyd das Anhydrid der Chlorsäure und der *Chlorigen Säure* $HClO_2$. Von dieser ebenfalls unbeständigen Säure sind beständige Salze herstellbar, die man *Chlorite* bezeichnet.

Chlordioxyd hat ein ungepaartes Elektron (S. 116, 118):

5. **Überchlorsäure** (*Perchlorsäure*) $HClO_4$, Schmp. —112°, und **Dichlorheptoxyd** Cl_2O_7. Die Überchlorsäure ist die *beständigste* Sauerstoffsäure des Chlors, die man aus ihren Salzen, den *Perchloraten*, mit konz. Schwefelsäure in wasserfreiem Zustande erhalten kann. In diesem ist sie eine stark ätzende Flüssigkeit, die sehr leicht Oxydationsreaktionen mit explosiver Heftigkeit auslöst. Die als Reagens verwendete 30%ige Lösung der Überchlorsäure ist beständig. Von der Säure ist ein Monohydrat $HClO_4 \cdot H_2O$ bekannt, Nadeln, Schmp. 50°, es ist ein *Hydroxoniumsalz*: $H_3O^+ \cdot ClO_4^-$. Die Überchlorsäure ist eine sehr starke Säure, ihr Kaliumsalz ist schwer löslich.

Aus der Überchlorsäure erhält man durch Abspaltung von Wasser mit Phosphorpentoxyd ihr Anhydrid, das Dichlorheptoxyd Cl_2O_7, als eine ölige, sehr explosive Flüssigkeit. In dieser Verbindung betätigt das Chlor die höchste Wertigkeit VII gegen Sauerstoff.

3. Brom Br

Brom kommt im Meerwasser als Bromid in geringer Konzentration (etwa 0,02%) vor. Die wichtigste Lagerstätte für Bromsalze liegt in Staßfurt (Deutschland), wo sie als Abraumsalze gewonnen werden, z. B. der Bromcarnallit $MgBr_2 \cdot KBr \cdot 6\,H_2O$ u. a.

Die Darstellung des Elements erfolgt gleich der des Chlors aus Natriumbromid

$$NaBr + H_2SO_4 = HBr + NaHSO_4,$$

$$4\,HBr + MnO_2 = Br_2 + MnBr_2 + 2\,H_2O.$$

Alle drei Ausgangsstoffe können gleichzeitig verwendet werden. Aus Bromidlösungen macht Chlorgas Brom frei:

$$2\,Br^- + Cl_2 = Br_2 + 2\,Cl^-.$$

Technisch wird auf diesem Weg aus Bromsalzlösungen Brom gewonnen.

Brom ist eine schwere, tief rotbraune ätzende Flüssigkeit von sehr unangenehmem Geruch. Es ist in Wasser etwas mit brauner Farbe löslich, viel leichter löslich ist es in Schwefelkohlenstoff und in den meisten organischen Lösungsmitteln, z. B. Chloroform.

Brom wirkt ähnlich wie Chlor, doch verlaufen die Reaktionen nicht mehr so heftig. Man findet dies besonders im Verhalten der Mischung H_2—Br_2, die nicht mehr die hohe Lichtempfindlichkeit besitzt wie das Chlorknallgas. Die Verwendung des Broms ist vielseitig, doch werden dazu keine größeren Mengen verwendet, so daß sich ein Überschuß an Bromsalzen gegenwärtig bemerkbar macht. In den organischen Substitutionsverbindungen ist das Brom geeigneter als das Chlor, zur weiteren Synthese organischer Stoffe zu dienen: das Brom ist „beweglicher" als das Chlor. Bromverbindungen spielen in der Photographie eine bedeutende Rolle.

Bromwasserstoff HBr, Sdp. —68°, Schmp. —87°. Man erhält die Verbindung aus den Elementen durch Leiten der Gasmischung

$H_2 + Br_2$ über erwärmte Platinkontakte (feinverteiltes Platin). Bromwasserstoff ist nicht so wie die Chlorwasserstoffsäure durch Umsetzung von Natriumbromid mit konz. Schwefelsäure erhältlich, weil diese die Bromwasserstoffsäure etwas oxydiert. Man schlägt gewöhnlich einen Umweg mit Verwendung von rotem Phosphor ein. Dieser verbindet sich zuerst mit Brom zu Phosphortribromid PBr_3, diese Verbindung ist gegen Wasser nicht beständig:

$$PBr_3 + 3\,H_2O = 3\,HBr + H_3PO_3.$$

Sie liefert Bromwasserstoffsäure, die von der gebildeten unflüchtigen Phosphorigen Säure leicht zu trennen ist. Bromwasserstoff hat ähnliche Eigenschaften wie Chlorwasserstoff, er ist nur leichter zu freiem Halogen oxydierbar. Die wäßrige Lösung ist eine starke Säure.

Die Alkali- und Erdalkalisalze sind leicht löslich, ebenso viele Salze der Schwermetalle, hingegen schwer löslich ist das *Silberbromid* AgBr. Man erhält dieses durch Zusatz von Silbernitrat zu einem gelösten Bromid, der ausfallende gelbweiße Niederschlag unterscheidet sich vom ähnlich aussehenden Silberchlorid durch geringere Löslichkeit in wäßriger Ammoniaklösung.

Silberbromid wird durch Licht spurenweise in Silber und Brom zerlegt; auf diesem Vorgang beruht seine Verwendung in der Photographie.

Analytisch ist Brom in den Bromiden durch freies Chlor (Chlorwasser) nach der obigen Gleichung leicht festzustellen, da sofort die braune Farbe des gelösten Broms auftritt, das man mit Chloroform ausschüttelt.

Sauerstoffverbindungen des Broms. Bromoxyde sind wenig existenzfähig. Die Unterbromige Säure HBrO und ihre Salze *(Hypobromite)* sind sehr gut geeignete Oxydationsmittel, z. B. eine Mischung von flüssigem Brom und Lauge — *Bromlauge*.

Das *Kaliumbromat* $KBrO_3$, das Salz der Bromsäure, wird in der Maßanalyse mit Vorteil verwendet: $HBrO_3 \rightarrow HBr + 3\,O$ ist die eine Oxydationswirkung; $HBrO_3 + 5\,HBr = 3\,H_2O + 3\,Br_2$, die zweite. Diese letztere, zeigt, durch die Ausscheidung des Broms, das Ende der ersten Reaktionsfolge an. Genannte Säuren und Salze sind prinzipiell so wie die entsprechenden Verbindungen des Chlors herstellbar; eine Perbromsäure ist nicht bekannt.

4. Jod J

Als *Natriumjodid* NaJ findet sich Jod in der Natur vor. In allerkleinsten Mengen ist es sehr verbreitet; es kommt auch im Meerwasser vor und wird hier von den Meerpflanzen aufgenommen, die beträchtliche Mengen aufspeichern. Im rohen Chilesalpeter findet man Jod als *Natriumjodat* $NaJO_3$. Die Schilddrüse der Menschen und Säugetiere enthält Jod, und zwar das Hormon Thyrosin $C_{15}H_{11}O_4NJ_4$; das Jod spielt deshalb physiologisch eine bemerkenswerte Rolle.

Die Darstellung des Jods aus Jodiden kann gleich der des Broms erfolgen. Aus Natriumjodat, das sich in den Mutterlaugen des Chilesalpeters vorfindet, kann es durch Reduktion mit schwefliger Säure erhalten werden:

$$2\,\mathrm{NaJO_3} + 5\,\mathrm{H_2SO_3} = \mathrm{J_2} + \mathrm{Na_2SO_4} + 4\,\mathrm{H_2SO_4} + \mathrm{H_2O}.$$

Jod ist bei gewöhnlicher Temperatur fest und kristallin, kennzeichnend ist die grauschwarze Farbe von metallischem Glanz und der besondere Geruch. Jod ist flüchtig, bereits unterhalb des Schmelzpunktes verdampft es lebhaft zu einem schön violetten Dampf. In Wasser ist es sehr wenig löslich, leicht löslich in Alkohol; diese Lösung *(Jodtinktur)* ist keimtötend und wegen ihrer Tiefenwirkung auf der Haut medizinisch geschätzt.

Chemisch ist Jod dem Chlor und dem Brom ähnlich, doch verlaufen seine Reaktionen wesentlich langsamer. Eine direkte Vereinigung mit molekularem Sauerstoff geht molekulares Jod ebensowenig ein wie die übrigen Halogene. Jod löst sich leicht in wäßrigen Lösungen von Alkalijodiden, z. B.:

$$\mathrm{KJ_{gelöst}} + \mathrm{J_{2\,fest}} \rightleftarrows \mathrm{KJ_{3\,gelöst}}.$$

In dieser Form gelöstes Jod gibt mit Stärkelösung eine schöne blaue Farbenreaktion. Diese ist sehr empfindlich: Noch in einer Konzentration von etwa 3 mg Jod pro Liter ist die Blaufärbung merkbar. Da aus Jodverbindungen durch Oxydationsmittel leicht Jod freigemacht wird, ist die genannte *Jodstärkereaktion* auch für die Feststellung verschiedener Oxydationsmittel wertvoll. In der Wärme verschwindet die Reaktion und erscheint beim Erkalten wieder.

Lösungen von Jod in Schwefelkohlenstoff, Tetrachlorkohlenstoff, Chloroform sind so wie der Dampf violett gefärbt. In anderen organischen Lösungsmitteln, z. B. in Alkohol, ist die Farbe braun; hier muß deshalb angenommen werden, daß eine Bindung zwischen Jod und dem Lösungsmittel erfolgt.

Jodwasserstoff HJ, Schmp. —50,7°, Sdp. —35,8°. Die Herstellung aus den Elementen nach der Gleichung

$$\mathrm{H_2} + \mathrm{J_2} \rightleftarrows 2\,\mathrm{HJ}$$

geht über Platinkontakte vor sich. Nach den Ausführungen S. 103 beträgt bei 527° im Gleichgewicht bei $p = 1$ Atm. der Partialdruck $p_{\mathrm{HJ}} = 0{,}754$ Atm., $p_{\mathrm{H_2}} = p_{\mathrm{J_2}} = 0{,}123$ Atm. Es wäre also keine reine Jodwasserstoffsäure bei dieser Temperatur erhältlich. Auf die Ausgangsdrucke $p_{\mathrm{H_2}} = p_{\mathrm{J_2}} = 0{,}5$ Atm. bezogen, beträgt der Umsatz des angewendeten Jods $100\,(0{,}5 - 0{,}12)/0{,}5 = 46\%$. Der Umsatz könnte verbessert werden, wenn die Einstellung des Gleichgewichtes bei tieferer Temperatur einträte. Bei 127° ist $K_p = 5{,}06 \cdot 10^{-3}$, also $\alpha = 0{,}125$; demnach ist jetzt $p_{\mathrm{H_2}} = p_{\mathrm{J_2}} = 0{,}0625$ Atm., $p_{\mathrm{HJ}} = 0{,}875$, der Umsatz beträgt 87%. Es wäre demnach eine reinere Jodwasserstoffsäure und eine bessere Verwertung des angewendeten Jods damit erreicht. Bei dieser Temperatur jedoch ist die Reaktionsgeschwindigkeit stark verlangsamt, also die Dauer bis zur Einstellung des Gleichgewichtes entsprechend länger.

Schon bei 427°, also bei einer nur 100° tieferen Temperatur, wäre die Reaktionsgeschwindigkeit zu Beginn der Reaktionsdauer, oder in einem anderen vergleichbaren Zeitabschnitt, in beiden Fällen um etwa 3^{10}, d. h. um etwa das Hunderttausendfache, langsamer.

Nach dem M.-W.-G. muß der Umsatz bei einer bestimmten Temperatur gesteigert werden, wenn die Reaktion bei höherem Partialdruck des Wasserstoffes durchgeführt wird. Bei 527° betrage zu Beginn $p_{H_2} = 0,9$ Atm. Man erfährt aus der Gleichung

$$\frac{(0,9-x)\,(0,1-x)}{4\,x^2} = 2,68 \cdot 10^{-2},$$

daß nun fast 100% des angewendeten Jods verbraucht werden. Im Gleichgewicht beträgt $p_{HJ} = 0,20$ Atm., ist jetzt allerdings $3^1/_2$mal niedriger als im ersten Fall, doch läßt sich die reine Jodwasserstoffsäure leicht vom überschüssigen Wasserstoff trennen.

Jodwasserstoff ist gleich wie Bromwasserstoff über Phosphortrijodid herstellbar. Jod und Schwefelwasserstoff in wäßriger Lösung geben bei Zimmertemperatur Jodwasserstoffsäure:

$$J_2 + H_2S = 2\,HJ + S.$$

Jodwasserstoff ist frisch bereitet farblos, stechend riechend und gibt, an feuchte Luft gebracht, Nebel. In Wasser ist er leicht löslich, die anfangs farblose *Jodwasserstoffsäure* wird mit der Zeit braun, da sich Jod ausscheidet und gelöst wird. Die Säure ist noch leichter oxydierbar als die Bromwasserstoffsäure, sie wird in verschieden konz. Lösungen als Reduktionsmittel verwendet.

Die Salze der Jodwasserstoffsäure sind größtenteils löslich und verhalten sich den Chloriden und Bromiden ähnlich; sehr schwerlöslich ist das gelbe *Silberjodid* AgJ, das im Gegensatz zu Silberchlorid und Bromid in Ammoniak unlöslich ist.

Aus Jodidlösungen macht Chlor oder Brom sofort Jod frei:

$$2\,J^- + Cl_2 = J_2 + 2\,Cl^-, \qquad 2\,J^- + Br_2 = J_2 + 2\,Br^-,$$

sie dienen deshalb zum Nachweis von J^--Ionen.

Natriumjodid NaJ und *Kaliumjodid* KJ sind besonders leicht löslich und medizinisch wertvoll. Kaliumjodid verbindet sich mit Jod zu Kaliumtrijodid:

$$KJ_{fest} + J_{2\,fest} = KJ \cdot J_{2\,fest}.$$

Es bildet sich eine tiefrot gefärbte Additionsverbindung, in der das Jod lose gebunden ist; in wäßriger Lösung dissoziiert die Verbindung, wonach sich insgesamt einstellt:

$$KJ + J_{2\,gelöst} \rightleftarrows KJ_{3\,gelöst} \rightleftarrows K^+ + J_3^- \quad \text{oder} \quad J^- + J_{2\,gelöst} \rightleftarrows J_3^-.$$

Ist $J_{2\,fest}$ Bodenkörper, so beträgt das Verhältnis $c_{J_3}-/c_{J^-} \approx 1$, wenn die gesamte Salzkonzentration etwa 0,1- bis 0,005- molar ist.

Sauerstoffverbindungen des Jods. Die *Unterjodige Säure* HJO und ihre Salze, die *Hypojodite*, sind sehr unbeständig, sie gehen leicht in die beständigeren Jodate über. Jodsäure und ihre Salze, die *Jodate*, sind hingegen sehr beständig. Die Jodsäure HJO_3 ist fest und kristallinisch, sie geht beim Erhitzen in das Anhydrid J_2O_5 über, das sich als weißes Pulver gewinnen läßt. Jod kann direkt durch starke Oxydationsmittel, z. B. Salpetersäure, zu Jodsäure oxydiert werden. Auch Bromate oder Chlorate können verwendet werden:

$$2\,KBrO_3 + J_2 = 2\,KJO_3 + Br_2.$$

Es gibt zwei *Perjodsäuren*: H_5JO_6, die beständig ist, und HJO_4, die unbeständig ist, aber stabile Salze bildet. Zwischen den beiden Formen ist ein Gleichgewicht anzunehmen (Hydratation):

$$HJO_4 + 2\,H_2O \rightleftharpoons H_5JO_6.$$

Von der stabilen Perjodsäure sind verschiedene Salze bekannt, z. B. $Na_2H_3JO_6$, Ag_5JO_6. Jodsäure und Perjodsäure oxydieren eine wäßrige Lösung von Jodwasserstoffsäure:

$$HJO_3 + 5\,HJ = 3\,J_2 + 3\,H_2O.$$

Verbindungen der Halogene untereinander. Es bilden sich gasförmige, flüssige und feste Verbindungen, sie haben keine praktische Bedeutung. Eine Zusammenstellung gibt die Tabelle, die Zahlen enthalten abgerundet den Siedepunkt, fettgedruckt bedeutet: fest bei Zimmertemperatur.

F_2	ClF_3	BrF_5	JF_7
$-187°$	$12°$	$40°$	$4°$
	ClF	BrF_3	JF_5
	-100	$127°$	$97°$
	Cl_2	BrF	$\mathbf{JCl_3}$
	$-35°$	$+20°$	Zersetz. b. Sublim.
		Br_2	$\mathbf{JCl}$
		$59°$	$100°$
			$\mathbf{JBr}$
			$116°$
			$\mathbf{J_2}$
			$183°$

Je weiter die Halogene in den Perioden voneinander entfernt sind, um so höhere Wertigkeit betätigt das schwerere Halogen. Dieses Verhalten steht im direkten Zusammenhang mit dem *Atomvolumen* der einzelnen Halogene. Gegen Wasser sind die meisten der angeführten Verbindungen nicht beständig.

Nachweis der Halogene. Die Halogene lassen sich analytisch leicht nachweisen, da sie aus allen Verbindungen durch entsprechende Reduktion oder Oxydation als Ionen oder frei erhalten werden können. Nicht ionogen gebundene Halogene, z. B. in organischen Verbindungen, zeigen mit Kupferoxyd eine sehr empfindliche Flammenreaktion (BEILSTEIN-*Probe*).

5. Astatine At

Siehe S. 132.

XXXV. Sauerstoffgruppe

(Chalkogene)

Übersicht

Ordnungszahl	Element	Atom-gewicht	Isotope	d	Schmelz-punkt °C	Siede-punkt °C	Wertigkeit
8	Sauerstoff O	Definition 16,0000	^{16}O 99,76%; ^{17}O 0,04% ^{18}O 0,20%	1,12	—218	—183	—I, —II
16	Schwefel S	32,06	A: 32; 33; 34	2,07	119	444	—II, —I, III, IV, VI
34	Selen Se	79,2	6	4,82	220	688	—II, II, IV, VI
52	Tellur Te	127,5	8	6,25	453	1390	—II, II, IV, VI
84	Polonium Po	≈ 210	7	r.-a., α-Strahler			—II, IV, VI

Die Elemente der Sauerstoffgruppe umfassen typische Nichtmetalle, wenn man von dem sehr seltenen radioaktiven Polonium absieht, das bereits ein Metall ist. Alle geben mit Wasserstoff *flüchtige* Wasserstoffverbindungen (Hydride), die in wäßrigen Lösungen als Säuren reagieren. Sie bilden zweiwertige negative Ionen, die besonders von Schwefel in hoher Konzentration auftreten. Bei den Elementen dieser Gruppe kündigen sich im Selen und Tellur bereits Metalleigenschaften an. Die maximale Valenz VI gegen Sauerstoff wird bei allen erreicht. Im Aufbau der Erdrinde ist ganz besonders der Sauerstoff beteiligt, auch der Schwefel bildet eine große Reihe wichtiger Erze, daher stammt auch der Name, der zuweilen für diese Elementgruppe verwendet wird, „Chalkogene" Erzbildner.

1. Sauerstoff O

Sauerstoff ist ein Bestandteil der Luft, an deren chemischem Verhalten man dieses Element zuerst kennengelernt hat. Es ist das häufigste Element; nahezu 50% der uns zugänglichen Erdrinde, einschließlich der Hydrosphäre und Atmosphäre, bestehen aus Sauerstoff.

Im Laboratorium wird Sauerstoff durch Erhitzen von Quecksilberoxyd in kleinen Mengen hergestellt: $HgO \rightleftarrows Hg + \frac{1}{2} O_2$; größere Mengen liefert das Erhitzen von Kaliumchlorat, das sich oberhalb 350° zersetzt (S. 139). Die Zersetzung wird durch beigemischten Braunstein beschleunigt, wodurch die notwendige Erhitzungstemperatur herabgesetzt wird.

Das Gas wird in einem Gasometer gesammelt (Abb. 62). Die Elektrolyse des Wassers liefert ebenfalls bequem Sauerstoff. Über die Gewinnung aus Luft s. S. 107.

Als Gas ist Sauerstoff bei gewöhnlicher Temperatur anscheinend sehr wenig reaktionsfähig, doch läuft das biologische Geschehen auf der Erde unter seiner Wirkung ab. In der Natur vollzieht sich ein bemerkenswerter Vorgang, der die konstant bleibende Zusammensetzung der Luft sichert. Die Assimilation des Kohlendioxydes der Luft erfolgt

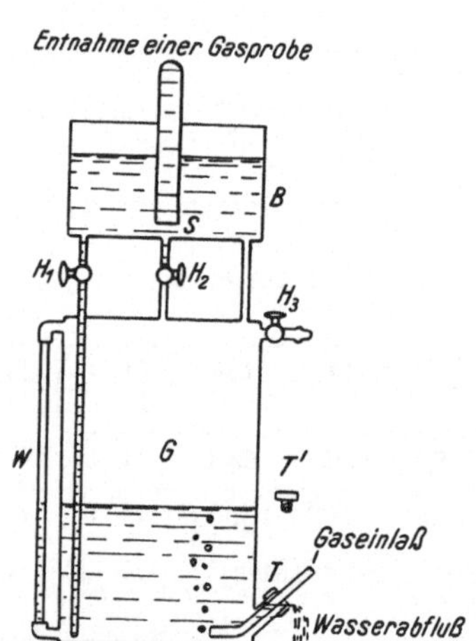

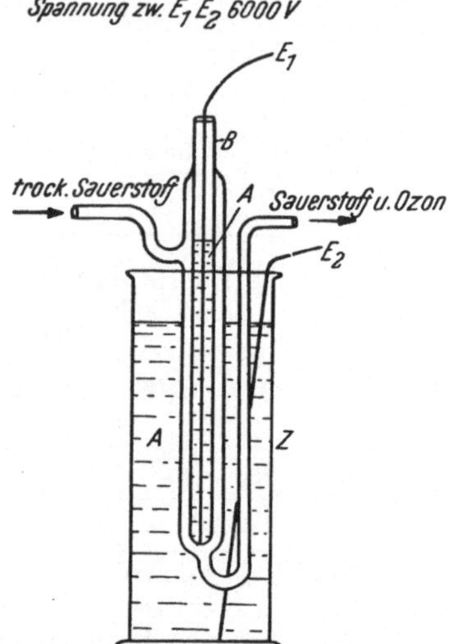

Abb. 62. *Metallgasometer*. Besteht aus dem eigentlichen Gasbehälter G und dem Behälter B für das Wasser. Das Gas wird beim Tubus T eingelassen, aus dem zugleich mit dem Eintritt des Gases die entsprechende Menge Wasser ausfließt. T' ist der Verschluß zu T. Die Entnahme des Gases erfolgt bei Hahn H_3 nach Öffnung von H_1. Eine Gasprobe kann mit einer mit Wasser gefüllten Röhre bei s nach Öffnung von H_1 und H_2 entnommen werden. Um den Stand des Wasserspiegels in G zu kennen, dient das Wasserstandglas W.

Abb. 63. *Ozonisator nach* W. v. SIEMENS. In der äußeren Röhre A (2 bis 4 cm) taucht konzentrisch eine zweite Röhre B, deren Durchmesser so gewählt werden muß, daß ein entsprechender Raum zwischen den beiden Röhren freibleibt. Durch diesen strömt das der Entladung unterworfene Gas. Die Röhren stehen im Zylinder Z, dieser und B sind mit verdünnter Schwefelsäure gleicher Konzentration gefüllt. Die Metallelektroden (Kupfer oder Blei) übernehmen die Stromzuführung, die an eine Wechselstromquelle hoher Frequenz anzuschließen sind.

in den grünen Planzen unter dem Einfluß von Licht, wobei Sauerstoff frei wird:

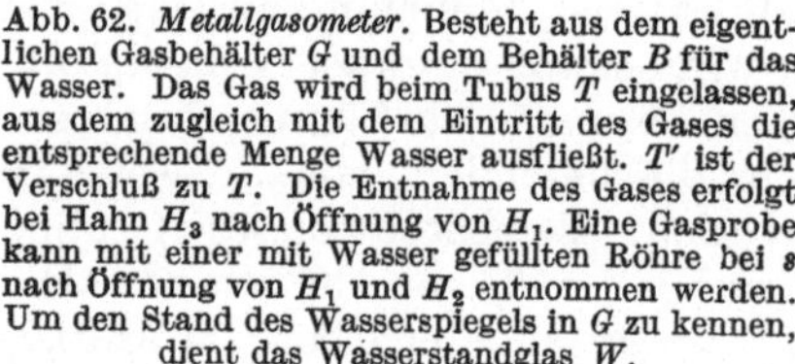

$$\underbrace{CO_2 + H_2O}_{\uparrow} + \text{Licht} \xrightarrow{\text{Pflanze}} \underbrace{\text{Kohlehydrate (Fett, Zucker)} + O_2}.$$

Mensch, Tier

Die Verbrennung der Kohlehydrate erfolgt im Körper der Menschen und der Tiere, durch den bei der Atmung aufgenommenen Sauerstoff.

Ozon. In der Nähe starker elektrischer Entladungen oder einer brennender Quecksilberdampflampe bemerkt man einen eigentümlichen Geruch; dieser stammt von einer besonderen energiereichen Form des Sauerstoffes, dem *Ozon*. Ozon stellt man mit Hilfe elektrischer Entladungen in einer *Siemensröhre* (Ozonisator) her (Abb. 63). Man kann mit dem Ozonisator trockenen Sauerstoff bis 12% in Ozon verwandeln. Die Bildung vollzieht si h nach dem Vorgang:

$$^3/_2\,O_2 \rightleftharpoons O_3, \qquad \varDelta H = 34\ \text{kcal},$$

wonach ein erheblicher Energieaufwand nötig ist, der im Ozonisator aufgebracht wird. Wie jede endotherme chemische Verbindung sich explosiv zersetzen kann, so ist dies auch beim Ozon der Fall; sogar festes Ozon bei —250° kann zur Explosion gebracht werden. Flüssiges Ozon ist tiefblau gefärbt, fest ist es tiefviolett. Als Ozon ist nun der Sauerstoff auch bei Zimmertemperatur sehr reaktionsfähig; blankes Silber wird zu Silberoxyd oxydiert, organische Farbstoffe werden zerstört, aus schwach angesäuerter Kaliumjodidlösung wird Jod freigemacht:

$$O_3 + 2\,KJ + H_2O = J_2 + 2\,KOH + O_2.$$

Das ist zugleich ein empfindlicher, wenn auch kein spezifischer Nachweis für Ozon.

Ozon kommt auf der Erdoberfläche in äußerst geringen Mengen vor. Auffallenderweise nimmt der Gehalt mit der Höhe zu, in 40 km Höhe ist Ozon noch feststellbar, in größeren Höhen nimmt er dann wieder ab. Trotz der hier wegen des niedrigen Druckes vorhandenen geringen Konzentration genügt diese, einen klimatischen Einfluß auszuüben, da Ozon ultraviolette Strahlen absorbiert.

Ozon zerfällt nach der Gleichung

$$O_3 = O_2 + O, \qquad \varDelta H = -24{,}7\ \text{kcal}.$$

Dieser Vorgang kann unter Einwirkung des Lichtes vor sich gehen:

$$O_3 + h\,\nu = O_2 + O. \tag{α}$$

Der Wellenbereich läßt sich nach der Gl. (2) (S. 19) finden, denn es muß $2{,}85 \cdot 10^5\,\lambda \lessgtr 24{,}7$ sein; demnach kann Licht von 12500 Å abwärts zu kleineren Wellenlängen wirksam sein, man könnte also bereits ultrarotes Licht verwenden. Da Ozon im Wellengebiet 10000 bis 5400 Å kontinuierlich (einige kurze Lücken ausgenommen) absorbiert, ist die Vorbedingung für Wirkung des roten Lichtes gegeben. Es hat sich gezeigt, daß der Ozonzerfall, bezogen auf die O_3-Molekel, im roten Licht mit einer Quantenausbeute $\gamma = 2$ vor sich geht. Diese wird beachtenswerterweise durch fremde Gase vermindert, am stärksten von Sauerstoff selbst und Kohlendioxyd, schwächer wirkt Stickstoff, am schwächsten Argon und Helium. Als Erklärung muß man annehmen, daß die Molekeln M_G dieser Gase die Bildung des Ozons nach der Gleichung $O + O_2 + M_G = O_3 + M_G$ begünstigen.

Sauerstoff läßt sich durch ultraviolettes Licht in Ozon überführen. Bei einem Druck von 125 Atm. vermag Licht $\lambda = 2530$ (oder $\lambda = 2070\text{Å}$) mit einer Quantenausbeute $\gamma = 3$ für O_3-Molekeln einzuwirken. Ultraviolettes Licht kann Ozon auch zersetzen, und zwar nach der Gl. (α), hier werden nun angeregte O-Atome frei, da genügend Energie, wie man

sieht, zur Verfügung steht; Empfindlichkeit gegen fremde Gase ist auch
hier, wie im roten Spektralgebiet, vorhanden. Es wird sich demnach
im Ultraviolett im Sauerstoff eine stationäre Ozonkonzentration ausbilden
müssen, wie dies auch in der Tat beobachtet wird.

Ozon lagert sich an organische Verbindungen mit ungesättigten
Bindungen an, es bilden sich *Ozonide*:

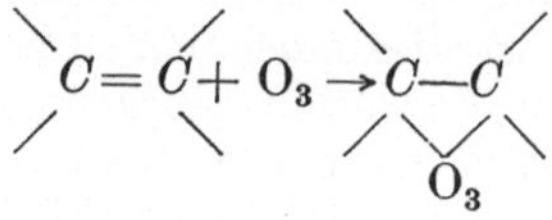

$$\diagdown C = C \diagup + O_3 \rightarrow \diagdown C - C \diagup \quad O_3$$

Der Elektronenaufbau des Sauerstoffmolekels ist abweichend von der
Oktettregel; nach dem physikalischen und chemischen Verhalten wäre die
Molekel von der Form $:\dot{O}-\dot{O}:$, die zwei einzelnen Elektronen sind als
Ursache für den *Paramagnetismus* der Sauerstoffmolekel anzusehen,
der dieses Gas besonders kennzeichnet. Das Ozon hat die Elektronen-
anordnung

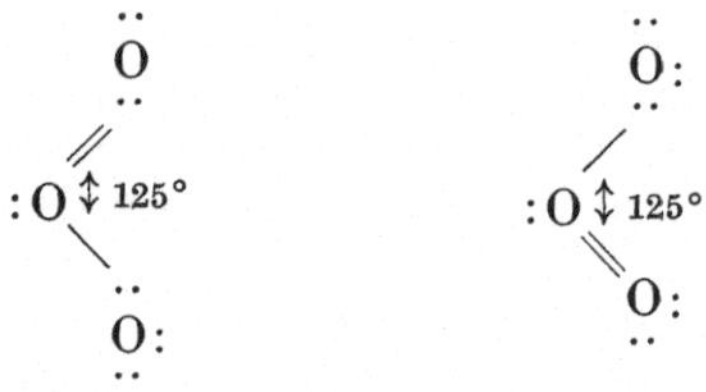

$$
\begin{array}{cc}
O & O: \\
:O \updownarrow 125^\circ & :O \updownarrow 125^\circ \\
O: & O:
\end{array}
$$

Dem zentralen Sauerstoff kann man eine positive Ladung $:\dot{O}\cdot^+$, dem
endständigen Sauerstoff $:\dot{O}\cdot^-$ negative Ladung zuschreiben, zwischen
den beiden Bindungen beträgt der Winkel 125°.

Wasserstoffperoxyd (*Wasserstoffsuperoxyd*) H_2O_2. Die Bildung
aus den Elementen, die unter besonderen Bedingungen durchgeführt
werden kann, geht wahrscheinlich über atomaren Wasserstoff: $2\,H + O_2 =$
$= H_2O_2$, $\Delta H = -138$ kcal; dafür spricht z. B. der Umstand, daß bei der
Elektrolyse an der Kathode, wenn zu dieser Sauerstoff geleitet wird,
Wasserstoffperoxyd gebildet wird. Technisch stellt man es aus den
Peroxyden, *Natriumperoxyd* Na_2O_2, *Bariumperoxyd* BaO_2 her, durch
Zersetzung mit verdünnter Schwefelsäure;

$$Ba\,O_2 + H_2SO_4 = H_2O_2 + BaSO_4.$$

Ferner aus Peroxydischwefelsäure oder Peroxydisulfaten (S. 165). Diese
geben beim Behandeln mit Wasser verdünnte Wasserstoffsuperoxyd-
lösungen, die unter vermindertem Druck destilliert, konz. Lösungen
liefern. Im Handel erhältlich ist eine für kosmetischen und medizinischen
Gebrauch bestimmte 3%ige und eine 30%ige H_2O_2-Lösung für industrielle
Zwecke. Man kann aber auch Lösungen mit fast 100% H_2O_2 herstellen;
diese sind allerdings ungemein reaktionsfähig. Wasserstoffsuperoxyd
zersetzt sich sowohl in Gasform als auch flüssig von selbst. In Gas-

phase als Wandreaktion nach dem Gesetz für eine monomolekulare Reaktion, $k = 0{,}22$ bis $0{,}38$ (Zeit in Minuten), $t = 76°\,C$:

$$H_2O_{2\,\text{flüssig}} = H_2O + {}^1/_2\,O_2, \qquad \varDelta H = -22\,\text{kcal}.$$

Diese exotherm verlaufende Reaktion setzt schon bei Zimmertemperatur in verdünnten Lösungen ein und kann durch Katalysatoren beschleunigt werden, z. B. Alkalien, Braunstein, festes Kaliumpermanganat. Mit diesen versetzte Lösungen zersetzen sich ziemlich rasch, konz. Lösungen können zur explosionsartigen Zersetzung gebracht werden.

Besonders wirkt *kolloidales Platin* (Platinsol). 1 g in 300000 Liter Wasser gelöst, kann beliebige Mengen Wasserstoffsuperoxyd zersetzen. Es gibt im lebenden Organismus Stoffe, die ebenfalls in sehr großer Verdünnung deutlich chemische Reaktionen hervorrufen oder sie lenken; man bezeichnet sie als *Fermente*. Diese können durch besondere Stoffe, z. B. die Atmungsfermente im Körper des Menschen, durch Blausäure (in kleinsten Mengen) ausgeschaltet (vergiftet) werden. Gibt man zu einem Wasserstoffperoxyd zersetzenden Platinsol geringe Mengen Kohlenoxyd, Blausäure oder andere Stoffe, so hört die Wirkung des Sols sofort auf, es ist *vergiftet* worden: man hat ein anorganisches Modell für ein Ferment.

Wasserstoffperoxyd kann sowohl oxydieren als auch reduzieren. Der Oxydationswirkung liegt der erwähnte Vorgang $H_2O_2 = H_2O + {}^1/_2\,O_2$ zugrunde. Es ist ein vorteilhaftes Oxydationsmittel, da sich nur Wasser als Nebenprodukt bildet. Salpetrige Säure wird zu Salpetersäure, Schweflige Säure zu Schwefelsäure, EisenII-Salze zu EisenIII-Salzen usw. rasch oxydiert; Farbstoffe werden zerstört, Jodwasserstoff wird zu Jod oxydiert. Eine farblose Titanlösung (z. B. von $TiOSO_4$) wird zu stark gelbgefärbter Lösung von $TiO_2(HSO_4)_2$ oxydiert; das ist nicht nur ein *sehr empfindlicher* Nachweis für Wasserstoffperoxyd, sondern auch für Titansalze.

Der Reduktionswirkung liegt der Vorgang $H_2O_{2\,\text{flüssig}} = H_{2\,\text{Gas}} + O_{2\,\text{Gas}}$, $\varDelta H = 47\,\text{kcal}$ zugrunde. Es wird z. B. Silberoxyd Ag_2O zu Silber reduziert, $Ag_2O + H_2O_{2\,\text{flüssig}} = 2\,Ag + O_{2\,\text{Gas}} + H_2O_{\text{flüssig}}$, $\varDelta H = -28\,\text{kcal}$. Der für die erste Reaktion notwendige *Wärmeaufwand* kann nur durch die einzelnen Vorgänge des ganzen Systems aufgebracht werden:

$$\begin{aligned}
H_2O_{2\,\text{flüssig}} &= H_{2\,\text{Gas}} + O_{2\,\text{Gas}}, & \varDelta H &= 47{,}8, \\
Ag_2O &= 2\,Ag + {}^1/_2\,O_2, & \varDelta H &= -7{,}2, \\
H_{2\,\text{Gas}} + {}^1/_2\,O_{2\,\text{Gas}} &= H_2O_{\text{flüssig}}, & \varDelta H &= -68{,}3.
\end{aligned} \right\} \text{Bildungswärmen.}$$

Die Addition der drei Gleichungen gibt die angegebene zweite Reaktion, die eine *positive* Wärmetönung besitzt und demnach von selbst eintreten kann.

Lösungen von Kaliumpermanganat werden in saurer Lösung nach der Gleichung reduziert:

$$2\,KMn^{VII}O_4 + 5\,H_2O_2 + 3\,H_2SO_4 =$$
$$= 2\,Mn^{II}SO_4 + 5\,O_2 + 8\,H_2O + K_2SO_4;$$

demnach $Mn^{VII} \rightarrow Mn^{II}$.

Diese Reaktion ist in der Analytischen Chemie von Bedeutung.

Oxydations- und Reduktionswirkung lassen sich in folgendem Versuch zeigen: Man schüttelt eine wenig Schwefelsäure enthaltende Lösung von Wasserstoffsuperoxyd mit Äther, gibt einen Tropfen Kaliumbichromatlösung dazu und schüttelt weiter, es bildet sich eine schön blau gefärbte Ätherschicht, die die gebildete, hoch oxydierte *Überchromsäure* enthält; diese wird nach einiger Zeit durch das im Überschuß vorhandene Wasserstoffsuperoxyd wieder zu wenig gefärbtem ChromIII-Salz reduziert.

Wasserstoffperoxyd ist eine sehr schwache Säure, ihre Salze werden Peroxyde (Na_2O, BaO_2) bezeichnet, s. oben. Sie enthalten das Peroxydion O_2^{--}, dieses hat den Elektronenaufbau: $\left[:\overset{..}{O}-\overset{..}{O}:\right]^{--}$. Zwischen Peroxyden und Dioxyden ist zu unterscheiden; letztere z. B. in SnO_2 enthalten zwei Ionen $\left[:\overset{..}{\underset{..}{O}}:\right]^{--}$. Wasserstoffperoxyd hat die Form

$$\overset{\displaystyle H \qquad\quad H}{\underset{\displaystyle :O-O:}{\diagdown \,\, 110° \,\, \diagup}}$$ Sauerstoff hätte hier die Wertigkeit —I.

Katalytische Zersetzung des Wasserstoffperoxydes in Lösungen.
1. Durch Laugen erfolgt Zersetzung nach Gleichung erster Ordnung:

$$-\frac{dc_{H_2O_2}}{dt} = k\, c_{H_2O_2}$$

c_{NaOH}	$4 \cdot 10^{-4}$	$1{,}6 \cdot 10^{-3}$	$4 \cdot 10^{-2}$	$1{,}6 \cdot 10^{-1}$
$10^3\, k$	0,89	1,67	4,51	7,90

Zeit in Minuten

Demnach nimmt mit zunehmender OH^--Konzentration auch die Geschwindigkeit der Zersetzung zu.

2. Jodionen katalysieren den Zerfall des Wasserstoffsuperoxydes nach der Gleichung

$$H_2O_2 + 2\,H^+ + 2\,J^- = 2\,H_2O + J_2,$$

und zwar ist

$$-\frac{dc_{H_2O_2}}{dt} = k_{katal.} \cdot c_{H_2O_2}, \qquad k_{katal.} = 1{,}4\, c_{J^-} \qquad (25°\,C, \text{ Zeit in Minuten}).$$

Die katalytische Reaktion ist prop. der 1. Potenz der J^--Ionen; sie verläuft nach dem Gesetz erster Ordnung.

3. Die heterogene Katalyse durch Platinsole erfolgt nach einer Reaktion erster Ordnung bezüglich der H_2O_2-Konzentration. Der Einfluß des kolloidal gelösten Platins auf die Zersetzungsgeschwindigkeit ist durch die Gleichung $k = 1{,}1 \cdot 10^6 \cdot c_{Pt}^n$ bei 25° auszudrücken; $n \approx 1{,}6$. Der große Einfluß des Platins auf die Zersetzungsgeschwindigkeit bringt diese Beziehung deutlich zum Ausdruck. Der n-Wert hängt etwas von der

Herstellung des Sols ab. Der Einfluß von Giften auf die Wirkung des Platinsols, z. B. des Cyanwasserstoffes, ist proportional seiner Konzentration, doch sind keine einfachen Gesetzmäßigkeiten vorhanden.

4. Die Zersetzung des Wasserstoffperoxyds durch Jod erfolgt nach den beiden Gleichungen

$$H_2O_2 + J_2 = 2\,H^+ + 2\,J^- + O_2, \tag{1}$$

$$H_2O_2 + 2\,H^+ + 2\,J^- = 2\,H_2O + J_2. \tag{2}$$

Den Fortgang der Zersetzung bestimmt die gebildete Menge Sauerstoff. Die Reaktion ist, wie man sieht, von den J_2-, J^-- und H^+-Konzentrationen abhängig. Es ist die Zersetzungsgeschwindigkeit nach Gl. (1)

$$-\frac{dc_{H_2O_2}}{dt} = \frac{d(O_2)}{dt} = \frac{dx_1}{dt} = \text{prop. } (c_{J_2},\ c_{J^-},\ c_{H^+})\, c_{H_2O_2} = k_1\, c_{H_2O_2}, \tag{3}$$

nach Gl. (2)

$$-\frac{dc_{H_2O_2}}{dt} = \frac{dc_{J_2}}{dt} = \frac{dx_2}{dt} = \text{prop. } (c_{J^-},\ c_{H^+})\, c_{H_2O_2} = k_2\, c_{H_2O_2}, \tag{4}$$

wenn die in Klammern gesetzten Konzentrationen so groß gewählt werden, daß sie sich während der beobachteten Reaktionsdauer nicht merklich ändern. Nachdem die Vorgänge nach Gl. (1) und (2) *gleichzeitig* vor sich gehen werden, beträgt die Gesamtabnahme $(x_1 + x_2)$. Ist zu Beginn $t = 0$, $c_{H_2O_2} = a$, so hat man

$$\frac{dx_1}{dt} = k_1\,(a - x_1 - x_2), \qquad \frac{dx_1}{dt} + \frac{dx_2}{dt} = (k_1 + k_2)\,(a - x_1 - x_2). \tag{5}$$
$$\frac{dx_2}{dt} = k_2\,(a - x_1 - x_2),$$

Demnach beträgt die *Gesamtabnahme* zur Zeit t (zur Zeit $t = 0$ ist $x_1 = x_2 = 0$),

$$x_1 + x_2 = a\,(1 - e^{-(k_1 + k_2)t}). \tag{6}$$

Man erhält die Geschwindigkeit der Entwicklung von Sauerstoff nach Gl. (3) durch Einsetzen der Gl. (6) in Gl. (3)

$$\frac{d(O_2)}{dt} = \frac{dx_1}{dt} = k_1\, a\, e^{-(k_1 + k_2)\,t}.$$

Integriert man, zur Zeit $t = 0$ ist $x_1 = 0$, so erhält man die zur Zeit t gebildete Menge Sauerstoff:

$$x_1 = \frac{k_1}{k_1 + k_2}\,(1 - e^{-(k_1 + k_2)\,t}). \tag{7}$$

5. Prüfung der Gl. 1 bei Gegenwart von $J_{2\,\text{fest}}$:

$$-\frac{dc_{H_2O_2}}{dt} = \text{prop. } J_{2\,\text{fest}} \cdot c_{H_2O_2} = \text{prop. } c_{H_2O_2}.$$

Hat man zwei Lösungen L und L', mit den verschiedenen Konzentrationen $c_{H_2O_2}$, $c'_{H_2O_2}$, so beträgt die Reaktionsgeschwindigkeit bzw. v und v',

$$v = \text{prop. } c_{H_2O_2},$$

$$v' = \text{prop. } c'_{H_2O_2}.$$

Im gleichen Zeitpunkt vom Beginn der Reaktion an gerechnet, ist in beiden Lösungen

$$\frac{v'}{v} = \frac{c'_{H_2O_2}}{c_{H_2O_2}} = \frac{(O_2)'}{(O_2)}.$$

Die Reaktionsgeschwindigkeit wird durch die entweichende Menge Sauerstoff $(O_2)'$ bzw. (O_2) in den beiden Lösungen gemessen. Es beträgt

$$(O_2)' = (O_2)\,\frac{c'_{H_2O_2}}{c_{H_2O_2}}.$$

Man kann also die in der Lösung L' entwickelte Menge Sauerstoff $(O_2)'$ nach Ablauf einer bestimmten Zeit berechnen, wenn man in der gleichen Zeit die in Lösung L kennt. Die Temperatur der beiden Lösungen muß gleich sein. (O_2), $(O_2)'$ bedeuten Kubikzentimeter Sauerstoff ($0°$, 1 Atm.). Temperatur $25°$.

Lösung L		Lösung L'	
$c_{H_2O_2}$	0,0187	0,0775	
Zeit (Min.)	(O_2)	$(O_2)'$	$(O_2)'$ berechnet
1	0,9	4,82	3,75
3	2,67	11,1	11,0
6	5,12	19,4	21,8

Die Zersetzung des Wasserstoffsuperoxydes erfolgt demnach bei Gegenwart von festem Jod nach der Reaktion 1. Ordnung. Das Beispiel ist so gewählt, daß Vorgang nach Gl. (2) noch nicht merkbar eintritt.

Prüfung der Gl. (6): Wird diese in t explizit ausgedrückt, so erhält man

$$t = \frac{1}{k_1 + k_2} \ln \frac{a}{a - \varkappa\,x_1}, \qquad t = \frac{2,3}{k_1 + k_2} \log \frac{a}{a - \varkappa\,x_1}, \qquad (8)$$

oder

$$\frac{k_1 + k_2}{2,3} = k = \frac{1}{t} \log \frac{a}{a - \varkappa\,x_1}, \qquad \varkappa = \frac{k_1 + k_2}{k_1}.$$

Man hat eine Lösung von der Zusammensetzung:

$$a = 54,2, \quad [c_{J_2} = 0,0023, \quad c_{J^-} = 0,0301, \quad c_{H^+} = 6,8 \cdot 10^{-7}, \quad c_{J_3^-} = 0,00512,$$

$$0,4 \text{ molar } CH_3CO_2Na\,];$$

a ist Wasserstoffperoxyd in Kubikzentimeter Sauerstoff ausgedrückt, die nach der Reaktion 1 frei werden.

t (Minuten)	x_1	$\varkappa\, x_1$	$a - \varkappa\, x_1$	k
1	0,5	1,05	53,2	(0,021)
2	1,5	3,15	51,1	0,0185
10	8,45	17,8	36,4	0,0183
20	14,4	30,3	23,9	0,0182
40	21,1	44,3	9,9	0,0187

$\varkappa = 2,1$; dieser Wert ist so gewählt, daß sich die Konstante k ergibt. Mittel über eine große Zahl von Einzelbestimmungen: $k = 0,0183$; $k_1 + k_2 = 0,0422$; $k_1 = 0,0201$; $k_2 = 0,0221$.

Unter x_1 steht die zur Zeit t entwickelte Menge Kubikzentimeter Sauerstoff. Die Konstanz des Wertes k läßt erkennen, daß die katalytische Zersetzung des Wasserstoffperoxydes in der Tat gleichzeitig nach den Gl. (1) und (2) vor sich geht. Man sieht ferner an diesem Beispiel, wie es möglich ist, aus dem Gesamtverlauf einer Reaktion, die aus mehreren Teilreaktionen besteht, durch Rechnung die Konstanten für die Geschwindigkeit dieser *einzelner* Reaktionen zu finden.

2. Schwefel S

Schwefel kommt in der Natur häufig vor, und zwar sowohl in Verbindungen als auch als freies Element. In den Verbindungen mit Metallen, die als *Kiese, Glanze, Blenden* bezeichnet werden, ist der Schwefel über die ganze Erde verbreitet. Als Sulfat ist seine Verbindung nicht minder häufig, wie *Kalziumsulfat* (Gips), *Magnesiumsulfat* (Bittersalz), *Glaubersalz, Schwerspat.* Freier Schwefel jedoch ist nur an einigen Stellen zu treffen; besonders ergiebig ist das Vorkommen in den Staaten Louisiana und Texas (USA.). Die hier geförderten Mengen übertreffen um ein Vielfaches die einst bedeutende Förderung in Sizilien.

Schwefel ist ein vollkommener Isolator für den elektrischen Strom. Schwefel kann in mehreren Arten (Modifikationen, Formen) im festen Zustande vorkommen. Bei Zimmertemperatur ist der *rhombische Schwefel* (α-Schwefel) stabil, bei 96° verwandelt sich der rhombische Schwefel in *monoklinen Schwefel* (β-Schwefel). Beide Arten haben die gleiche gelbe Farbe, unterscheiden sich aber physikalisch sonst deutlich.

	d_{18}	Schmp.
S_{rh}	2,06	112,8°
S_{mkl}	1,96	118,9°

Es gibt dann noch eine nichtkristallinische (amorphe) Art (μ-Schwefel). Das Auftreten eines Stoffes in verschiedenen Modifikationen bezeichnet man als *Polymorphie*; bezüglich der zwei kristallinischen Arten ist Schwefel demnach *dimorph.* Der monokline Schwefel ist bei Zimmertemperatur 1,3mal *löslicher* als der rhombische Schwefel. Die Lösung enthält in beiden Fällen S_8-Molekel. In Schwefelkohlenstoff ist der amorphe Schwefel unlöslich, während die beiden kristallinen Formen löslich sind.

Für den Vorgang

$$S_{rh} \rightleftharpoons S_{mkl}, \qquad \Delta H = 0{,}086 \qquad \text{(bei } 95°)$$

ergibt das Phasengesetz: $B = 1$, $P = 3$, demnach $F = 0$; beide Arten können nur bei einer bestimmten Temperatur t nebeneinander bestehen. Man findet den *Umwandlungspunkt* $t = 95{,}5°$, in diesem ist das System

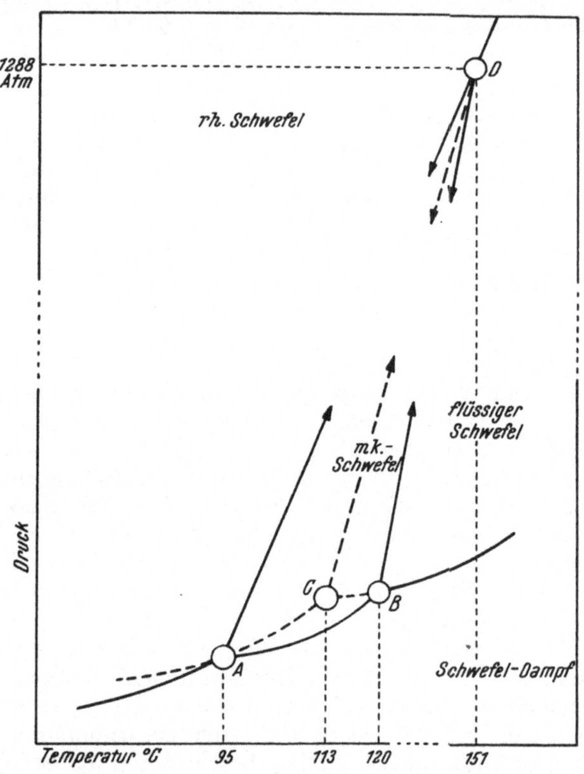

Abb. 64. *p-t*-Phasendiagramm des Schwefels (schematisch). An ◯-Stellen ist das System invariant. *A* Umwandlungspunkt $S_{rh} \rightleftharpoons S_{mkl}$, *B* Schmelzpunkt des monoklinen Schwefels, *C* instabiler Schmelzpunkt des rhombischen Schwefels, *D* stabiler Schmelzpunkt des rhombischen Schwefels.

invariant: man hat ein *heterogenes Gleichgewicht* zweier fester Stoffe. Oberhalb $95{,}5°$ ist der monokline Schwefel, unterhalb der rhombische Schwefel stabil; beim Umwandlungspunkt haben beide Arten den *gleichen* Dampfdruck und müssen auch die *gleiche* Löslichkeit besitzen.

Geht man von rhombischem Schwefel bei Zimmertemperatur aus und erwärmt langsam, so tritt bei $95{,}5°$ die Umwandlung in der Richtung→ ein, bei weiterer Steigerung der Temperatur schmilzt bei $121°$ der gebildete monokline Schwefel. Erwärmt man jedoch sehr rasch den rhombischen Schwefel, so schmilzt dieser bei $114°$. Die besonderen Umwandlungen des Schwefels zeigt anschaulich das p-t-Diagramm (Abb. 64). Kühlt man flüssigen Schwefel ab, so bildet sich zuerst monokliner Schwefel, dann rhombischer Schwefel, unterhalb 95,5°. Der Vorgang kann in beiden Richtungen $\rightleftarrows$ durchgeführt werden, beide Arten des Schwefels können ineinander übergeführt werden, man kennzeichnet dies als *Enantiotropie*. Die im Diagramm gestrichelten Linien bedeuten: *instabil*; der Schmelzpunkt des rhombischen Schwefels bei 113° wird durch den Schnittpunkt von zwei solchen instabilen Dampfdruckkurven angezeigt; hier ist nicht nur der rhombische Schwefel, sondern auch seine Schmelze instabil. In der Abb. 64 sieht man, daß Steigerung der Temperatur und des Druckes das Gebiet des monoklinen Schwefels immer mehr einschränkt. Im Punkte D, Druck 1288 Atm., $t = 151°$, ist rhombischer Schwefel, monokliner Schwefel und flüssiger Schwefel im Gleichgewicht. Über diesem Punkt, nach höheren Temperaturen, hört der monokline Schwefel auf, im stabilen Zustand zu existieren, allein der rhombische Schwefel ist stabil; hier wird der Schwefel *monotrop*. Eine Umwandlung kann nur in einer Richtung $\leftarrow$ erfolgen.

Bei raschem Abkühlen des Schwefeldampfes oder der Schmelze entsteht eine instabile feste Phase, der *plastische Schwefel*, der aus zwei Schwefelarten besteht: S_λ ist in Schwefelkohlenstoff löslich, S_μ unlöslich, beide Formen sind im flüssigen Schwefel vorhanden. Flüssiges S_λ ist hellgelb, flüssiges S_μ ist dunkel und enthält eine *lange Kette* von S-Molekeln. Allgemein ist in einer jeden Flüssigkeit die Bildung verschiedener Molekelarten zu erwarten, zwischen denen rasch einstellende Gleichgewichte vorhanden sind; flüssiger Schwefel hat die bemerkenswerte Eigenschaft, daß sich die Gleichgewichte zwischen den möglichen Molekelarten *langsam* einstellen, wodurch diese faßbar werden: die Gleichgewichte lassen sich „einfrieren". Der Übergang $S_\mu \to S_\lambda \to S_{rh}$ erfolgt bei Zimmertemperatur.

Erhitzt man den Schwefel bis zum Schmp. 120°, so erhält man eine leichtbewegliche, gelbe Flüssigkeit, erhitzt man höher, so färbt sich die Schmelze dunkler und wird bei etwa 230° so dickflüssig (viskos), daß man sie nicht ausgießen kann, bei noch weiterer Steigerung der Temperatur wird sie weniger zähflüssig und bei der Temperatur des Sdp. 444° ist die Schmelze wieder dünnflüssig. Dieses abnorme Verhalten des Schwefels ist im Bau seiner Molekel begründet. Beim Schmelzpunkt besteht der Schwefel aus S_8-Molekel in etwa Kugelgestalt, die sich leicht durcheinander bewegen, bei höherer Temperatur jedoch bilden sich *Schwefelketten*, die sich gegenseitig „verfangen", wodurch die Schmelze dickflüssig wird; mit dieser Kettenbildung ist die Bildung von endständigen S-Atomen möglich, deren Valenzen nicht abgesättigt sind — dem entspricht, wie experimentell gefunden wird, stets das Auftreten einer Farbvertiefung.

Im Gaszustande hat man bisher vier Molekelarten, S, S_2, S_6 und S_8, festgestellt; beim Siedepunkt beträgt der Partialdruck $p_{S_2} = 0,04$, $p_{S_6} = 0,55$, $p_{S_8} = 0,42$; bei etwa 2500° sind 80% des Dampfes atomarer Schwefel. Das Molekulargewicht des gelösten Schwefels in den gewöhnlichen Lösungsmitteln entspricht S_8.

Dem Schwefelatom fehlen zwei Elektronen zur Erreichung des Oktetts, daher kann sich zwischen den Atomen eine kovalente Bindung einstellen, die schließlich zu einer ringförmigen Anordnung führen kann, in der acht Atome Schwefel sich gegenseitig binden:

Abb. 65.

Im Molekelgitter des Schwefels sind die S_8-Molekeln gesetzmäßig angeordnet, wie in der Abb. 65 angegeben.

Es können sich auch aus gleichen Ursachen sehr lange Ketten (Fäden) ausbilden. Der Grund zu der angedeuteten Zickzacklinie ist die Tetraederanordnung der Elektronendoubletts im Elektronenoktett (S. 120).

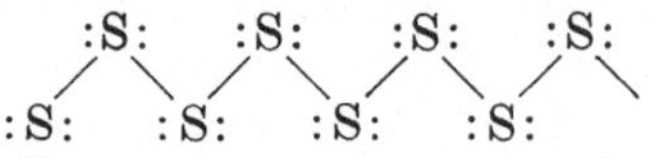

Wie erwähnt, kommen beide Formen beim Schwefel vor.

Die Ursache dieses abnormen Verhaltens des Schwefels liegt darin, daß die Atome *untereinander keine Doppelbindungen* von der Art etwa :S̈: :S̈: eingehen, wie dies bei seinem Nachbar Sauerstoff und bei den anschließenden Elementen Stickstoff, Kohlenstoff, Bor der Fall ist (s. S. 125).

Es gibt keinen Zweig der Wirtschaft, der Technik, der Medizin, in der nicht Schwefel, sei es als Element oder in Verbindungen, verwendet wird. Enorme Mengen verbraucht steigend die chemische Industrie, an deren Zentren man schon gezwungen wird, besondere Verfahren anzuwenden, die es gestatten, Schwefel, der als Nebenprodukt in irgendeiner Form, auch wenn er in hoher Verdünnung anfällt, zurückzugewinnen, und so der Wirtschaft zu erhalten.

Hydride und Oxyde des Schwefels

Wertig-keit	Hydride	Oxyde	Oxysäuren
—II	SH_2		
—I	(S_2H_2)		
0	(S_8)		
II		SO ?	H_2SO_2 Sulfoxylsäure
III		S_2O_3	$H_2S_2O_4$ Unterdischweflige Säure
IV		SO_2	H_2SO_3 Schweflige Säure
V		—	$H_2S_2O_6$ Dithionsäure
VI		SO_3	H_2SO_4 Schwefelsäure, $H_2S_2O_3$ Thioschwefelsäure
			$H_2S_2O_7$ Dischwefelsäure (Pyroschwefelsäure)
		S_2O_7	$H_2S_2O_8$ Peroxydischwefelsäure
			H_2SO_5 Peroxyschwefelsäure (*Caro*-Säure)

Schwefelwasserstoff H_2S, Schmp. $-83°$, Sdp. $-61°$. Die Herstellung erfolgt aus den Elementen, wenn man Schwefeldampf und Wasserstoff, mit Vorteil über erhitzten Bimsstein, leitet.

$$\tfrac{1}{2}\, S_{2\,\text{Gas}} + H_2 \rightleftarrows H_2S_{\text{Gas}}, \qquad \varDelta H = -19{,}6 \text{ kcal.}$$

Im Laboratorium wird dieses hier sehr viel verwendete Gas aus einem Handelsprodukt, dem „Schwefeleisen", durch Säuren im Kipp-Apparat hergestellt: $FeS + 2\,HCl = FeCl_2 + H_2S$.

Schwefelwasserstoff ist ein farbloses Gas, dessen Geruch nach faulen Eiern noch in sehr großer Verdünnung bemerkbar ist; in größeren Mengen eingeatmet, ist es gefährlich giftig.

Der Elektronenaufbau des Schwefelwasserstoffes $\;:\overset{\displaystyle H}{\underset{\displaystyle \cdot\cdot}{S}}\!\!-\!\!H\;$ ist gleich dem des Wassers. Eine Betätigung der Wasserstoffbindung gegen andere gleichartige Molekeln findet hier allerdings nicht statt, dementsprechend zeigt Schwefelwasserstoff ein durchaus normales physikalisches Verhalten.

Schwefelwasserstoff verbrennt an der Luft: $H_2S + {}^{3}/_{2}\,O_2 = H_2O + {}+ SO_2$. Bei geregeltem Sauerstoffzutritt kann man die Verbrennung so leiten, daß sich Schwefel abscheidet: $H_2S + {}^{1}/_{2}\,O_2 = H_2O + S$. Das Gas ist im Wasser leicht löslich; die wäßrige Lösung, das „*Schwefelwasserstoffwasser*", ist eines der häufigst verwendeten Reagentien, da es Metallsalzlösungen zugesetzt verschieden gefärbte Sulfide fällt (S. 277). Ein empfindlicher Nachweis ist feuchtes *Bleiazetatpapier*, das sich wegen Bildung des unlöslichen schwarzen Niederschlages PbS dunkel färbt. Schwefelwasserstoff wirkt *reduzierend*. Fe^{III}-Salze werden in saurer Lösung in Fe^{II}-Salze übergeführt. Andere Beispiele:

1. $J_2 + H_2S = 2\,HJ + S,$
2. $SO_2 + 2\,H_2S = 2\,H_2O + 3\,S,$
3. $H_2SO_{4\,\text{konz.}} + H_2S \rightarrow SO_2,\ S\ \text{u. a.}$

Schwefelwasserstoff ist eine schwache zweibasische Säure. Die wäßrige Lösung dissoziiert deshalb in zwei Stufen:

$$\text{erste Stufe } H_2S \rightleftarrows HS^- + H^+, \quad K_I = \frac{c_{HS^-} \cdot c_{H^+}}{c_{H_2S}} = 9 \cdot 10^{-8},$$

$$\text{zweite Stufe } HS^- \rightleftarrows S^{--} + H^+, \quad K_{II} = \frac{c_{S^{--}} \cdot c_{H^+}}{c_{HS^-}} \approx 10^{-12},$$

$$\left.\right\} 18°.$$

Die geringe elektrolytische Dissoziation zweiter Stufe ist begreiflich: die Abspaltung des Protons von dem negativen Ion HS^- muß erschwert sein.

Viele in der Natur vorkommende Sulfide kann man als Salze des Schwefelwasserstoffes auffassen. Die sauren Salze, die *Hydrosulfide*, sind leicht löslich. Ebenso die neutralen Sulfide der Alkalien, diese sind in Wasser erheblich *hydrolytisch* gespalten:

$$Na_2S + H_2O \rightleftharpoons NaOH + NaHS$$

und *reagieren deshalb stark alkalisch*. Alkalisulfide, die technische Bedeutung haben, werden entweder durch Reduktion der entsprechenden Sulfate mit Kohle oder aus den Hydroxyden durch Einleiten von Schwefelwasserstoff hergestellt.

Ammoniumsulfid *(Schwefelammonium)*. Beim Einleiten von Schwefelwasserstoff in eine verdünnte Ammoniaklösung erhält man in Lösung *Ammoniumhydrosulfid* NH_4HS. Diese Lösung, die stets einen Überschuß an Ammoniak enthält, ist das in der Analytischen Chemie viel gebrauchte „*Schwefelammonium*"; es löst Schwefel und gibt dann das „*gelbe*" Schwefelammonium. Das neutrale Salz ist nur in nichtwäßrigen Lösungen bei tiefer Temperatur erhältlich.

Alkalisulfide lösen freien Schwefel, es bilden sich *Polysulfide*, z. B. Na_2S_2 bis Na_2S_5; auch Polysulfide der Erdalkalien sind bekannt, sie sind leicht löslich; die Farbe der Lösung ist tiefgelb bis braun. Säuren zersetzen: Polysulfide $\rightarrow S + SH_2$. Das Disulfidion S_2^{--} ist aus den Sulfiden durch Oxydation erhältlich: $2\,S^{--} = S_2^{--} + 2\,e^-$, sein Aufbau $\left[\overset{\cdot\cdot}{:}\overset{\cdot\cdot}{S}\!-\!\overset{\cdot\cdot}{S}\overset{\cdot\cdot}{:}\right]^{--}$ entspricht dem des Peroxydions; der Pyrit FeS_2 ist als ein Salz der entsprechenden Wasserstoffverbindung H_2S_2 aufzufassen.

Schwefeldioxyd und Schweflige Säure. Das unmittelbare Verbrennungsprodukt des Schwefels an der Luft ist Schwefeldioxyd SO_2. Im Laboratorium gewinnt man das Gas aus „Sulfitlauge" [$Ca(HSO_3)_2$ oder $NaHSO_3$] und Säure, oder durch Einwirkung von konz. Schwefelsäure auf Kupfer:

$$Cu + 2\,H_2SO_4 = CuSO_4 + SO_2 + 2\,H_2O.$$

Technisch wird das Gas im allergrößten Maßstabe gewonnen durch *Abrösten* von Pyrit und von anderen häufig vorkommenden Kiesen, Glanzen und Blenden; es dient zur Herstellung der Schwefelsäure. Unter Abrösten versteht man das Erhitzen sulfidischer Erze an der Luft, wobei sich neben Schwefeldioxyd Metalloxyde bilden; z. B.:

$$FeS_2 + {}^5\!/_2\,O_2 = FeO + 2\,SO_2.$$

Schwefeldioxyd ist ein farbloses, stechend riechendes Gas, das sich leicht verflüssigen läßt; wegen seiner hohen Verdampfungswärme wird es in den Kältemaschinen verwendet. Es ist in Wasser leicht löslich und bildet damit die *Schweflige Säure*:

$$SO_2 + H_2O \rightleftharpoons H_2SO_3.$$

Gelöst wirkt Schwefeldioxyd stark reduzierend, dem der leichte Übergang $SO_2 \rightarrow SO_3$ entspricht. Schon der Luftsauerstoff vermag Schweflige Säure zu Schwefelsäure zu oxydieren. Weitere Beispiele:

$$H_2O + H_2SO_3 + J_2 = 2\,JH + H_2SO_4.$$

Gleich werden Brom und Chlor reduziert.

$$Fe^{III}\text{-Salze} + H_2SO_3 \rightarrow Fe^{II}\text{-Salze},$$

$$Hg^{II}\text{-Salze} + H_2SO_3 \rightarrow Hg_{Metall}.$$

Die Bleichwirkung auf manche Farbstoffe beruht auf oxydativen Vorgängen. Das Gas sowohl als die Lösung haben keimtötende Wirkung; das schon altbekannte Ausschwefeln der Weinfässer, die Konservierung der Früchte seien zwei Beispiele von vielen. Die Schweflige Säure kann auch oxydierend wirken, s. oben S. 157, Gl. (2).

Die Schweflige Säure ist nur in Lösung beständig, das Ausmaß der Reaktion in der Richtung → ist nicht feststellbar. Sie ist nach der Dissoziationskonstante erster Stufe eine mittelstarke zweibasische Säure.

$$K_{\mathrm{I}} = \frac{c_{\mathrm{HSO_3^-}} \cdot c_{\mathrm{H^+}}}{c_{\mathrm{H_2SO_3}} + c_{\mathrm{SO_2}}} \approx 2 \cdot 10^{-2} \quad (25°).$$

Die Konstante 2. Stufe ist von der Größenordnung 10^{-7}.

Es gibt saure und normale Salze der Schwefligen Säure, *Sulfite* genannt. Erstere, die Hydrosulfite, sind allgemein löslich: das Kalziumhydrosulfit $Ca(HSO_3)_2$ ist als „*Sulfitlauge*" für die Zellulose- und Papierindustrie von Bedeutung. Von den normalen Sulfiten sind die der Alkalien löslich. Die Herstellung der Sulfite ist einfach; man läßt Schwefeldioxyd oder Schweflige Säure auf die entsprechenden Basen oder auf ihre Karbonate einwirken.

Der Elektronenaufbau des Schwefeldioxydes und der Schwefligen Säure:

In der SO_2-Molekel kann keinem Sauerstoffatom eine besondere Bindung zugeschrieben werden; beide Formen sind möglich, sie stehen zueinander in Resonanz. Die Reaktionsfähigkeit der Molekel wäre der Doppelbildung zuzuschreiben. Schwefeldioxyd und Ozon O_3 haben gleiche Struktur. Bei der Schwefligen Säure kann das Proton zwei Stellungen einnehmen; tatsächlich gelingt es, die dadurch sich ergebenden zwei Formen als Ester zu fassen: $OS(OCH_3)_2$ und $O_2S\begin{smallmatrix}\diagup CH_3 \\ \diagdown OCH_3\end{smallmatrix}$. Bei der homologen *Selenigen Säure* H_2SeO_3 tritt dieser Wechsel der Stellung nicht ein.

Schwefeltrioxyd und Schwefelsäure. a) Schwefeltrioxyd. Beim Verbrennen des Schwefels an der Luft bilden sich nur in sehr geringen Mengen Schwefeltrioxyd; erst eine katalytisch beeinflußte Oxydation des Schwefeldioxydes mit Sauerstoff führt zu Schwefeltrioxyd. Die Reaktion

$$SO_{2\,\mathrm{Gas}} + {}^{1}\!/_2\, O_2 \rightleftarrows SO_{3\,\mathrm{Gas}}, \qquad \Delta H = -23{,}1 \text{ kcal,}$$

führt zu einem umkehrbaren Gleichgewicht. Als Katalysator wirkt Platin; in der Technik werden dazu noch Eisenoxyd (Kiesabbrände) verwendet. Es bewähren sich auch Vanadiumverbindungen; diese sind gegen Katalysatorgifte wenig empfindlich; sie leisten das gleiche wie die kostbaren, sehr wirksamen, jedoch empfindlichen Platinkontakte. Die Gleichgewichtskonstante

$$K = \frac{p_{SO_3}}{p_{SO_2} \cdot p_{O_2}^{1/2}}$$

nimmt mit steigender Temperatur ab (Gl. (1), S. 105), d. h. das Gleichgewicht verschiebt sich in der ←-Richtung, der p_{SO_3}-Partialdruck nimmt ab. Um eine möglichst wirtschaftliche Führung des Prozesses durchzuführen, sind hier die gleichen Gesichtspunkte maßgebend, wie sie S. 142 am Beispiel des Jodwasserstoffes ausgeführt sind. Hier ist noch zu beachten, daß die Ausbeute prop. $\sqrt{p_{O_2}}$ ist; als günstige Temperatur wird etwa 460° angegeben. Zufolge der exothermen Reaktion ist die notwendige Kühlung durch eine besondere Anlage des Reaktionsraumes erreichbar.

Im Laboratorium wird Schwefeltrioxyd durch Erhitzen von rauchender Schwefelsäure oder von Pyrosulfaten hergestellt:

$$Na_2S_2O_7 = Na_2SO_4 + SO_3;$$

der Elektronenaufbau des Schwefeltrioxydes wäre:

Schwefel besäße demnach eine Elektronenlücke.

Schwefeltrioxyd kondensiert zu einer farblosen *instabilen* Masse, die an feuchter Luft stark raucht, Schmp. 17°, Sdp. 45°; nach längerem Stehen verwandelt sie sich in eine *stabile* Modifikation mit unscharfem Schmp. ≈40°, es bilden sich glänzende Nadeln von *asbestartigem* Aussehen.

Schwefeltrioxyd kann sich an 1 Mol Schwefelsäure anlagern, es bildet sich die Dischwefelsäure, diese kann ein weiteres Mol Schwefeltrioxyd binden usw.

Schwefelsäure   Dischwefelsäure $H_2S_2O_7$

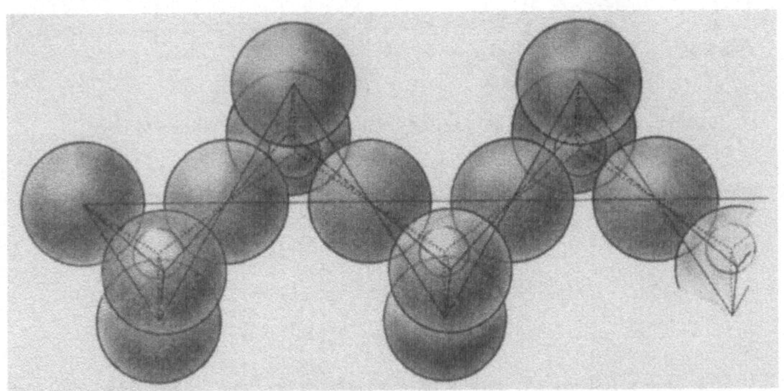

$$HO_3SO-(SO_3)_x-SO_3H$$

$$H_2S_3O_{10}$$

Es entsteht eine „unendliche" Kette, eine *Fadenmolekel* in der das polymere $(SO_3)_x$ (x ist sehr groß) vorhanden ist: dies ist die *asbestartige stabile* Modifikation des Schwefeltrioxydes. Innerhalb der Ketten (der Fäden) sind starke Kräfte vorhanden, während sie zwischen diesen gering sind, so daß man die Fäden leicht voneinander trennen kann. Die räumliche Ausbildung der Polymerisation gibt die Abb. 66.

Abb. 66. Die Ausbildung der Fadenmolekel $(SO_3)_x$. In der Mitte des Tetraeders befindet sich das Ion S^{6+} (0,3 Å), an den Ecken die Ionen O^{--} (1,32 Å). An einer Tetraederspitze steht als Mittelpunkt das O^{--}-Ion, das beiden Tetraedern angehört. In ( ) Radien der Atome.

Die Umwandlung der instabilen Modifikation des Schwefeltrioxydes in die stabile soll durch Spuren Wasser beschleunigt werden; volle Sicherheit darüber besteht noch nicht[1].

b) **Schwefelsäure** H_2SO_4. Schwefeltrioxyd, mit Wasser zusammengebracht, gibt Schwefelsäure, deren Anhydrid es ist. Diese wichtige Reaktion läßt sich bemerkenswerterweise nicht direkt durchführen, da sie zu heftig verläuft und sich unabsorbierbare Nebel bilden. In der Technik löst man daher das Gas in 98% Schwefelsäure; in dem Maße, wie dann dessen Prozentgehalt steigt, setzt man verdünnte Säure zu.

Die technische Herstellung der Schwefelsäure erfolgt nach dem *Kontaktverfahren*, d. i. die an festen Katalysatoren durchgeführte Oxy-

---

[1] Die Polymerisation könnte auch auf die Elektronenlücke im Schwefeltrioxyd allein zurückgeführt werden.

dation des Schwefeldioxydes zu Trioxyd und Überführung in Schwefelsäure, oder nach dem *Bleikammerverfahren*; beide Verfahren gehören zu klassischen Prozessen der chemischen Technik. Während das Kontaktverfahren gegenwärtig weitaus das wichtigste ist, werden nach dem Bleikammerverfahren auch noch beträchtliche Mengen Schwefelsäure hergestellt. Beiden Prozessen liegt die Katalyse des Vorganges $SO_2 + \frac{1}{2} O_2 \rightarrow SO_3$ zugrunde.

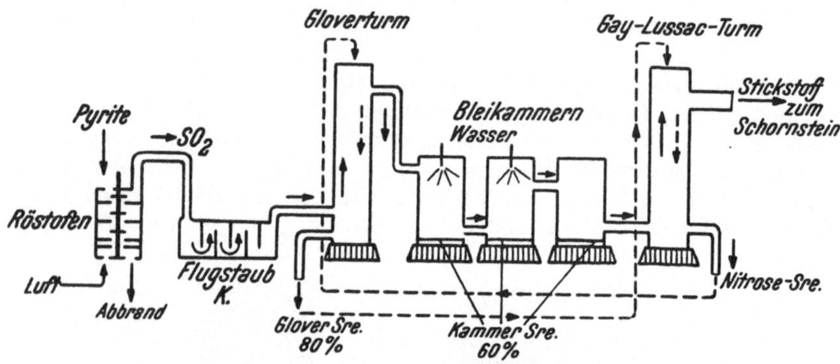

Abb. 67. Anordnung zur Durchführung des Bleikammerverfahrens.

Im Bleikammerverfahren spielen sich folgende Grundreaktionen ab:

$$SO_2 + H_2O \rightleftharpoons H_2SO_3,$$
$$H_2SO_3 + NO_2 = H_2SO_4 + NO,$$
$$NO + \tfrac{1}{2} O_2 = NO_2,$$

in denen Stickstoffdioxyd als Katalysator wirkt. Die Reaktionen vollziehen sich in drei getrennten Reaktionsräumen, in den eigentlichen *Bleikammern*, im *Gloverturm* und im *Gay-Lussac*-Turm, deren gegenseitige Anordnung die Skizze Abb. 67 angibt. Dazu gehört noch der *Röstofen*, in dem Schwefeldioxyd aus sulfidischen Erzen gewonnen wird, das zur Befreiung von Staub durch besondere Flugstabkammern geleitet wird.

Der Gloverturm (Höhe etwa 7 bis 15 m, Durchmesser 3 m) ist mit keramischen Stoffen verschiedener Form (Raschig-Ringe, Platten u. a.) gefüllt, über die von oben *Nitrosesäure* fließt; unten tritt das heiße Schwefeldioxydgas ein, das oben den Turm verläßt.

Die Bleikammern (Inhalt 3000 bis 6000 m³) sind mit Blei ausgekleidete Räume. In den ersten zwei Kammern wird Wasser in feinstem Strahl zerstäubt eintreten gelassen, die letzte Kammer bezweckt Abkühlung und Trocknung der „Nitrosen“-Gase. Der Gay-Lussac-Turm, von etwa gleicher Abmessung wie der Gloverturm, ist ebenfalls mit säurefesten Steinen ausgemauert und gefüllt. Von oben wird die 80% Gloversäure in feiner Verteilung abwärts fließen gelassen, ihr entgegen strömt das aus der letzten Bleikammer austretende Gas; es verläßt oben den Turm.

Die heißen Röstgase gelangen zunächst in den Gloverturm, beladen sich hier mit Stickoxyden und Wasserdampf, wobei sie abgekühlt werden; man erreicht damit eine Konzentrierung der herabrieselnden verdünnten Säure, teils durch Bildung von Schwefelsäure, teils durch Entnahme von Wasser. Aus dem Glover treten die Gase in die Bleikammern, in denen die eigentliche Bildung der Schwefelsäure erfolgt. Die Gase werden immer ärmer an Schwefeldioxyd und enthalten in der dritten Kammer fast nur mehr Stickoxyde und Stickstoff (dieser von der Luft stammend). Diesen Gasen das wertvolle Stickstoffdioxyd zu entreißen und dem Betriebe zu erhalten, ist nun die Aufgabe des GAY-LUSSAC-Turmes, in dem herabrieselnde Gloversäure die Stickstoffoxyde bei günstiger niedriger Temperatur löst; am Boden des Turms sammelt sich die Nitrosesäure. In der gesamten Anlage ist das Gegenstromprinzip durchgeführt (S. 23).

Die Kammersäure enthält etwa 60%, die Gloversäure 80% H_2SO_4. Eine Konzentrierung zu höherem Prozentgehalt wird gegenwärtig nur noch in Türmen durchgeführt, in denen die Säuren heißen Gasen einer Generatorgasfeuerung entgegenrieseln (,,GAILLARD-Turm''). Die umständliche Konzentrierung umgeht das Kontaktverfahren.

Nach dem Kontaktverfahren gewinnt man direkt eine fast hundertprozentige Schwefelsäure; nach Bedarf erzeugt man nach diesem Verfahren *rauchende Schwefelsäure* (,,Oleum''), die Schwefeltrioxyd gelöst enthält; beide Stoffe lösen sich in jedem Verhältnis; bei einem Gehalt 70% SO_3 ist die Mischung fest.

Hochkonzentrierte Schwefelsäure läßt sich in gußeisernen Gefäßen transportieren; Eisen wird durch die starke Säure passiv.

Konzentrierte Schwefelsäure ist eine farblose ölige Flüssigkeit, ihr Gehalt kann durch Messung der Dichte ermittelt werden, eine 99,5%ige H_2SO_4 hat $d_{15°} = 1,839$. Sie besitzt eine große Affinität zu Wasser, was die relativ hohe Wärmeentwicklung bei der Verdünnung anzeigt; für den Vorgang:

$$H_2SO_{4\,\text{flüssig}} + 199\,H_2O = H_2SO_{4\,\text{gelöst}}, \qquad \Delta H = -18\,\text{kcal},$$

beträgt die *Verdünnungswärme* 18 kcal. Es ist darum die Verdünnung der konz. Schwefelsäure mit Vorsicht auszuführen: man läßt die Säure in das Wasser fließen und nicht umgekehrt. Die konz. Schwefelsäure ist deshalb auch ein sehr wirksames *Trockenmittel*; ihre wasserentziehende Wirkung betätigt sie vielen organischen Verbindungen gegenüber, indem sie sie verkohlt.

Von der Schwefelsäure sind mehrere Hydrate bekannt: $H_2SO_4 . H_2O$; $H_2SO_4 . 2\,H_2O$; $H_2SO_4 . 4\,H_2O$; auch mehrere Anlagerungsprodukte von Schwefeltrioxyd sind bei tiefen Temperaturen erhältlich.

Konz. Schwefelsäure wirkt oxydierend; so wird Schwefelwasserstoff unter Abscheidung von Schwefel schon bei Zimmertemperatur oxydiert, bei hoher Temperatur werden die Metalle in Oxyde übergeführt (s. oben). Für die Auswirkung der Oxydation starker Schwefelsäure an organischen Stoffen hat sich QuecksilberII-sulfat als wirksamer Katalysator erwiesen.

Konz. Schwefelsäure gibt mit organischen Stoffen Sulfosäuren (sie wirkt *sulfurierend*), d. h. es tritt z. B. im Benzol an Stelle eines H-Atoms die Gruppe HSO_3

$$C_6H_6 + H_2SO_4 = \underbrace{C_6H_5HSO_3}_{\text{Benzolsulfosäure}} + H_2O.$$

Schwefelsäure ist eine starke, zweibasische Säure, sie bildet zwei Reihen von Salzen, *Hydrosulfate* (Bisulfate), z. B. $NaHSO_4$ und *Sulfate*, z. B. Na_2SO_4. Hydrosulfate geben nur die Alkalimetalle; man gewinnt sie leicht aus deren Salzen mit Schwefelsäure:

$$NaCl + H_2SO_4 = NaHSO_4 + HCl.$$

Sie sind in Wasser leicht löslich und besitzen einen niedrigen Schmelzpunkt. Werden sie über diesen erhitzt, so wird zuerst Wasser und schließlich Schwefeltrioxyd abgespalten:

$$2\,NaHSO_4 = H_2O + Na_2S_2O_7,$$

$$Na_2S_2O_7 = Na_2SO_4 + SO_3.$$

Auf diesem Verhalten beruht die Bedeutung der Hydrosulfate und Disulfate zum Aufschluß schwer löslicher Metalloxyde, d. h. ihre Überführung in ein lösliches Sulfat: Schwefeltrioxyd wird bei etwa 400 bis 500° auf einfache Weise zur Reaktion gebracht.

Die wichtigsten Salze der Metalle sind im allgemeinen die Sulfate, deren Herstellung bei den einzelnen Metallen angegeben ist, sie werden zuweilen noch *Vitriole* bezeichnet, kristallisieren häufig mit Kristallwasser und sind meist leicht löslich. Schwer löslich sind Erdalkalisulfate und Bleisulfat. Thermisch beständig sind die Alkali- und Erdalkalisulfate, während die Sulfate der Schwermetalle Schwefeltrioxyd abspalten. Sulfate bilden auch *Doppelsalze*, dazu gehören die *Alaune*, z. B. $KAl(SO_4)_2 \cdot 12\,H_2O$ (s. S. 289).

Gewaltige Mengen Schwefelsäure werden an verschiedenen Stellen, über die ganze Erde zerstreut, hergestellt, es entspricht dies ihrer vielseitigen Verwendung. Als Verbraucher steht wohl an erster Stelle die Industrie künstlicher Düngemittel; Superphosphat, Ammonsulfat sind unentbehrlich für die Erhaltung der Fruchtbarkeit des Bodens geworden. Die Säure dient zur Gewinnung wichtiger Zwischenprodukte in der engeren Technik organischer Stoffe; gerade dieser Zweig war es, der die Veranlassung zur Entwicklung der Industrie hochkonzentrierter Schwefelsäure seinerzeit gegeben hat. R. KNIETSCH (Deutschland) um 1900. Bei der Herstellung der Sprengstoffe, in der Salpetersäure angewendet wird, dient sie, für diese sonst zu heftig reagierende Säure, als Lösungsmittel („Nitriersäure“) und ist für den Fortgang der Nitrierung von besonderer spezifischer Wirkung. Bei der elektrolytischen Bearbeitung der Metalle, in der Emailindustrie, dient Schwefelsäure zur Reinigung der Metalloberflächen und findet so ihren Weg in die zahlreichen kleinen Betriebe. Überall, wo es gilt, Säurewirkungen zu erzielen, wird sie neben der Salzsäure herangezogen. Die Industrie unentbehrlicher Metallsulfate verbraucht ansehnliche Mengen Säure, ebenso ihre Anwendung im Bleiakkumulator.

Derivate der Schwefelsäure. Man kann in der Schwefelsäure die OH-Gruppe durch andere Radikale ersetzen; wenn Chlor eingeführt wird, erhält man:

a) **Chlorsulfonsäure** $Cl—SO_2—OH$. Mit konz. Schwefelsäure und Phosphorpentachlorid erhält man nach der Gleichung

$$OH—SO_2—OH + PCl_5 = Cl—SO_2—OH + POCl_3 + HCl$$

die genannte Säure, die auch direkt aus Schwefeltrioxyd und Chlorwasserstoff ($SO_3 + HCl = Cl—SO_2—OH$) entsteht, ist eine farblose, an der Luft stark rauchende Flüssigkeit, Sdp. 152°, sie greift die Atmungsorgane heftig an. In der Organischen Chemie dient sie zur Herstellung von Sulfosäurechloriden $R—SO_2Cl$ oder *Sulfonsäuren*.

b) **Sulfurylchlorid** $Cl—SO_2—Cl$, dieses entsteht u. a. auch direkt aus Schwefeldioxyd und Chlor bei Gegenwart von Katalysatoren (Aktivkohle, Kampfer); die Reaktion wird durch Licht begünstigt; bei $\lambda = 4200$ Å beträgt die Quantenausbeute $\gamma \approx 1$ (S. 20). Es ist ebenfalls eine erstickend riechende, farblose Flüssigkeit, Sdp. 69°, die an der Luft stark raucht. Auf organische Stoffe wirkt sie heftig ein, wobei sich Chlorsubstitutionsverbindungen bilden.

c) **Peroxydischwefelsäure** $H_2S_2O_8$. Schwefelsäure läßt sich unter besonderen Bedingungen oxydieren; bei der Elektrolyse von starker Schwefelsäure oder Ammoniumsulfat bildet sich an der Anode, bei großer Stromdichte (Ampere/Elektrodenfläche) und möglichst niedriger Temperatur, $H_2S_2O_8$, oder das entsprechende Ammoniumperoxydisulfat $(NH_4)_2S_2O_8$. Die Ausbeute ist besser, wenn das Ammonium oder Kaliumsalz genommen wird. Bei der Glimmlichtelektrolyse[1] bildet sich die Peroxydischwefelsäure sowohl an der Anode als auch an der Kathode. Die freie Säure ist wenig beständig, sie wird deshalb meist nicht frei dargestellt, sondern ist nur Zwischenprodukt für die Herstellung des Wasserstoffperoxydes, das daraus durch Hydrolyse erhalten wird:

$$H_2S_2O_8 + H_2O = H_2SO_5 + H_2SO_4,$$
$$H_2SO_5 + H_2O \rightleftharpoons H_2O_2 + H_2SO_4.$$

Die Säure und ihre Salze (Peroxydisulfate) sind starke Oxydationsmittel, sie zeigen Wirkungen, die denen des Wasserstoffperoxydes etwa gleichkommen. Die Salze sind beständig und finden mehrfache Verwendung.

d) **Peroxyschwefelsäure** (*Caro-Säure*) H_2SO_5. Wie die vorhergehenden Gleichungen zum Ausdruck bringen, ist diese Säure ein Zwischenprodukt bei der Hydrolyse der Peroxydischwefelsäure, die schließlich in umkehrbarer Reaktion Wasserstoffperoxyd und Schwefelsäure gibt. Die Peroxyschwefelsäure kann rein erhalten werden, wenn auf Chlorsulfonsäure Wasserstoffperoxyd einwirkt:

---

[1] Anordnung, bei der sich die Elektroden im Gasraum befinden.

$$\overset{O}{\underset{O}{HOSCl}} + HOOH = \overset{O}{\underset{O}{OHS}}{-}OOH + HCl.$$

Man erhält so die Säure rein, sie kristallisiert und hat den Schmp. 45°. Die Einwirkung von weiteren Mengen Chlorsulfonsäure liefert die Peroxydischwefelsäure,

$$\overset{O}{\underset{O}{OHS}}{-}OOH + ClSOH = \overset{O}{\underset{O}{HOS}}{-}OO{-}\overset{O}{\underset{O}{SOH}} + HCl,$$

die ebenfalls fest kristallinisch erhalten wird, Schmp. 60°. Die Salze der Peroxyschwefelsäure sind unbeständig. Bei der Glimmlichtelektrolyse entsteht sie, unabhängig von der Peroxydischwefelsäure, sowohl an der Anode wie an der Kathode.

Schwefel vermag nicht mehr als vier Sauerstoffatome kovalent (koordinativ) zu binden. Das in die Molekel der Schwefelsäure eintretende fünfte Sauerstoffatom wird von einem Sauerstoff in der Peroxyschwefelsäure kovalent gebunden: in der Peroxydischwefelsäure und Peroxyschwefelsäure ist die Peroxygruppe $\left[:\overset{..}{O}{-}\overset{..}{\underset{..}{O}}:\right]^{--}$ enthalten. Während diese in der gelösten Caro-Säure unmittelbar als Wasserstoffperoxyd analytisch bestimmt werden kann, ist dies in der Peroxydischwefelsäure, wie schon die Konstitutionsformel erkennen läßt, nicht der Fall; die zur Bildung des Wasserstoffperoxydes notwendige Hydrolyse verläuft in beiden Fällen mit stark verschiedener Reaktionsgeschwindigkeit.

Thioschwefelsäure — Thiosulfate. Gelöste Sulfite nehmen beim Kochen feinverteilten Schwefel auf:

$$Na_2SO_3 + S = Na_2S_2O_3. \tag{1}$$

Es bildet sich ein Salz der *Thioschwefelsäure*. Technisch werden ihre Salze, die *Thiosulfate*, durch Oxydation von Polysulfiden mit Luft hergestellt:

$$Na_2S_5 + {}^3/_2\,O_2 = Na_2S_2O_3 + 3\,S.$$

Die Säure ist im freien Zustande nicht beständig; versetzt man ein gelöstes Thiosulfat mit Säure, so scheidet sich bald Schwefel ab (Umkehrung der Gl. 1). Nach dem Verhalten der wäßrigen Lösung jedoch muß man schließen, daß sich die Thioschwefelsäure nicht momentan zersetzt.

Es gibt nur neutrale Salze dieser Säure, die sehr gut kristallisieren und zumeist löslich sind.

Natriumthiosulfat $Na_2S_2O_3 . 5\,H_2O$ ist das bekannteste Salz; es bildet große durchsichtige monokline Kristalle. In Bleichereien wird es verwendet, um das Chlor nach der Bleichung aus den Geweben zu entfernen (*Antichlor*):

$$Na_2S_2O_3 + 4\,Cl_2 + 5\,H_2O = Na_2SO_4 + 8\,HCl + H_2SO_4.$$

In der Photographie dient es als „*Fixiersalz*", da es unverändertes Bromsilber aus der belichteten Bromsilber-Gelatineschicht löst:

$$2\,Na_2S_2O_3 + AgBr = \underbrace{Na_3Ag(S_2O_3)_2}_{\text{löslich}} + NaBr.$$

Das Salz ist ferner ein wichtiges Reagens in der Maßanalyse (Jodometrie); mit Jod reagiert es sehr rasch, auch in der verdünntesten Lösung, quantitativ. $2\,Na_2S_2O_3 + J_2 = Na_2S_4O_6 + 2\,NaJ.$

Die Konstitution:

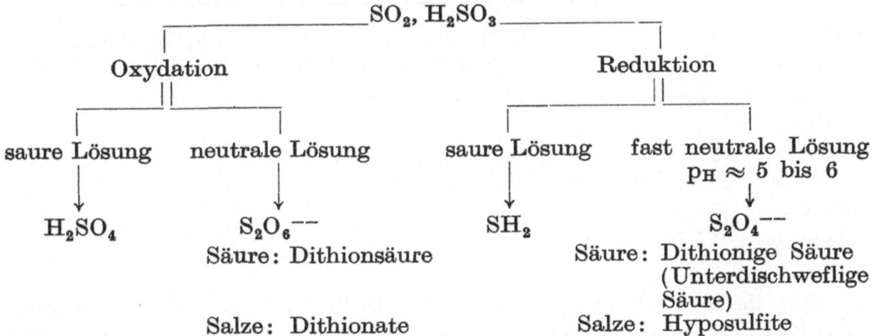

läßt in der Molekel zwei Schwefelatome mit verschiedenen Bindungen erkennen: das nicht zentrale S-Atom hätte die Wertigkeit —II.

Dithionate und *Hyposulfite*. Die Reduktion und Oxydation der Schwefligen Säure und des Schwefeldioxydes kann sowohl in saurer, neutraler oder alkalischer Lösung durchgeführt werden. Man erhält verschiedene Endprodukte. Die Übersicht gibt die hier ziemlich schwierig zu deutenden Reaktionen nur ungefähr an:

$$SO_2,\ H_2SO_3$$

Oxydation		Reduktion	
saure Lösung	neutrale Lösung	saure Lösung	fast neutrale Lösung $p_H \approx 5$ bis 6
H_2SO_4	$S_2O_6{}^{--}$	SH_2	$S_2O_4{}^{--}$
	Säure: Dithionsäure		Säure: Dithionige Säure (Unterdischweflige Säure)
	Salze: Dithionate		Salze: Hyposulfite

Diese Säuren sind in freiem Zustande nicht beständig. Von den Salzen haben die Hyposulfite Bedeutung; da sie stark reduzieren, werden sie in der Küpenfärberei verwendet. Sauerstoff wird direkt aufgenommen; das Natriumhyposulfit $Na_2S_2O_4$ kann deshalb in der Gasanalyse zur Absorption des Sauerstoffes verwendet werden; diese verläuft allerdings zu diesem Zweck etwas zu langsam. Das Anhydrid der Dithionigen Säure wäre S_2O_3 (Dischwefeltrioxyd), es ist darstellbar, doch scheint kein direkter Zusammenhang zwischen Säure und dem Anhydrid zu bestehen. Die Dithionige Säure zersetzt sich: $Na_2S_2O_4 \rightarrow H_2SO_3 + \underbrace{S(OH)_2}_{\text{Sulfoxylsäure}}.$

Es ist möglich, die instabile Sulfoxylsäure durch Überführung in stabile Verbindungen bei Bildung „abzufangen".

Polythionsäuren. Dies ist eine Gruppe von Säuren, die nach verschiedenen Methoden hergestellt werden können; sie sind in Lösungen relativ beständig, zum Teil auch ihre Salze, unbeständig sind ihre alkalischen Lösungen. Es sind bekannt:

$$\text{Trithionsäure} \quad H_2S_3O_6, \quad \text{am unbeständigsten,}$$

$$\text{Tetrathionsäure} \ H_2S_4O_6, \quad \text{Salze sehr beständig,}$$

$$\text{Pentathionsäure} \ H_2S_5O_6,$$

$$\text{Hexathionsäure} \ H_2S_6O_6.$$

Leitet man in eine Lösung von Schwefeldioxyd Schwefelwasserstoff, so erhält man nach entsprechender Behandlung eine farb- und geruchlose Lösung, die *Wackenroder*-Flüssigkeit, welche die genannten Polythionsäuren, namentlich die letzten zwei, enthält. Praktische Bedeutung haben diese Verbindungen bisher nicht.

Halogenverbindungen des Schwefels. Schwefel bildet, mit Ausnahme von Jod, mit den Halogenen zum Teil recht beständige Verbindungen. Durch Beachtung nachfolgender Tabelle läßt sich eine hinreichende Übersicht, für drei phys. Eigenschaften angeführter Verbindungen, gewinnen.

Fluoride	Chloride	Bromide
S_2F_2, Gas, farblos Schmp. —120°, Sdp. —38°	S_2Cl_2 flüssig, orange Schmp. —80°, Sdp. 137°	S_2Br_2 flüssig, rot Schmp. —46
SF_2 Gas, farblos Sdp. —35°	SCl_2 flüssig, rot Sdp. 59°	
SF_4 Gas, farblos Schmp. —124°, Sdp. —40°	SCl_4 flüssig, hellgelb Schmp. —30°	
SF_6 Gas, farblos Schmp. —51°, Sdp. —64		

Von diesen Verbindungen ist *Dischwefeldichlorid* S_2Cl_2 *(Chlorschwefel)* von Bedeutung, da es Schwefel löst und daher bei der Vulkanisierung des Kautschuks verwendet wird. Es ist eine unangenehm riechende Flüssigkeit.

Während die Chlor- und Brom-Schwefel-Verbindungen durch Wasser zersetzt werden (sie rauchen an feuchter Luft), sind die Schwefelfluoride von einer erstaunlichen Beständigkeit.

Nachweis: Elementarer Schwefel ist nach seinem Verbrennungsprodukt leicht zu erkennen. Für den Nachweis bestimmter Verbindungen des Schwefels gibt es bei einigen typische Reaktionen, z. B. für Schwefelwasserstoff (Bleipapier, Nitroprussidnatrium), für Natriumthiosulfat (Jodreaktion) usw. Schwefelverbindungen geben beim Behandeln mit starken Oxydationsmitteln (Salpetersäure, Nitrate) als Endprodukt Schwefelsäure, die durch ihr Bariumsalz scharf bestimmt werden kann.

3. Selen Se

Selen kommt in Metallverbindungen (den *Seleniden*) sehr häufig gleichzeitig mit den entsprechenden Sulfiden vor, die untereinander isomorph sind. Deshalb findet sich Selen in den Röstgasen der verschiedenen Sulfide, und wird so, in den Flugstaubkammern und im Schlamme der Bleikammern angereichert, gefunden. Reine Selenminerale sind selten. Die technische Gewinnung des Selens benützt die Eigenschaft, aus seinen Verbindungen leicht mit Schwefeldioxyd als Element fällbar zu sein.

Selen existiert, so wie Schwefel, in mehreren Modifikationen, die teils löslich, teils unlöslich sind. Rasche Abkühlung des geschmolzenen Selens gibt ein *glasiges Selen* von rotbrauner Farbe, das sich leicht in ein *rotes* Pulver zerreiben läßt. Es ist in dieser Form in Wasser unlöslich, etwas löslich in Schwefelkohlenstoff mit roter Farbe und leitet nicht den elektrischen Strom. Erwärmt man glasiges Selen längere Zeit auf etwa 50°, so verwandelt es sich unter Wärmeentwicklung in *kristallines Selen* von grauer Farbe. Diese Form ist in Schwefelkohlenstoff noch weniger löslich und hat die besondere wertvolle Eigenschaft, nur bei Belichtung den elektrischen Strom zu leiten. So wie Schwefel hat auch das Selen in der Lösung die Molekelgröße Se_8.

Selenwasserstoff SeH_2, Schmp. —66°, Sdp. —41°, läßt sich direkt sowohl aus den Elementen als auch aus den Verbindungen des Selens mit Metallen und Säuren herstellen — am besten aus *Aluminiumselenid*. Es ist ein farbloses, unangenehm nach faulem Rettich riechendes Gas. Es hat chemische Eigenschaften, die dem Schwefelwasserstoff sehr ähnlich sind, wird aber viel leichter zersetzt als dieser. Man sieht dies durch die Beachtung der entsprechenden Bildungswärme.

$$S_{rh} + H_2 \rightleftarrows SH_{2\ Gas}, \qquad \Delta H = -5{,}3 \text{ kcal}, \qquad (1)$$

$$Se_{unlösl.\ Form} + H_2 \rightleftarrows SeH_{2\ Gas}, \qquad \Delta H = 15{,}7 \text{ kcal}, \qquad (2)$$

demnach ist Selenwasserstoff bei Zimmertemperatur überhaupt nicht beständig. Berechnet man die Wärmetönung für den Fall, daß die Reaktion mit Se_2-Molekel vor sich ginge, so erhält man nach dem I. W.-H., d. h. Berücksichtigung von Gl. 2 und 3.

$$Se_{unlösl.\ Form} \rightleftarrows {}^1\!/_2\ Se_{2\ Gas}, \qquad \Delta H = 27 \text{ kcal}, \qquad (3)$$

$${}^1\!/_2\ Se_{2\ Gas} + H_2 \rightleftarrows SeH_{2\ Gas}, \qquad \Delta H = -11{,}3 \text{ kcal},$$

$$K_p = \frac{p_{Se\,H_2}}{\sqrt{p_{Se_2} \cdot p_{H_2}}}. \qquad (3')$$

Nur unter diesen Umständen könnte die Bildung des Selenwasserstoffes erfolgen. Bei Zimmertemperatur ist der p_{Se_2}-Partialdruck ungeheuer klein, so daß die Reaktionsgeschwindigkeit nach Gl. 3 in der →-Richtung klein sein wird und praktisch kein Selenwasserstoff entstehen kann. Auch eine *Zersetzung* des Selenwasserstoffes wird bei Zimmertemperatur nicht erfolgen, weil zu erwarten ist, daß die Reaktionsgeschwindigkeit nach Gl. 2 in der ←-Richtung ebenfalls äußerst klein sein wird und demnach Gleichgewicht 3′ nicht gestört werden kann; das Gas wird, *obgleich instabil, praktisch beständig* sein. Um eine Reaktion in der →-Richtung nach Gl. 3 und 3′ zu ermöglichen, muß man zu einer höheren günstigeren Temperatur übergehen; damit wird die Reaktionsgeschwindigkeit aus zwei Gründen gesteigert: 1. wegen der Zunahme des p_{Se_2}-Partialdruckes und 2. wegen Erhöhung der Temperatur.

Bei 550° beträgt der Gesamtdruck des $Se_{unlös.\ Form}$

$$p = p_{Se_8} + p_{Se_6} + p_{Se_2} = 0,132\ \text{Atm.} \tag{4}$$

Bei dieser Temperatur ist der p_{Se_8}-Partialdruck schon sehr klein und kann vernachlässigt werden. Zwischen den beiden Molekelarten besteht das Gleichgewicht:

$$Se_6 \rightleftarrows 3\ Se_2, \qquad \Delta H = 56\ \text{kcal}, \tag{5}$$

$$K' = \frac{p^3_{Se_2}}{p_{Se_6}}, \tag{6}$$

dessen Konstante $K' = 6,9 \cdot 10^{-4}$ bei der angegebenen Temperatur beträgt. Aus den beiden Gl. 4 und 6 findet man $p_{Se_2} = 0,039$ Atm.; bei 550° ist demnach der p_{Se_2}-Partialdruck schon erheblich und Selenwasserstoff kann sich bilden, was auch experimentell gefunden wird. Ob die Reaktion tatsächlich mit Se_2-Molekeln oder mit Se_6-Molekel $(Se_6 + 6\ H_2 \rightleftarrows 6\ SeH_2)$ vor sich geht, läßt sich direkt *nicht* entscheiden. Es beträgt das Verhältnis p_{SeH_2}/p_{H_2} bei verschiedenen Temperaturen beim Gesamtdruck $p = 1$ Atm. in den folgenden Beispielen:

	Zunahme			Abnahme	
	———————→			———————→	
p_{SeH_2}/p_{H_2}	0,17*	0,60*	1,2	—	0,64
$t°$ C	254	493	600	700	800
K_p	—	—	$1,6 \cdot 10^{-1}$	$8,3 \cdot 10^{-2}$	$4,5 \cdot 10^{-2}$

Die mit * bezeichneten Beispiele sind bei Gegenwart von flüssigem Selen gemacht. Es ist

$$Se_{unlös.\ Form} \rightleftarrows Se_{flüssig}, \qquad \Delta H = 0,78\ \text{kcal},$$

wonach mit Berücksichtigung Gl. 3 folgt:

$$Se_{flüssig} \rightleftarrows {}^1/_2\ Se_{2\ Gas}, \qquad \Delta H = 26,2\ \text{kcal}.$$

Mit steigender Temperatur muß p_{Se_2} *zunehmen*, dementsprechend auch p_{SeH_2}, Gl. 3′, was in den ersten zwei Beispielen auch der Fall ist. Die anderen drei Beispiele gelten für die homogene Gasphase; in diesem Fall ist dann nur auf das Gleichgewicht im Gasraum Rücksicht zu nehmen; die Abhängigkeit der Gleichgewichtskonstante K_p von der Temperatur erfolgt entsprechend der Gleichung $d \ln K_p/dT = -11,3/RT^2$, d. h. sie fällt mit steigender Temperatur. Das Verhältnis p_{SeH_2}/p_{H_2}, mit K_p zusammenhängend, muß daher auch *abnehmen*. Man sieht demnach hier den *beachtenswerten* Fall, daß z. B. bei 493° und 800° das Verhältnis p_{SeH_2}/p_{H_2} *gleich* ist: bei 493° besteht ein *heterogenes*, bei 800° ein *homogenes* Gleichgewicht.

Selenwasserstoff ist in Wasser löslich, die leicht an der Luft zersetzliche Lösung reagiert deutlich sauer; Selenwasserstoff ist eine *stärkere* Säure als Schwefelwasserstoff. Aus der Lösung von Schwermetallen fällt es die entsprechenden wenig löslichen Selenide.

Selendioxyd SeO_2, **Selenige Säure** H_2SeO_3. Beim Verbrennen des Selens an der Luft bildet sich Selendioxyd, das in glänzenden weißen sublimierbaren Nadeln erhalten wird. In Wasser gelöst, gibt das Selendioxyd die Selenige Säure, deren Salze *Selenite* genannt werden. Die Selenige Säure kristallisiert bei Zimmertemperatur mit Kristallwasser, gelöst, kann sie leicht mit Schwefeldioxyd zu elementarem Selen reduziert werden; sie ist eine schwächere Säure als die Schweflige Säure.

Selensäure H_2SeO_4, entsteht aus der Selenigen Säure durch starke Oxydationsmittel, z. B. Chlor. Die freie Säure (Schmp. 57°) löst sich in Wasser und gibt eine konz. Selensäure, deren Wirkung der Schwefelsäure gleicht; sie spaltet jedoch leicht Sauerstoff ab und ist deshalb ein wirksameres Oxydationsmittel als Schwefelsäure. So wird z. B. Chlorwasserstoffsäure zu Chlor oxydiert:

$$H_2SeO_4 + 2\,H\,Cl \rightleftharpoons H_2SeO_3 + Cl_2 + H_2O.$$

Aus der Selensäure läßt sich nicht das Anhydrid, das Selentrioxyd SeO_3 gewinnen.

Die Salze *(Selenate)* verhalten sich gleich den Sulfaten, spalten jedoch beim Erhitzen Sauerstoff ab. Bariumselenat $BaSeO_4$ ist schwer löslich.

Selen verbindet sich mit Halogenen direkt, sie sind beständiger als die des Schwefels.

Se_2Cl_2	$SeBr_2$	SeJ_2	SeF_4	SeF_6	$SeCl_4$	$SeBr_4$
flüssig	flüssig	fest	flüssig	Gas	fest	fest
braun	braun	schwarz	farblos	farblos	farblos	gelb

Alle Selenverbindungen sind giftig.

Nachweis: Selenverbindungen lassen sich leicht zu elementarem Selen reduzieren, dessen rote Farbe es kennzeichnet.

4. Tellur Te

Tellur ist wesentlich geringer als Selen verbreitet, vertritt in den Sulfiden nicht den Schwefel, zeigt aber geochemisch dem Selen ein gleiches Verhalten. Es gibt nur seltene Minerale, in denen es an Metall gebunden ist und die als Telluride aufzufassen sind. Es kommt zuweilen gediegen vor. Als Ausgangsmineral dient *Blättertellur (Nagyagit, Sylvanit,* $AuAgFe_4$).

Tellur ist aus den Verbindungen leicht durch Reduktion mit Schwefeldioxyd abzuscheiden. Im amorphen Zustand ist es ein braunes Pulver. Die Schmelze des Tellurs erstarrt zu einer silberweißen Masse mit vollständig metallischem Aussehen, sie leitet den elektrischen Strom. Der Dampf des Tellurs ist gelb gefärbt und besteht beim Siedepunkt aus Te_2-Molekeln.

Die Verbindungen des Tellurs sind mit denen des Selens nach Zusammensetzung und Verhalten vielfach sehr ähnlich.

Tellurwasserstoff. TeH_2 läßt sich nicht, so wie Selenwasserstoff, aus den Elementen direkt herstellen, indirekt gelingt dies elektrolytisch: man verwendet Tellur als Kathode in einer starken Schwefelsäure oder 50% Phosphorsäure. Die Zersetzung von Telluriden (besonders geeignet ist Aluminiumtellurid) mit Säuren gibt ebenfalls Tellurwasserstoff. Nach der Bildungsgleichung

$$Te_{fest} + H_2 \rightleftarrows TeH_{2\,Gas}, \qquad \Delta H = 32 \text{ kcal},$$

ist Tellurwasserstoff bei Zimmertemperatur noch instabiler zu bezeichnen als Selenwasserstoff. Die Bildung kann über Wasserstoffatome erfolgen; man sieht dies, wenn die Reaktion $H_{2\,Gas} \rightleftarrows 2\,H$ $\Delta H = 103$ kcal berücksichtigt wird:

$$Te_{fest} + 2\,H \rightleftarrows TeH_{2\,Gas}, \qquad \Delta H = -71 \text{ kcal}.$$

Diese notwendigen experimentellen Bedingungen zur Bildung von H-Atomen werden bei der Elektrolyse an einer Tellurkathode ungefähr erfüllt. Der Geruch des Gases erinnert etwas an Arsenwasserstoff, seine wäßrige Lösung reagiert sauer; hier wird Tellurwasserstoff leicht von Luft zu metallischem Tellur oxydiert.

Die Salze des Tellurwasserstoffes, die *Telluride*, verhalten sich wie die Selenide. Die Schwermetalltelluride werden jedoch meist durch Wasser zersetzt.

Tellur verbrennt an der Luft zu Tellurdioxyd TeO_2, das als farblose Kristallmasse erhalten werden kann und sehr wenig löslich ist. Zu beachten ist sein *amphoteres* Verhalten: es löst sich sowohl in Basen als auch in Säuren:

$$TeO_2 + 2\,NaOH = Na_2TeO_3 + H_2O,$$

$$TeO_2 + 4\,HCl = TeCl_4 + 2\,H_2O.$$

Im ersteren Fall bilden sich *Tellurite*, im zweiten *Tellursalze*.

Wird Tellur oder dessen Verbindungen mit starken Oxydationsmitteln behandelt, so erhält man die *Orthotellursäure* H_6TeO_6, die sich im festen Zustande abscheiden läßt. Sie ist eine sehr schwache *sechsbasische* Säure, von der entsprechende saure und bemerkenswerterweise auch neutrale Salze bekannt sind. Die Orthotellursäure spaltet beim Erhitzen Wasser ab und liefert schließlich *Tellurtrioxyd* TeO_3.

Die Halogenverbindungen des Tellurs sind beständiger als die des Selens und des Schwefels, wie auch aus ihren Bildungswärmen folgt. *Nachweis*: Dieser ist ähnlich wie beim Selen durchzuführen.

5. Polonium Po

Polonium ist ein Element der radioaktiven Zerfallsreihe des Urans und ist mit Radium F identisch. Es ist ein α-Strahler (Halbwertzeit 136 Tage), seine Eigenschaften entsprechen vollkommen denen eines

Metalles; in reinem Zustande ist es noch nicht hergestellt worden. Polonium gibt ein schwerlösliches Sulfid. Aus seinen Salzlösungen kann es an der Kathode elektrolytisch abgeschieden werden. Chemisch ist Polonium seinem Homologen, dem Tellur, ähnlich, aber auch seinem Nachbar Wismut, in der 6. Periode; es bildet z. B., wie die genannten zwei Elemente, flüchtige Wasserstoffverbindungen, Poloniumwasserstoff jedoch ist unbeständiger als Wismutwasserstoff.

XXXVI. Hydrolyse

Das Wasser übt infolge seiner elektrolytischen Dissoziation, trotzdem diese sehr gering ist, unter Umständen auf gelöste Elektrolyte eine Wirkung aus, die man allgemein als *Hydrolyse* bezeichnet. In dieser Hinsicht ist besonders das Verhalten der Salze schwacher Säuren und schwacher Basen zu beachten.

Wir betrachten das Salz SB einer schwachen Säure SH mit einer starken Base BOH; in der wäßrigen Lösung finden die folgenden Dissoziations-vorgänge statt, die sich gegenseitig beeinflussen:

$$H_2O \rightleftharpoons H^+ + OH^-, \qquad K_w = c_{H^+} \cdot c_{OH^-}, \qquad (1)$$

$$SB \rightleftharpoons S^- + B^+, \qquad K_{SB} = \frac{c_{S^-} \cdot c_{B^+}}{c_{SB}}, \qquad (2)$$

$$SH \rightleftharpoons S^- + H^+, \qquad K_{SH} = \frac{c_{S^-} \cdot c_{H^+}}{c_{SH}}. \qquad (3)$$

Da die Säure SH schwach ist, wird sich entsprechend Gl. 3 undissoziierte Säure bilden, unter Abnahme der entsprechenden Ionenkonzentrationen (c_{S^-} und c_{H^+}); in den sich einstellenden Gleichgewichten muß die c_{OH^-}-Konzentration zunehmen, d. h. die Lösung wird *alkalisch*. Man kann diesen Vorgang, ein einfaches Beispiel für die Hydrolyse, durch die Gleichung darstellen:

$$H_2O + S^- \rightleftharpoons SH + OH^-; \qquad (4)$$

es beträgt die *Hydrolysenkonstante* $K_{Hyd.}$, wenn Gl. 3 berücksichtigt wird:

$$K_{Hyd.} = \frac{c_{SH} \cdot c_{OH^-}}{c_{S^-}} = \frac{c_{S^-} \cdot c_{H^+} \cdot c_{OH^-}}{K_{SH} \cdot c_{S^-}} = \frac{K_w}{K_{SH}}.$$

K_w nimmt mit steigender Temperatur rasch zu:

	0°	18°	25°	50°	100°
$K_w \cdot 10^{14}$	0,12	0,60	1,0	5,7	59

aus diesem Grunde muß allgemein die *Hydrolyse mit steigender Temperatur ebenfalls rasch zunehmen.* Es ist nach Gl. 4 angenähert $c_{OH^-} \approx c_{SH}$, daher

$$\frac{K_w}{K_{SH}} = \frac{c^2_{OH^-}}{c_{S^-}} \quad \text{oder} \quad c_{OH^-} = \sqrt{\frac{K_w \cdot c_{S^-}}{K_{SH}}}.$$

Die Salze sind vollständig dissoziiert; ist die Hydrolyse nicht stark, beträgt c_{Salz} die Konzentration des Salzes SB, so ist $c_{S^-} = c_{Salz}$, daher

$$1. \quad c_{\text{OH}^-} = \sqrt{\frac{K_w \cdot c_{\text{Salz}}}{K_{SH}}} \quad \text{oder} \quad c_{\text{H}^+} = \sqrt{\frac{K_w \cdot K_{SH}}{c_{\text{Salz}}}} \quad \left.\vphantom{\int}\right\} \text{Hydrolyse-}$$

$$2. \quad c_{\text{H}^+} = \sqrt{\frac{K_w \cdot c_{\text{Salz}}}{K_{BHO}}} \quad \text{oder} \quad c_{\text{OH}^-} = \sqrt{\frac{K_w \cdot K_{BOH}}{c_{\text{Salz}}}} \quad \left.\vphantom{\int}\right\} \text{Gleichungen.}$$

Man sieht z. B., in 1: die Hydrolyse ist bei einer bestimmten Temperatur und Salzkonzentration um so größer, je kleiner K_{SH}, also je schwächer die Säure SH ist; Gleiches gilt für 2 bezüglich BOH.

Die Lösung eines Salzes einer starken Säure und schwachen Base BOH reagiert sauer, die Konzentration der Wasserstoffionen gibt die Gl. 2.

Kennt man die Konzentration c_{OH^-} oder c_{H^+}, die z. B. durch Indikatoren bestimmt werden können, so kann man aus den Gleichungen, wenn K_w bekannt ist, die entsprechenden Dissoziationskonstanten K_{SH} oder K_{BOH} finden. Auch K_w kann nach diesen Gleichungen ermittelt werden.

Beispiel: Na_2S ist das Salz der schwachen Schwefelwasserstoffsäure, deren Dissoziationskonstante 1. Stufe, $K_{SH} = 9 \cdot 10^{-8}$ (18°) beträgt; in einer Lösung 0,1 Mol Na_2S/Liter ist

$$c_{\text{OH}^-} = \sqrt{\frac{0,6 \cdot 10^{-14} \cdot 0,1}{9 \cdot 10^{-8}}} = 1 \cdot 10^{-4} \text{ Mol/Liter.}$$

Hydrolysengrad ist der Bruchteil pro 1 Mol Salz, das durch Wasser in Säure und H^+-Ionen oder Base und OH^--Ionen gespalten wird.

$$\text{Hydrolysengrad} = \frac{c_{\text{OH}^-}}{c_{\text{Salz}}}; \quad \% \text{ Hydrolyse} = 100 \cdot \text{Hydrolysengrad, demnach}$$

beträgt in einer 0,1mol. Na_2S-Lösung der Hydrolysengrad $1 \cdot 10^{-3}$, oder das Salz ist zu 0,1% hydrolysiert.

XXXVII. Bemerkungen zu einigen heterogenen Gleichgewichten

1. Löslichkeit, Löslichkeitsprodukt. a) Eine Lösung ist an einem bestimmten Stoff A *gesättigt*, wenn A als *Bodenkörper* vorhanden ist; zwischen diesem und der Lösung besteht ein chemisches Gleichgewicht. Die Löslichkeit (l_A) oder Lösungskonzentration (c_A) sind von der Menge des Bodenkörpers *unabhängig*. Der Vorgang

$$A_{\text{fest}} \rightleftarrows A_{\text{gelöst}} \qquad \Delta H$$

entspricht demnach im Gleichgewicht

$$c_{\text{A gelöst}} = \text{konstant (bei gegebener Temperatur).}$$

ΔH ist die Lösungswärme; sie ist von der Natur des gelösten Stoffes und vom Lösungsmittel abhängig; sie kann positiv oder negativ sein. Die drei Halogensilber z. B. sind in Wasser schwer löslich, sie unterscheiden sich durch die verschiedene Löslichkeit; für diese gibt das M.-W.-G. zahlenmäßige Angaben.

Fällt man Cl^--Ionen durch Ag^+-Ionen, so bildet sich AgCl als Bodenkörper (Niederschlag), der mit der gesättigten AgCl-Lösung im Gleichgewicht steht. Das gelöste Silberchlorid ist als Salz vollständig elektrolytisch dissoziiert, so daß der Bodenkörper mit den Ag^+- und Cl^--Ionen im Gleichgewicht steht:

$$AgCl_{fest} \rightleftarrows AgCl_{gelöst} \qquad\qquad \Delta H_1 \text{ Lösungswärme,}$$

$$\underline{AgCl_{gelöst} \rightleftarrows Ag^+ + Cl^-} \qquad\qquad \Delta H_2 \text{ Dissoziationswärme,}$$

$$AgCl_{fest} \rightleftarrows Ag^+ + Cl^- \qquad \Delta H_1 + \Delta H_2$$

$$K = \frac{c_{Ag^+} \cdot c_{Cl^-}}{c_{AgCl}}. \tag{1}$$

c_{AgCl} ist konstant, und kann mit K vereinigt werden, das gibt eine neue Konstante L

$$L = c_{Ag^+} \cdot c_{Cl^-}. \tag{2}$$

L wird als *Löslichkeitsprodukt* bezeichnet. Ist $c_{Ag^+} \cdot c_{Cl^-} < L$, so kann Silberchlorid nicht als Bodenkörper auftreten. Damit ein Bodenkörper (ein Niederschlag) gebildet wird, muß das Löslichkeitsprodukt *erreicht* oder *überschritten* werden. Man findet

L für $t = 25°$

$$AgCl \ \dots \ 0{,}6 \ . \ 10^{-11}$$
$$AgBr \ \dots \ 6{,}9 \ . \ 10^{-13}$$
$$AgJ \ \dots \dots \ 0{,}97 \ . \ 10^{-16}$$

Das Silberjodid ist demnach das am schwersten lösliche Halogensilber. Über *Mitfällung* s. S. 298.

Im allgemeinen ist die Lösungswärme $\Delta H_1 > 0$, demnach muß die Löslichkeit mit steigender Temperatur zunehmen. Gleiches gilt für die Dissoziationswärme $\Delta H_2 > 0$ (Gleichung S. 105), demnach wird das Löslichkeitsprodukt L mit steigender Temperatur zunehmen.

Verminderung der Löslichkeit. Die Sättigungskonzentration der Ag^+- und Cl^--Ionen beträgt

$$c_{Ag^+} = c_{Cl^-} = \sqrt{L} = 2{,}4 \ . \ 10^{-6} \quad \text{oder} \quad c_{Ag^+} = L/c_{Cl^-}.$$

Fügt man einen Überschuß an Cl^--Ionen hinzu, $c'_{Cl^-} > c_{Cl^-}$, so muß jetzt

$$c'_{Ag^+} < c_{Ag^+}$$

sein, d. h. die Sättigungskonzentration der Ag^+-Ionen ist damit kleiner geworden. In einer gegebenen Ag^+-Ionenlösung wird durch Cl^--Ionen die Konzentration der Silberionen um so mehr vermindert, je größer der Überschuß an fällenden Cl^--Ionen beträgt.

Die Darlegungen dieses Abschnittes, die allgemein gelten, sind besonders in der Analytischen Chemie bei Fällungen zu beachten.

b) *Die Löslichkeit schwerlöslicher Salze schwacher Säuren in starken Säuren.* Kalziumcarbonat $CaCO_3$ ist in allen starken Säuren, z. B. Salzsäure, löslich. Bei der Lösung sind die folgenden Teilvorgänge zu beachten:

$$CaCO_3 \rightleftarrows Ca^{++} + CO_3^{--}, \qquad L = c_{Ca^{++}} \cdot c_{CO_3^{--}} = 0.8 \cdot 10^{-8}; \qquad (1)$$

$$HCl \rightleftarrows H^+ + Cl^-; \qquad (2)$$

$$HCO_3^- \rightleftarrows H^+ + CO_3^{--}, \qquad K_{II} = \frac{c_{H^{\pm}} \cdot c_{CO_3^{--}}}{c_{HCO_3^-}} = 5 \cdot 10^{-11}. \qquad (3)$$

Die Stärke der Kohlensäure sei hier durch den Wert von K_{II} ausgedrückt; man sieht, daß noch in einer 1mol. HCO_3^--Lösung $c_{CO_3^{--}} = 7 \cdot 10^{-6}$ noch sehr niedrig ist, während die Lösung des Kalziumkarbonates $c_{CO_3^{--}} = 9 \cdot 10^{-5}$ liefert. Dieser Wert muß sich bei Gegenwart von H^+-Ionen nach dem Vorgang Gl. 3 auf $< 7 \cdot 10^{-6}$ erniedrigen, das hat zur Folge, weil das Gleichgewicht (Gl. 1) gestört wird, daß $CaCO_3$ in Lösung geht.

So wie es hier an einem Beispiel angegeben, verhalten sich in der Regel viele schwerlösliche Salze schwacher Säuren: *Salze schwacher Säuren sind in starken Säuren löslich.* Man sieht jedoch, daß die Lösung vom Wert des Löslichkeitsproduktes abhängt: es muß die Konzentration der Anionen einen bestimmten Wert erreichen. Wäre Kalziumkarbonat so wenig löslich, daß etwa $c_{CO_3^{--}} < 10^{-6}$ wäre, so könnte nach Gl. 3 kein Vorgang Richtung $\leftarrow$ eintreten und demnach auch keine Lösung. Solche Fälle kommen vor; die Sulfide CuS, Ag_2S, PbS sind in starken Säuren unlöslich, obgleich sie Salze der sehr schwachen Schwefelwasserstoffsäure sind. Die Löslichkeitsprodukte dieser Sulfide sind so klein, die Konzentration der S^{--}-Ionen so niedrig, daß der notwendige Vorgang für die Lösung: $S^{--} + H^+ \rightarrow SH^-$ nicht eintreten kann.

c) Das Löslichkeitsprodukt schwerlöslicher Basen liefert einen Schätzungswert für die „Basizität" (S. 75) des Metalles. Z. B. beträgt für Silberhydroxyd und Kalziumhydroxyd:

$$L = c_{Ag^{\pm}} \cdot c_{OH^-} = 1.24 \cdot 10^{-8}, \qquad c_{OH^-} = \sqrt{1.24 \cdot 10^{-8}},$$

$$L = c_{Ca^{++}} \cdot c^2_{OH^-} = 5.5 \cdot 10^{-6}, \qquad c_{OH^-} = \sqrt[3]{2 \cdot 5.5 \cdot 10^{-6}}$$

auf Äquivalente bezogen:

$$\frac{\text{Basizität des Kalziums}}{\text{Basizität des Silbers}} = \frac{1}{2} \frac{\sqrt[3]{2 \cdot 5.5 \cdot 10^{-6}}}{\sqrt{1.2 \cdot 10^{-8}}} \approx 100.$$

2. Nernst-Verteilungssatz. Jod löst sich bei Gegenwart von Kaliumjodid in Wasser, es ist aber auch in Chloroform löslich. Schüttelt man eine Lösung von Jod in Chloroform mit einer wäßrigen Lösung von Kaliumjodid, so wird sich das Jod zwischen den beiden Lösungsmitteln *verteilen.* Diese Verteilung geht gesetzmäßig vor sich. Im allgemeinen Fall, bei Verwendung eines Stoffes A, ist der zugrunde liegende Vorgang:

$$A \text{ gelöst in } I \rightleftarrows A \text{ gelöst in } I';$$

ist c_A die Lösungskonzentration des Stoffes im Gleichgewicht in dem Lösungsmittel I und c'_A in dem Lösungsmittel I', so ist bei einer bestimmten Temperatur das Verhältnis

$$\frac{c'_A}{c_A} = L$$

L ist eine Konstante, *unabhängig* von der absoluten Menge der beteiligten Stoffe. L wird *Verteilungskoeffizient* bezeichnet. Die Verteilung bezieht sich auf einen bestimmten Stoff *bestimmter* Molekelart. *Verteilungssatz von* W. NERNST.

$$\text{Stoff} \begin{cases} H_2O_2 \\ HCl \end{cases} \text{Wasser (I') — Amylalkohol (I), Temperatur } 25°$$

	c'_A	c_A	L
H_2O_2 $\begin{cases} \\ \end{cases}$	0,0940	0,0134	7,01
	0,911	0,130	7,01
HCl $\begin{cases} \\ \end{cases}$	0,0929	0,0026	36
	2,19	0,421	5,21

Chlorwasserstoff weicht von dem Gesetz sehr stark ab, weil zufolge der elektrolytischen Dissoziation Chlorwasserstoff in der wäßrigen Lösung in einer Molekelart besteht, die verschieden ist von der im Amylalkohol vorhandenen. *Der Verteilungssatz gibt demnach Aufschluß über den Zustand des gelösten Stoffes in der Lösung.*

Die Verteilung eines Stoffes zwischen zwei nicht mischbaren Flüssigkeiten ist von erheblicher wissenschaftlicher und technischer Bedeutung. Das „Ausschütteln" von Stoffen mit Verwendung des *Scheidetrichters* ist eine alltägliche Operation in der präparativen (besonders in der Organischen) Chemie.

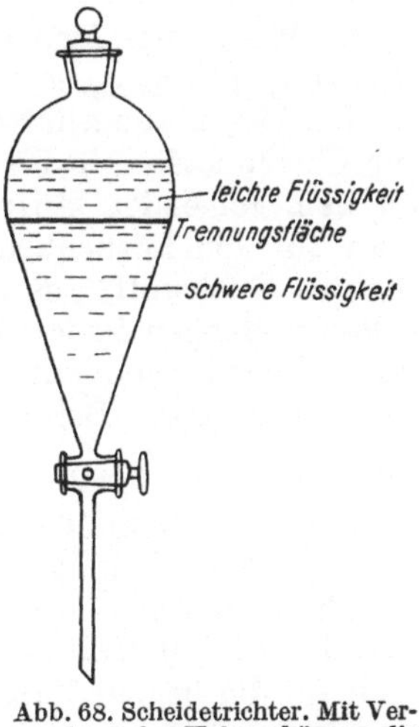

3. Das Henry-Dalton-Gesetz. Es ist erwähnt, daß die Gase Chlor, Chlorwasserstoff, Stickstoff, Sauerstoff usw. in Wasser gelöst werden. Die Löslichkeit der Gase läßt sich ebenfalls nach dem M.-W.-G. erfassen. Der zugrunde liegende Vorgang ist:

leichte Flüssigkeit
Trennungsfläche
schwere Flüssigkeit

Abb. 68. Scheidetrichter. Mit Verwendung des Hahnes können die beiden Flüßigkeiten getrennt werden.

$$A_{Gas} \rightleftarrows A_{Gas,\,gelöst}, \qquad \varDelta H \text{ Lösungswärme.}$$

Die Menge des gelösten Gases im Gleichgewicht ist direkt seinem Gleichgewichtsdruck p_{Gas} proportional. Beträgt die Lösungskonzentration des gelösten Gases c'_A, so ist ($K = \text{const.}$)

$$c'_A = K \cdot p_{Gas} \quad (\text{HENRY-Gesetz}) \qquad\qquad 4)$$

Da $p_{Gas} = c_A \cdot RT$, kann man auch schreiben (c_A Konzentration des Gases in der Volumeinheit):

$$\frac{c'_A}{c_A} = L;$$

L *Löslichkeitskoeffizient* (für eine bestimmte Temperatur). Liegt eine Mischung verschiedener Gase vor, so *lösen sich die Gase dieser Mischung proportional ihrem Partialdruck.* DALTON-*Gesetz.*.

Diese Gesetze gelten alle wieder nur für eine ganz bestimmte Molekelart. d. h. wenn $A_{\text{gas, gelöst}}$ *keine* Änderung durch das Lösungsmittel erfährt. Abweichungen lassen dann auf solche Änderungen der Molekelart schließen.

Der Lösungskoeffizient L wird in der Praxis selten verwendet. Es gibt noch andere Angaben, welche die Menge der gelösten Gase, die *Löslichkeit*, zweckmäßiger ausdrücken, z. B:

a) BUNSEN-*Absorptionskoeffizient* α. Dieser ist das Volumen eine Gases (reduziert auf $0°$, 1 Atm.), das von der Volumeinheit des Lösungsmittels bei einer bestimmten Temperatur T gelöst wird, *wenn der Partialdruck des Gases 1 Atm. beträgt.*

$$\frac{\alpha}{273}\, T = L. \tag{6}$$

b) Wird die Menge des gelösten Gases auf den Gesamtdruck $p = p_{\text{Gas}} + p_{\text{Lösungsmittel}}$ bezogen, so wird sie mit L bezeichnet.

Für $18°$, Lösungsmittel Wasser, beträgt z. B. für Bromdampf $\alpha = 23{,}0$, für Chlorwasserstoff ist $L = 448$. Das DALTON-HENRYsche Gesetz sei an dem folgenden Beispiel noch besonders ausgeführt. Bei $18°$ findet man für die Löslichkeit in Wasser für reinen Sauerstoff $\alpha = 0{,}0322$, für den Stickstoff (aus Luft hergestellt) $\alpha = 0{,}0159$. Wir berechnen die gelösten Mengen *beider* Gase in einer Mischung Sauerstoff-Stickstoff und wählen dazu reine Luft. In dieser beträgt abgerundet $p_{O_2} = 0{,}21$ Atm., $p_{N_2} = 0{,}79$ Atm. Bei $T°$ K

findet man für Sauerstoff: $c_{O_2} = \dfrac{0{,}21}{R\,T}$, und aus Gl. 5: $c'_{O_2} = c_{O_2} \cdot L =$

$$= \frac{\alpha\,T}{273}\, c_{O_2} = \frac{0{,}21 \cdot 0{,}0322}{R \cdot 273} = 3{,}02 \cdot 10^{-4}\ \text{Mol/Liter.}$$

Dies entspricht $6{,}8\ \text{cm}^3$ Sauerstoff, für Stickstoff ergibt sich $c'_{N_2} = {}$ $= 5{,}61 \cdot 10^{-4}\ \text{Mol/Liter}$ oder $12{,}6\ \text{cm}^3$ Stickstoff. Experimentell findet man für die beiden Gase, wenn Luft genommen wird, in Wasser $6{,}6\ \text{cm}^3$ und $12{,}8\ \text{cm}^3$ für Sauerstoff bzw. Stickstoff. Nach der Gl. 4 läßt sich nun die Konstante des HENRY-Gesetzes für die beiden Gase angeben:

$$c'_{O_2} = 1{,}50 \cdot 10^{-3} \cdot p_{O_2},$$

$$c'_{N_2} = 7{,}09 \cdot 10^{-4} \cdot p_{N_2},$$

d. h. bei gleichem Partialdruck ist Sauerstoff löslicher als Stickstoff[1]. Fast allgemein nimmt die Löslichkeit der Gase mit steigender Temperatur ab, demnach ist Lösungswärme $\Delta H < 0$.

---

[1] Dies ist für die Wasserfauna von Bedeutung.

XXXVIII. Reaktionsgeschwindigkeit, Kinetik homogener und heterogener Systeme

Einleitend (S. 101) ist für die Festlegung einiger Begriffe der chemischen Kinetik ein einfaches Beispiel verwendet worden. Etwas allgemeiner läßt sich dieses wichtige Gebiet an den folgenden Beispielen ausführen. Betrachtet man drei Fälle von Reaktionen:

1. $A = B + C + \ldots,$ Reaktion 1. Ordnung (monomolekulare Reaktion);

2. $A + D = E + F + \ldots,$ Reaktion 2. Ordnung (bimolekulare Reaktion);

3. $A + B + C = G + H + \ldots$ Reaktion 3. Ordnung (trimolekulare Reaktion).

In 1 zerfällt ein Molekel A, in 2 sind für den Ablauf der chemischen Reaktion zwei Molekeln, in 3 drei Molekeln notwendig. Bei den einzelnen Gleichungen ist die Reaktionsordnung angegeben.

a) *Monomolekulare Reaktion.* Nach dem Massenwirkungsgesetz ist, wenn c_A die Konzentration des Stoffes A ist, in einem bestimmten Zeitpunkt:

$$v = - \frac{dc_A}{dt} = k_. \, c_A, \tag{1}$$

integriert

$$- \ln c_A = k_1 \, i + \text{const.} \tag{2}$$

Zur Zeit $t = 0$, also zu Beginn der Reaktion, ist $c_A = c°_A$, dann ist const. $= - \ln c°_A$ und

$$k_1 \, t = \ln \frac{c°_A}{c_A}; \quad k_1 \, t = 2{,}3 \log \frac{c°_A}{c_A}$$

oder

$$c_A = c°_A \, e^{-k_1 t}. \tag{3}$$

Es ist k_1 die *Konstante* des Zerfalles der Molekel A, ihr numerischer Wert hängt von der Zeit-Angabe (Stunden, Min.) ab, die bei der Messung verwendet worden ist, ferner auch von der Temperatur. Die Konstante erhält eine einfache Bedeutung, wenn $t = 1/k_1$ ist, dann wird $c_A = c°_A/e = c°_A/2{,}718$. $1/k_1 = \tau$ ist die Zeit, in der die Konzentration des Stoffes A, die zur Zeit $t = 0$, $c°_A$ beträgt, auf den Wert $c°_A/e$ fällt; τ heißt *mittlere Lebensdauer* der zerfallenden Molekel (oder des Atoms).

$$\left. \begin{aligned} k_1 \, (T) &= \ln \frac{c°_A}{c_A}, \\ c_A &= c°_A/2, \end{aligned} \right\} \quad (T) = \frac{1}{k_1} \ln 2 = \tau \cdot 0{,}693; \tag{4}$$

(T) wird die *Halbwertzeit* bezeichnet, also die Zeit, in der gerade die Hälfte des zerfallenden Stoffes tatsächlich zerfallen sein wird.

Beispiele: Alle r. a. Elemente zerfallen nach dem Gesetz 1. Ordnung, von chemischen Verbindungen sind jedoch nur eine geringe Zahl bekannt.

Beispiele sind der Zerfall des Distickstoffpentoxydes N_2O_5 und des Sulfurylchlorides SO_2Cl_2, S. 165.

Es sind eine große Zahl monomolekularer, nicht umkehrbarer Raktionen bekannt, z. B.

$$H_{2}O_{2\,Gas} = H_2O + \tfrac{1}{2}\,O_2,$$

$$PH_{3\,Gas} = \frac{P_4}{4} + \frac{6}{4}\,H_2.$$

Es zeigt sich jedoch, daß diese Reaktionen an der Wand des Reaktionsgefäßes verlaufen. Man findet nämlich, daß die Geschwindigkeitskonstante des Zerfalls *zunimmt*, wenn das Verhältnis Oberfläche/Volumen, O/V, zunimmt. So findet man für die Zersetzung des Phosphorwasserstoffes bei 771°:

O/V	$10^3\,k_1$	ΔE kcal
1 cm^{-1}	74	49
15 cm^{-1}	110	34

Die genannten ersten zwei Reaktionen (N_2O_5, SO_2Cl_2) jedoch verlaufen in homogener Gasphase und sind deshalb von besonderer theoretischer Bedeutung für das Verständnis des „inneren" Mechanismus des Zerfalles der Molekel. Man kann nämlich die Frage stellen: Welche Bedingungen müssen vorhanden sein, damit eine „isolierte" Molekel wirklich zerfällt? Diese Frage kann, wenn der Einfluß der Wand ausscheidet, nach Heranziehung der Kinetischen Gastheorie geklärt werden.

b) *Ein Beispiel für eine Reaktion 2. Ordnung* ist die Bildung des Jodwasserstoffes nach der Gleichung:

$$H_{2\,Gas} + J_{2\,Gas} \underset{k_2}{\overset{k_1}{\rightleftarrows}} 2\,HJ_{Gas},$$

$$\frac{dc_{HJ}}{dt} = k_1\,c_{H_2}\cdot c_{J_2} - k_2\,c^2_{HJ} \tag{5}$$

Es ist für
$$\left.\begin{cases} 283° \;\; \dfrac{dc_{HJ}}{dt} = 5,3\cdot 10^{-6}\,c_{H_2}\cdot c_{J_2} - 4,21\cdot 10^{-8}\,c^2_{HJ} \\[2ex] 443° \;\; \dfrac{dc_{HJ}}{dt} = 1,67\cdot 10^{-2}\,c_{H_2}\cdot c_{J_2} - 2,92\cdot 10^{-4}\,c^2_{HJ} \end{cases}\right\} \begin{array}{l}\text{Zeit in}\\ \text{Minuten}\\[1ex] \text{Konz.}\\ \text{Mol/Liter.}\end{array}$$

Mit Hilfe dieser Gleichungen kann man bei gegebenen c_{H_2}—, c_{J_2}— und c_{HJ}—Werten die Geschwindigkeit der Bildung und Zersetzung des Jodwasserstoffes berechnen. Beträgt $c_{H_2} = c_{J_2} = 0,1$ Mol/Liter und $c_{HJ} = 0$, so ist bei 443° die Bildungsgeschwindigkeit

$$v_1 = \frac{dc_{HJ}}{dt} = \frac{\Delta c_{HJ}}{\Delta t} = 1,67\cdot 10^{-4}\;\text{Mol/Liter . Minute.}$$

Ist $c_{H_2} = c_{J_2} = 0$, aber $c_{HJ} = 0,1$, so ist die Geschwindigkeit v_2 der Zersetzung

$$v_2 = -\frac{dc_{HJ}}{dt} = 2,92\cdot 10^{-6}\;\text{Mol/Liter . Minute.}$$

Hat man zu bestimmen, wie groß die Menge des gebildeten Jodwasserstoffes x zu einer bestimmten Zeit t ist, wenn bei $t = 0$ die Konzentrationen c_{H_2} und c_{J_2} betragen, so hat man die Gleichung

$$\frac{dx}{dt} = k_1 \, (c_{H_2} - x) \cdot (c_{J_2} - x) - k_2 \, x^2 \tag{6}$$

zu integrieren.

c) *Ein Beispiel für eine Reaktion 3. Ordnung* ist die Oxydation des Stickoxydes mit Sauerstoff:

$$2\,NO + O_2 \underset{k_1}{\overset{k_2}{\rightleftharpoons}} 2\,NO_2,$$

$$\frac{dc_{NO_2}}{dt} = k_2 \, c^2_{NO} \cdot c_{O_2} - k_1 \, c^2_{NO_2}, \tag{7}$$

$$t° \begin{cases} 0° \quad \dfrac{dc_{NO_2}}{dt} = 21{,}1 \cdot c^2_{NO} \cdot c_{O_2} \\[2ex] \qquad\qquad\qquad\qquad \text{(hier ist die Gegenreaktion unmerkbar).} \\[2ex] 319° \; \dfrac{dc_{NO_2}}{dt} = 6{,}7 \cdot 10^{-7} \cdot c^2_{NO} \, c_{O_2} - 61{,}0 \, c^2_{NO_2}. \end{cases}$$

d) *Lösungen.* In den bisher behandelten Abschnitten sind nur Gasreaktionen behandelt worden. Es gelten dieselben Gesetzmäßigkeiten, wenn die Reaktion in Lösungen verläuft. Solche Beispiele sind der Zerfall des Wasserstoffperoxydes in wäßriger Lösung (S. 149), der Zerfall der Ameisensäure bei Gegenwart einer starken Schwefelsäure (S. 242), beide verlaufen nach dem Gesetz 1. Ordnung. Zu solchen Reaktionen gehört auch die „Hydratation" von Komplexverbindungen:

a) $[Co(NH_3)_5\,X]^{++} + H_2O \overset{k_1}{\longrightarrow}$
$\quad = [CoNH_3)_5\,H_2O]^{+++} + X^-$

$\text{für} \begin{cases} X^- & k_1 & 25° \\ Cl & 1{,}3 \cdot 10^{-4} & \text{Zeit in Minuten} \\ Br & 3{,}9 \cdot 10^{-4} \\ NO_3 & 1.7 \cdot 10^{-3} \end{cases}$

b) $[Cr(NH_3)_5\,X]^{++} + H_2O \overset{k_1}{\longrightarrow}$
$\quad = [Cr(NH_3)_5H_2O]^{+++} + X^-$

$\text{für} \begin{cases} X^- & k_1 & 25° \\ Br & 3 \cdot 10^{-3} & \text{Zeit in Minuten} \\ Cl & 2 \cdot 10^{-5} \end{cases}$

c) $[Cr(H_2O)_5CNS]^{++} +$
$\quad + H_2O \underset{k_2}{\overset{k_1}{\rightleftharpoons}} [Cr(H_2O)_6]^{+++} + CNS^-$

$\begin{cases} k_1 = 1{,}8 \cdot 10^{-3} \\ k_2 = 5{,}4 \cdot 10^{-6} \\ 25°, \text{ Zeit in Minuten} \\ \text{Mol/Liter} \end{cases}$

Die genannten ersten zwei Vorgänge sind eigentlich bimolekulare Reaktionen; da sie jedoch in Lösung verlaufen, bleibt die Konzentration des Wassers unverändert, wodurch sie zu Reaktionen 1. Ordnung werden; in c) jedoch ist dies nur für die Richtung →, jedoch nicht für ←-Richtung der Fall, so daß der Gesamtverlauf durch zwei Konstanten k_1 und k_2 bestimmt ist. Im a) und b) sind Reaktionen in der ←-Richtung unmerkbar.

e) *Temperaturkoeffizient der Reaktionsgeschwindigkeit.* Im allgemeinen nimmt die Geschwindigkeit chemischer Reaktionen mit zunehmender Temperatur rasch zu. Dies drückt der *Temperaturkoeffizient* Q_{10} aus:

$$Q_{10} = \frac{k_{T+10}}{k_T}, \tag{8}$$

wenn k_T den Wert der Geschwindigkeitskonstante bei T bedeutet; im Durchschnitt beträgt $Q_{10} \approx 3$, d. h. bei einer Temperaturerhöhung um 10° *verdreifacht* sich im allgemeinen die Reaktionsgeschwindigkeit.

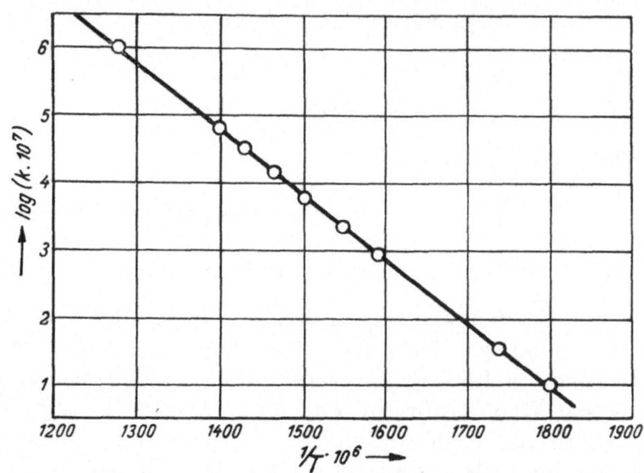

Abb. 69. Die Abhängigkeit der Reaktion $2\,\mathrm{JH}_{\mathrm{Gas}} \rightleftarrows \mathrm{H}_2 + \mathrm{J}_2$ von der Temperatur. Dargestellt nach der Gl. 9, innerhalb eines Temperaturgebietes von 400°. Die Aktivierungswärme $\Delta E = 43$ kcal.

Genauer wird die Abhängigkeit von der Temperatur durch die folgende Gleichung ausgedrückt:

$$\ln k = -\frac{A}{T} + B \tag{9}$$

Gleichung von S. ARRHENIUS.

A und B sind empirisch aufzufindende Konstante. Trägt man $\ln k$ als Funktion von $1/T$ auf, so erhält man eine Gerade. Das Produkt $A \cdot R = \Delta E$ wird *Aktivierungswärme* bezeichnet. Normale Molekel können anscheinend nur dann untereinander reagieren, wenn sie *aktiviert* werden, zu dem eine Energie ΔE erforderlich ist.

Die Aktivierungswärme ist oft ziemlich groß; für den Zerfall des Stickstoffpentoxydes $\mathrm{N}_2\mathrm{O}_5$[1] findet man (Zeit in Minuten):

$$
\begin{array}{lcccc}
t° & 65 & 45 & 35 & \\
10^3\,k \left\{ \begin{array}{l} \text{gef.} \\ \text{ber.} \end{array} \right. & \begin{array}{c} 290 \\ 286 \end{array} & \begin{array}{c} 29{,}9 \\ 28{,}3 \end{array} & \begin{array}{c} 8{,}1 \\ 7{,}9 \end{array} & \Delta E = 24{,}7 \text{ kcal}
\end{array}
$$

berechnet nach $\ln k = -\dfrac{12443}{T} + 35{,}56$

---

[1] $\mathrm{N}_2\mathrm{O}_5 = \mathrm{N}_2\mathrm{O}_4 + {}^1\!/_2\,\mathrm{O}_2$.

f) *Die Bedeutung der chemischen Kinetik.* Im allgemeinen vollzieht sich ein Vorgang nicht so einfach, wie er durch die chemische Gleichung ausgedrückt ist, der eigentliche Verlauf — der „Mechanismus" — kann erst nach Auffindung der Ordnung der Reaktion angegeben werden. So zerfällt als Gas Wasserstoffperoxyd, nach der einfachen chemischen Gleichung beurteilt, monomolekular, in Wirklichkeit ist der Zerfall wesentlich komplizierter und führt über Zwischenprodukte. Die oben (s. Abschn. 5) angegebenen Komplexverbindungen werden in Lösung abgebaut, und zwar erfolgt dies scharf nach dem Gesetz 1. Ordnung innerhalb eines weiten Konzentrationsbereiches. Demnach kann man entsprechend der angeschriebenen Gleichung sagen: Es erfolgt ein *stufenweiser* Austausch der koordinativ gebundenen Gruppen. Die chemische Kinetik führt zur Aufklärung der wichtigen *Kettenreaktionen* (S. 136).

XXXIX. Stickstoffgruppe

Übersicht

Ordnungszahl	Element		Atomgewicht	Isotope	d	Schmelzpunkt °C	Siedepunkt °C	Wertigkeit
7	Stickstoff	N	14,00	^{14}N 99,6% ^{15}N 0,4%	1,250[1]	—210	—195,8	—III, —II, —I; I, II, III, IV, V (VI ?)
15	Phosphor	P	31,0	Reinelement	1,83	441	282	—III, —II; I, III, IV, V
						P gelb		
33	Arsen	As	74,9	Reinelement	5,78	817 Druck	616 subl.	—III; III, V
51	Antimon	Sb	121,7	A $\begin{cases} 121 \\ 123 \end{cases}$	6,68	630	1380	—III; III, V
83	Wismut	Bi	209,0	Reinelement	9,80	271	1560	—III; III, V

[1] Litergewicht 0°, 1 Atm.

Die Elemente dieser Gruppe umfassen nur noch zwei typische Nichtmetalle, Antimon und Wismut sind bereits weitgehend zu den Metallen zu rechnen. Zwischen den beiden Elementarten bildet Arsen den Übergang. Von Antimon und Wismut sind positive Ionen in der Lösung beständig, das entsprechende As^{+++} ist schon sehr instabil; von Phosphor und Stickstoff sind keine positiven Ionen bekannt. Alle fünf Elemente geben gasförmige Hydride. Die maximale Valenz gegen Sauerstoff wird bei allen erreicht.

1. Stickstoff N_2

Stickstoff ist Hauptbestandteil der Luft (S. 109). Gebunden kommt er im Mineralreich als $NaNO_3$ vor, ferner sind beträchtliche Mengen in den Kohlelagern als Bestandteil vieler organischer Verbindungen vorhanden. Stickstoff kommt in jedem lebenden Organismus vor, tierische und pflanzliche Produkte enthalten deshalb mehr oder weniger dieses Element gebunden.

Der Stickstoff der Luft kann gebunden werden durch Knöllchenbakterien (*Rhizobia*) in Symbiose mit Leguminosearten; auch Bodenbakterien, unabhängig von einer Wirtspflanze, können diesen wichtigen Vorgang durchführen, der als *biologische Stickstoffixierung* zu bezeichnen wäre. Es gibt ferner im Ackerboden Bakterien in großer Zahl, die den organisch gebundenen Stickstoff (etwa als Dünger dem Boden zugeführt) in Ammoniumionen überführen. Durch besondere Bakterienarten, *Nitrosomonas* und *Nitrobacter*, wird das Ammoniumion zu Nitrit und Nitrat oxydiert. Dieser im Ackerboden verlaufende Vorgang wird als *Nitrifizierung* bezeichnet. Eine andere Reihe, ebenfalls noch zahlreiche Mikroorganismen, reduzieren Nitrate und Nitrite zu Ammoniak, der durch weitere Bakterien bis zum Stickstoff abgebaut wird; dieser rückläufige Vorgang, als *Denitrifizierung* bezeichnet, verhindert die Anreicherung des kostbaren Nitratstickstoffes im Ackerboden, und damit überhaupt eine Anreicherung an gebundenem Stickstoff auf der Erdoberfläche. Im lebenden Organismus findet kein Verlust des gebundenen Stickstoffes statt. Der Anbau von Leguminosen liefert dem Ackerboden gebundenen Stickstoff bis etwa 200 kg pro Hektar (10^4 m²). Die Erforschung dieser bedeutungsvollen biologischen Vorgänge enthält wichtige Fragen, die noch nicht beantwortet werden können.

Herstellung. Leitet man Luft über glühende Metalle, Eisen oder Kupfer, so erhält man einen Argon enthaltenden Stickstoff. Azide (S. 190) geben beim Erhitzen ein reines Gas, ebenso Ammoniumnitrit NH_4NO_2, oder ein Gemisch von Alkalinitrit und Ammonsulfat in Lösung beim Erhitzen:

$$NH_4NO_2 = N_2 + 2\,H_2O.$$

Die technische Herstellung des Gases erfolgt a) durch Verbrennung von Kohle an der Luft, b) durch Verflüssigung und Fraktionierung der Luft (S. 107).

Stickstoff ist ein farbloses und geruchloses Gas, er ist leichter als Luft, unterhält das Brennen nicht (brennende Stoffe werden von dem Gas „erstickt"). Hochorganisierte Lebensprozesse werden in reinem Stickstoff zum Stillstand gebracht. Seine Löslichkeit in Wasser ist geringer als die des Sauerstoffes.

Stickstoff ist unter den normalen Bedingungen ein sehr wenig reaktionsfähiges Gas, wie es schon seine Konstitution zum Ausdruck bringt: $\overset{\cdot\,\cdot}{\underset{\cdot\,\cdot}{N}} = N$ Die Dissoziationsenergie ist hoch:

$$N_2 \rightleftarrows 2\,N, \qquad \varDelta H = 169 \text{ kcal.}$$

Diese hohe Energie muß aufgebracht werden, sobald der Stickstoff in Verbindungen übergeführt wird. Anderseits wird in den Verbindungen des Stickstoffes das Bestreben vorhanden sein, den Vorgang in der Richtung ← einzuleiten: dies ist der tiefere Grund für die explosive Eigenschaft vieler Verbindungen des Stickstoffes, die in der Reihe der Explosivstoffe an erster Stelle stehen. In den Verbindungen mit Sauerstoff kommt noch dazu die ebenfalls relativ hohe Dissoziationsenergie (117 kcal) dieses Elements.

Verbindungen.

Übersicht

Wertigkeit	Hydride	Oxyde	Säuren
—III	NH$_3$ NH$_{4+}$ Ammoniak	—	—
—II	N$_2$H$_4$ Hydrazin	—	—
—I	NH$_2$OH Hydroxylamin	—	—
I	—	N$_2$O Distickstoffoxyd	H$_2$N$_2$O$_2$ Untersalpetrige Säure
II	—	NO Stickoxyd	—
III	—	N$_2$O$_3$ Distickstoff- trioxyd	HNO$_2$ Salpetrige Säure
IV	—	NO$_2$ Stickstoffdioxyd N$_2$O$_4$ Distickstofftetroxyd	—
V	—	N$_2$O$_5$ Distickstoffpentoxyd	HNO$_3$ Salpetersäure
VI		NO$_3$ (?)	

Hydride. 1. **Ammoniak NH$_3$.** Ammoniak bildet sich bei der Zersetzung stickstoffhaltiger organischer Stoffe, sein Vorkommen in der Natur ist sehr gering, so daß man allein auf eine künstliche Herstellung dieses wichtigen Stoffes angewiesen ist. Eine Quelle ist die trockene Destillation der Kohle bei der Gewinnung des Leuchtgases, die als Nebenprodukt ein *Gaswasser* liefert, das Ammoniak und seine Verbindungen enthält. Diese anfallenden Mengen sind jedoch viel zu gering; große Mengen Ammoniak werden synthetisch aus Stickstoff und Wasserstoff hergestellt, und zwar nach dem Verfahren von HABER-BOSCH oder (gegenwärtig von geringer Bedeutung) über *Kalziumcyamid* (Kalkstickstoff, Verfahren von FRANK-CARO). Die Ammoniak-Synthese ist von F. HABER und C. BOSCH (Deutschland) um 1912 technisch in Angriff genommen und 1914 vollendet worden.

Dem erstgenannten Verfahren liegt die Bildungsgleichung zugrunde:

$$\tfrac{1}{2}\,N_2 + \tfrac{3}{2}\,H_2 \rightleftharpoons NH_3, \qquad \Delta H = -11{,}0 \text{ kcal.}$$

Die Reaktion führt zu dem druckabhängigen Gleichgewicht

$$K_p = \frac{p_{NH_3}}{p_{N_2}^{1/2} \cdot p_{H_2}^{3/2}}. \tag{1}$$

Sie verläuft bei Gegenwart von Katalysatoren; technisch haben sich Eisenoxyde bewährt, die im Prozeß zu Metall reduziert werden. Mit Verwendung dieser Katalysatoren verläuft die Ammoniaksynthese bei einem Druck von 200 Atm. und 450°. Es sind auch besser wirkende Katalysatoren (z. B. Platinmetalle) bekannt, doch sind diese technisch zu kostspielig; stellenweise wird auch mit Drücken bis 1000 Atm. gearbeitet.

Die Ausbeute an Ammoniak in der Abhängigkeit von Druck und Temperatur:

% NH_3 im Gleichgewicht

$t°$ C	200	300	400	600	700
p Atm. 10	50,7	14,7	—	0,5	0,2
100	81,5	52,0	—	4,5	2,2
1000	98,3	92,6	79,8	31,4	12,9

Das Gasgemisch N_2—H_2 wird aus Generatorgas unter Berücksichtigung des Wassergasgleichgewichtes S. 236 hergestellt; demnach ist Kohle die notwendige Energiequelle für diesen grundlegenden Prozeß in der gegenwärtigen Wirtschaft. Stellenweise können auch andere Energiequellen (Wasserkräfte) herangezogen werden.

Das FRANK-CARO-Verfahren. Kalziumcyanamid (S. 246) gibt mit überhitztem Wasserdampf Ammoniak: $CaCN_2 + 3\,H_2O = CaCO_3 + 2\,NH_3$.

Im Laboratorium kann Ammoniak nach verschiedenen Methoden leicht hergestellt werden; eine Mischung von Ammoniumchlorid oder -nitrat gibt beim Erwärmen mit Kalziumoxyd das Gas; einfacher noch beim Zutropfen starker Alkalilaugen zu gelösten Ammonsalzen oder bei Erwärmung einer konz. Ammoniaklösung.

Ammoniak hat den Sdp. —33,5°, kann also leicht verflüssigt werden. Da es eine hohe Verdampfungswärme besitzt, eignet es sich zur Verwendung in Kältemaschinen. Die Löslichkeit in Wasser ist außerordentlich hoch; bei 0° löst 1 Vol.-Teil etwa 1000 Vol.-Teile Ammoniak bei einem Gesamtdruck von 745 Torr. Das gelöste Gas kann aus der Lösung durch Erwärmung vollständig entfernt werden. An der Luft ist es nicht brennbar, in Mischungen mit Sauerstoff jedoch brennt es mit einer charakteristischen gelben Farbe. Ammoniak wird von vielen festen Metallsalzen gebunden; es bildet sich eine besondere Klasse chemischer Verbindungen, die Ammoniakate bezeichnet werden. Z. B. addiert Kalziumchlorid das Gas bei Zimmertemperatur, es bildet sich $Ca(NH_3)_8Cl_2$; aus diesem Grunde eignet sich dieses bewährte Trockenmittel nicht für Trocknung von Ammoniak.

In wäßriger Lösung kann Ammoniak leicht zu Stickstoff oxydiert werden; dazu eignen sich z. B. die Halogene, in saurer Lösung:

$$3\,NH_3 + 3\,Cl_2 = N_2 + 6\,NH_4Cl.$$

In alkalischer Lösung erfolgt *vollständige* Oxydation zu Stickstoff.

Daß eine leichte Spaltung in die Elemente bei hoher Temperatur und entsprechenden Katalysatoren eintreten wird, ergibt sich aus dem Gleichgewicht S. 186 mit Berücksichtigung von $\Delta H = -11,0$ kcal.

Ammoniak in Wasser gelöst, gibt eine einsäurige Base NH_4OH; in der Lösung sind die folgenden Gleichgewichte vorhanden:

$$1.\ NH_3 + H_2O \rightleftarrows NH_4OH,$$
$$2.\ NH_4OH \rightleftarrows NH_4^+ + OH^-, \qquad K_c = \frac{c_{NH_4^+} \cdot c_{OH^-}}{c_{NH_3}} = 1,8 \cdot 10^{-5}\ (25°).$$

Da die Lage des Gleichgewichts in 1 nicht bekannt ist, ist in der Gleichgewichtskonstante die Gesamtkonzentration des gelösten Ammoniaks angegeben, das genügt, weil $c_{NH_4^+} = c_{OH^-} \ll c_{NH_3}$. Für $c = 1$ Mol/Liter beträgt $c_{OH^-} = 4,2 \cdot 10^{-3}$ Mol/Liter, Ammoniak ist demnach eine sehr schwache Base.

Die Anlagerung eines Protons an die NH_3-Molekel ist, da es ein nicht anteiliges Elektronenpaar besitzt, zu erwarten; man erhält das Ammoniumion NH_4^+, dieses ist demnach analog dem Hydroxonium-ion H_3O^+, das durch Anlagerung eines Protons an H_2O entsteht.

Die Hauptmengen des Ammoniaks werden zur Herstellung künstlicher Düngemittel herangezogen, in diesen kommt es besonders als Nitrat oder Sulfat zur Verwendung. Große Mengen werden zur Gewinnung von Salpetersäure gebraucht (S. 195). Über die Anwendung des Ammoniaks in der Soda-Industrie S. 312. Als „Salmiakgeist" wird es im Haushalt als Reinigungsmittel verwendet und dient wegen seiner Eigenschaft, Fette zu verseifen, diese also zu „lösen", als Fleckputzmittel.

Verhalten des flüssigen Ammoniaks, *Metallamide.* Flüssiges, wasserfreies Ammoniak hat eine hohe Dielektrizitätskonstante. Es ist ein gutes Lösungsmittel für anorganische Salze, besonders Nitrate und Halogenide. Reichlich löst sich Ammoniumnitrat $(NH_4)NO_3$; man erhält eine bei Zimmertemperatur beständige Lösung, *Divers-Flüssigkeit.* Die gelösten Salze, z. B. NH_4Br, verhalten sich in der Lösung so, als ob eine Spaltung in die freie Säure erfolgte: $NH_4Br \rightleftarrows NH_3 + HBr$. Flüssiges Ammoniak löst Alkali- und Erdalkalimetalle; man erhält schön blau gefärbte Lösungen, die eine hohe elektrische Leitfähigkeit besitzen.

Gelöstes Natrium z. B. reagiert allmählich nach der Gleichung

$$Na + NH_3 = NaNH_2 + {}^1/_2\,H_2.$$

Das gelöste *Natriumamid* $NaNH_2$ erfährt in der Lösung elektrolytische Dissoziation; es bildet sich das negativ geladene Amid-Ion

$$\left[:N \begin{array}{c} H \\[2pt] \diagdown \\[-2pt] \diagup \\ H \end{array} \right]$$

das formal dem OH^- in der wäßrigen Lösung entspricht.

Die gelösten Metalle geben nach dem Vertreiben des Ammoniaks Metallammoniak-Verbindungen, z. B. $Ca(NH_3)_6$.

In flüssigem Ammoniak läßt sich demnach der Wasserstoff in der Molekel durch Metall ersetzen, es bilden sich *Metallamide*. Diese können auch erhalten werden, wenn man über das Metall bei höherer Temperatur Ammoniak leitet; so wird technisch das schon genannte Natriumamid hergestellt. Dieses wird als eine farblose Kristallmasse (Schmp. 210°) erhalten und dient als wirksames Reduktionsmittel.

Ammoniumsalze. Die Salze des Ammoniaks sind leicht löslich, sie haben mit den Salzen der Alkalien gleiche Eigenschaften, sie können sich in Doppelsalzen gegenseitig ersetzen, z. B. in den Alaunen, sie haben zum Teil gleiche Gitterstrukturen, die Radien der NH_4^+- K^+- und Rb^+-Ionen sind fast gleich groß usw.

Kennzeichnend für die Ammoniumsalze ist ihre Flüchtigkeit beim Erhitzen, worin sie sich von den Alkalisalzen vollständig unterscheiden. Ammoniumhydroxyd als flüchtige Base kann aus den Salzen leicht durch alle nicht flüchtigen Basen verdrängt und so leicht nachgewiesen werden.

Ammoniumchlorid *(Salmiak)*, NH_4Cl, bildet sich direkt aus Ammoniak und Chlorwasserstoff, technisch jedoch wird die Bildung in wäßriger Lösung durchgeführt. Das Salz ist farblos und in Wasser leicht löslich, die Lösung reagiert neutral, es ist bei 100° schon merkbar flüchtig. Im Gaszustand tritt Dissoziation ein: $NH_4Cl \rightleftharpoons NH_3 + HCl$. Diese *unterbleibt*, wenn Feuchtigkeit vollständig ausgeschlossen wird. So eine Wirkung des Wassers, die bei extrem kleinen Mengen Wasser auftritt, zeigt sich auch bei anderen Reaktionen und im physikalischen Verhalten von Stoffen; sie ist von H. B. DIXON (England) 1893 zuerst aufgefunden worden. Salmiak wird zum Löten verwendet; zufolge seiner Dissoziation können sich flüchtige Metallchloride bilden, wodurch die Metallflächen blank bleiben.

Ammoniumnitrat *(Ammonsalpeter)*, NH_4NO_3, ist ein farbloses, sehr leicht lösliches Salz, das an der Luft zerfließt. Es schmilzt bei 165°, steigert man die Temperatur weiter, so zersetzt es sich unter Bildung von Stickstoffoxyd. Das Salz wird in der Sprengstoffindustrie verwendet. Die Bildungswärme beträgt $\Delta H = 87$ kcal, die Zersetzung: $(NH_4NO_3)_{\text{gelöst}} = 2\,H_2O_{\text{Gas}} + N_2 + {}^1/_2\,O_2$, $\Delta F_{218} = 64$ kcal zeigt jedoch wegen des hohen Wertes für die freie Energie, daß Ammoniumnitrat sogar noch in Lösung *instabil* ist.

Ammonsulfat $(NH_4)_2SO_4$ bildet große farblose, rhombische Kristalle, die sehr leicht löslich sind; es ist ein wichtiges Düngemittel und wird deshalb technisch in großen Mengen direkt aus Ammoniak und Schwefelsäure hergestellt.

Ammonkarbonat $(NH_4)_2CO_3$ kann direkt aus wäßrigen Ammoniaklösungen nach Einleiten von Kohlendioxyd hergestellt werden. Weiteres S. 242.

Der Nachweis des freien Ammoniaks und seiner Salze ist leicht. Sehr empfindlich ist das NESSLER-*Reagens* $K_2[HgJ_4]$, das mit alkalischer Reaktion noch einen Gehalt von etwa $5 . 10^{-2}$ mg NH_3/Liter durch eine deutliche rotbraune Färbung erkennen läßt.

2. **Hydrazin** NH_2NH_2. Die Herstellung dieser Verbindung gelingt durch Oxydation von Ammoniak, in einem Vorgang, der in seinen Einzelheiten wenig bekannt ist. Bei Verwendung von Natriumhypochlorid kann man die Bildung etwa beschreiben:

$$NH_3 + NaOCl = NaOH + \underbrace{NH_2Cl}_{\text{Chloramin, sehr unbeständig}}$$

$$NH_2Cl + HNH_2 + NaOH = NH_2{-}NH_2 + NaCl + H_2O.$$

Die zu rasche Zersetzung des Chloramins verhindert ein Zusatz von Leim. Das Hydrazin ist eine farblose Flüssigkeit, Schmp. 14°, sie ist in Wasser sehr leicht löslich und gibt das bei Zimmertemperatur feste *Hydrazinhydrat* $N_2H_4 . H_2O$. Die wäßrige Lösung reagiert stark alkalisch; das Hydrazin wirkt als zweisäurige Base und gibt daher z. B. mit Chlorwasserstoff zwei Salze; $N_2H_4 . HCl$ und $N_2H_4 . 2HCl$, es ist besonders in alkalischer Lösung ein starkes Reduktionsmittel.

3. **Hydroxylamin** NH_2OH läßt sich durch elektrolytische Reduktion von Salpetersäure an Bleikathoden herstellen. Aus dem auf diese Art gebildeten Nitrat kann man die freie Base herstellen; sie ist nicht beständig und zersetzt sich bei starkem Erwärmen explosionsartig. Das Hydroxylamin ist eine starke Base, die Salze sind leicht löslich und enthalten das Hydroxylammonium-Ion

$$\left[\begin{array}{c} H \\ | \\ H{-}N{-}H \\ | \\ OH \end{array} \right]^+$$

Die freie Base ist, wenn sie zu Stickstoff und Distickstoffoxyd zerfällt, ein starkes Reduktionsmittel, anderseits werden Eisen II-Salze oxydiert: es entsteht Ammoniak.

Hydroxylamin und Hydrazin sind auch wichtige Reagentien in der Organischen Chemie.

4. **Stickstoffwasserstoffsäure** N_3H. Man erhält das Natriumsalz dieser Säure nach der Gleichung

$$2\,NaNH_2 + N_2O = NaN_3 + NaOH + NH_3,$$

wenn man Distickstoffoxyd in geschmolzenes Natriumamid einleitet.

Die Salze der Stickstoffwasserstoffsäure heißen *Azide*. Das Natriumazid NaN_3 spaltet beim Erhitzen auf etwa 280° Stickstoff ab, bei stärkerem Erhitzen verpufft es. Die Alkali- und Erdalkaliazide sind leicht löslich und verhalten sich beim Erhitzen ziemlich ähnlich. Die Azide der Schwermetalle sind wenig löslich, beim Erhitzen oder durch Schlag explodieren sie, wobei sich die entstandene Detonationswelle auf andere Explosivstoffe überträgt und diese zur Explosion bringt; besonders wirksam ist das Bleiazid $Pb(N_3)_2$ und das Silberazid AgN_3; sie dienen zur Initialzündung für Sprengstoffe.

Die freie Säure ist eine farblose Flüssigkeit, Sdp. 37°, von scharf ätzendem Geruch. Sie ist eine stark endotherme Verbindung und zersetzt sich mit großer Heftigkeit; in wäßriger Lösung, obgleich auch hier noch instabil, ist sie haltbar.

Oxyde des Stickstoffes. 1. Distickstoffoxyd *(Stickoxydul) Lachgas*, N_2O, Schmp. —90,8°, Sdp. —88,7°. Diese Verbindung gewinnt man aus Ammonnitrat durch Erhitzen auf etwa 170°, das sich exotherm zersetzt.

$$NH_4NO_3 = N_2O + 2\,H_2O.$$

Es ist ein farbloses Gas, mit nicht unangenehmem Geruch, eingeatmet wirkt es narkotisch und wird deshalb bei kleinen operativen Eingriffen in der Chirurgie verwendet. Nach der Bildungswärme

$$N_2 + {}^1\!/_2\,O_2 = N_2O, \quad \varDelta H = 16\ \text{kcal}.$$

ist Distickstoffoxyd bei Zimmertemperatur instabil; bei höheren Temperaturen, mit brennbaren Stoffen vermischt, wirkt es wie reiner Sauerstoff; z. B. explodiert heftig eine Mischung mit Ammoniak:

$$3\,N_2O + 2\,NH_3 = 4\,N_2 + 3\,H_2O.$$

Es sind zwei in Resonanz stehende Strukturen möglich:

$$:\!\overset{..}{N}\!=\!\overset{..}{N}\!=\!\overset{..}{O}\!: \quad \text{und} \quad :\!N\!\equiv\!N\!-\!\overset{..}{\underset{..}{O}}\!:$$

2. Stickstoffoxyd *(Stickoxyd)*, NO, Schmp. —164°, Sdp. —152°. Die Gewinnung dieses Gases aus den Elementen gehört zu den bemerkenswertesten Gasreaktionen: der atmosphärische Stickstoff wird gezwungen, eine chemische Verbindung einzugehen:

$$ {}^1\!/_2\,N_2 + {}^1\!/_2\,O_2 \rightleftarrows NO_{Gas}, \quad \varDelta H = 21,6\ \text{kcal}.$$

$$K_p = \frac{p_{NO}}{\sqrt{p_{N_2} \cdot p_{O_2}}}.$$

Daß hier große Energien aufzuwenden sein werden, ergibt sich schon aus der großen Dissoziationsenergie für die N_2-Molekel. Beim Blasen der Luft durch einen elektrischen Lichtbogen ist es möglich, die entsprechende Energie aufzubringen; man erhält Stickoxyd in nicht unbeträchtlicher Menge, die aber keinem thermischen Gleichgewicht entspricht; sie liegt höher als der Temperatur entsprechend zu erwarten wäre.

Eine thermische Einstellung des Gleichgewichtes mit Verwendung von Luft ist bei hoher Temperatur zu beobachten:

T	Vol.-% NO gebildet	K_p
1811	0,37	$9,2 \cdot 10^{-3}$
2033	0,64	$1,6 \cdot 10^{-2}$
2675	2,23	$5,9 \cdot 10^{-2}$

Bei 2402°C werden demnach nur 5% aus Luft herstellbare Menge an Stickoxyd gebildet. Die Reaktion ist, wie man sieht, vom Druck unabhängig. Stickoxyd entsteht aus Luft endotherm, ist demnach bis zu hohen Temperaturen *instabil*.

Daß es gelingt, Stickoxyd in den angegebenen Konzentrationen thermisch zu erhalten, ist auf die außerordentlich geringe Reaktionsgeschwindigkeit in beiden Richtungen zurückzuführen. Diesem Verhalten ist auch zu danken, daß sich erhebliche Mengen Stickoxyd mit Verwendung des elektrischen Lichtbogens gewinnen lassen; deshalb ist es möglich, Salpetersäure aus Luft technisch herzustellen.

Nach der Regel S. 182 wäre die Reaktionsgeschwindigkeit bei Zimmertemperatur um 10^{100} geringer als bei den genannten hohen Temperaturen, wo sie auch noch niedrig ist: Stickoxyd ist deshalb unter gewöhnlich experimentellen Bedingungen praktisch stabil.

Die einfachste Methode, dieses Gas herzustellen, ist die Zersetzung von Nitriten mit starker Schwefelsäure; es enthält, so gewonnen, Stickstoffdioxyd, das leicht beim Waschen mit konz. Schwefelsäure entfernt werden kann (Gleichung S. 199).

Die Reduktion der Salpetersäure mit Kupfer in der Wärme liefert ziemlich reines Gas:

$$8\,HNO_3 + 3\,Cu = 2\,NO + 3\,Cu(NO_3)_2 + 4\,H_2O.$$

Gleich verlauft auch die Reduktion anderer Stickstoffsauerstoff-Verbindungen mit Quecksilber, diese geben, in fast konz. Schwefelsäure gelöst, Stickoxyd beim Schütteln mit Quecksilber.

Reines Stickoxyd ist farblos und wenig löslich, es ist sehr reaktionsfähig; so reagiert es mit dem Sauerstoff der Luft sofort:

$$NO + {}^1/_2\,O_2 = NO_2$$

und gibt das braun gefärbte Gas Stickstoffdioxyd; dies wäre auch ein empfindlicher Nachweis für das Gas. Stickoxyd löst sich ferner leicht in einer Lösung des EisenII-sulfates auf, hier bildet sich eine Verbindung $FeSO_4 \cdot NO$, die mit dunkelbrauner Farbe gelöst bleibt — dies ist ein weiteres Kennzeichen für das Gas.

Es sind zwei in Resonanz stehende Strukturen möglich:

$$: N = O : \quad \text{und} \quad : N = O :$$

3. **Stickstoffdioxyd NO_2 und Distickstofftetraoxyd N_2O_4,** Schmp. —10,8°, Sdp. 21,2°. Die Herstellung dieser, bei Zimmertemperatur stets gemeinsam auftretenden Gase, kann auf verschiedene Weise erfolgen. Sehr rein erhält man sie beim Erhitzen von Bleinitrat $Pb(NO_3)_2$

in einem leichten Strom von Sauerstoff (S. 267); ferner liefert die Reduktion der Salpetersäure mit Arseniger Säure das Gasgemisch:

$$H_2O + As_2O_3 + 4\,HNO_3 = 4\,NO_2 + 2\,H_3AsO_4.$$

Diese sonst lebhaft verlaufende Reaktion wird durch kleinste Mengen Quecksilberverbindungen vollkommen gehemmt. Quecksilber ist demnach für die Reaktion ein *negativer Katalysator*; dessen Einfluß läßt sich besonders deutlich verfolgen.

Die Bildung über Stickoxyd ist oben erwähnt.

Das Gas besteht aus zwei Molekelarten, die im Gleichgewicht untereinander stehen:

$$2\,NO_2 \rightleftarrows N_2O_4, \qquad \Delta H = -13{,}6\ \text{kcal},$$

$$K_p = \frac{p_{N_2O_4}}{p^2_{NO_2}} = \frac{1 - \alpha^2}{4\,\alpha^2\,p}.$$

Die Gleichgewichtskonstante ist von der Temperatur und, wie man sieht, vom Druck abhängig:

t° C	K_p
0°	65
49,9	1,2
99,8	0,075

Bei 1 Atm. Druck und 99,8° ist $\alpha = 0{,}87$, d. h. bei 100° sind 87% des Gases als NO_2-Molekeln vorhanden. Die ansteigende Dissoziation der N_2O_4-Molekel mit zunehmender Temperatur läßt sich an der zunehmenden Braunfärbung des Gases beobachten. Distickstofftetroxyd ist bei tiefer Temperatur und noch beim Schmelzpunkt farblos, während das Stickstoffdioxyd rotbraun gefärbt ist.

Das Gasgemisch ist sehr reaktionsfähig, es reagiert mit vielen brennbaren Stoffen oft unter Entzündung, namentlich in der Wärme; bis auf die Edelmetalle werden alle Metalle angegriffen. Organische Stoffe werden zerstört, die dabei gebildeten Produkte sind gelb gefärbt. Mit Wasser (1) reagieren die beiden Stoffe der Gasmischung *sehr rasch*:

$$3\,NO_2 + H_2O = 2\,HNO_3 + NO, \tag{1}$$

$$2\,NO_2 + H_2O + \tfrac{1}{2}\,O_2 = 2\,HNO_3, \tag{2}$$

$$2\,NO_2 + 2\,NaOH = NaNO_3 + NaNO_2 + H_2O. \tag{3}$$

Erfolgt die Lösung bei Gegenwart von Sauerstoff (2), so wird nur Salpetersäure gebildet.

In Laugen (3) ist das Gas unter Bildung von Nitrat und Nitrit löslich: Es sind drei Strukturformen möglich:

Das System NO_2—HNO_3. Die beiden Molekelarten des Gemisches NO$_2$—N$_2$O$_4$ sind in wasserfreier Salpetersäure sehr stark löslich; bei einem Gesamtdruck $p = 0{,}8$ Atm. und 25° löst 1 Vol.-Teil Salpetersäure 590 Vol.-Teile des Gases; die Löslichkeit ist demnach sogar etwas höher als die von Ammoniak in Wasser.

Fügt man zu einer Lösung von Stickstoffdioxyd in Salpetersäure von der Zusammensetzung x, Abb. 70, weitere Mengen Stickstoffdioxyd hinzu, so wird die Konzentration bis y steigen, in diesem Punkte angekommen bilden sich *zwei flüssige Phasen* von der Zusammensetzung y und y', beide stehen untereinander im Gleichgewicht. Nach dem Phasengesetz ist $B = 2$, (HNO$_3$ und NO$_2$) und $P = 3$, (zwei flüssige und eine gas-

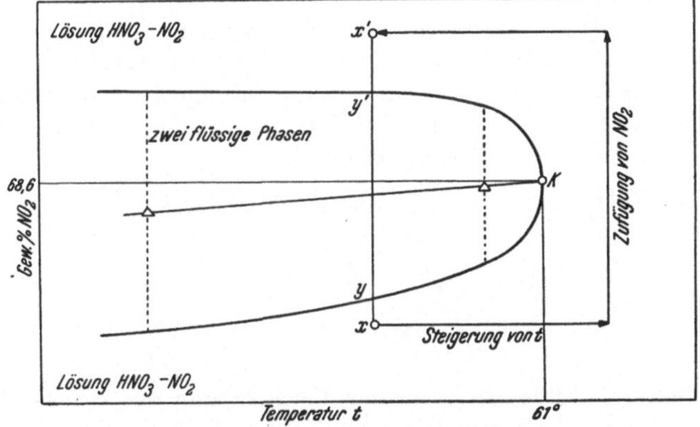

Abb. 70. Das Lösungssystem HNO$_3$—NO$_2$. K ist der kritische Lösungspunkt.

förmige Phase), demnach $F = 1$, also ist das System univariant. Bei einer bestimmten Temperatur ist die Zusammensetzung beider flüssigen Phasen festgelegt, oder eine bestimmte Zusammensetzung beider flüssigen Phasen ist nur bei einer best. Temperatur möglich. Fügt man noch weiter Stickstoffdioxyd bei konst. Temp. t hinzu, so kann sich im System nur die Menge der beiden Phasen ändern, und zwar wird die Phase, die Salpetersäure im Überschuß enthält (also die Phase bei y), abnehmen und die bei y' zunehmen; schließlich wird dann die Phase bei y verschwinden und nur *eine* flüssige Phase übrig bleiben; das System ist divariant geworden. *Erhöht* man die *Temperatur*, so wird die Konzentration an Stickstoffdioxyd der Phase im unteren Bereiche auf Kosten der oberen Phase wachsen, ein Vorgang, der durch die zwei Pfeile in der Abbildung angedeutet ist. Wenn man nun einen Zustand des Systems wünscht, in dem die *beiden* flüssigen Phasen *gleiche Zusammensetzung* haben sollen, so ist dies nur bei *einer* bestimmten Temperatur möglich; die Lage des Systems ist durch den Punkt K gekennzeichnet. Dieser Punkt ist ein Vierphasenpunkt, und $F = 0$. K wird *kritischer Lösungspunkt* bezeichnet, seine Lage ist im betrachteten System noch weiter gekennzeichnet: die *kritische Lösungstemperatur* ist 61°, die *kritische Lösungskonzentration* beträgt 68,6 Gew.-% NO_2.

Einige Daten dazu gibt die Tabelle:

Tabelle 8.

$t°$	Salpetersäure in Stickstoffdioxyd		Stickstoffdioxyd in Salpetersäure
	Gew.-% HNO_3	Gew.-% NO_2	Gew.-% NO_2
0	4,6	95,4	53,3
25	9,2	90,8	54,0
60	25,8	74,2	63,4
61	31,4	68,6	68,6

In der Abb. 70 ist angedeutet, wie die Lage des kritischen Punktes genauer bestimmt werden kann; es ist die *Regel vom geraden Durchmesser* benützt: dieser wird durch die Mittelpunkte der gestrichelt gezeichneten Geraden gelegt. Das hier entwickelte System gilt *allgemein* für die gegenseitige Löslichkeit zweier Flüssigkeiten.

4. **Distickstofftrioxyd** *(Stickstofftrioxyd)* N_2O_3. Konstitution:

$$\ddot{:}O\diagdown \quad \overset{\cdot\cdot}{\underset{\cdot\cdot}{O}} \quad \diagup \overset{\cdot\cdot}{O:}$$
$$N \qquad N$$

Diese Verbindung bildet sich bei der Vermischung des Stickstoffoxydes mit Stickstoffdioxyd; in der Gasphase findet statt:

$$NO_2 + NO \rightleftharpoons N_2O_3,$$
$$N_2O_4 \rightleftharpoons 2\,NO_2,$$

dem entsprechen die Gleichgewichte:

$$K_p' = \frac{p_{N_2O_3}}{p_{NO} \cdot p_{NO_2}}, \tag{1}$$

$$K_p = \frac{p^2_{NO_2}}{p_{N_2O_4}} \tag{2}$$

$$K_p' \sqrt{K_p} = K_p'' = \frac{p_{N_2O_3}}{p_{NO}\sqrt{p_{N_2O_4}}}. \tag{3}$$

Der Gesamtdruck

$$p = p_{N_2O_4} + p_{NO_2} + p_{N_2O_3} + p_{NO}. \tag{4}$$

Im Falle man *gleiche* Volumina V Stickstoffoxyd und Stickstoffdioxyd vereinigt, $V_{NO} = V_{NO_2}$, ergibt sich mit Beachtung der Gl. 2, 3 und 4

$$K_p'' = \frac{p - 3\,p_{N_2O_4} - 2\sqrt{K_p\,p_{N_2O_4}}}{p_{N_2O_4}\left(\sqrt{K_p} + 2\sqrt{p_{N_2O_4}}\right)},$$

$$p_{NO} = 2\,p_{N_2O_4} + \sqrt{K_p \cdot p_{N_2O_4}},$$

$$p_{N_2O_3} = p - 3\,p_{N_2O_4} - 2\sqrt{K_p \cdot p_{N_2O_4}}.$$

Nach diesen Gleichungen kann man innerhalb der Gültigkeit der idealen Gasgesetze die entsprechenden Partialdrucke im Gleichgewicht bei verschiedenen Gesamtdrucken finden. Bei 8,1° beträgt $K_p = 3,65 \cdot 10^{-2}$, $K_p'' = 3,41 \cdot 10^{-1}$, mit Verwendung dieser Zahlen findet man

p (Atm.)	0,2	1	2
% N_2O_3 undiss.	4,5	8,1	26

Mit steigender Temperatur nimmt der undissoziierte Anteil des Distickstofftrioxydes ab, bei 100° sind nur etwa 1%, bei $p = 1$, undissoziiert vorhanden.

Die Einstellung des Gleichgewichts 1 muß sehr rasch erfolgen, da die Bildung der Nitrite mit großer Geschwindigkeit vonstatten geht. Das Distickstofftrioxyd ist in Wasser löslich; es bildet sich Salpetrige Säure

$$H_2O + N_2O_3 \rightleftharpoons 2\,HNO_2.$$

Die wäßrige verdünnte Lösung, beide Molekelarten (HNO_2, N_2O_3) enthaltend, zeigt bei Abkühlung auf 0° eine kornblumenblaue Färbung.

5. **Distickstoffpentoxyd** *(Stickstoffpentoxyd)* N_2O_5, Schmp. 30°, Sdp. (Zersetzung) 50°, ist das Anhydrid der Salpetersäure. Diese spaltet, mit Phosphorpentoxyd im Vakuum erhitzt, Wasser ab und das gebildete Pentoxyd destilliert ab:

$$2\,HNO_3 + P_2O_5 = 2\,HPO_3 + N_2O_5.$$

Das feste kristalline Produkt ist zersetzlich, es bildet sich Stickstoffdioxyd und Sauerstoff. (s. S. 182).

6. **Salpetersäure** HNO_3, Schmp. —47°, Sdp. 86°

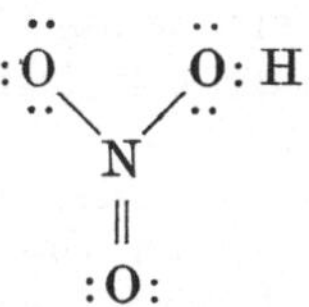

Das älteste Verfahren, diese Säure herzustellen, beruht auf der Einwirkung starker Schwefelsäure auf Chilesalpeter $NaNO_3$,

$$H_2SO_4 + NaNO_3 = HNO_3 + NaHSO_4.$$

Dieses Verfahren wird gegenwärtig nicht mehr oder selten angewendet, da sich nur die Herstellung der Salpetersäure aus dem Stickstoff der Luft wirtschaftlich durchführen läßt. Das nach dem HABER-BOSCH-Verfahren gewonnene Ammoniak wird, mit Luft vermengt, an Platin als Katalysator bei möglichst tiefer Temperatur (etwa 500°) verbrannt:

$$4\,NH_3 + 7\,O_2 = 4\,NO_2 + 6\,H_2O.$$

Das gebildete Gemisch von Stickstoffoxyden, in besonderen Anlagen

(Rieseltürmen), mit Wasser und genügendem Luftzutritt behandelt, gibt Salpetersäure [S. 192, Gl. (2)].

Die unmittelbare Herstellung der Salpetersäure aus Luft mit Hilfe des elektrischen Lichtbogens (Luftverbrennung nach BIRKELAND-EYDE, nach SCHÖNHERR oder PAULING) wie oben bereits angedeutet, verbraucht zu große Energiemengen, sie wäre nur in Ländern mit billigen Wasserkräften von Bedeutung.

Die Salpetersäure gehört zu den stärksten anorganischen Säuren. Das System HNO_3—H_2O hat das in der Abb. 71 dargestellte Siedediagramm. Aus diesem sieht man: bei 68% HNO_3 fällt die Kondensationskurve mit der Flüssigkeitskurve *zusammen*; d. h. bei 120,5° und 68% HNO_3 hat der Dampf und die Flüssigkeit gleiche Zusammensetzung: die Mischung hat den konstanten Sdp. 120,5°. Man kann deshalb durch eine Destillation bei normalem Druck nur eine Salpetersäure von dem angegebenen Gehalt gewinnen, dies ist auch die Zusammensetzung der gewöhnlichen konz. Salpetersäure.

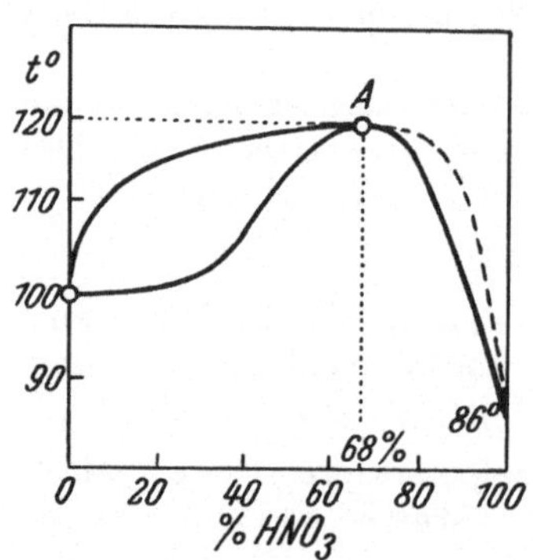

Abb. 71. Siedediagramm HNO_3 — H_2O beim Gesamtdruck $p = 1$ Atm. schematisch.

Flüssigkeitssysteme mit Siedekurven, die ein Maximum oder Minimum aufweisen, bezeichnet man „*azeotropische*" Gemische. Solche konstante Siedepunkte entsprechen keiner einheitlichen Verbindung; die Lage des Punktes A im herangezogenen Beispiel ist vom Druck abhängig, was bei einer Verbindung nicht sein kann.

Wasserfreie (absolute) Salpetersäure erhält man, wenn man die konz. Säure mit konz. Schwefelsäure versetzt und im Vakuum die Salpetersäure abdestilliert. Man erhält eine wasserklare, leicht bewegliche Flüssigkeit, die nur bei Temperaturen unter 0° farblos bleibt, sonst färbt sie sich bald braun.

Salpetersäure ist ein heftiges Oxydationsmittel, die Geschwindigkeit der Oxydationswirkung wird durch die Anwesenheit von niedrigen Stickstoffoxyden ausgelöst und rasch gesteigert. Eine mit Stickstoffdioxyd versetzte konz. Salpetersäure, die sogenannte *rauchende Salpetersäure*, ist deshalb sowohl als Oxydations- als auch Nitrierungsmittel besonders wirksam.

Bis auf einige Edelmetalle (Gold, Platinmetalle) werden alle Metalle gelöst. In starker Salpetersäure ist Eisen und Chrom nicht löslich, beide Metalle werden „passiviert".

Königswasser ist eine Mischung konz. Salzsäure/konz. Salpetersäure = $= \frac{1}{3}$ (dem Volumen nach); dieses enthält freies Chlor neben Nitrosylchlorid und greift deshalb auch Gold und Platinmetalle an.

Neben den oxydierenden Eigenschaften der Salpetersäure ist ihre Betätigung als Nitrierungsmittel besonders wichtig: organische Stoffe geben mit Salpetersäure Nitroverbindungen, z. B.

$$C_6H_6 + HNO_3 = \underbrace{C_6H_5NO_2}_{\text{Nitrobenzol}} + H_2O.$$

—NO_2 wird als *Nitrogruppe* bezeichnet. Nitroverbindungen sind meist mehr oder weniger stark gelb gefärbt; organische Stoffe, die mit Salpetersäure oder Stickstoffdioxyd zusammentreffen, werden gelb, so auch die Hände, wenn man mit diesen Stoffen arbeitet. Organische Stoffe werden durch gleichzeitige Oxydation und Nitrierung von der Salpetersäure besonders stark und rasch verändert. Lösungen von Salpetersäure in starker Schwefelsäure werden „*Nitriersäure*" bezeichnet, sie dient sowohl zu direkten Nitrierungen als auch zur Herstellung von Estern der Salpetersäure, z. B. Schießbaumwolle und Nitroglyzerin.

Nitrate. Die Salze der Salpetersäure, Nitrate bezeichnet, sind alle löslich, soweit sie nicht, durch besondere Eigenschaften des Metalles hervorgerufen, Hydrolyse erfahren. Beim Erhitzen zersetzen sich alle Nitrate der Schwermetalle zu Metalloxyd und Sauerstoff, die Alkalinitrate jedoch zu Nitriten. Mit oxydierbaren Stoffen erhitzt, zersetzen sich die Nitrate unter Abgabe des ganzen an Stickstoff gebundenen Sauerstoffes. Auf dieser Eigenschaft der Nitrate beruht ihre ausgedehnte Anwendung in der Sprengstoffindustrie, z. B. der Salpeter KNO_3 im Schwarzpulver. In Lösung sind die Nitrate sehr beständig, wirken nicht oxydierend und können nur durch naszerierenden Wasserstoff reduziert werden. Die Nitrate werden im einzelnen bei den Metallen erwähnt.

Nachweis: Die Salpetersäure hat *keine* typischen qualitativen Reaktionen. Man kann Nitrate und Nitrite nachweisen, wenn man die zu prüfende Lösung mit konz. Schwefelsäure unterschichtet und einige Kriställchen Eisen II-sulfat hinzufügt; an deren Oberfläche bilden sich dunkel gefärbte Schichten; deren Entstehung (S. 191).

Das System HNO_3—HNO_2—NO_2—NO—H_2O (Flüssig-Gas). a) Beim Einleiten von Stickoxyd in Salpetersäure können sich folgende Reaktionen bei Zimmertemperatur einstellen:

$$HNO_3 + 2\,NO + H_2O \rightleftarrows 3\,HNO_2, \tag{1}$$

$$HNO_3 + NO \rightleftarrows HNO_2 + NO_2, \tag{2}$$

$$K_c = \frac{c^3_{HNO_3}}{p^2_{NO} \cdot c_{H^+} \cdot c_{NO_3^-}} = 0{,}016 \ (25°).$$

In verdünnter Salpetersäure, bis etwa 1n HNO_3, ist Vorgang 2 noch gering und kann unbeachtet bleiben, im Gebiet wasserfreie Salpetersäure (24n HNO_3) bis etwa 22n HNO_3 ist Vorgang 1 gering. Im Gebiet zwischen den angegebenen Normalitäten sind beide Vorgänge zu beachten; aus den beiden Gleichungen ergibt sich der Vorgang in diesem Gebiet.

$$2\,HNO_3 + NO \rightleftarrows 3\,NO_2 + H_2O, \quad \Delta H = 2{,}8\ \text{kcal.} \tag{3}$$

b) In der Gl. 3 ist die Salpetrige Säure eliminiert; die genaue Bestimmung ihrer Konzentration in dem System ist schwierig, während die der anderen Molekelarten leichter möglich ist. Man findet, wenn p_{NO_2}, p_{NO}, p_{HNO_3}, p_{H_2O} die Partialtensionen in dem System bedeuten,

$$K_p = \frac{p^3_{NO_2} \cdot p_{H_2O}}{p^2_{HNO_3}\, p_{NO}} = 2{,}2 \cdot 10^2 \quad (25°).$$

Die Bildung der Salpetersäure nach Gl. 3 erfolgt technisch, wie schon erwähnt, bei Gegenwart von Luft ($p_{O_2} = 0{,}21$ Atm.), solange ein p_{NO}-Druck vorhanden ist, wird sich im System HNO_3—NO_2 Salpetersäure bilden. Es zeigt sich aber, daß von einer 63% HNO_3 an die Aufnahme des Sauerstoffes immer langsamer erfolgt, und bei etwa 78% HNO_3 und $p_{O_2} = 0{,}9$ Atm. vollständig aufhört: Die Geschwindigkeit der Reaktion Richtung ← wird zu gering. Aus diesem Grunde ist die Herstellung einer hochkonz. Salpetersäure aus Stickstoffdioxyd bei normalen Drucken direkt nicht möglich.

c) *Die Bildung zweier flüssiger Phasen.* Leitet man in eine starke Salpetersäure Stickoxyd ein, so bilden sich entsprechend Gl. 2 und 3 Salpetrige Säure und Stickstoffoxyde. In dem Maße als diese Molekelarten gebildet werden, verringert sich die Menge Salpetersäure und wird schließlich so klein, daß sie nicht mehr genügt, die gebildeten Molekelarten HNO_2, N_2O_4, NO_2, N_2O_3, die sich alle bilden, zu lösen. Es entstehen zwei flüssige Phasen, die stark grün bis braun gefärbte, bei höherer Konzentration auch undurchsichtige Lösungen der genannten Molekeln sind.

d) *Färbungen.* Das homogene flüssige System zeigt verschiedene Färbungen, die von der Zusammensetzung abhängen, im Gleichgewicht bei Normaldruck sind bei Zimmertemperatur folgende Färbungen zu beobachten:

n HNO_3	p_{NO}	p_{NO_2}	Farbe im Gleichgewicht
1 bis 3	0,8	sehr klein	schwach blau
7 bis 12 (konz. Salpetersäure)	0,3	0,1	grünblau bis grün
12 bis 17	0,1	0,04	weingelb
17 bis 24 (wasserfreie Salpetersäure	0,1 bis 0	0,03 bis 0,1	gelb bis tief dunkelbraun

Das System H_2SO_4—NO_2—N_2O_4—NO. Dieses System hat Bedeutung, weil es die Bildung der Salpetersäure nach dem Bleikammerverfahren kennzeichnet. Starke Schwefelsäure löst aus einem Gasgemisch NO—NO_2—N_2O_4 *nur* das Distickstofftrioxyd heraus, die Löslichkeit des Stickoxydes ist im Vergleich dazu gering.

Einleiten von Distickstofftrioxyd oder Stickstoffdioxyd in konz. Schwefelsäure gibt die *Nitrosylschwefelsäure*:

$$2\,H_2SO_4 + N_2O_3 = 2\left(\begin{matrix} O & \diagdown & & \diagup & OH \\ & & S & & \\ O & \diagup & & \diagdown & ONO \end{matrix}\right) + H_2O,$$

$$H_2SO_4 + 2\,NO_2 = HSO_3\!-\!ONO + HNO_3.$$

Diese Säure bildet sich auch direkt, wenn die Molekelarten NO_2, SO_2 und H_2O zusammentreffen, z. B. in den Bleikammern, wenn zu wenig Wasser vorhanden ist. Sie scheidet sich in Form blättriger Kristalle ab als sogenannte *Bleikammerkristalle*. Die Nitrosylschwefelsäure ist in der Nitrosesäure vorhanden, die im Gloverturm durch das heiße Schwefeldioxyd zerstört wird (S. 162).

7. **Salpetrige Säure HNO_2.** Wie schon erwähnt, löst sich Distickstofftrioxyd in Wasser und gibt die Salpetrige Säure. Die Salze dieser Säure, die *Nitrite* genannt werden, entstehen, wenn man Lauge als Lösungsmittel verwendet; auf diesem Weg werden technisch Nitrite hergestellt.

Die freie Salpetrige Säure ist nur bei Einhaltung bestimmter Bedingungen zu erhalten. Die wäßrige Lösung zersetzt sich nach der Gleichung

$$4\,HNO_2 \rightleftarrows N_2O_4 + 2\,NO + 2\,H_2O, \tag{1}$$

wobei sich ein Gleichgewicht einstellt:

$$K = \frac{p_{N_2O_4}\cdot p^2_{NO}}{c^4_{HNO_2}}, \qquad p_{N_2O_4} = K\,\frac{c^4_{HNO_2}}{p^2_{NO}}.$$

Das entstandene Distickstofftetraoxyd reagiert jedoch mit Wasser weiter:

$$N_2O_4 + H_2O = HNO_2 + HNO_3. \tag{2}$$

Vorgang 1 und 2 vereinigt, geben die schon oben verwendete Gleichung

$$3\,\overset{\text{III}}{H}NO_2 \rightleftarrows \overset{\text{V}}{H}NO_3 + 2\,\overset{\text{II}}{N}O + H_2O. \tag{3}$$

Die Geschwindigkeit des Zerfalls der Salpetrigen Säure ist bestimmt durch die Geschwindigkeit, mit der Distickstofftetraoxyd nach der Gl. 2 mit Wasser reagiert. Also

$$-\frac{dc_{HNO_2}}{dt} = k\,p_{N_2O_4} = k\cdot K\,\frac{c^4_{HNO_2}}{p^2_{NO}}.$$

Die Reaktionsgeschwindigkeit des Zerfalles der gelösten Salpetrigen Säure ist demnach proportional der vierten Potenz ihrer Konzentration und verkehrt proportional dem Quadrate des Stickoxyddruckes über der Lösung; das gilt, wenn jede Gegenreaktion, Richtung $\leftarrow$ in der Gl. 3, ausgeschlossen ist.

Bei $25°$ ist $k.\,K. = 50$, wenn die Konzentration c_{HNO_2} der undissoziierten Salpetrigen Säure in Mol/Liter und die Zeit in Minuten ausgedrückt wird. Beträgt $c_{HNO_2} = 0{,}05$ Mol/Liter, und ist die Lösung bei einem Druck $p_{NO} = 1$ Atm. mit Stickoxyd gesättigt, so zersetzt sich in 1 Minute $50 . 0{,}05^4/1 = 3{,}1 . 10^{-4}$ Mol, also $0{,}6\%$. Beträgt $p_{NO} = 0{,}1$ Atm., und bestände die Möglichkeit, während der ganzen Zeit $c_{HNO_2} = 0{,}05$ konstant zu halten, wie dies im vorhergehenden Beispiel ungefähr der Fall war, so werden nach 1 Minute 60% zersetzt. Man sieht demnach die außerordentlich negative Katalyse eines Stickoxydgehaltes in der Lösung für die Zersetzung der Salpetrigen Säure; die Zersetzung erfolgt demnach *negativ autokatalytisch*.

Die Salpetrige Säure zeigt in der Lösung einen bestimmten Partialdruck über der Lösung; er beträgt $p_{HNO_2} = 0{,}033\,c_{HNO_2}$ (25°); d. h. auch in Gasphase kann die Salpetrige Säure beständig sein. Sie ist eine schwache Säure, die Dissoziationskonstante beträgt $4{,}6 \cdot 10^{-4}$ (12,5°).

Die Salpetrige Säure wird leicht durch Wasserstoffperoxyd, Kaliumpermanganat und andere Oxydationsmittel zur Salpetersäure oxydiert. Ebenso leicht erfolgt ihre Reduktion zu niedrigen Stickstoff-Sauerstoff-Verbindungen, z. B. zu Stickoxyd durch Eisen II-chlorid, durch Quecksilber und starke Schwefelsäure.

Eine besondere Eigenschaft der Salpetrigen Säure ist, Amidoverbindungen zu *diazotieren*, z. B.:

$$C_6H_5NH_2HCl + HNO_2 = C_6H_5N = N\text{—}Cl + 2\,H_2O.$$

Anilinchlorhydrat　　　　　　　　Diazobenzol-chlorid

Diazoverbindungen sind besonders reaktionsfähige Stoffe, die in der Synthese organischer Verbindungen eine wichtige Rolle spielen.

Nitrite. Leicht löslich sind die Alkalinitrite KNO_2, $NaNO_2$, sie schmelzen unzersetzt, kristallisieren nicht gut und werden deshalb, in Stangen gegossen, in den Handel gebracht. Die Nitrite der anderen Metalle zersetzen sich beim Erhitzen; schwerer löslich ist das sonst gut kristallisierende *Silbernitrit* $AgNO_2$, das als gelber Niederschlag erhalten werden kann.

8. **Untersalpetrige Säure** $H_2N_2O_2$. Diese Verbindung entsteht durch Reduktion von Nitraten und Nitriten mit Natriumamalgam (S. 308).

$$2\,NaNO_2 + 4\,H = Na_2N_2O_2 + 2\,H_2O.$$

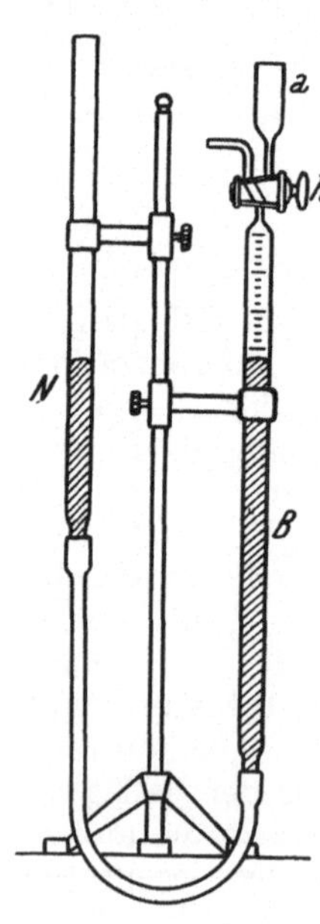

Mit schlechter Ausbeute erhält man die freie Säure durch Einwirkung von Natriumnitrit auf das Chlorhydrat des Hydroxylamins

$$NaNO_2 + NH_2OH \cdot HCl = NH_2OH \cdot HNO_2 + NaCl,$$
$$NH_2OH \cdot HNO_2 = H_2N_2O_2 + H_2O.$$

Die Untersalpetrige Säure ist bei Zimmertemperatur fest und in Wasser leicht löslich; sie ist instabil[1]. Das Silbersalz $Ag_2N_2O_2$ ist gelb und schwer löslich.

Allgemeine Reduktion der Stickstoff-Sauerstoff-Verbindungen zu Stickoxyd. Jede Stickstoff-Sauerstoff-Verbindung (und nur eine solche) wird, wenn in konz. Schwefelsäure gelöst, beim Schütteln mit Quecksilber

Abb. 72. Die Bürette B mit der Trichterröhre a und dem Zweiweghahn h ist mit dem Niveaurohr N durch den Schlauch verbunden. Die abgemessene Menge der Lösung wird in die Trichterröhre eingefüllt und über den Hahn h, nach Erzeugung eines kleinen Unterdruckes, in die Bürette B hineingezogen und mit dem Quecksilber geschüttelt. Die entwickelte Menge Stickoxyd kann in der Bürette abgelesen werden und gibt sofort den Stickstoffgehalt der untersuchten Probe.

---

[1] Salze heißen *Hyponitrite*.

zu Stickoxyd reduziert. Diese für die quantitative Bestimmung genannter Verbindungen wertvolle Methode wird im *Nitrometer*, Abb. 72, durchgeführt.

Stickstoff-Halogen-Verbindungen. Stickstoff vermag sich mit Fluor, Chlor und Jod zu verbinden. Die Darstellung erfolgt über Ammoniak oder dessen Salze durch Einwirkung von Halogenen. Die Verbindungen sind sehr instabil, sie zersetzen sich schon bei Zimmertemperatur mit großer Heftigkeit und können deshalb nur in kleinen Mengen einigermaßen gefahrlos hergestellt werden. Eine Ausnahme bildet das Stickstofftrifluorid NF_3, Schmp. —217°, Sdp. —119°, das ein beständiges Gas ist.

	NF_3	NCl_3	NJ_3
Bildungswärmen ΔH	$\approx$ —14	55	$\approx$ 31
Bei Zimmertemperatur	Gas	Öl	fest

2. Phosphor P

Die Vorkommen dieses Elements sind an Gesteine und Minerale gebunden, von diesen ist der *Phosphorit* $Ca_5(PO_4)_3OH$ und der *Apatit* $3\ Ca_3(PO_4)_2Ca(F,\ Cl)_2$ am wichtigsten. Phosphorverbindungen enthält der *Monazit*sand, ferner viele Eisenerze in geringen Mengen, bei deren Verhüttung eine Konzentrierung des Phosphors im Eisen erfolgt. Phosphor ist, ebenso wie Stickstoff, Bestandteil der notwendigen Stoffe für den Lebensprozeß und ist daher im Körper der Lebewesen vorhanden; das Knochengerüst, das Nervensystem, Früchte des Ackerbodens, um nur einiges zu nennen, enthalten Phosphor in verschiedensten Verbindungen. Er hat deshalb einen ähnlichen Kreislauf durchzumachen wie der Stickstoff. Da dieser Kreislauf, wie beim Stickstoff, an Orten starker Bevölkerung fast unterbrochen ist, ist die Herstellung von phosphorhältigen Düngemitteln von großer Bedeutung, um die Ertragsfähigkeit des Ackerbodens zu erhalten.

Die Darstellung des Phosphors erfolgt aus den zur Verfügung stehenden Mineralen mit Hilfe von Quarzsand (SiO_2) und Kohle bei hoher Temperatur des elektrischen Ofens.

$$Ca_3(PO_4)_2 + 3\ SiO_2 + 5\ C = 2\ P + 3\ CaSiO_3 + 5\ CO.$$

Der Phosphor destilliert ab und wird unter Wasser aufgefangen. Die Gleichung ist die Summengleichung einer Reihe von Vorgängen, die sich im System abspielen. Phosphor ist im Handel, in Stangen gegossen, zu erhalten.

Phosphor ist polymorph. 1. *Gelber Phosphor.* Diese Modifikation ist weich, wachsartig, hat einen niedrigen Schmelzpunkt, ist sehr leicht entzündlich, mit Wasserdämpfen flüchtig und sehr giftig. Gelber Phosphor ist in vielen organischen Lösungsmitteln löslich, vor allem sehr leicht in Schwefelkohlenstoff; in der Lösung sind P_4-Molekeln vorhanden. An der Luft oxydiert sich der gelbe Phosphor; dieser Vorgang ist durch eine im Dunkeln zu beobachtende Aussendung von Licht begleitet, die als *Chemilumineszenz* bezeichnet wird (S. 240). Gelber Phosphor ist sehr reaktionsfähig, mit Chlor entzündet er sich, ist in Laugen beim Erwärmen löslich (Hydrid-Bildung!), usw. Auffallend ist das Verhalten gegen

Sauerstoff; während der gelbe Phosphor bei einem Sauerstoffdruck bis etwa 0,2 Atm. im Dunklen leuchtet, hört das Leuchten in reinem Sauerstoff auf — nach einiger Zeit tritt dann eine äußerst heftig verlaufende Oxydation ein. Dies ist bei der Analyse sauerstoffhaltiger Gase mit der Phosphorpipette zu beachten. Die Absorptionsfähigkeit des Phosphors für Sauerstoff kann durch Dämpfe von organischen Stoffen, so durch Kohlenwasserstoffe, gehemmt werden.

2. *Roter Phosphor.* Erhitzt man gelben Phosphor ohne Luftzutritt einige Zeit auf eine Temperatur zwischen 200 und 260°, so verwandelt er sich in roten Phosphor. Diese Modifikation unterscheidet sich im physikalischen und chemischen Verhalten vom gelben Phosphor; roter Phosphor ist pulverig, hat einen bei 500° liegenden Schmelzpunkt (unter Druck von etwa 43 Atm. bestimmt), entzündet sich erst bei etwa 400°, ist mit Wasserdampf nicht flüchtig, vollkommen ungiftig und in den organischen Lösungsmitteln unlöslich. Roter Phosphor ist ein Gemisch noch anderer Phosphorarten, wie hellroter Phosphor, violetter Phosphor, die sich aber anscheinend nur durch den Verteilungsgrad (Größe des Korns) unterscheiden. Bei hohen Drucken und 200° wird

3. ein *schwarzer Phosphor* erhalten.

Alle genannten Phosphorarten entstehen durch *monotrope* Umwandlung aus dem gelben Phosphor, und sind anscheinend stabile Modifikationen. Dies kennzeichnet auch die Umwandlungswärme

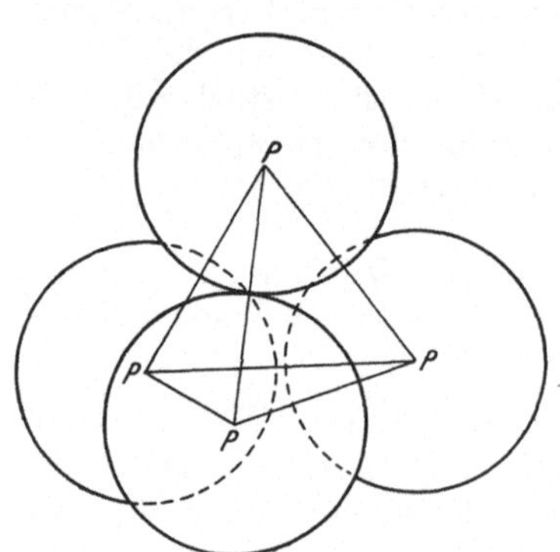

$$P_{weiß} \rightarrow P_{rot}, \qquad \Delta H = -4,2 \text{ kcal.}$$

Die Geschwindigkeit dieser Umwandlung wird außer durch Wärme auch durch Jod beschleunigt. Werden diese Modifikationen in den Dampfzustand übergeführt, so erhält man bei der Kondensation gelben Phosphor, also die instabile Modifikation; dies ist ein Beispiel zur Stufenregel[1] (S. 252, 306).

Phosphordampf besteht aus P_4-Molekeln, die Atome befinden sich an den Eckpunkten eines gleichseitigen Tetraeders (Abb. 73).

Abb. 73. Modell einer P_4-Molekel.

Dissoziation $P_4 \rightleftarrows 2\,P_2$ tritt merkbar erst ab 800° ein, bis 1600° sind nur einige Prozente P_2-Molekeln vorhanden, bei 3000° (1 Atm.) besteht der Dampf zu etwa 8% aus P-Atomen.

Gegenwärtig hat nur der rote Phosphor noch praktische Bedeutung, er wird vor allem in der Zündholzindustrie verwendet; die Reibfläche, welche für die Entzündung des Zündholzes notwendig ist, enthält u. a. auch roten Phosphor.

---

[1] Stufenregel (W. Ostwald). Es zeigt sich, daß viele Stoffe bei ihrer Bildung nicht sofort in ihrer stabilen Form auftreten, sondern vorerst einen labilen Zustand einnehmen. Beispiele z. B. S. 202, 252, 306.

Tabelle 9. *Verbindungen*

Wertigkeit	Hydride	Oxyde	Säuren
—III	PH_3 Phosphin PH_4^- Phosphonium		
—II	P_2H_4 Diphosphin		
I			$[H_2PO_2]H$ Unter- phosphorige Säure
III (IV)		P_2O_3 Diphosphor- trioxyd $> P_2O_4$ Diphosphor- tetroxyd	$[HPO_3]H_2$ Phosphorige Säure $> H_4P_2O_6$ Unter- diphosphorsäure
V		P_2O_5 Diphosphor- pentoxyd	H_3PO_4 Phosphorsäure $H_4P_2O_7$ Diphosphorsäure (Pyrophosphorsäure) $(HPO_3)_x$ Metaphosphor- säure

Phosphor bildet in seinen Verbindungen *keine* beständigen Doppel
bindungen S. 156, unterscheidet sich dadurch vom Stickstoff; Phosphorsäuren enthalten deshalb in Säuren gleicher Wertigkeit mit Stickstoff
mehr Sauerstoff in der Molekel.

Hydride. 1. Phosphin (Phosphorwasserstoff) PH_3, Schmp. —134,
Sdp. —85°, wird aus Phosphoniumjodid PH_4J nach Zusatz von Laugen
erhalten, ferner gewinnt man es durch Lösung von gelbem Phosphor in
erwärmter Lauge; beide Methoden liefern kein reines Gas, es enthält
neben Wasserstoff immer etwas *Diphosphin* und wird deshalb selbst-
entzündlich. Letzteres kann man durch Waschen mit starker Salzsäure entfernen, besser jedoch durch Abscheidung bei tiefer Temperatur.

$$PH_4J + 2\,KOH = PH_3 + KJ + H_2O, \tag{1}$$

$$PH_4J \rightleftarrows PH_3 + HJ, \tag{2}$$

$$\overset{0}{P_4} + 3\,KOH + 3\,H_2O = 3\,\overset{I}{K}H_2PO_2 + \overset{-III}{P}H_3. \tag{3}$$

Auch einige Metallphosphide geben mit Wasser oder Säuren Phosphor-
wasserstoffe. Solche geeignete Metallphosphide entstehen durch Zusammenschmelzen von Phosphor mit Alkali-Erdalkalimetallen oder
Aluminium. Der Geruch des Gases erinnert an faulende Fische; es ist giftig.

Phosphin gibt mit Säuren, z. B. mit den Halogenwasserstoffen, Salze,
entsprechend dem Ammoniak, sie sind aber gegen Wasser nicht beständig
(Gl. 1).

2. Diphosphin P_2H_4, Sdp. 55°, auch *flüssiger Phosphorwasserstoff*
genannt, läßt sich als Flüssigkeit gewinnen.

Oxyde des Phosphors. 1. Diphosphortrioxyd (Phosphortrioxyd)
P_2O_3, Schmp. 23°, Sdp. 173°, entsteht, wenn Phosphor bei geregeltem
Luftzutritt (Unterschuß von Sauerstoff) verbrennt. Es bildet sich dabei
stets Pentoxyd, beide Stoffe sind wegen des großen Unterschiedes ihrer

Flüchtigkeit leicht zu trennen. Das Diphosphortrioxyd ist farblos und kristallinisch, der Dampf besteht aus P_4O_6-Molekeln, beim Erhitzen tritt Zersetzung ein.

$$2\,P_4O_6 = 2\,P + 3\,P_2O_4, \qquad (1)$$

$$P_4O_6 \rightarrow P_8O_{16} + P_{rot}. \qquad (2)$$

Es bildet sich nach Gl. 1 Diphosphortetraoxyd, ein farbloser kristallinischer Stoff, der bei etwa 180° einen Sublimationsdruck 1 Atm. besitzt. Bei starkem Erhitzen über 450° geht die Zersetzung nach Gl. 2 vor sich. Beide Oxyde sind in Wasser unter Bildung von Phosphorsäuren löslich.

$$P_2O_3 + 3\,H_2O = 2\,H_3PO_3,$$
$$P_2O_4 + 3\,H_2O = H_3PO_4 + H_3PO_3.$$

2. **Diphosphorpentoxyd** *(Phosphorpentoxyd)* P_2O_5. Beim Verbrennen des Phosphors in Sauerstoff bildet sich das Pentoxyd als schneeweißes Pulver; durch Sublimation im Sauerstoffstrom bei möglichst tiefer Temperatur kann es vollständig rein erhalten werden. Das Pentoxyd ist das wirksamste *Trockenmittel* für Flüssigkeiten und besonders für Gase, obgleich einige davon, z. B. die Halogenwasserstoffe, flüchtige Phosphorverbindungen bilden können. Zur

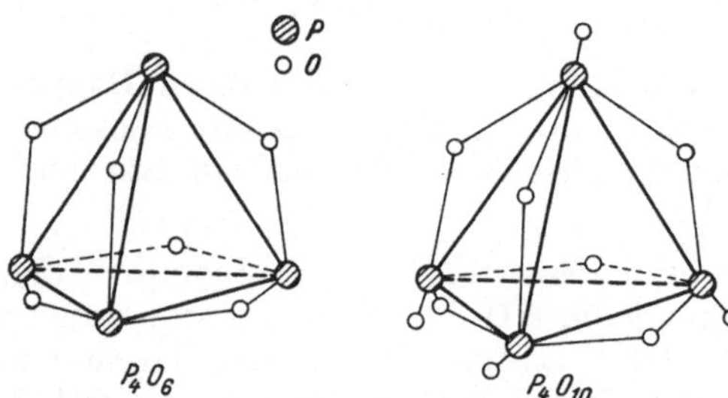

Abb. 74. P_4O_6 u. P_4O_{10}-Molekeln (schematisch).

Abspaltung von Wasser aus Verbindungen ist es besonders wertvoll und wird deshalb vielfach verwendet (z. B. S. 195).

Das besondere Vermögen zur Trocknung beruht auf der Bildung von Metaphosphorsäure nach der Gleichung

$$P_2O_5 + H_2O = 2\,HPO_3.$$

Der Dampf des Pentoxydes besteht aus P_4O_{10}-Molekeln. In den beiden Oxyden P_4O_6 und P_4O_{10} ist das P_4-Tetraeder-Gerüst erhalten; die eingetretenen Sauerstoffatome verbinden die P-Atome; in P_4O_{10} ist jedes P-Atom von vier Sauerstoffatomen umgeben (Abb. 74).

Phosphorsäuren. Phosphor hat 4 als Koordinationszahl, die Säureanionen lassen sich formal demnach darstellen, z. B.:

$$\begin{bmatrix} O & H \\ P & \\ O & H \end{bmatrix}^{-} \qquad \begin{bmatrix} O & O \\ P & \\ O & H \end{bmatrix}^{--} \qquad \begin{bmatrix} O & O \\ P & \\ O & O \end{bmatrix}^{---} \qquad \begin{bmatrix} & O & & O & \\ & | & & | & \\ O - & P & - O - & P & - O \\ & | & & | & \\ & O & & O & \end{bmatrix}^{----}$$

Unterphosphorige Säure   Phosphorige Säure   Phosphorsäure   Diphosphorsäure

Die Phosphorsäure ist die stabilste, die anderen Säuren können durch Oxydation (oder durch Hydrolyse) in diese übergeführt werden.

1. **Unterphosphorige Säure** H_3PO_2, Schmp. $27°$, entsteht als Salz bei Lösung des gelben Phosphors in Lauge, siehe oben S. 203, Gl. (3). Das entsprechende Bariumsalz läßt sich umkristallisieren, aus diesem kann nach Fällung des Bariums mit Schwefelsäure die Säure hergestellt werden. Sie wirkt stark reduzierend und vermag die Edelmetalle und sogar Kupfer aus ihren Salzen zu fällen; beim Erhitzen zersetzt sie sich: $2 \overset{\text{I}}{H_3}PO_2 = \overset{\text{V}}{H_3}PO_4 + \overset{-\text{III}}{P}H_3$. Die Unterphosphorige Säure ist *einbasisch*, ihre Salze heißen *Hypophosphite*.

2. **Phosphorige Säure** H_3PO_3, Schmp. $74°$. Diese *zweibasische* Säure bildet sich durch Hydrolyse des Phosphortrichlorides:

$$PCl_3 + 3\,H_2O = H_3PO_3 + 3\,HCl.$$

Sie wirkt stark reduzierend, ähnlich wie die Unterphosphorige Säure; beim Erhitzen zersetzt sie sich: $4 \overset{\text{III}}{H_3}PO_3 = 3 \overset{\text{V}}{H_3}PO_4 + \overset{-\text{III}}{P}H_3$. Ihre Salze, die *Phosphite*, sind schwer löslich, leicht löslich sind die Alkali- und Erdalkaliphosphite, Na_2HPO_3, $Ca_2(HPO_3)_2$.

3. **Phosphorsäure** *(Orthophosphorsäure)* H_3PO_4, Schmp. $42°$. Wird Diphosphorpentoxyd in Wasser eingetragen, so erhält man über Metaphosphorsäure als Zwischenprodukt die Phosphorsäure. Die Gewinnung dieser Säure, die auch großtechnisch durchgeführt wird, erfolgt noch auf anderen Wegen, so liefert z. B. Umsatz der Phosphate mit Schwefelsäure

$$Ca_3(PO_4)_2 + 3\,H_2SO_4 = \underbrace{3\,CaSO_4}_{\text{Gips, wenig löslich}} + 2\,H_3PO_4$$

eine wäßrige Lösung der Säure. Phosphorsäure kristallisiert in farblosen rhombischen Kristallen. Im Handel ist eine konz. dickflüssige Lösung (etwa $90\text{—}98\%$ H_3PO_4) erhältlich.

Phosphorsäure ist eine dreibasische Säure, und ist, nach ihrem Dissoziationsgrad in Wasser, eine schwache Säure. Sie vermag jedoch wegen ihrer Unflüchtigkeit alle flüchtigen Säuren (z. B. HCl, HNO_3, H_2SO_4) aus ihren Salzen bei hoher Temperatur zu verdrängen.

Bei einer mehrbasischen Säure werden in der Lösung alle Dissoziationsstufen gleichzeitig ihrer Größe entsprechend zur Geltung kommen, bei der Phosphorsäure also die Dissoziationen, die den Dissoziationskonstanten K_I, K_{II} und K_{III} entsprechen. Neutralisiert man eine bestimmte Menge Phosphorsäure mit einer starken Base allmählich, so wird zuerst fast ausschließlich der Wasserstoff ersetzt, welcher der I. Dissoziationsstufe entspricht, je mehr aber dessen Menge abnimmt, macht sich der Wasserstoff geltend, der durch die II. Dissoziationsstufe geliefert wird, und schließlich käme auch die III. Stufe zur Geltung. Es bilden sich demnach eine Folge von Wasserstoffionen-Konzentrationen aus, die man durch die folgenden Ausführungen finden kann.

Wir betrachten die Phosphorsäure vorerst als zweibasische Säure, und können auf diese Weise die Konzentration der Wasserstoffionen bestimmen, die in einer Phosphorsäurelösung bekannter Konzentration vorhanden sind. Diese Aufgabe soll allgemein gelöst werden:

Ein Hydrogensalz NaHA dissoziiert in wäßriger Lösung praktisch vollständig in Na^+ und HA^--Ionen. In der Lösung findet statt:

$$2\,HA \rightleftharpoons H_2A + A^{--}, \tag{1}$$

$$NaHA \rightleftharpoons Na^+ + HA^-, \tag{2}$$

$$AH^- \rightleftharpoons H^+ + A^{--}, \tag{3}$$

$$K_{II} = \frac{c_{H^+} \cdot c_{A^{--}}}{c_{AH^-}}, \tag{3'}$$

$$H_2A \rightleftharpoons H^+ + HA^-, \tag{4}$$

$$K_I = \frac{c_{H^+} \cdot c_{HA^-}}{c_{H_2A}}. \tag{4'}$$

Die in der Gl. 2 ausgedrückte Dissoziation ist vollständig nach rechts liegend. Gl. 1 wird nicht berücksichtigt, da in den Gl. 3 und 4 wieder auftretend; sie gibt nur die Entstehung der H_2A-Molekel an. Beträgt m die Molkonzentration von NaHA, so ist

$$m = c_{H_2A} + c_{HA^-} + c_{A^{--}}, \tag{5}$$

$$c_{Na^+} + c_{H^+} = c_{HA^-} + 2\,c_{A^{--}}; \tag{6}$$

da vollständige Dissoziation nach Gl. 2 vorliegt, ist $c_{Na^+} = m$, demnach

$$m + c_{H^+} = c_{HA^-} + 2\,c_{A^{--}}. \tag{6'}$$

Aus den Gl. 3', 4', 5 und 6' findet man

$$c^2_{H^+}(c_{H^+} + K_I + K_I\,K_{II} + m) = m\,K_I \cdot K_{II}.$$

$K_I \cdot K_{II}$ ist klein, ferner ist $c_{H^+} \ll (m + K_I)$, es ist dann schließlich

$$c_{H^+} = \sqrt{\frac{m\,K_I \cdot K_{II}}{K_I + m}}. \tag{7}$$

Da im allgemeinen oft $K_I \ll m$, ist

$$c_{H^+} = \sqrt{K_I \cdot K_{II}} \quad \text{oder} \quad p_H = \frac{1}{2}\,(\log K_I + \log K_{II}). \tag{8}$$

D. h. innerhalb eines bestimmten Molgehaltes des Hydrogensalzes ist die H^+-Ionenkonzentration *unabhängig* von der Verdünnung; wird in dieser m niedrig, so gibt Gl. 7 den richtigen c_{H^+}-Wert. Für Phosphorsäure ist (20°)

$$K_I = 8{,}0 \cdot 10^{-3}, \qquad K_{II} = 7{,}5 \cdot 10^{-8}, \qquad K_{III} = 1{,}8 \cdot 10^{-12}.$$

In einer etwa *0,1 molaren* Phosphorsäure beträgt also:

$$c_{H^+} = \sqrt{8 \cdot 10^{-3} \cdot 7{,}5 \cdot 10^{-8}} = 2{,}4 \cdot 10^{-5}\ \text{Mol/Liter} \qquad (p_H = 4{,}6).$$

Man kann demnach Phosphorsäure als einbasische Säure titrieren, wenn ein Indikator verwendet wird, der bei $p_H \approx 4,6$ umschlägt; dazu eignet sich (Tab. S. 80) Methylorange oder diesem nahestehende Indikatoren.

Das angedeutete Verhalten, Unabhängigkeit der H^+-Ionenkonzentration von der Verdünnung, ist bereits S. 78 erwähnt und als *Puffereigenschaft* gekennzeichnet. Konz. Lösungen von $KH_2PO_4 + Na_2HPO_4$ sind wirksame Pufferlösungen; p_H-Bereich 5,4 bis 8,0.

Phosphate. Die Alkalihydrophosphate reagieren, wie sich aus den vorstehenden Bemerkungen ergibt, *sauer*, die normalen Phosphate gegen Phenolphthalein *alkalisch*. Dihydrophosphate (*primäre* Phosphate) sind alle löslich, von den Hydrophosphaten (*sekundäre* Phosphate) und den neutralen (*tertiäre* Phosphate) nur die Alkalisalze. Dihydrophosphate geben beim Glühen *Metaphosphate*, Hydrophosphate *Diphosphate*, die neutralen Phosphate werden nicht verändert:

$$NaH_2PO_4 = NaPO_3 + H_2O,$$

$$2\,Na_2HPO_4 = Na_4P_2O_7 + H_2O.$$

Natriumhydrophosphat $Na_2HPO_4 \cdot 12\,H_2O$ und Ammoniumhydrophosphat $(NH_4)_2HPO_4$ sind die gebräuchlichsten Phosphorsalze. Ferner ist für Zwecke chemischer Analyse das *Natriumammoniumhydrophosphat* $NaNH_4HPO_4$, gewöhnlich als „*Phosphorsalz*" bezeichnet, wertvoll („Phosphorsalzperlen" werden damit ausgeführt).

Technische Bedeutung haben die *Kalziumphosphate*. Diese kommen im Ackerboden in geringen Mengen vor, sie werden von den Pflanzen leichter aufgenommen, wenn sie als Dihydrophosphate vorliegen. Es werden daher zu Zwecken künstlicher Düngung die natürlich vorkommenden tertiären Phosphate mit Schwefelsäure zu Dihydrophosphaten „aufgeschlossen" und dann als „*Superphosphat*" bezeichnet. Der Aufschluß erfolgt nach der Gleichung

$$Ca_3(PO_4)_2 + 2\,H_2SO_4 = \underbrace{2\,CaSO_4 + Ca(H_2PO_4)_2}_{\text{Superphosphat}}.$$

Man kann auch Phosphorsäure zum Aufschließen verwenden, und erhält ein gipsfreies „*Doppelsuperphosphat*". Die Schwefelsäure, erhalten nach dem Bleikammerverfahren, hat die günstigste Konzentration für diesen Aufschluß.

Das in der Stahlindustrie als Nebenprodukt anfallende *Thomasmehl* enthält eine Mischung $Ca_3(PO_4)_2 \cdot Ca_2SiO_4$, die Phosphor in einer Form enthält, welche von den Pflanzen leicht aufgenommen wird.

Diphosphorsäure (Pyrophosphorsäure) $H_4P_2O_7$ und Metaphosphorsäure HPO_3. Erhitzt man Phosphorsäure auf 200 bis 300°, so erfolgt allmähliche Abspaltung von Wasser; man findet zu Beginn:

$$2\,H_3PO_4 \rightleftarrows H_4P_2O_7 + H_2O.$$

Die gebildete Diphosphorsäure ist eine glasartige, leicht lösliche Masse, in der Lösung jedoch vollzieht sich der Vorgang in der $\leftarrow$-Richtung, wobei Säuren beschleunigend wirken. Von der Diphosphorsäure sind nur Dihydro- und neutrale Salze bekannt; die Bildung letzterer ist oben angegeben; sie sind sehr beständig in Lösungen.

Wird das Erhitzen der Phosphorsäure lange fortgesetzt, so erfolgt weiter Abspaltung des Wassers; bei dieser *Kondensation* der Phosphorsäure bilden sich ringförmige Anordnungen und lange Ketten, die schließlich zu einer Großmolekel von der Zusammensetzung $(HPO_3)_x$ (x sehr groß) führen.

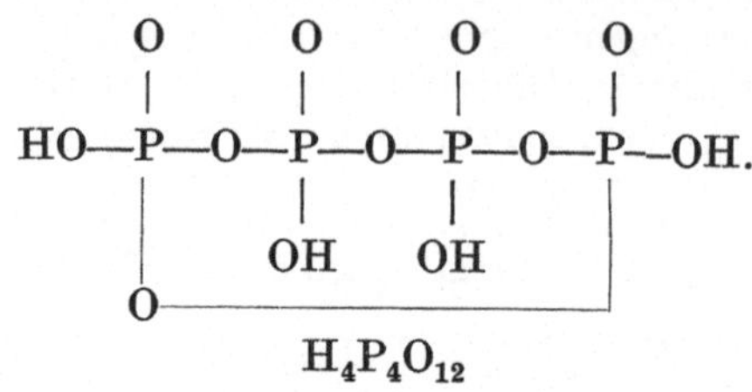

$$H_4P_4O_{12}$$

Diese Säuren erhalten die Gesamtbezeichnung *Metaphosphorsäure*. Die gebildeten langen Kettenmolekeln und die ringförmigen Anordnungen verfangen sich gegenseitig und geben Veranlassung zur Bildung glasartiger, also äußerst viskoser Massen, wie es eben die Metaphosphorsäure ist. Ähnliches bei Schwefel, S. 161.

Salze solcher Metaphosphorsäuren sind bekannt; z. B. $Na_6P_6O_{18}$; dieses Salz hat die bemerkenswerte Eigenschaft mit Ca^{++}- und Fe^{+++}-Ionen lösliche Komplexe zu bilden: $[Ca_2P_6O_{18}]^{--}$; man verwendet sie deshalb zum „*Weichmachen*" des Wassers.

Reaktionen der Phosphorsäuren. Die Phosphate geben mit Silbernitrat einen *gelben* Niederschlag Ag_3PO_4, Diphosphate und Metaphosphate einen *weißen* Niederschlag. Die Metaphosphorsäuren vermögen gelöstes Hühnereiweiß auszuflocken, wodurch sie sich von den anderen Phosphorsäuren unterscheiden. Alle Phosphorverbindungen können in saurer Lösung zu Phosphorsäure oxydiert, oder umgewandelt werden, alle Phosphate sind in Säuren löslich, aus diesem Grunde ist die Fällung der Phosphorsäure aus saurer Lösung mit Ammoniummolybdat analytisch so wertvoll (S. 367).

Phosphorhalogenide. Phosphor reagiert sehr heftig mit Chlor, es bilden sich zwei Verbindungen *Phosphortrichlorid* PCl_3 und *Phosphorpentachlorid* PCl_5, dieses kann durch Anlagerung von Chlor an das Trichlorid entstehen.

Phosphortrichlorid ist eine farblose Flüssigkeit, Sdp. 74°, die wegen der großen Affinität zu H_2O an feuchter Luft raucht.

Phosphorpentachlorid ist rein, eine weiße Kristallmasse, die jedoch meist, da unrein, gelb gefärbt ist. Bei etwa 62° beträgt der Sublimationsdruck 1 Atm. Erwärmt man das Gas höher, so tritt Dissoziation ein:

$$PCl_5 \rightleftharpoons PCl_3 + Cl_2,$$

die bei etwa 300° vollständig ist.

Beide genannten Halogenide werden durch Wasser zu den entsprechenden Phosphorsäuren, H_3PO_3 und H_3PO_4 hydrolysiert. Beim Pentachlorid ist dabei das beständige Zwischenprodukt *Phosphoroxychlorid* $POCl_3$ faßbar. Es wird meist aus dem Pentachlorid mit Verwendung von Stoffen, die langsam Wasser abspalten (z. B. Oxalsäure), hergestellt. Es ist eine wasserklare Flüssigkeit, Sdp. 105°, und raucht stark an feuchter Luft.

Alle genannten drei Verbindungen werden in der Organischen Chemie als wirksame Chlorierungsmittel verwendet.

Es sind noch Verbindungen des Phosphors mit Fluor, Brom und Jod bekannt.

3. Arsen As

Arsen ist in der Natur sehr stark verbreitet, in geringen Konzentrationen ist es fast in allen sulfidischen Erzen und Mineralen enthalten. Man findet es: gediegen als *Scherbenkobalt*, wesentlich häufiger jedoch in Verbindungen: *Arsenkies, Mißpickel* $FeAs_2 . FeS_2$, eine isomorphe Mischung beider Verbindungen; *Realgar* As_4S_4 und *Auripigment* As_2S_3 sind einige bekannte Sulfide des Arsens; ferner auch als Oxyd As_2O_3 *(Arsenikblüte)*.

Die Gewinnung des Arsens aus den verschiedenen Naturprodukten ist wegen seiner Flüchtigkeit meist einfach; z. B. gibt Arsenkies direkt beim Erhitzen und Abschluß von Luft das Element: $FeAsS = FeS + As$; das Oxyd kann leicht mit Kohle reduziert werden; Arsen destilliert in kalt gehaltene Teile entsprechender Anlagen.

Arsen ist gleich dem Phosphor *polymorph*, die Formen sind monotrop. Die gewöhnlich stabile Modifikation ist das *metallische* (oder *graue*) Arsen; es ist kristallinisch, hat metallartiges Aussehen, ist verhältnismäßig weich, leitet den elektrischen Strom und ist in organischen Lösungsmitteln unlöslich. Bei 633° beträgt der Sublimationsdruck 1 Atm., das Arsen kann nur unter Druck geschmolzen werden. Der Dampf besteht bis etwa 800° aus As_4-Molekeln, bei höheren Temperaturen setzt dann Dissoziation zu As_2-Molekeln ein. Der Dampf ist farblos, rasch abgekühlt scheidet sich *gelbes* Arsen ab. Das gelbe Arsen ist weich, ist in Schwefelkohlenstoff löslich, mit Wasserdampf flüchtig, erinnert demnach sehr an den gelben Phosphor, ist aber viel leichter in die stabile Modifikation überführbar. An der Luft erhitzt, verbrennt das Arsen mit kennzeichnender bläulicher Flamme, es bildet sich ein dichter weißer Rauch von As_2O_3, der Dampf hat einen besonderen, an Knoblauch erinnernden Geruch.

Arsen ist an der Luft beständig, sonst aber ist es besonders in der Wärme ziemlich reaktionsfähig; mit Chlor reagiert es unter Feuererscheinung, wird von Salpetersäure zu Arsensäure oxydiert, ist aber in Salzsäure nur bei Gegenwart von Sauerstoff löslich. Arsen wird von naszierendem Wasserstoff bei Zimmertemperatur in Arsenwasserstoff übergeführt; mit zahlreichen Metallen bildet es bei höheren Temperaturen Legierungen und Verbindungen.

Das Arsen dient zur Herstellung bestimmter Legierungen: mit Blei gibt es den harten *Flintenschrot*; seine Eigenschaft als Metall ist jedoch ohne besondere Bedeutung.

Zu beachten ist die Giftwirkung aller Verbindungen des Arsens.

Verbindungen

Wertigkeit	Hydride	Oxyde	Säuren
— III	AsH_3 Arsin		
III		As_2O_3 Diarsentrioxyd	H_3AsO_3 Arsenige Säure
V		As_2O_5 Diarsenpentoxyd	H_3AsO_4 Arsensäure

Arsenwasserstoff (Arsin) AsH_3, Schmp. —116°, Sdp. —62°. Arsen bildet nur ein Hydrid, unterscheidet sich demnach von seinen

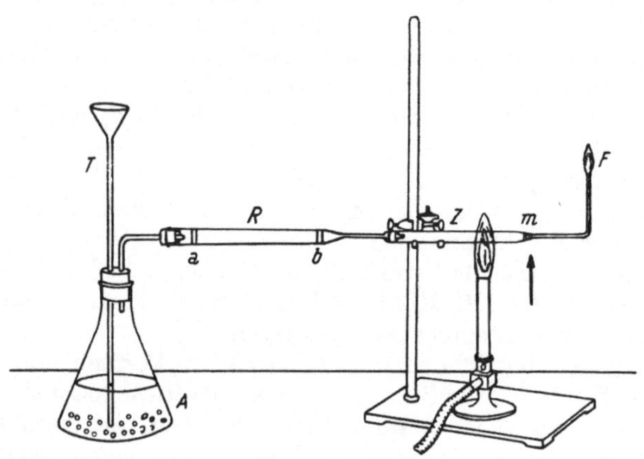

Abb. 75. Apparat nach MARSH.

beiden Homologen Stickstoff und Phosphor. Arsenwasserstoff entsteht *immer*, wenn naszierender Wasserstoff auf irgendwelche Arsenverbindungen einwirkt, besonders leicht dann, wenn sie löslich sind:

$$As_2O_3 + 6\,Zn + 12\,HCl = 2\,AsH_3 + 6\,ZnCl_2 + 3\,H_2O.$$

Arsenide (s. u.) lösen sich in Säuren unter Bildung von Arsenwasserstoff. Es ist ein farbloses Gas mit einem unangenehmen, etwa an Knoblauch erinnernden Geruch, es läßt sich leicht zu einer wasserklaren Flüssigkeit kondensieren. Das Gas ist so wie das Metall brennbar. Wird die Flamme durch Hineinhalten einer kalten Porzellanschale gekühlt, so scheidet sich an dieser metallisches („schwarzes") Arsen ab: es bildet sich ein *Arsenspiegel*. Leitet man Arsenwasserstoff durch eine Röhre, die an einer Stelle auf schwache Rotglut erhitzt ist, so scheidet sich das Arsen an benachbarter kalter Stelle als Spiegel ab. Dieses Verhalten kennzeichnet besonders das Arsen und dient zu einem sehr empfindlichen Nachweis für dieses Element; er wird in einem Apparat nach MARSH durchgeführt (MARSH-Probe) (Abb. 75).

Im ERLENMEYER-Kolben A befindet sich granuliertes arsenfreies Zink und die zu prüfende Probe. Durch die Trichterröhre T wird arsenfreie Salzsäure eingefüllt. Der Arsenwasserstoff enthaltende Wasserstoff streicht durch die Chlorkalziumröhre R (a und b sind Wattepfropfen) und wird bei F entzündet.[1] Die aus schwer schmelzbarem Glas bestehende Glasröhre Z wird mit einem Brenner an einer Stelle erhitzt, an deren Nähe m sich der Arsenspiegel bildet. Mit dieser Vorrichtung kann man etwa 10^{-6} g Arsen noch sicher nachweisen.

Nach der Bildungswärme des Gases $As + {}^3/_2 H_2 = AsH_3, \varDelta H = 44$ kcal, sieht man, daß es bei Zimmertemperatur instabil sein muß. Tatsächlich zersetzt sich Arsenwasserstoff schon an porösem Material bei dieser Temperatur. Seine besonders leichte Zersetzung bei höheren Temperaturen ist deshalb verständlich. Arsenwasserstoff wird von Sauerstoff angegriffen, der die leichte Zersetzlichkeit noch beschleunigt.

Arsenwasserstoff wirkt (wie Phosphorwasserstoff) reduzierend; die Abscheidung des Silbers aus einer nicht zu konz. Silbernitratlösung geht rasch vor sich:

$$AsH_3 + 6 AgNO_3 + 3 H_2O = 6 Ag + H_3AsO_3 + 6 HNO_3.$$

Diese Reaktion ist ein weiterer, sehr empfindlicher Nachweis für Arsen: Probe nach GUTZEIT. *Arsenwasserstoff ist sehr giftig.*

Diarsentrioxyd *(Arsentrioxyd, Arsenik)* As_2O_3, bildet sich beim Rösten sulfidischer Erze und wird deshalb bei allen metallurgischen Prozessen, die arsenhaltige Erze verarbeiten, als Nebenprodukt (,,Hüttenrauch'' genannt) erhalten. Das Arsentrioxyd kondensiert sich je nach der Temperatur entweder als feines Mehl (,,Giftmehl'') oder in kompakten Stücken mit muscheligem Bruch. Es sind mehrere kristallinische Formen von Arsentrioxyd bekannt.

Der Dampf besteht aus As_4O_6-Molekeln, sie haben die gleiche Molekularstruktur wie P_4O_6 (S. 204); bei etwa 2000° ist die Dissoziation zu As_2O_3 vollständig.

Arsentrioxyd läßt sich sehr leicht zu Metall reduzieren; die Reduktion mit Kohle ist schon oben erwähnt, in Säuren gelöst, erhält man nach Zusatz von Zinn II-Chlorid einen dunkelbraunen Niederschlag von Arsen: (Probe nach BETTENDORF). Ebenso leicht erfolgt die Oxydation zu Arsensäure mit Salpetersäure; diese Reaktion wird durch Quecksilbersalze stark gehemmt. Siehe ferner folgenden Abschnitt. Arsentrioxyd ist in Wasser etwas löslich, die Lösung reagiert sauer.

Arsenige Säure und Arsenite. In der Lösung ist das der Hydratation

$$As_2O_3 + 3 H_2O \rightleftarrows 2 As(OH)_3 \tag{1}$$

entsprechende Gleichgewicht vorhanden.

Die Verbindung $As(OH)_3$ wird, da sie als Säure dissoziieren kann, Arsenige Säure bezeichnet. Sie ist eine dreibasische sehr schwache

---

[1] Ein hier hineingehaltener Porzellangegenstand (z. B. Tiegeldeckel) zeigt an der Stelle, wo ihn die Flamme berührt, *sofort* einen schwarzen Fleck.

Säure $K_I = 4 . 10^{-10}$, ist demnach *schwächer* als die Kohlensäure. Arsenige Säure kann in wäßriger Lösung zu Arsensäure oxydiert werden. Von Bedeutung ist die Oxydation mit Jod:

$$As_2O_3 + 2\,J_2 + 2\,H_2O \rightleftharpoons As_2O_5 + 4\,JH.$$

Diese Reaktion führt zu einem Gleichgewicht; damit sie vollständig in der →-Richtung verläuft, muß $5 < p_H < 11$ sein. Ist $p_H < 5$, so geht sie in der ←-Richtung: damit kommt die *oxydierende* Wirkung der Arsensäure zur Geltung.

Der Tabelle 11, S. 322, entnimmt man mit Berücksichtigung der Ausführung S. 320 f.

$$E_{As\,III/As\,IV} = -\,0{,}61 - 0{,}059 \log \frac{c^{1/2}_{H_3AsO_3}}{c^{1/2}_{H_3AsO_4}},$$

$$E_{J^-/J_3} = -\,0{,}53 - 0{,}059 \log \frac{c^{1/2}_{J_3^-}}{c^{3/2}_{J^-}},$$

$$E_{H/H^+} = \pm\,0{,}00.$$

Daraus findet man

$$\frac{c_{H_3AsO_4}\,c^2_{H^+}}{c_{H_3AsO_3}} = 4 . 10^{-2} \frac{c_{J_3^-}}{c_{J^-}}.$$

Bei Gegenwart von $J_{2\,fest}$ ist in einer etwa 0,1 mol. KJ-Lösung (S. 325) $c_{J_3}/c^3_{J^-} \approx 10^2$, in einer $NaHCO_3$-Lösung ist $c_{H^+} \approx 10^{-8}$ (S. 174, Gl. 1); demnach

$$\frac{c_{H_3AsO_4}}{c_{H_3AsO_3}} \approx 4 . 10^{16}.$$

D. h. unter den angegebenen exp. Bedingungen wird die ganze Arsenige Säure zu Arsensäure oxydiert.

Das Arsentrioxyd löst sich in Laugen und Alkalikarbonaten, es bilden sich Salze der Arsenigen Säure, sogenannte *Arsenite*, die aber meist in der „meta"-Form, z. B. $NaAsO_2$, erhalten werden. Diese Arsenite werden von Säuren zersetzt (Gl. 2). Im freien Zustand ist die Arsenige Säure nicht erhältlich; bei einer Konzentrierung der Lösung geht der Zerfall in der Richtung ← (Gl. 1) vor sich.

Gegen starke Säuren wirkt $As(OH)_3$ als Base:

$$As(OH)_3 + 3\,HCl \rightleftharpoons AsCl_3 + 3\,H_2O. \tag{2}$$

Es bildet sich Arsentrichlorid, das man als Salz auffassen könnte. **Diarsenpentoxyd** *(Arsenpentoxyd)*, **Arsensäure** und **Arsenate**. Das Diarsenpentoxyd As_2O_5 ist nicht, wie das entsprechende Phosphorpentoxyd, durch Verbrennung des Arsens oder durch Oxydation des Diarsentrioxydes zu erhalten, sondern aus der Arsensäure H_3AsO_4 nach Abspaltung von Wasser. Es ist eine glasige weiße Masse, die sehr zerfließlich ist und in Lösung leicht wieder in die Säure übergeht.

Die *Arsensäure* erhält man auf verschiedenen schon angedeuteten Wegen. Aus der wäßrigen Lösung scheiden sich zerfließliche farblose Nadeln ab: $H_3AsO_4 . {}^1/_2\,H_2O$, Schmp. 36°. Die Arsensäure ist fast so stark wie die Phosphorsäure, in sauren Lösungen wirkt sie oxydierend.

Die Arsensäure verhält sich beim Erwärmen wesentlich anders als die entsprechende Phosphorsäure; man erhält verschiedene Verbindungen, die als Hydrate $As_2O_5 . x\,H_2O$ aufgefaßt werden können, schließlich ergibt sich nach länger dauernder Erwärmung (bei etwa 400°) als Endprodukt das Diarsenpentoxyd.

Die Salze der Arsensäure, die *Arsenate*, entsprechen weitgehend den Phosphaten, mit diesen sind einige Arsenate isomorph. Arsenate geben mit Silbernitrat einen braunen, schwer löslichen Niederschlag von *Silberarsenat* Ag_3AsO_4.

Sulfide und Sulfosalze des Arsens. Arsen verbindet sich direkt mit Schwefel, aber auch aus wäßrigen Lösungen sind Schwefelverbindungen zu erhalten. Die in der Natur vorkommenden Sulfide As_4S_4, Realgar, Rauschrot und As_2S_3 Auripigment (gelb gefärbt) werden wegen ihrer Verwendbarkeit als Malerfarben *künstlich* auf trockenem Wege hergestellt.

Aus wäßrigen Lösungen sind erhältlich *Diarsentrisulfid* As_2S_3 und *Diarsenpentasulfid* As_2S_5. Durch Einleiten von Schwefelwasserstoff in eine saure Lösung von Arseniger Säure oder Arsensäure erhält man:

$$2\,AsCl_3 + 3\,H_2S = As_2S_3 + 6\,HCl, \qquad (1)$$

$$2\,H_3AsO_4 + 5\,H_2S = As_2S_5 + 8\,H_2O. \qquad (2)$$

Vorgang nach Gl. 2 ist nicht glatt, da die Arsensäure Schwefelwasserstoff oxydiert, und Arsenige Säure neben freiem Schwefel gebildet wird; durch Einhaltung besonderer Reaktionsbedingungen kann man den Umsatz der Gl. 2 einigermaßen entsprechend durchführen. Die gefällten Sulfide sind *hellgelb* gefärbt.

Ebenso wie Arsenige Säure in Laugen und Alkalikarbonaten gelöst wird, lösen sich auch die entsprechenden Sulfide:

$$As_2O_3 + 6\,NaOH \rightleftarrows 2\,Na_3AsO_3 + 3\,H_2O, \qquad (1)$$

$$As_2S_3 + 6\,NaOH \rightleftarrows Na_3AsS_3 + Na_3AsO_3 + 3\,H_2O, \qquad (2)$$

$$As_2S_3 + 3\,Na_2CO_3 \rightleftarrows Na_3AsS_3 + Na_3AsO_3 + 3\,CO_2. \qquad (3)$$

Verwendet man Schwefelammonium, so erhält man:

$$As_2S_3 + 6\,(NH_4)HS \rightleftarrows 2\,(NH_4)_3AsS_3 + 3\,H_2S, \qquad (3a)$$

$$As_2S_5 + 6\,(NH_4)HS \rightleftarrows 2\,(NH_4)_3AsS_4 + 3\,H_2S. \qquad (4)$$

Gelbes Schwefelammonium gibt:

$$As_2S_3 + \underbrace{6\,(NH_4)HS + 2\,S}_{\text{gelbes Schwefelammon}} \rightleftarrows 2\,(NH_4)AsS_4 + 3\,H_2S. \qquad (5)$$

Es entstehen Sulfosalze: *Natriumsulfarsenit* Na_3AsS_3, *Natriumsulfarsenat* Na_3AsS_4. Man beachte die Bildung dieser Verbindung aus dem Trisulfid nach der prinzipiellen Gl. 5.

Behandelt man Arsentrisulfid und das Pentasulfid mit Laugen und Schwefel, so können sich verschiedene Oxythioarsenate bilden, die in farblosen Lösungen erhalten werden können.

Die entsprechenden Sulfosäuren sind nicht beständig, säuert man die Lösungen an, so gehen die Reaktionen nach den Gl. 2 bis 5 in der ←-Richtung vor sich.

Die Bildung von Sulfosalzen ist ein Beispiel für die Bildung von Komplexionen; dieser Bildung entsprechend entstehen aus *unlöslichen* Verbindungen *lösliche*, Komplexionen enthaltende Verbindungen. Vorgänge dieser Art haben allgemeine Bedeutung, sie sind wissenschaftlich und technisch gleich wertvoll.

Arsenhalogenide sind nicht so zahlreich wie die des Phosphors. Von diesen ist das schon erwähnte Arsentrichlorid zu beachten, da es analytisch eine Rolle spielt. Nach Gl. 2, S. 212, kann man bei entsprechend hoher HCl-Konzentration das Arsentrichlorid aus der Lösung abdestillieren und auf diese Weise von anderen Metallen (z. B. von Antimon und Zinn) trennen. In der Lösung ist es stark hydrolytisch gespalten, was der Auffassung, es sei ein Salz einer schwachen Base mit einer starken Säure, entspricht. Ein Arsenpentachlorid ist nicht bekannt.

Arsen kann auch in organische Verbindungen eintreten: es entstehen wertvolle Heilmittel. Eine Klasse solcher Verbindungen zeichnet sich durch höchst widerwärtigen und unerträglichen Geruch aus, sie enthalten das Radikal *Kakodyl* $(CH_3)_2As—$.

4. Antimon Sb

Antimon kommt in der Natur nicht so verbreitet vor wie das Arsen, obgleich es viele Metallerze in geringen Mengen enthalten. In einfachster Bindung findet man dieses Element im *Grauspiesglanz* Sb_2S_3 und *Weißspiesglanz* Sb_2O_3 (Antimonblüte). Erstere Verbindung, häufiger auftretend, ist das hauptsächlichste Erz, das zur Gewinnung des Metalles in Betracht kommt. Es gibt eine große Reihe von Mineralen, in denen sich das Antimonsulfid mit anderen Metallsulfiden zu Doppelsulfiden vereinigt: z. B. in den *Fahlerzen*. Die hüttenmäßige Gewinnung des Antimons ist bereits schwieriger als die des Arsens.

Antimon ist ein dunkles, glänzendes Metall, es ist spröde, pulverisierbar und Leiter für den elektrischen Strom. Der Phasenübergang $Sb_{flüssig} \rightarrow Sb_{fest}$ ist mit einer *Volumvergrößerung* verbunden; diese Eigenschaft macht das Metall zum Guß besonders geeignet.

Antimon ist *polymorph*, es sind mehrere Formen bekannt. Die instabile Form ist das *gelbe* Antimon (im Grunde so hergestellt wie der gelbe Phosphor und das gelbe Arsen), es geht *sehr leicht* in die stabile, metallische Form über. Das Metall, elektrolytisch an der Kathode abgeschieden, ist amorph, es verwandelt sich explosionsartig in eine kristalline Form: „*explosives Antimon*".

Das Metall ist an der Luft beständig und zeigt die gleiche Reaktionsfreudigkeit wie das Arsen. Von Salpetersäure wird es je nach Konzentration zum Trioxyd und Pentoxyd oxydiert, von Schwefelsäure unter Bildung von Schwefeldioxyd gelöst.

Die metallischen Eigenschaften des Antimons sind wertvoller als die des Arsens; es bildet eine Reihe verwendeter Legierungen: Hartblei, Letternmetall sind Pb—Sb-Legierungen und Lagermetalle.

Verbindungen

Wertigkeit	Hydride	Oxyde	Ionen	Säuren
— III	SbH_3 Stibin			
III		$Sb_2O_3(Sb_4O_6)$	Sb^{3+}	$Sb(OH)_3$ Antimonige Säure
IV		Sb_2O_4		
V		Sb_2O_5		$HSb(OH)_6$ Antimonsäure

Antimonwasserstoff (*Stibin*) SbH_3, Schmp. —91°, Sdp. —18°, bildet sich gleich wie Arsenwasserstoff, hat ähnliche Eigenschaften wie dieser. Die Herstellung des Antimonwasserstoffes erfolgt besonders günstig elektrolytisch, mit Antimon als Kathode. Beim Erhitzen zersetzt er sich und bildet einen Antimonspiegel, der sich vom Arsenspiegel dadurch unterscheidet, daß er, mit einer Lösung von Natriumhypochlorit benetzt, nicht verschwindet. Die Bildungswärme ist nicht bekannt, aus dem Verhalten läßt sich jedoch abschätzen, daß Antimonwasserstoff instabiler ist als Arsenwasserstoff.

Diantimontrioxyd $Sb_2O_3(Sb_4O_6)$, Schmp. 65,5°, Sdp. 1456°, und **Diantimonpentoxyd** Sb_2O_5 (Zersetzung bei 300°) und die davon sich ableitenden **Antimonsäuren**.

Diantimontrioxyd bildet sich bei der Verbrennung des Metalles an der Luft, das Pentoxyd durch Oxydation dieses Oxydes und des Metalles mit Salpetersäure. Beide Oxyde sind im Gegensatz zu den leicht löslichen Oxyden des Phosphors und des Arsens in Wasser kaum löslich. Das Verhalten beider Oxyde kennzeichnet:

$$Sb_2O_3 \xrightarrow[+\,O_2]{\text{Erhitzen}} Sb_2O_4 \xleftarrow[-\,O_2]{\text{Erhitzen} \sim 400°} Sb_2O_5.$$

Diantimontetraoxyd

In Salzsäure und Schwefelsäure ist das Trioxyd löslich, es bilden sich die entsprechenden Salze, $SbCl_3$ und $Sb_2(SO_4)_3$, rascher löslich ist es in organischen Säuren unter Komplexbildung. Am bekanntesten ist der *Brechweinstein*, Kaliumantimonyltartrat, $K(SbO)C_4H_6O_6 \cdot {}^1/_2\,H_2O$, dessen Valenzformel man schreiben kann:

$$
\begin{array}{c}
O=C-O \\
| \qquad \diagdown \\
H-C-O-SbOH_2 \\
| \qquad \diagup \\
H-C-O \\
| \\
COOK
\end{array}
$$

Die in der Molekel enthaltene Gruppe SbO— wird *Antimonyl* genannt; sie findet sich in Verbindungen, die bei der Hydrolyse von Antimonsalzen entstehen; auch in anderen Komplexverbindungen des Metalles ist die Gruppe vorhanden. Nach Lösung des Trioxydes in Laugen erhält man Salze, *Antimonite* von der Zusammensetzung z. B. $Na[SbO_2] \cdot 3\,H_2O$. Die entsprechende Säure, die *Antimonige Säure* $Sb(OH)_3$, erhält man durch Ansäuern einer Lösung von Brechweinstein; in Lösung ist das Anion $Sb(OH)_4^-$ anzunehmen.

Die *Antimonsäure*, dem Diantimonpentoxyd entsprechend, wird durch Hydrolyse des Antimonpentachlorides erhalten:

$$SbCl_5 + 4\,H_2O \rightleftharpoons SbO(OH)_3 + 5\,HCl.$$

Es ist ein weißes Pulver, das sowohl in Säuren als auch in Basen löslich ist, in letzterem Falle entstehen *Antimonate*. In der Lösung der Antimonsäure ist die Bildung des Anions $Sb(OH)_6^-$ zu erwarten, das Antimon erreicht demnach hier seine maximale Koordinationszahl 6; die Konstitution der Antimonsäure demnach: $H[Sb(OH)_6]$. Das *Kaliumantimonat* $KSb(OH)_6$ (ältere Bezeichnung: Kaliumpyroantimonat) ist ein Reagens für Na^+-Ionen; $NaSb(OH)_6$ ist schwer löslich. Werden Antimonate lange Zeit erhitzt, so bilden sich, ähnlich wie bei Phosphaten, durch allmähliche Abspaltung von Wasser und Kondensation Makromolekeln, die schließlich der Zusammensetzung $NaSbO_3$ entsprechen.

Sulfide und **Sulfosalze.** Es sind zwei Sulfide bekannt. Diantimontrisulfid Sb_2S_3 und Diantimonpentasulfid Sb_2S_5. Beide Sulfide werden aus den Antimonverbindungen entsprechender Wertigkeit, durch Fällung mit Schwefelwasserstoff in saurer Lösung, als amorphe Niederschläge erhalten; sie sind orangerot gefärbt[1]. Die Sulfide verhalten sich wie die Arsensulfide, sie sind in Alkalien und Schwefelammonium löslich:

$$Sb_2S_3 + 3\,S^{--} \rightleftharpoons 2\,SbS_3^{---}, \qquad Sb_2S_5 + 3\,S^{--} \rightleftharpoons 2\,SbS_4^{---}.$$

Sulfantimonit-Ion   Sulfantimonat-Ion

In saurer Lösung werden die Sulfide in der ⟵-Richtung wieder abgeschieden.

Das *Antimonpentasulfid* (Goldschwefel) wird durch Zersetzung des *Natriumsulfantimonates* (SCHLIPPE-Salz) $Na_3SbS_4 \cdot 9\,H_2O$ erhalten. Das Sulfid wird zum Vulkanisieren des natürlichen Kautschuks verwendet, es erteilt diesem die bekannte rote Farbe, die man an zahlreichen Kautschukgegenständen zu sehen gewohnt ist.

Halogenide des Antimons. Es sind Tri- und Pentahalogenide bekannt, sämtliche sind mehr oder weniger gegen Wasser unbeständig. *Antimontrichlorid* (Antimonbutter) $SbCl_3$, Schmp. 73°, Sdp. 187°, ist ein weiches, an der Luft rauchendes Produkt. Es löst sich in wenig Wasser, beim Verdünnen scheiden sich verschiedene *basische* Chloride, Algarotpulver bezeichnet, ab; aus diesem Gemisch läßt sich unter anderem das genauer bekannte *Antimonylchlorid* $SbOCl$ isolieren. An das Antimontrichlorid lagert sich Chlor an: $SbCl_3 + Cl_2 \rightleftharpoons SbCl_5$, das gebildete *Antimonpentachlorid*, Schmp. 4°, spaltet beim Sdp. ~140° bereits das Chlor ⟵-Richtung wieder ab; von dieser Eigenschaft macht man Gebrauch, wenn Antimon-

---

[1] Sb_2O_3 kann auch grau gefärbt erhalten werden.

chloride als Chlorüberträger verwendet werden. Beide Halogenide sind in starker Salzsäure unter Bildung von Komplexverbindungen löslich: $[SbCl_4]^-$ und $[SbCl_6]^-$, letzterem entspräche die ziemlich beständige *Chlorantimonsäure* $2\ HSbCl_6 \cdot 9\ H_2O$.

5. Wismut Bi

Wismut ist unter allen Elementen der Stickstoffgruppe das am wenigsten verbreitete und hat auch die seltensten Lagerstätten. Man findet es im Mineralreich als *Wismutglanz* Bi_2S_3 und als *Wismutocker* Bi_2O_3, auch gediegen wird es gelegentlich gefunden. Wismutsulfid bildet (gleich wie Arsen- und Antimonsulfide) mit vielen Metallsulfiden Doppelsulfide.

Die Aufarbeitung der Wismuterze ist ähnlich der der Antimonerze. Wismut ist ein rötlich weiß glänzendes Metall, ist spröde und deshalb leicht pulverisierbar, der Schmelzpunkt ist bemerkenswert tief. Der spezifische elektrische Widerstand ϱ des Wismutes ist 2,6mal *größer* als der des Antimons; so wie dieses dehnt es sich beim Phasenübergang flüssig → fest etwas aus. An der Luft ist es unter gewöhnlichen Umständen beständig, seine Reaktionsfähigkeit weicht nicht erheblich ab von der des Antimons. Der Dampf besteht im Gebiet 1600° bis 1700° aus einem Gemisch von Bi_2-Molekeln und Bi-Atomen.

Mehrere Legierungen des Wismutes zeichnen sich durch niedrigen Schmelzpunkt aus: z. B. *Wood*-Metall Schmp. 60° (50% Bi, 25% Pb, 12,5% Sn, 12,5% Cd); es sind noch andere Bi-Legierungen bekannt, ihr Schmelzpunkt liegt zwischen 70 bis 96°. Das Metall findet weiter noch in besonderen Industriezweigen (Glas und Porzellan) Verwendung; es wird auch zur Herstellung von Heilmitteln gebraucht.

Verbindungen

Wertigkeit	Hydride	Ionen	Oxyde
— III	BiH_3		
III		Bi^{3+}	$Bi_2O_3(Bi_4O_6)$ WismutIII-oxyd
V			Bi_2O_5 WismutV-oxyd

Das Metall ist aus allen seinen Verbindungen leicht durch Reduktion zu gewinnen.

Wismutwasserstoff BiH_3 ist im Grunde so herstellbar wie die Hydride seiner beiden homologen Nachbarn, doch ist es außerordentlich schwer zu gewinnen; seine (endotherme) Bildungswärme ist anscheinend sehr hoch; man kann sie abschätzen:

	NH_3	PH_3	AsH_3	SbH_3	BiH_3
Bildungswärme ΔH kcal	—11	—2,3	44	>44	≫44

Antimonwasserstoff ist schon sehr instabil, es ist wohl zu erwarten, daß die Bildungswärme für Wismutwasserstoff viel höher als 44 kcal sein wird. Daß eine Bildung überhaupt stattfindet, konnte erst festgestellt werden, als man ein Isotop des Wismutes *Thorium C* verwendete. Dieses liefert ein Hydrid, das zufolge seiner Radioaktivität in kleinsten analytisch noch nicht faßbaren Mengen nachgewiesen werden kann. Wismutwasserstoff reagiert, so wie Antimonwasserstoff, nicht mit Schwefelwasserstoff; dies ist dem Umstand zuzuschreiben, daß in Lösung keine Ionen vorhanden sind.

Wismuttrioxyd (WismutIII-oxyd) Schmp. 817°, Sdp. 1890°, wird erhalten beim Verbrennen des Metalles an der Luft, oder durch Erhitzen des Karbonates oder Nitrates; letzteres Verhalten kennzeichnet besonders die metallische Natur des Wismutes. Das Oxyd ist gelb, in der Hitze braun, löst sich in Säuren unter Bildung der entsprechenden Salze; in Laugen ist es unlöslich, demnach ein typisches Metalloxyd.

Aus Wismutsalzlösungen fällen Alkalilaugen und Ammoniak *Wismut-III-hydroxyd* $Bi(OH)_3$ als weißen Niederschlag, der im Überschuß nicht löslich ist; die Herstellung in reiner Form ist schwierig.

Oxydiert man Aufschlämmungen des Oxydes in Laugen mit Chlor und anderen Oxydationsmitteln, so erhält man höhere, meist gefärbte Oxyde von der ungefähren Zusammensetzung Bi_2O_4 bis Bi_2O_5, sie wirken oxydierend. Das *Wismut V-oxyd* entwickelt bei der Lösung in Schwefelsäure Sauerstoff und gibt Bi^{III}-Sulfat.

Verbindungen, in denen das Wismut III-wertig ist, sind, wie man sieht, allein beständig. Die durchwegs farblosen Salze sind leicht löslich, erfahren aber Hydrolyse bei Abwesenheit eines genügenden Säureüberschusses; die entstehenden basischen Salze enthalten die Gruppe BiO—. Wismutchlorid bei Gegenwart von Natriumchlorid wird in schwach salzsaurer Lösung mit TitanIII-chlorid zu Metall reduziert.

Wismutnitrat $Bi(NO_3)_3 . 5 H_2O$. Das Salz entsteht direkt aus dem Metall mit Salpetersäure; es ist deshalb das gebräuchlichste Wismutsalz. Es ist leicht löslich, wird die Lösung stark verdünnt, so bildet sich ein weißer Niederschlag $Bi(OH)_2NO_3$; $(BiONO_3) . H_2O$.

Wismutchlorid $BiCl_3 . 2 H_2O$. In konz. Salzsäure lagert sich Chlorwasserstoff an, es bilden sich *Chlorwismutsäuren*, z. B. $HBiCl_4$; gegen Wasser sind sie alle unbeständig; die Chloride liefern Wismutoxychlorid BiOCl.

Wismutsulfid Bi_2S_3 bildet sich als Niederschlag beim Einleiten von Schwefelwasserstoff in angesäuerte Lösungen von Wismutsalzen, es ist dunkelbraun und nur in starker Salzsäure oder Salpetersäure löslich. Im Gegensatz zu den Arsen- und Antimonsulfiden ist Wismuttrisulfid in Alkalisulfiden ganz unlöslich. Diese Eigenschaften des Metalles dienen zum *Nachweis* des Wismutes.

XL. Kohlenstoffgruppe

Übersicht

Ordnungs-zahl	Element	Atomgewicht	Isotope	d	Siedepunkt °C	Schmelz-punkt °C	Wertigkeit
6	Kohlenstoff C	12,0	^{12}C 98,9%; ^{13}C 1,1%	3,5 Dia-mant	3540° subli-miert		—IV, II, IV
14	Silicium Si ..	28,06	A: 28, 29,30	2,4	1414°	2630°	—IV, IV (II)
32	Germanium Ge	72,60	5	5,4	958°	—	—IV, II, IV
50	Zinn Sn	118,7	10	5,8	232°	2430°	—IV, II, IV
82	Blei Pb	207,2	A: 204, 206[1], 207, 208	11,3	327°	1750°	—IV, II, IV

Zu der Kohlenstoffgruppe gehören Elemente großer Gegensätzlichkeit; Kohlenstoff und Silizium sind typische Nichtmetalle, Germanium, Zinn und Blei bereits typische Metalle. Beim Germanium ist wohl ein chemisches Verhalten noch zu erkennen, das den raschen Übergang etwas überbrückt. Während Silizium, das zweithäufigste Element, die leblose Welt aufbaut, ist Kohlenstoff ein Element, ohne dem organisches Leben nicht bestehen kann; nach seiner Häufigkeit steht er an 14. Stelle. Die den Kohlenstoff kennzeichnende Eigenschaft, daß die C-Atome untereinander Bindungen in großer Zahl eingehen, worauf die eigentliche Chemie des Kohlenstoffes beruht, bricht schon beim Silizium fast vollkommen ab. Ferner besteht ein großer Unterschied zwischen den Oxyden: Während Kohlendioxyd ein Molekelgitter bildet, die Kräfte zwischen den Molekeln sehr schwach sind (Sdp. —78°), bildet Siliziumdioxyd ein Atomgitter, die Riesenmolekel besitzt große Härte, Sdp. 2330°.

Von den drei homologen Metallen ist Germanium äußerst selten; die Vorkommen von Zinn und Blei sind im Verhältnis zum Kohlenstoff und Silicium auch noch verschwindend gering. Zu beachten ist der große Unterschied in den Schmelzpunkten. Alle fünf Elemente sind Leiter für den elektrischen Strom, wenn man von besonderen instabilen Formen absieht. Alle Elemente dieser Gruppe erreichen die maximale Wertigkeit gegen Sauerstoff. Mit Ausnahme von Blei sind die Verbindungen der IV-wertigen Elemente am beständigsten. Während nur im Kohlenoxyd der Kohlenstoff II-wertig ist, sind die bisher dargestellten II-wertigen Verbindungen des Siliziums sehr unbeständig; beim Germanium sind die II-wertigen Verbindungen schon relativ beständig, obgleich sie noch leicht in die IV-wertige Form übergehen. Die II-wertigen Verbindungen des Bleies sind beständiger als die IV-wertigen.

Die Oxyde SnO und PbO sind stabiler als GeO. Silizium und Germanium bilden nur kovalente Verbindungen.

[1] Die Bleiisotope sind zum Teil in der Natur getrennt aufzufinden. Siehe Ausführungen S. 390 ff. und die Abb. 114, 115, 116.

1. Kohlenstoff C

Das Hauptvorkommen des Kohlenstoffes in der Natur sind Salze der Kohlensäure, die *Carbonate*, welche ausgedehnte Gebirgszüge bilden, vor allem der *Kalk* $CaCO_3$ und der *Dolomit* $CaCO_3 . MgCO_3$, *Magnesit* $MgCO_3$. Neben diesen Gesteine bildenden Verbindungen der Erdalkalien treten auch Karbonate von Schwermetallen in großer Mächtigkeit auf: *Eisenspat* $FeCO_3$, *Zinkspat* $ZnCO_3$.

Die beherrschende Stellung des Kohlenstoffes unter allen Elementen für den Bau des Körpers aller Lebewesen ist nur noch mit der des Sauerstoffes und Wasserstoffes vergleichbar. Mit dem Kohlendioxyd der Atmosphäre baut sich die Pflanze die Stoffe auf, die sie für das Wachsen benötigt; über die Pflanze gelangt der Kohlenstoff in das Reich der anderen Lebewesen.

Kohlenstoff findet sich in der Natur auch als Element vor, *Diamant* und *Graphit* sind reiner Kohlenstoff, alle anderen Arten enthalten zahlreiche Begleitstoffe.

Die Kohlenlager sind durch Zersetzung organischer Stoffe entstanden, sie stammen aus den Waldungen früherer Entwicklungsperioden der Erde. Bei diesem „*Inkohlungsprozeß*", der mit einer trockenen Destillation zu vergleichen wäre, werden Wasser, Wasserstoff, Stickstoff, Methan, Kohlendioxid als flüchtige und lösliche Verbindungen allmählich abgegeben, wobei sich der Kohlenstoffgehalt anreichert. Je längere Zeit dieser Inkohlungsprozeß schon gedauert hat, um so reicher an Kohlenstoff ist die betreffende Kohle. Aus dem Karbonzeitalter stammt die älteste Kohle, der *Anthrazit* mit über 90% C; dann folgen die *Steinkohlen* in verschiedenen Abarten mit 70 bis 90% C. Aus dem Tertiär stammen die *Braunkohlen*, an diesen kann man häufig noch die Holzstruktur sehen, sie enthalten etwa 65% C. *Torf* ist das jüngste Glied der Kohlenarten, deren Inkohlung sich „in der Gegenwart" abspielt. Torf hat viel Feuchtigkeit, er enthält lufttrocken 55 bis 65% C.

Die technische Beurteilung der Kohle hat nach vielen Gesichtspunkten zu erfolgen. Dazu gehört auch der *Heizwert* der Kohle: dies ist die entwickelte Wärme in kcal bei der Verbrennung von 1 kg Kohle mit Luft, wenn die Verbrennungsprodukte auf die Zimmertemperatur rückgekühlt werden.

	Anthrazit	Steinkohle	Braunkohle	Torf
Heizwert	8000 bis 9000	7000 bis 8000	6000 bis 7000	5000 bis 6000

Das *Erdöl* umfaßt Verbindungen des Kohlenstoffes mit Wasserstoff. Diese Kohlenwasserstoffe haben eine Zusammensetzung, die etwas von der Fundstelle abhängt. Das Erdöl ist ein Produkt hauptsächlich des Tierreiches früherer Erdperioden.

Kohlenstoff ist *dimorph*, er kristallisiert im regulären oder hexagonalen Kristallsystem. Manche Kohlenstoffarten, zuweilen solche, die künstlich hergestellt werden, sind mikrokristallin und werden als „amorpher Kohlenstoff" bezeichnet.

a) *Diamant* gehört dem regulären (kubischen) Kristallsystem an, er bildet ein Atomgitter. In diesem ist jedes Kohlenstoffatom an vier benachbarte Kohlenstoffatome ·kovalent· gebunden. Jedes Atom befindet sich in der Mitte eines Tetraeders, seine nächsten vier Nachbarn befinden sich in den Ecken des Tetraeders. Die kovalente Bindung ist sonach zwischen allen Atomen vorhanden, die zusammen den Makrokristall — — den Diamanten — bilden. Die kovalente Bindung C—C ist sehr fest, sie beträgt 71 kcal. Durch die gegenseitige Bindung entsteht ein sehr widerstandsfähiges Gebilde: Der Diamant ist der *härteste* aller bekannten Stoffe.

Die Elementarzelle des Diamanten ist ein flächenzentriertes Würfelgitter mit vier Kohlenstoffatomen im Inneren der Zelle, die sich an den Ecken eines Tetraeders befinden (dieses Tetraeder ist natürlich nicht das, von dem oben die Rede ist).

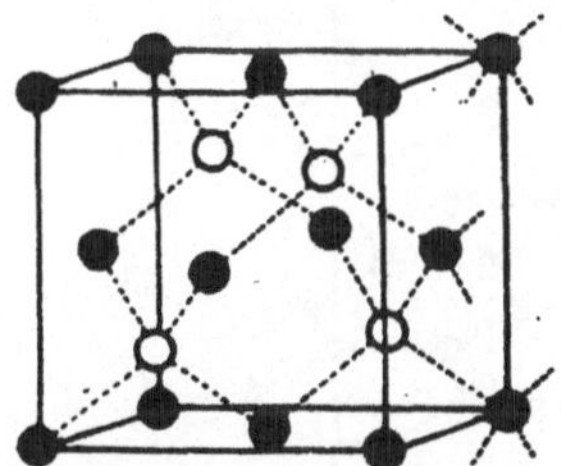

Abb. 76. Elementarzelle des Diamanten. Die im Innern befindlichen C-Atome sind durch nicht ausgefüllte Kreise angedeutet. Die nächststehenden C-Atome sind gestrichelt verbunden.

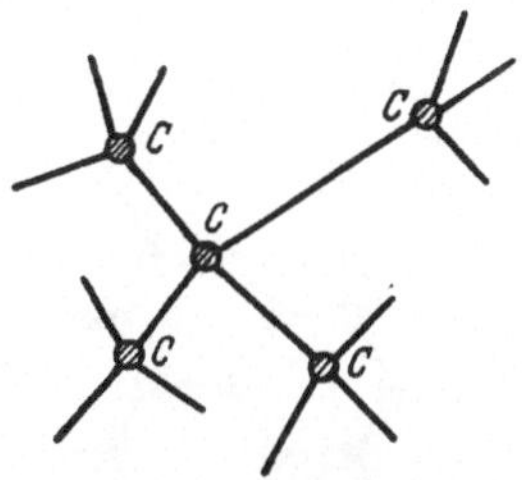

Abb. 77. Bindung der C-Atome im Diamanten. Die räumliche Anordnung der Kohlenstoffe eines Tetraeders ist schematisch in die Papierebene projiziert.

Die Entfernung zweier C-Atome voneinander im Diamanten beträgt, da die Gitterkonstante $a = 3{,}56$ Å ist, $3{,}56 \sqrt{3/4} = 1{,}54$ Å.

Der Diamant verdankt den hervorragenden Wert als Edelstein seiner Beständigkeit an der Luft, seinem hohen Brechungsvermögen und der hohen Dispersion. Die Brechungszahl des Diamanten beträgt (für die D-Linie des Natriums) $n_D = 2{,}47$, ein sehr stark lichtbrechendes Glas (Flint) hat $n_D \approx 1{,}6$ (gewöhnliches Glas $n_D = 1{,}52$, Quarzglas $n_D = 1{,}48$). Die mittlere Dispersion der besten optischen Gläser beträgt 0,015, beim Diamanten ist sie *zehnmal* höher. Der Dispersion entspricht die Farbenzerstreuung, die, im Seidenglanz des Diamanten, zum prächtigen Farbenspiel führt: das „Feuer“ der Brillanten. Diese Eigenschaften verbinden wirkungsvoll besondere „Kristall“formen, die durch Schleifen erreicht werden *(Brillantenschliff)*. Der größte Teil des zur Zeit geförderten Diamanten wird zu technischen Zwecken verwendet.

„Mittlere Dispersion“ ist der Unterschied im Brechungsvermögen des Lichtes zweier Wellenlängen, meist bezogen auf $\lambda = 6562$ und $\lambda = 4861$ Å.

b) *Graphit* bildet ein Schichtgitter mit hexagonaler Symmetrie (S. 130). Hier hat jedes C-Atom drei gleichweit entfernte Nachbarn, je zwei davon sind kovalent einfach, einer ist doppelt kovalent gebunden. Das sich ausbildende Oktett zeigt die Abb. 78. Die Stellung der Doppelbindung zwischen den Atomen ist nicht fest, sie ändert sich etwa in der angegebenen Pfeilrichtung, so daß jedes C-Atom im Zeitmittel gleichen Anteil an doppelt kovalenter Bindung hat. Das hat eine sehr feste Bindung der Atome zur Folge. Die Entfernung der C-Atome ist deshalb auch kleiner als im Diamanten, sie beträgt 1,42 Å. Diese in der Ebene liegende Bindung entspricht der Ausbildung des Schichtgitters. Hier ist noch die weitere Eigenart festzustellen, daß in jeder Schicht je *sechs* C-Atome in einem Sechseck zusammengefaßt sind. Die Schichten

Abb. 78. Graphit. Die Bindung zwischen C-Atomen in der Ebene.

sind 3,40 Å voneinander entfernt, die Entfernung ist demnach fast 2,5mal größer als zwischen den Atomen in der Ebene. Die Sechsecke in den ein

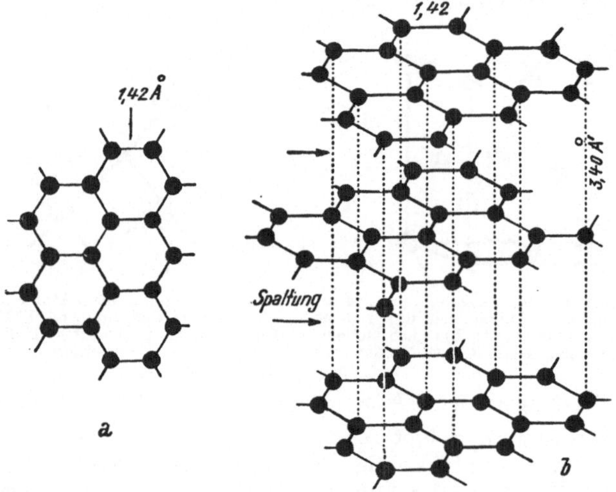

Abb. 79. a) Einzelschicht aus dem Graphitgitter, b) Lagerung der Schichten im Graphitkristall.

zelnen Schichten haben eine symmetrische Anordnung. Über dem Mittelpunkt des Sechsecke in einer Schicht steht in der nächsten Schicht ein C-Atom; jede Schicht ist erst der nächst zweiten Schicht gleich gebaut. Dem Schichtgitter des Graphits entspricht die ausgezeichnete Spaltbarkeit nach den Schichten; deshalb ist Graphit weich, läßt sich leicht verwischen und zerteilen (s. Abb. 79).

Während Diamant praktisch Nichtleiter für den elektrischen Strom ist, ist Graphit ein Leiter, das Verhältnis des spez. elektrischen Widerstandes beträgt $\varrho_{Graphit}/\varrho_{Diamant} \approx 2 \cdot 10^{-12}$ (Zimmertemperatur). Die elektrische Leitfähigkeit des Graphits wird zurückgeführt auf die zwei freibeweglichen Elektronen, die zur Aufrechterhaltung der Doppelbindung notwendig sind. In diesem Verhalten nähert sich Graphit den Metallen.

Die stellenweise vorhandenen Graphitlager liefern einen mehr oder weniger reinen Graphit, der für besondere Zwecke gereinigt werden muß.

Er wird technisch in USA. im großen Maßstabe hergestellt (S. 258). Wertvoll ist der hohe Schmelzpunkt des Graphits und seine Eigenschaft, bei hohen Temperaturen mit Ton oder Quarzsand vermengt, nur langsam zu verbrennen. Die Fähigkeit, in feinste Blättchen zu zerfallen, macht Graphit, namentlich in Mischungen mit Mineralölen, zu einem wertvollen Schmiermittel.

Der Übergang Diamant—Graphit. Zwischen beiden Formen besteht ein großer Unterschied in der Dichte: Diamant $d = 3{,}51$, Graphit $d = 2{,}32$. Experimentell findet man, daß die *Verbrennungswärme* des Diamanten um 0,180 kcal höher ist als die des Graphits; dieser Unterschied ist nach dem I. W.-H. auch zugleich die Wärmetönung für den Übergang:

$$C_{\text{Diamant}} \underset{\text{8000 Atm.}}{\overset{\longrightarrow}{\longleftarrow}} C_{\text{Graphit}}, \qquad \varDelta H = -0{,}180 \text{ kcal}; \qquad \varDelta F = -0{,}360 \text{ kcal}.$$

Demnach ist unter den gewöhnlichen Bedingungen Diamant *instabil*. Der Übergang kann durch Beachtung der freien Energie noch schärfer gekennzeichnet werden. Man kennt für beide Kohlenstoff-Arten den Wert der Entropie-Differenz bei $25°$, $\varDelta S = 0{,}6$ kcal/Grad Mol; mit Hilfe der Gl. (10), S. 11, ergibt sich für die gleiche Temperatur $\varDelta F = -0{,}360$. Nach der wichtigen thermodynamischen Gleichung, $(\partial F/\partial P)_T = V$, und Berücksichtigung, daß im Gleichgewicht $\varDelta F = 0$ ist, findet man den Übergangsdruck 8000 Atm.; unter diesem Druck wäre Diamant stabil. Das Vorkommen des Diamanten an bekannten Stellen der Erdoberfläche weist auf seine Bildung in tiefliegenden Erdschichten hin, wo solche hohe Drucke geologisch zu erwarten sind, z. B. die Diamantfelder in Südafrika.

Chemische Eigenschaften des Kohlenstoffes. Als Diamant ist Kohlenstoff gegen jede chemische Einwirkung unter normalen Umständen beständig, Graphit wird von Salpetersäure allmählich zu einer „*Graphitsäure*" oxydiert. Mit Fluor reagiert er bei etwa $500°$ und gibt CF_4. Mit Sauerstoff verbrennt er bei $700°$ langsam zu Kohlendioxyd, Diamant braucht dazu eine viel höhere Temperatur.

Läßt man Fluor bei niedriger Temperatur auf Graphit einwirken, so bildet sich eine Verbindung CF; in diesem Fall wird die Kohlenstoffebene nicht gesprengt. Nach dem Modell Abb. 78 sieht man, daß zwischen zwei C-Atomen zwei Elektronen ständig ihre Stellung ändern, diese, also freien Elektronen, können in zwei Fluoratomen die Elektronen zum Oktett ergänzen und zur Bildung der genannten Verbindung führen:

$$\left.\begin{array}{c} \diagdown\diagup \\ \text{C:} \;\; \text{:C} \\ \diagup\,\cdot \quad \cdot\,\diagdown \\ \text{:F:} \; \text{:F:} \\ \cdot\cdot \quad \cdot\cdot \end{array}\right\} \rightarrow \begin{array}{c} \diagdown\diagup \\ \text{C}\!-\!\text{C} \\ \diagup\,\cdot\cdot \quad \cdot\cdot\,\diagdown \\ \text{:F::F:} \\ \cdot\cdot \quad \cdot\cdot \end{array}$$

Tatsächlich leitet CF nicht den elektrischen Strom. Es sind mehrere solcher *Graphitverbindungen* bekannt. Die Fluoratome haben ihre Stellung zwischen den Schichtebenen des Graphits, es tritt auch eine *Aufweitung* dieser Schichten ein.

Das einzige Lösungsmittel für Kohlenstoff ist flüssiges Eisen, mit dem es auch Verbindungen bildet; beim Erkalten scheidet es sich als Graphit aus.

Zu besonderen Kohlearten mit teilweise mikrokristallinem Bau gehört *Koks*, *Holzkohle*, *Knochenkohle* und *Ruß*, dazu wäre dann noch die *Aktivkohle* zu rechnen.

Koks wird bei der Erhitzung natürlich vorkommender Kohle unter Luftabschluß erhalten — Trockene Destillation. Diese „*Verkokung*" der Kohle hat eine mehrfache technische Bedeutung: Es werden kostbare organische Stoffe, die in der Kohle enthalten sind, als Teer gewonnen; im Gaswasser befindet sich ein Teil des Stickstoffes als Ammoniak, es entweichen brennbare Gase (Stadtgas, Leuchtgas), die etwa 50% H_2, 25% CH_4, 7% CO enthalten. Es bleibt schließlich Koks zurück; in dieser Form erst kann die Kohle in der Hüttenindustrie (Hochofenbetrieb) verwendet werden.

Ruß wird nach verschiedenen Verfahren hergestellt; meist durch Verbrennung von Kohlenwasserstoffen bei geregeltem Luftzutritt und Kühlung der Flamme.

Die „aktiven" Kohlearten, *Tierkohle*, *Knochenkohle*, *Blutkohle*, haben die Eigenschaft, Gase und gelöste Stoffe zu adsorbieren. Diese wertvolle Eigenschaft läßt sich an der Kohle noch weiter steigern; solche besonders hergestellten Kohlearten werden *Aktivkohlen* bezeichnet. Die Adsorptionsfähigkeit hängt von der Größe der Oberfläche ab, die der adsorbierende Stoff besitzt (S. 247 f.). Man erreicht die Vergrößerung der Oberfläche der Kohle, wenn man sie mit Salzen (z. B. $ZnCl_2$) und anderen flüchtigen Stoffen vermengt und hoch erhitzt. Die Oberfläche einer guten Aktivkohle beträgt etwa 500 bis 800 m² pro 1 g.

Daß nicht alle Kohlearten, die im Grunde Graphitkonstitution haben, dessen Spaltbarkeit besitzen, liegt darin, daß die einzelnen Kristallaggregate noch klein sind und regellos im Stück orientiert sind.

Verbindungen

Wertigkeit	Hydride	Oxyde	Säuren
—IV	CH_4 Methan und andere K.-W.	—	—
II	—	CO Kohlenoxyd	—
IV	—	CO_2 Kohlendioxyd C_3O_2 Tricarbondioxyd	H_2CO_3 Kohlensäure $CH_2(COOH)_2$ Malonsäure

Die Chemie des Kohlenstoffes. Kohlenstoff nimmt, wie schon betont, unter allen Elementen eine besondere Stellung ein. Die Zahl seiner zur Zeit bekannten Verbindungen übersteigt eine halbe Million. Ein Teil entstammt den Produkten des Pflanzen- und Tierreiches, ein größerer Teil ist durch Synthese hergestellt. Dies hat zur Folge, daß die eigentliche Chemie des Kohlenstoffes in einem besonderen Zweig der Chemie, in der *Organischen Chemie*, behandelt wird; dies hat sich auch wegen ihrer engen Verknüpfung mit der Physiologie als zweckmäßig erwiesen.

In den organischen Verbindungen ist der Kohlenstoff durchwegs IV-wertig vorhanden, und zwar stets in kovalenter Bindung. Die Erfahrungen an den vielen organischen Verbindungen zeigen, daß in diesen eine unbegrenzte Zahl von Kohlenstoffatomen untereinander Bindungen eingehen können, Bindungen, die sich nach allen Richtungen im Raume ausweiten. Letzteres ist besonders bei den Verbindungen der aliphatischen Reihe vorhanden, während in der aromatischen Reihe sich zumeist sechs Kohlenstoffatome in einer Ebene binden, und dadurch die Ausbildung ebener Konfiguration mehr betont erscheint (s. unten). Die Fähigkeit der Kohlenstoffatome, *doppelte* und *dreifache* Bindungen einzugehen, wobei in derselben Verbindung mehrere Bindungsarten vorkommen können, vermehrt die Zahl der organischen Verbindungen. So ist das reiche Auftreten isomerer Verbindungen begründet, und die Organische Chemie ist das eigentliche Feld für solche Verbindungen. Es sind nur wenige Elemente, mit denen der Kohlenstoff verbunden, die große Zahl der organischen Verbindungen aufbaut: Wasserstoff, Sauerstoff und Stickstoff; die Halogene, Schwefel, kommen erst an zweiter Stelle in Betracht, während die Zahl der anderen Elemente, im Vergleich zu den genannten, sehr klein ist. Damit ist nicht gesagt, daß sich unter diesen nicht sehr wichtige Verbindungen befinden.

Ein Versuch, die besondere Eigenschaft des Kohlenstoffes auf seinen Atombau allein zurückzuführen, und damit die Vielfachkeit org. Verbindungen zu erklären, dürfte nicht erfolgreich sein. Die Möglichkeit, durch *Abgabe* von *vier* Elektronen oder durch *Aufnahme* von *vier* Elektronen Edelgaskonfiguration auszubilden, ist zwar beachtenswert, kann dafür allein nicht entscheidend sein. In der *gegenseitigen* Einwirkung der Atome in der Molekel der organischen Verbindung, wobei dem Kohlenstoff, durch Ausbildung von „Restaffinitäten", die Hauptrolle zukommt, ist die Ursache zu erblicken; Sauerstoff und Stickstoff haben besondere Eigenarten der Bindung (S. 156, 184), Wasserstoff hat die Fähigkeit, Wasserstoff-Bindung einzugehen (S. 133). Die organischen Verbindungen sind im allgemeinen gewiß nicht stabile Verbindungen, obgleich quantitative Angaben darüber nur in allerseltensten Fällen gemacht werden können.

Methan und Kohlenwasserstoff im allgemeinen. Der einfachste Kohlenwasserstoff ist das *Methan*, CH_4. Wird in diesem ein Wasserstoffatom durch das Methyl-Radikal —CH_3 ersetzt, so erhält man formal den nächsten Kohlenwasserstoff, das *Äthan*, wird in diesen in gleicher Weise ein Methyl eingeführt, so ergibt sich *Propan* usf. Man erhält die Reihe der *gesättigten Kohlenwasserstoffe*:

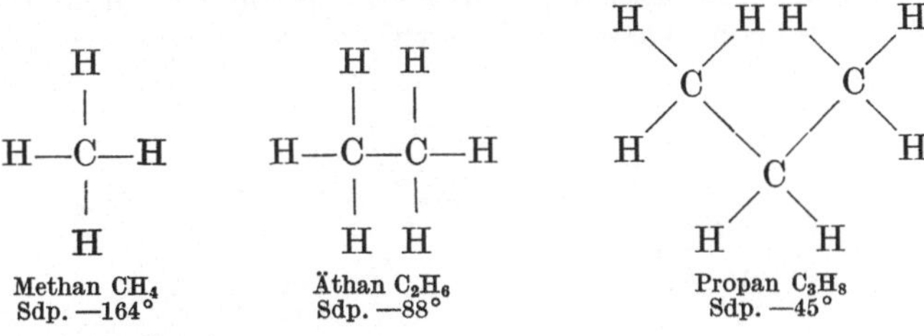

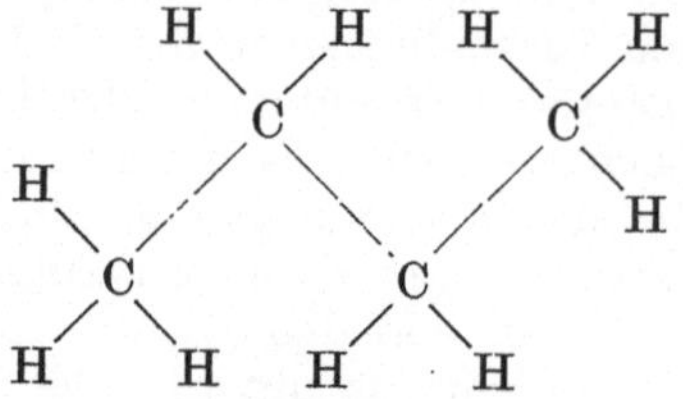

n-Butan C_4H_{10}
Sdp. 0,6°

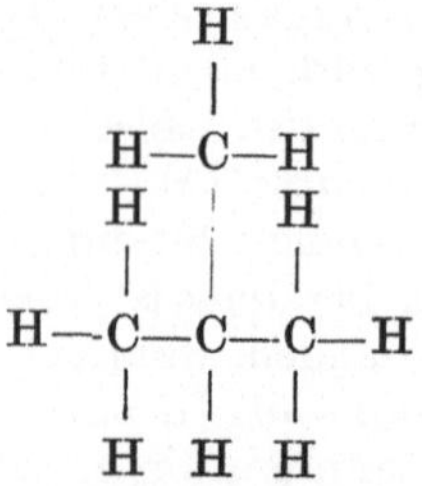

Isobutan C_4H_{10}
Trimethylmethan, Sdp. —17°

Diese Kohlenwasserstoffe haben die allgemeine Formel C_nH_{2n+2} — sie bilden die *Paraffinreihe*.

Entfernt man formal je zwei Wasserstoffatome aus dem Äthan und den anderen Kohlenwasserstoffen dieser Reihe, so erhält man *ungesättigte* Kohlenwasserstoffe mit *doppelter* Bindung:

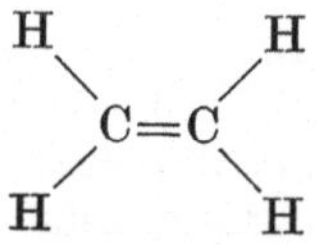

Äthylen C_2H_4
Sdp. —104°

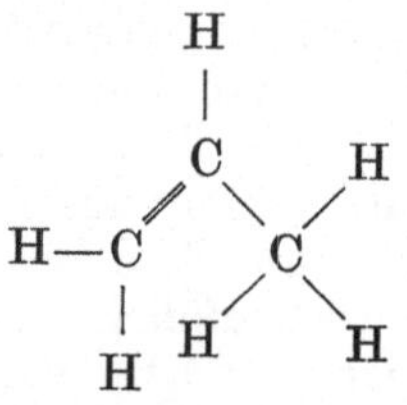

Propylen C_3H_6
Sdp. —47°

in einfacher Schreibweise

$$H_2C=CH—CH_2—CH_3 \qquad H_3C—CH=CH—CH_3$$

α-Butylen C_4H_8
Sdp. —6°

β-Butylen (2 Formen) C_4H_8
Sdp. 1° und Sdp. 2,5°

Diese Kohlenwasserstoffe haben die allgemeine Formel C_nH_{2n} — sie bilden die *Olefinreihe*. Entfernt man — wieder rein formal — aus dem Kohlenwasserstoff der Paraffinreihe vier, oder aus denen der Olefinreihe zwei Wasserstoffatome, so erhält man Kohlenwasserstoff mit *dreifacher* Bindung, von der allgemeinen Formel C_nH_{2n-2}

$$HC≡CH \qquad CH_3C≡CH$$

Azetylen C_2H_2
Sdp. —83°

Methylazetylen (Allylen) C_3H_4
Sdp. —23°

Ringförmige Kohlenwasserstoffe. Werden z. B. im Propan oder n-Butan die zwei endständigen Wasserstoffe entfernt, so schließt sich die Kette zu einem Ring:

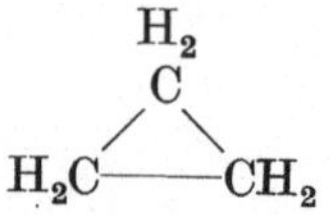

Trimethylen C_3H_6
Sdp. —34°

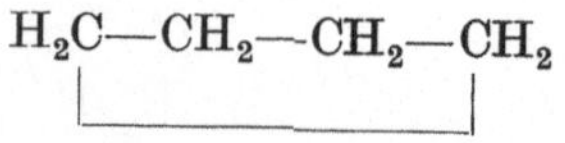

$$H_2C—CH_2—CH_2—CH_2$$

Tetramethylen C_4H_8
Sdp. +13°

Alle genannten Kohlenwasserstoffe gehören zur Chemie der *Aliphatischen Verbindungen* (Fettreihe). In der Chemie der *Aromatischen Verbindungen* ist der einfachste Kohlenwasserstoff das *Benzol* C_6H_6; er ist ringförmig gebaut:

Benzol, Sdp. 80,1°

Toluol, Sdp. 110°

Die doppelten Bindungen im Benzolring sind, ihrem Verhalten nach, verschieden von denen der aliphatischen Reihe, Form a und b sind gleichwertig; zwischen beiden Formen besteht Resonanz (S. 159)[1].

Wird im Benzol ein Wasserstoff durch eine Methylgruppe ersetzt, so erhält man den nächsten Kohlenwasserstoff *Toluol*. Werden zwei Methylgruppen eingeführt, so können diese *drei* verschiedene Stellungen untereinander im Benzolring einnehmen; in einfacher Schreibweise:

ortho-Dimethylbenzol
o-Xylol, Sdp. 142°

meta-Dimethylbenzol
m-Xylol, Sdp. 139°

para-Dimethylbenzol
p-Xylol, Sdp. 138°

Es ergibt sich sonach eine besondere *Stellungsisomerie* in der aromatischen Reihe.

In der Natur sind gesättigte Kohlenwasserstoffe der Paraffinreihe im *Erdöl* vorhanden. Sie können gegenwärtig synthetisch aus Kohle und Wasserstoff in großer Zahl hergestellt werden. Ungesättigte Kohlenwasserstoffe (zum Teil auch im Erdöl enthalten) werden erhalten, wenn man Kohlenoxyd mit Wasserstoff unter geeigneten Bedingungen zur Reaktion bringt (S. 233). In der Organischen Chemie sind viele andere Methoden bekannt. Kohlenwasserstoffe der aromatischen Reihe werden bei der trockenen Destillation der Kohle im Verkokungsprozeß gewonnen.

Bildungswärmen organischer Verbindungen. Die Bildungswärmen organischer Verbindungen sind direkt kalorimetrisch nicht bestimmbar, man kann sie aber mit Verwendung des I. W.-H. genau berechnen, wenn man ihre Verbrennungswärme bestimmt. Organische Verbindung $+ O_2 \xrightarrow[\text{Verbrennung}]{}$ Verbrennungsprodukte, ΔH_v Verbrennungswärme,

$$\Delta H_v = E_{\text{Verbrennungsprodukte}} - E_{\text{Organische Verbindung} + O_2}.$$

Die *Verbrennungswärme* ist der Unterschied des Energie- (Wärme-) Inhaltes der Stoffe der Verbrennungsprodukte eines Moles und der Summe

---

[1] D. h. es kann keinem C-Atom eine besondere Bindung zukommen.

des Energie- (Wärme-) Inhaltes der organischen Verbindung und des Sauerstoffes, der zur vollständigen Verbrennung notwendig ist. Beispiel: Bildungswärme des Äthans C_2H_6. Die experimentell bestimmte Verbrennungswärme bei $25°$ ist $\Delta H_v = -372{,}8$ kcal.

Bildungswärme:

$$2\,C_{Graphit} + 3\,H_2 = C_2H_6, \qquad\qquad \Delta H \qquad\qquad (1)$$

Verbrennungswärme für $C_2H_{6\,Gas}$:

$$C_2H_{6\,Gas} + {}^7/_2\,O_2 = 2\,CO_2 + 3\,H_2O_{flüssig}, \qquad \Delta H_v \qquad (2)$$

Bildungswärme für CO_2:

$$C_{Graphit} + O_2 = CO_2, \qquad\qquad \Delta H_C \qquad\qquad (3)$$

Bildungswärme für $H_2O_{flüssig}$:

$$H_2 + {}^1/_2\,O_2 = H_2O_{flüssig}, \qquad\qquad \Delta H_H \qquad\qquad (4)$$

Wie bereits angegeben, ist $\Delta H_C = -94{,}1$; $\Delta H_H = -68{,}3$.

Addiert man Gl. 1 und 2, subtrahiert von dieser Summe die mit 2 multiplizierte Gl. 3 und mit 3 multiplizierte Gl. 4, so erhält man

$$\Delta H = 2\,\Delta H_C + 3\,\Delta H_H - \Delta H_v. \qquad\qquad (5)$$

Für Äthan ist demnach $\Delta H = -20{,}3$ kcal. Gl. 5 kann man verallgemeinern, wenn man für die Bildungswärme der Verbrennungsprodukte $\Sigma\,\Delta H_{C,\,H}$ setzt

$$\Delta H = \Sigma\,\Delta H_{C,\,H} - \Delta H_v. \qquad\qquad (6)$$

Beispiel: Essigsäure $C_2H_4O_2$, $\Delta H_v = -208{,}6$.

Die Bildungswärme findet man (auf Sauerstoff ist bei der Verbrennung nicht Rücksicht zu nehmen):

$$\Delta H = -188{,}2 - 136{,}6 + 208{,}6 = -116{,}2,$$

demnach

$$2\,C_{Graphit} + 2\,H_2 + O_2 = C_2H_4O_2, \qquad \Delta H = -116{,}2.$$

Die Bindung der C-Atome in den organischen Verbindungen. In den Organischen Verbindungen ist die Entfernung zweier benachbarter C-Atome fast konstant; sie ist in der aliphatischen und aromatischen Reihe etwas verschieden.

	Å	Energie kcal/Mol $-\Delta H$
Diamant C—C.........	1,54	71
(C—C)$_{aliphatisch}$ ·········	1,54	86
—C=C—	1,3	100
—C≡C—	1,2	123
Graphit C—C	1,42	59
(C—C)$_{aromatisch}$ ········	1,42	92

In der aliphatischen Reihe rücken die C-Atome von der einfachen bis zur dreifachen Bindung zusammen; die Energie nimmt entsprechend zu. Man sieht, in der aliphatischen Reihe haben die C-Atome die gleiche

Entfernung wie im Diamanten, in der aromatischen Reihe wie im Graphit: Die aliphatischen Verbindungen streben die Konfiguration des Diamanten, die aromatischen Verbindungen die des Graphits an; die Kräfte zwischen den Molekeln sind jedoch schwach, so daß es nicht zur Ausbildung von Großmolekeln kommt.

Methan CH_4. Dieser einfachste Kohlenwasserstoff bildet sich beim Inkohlungsvorgang, im allgemeinen bei Zersetzung organischer Stoffe, und ist deshalb Hauptbestandteil der natürlichen Gasquellen. In Kohlenbergwerken ist Methan die Ursache der gefürchteten *schlagenden Wetter*. Im Stadt- (Leucht-) Gas sind etwa 30% CH_4 vorhanden.

Methan kann aus den Elementen hergestellt werden:

$$C_{Graphit} + 2\,H_2 \rightleftarrows CH_4, \qquad \Delta H = -18{,}3\ \text{kcal}.$$

Das Gleichgewicht stellt sich schon bei normalem Druck, im Temperaturbereich 1200 bis 1600°, ein — rascher bei höheren Drucken.

$$K_p = \frac{p_{CH_4}}{p^2_{H_2}} = 6{,}2 \cdot 10^{-4}, \qquad t = 1575°.$$

Man erhält Methan durch Reduktion von Kohlendioxyd oder Kohlenoxyd mit Wasserstoff nach der Gleichung:

$$CO + 3\,H_2 = CH_4 + H_2O_{Gas}, \qquad \Delta H = -49\ \text{kcal}.$$

Diese Reaktion erfolgt in Gegenwart von Nickel als Katalysator bei 290° C. Dieser Vorgang ist von *allgemeiner* Bedeutung. Man kann auf diese Weise bei relativ niedrigen Temperaturen Sauerstoff in organischen Verbindungen durch Wasserstoff ersetzen; ferner lassen sich ungesättigte Verbindungen zu gesättigten hydrieren: Methode von P. SABATIER und J. B. SENDERENS (Frankreich).

Methan erhält man noch durch Erhitzen von Natriumazetat, Kalziumoxyd und Natronlauge:

$$C_2H_3O_2Na + NaOH = CH_4 + Na_2CO_3,$$

und durch Zersetzung von Metallkarbiden mit Wasser oder Säuren. Diese ergeben ein Gemisch von Kohlenwasserstoffen mit Methan als Hauptbestandteil.

Methan ist ein farbloses, geruchloses Gas und leichter als Luft. Mit Luft oder Sauerstoff explodiert es nach Zündung unter großer Heftigkeit. Die Explosionsgrenze in einer Mischung mit Luft liegt zwischen 5,3 und 14% CH_4. Die untere Grenze liegt so niedrig, daß gefährdete Stellen eine besondere Aufmerksamkeit erfordern. Die Konstruktion der DAVY-*Sicherheitslampe* für die Verwendung in Kohlenbergwerken ist in dieser Richtung von großer Bedeutung gewesen.

Äthan C_2H_6 entsteht bei der Elektrolyse von Kaliumazetat an der Anode bei möglichst großer Stromdichte. Formal kann die Bildung so aufgefaßt werden, daß an der Anode das Azetation entladen wird:

$$CH_3COO^- = CH_3COO + e^-,$$

$$CH_3COO \rightarrow CH_3 + CO_2,$$
$$2\,CH_3 \rightarrow C_2H_6.$$

Das Äthan entsteht durch Zusammentreten zweier, allein nicht beständiger, Methylgruppen. Diese Synthese war für die Entwicklung der Organischen Chemie von hoher theoretischer Bedeutung; sie ist von H. KOLBE (1848 Deutschland) angegeben und wird nach ihm benannt. Äthan kann auch aus Äthylen $CH_2{=}CH_2$ durch Hydrierung nach derallgemeinen, oben erwähnten Methode von SABATIER und SENDERENS hergestellt werden. Ein beachtenswerter Katalysator ist Kupfer, der schon bei $0°$ die Hydrierung sehr wirksam beschleunigt.

Äthylen C_2H_4 bildet sich aus den Elementen bei 1200 bis 1600°, doch in wesentlich geringerer Menge als Methan. Man erhält das Gas aus Äthylalkohol durch Abspaltung von Wasser:

$$C_2H_5OH = C_2H_4 + H_2O.$$

Konz. Schwefelsäure oder hochkonz. Phosphorsäure können dazu verwendet werden. Die Abspaltung des Wassers kann auch katalytisch im Temperaturgebiet 210 bis 370° durchgeführt werden. Als Katalysator werden gebraucht: Natriumhydrosulfat $NaHSO_4$, Aluminiumhydroxyd $Al(OH)_3$, wasserfreies Aluminiumsulfat $Al_2(SO_4)_3$ und Aluminiumsilikate.

Äthylen ist ein farbloses Gas, hat einen eigenartigen „süßlichen" Geruch. Die ungesättigte Natur des Äthylens zeigt die Hydrierung und die rasch ablaufende Addition von Brom:

$$CH_2{=}CH_2 + Br_2 = CH_2Br{-}CH_2Br.$$
Dibromäthan

Äthylen wird leicht von konz. Schwefelsäure gelöst; ferner löst eine 20% Silbernitrat enthaltende Lösung beträchtliche Mengen des Gases, das durch Abpumpen wieder entfernt werden kann.

Azetylen C_2H_2 bildet sich aus den Elementen, besonders unter Druck, bei über 1700° liegenden Temperaturen. Für die Herstellung dieses gegenwärtig wichtigen Gases kommen zwei Verfahren in Betracht. Kalziumkarbid gibt mit Wasser Azetylen:

$$CaC_2 + 2\,H_2O = C_2H_2 + Ca(OH)_2.$$

Ferner liefert die Zersetzung des Methans im elektrischen Lichtbogen Azetylen. Letzterer Weg verbraucht weniger Energie als die Herstellung über Karbid:

$$CH_4 \rightarrow C_2H_2 + H_2.$$

Azetylen ist ein farbloses und geruchloses Gas. Wird das Gas aus Karbid hergestellt, so hat es einen auffallenden Geruch, der von Begleitstoffen, namentlich von Phosphorwasserstoffen, stammt. Die endotherme Bildungswärme ist hoch:

$$2\,C_{Graphit} + H_2 = C_2H_2, \qquad \Delta H \approx 54\ kcal,$$

danach ist Azetylen unter den gewöhnlichen Bedingungen instabil. In

der Tat explodiert zuweilen flüssiges Azetylen freiwillig; durch Initialzündung kann es zur Explosion gebracht werden. In Azeton (einem
organischen Lösungsmittel) gelöstes Azetylen ist gefahrlos. Dies wird
verwendet, um es in Stahlflaschen komprimiert in der Praxis verwenden
zu können: *Dissousgas*. Azetylen hat in Mischung mit Luft eine außerordentlich weite Explosionsgrenze: 2,5 bis 80% C_2H_2.

Im Azetylen kann der Wasserstoff durch Metall vertreten werden;
es bilden sich *Azetylide* z. B. Silberazetylid:

$$C_2H_2 + 2\,AgNO_3 = C_2Ag_2 + 2\,HNO_3.$$

Man erhält sie durch Einleiten des Gases in alkoholische oder wäßrige
Metallsalzlösungen; es entstehen schwerlösliche Niederschläge; alle
Schwermetallazetylide sind explosiv. Azetylen addiert Halogene und
läßt sich leicht hydrieren, zeigt also die Eigenschaften einer ungesättigten
organischen Verbindung. Azetylen dient als Ausgangsprodukt zur Herstellung einer Reihe wichtiger Stoffe, wie Essigsäure, künstlicher Kautschuk und zahlreiche Werkstoffe.

Hochmolekulare Kohlenwasserstoffe, Hydrierung der Kohle. Kohle
oder sehr kohlenstoffreiche Produkte (Teer, Schweröle) werden mit
Wasserstoff bei 250 Atm. Druck im Temperaturbereich 400 bis 500° C
behandelt. Es entstehen wasserstoffreiche, niedrig siedende Kohlenwasserstoffe, die zur Klasse der „Benzine" gehören und wenig flüchtige
viskose, hochmolekulare Kohlenwasserstoffe, die als *Schmieröle* und
Dieselöle verwendet werden; auch festes Paraffin erhält man. Dieser
Prozeß wird „*Kohleverflüssigung*" bezeichnet; er wird bei Gegenwart
von Katalysatoren in mehreren „Phasen" durchgeführt.

Halogenderivate *(Alkylhalogenide)*. Halogene lassen sich in alle
gesättigte Kohlenwasserstoffe durch Substitution des Wasserstoffes, zum
Teil sehr leicht, direkt einführen; ungesättigte Kohlenwasserstoffe addieren Halogene (S. 230). Im ersten Fall bilden sich Halogenwasserstoffe
als Nebenprodukt, z. B. mit Chlor:

$$RH + Cl_2 = RCl + HCl.$$

Monochloralkyl

Die Halogenalkyle sind beständige reaktionsfähige Verbindungen; aus
diesem Grunde bilden die Halogenderivate der Kohlenwasserstoffe
wertvolle Zwischenprodukte für die Synthese organischer Verbindungen.

Kohlenstofftetrachlorid CCl_4, Sdp. 77°, kann durch direkte
Chlorierung des Methans hergestellt werden, als Zwischenprodukt sind
CH_3Cl, CH_2Cl_2, $CHCl_3$ (Chloroform) zu erhalten. Technisch wird
Tetrachlorkohlenstoff durch Einwirkung von Chlor auf Schwefelkohlen-
stoff hergestellt:

$$3\,CS_2 + 6\,Cl_2 = 3\,CCl_4 + 6\,S.$$

Es ist eine farblose schwere Flüssigkeit mit einem „süßlichen" Geruch,
sie ist nicht brennbar. Dieser Eigenschaft und der Fähigkeit, Fette
leicht zu lösen, verdankt Tetrachlorkohlenstoff seine Verwendung in der
Technik.

Oxyde des Kohlenstoffes

	CO	CO_2	C_3O_2
Schmp.	—205°	—58° (5 Atm.)	—113°
Sdp.	—192°	—78,5°	6,7°

1. **Kohlenmonoxyd** (Kohlenoxyd) CO : C≡O: Verbrennt Kohle bei niedrigem Partialdruck des Sauerstoffes, so bildet sich Kohlenoxyd. Zur Herstellung im Laboratorium stehen einige Methoden zur Verfügung: Abspaltung von Wasser aus Ameisensäure; $HCOOH = CO + H_2O$; man verwendet konz. Schwefelsäure oder 85%ige Phosphorsäure; die Zersetzung der Oxalsäure mit konz. Schwefelsäure; $(COOH)_2 = CO_2 + CO + H_2O$, gibt gleiche Mengen Kohlenoxyd und Kohlendioxyd, letzteres kann mit Lauge entfernt werden.

Kohlenoxyd ist ein geruchloses Gas, das mit einer schönen blauen Flamme an der Luft brennt. Die blaue Flamme einer brennenden Kohle stammt vom Kohlenoxyd; sie tritt dann auf, wenn die Luft nicht hinreicht für eine vollständige Verbrennung zu Kohlendioxyd. Kohlenoxyd ist ein sehr giftiges Gas, Luft, die etwa 0,05% CO enthält, kann, einige Stunden eingeatmet, tödlich wirken. Gasmaske für CO s. unten.

Kohlenoxyd ist ein sehr reaktionsfähiges Gas, entsprechend der II-Wertigkeit des Kohlenstoffes ist dieser bestrebt, in seine normale IV-Wertigkeit überzugehen. Mit Natriumhydroxyd bildet sich bei etwa 400° das Natriumsalz der Ameisensäure (es ist dies die Umkehrung der oben angegebenen Reaktion)

$$CO + NaOH = HCOONa.$$
Natriumformiat

Bei hohen Temperaturen ist Kohlenoxyd ein starkes Reduktionsmittel: z. B. werden Metalloxyde zu Metall reduziert. Die wichtigste Reaktion in dieser Richtung spielt sich ab bei der Gewinnung des Eisens im Hochofen:

$$FeO + CO \rightleftarrows Fe + CO_2, \qquad \Delta H = -3 \text{ kcal,}$$

$$Fe_2O_3 + 3\,CO \rightleftarrows 2\,Fe + 3\,CO_2, \qquad \Delta H = -4 \text{ kcal.}$$

Kohlenoxyd zersetzt sich bei tieferen Temperaturen an Eisenoxyden nach der Gleichung:

$$2\,\overset{\text{II}}{C}O = \overset{\text{0}}{C} + \overset{\text{IV}}{C}O_2.$$

Kohlenstoff scheidet sich als Ruß ab.

Von Bedeutung ist das Verhalten des Kohlenoxyds gegen Wasserstoff. Bei einem Gesamtdruck von etwa 250 Atm. und 350° bildet sich *Methylalkohol*:

$$CO + 2\,H_2 \rightleftarrows CH_3OH, \qquad \Delta H = -31 \text{ kcal.}$$

Es werden gleichzeitig auch höhere primäre Alkohole gebildet, z. B.

$$4\,CO + 8\,H_2 = C_4H_9OH + 3\,H_2O.$$
Isobutylalkohol

Als Katalysatoren für diese Reaktionen wird ein System $ZnO-Cr_2O_3$ angegeben, die noch mit anderen Metalloxyden vermengt sind.

Mit Nickel- und besonders Kobald-Katalysatoren bilden sich gesättigte und ungesättigte Kohlenwasserstoffe, $p = 1$ Atm:

$$n\,CO + (2\,n + 1)\,H_2 = C_nH_{2n+2} + n\,H_2O,$$

$$n\,CO + 2\,n\,H_2 = C_nH_{2n} + n\,H_2O.$$

Dies sind Vorgänge in der *Benzinsynthese* nach F. FISCHER und R. TROPSCH (Deutschland). Beide genannten Prozesse werden im großtechnischen Maßstab durchgeführt.

Kohlenoxyd ist in einer ammoniakalischen oder salzsauren Lösung von Kupfer I-chlorid löslich; es bildet sich eine Additionsverbindung $(CuCl \,.\, CO \,.\, 2\,H_2O)$; durch Abpumpen kann es wieder entfernt werden.

Mit Jodpentoxyd J_2O_5 kann Kohlenoxyd bei etwa 150° zu Kohlendioxyd oxydiert werden: $5\,CO + J_2O_5 = 5\,CO_2 + J_2$; Palladium II-chlorid wird in Lösung zu Metall reduziert: $CO + PdCl_2 + H_2O = CO_2 + 2\,HCl + Pd$. Beide Reaktionen werden in der Gasanalyse verwendet. Eine feste Mischung von Braunstein (MnO_2), Kupferoxyd (CuO), Silberpermanganat $(AgMnO_4)$ und anderen Oxyden vermag Kohlenoxyd schon bei Zimmertemperatur zu Kohlendioxyd zu oxydieren. Diese Mischung, „*Hopcalit*" genannt, wird in Gasmasken für Kohlenoxyd angewendet. Weitere Reaktionen des Kohlenoxydes S. 245.

2. Kohlendioxyd $:\overset{..}{O}=C=\overset{..}{O}:$ (drei Formen möglich), kommt in gebirgsbildenden Karbonaten vor, frei ist es in der Luft und gelöst im Wasser vorhanden. In Gegenden vulkanischen Ursprungs treten stellenweise bedeutende Mengen Kohlendioxyd an die Oberfläche.

Kohlendioxyd wird im Laboratorium gewöhnlich hergestellt durch Einwirkung von Salzsäure auf Marmor (Kalziumkarbonat) im Kippapparat. Erhitzen von Natriumhydrokarbonat oder Magnesiumkarbonat liefert ein reineres Gas. Eine vielgebrauchte Quelle für Kohlendioxyd ist das in Stahlflaschen flüssig erhältliche Gas.

Kohlendioxyd ist ein farbloses Gas mit einem prickelnden Geruch, es bringt alle Flammen zum Erlöschen. Da Kohlendioxyd eine hohe Dichte besitzt ($d_{CO_2} = 1{,}97$, $d_{Luft} = 1{,}29$), sammelt es sich daher an Stellen, wo es entweicht, am Boden an. Solche Stellen können sehr leicht am Erlöschen einer brennenden Kerze festgestellt werden. Kohlendioxyd ist nicht giftig, da es aber das Atmen nicht unterhält, können größere Konzentrationen dieses Gases in Luft gefährlich werden.

In Wasser ist Kohlendioxyd etwas löslich. Es befolgt das HENRY-DALTON-Gesetz (S. 177). Bei 25° ist $\alpha = 0{,}759$; bei dieser Temperatur löst 1 Vol.-Teil Wasser beim Druck $p_{CO_2} = 1$ Atm. $0{,}759 \,.\, 298/273 = 0{,}830$ Vol.-Teile Kohlendioxyd.

Kohlendioxyd läßt sich leicht verflüssigen (krit. Temperatur 31,3°, krit. Druck 73 Atm.). Man kann flüssiges Kohlendioxyd einer Stahlflasche entnehmen, wenn man sie schief stellt und dann das Ventil öffnet; das ausfließende Kohlendioxyd erstarrt jedoch sofort zu „*Kohlen-*

säureschnee". Dieser Schnee in Azeton, Alkohol, Benzin u. a. Flüssigkeit eingetragen, setzt ihre Temperatur auf $-78°$ herab, sie entspricht dem Siedepunkt (Sublimationspunkt) des festen Kohlendioxydes.

3. **Trikarbondioxyd** (Kohlensuboxyd) C_3O_2. Dieses Gas entsteht aus Kohlenoxyd beim Strömen durch ein Gebiet elektrischer Entladungen von der Art, wie sie sich in einem Siemens-Rohr (Ozonisator) ausbilden. Ferner kann man das Trikarbondioxyd aus Malonsäure oder aus Diazetylweinsäureanhydrid herstellen:

$$\begin{array}{c} COOH \\ | \\ CH_2 \xrightarrow[140°]{P_2O_5} C_3O_2, \\ | \\ COOH \end{array}$$

Malonsäure

$$O\left\langle\begin{array}{c} OC \\ | \\ CHOCOCH_3 \\ | \\ CHOCOCH_3 \\ | \\ OC \end{array}\right. \xrightarrow[600° \text{ bis } 700°]{\text{Zersetzung}} C_3O_2 + CO + 2\,CH_3COOH.$$

Diazetylweinsäureanhydrid

Bei der Malonsäure wird das Wasser mit Phosphorpentoxyd abgespaltet, Die Zersetzung des Diacetylweinsäureanhydrides erfolgt an elektrisch geheizten Drähten.

Nach der Bildung aus Malonsäure ist Trikarbondioxyd ihr Anhydrid; das Gas reagiert auch momentan mit Wasser und gibt quantitativ Malonsäure.

Trikarbondioxyd ist ein farbloses Gas von äußerst intensiver, zu Tränen reizender Wirkung auf die Augenschleimhäute. Es ist nur bei niedrigem Druck haltbar, da es sich sonst zu rasch zu festen braungefärbten Stoffen polymerisiert.

Bei $200°$ zersetzt sich das Trikarbondioxyd in homogener Gasphase:

$$C_3O_2 \rightleftharpoons C_2 + CO_2.$$

Es bildet sich Dikarbongas C_2 und Kohlendioxyd. Dikarbongas ist *rot* gefärbt, ist in der Gasphase nicht beständig und polymerisiert sich zu *rotem* Kohlenstoff. Letztere Reaktion ist in Einzelheiten noch nicht volltsändig aufgeklärt. Trikarbondioxyd ist linear gebaut, d. h. die Bindungen sind zueinander nicht gewinkelt, wie z. B. in Wasserstoffperoxyd, in der S_8-Molekel usw.

Das Dikarbon muß rot gefärbt sein, da die C_2-Molekel im Ultraviolettgebiet absorbiert; die SWAN-*Banden*, entsprechend der Lichtemission der C_2-Molekel, liegen im genannten Gebiet; eine starke Bande befindet sich bei 4737 Å.

Stadt- (Leucht-) Gas, Generatorgas und Wassergas. Der „*Kohleverflüssigung*" steht die „*Vergasung der Kohle*" gegenüber. Beide Prozesse entspringen den Bestrebungen, die immer kostbarer werdende Kohle als Energiequelle möglichst wirtschaftlich zu verwerten. Wird die Verbrennung der Kohle dazu benützt, eine Dampfmaschine zu betreiben, so können höchstens 14% der Verbrennungswärme in äußere Arbeit übergeführt werden. In den modernen Hochdruckanlagen für Turbinen großer Leistungen gelingt es, diesen Wert auf etwa 30% zu steigern. Bei Ausschaltung des Dampfkessels dürfte es möglich sein, in Gasturbinenkraftwerken auf etwa 40% zu gelangen. Flüssige Brennstoffe in Verbrennungs- (Explosions-) Motoren gestatten eine etwa 40%ige Ausnützung der Verbrennungswärme.

Die „Vergasung" der Kohle erfolgt durch Trockendestillation der Kohle in der Herstellung des Kokses und des Stadt- (Leucht-) Gases, ferner bei der Gewinnung des Generator- und Wassergases.

1. *Stadt- (Leucht-) Gas.* Ist das unmittelbare Produkt der trockenen Destillation der Kohle (s. oben). Die Zusammensetzung des Gases hängt von der Kohlenart, von der Temperatur und der Dauer ab, die bei der Destillation beachtet werden. Stadtgas hat ungefähr die Zusammensetzung: 50% H_2, 7% CO, 30 bis 35% CH_4 und einige Prozente ungesättigte Kohlenwasserstoffe (C_2H_4, C_2H_2). Da gegenwärtig dem Stadtgas Mischgas hinzugefügt wird, steigt im Stadtgas der Kohlenoxydgehalt (14 bis 17% CO). Heizwert etwa 4000 kcal/m³.

2. *Generatorgas* wird erhalten, wenn Luft durch glühende, mehrere Meter hohe Koksschichten geblasen wird. Im unteren Teil dieser Schichten verbrennt bei Luftüberschuß die Kohle zu Kohlendioxyd:

$$C_{\text{Graphit}} + O_2 \rightleftarrows CO_2, \qquad \Delta H = -94,4 \text{ kcal.} \tag{1}$$

Diese stark exotherme Reaktion erhitzt die höheren Schichten bis zur Temperatur von 1000 bis 1200°; das gebildete Kohlendioxyd reagiert mit der glühenden Kohleschicht und bildet Kohlenoxyd:

$$C_{\text{Graphit}} + CO_2 \rightleftarrows 2\,CO, \qquad \Delta H = 41,9 \text{ kcal.} \tag{2}$$

Bei geregelter Luftzuführung laufen beide Vorgänge gleichzeitig, die man in dem Gesamtvorgang darstellen kann:

$$2\,C_{\text{Graphit}} + O_2 \rightleftarrows 2\,CO, \qquad \Delta H = -52,5 \text{ kcal.} \tag{3}$$

Dieser Prozeß wird in besonderen Anordnungen, *Generatoren* genannt, durchgeführt. Das erhaltene Generatorgas hat einen Gehalt von etwa 25% CO, 4% CO_2, 70% N_2 und wird zu Heizzwecken verwendet. Heizwert 1000 kcal/m³.

3. *Wassergas* gewinnt man, wenn Wasserdampf über glühende Kohle (Koks) geleitet wird:

$$C_{\text{Graphit}} + H_2O_{\text{Gas}} \rightleftarrows CO + H_2, \qquad \Delta H = 31,8 \text{ kcal.} \tag{4}$$

$$C_{\text{Graphit}} + 2\,H_2O_{\text{Gas}} \rightleftarrows CO_2 + 2\,H_2, \qquad \Delta H = 21,7 \text{ kcal.} \tag{5}$$

Beide Vorgänge, die gleichzeitig vor sich gehen, führen zum *Wassergasgleichgewicht.* Der Prozeß ist endotherm: die Temperatur der Kohle sinkt und Vorgang Richtung → kommt zum Stillstand: „Kaltblasen". Man stellt dann den Zutritt des Wasserdampfes ein und bläst heiße Luft durch die Anordnung, wodurch Generatorgas nach Gl. 1 gebildet wird und das System sich wieder hoch erhitzt: „*Heißblasen*". Nun kann wieder Wasserdampf angewendet werden. Das beim Kaltblasen erhaltene Gas wird *Wassergas* genannt. Werden die beim Kaltblasen und Heißblasen gewonnenen Gase vereinigt, so gewinnt man „*Mischgas*". Wassergas (Zusammensetzun g50% H_2, 40% CO, 5% CO_2, 5% N_2), Heizwert 3000 kcal/m³.

Aus den Gl. 2 und 4 findet man

$$CO_2 + H_2 \rightleftarrows CO + H_2O_{Gas}, \qquad \Delta H = 10,1 \text{ kcal.} \tag{6}$$

Dies ist die *Wassergasreaktion,* deren Konstante beträgt:

$$K_p = \frac{p_{CO} \cdot p_{H_2O}}{p_{CO_2} \cdot p_{H_2}}.$$

Für die angegebenen Temperaturen findet man:

T	300	1000	2000	3000
K_p	$1,1 \cdot 10^{-4}$	$7,2 \cdot 10^{-1}$	4,6	7,1

Die Gl. 6 drückt aus die Reduktion des Kohlendioxydes durch Wasserstoff, (→) bzw. (←) die Oxydation des Kohlenoxydes durch Wasser. Der Prozeß wird großtechnisch zur Herstellung des Wasserstoffes verwendet. Bei steigender Temperatur verschiebt sich, wie man aus der Wärmetönung sieht, das Gleichgewicht nach →: um eine möglichst gute Ausbeute an Wasserstoff zu erhalten, muß bei möglichst tiefer Temperatur und Überschuß an Wasserdampf gearbeitet werden; die Reaktion ist vom Druck *unabhängig.* Folgende Zahlen mögen dies deutlicher machen. Man verwende als Ausgangsgas:

a) $p_{CO} = p_{H_2O} = 0,5$ Atm. b) $p_{CO} = 0,2$; $p_{H_2O} = 0,8$ Atm. Aus der Gleichung

$$K_p = \frac{(p_{CO} - x)(p_{H_2O} - x)}{x^2}$$

ergibt sich z. B. für den Fall a) $x = \dfrac{\sqrt{K_p} - 1}{2(K_p - 1)}$, woraus sich die folgenden Werte im Gleichgewicht ergeben:

		p_{H_2}	p_{CO_2}	p_{CO}	p_{H_2O}	Umsatz	
	300	0,499	0,499	$1,10^{-3}$	$1,10^{-3}$	100%	a)
T	2000	0,16	0,16	0,34	0,34	32%	a)
	3000	0,11	0,11	0,086	0,69	55%	b)

man sieht den großen Einfluß des Überschusses an Wasserdampf durch Vergleich von Fall a und b.

Das System $C_{Graphit}$—O_2—CO—CO_2. Dieses System hat eine überragende Bedeutung; es liegt der hauptsächlichsten Verwendung der Kohle als Energiequelle zugrunde.

1. Der in Gl. 2 ausgedrückte Vorgang

$$C_{Graphit} + CO_2 \rightleftharpoons 2\,CO, \qquad \Delta H = 41{,}9\,\text{kcal}; \qquad \Delta F = 29{,}2\,\text{kcal}. \quad (9)$$

führt zum Gleichgewicht

$$K_p' = \frac{p^2_{CO}}{p_{Graphit} \cdot p_{CO_2}}. \tag{10}$$

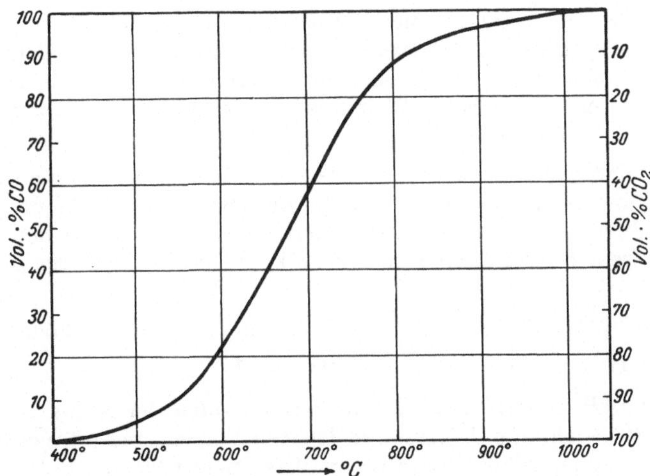

Abb. 80. Das BOUDOUARD-Gleichgewicht.

Da die Reaktion ständig bei Anwesenheit von festem Graphit verläuft, ist $p_{Graphit}$ = konstant. Dann ist:

$$K_p = \frac{p^2_{CO}}{p_{CO_2}} \quad \text{(BOUDOUARD-Gleichgewicht)}. \tag{11}$$

Einen Überblick dieses Gleichgewichtes bei $p = 1$ Atm. gibt die Abb. 80. Man sieht, bei 1000° ist das Gleichgewicht ganz auf der rechten Seite.

2. Berücksichtigt man Gl. 6 und die Bildungswärme des Wassers, so erhält man:

$$\begin{aligned}
CO_2 + H_2 &\rightleftharpoons CO + H_2O_{Gas} & \Delta H &= 10{,}1\,\text{kcal}\\
H_2 + {}^1\!/_2\,O_2 &\rightleftharpoons H_2O & \Delta H &= -57{,}8\,\text{kcal}\\
\hline
CO_2 &\rightleftharpoons CO + {}^1\!/_2\,O_2 & \Delta H &= 67{,}9\,\text{kcal}
\end{aligned}$$

oder

$$CO + {}^1\!/_2\,O_2 \rightleftharpoons CO_2, \quad \Delta H = -67{,}9\,\text{kcal}; \quad \Delta F = -61{,}7\,\text{kcal}. \tag{12}$$

Diese Gleichungen drücken die Dissoziation des Kohlendioxydes in

Sauerstoff und Kohlenoxyd aus; das Gleichgewicht läßt sich experimentell bestimmen:

$$K_p = \frac{p_{CO} \cdot \sqrt{p_{O_2}}}{p_{CO_2}}. \tag{13}$$

T	300	1000	2000	3000	3500
K_p	$2 . 10^{-45}$	$6 . 10^{-11}$	$1,4 . 10^{-3}$	0,34	1,6
α	$2 . 10^{-30}$	$2 . 10^{-7}$	$1,6 . 10^{-2}$	0,44	0,75

$p = 1$ Atm.

Während bis zu 2000° K die Dissoziation des Kohlendioxydes noch gering ist, steigt sie mit höherer Temperatur rasch an; bei 3500° K und $p = 1$ Atm. sind bereits 75% Kohlendioxyd in Kohlenoxyd und Sauerstoff gespalten: bei dieser Temperatur verbrennt Kohlenoxyd mit Sauerstoff nur teilweise.

3. Aus den bisher verwendeten Gleichungen ergeben sich die wichtigen Endgleichungen für die Verbrennung der Kohle zu Kohlenoxyd und Kohlendioxyd; da man die entsprechenden Gleichgewichte kennt, kann man die freie Energie berechnen (S. 12). Es ergibt sich aus den Gl. 9 und 12

$$C_{Graphit} + \tfrac{1}{2} O_2 \rightleftharpoons CO, \quad \Delta H = -26,0 \text{ kcal}; \quad \Delta F = -32,5 \text{ kcal}, \tag{14}$$

$$C_{Graphit} + O_2 \rightleftharpoons CO_2, \quad \Delta H = -93,9 \text{ kcal}; \quad \Delta F = -94,2 \text{ kcal}. \tag{15}$$

Man sieht, ΔH und ΔF sind bei der Verbrennung der Kohle zu Kohlendioxyd fast gleich, d. h. bei einer geeigneten Vorrichtung wäre es möglich, die *ganze freiwerdende Wärme in äußere Arbeit überzuführen*. Eine geeignete Vorrichtung wäre ein Galvanisches Element, bestehend aus einer Elektrode Kohlenstoff und Sauerstoff als andere (Gas-) Elektrode. Bisher sind Versuche, zu einem solchen *„Kohleelement"* zu gelangen, mißlungen, da die Sauerstoffmolekel zu träge reagiert. Siehe dazu die Bemerkungen S. 235.

In der Gl. 14 ist ein bemerkenswerter Fall ausgedrückt: Hier wäre, weil $\Delta F > \Delta H$, die äußere Arbeit *höher* als die Wärmetönung des Vorganges, d. h. beim Arbeiten eines solchen Elements könnte die Wärme der Umgebung zur äußeren Arbeit herangezogen werden. Es ergäbe sich damit eine Möglichkeit, das gewaltige Wärmereservoir der Erde, z. B. des Meeres, auszunützen.

Das erwähnte thermodynamische Verhalten der Kohle, das im vorhinein nicht zu erwarten ist, und ihre Eigenschaft, Leiter für den elektrischen Strom zu sein, ist ein merkwürdiges Zusammentreffen; dies auszunützen hat es bisher nicht an Versuchen gefehlt. Noch bleibt ein *„Brennstoffelement"* das Problem der Zukunft, wenn es nicht durch die Verwendung der Atomenergie abgelöst wird.

Die Gasflamme. Die Verbrennung des Stadt- (Leucht-) Gases erfolgt in einem BUNSEN-Brenner, von dem es verschiedene Formen gibt (TECLU-Brenner, MECKER-Brenner) (Abb. 82). Das in den Brenner eintretende

brennbare Gas vermengt sich mit der Luft, die bei der Düse einströmt,
in der Brennröhre. Ist die Düse geschlossen, so kann keine Luft eintreten:
das Gas brennt „leuchtend“. Wird die Düse geöffnet, so ändert sich die
Farbe und die Form der Gasflamme. Es tritt eine scharfe Trennung ein;
der *Innenkegel* brennt mit grünlicher, der größere *Außenkegel* mit deutlich
violetter Farbe (Abb. 81). Nach dem Zutritt der Luft wird die Flamme
unruhiger, besonders der Innenkegel, gleichzeitig hört man ein Geräusch
(Prasseln) der Flamme; dies ist darauf zurückzuführen, daß dem Gase
unregelmäßig Luft zugeführt wird; verlängert man die Brennröhre (auf
etwa $^1/_2$ m), so wird die Flamme ruhig, weil nun regelmäßige Durch-
mischung möglich ist.

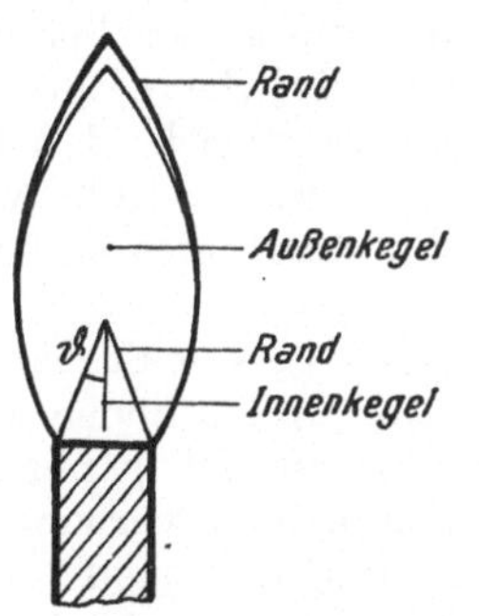

Abb. 81. Teilung der Gasflamme in
Außen- und Innenkegel.

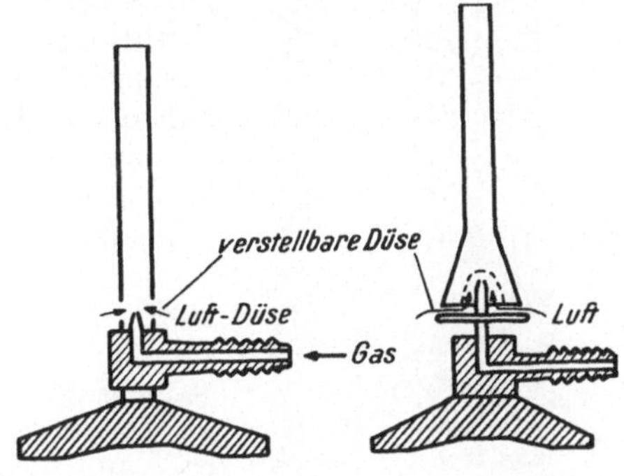

Abb. 82. BUNSEN-Brenner, rechts TECLU-Brenner.

Die Verbrennung des Gases mit Luft erfolgt zuerst im Innenkegel
zu Kohlenoxyd, Kohlendioxyd, Wasserdampf, Wasserstoff und Stickstoff. Erstgenannte vier Stoffe sind Bestandteile des Wassergasgleichgewichtes (S. 236), das sich im Rande des Innenkegels einstellt. *In der
eigentlichen Gasflamme, im Außenkegel brennt nichts*, hier ist *niemals*
freier Sauerstoff nachzuweisen; im Außenkegel ist nur das erwähnte
Wassergas, mit Stickstoff stark verdünnt, vorhanden. Am Rande des
Außenkegels verbrennen dann die restlichen Bestandteile. Die Gasflamme
ist „glühendes“ Gas, das nach außen durch den Rand abgeschlossen ist.
Der Innenkegel ist eine *stehende Explosionswelle*; die Verbrennung des
Gases geht mit einer bestimmten Geschwindigkeit vor sich, deren Fort-
pflanzung nach unten durch die Aufwärtsbewegung des Gas-Luft-Gemisches
gerade aufgehalten wird; diesem Umstande entspricht die Form des Innen-
kegels. Die Form des Außenkegels bildet sich so aus, daß die zutretende
Luft gerade ausreicht, die restlichen Bestandteile zu verbrennen. Die
Temperatur am Rande des Innenkegels beträgt 1550°, am Rande des
Außenkegels 1800°, bei Verwendung eines normalen Stadtgases. Die
Geschwindigkeit der Verbrennung ist im BUNSEN-Brenner einige Meter/sec.
Man kann den Innenkegel vom Außenkegel trennen, wenn man einen
Glaszylinder über die Bunsenflamme schiebt und ihn luftdicht an der
Brennerröhre befestigt (Abb. 83). Die Temperatur des Außenkegels

ist jetzt niedriger, da die Temperaturstrahlung vom Innenkegel vermindert ist. Aus dem Raume des Glaszylinders können Gasproben gezogen und die Zusammensetzung des Wassergasgleichgewichtes bestimmt werden.

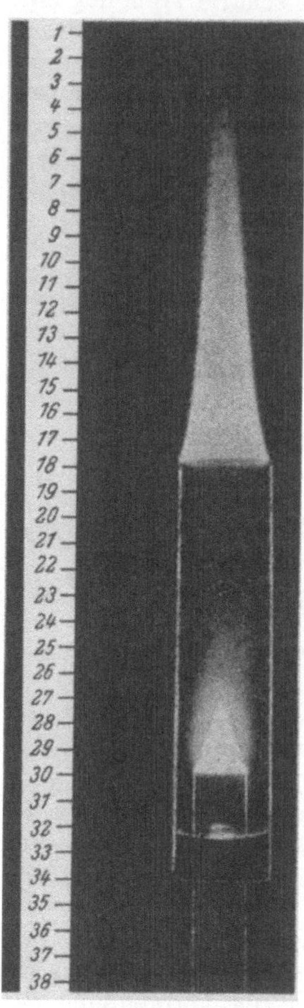

Abb. 83. Trennung des Innenkegels vom Außenkegel. Der Zentimetermaßstab gibt die Größenverhältnisse an.

Nach der Lage des Gleichgewichtes läßt sich die Temperatur der Flamme am Rande des Innenkegels ermitteln.

Das Spektrum des Innenkegels zeigt die im ultravioletten Gebiet liegenden *Swanbanden* (S. 234), die dem Dikarbon entstammen, ferner Banden der OH- und CH-Radikale. Das Leuchten der Bunsenflamme ist ein *Lumineszenzleuchten*, bestimmt durch die chemischen Reaktionen, die sich im System der Flamme abspielen[1]. Glühende feste Teilchen (Ruß) erhöhen das Leuchten. Es zeigt sich, daß besonders *ungesättigte* Kohlenwasserstoffe und Benzol das Leuchten des Stadtgases erhöhen können.

Im Innern des Außenkegels fehlt Sauerstoff. Man kann hier daher Reduktionen ausführen, am äußersten Rande ist genügend Sauerstoff und hohe Temperatur vorhanden, so daß Oxydationen möglich sind. Der Chemiker macht davon Gebrauch bei der Herstellung von „Oxydations"- und „Reduktions"-Perlen.

Beträgt die normale Verbrennungsgeschwindigkeit im Brenner V_b und V_f die mittlere Strömungsgeschwindigkeit des Frischgases, so ist im stationären Zustand

$$\frac{V_b}{V_f} = \sin \vartheta.$$

Wächst V_b rascher als V_f, so wird der Winkel ϑ größer, nähert sich der Sinus Eins, so ergeben sich im kalten Rohr Bedingungen für das „Zurückschlagen" des Brenners. Die Gleichung gibt einen Hinweis für die Ermittlung der Verbrennungsgeschwindigkeit brennbarer Gase.

Detonation (Explosion). Ein brennbares Gasgemisch befände sich in einer einseitig geschlossenen langen Röhre. Wird die Gasmischung am offenen Ende zur Entzündung (zur Explosion) gebracht, so wird sich das brennende Gas anfangs mit kleiner Verbrennungsgeschwindigkeit in das Innere der Röhre fortpflanzen. Diese Verbrennung übt auf die

---

[1] In der Abb. 83 ist deutlich das Einsetzen des Lumineszenzleuchtens am Rande des Innenkegels bis zur Marke 23 zu sehen.

Schichten des unverbrauchten Gases einen Druck aus, der sich mit Schallgeschwindigkeit ausbreitet und die sogenannte *Detonationswelle* bildet. Der Druck auf die unverbrauchten Schichten steigert deren Temperatur, wodurch auch die Geschwindigkeit der Verbrennung größer wird, weiters wird sich gleichzeitig dadurch der Druck steigend rascher ausbreiten, da sich die Schallgeschwindigkeit in den Gasen mit der Temperatur $\left(\text{prop. } \sqrt{T}\right)$ erhöht: die Fortpflanzung des Druckes steigert sich schließlich bis *Überschallgeschwindigkeit* (bezogen auf das ruhende Gas bei Zimmertemperatur). Die Fortpflanzung solcher Detonationen erreicht die außerordentlich hohe Geschwindigkeit von 2 bis 3 km/sec.

Oxysäuren des Kohlenstoffes. Die Zahl der organischen Oxysäuren des Kohlenstoffes ist sehr groß, alle enthalten sie die *Karboxylgruppe* COOH.

1. **Kohlensäure** H_2CO_3, entsteht, wenn Kohlendioxyd in Wasser gelöst wird:

$$H_2O + CO_2 \rightleftarrows H_2CO_3.$$

Die Anlagerung des Wassers, die Hydratation, ist gering,

$$c_{H_2CO_3} = 6,7 \cdot 10^{-3} \, c_{CO_2} \, (4°);$$

Kohlensäure ist eine zweibasische Säure; ihre Dissoziationskonstanten bei 25° betragen:

$$H_2CO_3 \rightleftarrows HCO_3^- + H^+,$$

$$K_I = \frac{c_{H^+} \cdot c_{HCO_3^-}}{c_{H_2CO_3} + c_{CO_2}}, \quad K_I = 4,3 \cdot 10^{-7} \text{ (scheinbare Dissoziationskonstante)},$$

$$HCO_3^- \rightleftarrows CO_3^{--} + H^+, \qquad K_{II} = \frac{c_{H^+} \cdot c_{CO_3^{--}}}{c_{HCO_3^-}}, \qquad K_{II} = 5,6 \cdot 10^{-11}.$$

Nach diesen Werten ist Kohlensäure eine sehr schwache Säure. Es ist möglich, wie angegeben, den Grad der Hydratation zu bestimmen. Man findet damit die *wahre Dissoziationskonstante* der Kohlensäure:

$$K = \frac{c_{H^+} \cdot c_{HCO_3^-}}{c_{H_2CO_3}} \approx 5 \cdot 10^{-4}.$$

Diesem Wert entsprechend wäre die Kohlensäure eine stärkere Säure sogar als die Ameisen- oder Essigsäure.

Die normalen (sekundären) Salze der Kohlensäure heißen *Karbonate*, die sauren (primären) Salze *Hydrokarbonate* (Bikarbonate). Löslich sind die Salze der Alkalimetalle, von den Erdalkali (und einigen wenigen zweiwertigen Metallen) nur die Hydrokarbonate; die übrigen Karbonate der Metalle (mit Ausnahme Thallium I-karbonat) sind unlöslich. Schwer löslich ist das Lithiumkarbonat, wenig löslich das Natriumhydrokarbonat $NaHCO_3$.

Alkalikarbonate schmelzen unzersetzt, alle anderen spalten beim Erhitzen Kohlendioxyd ab. Die gelösten Karbonate, als Salze einer schwachen Säure, reagieren alkalisch (S. 173 f.). Kohlensäure läßt sich als einbasische Säure titrieren. Nach Gleichung (1), S. 174, ergibt sich: $c_{Salz} = 1$:

$$c_{H^+} = \sqrt{4{,}7 \cdot 10^{-7} \cdot 5{,}6 \cdot 10^{-11}} = 5{,}1 \cdot 10^{-9}\ \text{Mol/Liter}$$

oder

$$c_{OH^-} = 1{,}9 \cdot 10^{-6}\ \text{Mol/Liter}\ (25°),$$

$p_H = 8{,}3$; demnach muß Phenolphthalein als Indikator verwendet werden. Der Umschlag im Äquivalenzpunkt ist nicht scharf (Bildung von $NaHCO_3$, Hydrolyse!), doch läßt sich dies leicht verbessern. Nach diesen Ausführungen sieht man, daß Karbonate als Bikarbonate titriert werden können.

Derivate der Kohlensäure. Kohlendioxyd und Ammoniak reagieren, wenn trocken, unter Bildung von „Karbamat":

$$CO_2 + NH_3 \rightleftarrows CO \genfrac{}{}{0pt}{}{\diagup NH_2}{\diagdown OH} \qquad CO \genfrac{}{}{0pt}{}{\diagup NH_2}{\diagdown OH} + NH_3 = CO \genfrac{}{}{0pt}{}{\diagup NH_2}{\diagdown ONH_4}$$

Karbaminsäure   (Karbaminsaures Ammonium) Ammonium-Karbamat } „Hirschhornsalz"

Karbamat ist im gewöhnlichen Ammoniumkarbonat enthalten, es zersetzt sich bei 60° vollständig in Kohlendioxyd und Ammoniak; dieser Eigenschaft verdankt Karbamat seine Anwendung als Backpulver.

Wird Karbamat unter Druck erwärmt, so bildet sich nach Abspaltung des Wassers *Harnstoff*:

$$CO \genfrac{}{}{0pt}{}{\diagup ONH_4}{\diagdown NH_2} \rightleftarrows CO \genfrac{}{}{0pt}{}{\diagup NH_2}{\diagdown NH_2} + H_2O.$$

Harnstoff

Auch Ammoniumkarbonat gibt in umkehrbarer Reaktion bei 130° Harnstoff:

$$(NH_4)_2\,CO_3 \rightleftarrows CO(NH_2)_2 + 2\,H_2O.$$

Ersterer Vorgang wird in großtechnischem Maßstabe durchgeführt. Harnstoff ist *isomer* mit Ammoniumcyanat; siehe folgenden Abschnitt.

2. **Ameisensäure** HCOOH, Schmp. 8,4; Sdp. 100°, Kohlenoxyd und Natriumhydroxyd reagieren bei 130° unter Bildung von *Natriumformiat* HCOONa. Aus den Salzen läßt sich die Ameisensäure, nach Zusatz verdünnter Schwefelsäure, abdestillieren. Ameisensäure bildet sich in wäßriger Lösung (Katalysator 0,5 molare HCl) nach der Gleichung

$$CO_{Gas} + H_2O_{flüssig} \rightleftarrows HCOOH_{gelöst}, \qquad \Delta F = 1{,}1\ \text{kcal.} \tag{1}$$

Nach Berücksichtigung dieser (zu einem Gleichgewicht führenden) Reaktion findet man die freie Bildungsenergie der Ameisensäure:

$$C_{Graphit} + O_2 + H_2 = HCOOH_{flüssig}, \qquad \Delta F = -84{,}0\ \text{kcal.} \tag{2}$$

Beachtet man Gl. 15, so ergibt sich

$$HCOOH_{\text{flüssig}} \rightleftarrows H_2 + CO_{2\,\text{Gas}}, \qquad \varDelta F = -10 \text{ kcal.} \qquad (3)$$

Ameisensäure ist bezüglich CO-Bildung nach Gl. 1 *stabil*, bezüglich Kohlendioxyd nach Gl. 3 *instabil*: tatsächlich zersetzt sie sich mit feinverteiltem Rhodiummetall als Katalysator in der →-Richtung.

Ameisensäure ist eine farblose Flüssigkeit, in der wäßrigen Lösung ist sie eine mittelstarke Säure, ihre Salze, *Formiate* genannt, sind meist löslich.

3. **Oxalsäure** $\left(\begin{array}{c} COOH \\ | \\ COOH \end{array}\right)$. Kohlendioxyd und metallisches Natrium geben bei 350° *Natriumoxalat*:

$$2\,CO_2 + 2\,Na = Na_2C_2O_4.$$

Technisch wird dieses Salz aus Natriumformiat durch Erhitzen gewonnen:

$$2\,HCOONa = Na_2C_2O_4 + H_2.$$

Die Oxalsäure kristallisiert mit zwei Molekel Wasser $(COOH)_2 \cdot 2\,H_2O$ in (monoklinen) leicht löslichen Nadeln. Sie läßt sich auch wasserfrei herstellen, und ist eine zweibasische mittelstarke. Säure.

4. **Essigsäure** CH_3COOH, Schmp. 16,6, Sdp. 118. Die Säure kann durch „Essiggärung" des Alkohols hergestellt werden. Diese schon viele Jahrhunderte bekannte Darstellung dient vorwiegend zur Gewinnung von Speiseessig. Nachdem die Säure auch in der Technik viel gebraucht wird, müssen andere reichlichere Quellen herangezogen werden. Die Destillation des Holzes liefert einen „Holzessig", der nach besonderen Methoden gereinigt wird. Essigsäure läßt sich synthetisch in großem Maßstabe aus Azetylen herstellen:

$$C_2H_2 + H_2O \rightarrow \underset{\text{Azetaldehyd}}{CH_3CHO} \xrightarrow{\text{Oxydation}} CH_3COOH.$$

Die Anlagerung des Wassers erfolgt bei Gegenwart von Quecksilbersalzen. Essigsäure ist eine farblose Flüssigkeit von bekanntem Geruch und Geschmack, wasserfrei wird sie wegen ihres hohen Schmelzpunktes als *Eisessig* bezeichnet.

Die Salze der Essigsäure — *Azetate* genannt — sind meist löslich; schwer löslich ist das Silber- und QuecksilberI-azetat. Essigsäure ist eine schwache Säure, ihre Salze sind hydrolytisch gespalten und reagieren alkalisch. In einer 0,1 mol. Natriumazetatlösung beträgt $c_{OH^-} =$ $= \sqrt{10^{-14} \cdot 0{,}1/1{,}75 \cdot 10^{-5}} = 7{,}6 \cdot 10^{-6}$, ist also zu $7{,}6 \cdot 10^{-3}\%$ hydrolysiert.

Verbindungen des Kohlenstoffes mit Stickstoff und Schwefel. 1. *Cyanverbindungen.* Verbindungen dieser Reihe entstehen allgemein beim Glühen organischer, Stickstoff enthaltender Verbindungen mit Alkalien; sie besitzen das Cyanradikal CN.

a) **Dicyan**, C_2N_2, $: N \equiv C\!-\!C \equiv N:$, Schmp. —27°, Sdp. —21° wird erhalten durch Einwirkung von Kupfer II-sulfat auf gelöstes Cyankalium:

$$4\,KCN + 2\,CuSO_4 = C_2N_2 + 2\,Cu(CN) + 2\,K_2SO_4$$

oder durch Erhitzen von Cyaniden der Schwermetalle; besonders geeignet ist Silbercyanid, das bei 330° Dicyan abspaltet: $AgCN = \frac{1}{2}\,(C_2N_2) + Ag$. Das farblose Gas hat einen stechenden Geruch und reizt zu Tränen. Nach der Bildungswärme $\Delta H \approx 70$ kcal ist Dicyan eine sehr instabile Verbindung. Dicyan hat sehr große Ähnlichkeit mit den Halogenen.

b) **Cyanwasserstoff** *(Blausäure)* HCN, $H\!-\!C \equiv N$, Schmp. —13,2°, Sdp. 26°, ist erhältlich aus Ferrocyankalium[1] mit starker Schwefelsäure (S. 340), die freie Säure entweicht beim Erhitzen. Man kann sie in gleicher Weise aus Kaliumcyanid KCN bei Gegenwart von Eisen II-sulfat durch Ansäuern mit Schwefelsäure gewinnen.

Blausäure ist eine leichtbewegliche, farblose Flüssigkeit, mit dem bekannten an bittere Mandeln erinnernden Geruch. Sie ist sehr leicht löslich. Nach der Dissoziationskonstante $K = 5 . 10^{-10}$ ist sie eine sehr schwache Säure, ihre Salze *(Cyanide)* daher sehr stark hydrolytisch gespalten: die Hydrolyse einer 0,1 mol. Lösung beträgt über 1%. Die Cyanide sind gut wirkende Reduktionsmittel.

Blausäure ist außerordentlich giftig, schon 0,06 bis 0,1 g (0,2 g Zyankalium) wirken augenblicklich tödlich, gleichgültig, ob die Einführung durch den Magen oder über verletzte Stellen des Körpers (Schnittwunden) erfolgt. Die Giftigkeit ist nicht auf Warmblüter beschränkt, sondern dehnt sich bis in die kleinste Insektenwelt aus. Die Cyanwasserstoffsäure kann mit Eisen komplexe, blau gefärbte Verbindungen bilden, daher ihr Name (S. 342 f.).

c) **Cyansäure** HCNO, $\left[:\ddot{N}\!=\!C\!=\!\ddot{O}:\right]^- H^+$. Wird Harnstoff in Wasser gelöst, so tritt die folgende „Umlagerung" ein:

$$CO(NH_2)_2 \rightleftharpoons NH_4CNO, \qquad \Delta H = 7,5 \text{ kcal.}$$

Es bildet sich das Ammoniumsalz der Cyansäure. Diese Reaktion ist von geschichtlicher Bedeutung; L. WÖHLER (Deutschland) stellte 1828 auf diesem Wege aus Ammoniumcyanat Harnstoff her, der bis dahin nur als Produkt von Lebensvorgängen bekannt war. Die Salze der Cyansäure — die *Cyanate* — erhält man aus den Cyaniden durch Oxydation:

$$KCN + PbO = KCNO + Pb.$$

Die freie Säure ist wenig beständig; sie zersetzt sich: $HCNO + H_2O \rightarrow$
$\rightarrow NH_3 + CO_2$.

d) **Thiocyansäure** *(Rhodanwasserstoffsäure)* HCNS, $[:\ddot{N}\!=\!C\!=\!\ddot{S}:]^- H^+$. Salze dieser Säure — *Rhodanate* bezeichnet — erhält man beim Zusammenschmelzen von Alkalicyaniden mit Schwefel; die freie Säure ist beständig; das CNS^--Ion ist farblos. Die Rhodanate geben mit Fe^{III}-Salzen intensiv rot gefärbte Lösungen (S. 342).

---

[1] Gelbes Blutlaugensalz.

2. *Schwefelverbindungen.* Schwefelkohlenstoff CS_2, Schmp. —112°, Sdp. 46°, wird hergestellt durch Überleiten von Schwefel über glühende Holzkohle. Reiner Schwefelkohlenstoff ist eine leichtbewegliche farblose Flüssigkeit mit einem hohen Lichtbrechungsvermögen. Nach der Bildungswärme $\Delta H = 16\ \mathrm{kcal}$ ist Schwefelkohlenstoff bei Zimmertemperatur instabil. Das technische Produkt hat einen durch Begleitstoffe hervorgerufenen, etwas an Rettich erinnernden, meist unangenehmen Geruch. Es ist eine außerordentlich leicht entzündbare Flüssigkeit, das Gas brennt mit hellblauer, ziemlich kalter Flamme.

Schwefelkohlenstoff ist gegen Wasser bei gewöhnlicher Temperatur sehr beständig, er ist ein gutes Lösungsmittel für Fette und Öle; wegen seiner leichten Brennbarkeit jedoch wird er immer mehr durch nicht brennbare Lösungsmittel verdrängt, z. B. durch Trichloräthylen $CHCl=CCl_2$. Eingeatmet, wirken Dämpfe von Schwefelkohlenstoff sehr giftig. Chemisch verhält er sich ähnlich wie Kohlendioxyd; mit Kaliumsulfid gibt er Salze der *Thiokohlensäure*:

$$CS_2 + K_2S = K_2CS_3.$$

Es gibt auch Derivate der Kohlensäure, in denen nur teilweise der Sauerstoff durch Schwefel ersetzt ist, die durch Verwendung des Schwefelkohlenstoffes hergestellt werden können. Technisch von Bedeutung sind *Xanthogenate*, die von der *Dithiokohlensäure* abstammen. Sie haben die bemerkenswerte Eigenschaft, Zellulose zu lösen. Xanthogenate enthalten die Gruppe $[C(OR)S_2]^-$, R ist irgendein Radikal. Schwefelkohlenstoff wird daher in der Industrie künstlicher Faserstoffe verwendet.

Kohlenoxysulfid COS, Sdp. —50°, entsteht direkt aus Kohlenoxyd und Schwefeldampf:

$$CO + \tfrac{1}{2}\,S_{2\,\mathrm{Gas}} \rightleftarrows COS_{\mathrm{Gas}}, \qquad \Delta H = -23\ \mathrm{kcal}$$

bei etwa 350 bis 400°; am besten bei Gegenwart von Bimssteinstückchen, da die Reaktion heterogen, also an Oberflächen, verläuft. Das Gas bildet sich ferner nach der Gleichung:

$$SO_2 + 3\,CO \rightleftarrows COS + 2\,CO_2$$

bei 400 bis 430° mit Holzkohle als Katalysator. Bemerkenswert ist die Bildung aus der Rhodansäure durch Hydrolyse:

$$HCNS + H_2O = COS + NH_3.$$

Man verwendet die Lösung eines Salzes der Rhodansäure; beim Ansäuern mit verdünnter Schwefelsäure unter Wärme entwickelt sich Kohlenoxysulfid. Es ist ein farbloses Gas mit einem gelinden, an Schwefelkohlenstoff erinnernden Geruch, an feuchter Luft wird es allmählich zu Kohlendioxyd und Schwefelwasserstoff zersetzt.

Kohlenoxysulfid verhält sich ähnlich wie Kohlendioxyd: es gibt mit Ammoniak ein beständiges *Thiokarbaminat*, das beim Erwärmen sehr glatt in Harnstoff übergeht:

$$COS + 2\,NH_3 \rightleftharpoons CO\big\langle {}^{NH_2}_{SNH_4} \qquad \text{Ammoniumthiokarbaminat}$$

$$CO\big\langle {}^{NH_2}_{SNH_4} \rightleftharpoons CO\big\langle {}^{NH_2}_{NH_2} + SH_2.$$

Kohlenoxysulfid wirkt eingeatmet narkotisch und giftig.

Carbide. Verbindungen des Kohlenstoffes mit Metallen werden Karbide bezeichnet, man benennt aber auch gleich seine Verbindungen mit Silizium und Bor. Man kann sie in etwa zwei Klassen einteilen: a) Karbide, die sich mit Wasser bei Zimmertemperatur oder nach Erwärmen zersetzen, b) Karbide, die weder durch Wasser noch durch Säuren zersetzbar sind.

Karbide der a-Klasse sind teilweise als Azetylide aufzufassen, da sie bei der Zersetzung vorwiegend Azetylen geben; dazu gehören die Alkali- und Erdalkalikarbide. Beryllium, Aluminium, die Seltenen Erden geben bei der Zersetzung vorwiegend Methan und andere Kohlenwasserstoffe, doch wenig Azetylen. Zur b-Klasse gehören vor allem die Karbide des Siliziums und Bors (S. 258, 285) und anderer seltener Metalle.

Die Metallkarbide lassen sich im allgemeinen aus Mischungen des Kohlenstoffes mit Metallpulver oder Metalloxyden bei hoher Temperatur herstellen; man kann aber den Kohlenstoff auch in Gasphase (als Kohlenwasserstoff) zur Reaktion bringen.

Kalziumkarbid (Karbid) CaC_2 ist das bekannteste Karbid. Es wird aus gebranntem Kalk und Koks im elektrischen Flammbogenofen hergestellt. So, technisch gewonnen, ist das Karbid eine graue kristalline Masse, die mit Wasser sehr rasch, unter beträchtlicher Wärme, Azetylen entwickelt.

Kalziumkarbid hat die bemerkenswerte Eigenschaft, in der Hitze Stickstoff aufzunehmen: In exothermer Reaktion entsteht *Kalziumcyanamid (Kalkstickstoff)* CaN_2C:

$$CaC_2 + N_2 = CaCN_2 + C, \qquad \Delta H = -85\ kcal.$$

Es ist das Ca-Salz des Amides der Oyanwasserstoffsäure.

Ein *Eisenkarbid* FeC_3 *(Zementit)* spielt im technisch wichtigen System Eisen—Kohlenstoff eine Rolle. Vielfach kann an den Karbiden die Eigenschaft einer intermetallischen Verbindung festgestellt werden (S. 274).

Die Adsorption

In einem festen Stoff üben die Atome und Molekel untereinander Kräfte aus, welche die Festigkeit des Stoffes ausmachen; während im Innern des Stoffes diese Kräfte ausgeglichen sind, ist dies nicht der

Fall bei den Atomen und Molekeln, die an der Oberfläche des Stoffes liegen; ihre Kräfte werden nur teilweise nach innen beansprucht, der Rest ist frei. Diese freiliegenden Kräfte können nun an der Oberfläche Gase binden; diesen Vorgang bezeichnet man als *Adsorption*.

Die Adsorption eines Gases ist ein reversibler Vorgang:

$$\text{Gas} + \text{fester Stoff} \underset{\text{Desorption}}{\overset{\text{Adsorption}}{\rightleftarrows}} \text{Gas}_{\text{adsorbiert}}, \qquad \Delta H = \text{Adsorptionswärme.}$$

Im idealen Fall gilt für die Adsorption die Gleichung

$$a = c_\infty \frac{p}{(p + b')} \qquad \text{Adsorptionsisotherme nach I. LANGMUIR;}$$

es bedeutet a die Menge des adsorbierten Gases beim Gleichgewichtsdruck p, c_∞ die Sättigungskonzentration, b' ist eine (theoretisch berechenbare) Konstante. Diese theoretisch abgeleitete Gleichung gilt jedoch nur für niedrige Drucke; für mittlere Drucke $p \ll b'$ ist, dann, wie man sieht, $a \sim p$: die *Adsorption des Gases ist dem Druck proportional*. Z. B. Adsorption von Argon an Kokosnußkohle bei $t = -78,3°$, a sind Kubikzentimeter Gas pro 1 g Kohle.

p in Torr	a gefunden	Berechnet nach $a = 1,95\ p$
0,8	1,6	1,6
2,4	5,0	4,7
5,4	9,9	10,6
9,8	15,4	(19,2)

Bei höheren Gasdrucken gilt für die Adsorption eine *empirisch* aufgefundene Gleichung. Sie gilt für einen bestimmten Druckbereich:

$$a = \alpha\, p^{1/b}.$$

α = Adsorptionswert, $1/b$ ist eine Konstante, die von der Natur des Gases abhängt und einen Wert zwischen 0,2 bis 1 besitzt, a wird in Kubikzentimeter (0°, 1 Atm.) Gas angegeben, das von 1 g des adsorbierenden Stoffes (des *Adsorbens*) aufgenommen wird, bei einem Drucke p (in Torr) bei einer bestimmten Temperatur. Das Adsorptionsgleichgewicht ist divariant: die Angabe von Druck *und* Temperatur ist erforderlich.

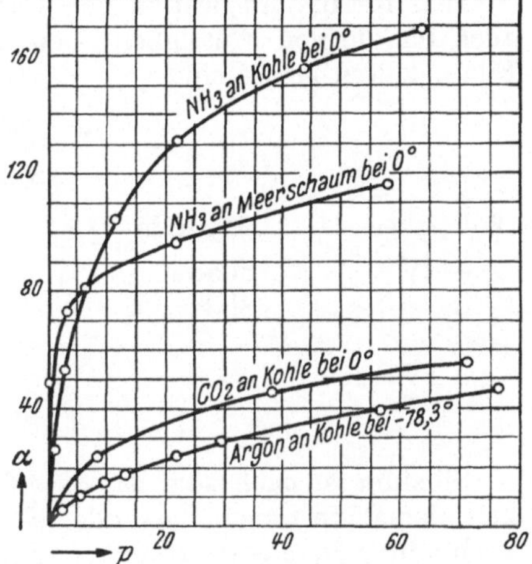

Abb. 84. Adsorptionsisotherme einiger Gase.

Ein Beispiel:

Adsorption an Kohle, $t = 0°$
$$\begin{cases} \text{Stickstoff: } a = 0,256\ p^{0,86}, \\ \text{Äthylen: } \quad a = 23,7\ p^{0,28}. \end{cases}$$

Demnach adsorbiert bei $0°$ und $p = 1$ Torr 1 g Kohle 0,256 cm³ Stickstoff bzw. 23,7 cm³ Äthylen.

Bei hohen Drucken erreicht a einen Grenzwert, der nicht überschritten werden kann: die *Sättigungskonzentration*. Allgemein ist die Adsorption um so größer, je tiefer die Temperatur ist. In dieser Eigenschaft verhalten sich Adsorption und Löslichkeit eines Gases gleich.

Fast immer wird ein Gas um so leichter adsorbiert, je größer sein Molekulargewicht ist. Auffallend gering ist die Adsorption von Wasserstoff, Helium und Neon.

Hat man eine Mischung von Gasen mit verschiedenem Molekulargewicht und bringt sie bei einer bestimmten Temperatur mit einem Adsorbens zusammen, so wird, bei gleichem Partialdruck, das schwerere Gas stärker adsorbiert als das leichtere. Man *kann demnach eine Trennung der Gase mit Hilfe der Adsorption durchführen*: nach Entfernung der Gasmischung wird das adsorbierte Gas durch *Desorption* mehr oder weniger rein erhalten. Auf diesem Prinzip beruht auch die Wirkung der Gasmaske.

Ein Adsorbens ist um so wirksamer, je größer seine entwickelte Oberfläche ist. Man kann Kohle durch besondere Prozesse sehr fein verteilen (S. 224). Solche Kohlearten können bis 300 cm³ Gas pro 1 g Kohle bei niedriger Temperatur und normalem Druck adsorbieren. Ebenso gelingt es, gefällte Kieselsäure durch allmähliche Trocknung in Siliziumdioxyd überzuführen, das an Adsorptionsfähigkeit den Aktivkohlen nicht nachsteht, „*Silikagel*". Auch Gerüstsilikate, so z. B. der *Chabasit*, ist ein gutes, sauber wirkendes Adsorbens für Gase.

Was für die Adsorption von Gasen gesagt ist, gilt in groben Zügen auch für die von Flüssigkeiten an festen Stoffen oder für Stoffe, die in Flüssigkeiten gelöst sind.

2. Silizium Si

Übersicht

Wertigkeit	Hydride	Oxyde	Säuren
—IV	Silane Si_nH_{2n+2}		
IV		SiO_2	H_2SiO_3 H_4SiO_4 Polykieselsäuren

Silizium ist nach dem Sauerstoff das verbreitetste Element, es findet sich niemals in freiem Zustande. Seine beständigste und deshalb häufige Verbindung ist das Siliziumdioxyd SiO_2, Quarz.

Silizium läßt sich technisch durch Reduktion von Quarz mit Kohle oder Karbid bei Gegenwart von Eisen im elektrischen Flammbogenofen herstellen:

$$SiO_2 + 2\,C = Si + 2\,CO.$$

Im Laboratorium verwendet man Magnesium als Reduktionsmittel

$(SiO_2 + 2\,Mg = Si + 2\,MgO)$. Die Reaktion muß durch Zusatz von Magnesiumoxyd gemäßigt werden. Im ersten Fall erhält man große kristalline Stücke von unreinem Silizium, das Eisen und Kohlenstoff enthält. Das im zweiten Fall gewonnene Produkt ist braun gefärbt, mikrokristallin und deshalb sehr reaktionsfähig. Reines kristallisiertes Silizium erhält man bei der Reduktion des Siliziumdioxydes in einem Überschuß von reinem Aluminium; in der Schmelze ist Silizium löslich und scheidet sich beim Erkalten kristallinisch ab. Die Trennung von dem gebildeten Oxyd und Metall erfolgt mit Salzsäure, die das Silizium nicht löst. Man kann auch Siliziumchlorid oder das Komplexsalz $K_2[SiF_6]$ verwenden.

Silizium kristallisiert regulär, und zwar ist sein Gitter gleich dem des Diamanten. In reinem Zustand bildet Silizium dunkelgraue, wie Metall glänzende, harte Oktaeder, es leitet den elektrischen Strom.

Das kristallisierte Silizium ist bei gewöhnlichen Bedingungen wenig reaktionsfähig, an der Luft verbrennt es erst bei hoher Temperatur. Mit Fluor reagiert Silizium bereits bei Zimmertemperatur äußerst heftig unter Feuererscheinung; mit den übrigen Halogenen reagiert es bei hohen Temperaturen, mit Stickstoff verbindet es sich bei 1400° unter Bildung von Nitriden, z. B. Si_3N_4. Säuren (auch Flußsäure!) greifen kristallisiertes Silizium nicht an, wohl aber reagiert es in allen Formen mit Lauge in der Wärme: $Si + 3\,H_2O = H_2SiO_3 + 2\,H_2$. Über Silizide s. unten.

Hydride des Siliziums (Silane). Bei der Einwirkung von Salzsäure auf „Magnesiumsilizid" entwickeln sich Siliziumwasserstoffe, die Silane bezeichnet werden: $Mg_2Si + 4\,HCl = SiH_4 + 2\,MgCl$. Die Bildung der Silane vollzieht sich am besten im flüssigen Ammoniak nach der Gleichung:

$$4\,NH_4Br + Mg_2Si = SiH_4 + 2\,MgBr_2 + 4\,NH_3.$$

Man erhält eine Gasmischung, die neben Monosilan SiH_4 auch höhere Silane enthält, die entsprechend getrennt werden können; ihre Menge nimmt mit steigendem Molekulargewicht rasch ab. Am beständigsten ist das Monosilan, das sich auch am reichlichsten bildet.

	Monosilan SiH_4	Disilan Si_2H_6	Trisilan Si_3H_8	Tetrasilan Si_4H_{10}
Schmp.	—185°	—133°	—117°	—94°
Sdp.	—112°	—15°	53°	$\approx 85°$

Die allgemeine Formel lautet Si_nH_{2n+2}; doch brechen die beständigen Silane mit $n = 5$ schon ab. Ungesättigte Silane sind nicht bekannt.

Silane reagieren nicht mit reinem oder angesäuertem Wasser, ein geringer Alkaligehalt bringt sie zur plötzlichen Zersetzung unter Bildung von Siliziumdioxyd. Mit Sauerstoff und Halogenen reagieren sie explosionsartig; letztere kann man nur indirekt in die Silane einführen:

$$SiH_4 + HCl = SiH_3Cl + H_2,$$

$$SiH_3Cl + HCl = Si_2H_2Cl_2 + H_2.$$

Die große Affinität des Siliziums zu Halogenen drückt die folgende Gleichung aus:

$$Si_3H_8 + 4\,CHCl_3 = Si_3H_4Cl_4 + 4\,CH_2Cl_2.$$
Chloroform

Nicht nur die Silane, sondern auch deren Halogensubstitutionsprodukte zersetzen sich in alkalischen Lösungen sehr rasch, und zwar vollzieht sich dies über faßbare Zwischenprodukte:

$$\begin{array}{l}\text{Silane} \\ \qquad\qquad\searrow \\ \text{Halogensilane}\end{array} \longrightarrow H_2Si—O—SiH_3 \longrightarrow H_2Si—O—SiH_2 \longrightarrow SiO_2.$$

Disiloxan   Disildioxan   Endprodukt

A. STOCK (Deutschland) hat die Chemie der Silane erschlossen.

Halogenverbindungen des Siliziums. Wie diese aus dem Silizium hergestellt werden können, ist bereits angegeben. Die einfachen Halogenverbindungen erhält man direkt aus den Elementen, Halogenide, mit mehr als einem Si-Atom in der Molekel, werden durch Erhitzen erstgenannter Halogenide erhalten.

Einige Halogenide:

	SiF_4	$SiCl_4$	$SiBr_4$	SiJ_4	Si_2F_6	Si_2Cl_6	Si_2J_4
Schmp.	—	—70°	5,2°	124°	—18,7°	2,5°	250°
Sdp.	—96 (subl.)	58°	153°	≈290°	—19,1 (subl.)	147°	—

Alle Halogenide des Siliziums werden durch Wasser unter Bildung von Siliziumdioxyd zersetzt. Beim Erhitzen spalten sich die höheren Siliziumhalogenide zu den einfachsten und beständigeren Halogeniden, z. B.

$$Si_3Cl_8 \rightarrow Si + SiCl_4 + Cl_2.$$

Siliziumtetrafluorid SiF_4, Sdp. —96°, und **Fluorkieselsäure** $H_2[SiF_6]$. Durch Einwirkung von Siliziumdioxyd auf Flußsäure erhält man erstere Verbindung:

$$SiO_2 + 4\,HF \rightleftharpoons SiF_4 + 2\,H_2O.$$

Siliziumtetrafluorid ist ein farbloses Gas, das sich an feuchter Luft zersetzt und deshalb einen erstickenden Geruch hat. Mit viel Fluorwasserstoff verbindet es sich in wäßriger Lösung:

$$SiF_4 + 2\,HF \rightleftharpoons H_2[SiF_6]$$

zur *Fluorkieselsäure*, von der viele Salze bekannt sind. Die wäßrige Lösung der Säure enthält keine freie Fluorwasserstoffsäure; sie ist eine starke Säure. Schwer löslich sind das Bariumfluorsilikat $Ba[SiF_6]$ und (mit Ausnahme des Lithiums) die Alkalisalze.

Siliziumdioxyd SiO_2. Dem Kohlendioxyd entspricht das Siliziumdioxyd der Zusammensetzung nach, sonst besteht im Aufbau ein fundamentaler Unterschied, was schon daran zu erkennen ist, daß Kohlendioxyd ein Gas, Siliziumdioxyd ein hochschmelzender fester Stoff ist.

Siliziumdioxyd ist das Zersetzungsprodukt zahlreicher Silikate unter den verschiedensten Bildungsbedingungen in der Natur, z. B. im Schmelzfluß, oder durch Einwirkung von Wasser und Kohlensäure. Es kommt deshalb häufig vor, und zwar kristallinisch und amorph[1].

Kristallines Siliziumdioxyd ist *trimorph*: *Quarz* (hexagonal), *Cristobalit* (kubisch) und *Tridymit* (hexagonal); von diesen drei Formen ist Quarz am häufigsten. Dieser tritt in zahlreichen Abarten auf: Bergkristall, farblos, kann durch Zusätze verschieden gefärbt auftreten und wird zum Teil als Halbedelstein verwendet, wie *Rauchquarz*, *Amethyst* (violett), *Rosenquarz* (rosa) usw. Amorphes (oder mikrokristallines) Siliziumdioxyd ist der *Opal*, *Achat* und *Feuerstein*, auch darunter finden sich wertvolle Halbedelsteine *(Heliotrop, Jaspis)*.

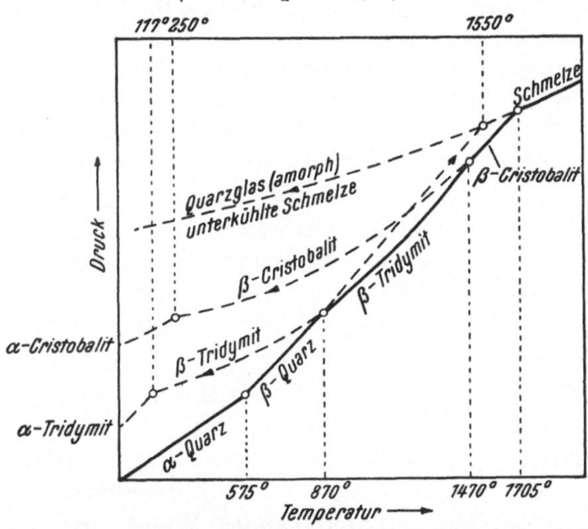

Abb. 85. Zustandsdiagramm des kristallinen Siliziumdioxydes, schematisch. Die absoluten Drucke sind unbekannt; sie sind von der Temperatur abhängig; thermodynamisch liegen in Schnittpunkten von Dampfdruckkurven Umwandlungspunkte (S. 154).

Siliziumdioxyd erfährt eine Reihe enantiotroper Umwandlungen, die bei hohen Temperaturen nacheinander zu beobachten sind; in der Abb. 85 sind die entsprechenden Umwandlungspunkte ausgeführt.

$$117° \quad \alpha\text{-Tridymit} \rightleftarrows \beta\text{-Tridymit}$$
$$250° \quad \alpha\text{-Cristobalit} \rightleftarrows \beta\text{-Cristobalit} \quad \Big\} \text{ instabile Phasen}$$
$$1550° \quad \beta\text{-Quarz} \rightleftarrows \beta\text{-Quarz}_{\text{geschmolzen}}$$

$$575° \quad \alpha\text{-Quarz} \rightleftarrows \beta\text{-Quarz}$$
$$870° \quad \beta\text{-Quarz} \rightleftarrows \beta\text{-Tridymit}$$
$$1470° \quad \beta\text{-Tridymit} \rightleftarrows \beta\text{-Cristobalit} \quad \Big\} \text{ stabile Phasen}$$
$$1705° \quad \beta\text{-Cristobalit} \rightleftarrows \beta\text{-Cristobalit}_{\text{geschmolzen}}$$

Aus dem Diagramm sieht man, daß sich die Schmelzen von β-Cristobalit und β-Tridymit unterkalten lassen und bei Zimmertemperatur eine

---

[1] Über die Abscheidung von SiO_2 beim Ansäuern von Silikaten S. 270.

Reihe instabiler (metastabiler) Formen des Siliziumdioxydes erhalten werden können. Am beständigsten ist das *Quarzglas* (die unterkühlte Schmelze), die sich bei Temperaturen etwa unter 500° in den α-Quarz umwandeln könnte; tatsächlich bildet sich aber Cristobalit (Stufenregel!).

Die „Entglasung" des amorphen Quarzglases geht langsam vor sich, doch kann längeres Erhitzen auf höhere Temperatur diese Umwandlung beschleunigen. Diese Erscheinung ist sehr unwillkommen, denn sie zerstört die Dichtigkeit der Quarzglasröhren beim Arbeiten in hohen Temperaturgebieten. Quarzglas findet sowohl in wissenschaftlichen Laboratorien als auch in der Technik Verwendung. Wertvoll ist das durchsichtige Quarzglas; der lineare Ausdehnungskoeffizient für Wärme ist für Quarz 18mal kleiner als für das Glas: Quarzglas ist deshalb gegen rasche Änderungen der Temperatur fast unempfindlich. Eine besonders wertvolle Eigenschaft des Quarzes ist seine Durchlässigkeit für ultraviolettes Licht.

Das durch Sintern von reinem Quarzsand hergestellte *opake* Quarzglas hat vor allem technische Bedeutung.

Kieselsäure und Silikate. Die einfachste Säure des Siliziums ist die Metakieselsäure H_2SiO_3 und die Orthokieselsäure H_4SiO_4. Die Kieselsäuremolekeln spalten untereinander Wasser ab. Es bilden sich die entsprechenden „*Polykieselsäuren*":

$$
\begin{array}{ccccccc}
& \text{OH} & & \text{OH} & & \text{OH} & \text{OH} \\
& | & & | & & | & | \\
\text{OH—Si—O}\boxed{\text{H}\quad\text{OH}}\text{—Si—OH} & \rightarrow & \text{OH—Si—O—Si—OH} \\
& | & & | & & | & | \\
& \text{OH} & & \text{OH} & & \text{OH} & \text{OH}
\end{array}
$$

Orthodikieselsäure

Orthodikieselsäuren können untereinander Wasser in gleicher Weise abspalten, wodurch noch weitere Kieselsäuren sich ergeben.

In der Orthokieselsäure befindet sich das Siliziumatom in der Mitte eines Tetraeders,

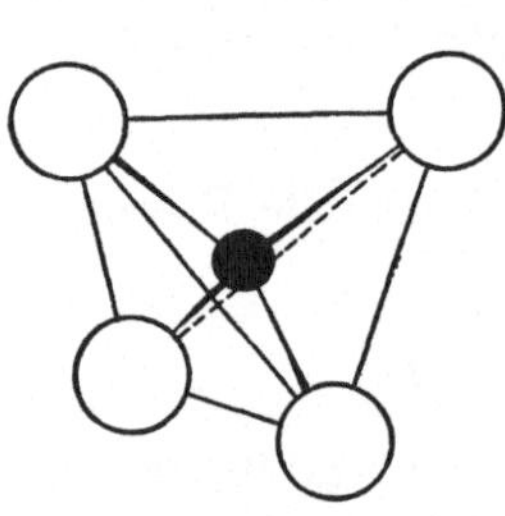

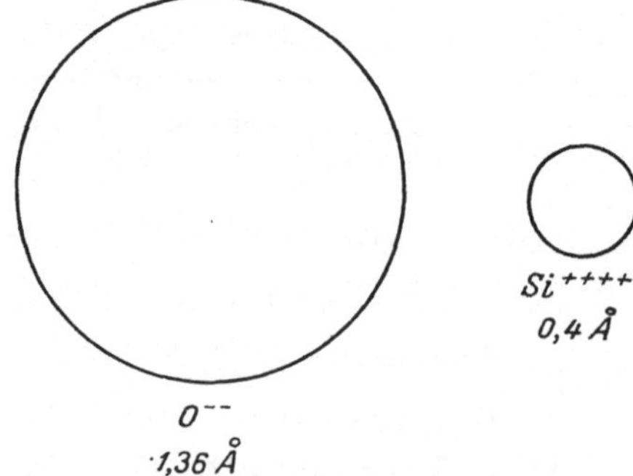

Abb. 86. $[SiO_4]^{4-}$-Tetraeder.   Abb. 87. Das Größenverhältnis Si^{4+}/O^{--}

an den vier Ecken die Hydroxylgruppen, oder wenn das Ion $[SiO_4]^{4-}$ betrachtet wird, befinden sich an den vier Ecken die O^{--}-Ionen verteilt. Zwischen den Atomen besteht starke Bindung, sie ist hervorgerufen durch die stark polarisierende Wirkung der kleinen Si^{4+}-Ionen auf die großen O^{--}-Ionen; die Bindung wird deshalb mehr unpolaren (kovalenten) als polaren Charakter aufweisen.

In den folgenden Modellen werden nur Säureanionen dargestellt; die schwarz ausgefüllten Kreise bedeuten Si^{4+}-Ionen, die teilweise durch Al^{3+} ersetzt sein können, die leeren Kreise O^{--}-Ionen. Bei den Säuren sind die freien Ecken der Tetraeder durch OH^--Ionen besetzt.

Für die Bildung der Polykieselsäure ist nun die Erfahrung von großer Bedeutung: *Die $[SiO_4]^{4-}$-Ionen gehen gegenseitige Bindung ausschließlich nur über die Ecken ein.*

Orthodikieselsäure $H_6Si_2O_7$: Abb. 88.

Metakieselsäuren $(H_2SiO_3)_n$, Beispiele für $n = 3$, 6, mit $n = \infty$ (Abb. 89 a, 89 b).

Vereinigen sich Tetraederketten zu *Doppeltetraederketten*, so hat man das folgende Bild (Abb. 89 c, 90). Es kann zur Ausbildung eines in der *Ebene* unendlich ausgedehnten Tetraedernetzes kommen (Abb. 91).

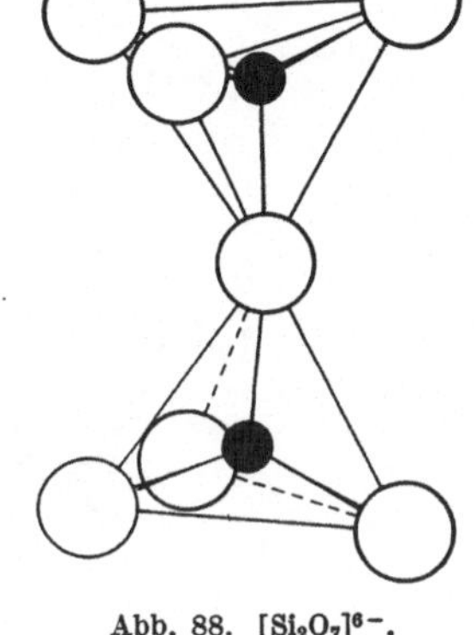

Abb. 88. $[Si_2O_7]^{6-}$.

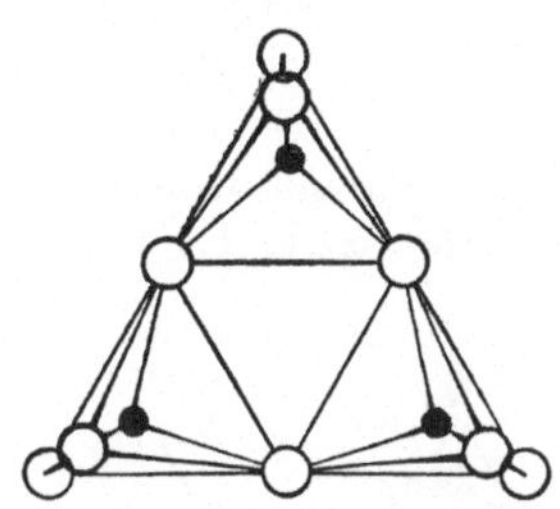

Abb. 89 a. Drei Tetraeder verbunden $[Si_3O_9]^{6-}$.

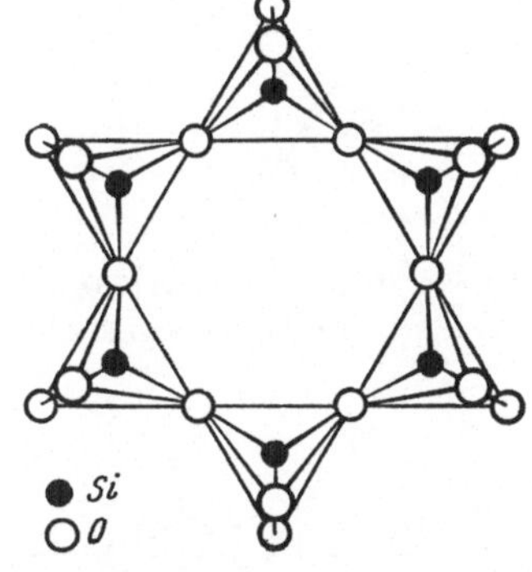

Abb. 89 b. Sechs Tetraeder verbunden $[Si_6O_{18}]^{12-}$.

Bilden sich die Tetraeder nun über alle ihre Ecken, so entsteht ein dreidimensionales Gerüst: es bildet sich das *Anhydrid der Kieselsäure*, die Großmolekel SiO_2: Cristobalit $\overset{3}{\infty}$ $[SiO_2]$ (Abb. 92, 93).

Die verschiedenen Formen der freien Polykieselsäuren sind einzeln nicht faßbar; es ist aber deren Bildung zu erwarten, wenn der gefällten Orthokieselsäure, allmählich bis zur Bildung von Siliziumdioxyd, Wasser entzogen wird.

Die Orthokieselsäure ist eine sehr schwache vierbasische Säure, $K_I = 2 . 10^{-10}$, $K_{II} = 2 . 10^{-12}$ usw., ihre Salze sind demnach stark hydrolytisch gespalten. Da sie ein vollkommen unflüchtiges Anhydrid $(SiO_2)_x$ besitzt, vermag sie alle flüchtigen Säuren bei hohen Temperaturen in ihren Salzen zu ersetzen.

Die wasserfreien Salze der Kieselsäure, die Silikate, werden durch

Schmelzen von reinem Quarzsand und entsprechenden Metallkarbonaten hergestellt; löslich sind nur Alkalisilikate. *Wasserglas* ist ein bekanntes

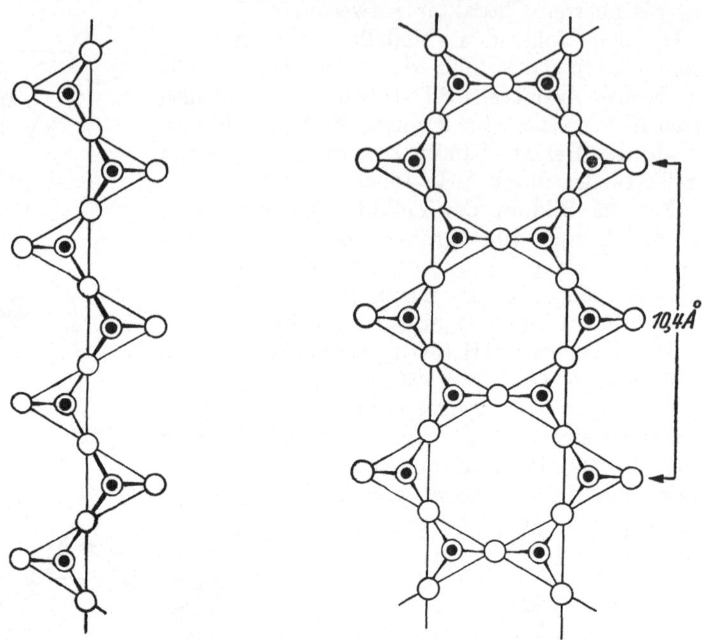

Abb. 89 c. Tetraederkette $\frac{1}{\infty}$ [SiO$_3$]$^{--}$.   Abb. 90. Doppeltetraederkette $\frac{1}{\infty}$ [Si$_4$O$_{11}$]$^{6-}$.

Die Tetraederkette dehnt sich in *einer* Richtung unbegrenzt aus, was durch das Zeichen $\frac{1}{\infty}$ ausgedrückt ist.

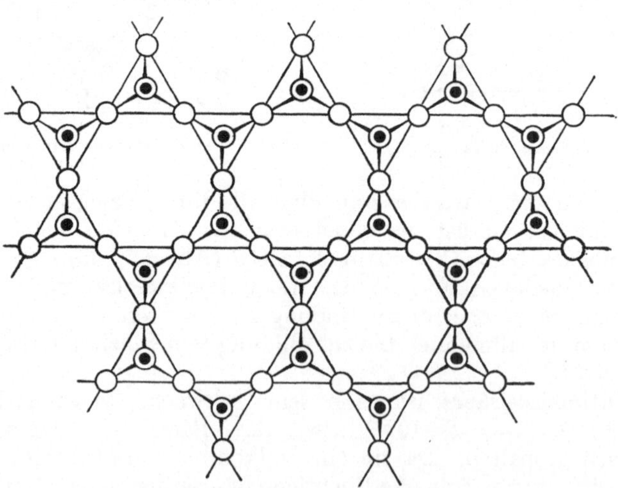

Abb. 91. Tetraedernetz $\frac{2}{\infty}$ [Si$_2$O$_5$]$^{2-}$.

Die Tetraederkette dehnt sich in der Ebene unbegrenzt aus, was durch das Zeichen $\frac{2}{\infty}$ ausgedrückt ist.

Alkalisalz, dem aber eine einheitliche Formel nicht zugeschrieben werden kann (Natronwasserglas: $Na_2SiO_3 + Na_2Si_2O_5$).

Abb. 92. Cristobalit $\overset{3}{\infty}$ [SiO$_2$].

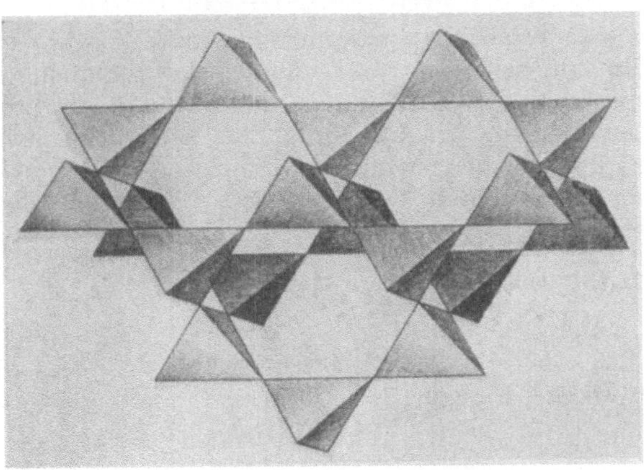

Abb. 93. Cristobalit $\overset{3}{\infty}$ [SiO$_2$].

Aufbau der gesteinsbildenden Silikate. Die eben entwickelten Formen der Polykieselsäuren sind nun *grundlegend* für das Verständnis der zahlreichen Gesteine und Minerale, in denen Silizium beteiligt ist.

Die Verbindungen der zwei am häufigsten vorkommenden Elemente Sauerstoff und Silizium bilden mit einigen wenigen anderen Elementen neben Kalkstein und Quarz die wichtigsten Stoffe im Aufbau der festen

Erdrinde. In diesen Stoffen, in den Silikaten, spielt als dritthäufigstes Element das *Aluminium* eine hervorragende Rolle.

Grundprinzipien im Aufbau der Silikate:

1. Für das Ion $[SiO_4]^{4-}$ gilt das schon oben Angegebene, d. h. ihre gegenseitige Bindung erfolgt *nur* über Ecken.

2. Aluminium kann entweder vier oder sechs O-Atome koordinativ binden; es kann daher vertreten: das IV-wertige Silizium in Tetraederkoordination oder das II-wertige Magnesium in Oktaederkoordination. Tritt an Stelle des IV-wertigen Siliziums das III-wertige Aluminium, so hat dies zur Folge, daß in der Gruppe $[AlO_4]^{5-}$ eine negative Ladung mehr vorhanden ist: Es muß deshalb ein entsprechendes Kation, außerhalb des []-Bereiches, in die Molekel eintreten.

Die Silikate können in fünf Hauptgruppen eingeteilt werden.

1. *Silikate mit selbständigen* $[SiO_4]^{4-}$-*Tetraedern* (s. Abb. 86), ein typischer Vertreter dieser Gruppe ist der *Olivin* (rhombisch): es sind Mischkristalle der Komponenten Mg_2SiO_4 und Fe_2SiO_4. Mit Berücksichtigung der *Koordinationszahl* schreibt man: $(Mg, Fe)_2^{[6]} [SiO_4]$, d. h. die Ionen $Mg,^{++}$, Fe^{++} binden koordinativ sechs selbständige $[SiO_4]$-Tetraeder, die an den Ecken eines Oktaeders stehen, in deren Mitte sich Mg^{++} oder Fe^{++} befinden.

Zu dieser Gruppe gehören die *Granate*:

$$(Ca, Mg, Fe, Mn)_3^{[8]} (Al, Fe, Ti)_2^{[6]} [SiO_4]_3 \, {}^1.$$

Es sind meist sehr verschieden zusammengesetzte *Mischkristalle*.

Es muß die Zahl der negativen Ladungen der vorhandenen $[SiO_4]^{4-}$-Ionen der Zahl der positiven Ladungen der Kationen entsprechen. Sind also fremde Anionen im Kristall vorhanden, so können sich diese nur *außerhalb* des []-Bereiches befinden und hier durch entsprechende Kationen gebunden werden. Solche häufig vorkommenden Silikate dieser Gruppen sind:

$$\textit{Titanit:}\ Ca^{[7]} Ti^{[6]} O\ [SiO_4]; \{Ca_2SiO_4 \cdot TiSiO_4 \cdot TiO_2\}\tfrac{1}{2},$$

$$\textit{Topas:}\ Al_2^{[6]} (OH, F)_2 [SiO_4];
\begin{cases}
\{Al_4[SiO_4]_3 \cdot 2\,Al(OH)_3\}\tfrac{1}{3}, \\[2mm]
\{Al_4[SiO_4]_3 \cdot 2\,AlF_3\}\tfrac{1}{3}.
\end{cases}$$

Silikate dieser Gruppe haben *besonders hohe* Dichten.

2. *Silikate mit größeren selbständigen Tetraedergruppen* (s. Abb. 88). Zu Silikaten dieser Gruppe gehören die *Melilithe*, tetragonal kristallisierende *Mischkristalle* von der Zusammensetzung

$$(Ca, Na)_2^{[8]} (Mg, Fe, Al, Zn)^{[4]} [(Si, Al)_2O_7].$$

---

¹ [8] bedeutet: die eingeklammerten Element-Ionen befinden sich im Mittelpunkt eines Würfels.

In diesen Silikaten können also teilweise die Si-Atome durch Al-Atome ersetzt werden. Die in der Abb. 89 a ausgedrückten ringförmigen Gruppen kommen in den folgenden Mineralen vor: *Wollastonit* $Ca_3[Si_3O_9]$ und *Benitoid* $Ba^{[6+6]} Ti^{[6]} [Si_3O_9]$. Sechserringe (Abb. 89 b) findet man in dem hexagonal kristallisierenden *Beryll*: $Al_2^{[6]} Be_3^{[4]} [Si_6O_{18}]$.

3. *Kettensilikate* (s. Abb. 98 c). In dieser Tetraederverknüpfung tritt häufig an Stelle von Si^{4+} das Al^{3+}-Ion. Zu dieser Gruppe gehören die weitverbreiteten *Pyroxene*, an deren Aufbau sich sehr verschiedene Kationen beteiligen können; deren allgemeine Formel lautet:

$$\frac{1}{\infty} (Ca, Na, Mn)^{[8]} (Mg, Al, Fe^{II}, Fe^{III}, Mn^{II}, Ti^{IV}) [(SiAl)_2O_6],$$

z. B. Diopsid: $\frac{1}{\infty} Ca^{[8]} Mg^{[6]} [Si_2O_6]$, Enstatit: $\frac{1}{\infty} (Mg, Fe)_2^{[6]} [Si_2O_6]$.

Die Pyroxene sind ihrem Bau entsprechend prismatisch bis nadelig gestaltet und nach zwei aufeinander senkrecht stehenden Richtungen spaltbar. Die Spaltrichtungen liegen der Richtung der Tetraederkette parallel.

Silikate mit *Doppelketten* gehören auch noch zu dieser Gruppe (Abb. 90). Ketten dieser Art enthalten in ihrem Aufbau, nach Absättigung der Si-Ionen durch Kationen, wie man sieht, noch freie *Hohlräume*, die von OH- und F-Ionen eingenommen werden und besonderen Kationen entsprechen. Die große Mineralgattung der *Amphibole* gehört dieser Gruppe an, deren allgemeine Formel:

$$\frac{1}{\infty} (Ca, Na, Mn^{II})_{2\ bis\ 3}^{[8]} (Mg, Al, Te^{II}, Fe^{III}, Ti^{IV})_5 (OH, F)_2 [(Si, Al)_8O_{22}].$$

Ihrem Bau entsprechend haben Silikate dieser Gattung das Bestreben, sich in *dünnfaserigen stengeligen* Formen auszubilden; sie sind, wie die Pyroxene, nach zwei Richtungen spaltbar. Die *verspinnbaren* Silikate gehören den Amphibolen an, darunter die technisch so wichtigen *Asbeste*.

4. *Schichtsilikate.* In diesen treten, wie die Abb. 91 zeigt, die $[SiO_4]$-Tetraeder in unbeschränkter Zahl, eine „unendlich" ausgedehnte Ebene bildend, zusammen: $\frac{2}{\infty} [Si_2O_5]^{2-}$. Die Hohlräume können so wie in 3 durch zusätzliche Anionen ausgefüllt werden. Es ist verständlich, daß Minerale, die diesen Aufbau besitzen, ein besonders mechanisches Verhalten zeigen werden: sie haben eine blättrig-schuppige Ausbildung, die Kristalle sind den Schichten nach leicht spaltbar und deformierbar, da zwischen diesen geringe Bindungskräfte vorhanden sind. Innerhalb der Schichten jedoch sind die Kräfte wesentlich stärker: die einzelnen Spaltblätter erweisen sich gegen Biegung elastisch deformierbar.

Zu Silikaten dieser Gruppe gehören:

Glimmer, allgemeine Formel:

$$\frac{2}{\infty} K^{[12]} (Al, Mg, Fe^{II}, Fe^{III}, Cr^{III}, Li, Mn^{II}, Ti^{IV})_{2\ bis\ 3} (OH, F)_2 [(Si, Al)_4O_{10}],$$

Talk: $\frac{2}{\infty} Mg_3^{[6]} (OH)_2 [Si_4O_{10}]$,

Kaolin: $\frac{2}{\infty} Al_2^{[6]} (OH)_4 [Si_2O_5]$ und andere Tonminerale.

5. Gerüstsilikate. Sind allen vier Ecken eines $[SiO_4]$-Tetraeders weitere Tetraeder angeschlossen, so erhält man ein „räumlich unbegrenztes Gerüst": $\overset{3}{\infty}$ $[SiO_2]$. Abb. 92, 93. Cristobalit SiO_2.

Diese Anordnung gilt vor allem für die aus *reinem* Siliziumdioxyd bestehende Form des Quarzes. Silikate jedoch, die nach diesem Gerüst gebaut sind, können nur möglich sein, wenn an Si^{4+}-Stellen Al^{3+}-Ionen eintreten. So ein Gerüst hat, wie man sieht, zahlreiche Hohlräume, besitzt sonach eine schwammartige (wabenartige) Form; Stoffe, die in diese Hohlräume eintreten, können leicht ausgetauscht werden.

Nach dem Eintreten der Al^{3+}-Ionen muß das Gerüst entsprechend Kationen aufnehmen. Häufig sind in dem lockeren Gerüst fremde Anionen (Cl^-, SO_4^{--}, CO_3^{--}) oder selbständige H_2O-Molekel eingebaut: sie werden, wie erwähnt, *leicht* ausgetauscht. Wasserreiche Silikate dieser Art, die *Zeolithe*, können sogar Kationen austauschen und haben deshalb in der Natur und in der Technik große Bedeutung.

Die Gerüstsilikate bilden die *verbreitetsten* Silikatminerale, zu diesen gehören die *Feldspate*. Diese sind bei gewöhnlicher Temperatur beständige Mischkristalle z. B.:

$$
\begin{array}{lll}
\textit{Albit:} & \overset{3}{\infty}\ Na[AlSi_3O_8] & \left.\begin{array}{l} \\ \end{array}\right\} \text{Mischkristalle bilden die } \textit{Plagioklase.} \\
\textit{Anorthit:} & \overset{3}{\infty}\ Ca[Al_2Si_2O_8] & \\
\textit{Orthoklas:} & \overset{3}{\infty}\ K[AlSi_3O_8] & \left.\begin{array}{l} \\ \end{array}\right\} \text{bilden ebenfalls Mischkristalle.} \\
\textit{Celsian:} & \overset{3}{\infty}\ Ba[Al_2Si_2O_8] & \\
\end{array}
$$

Beispiele, wie weitgehend Si^{4+} durch Al^{3+} ersetzt werden kann, sind die beiden Vertreter der Feldspate: *Leuzit* $\overset{3}{\infty}$ $K[AlSi_2O_6]$ und *Nephelin* $\overset{3}{\infty}$ $Na[AlSiO_4]$. Zu den wasserreichen Zeolithen gehört der *Natrolith* $\overset{3}{\infty}$ $Na_2[Al_2Si_3O_{10}] \cdot 2\,H_2O$.

Die *Ultramarine* (Lasurstein) gehören in diese Gruppe, sie bilden den schon im Altertum bekannten blauen Farbstoff, der Schwefel enthält; gegenwärtig werden sie auch technisch erzeugt.

Das lockere Gefüge hat bei den Silikaten dieser Art eine Reihe von physikalischen Eigenschaften zur Folge, die sie von den Silikaten der anderen vier Gruppen scharf hervorheben — so haben sie z. B. niedrige Dichten[1].

Verbindungen des Siliziums mit Metallen und anderen Elementen. *Siliziumkarbid (Karborundum)* SiC. Beim Erhitzen einer Mischung von Siliziumdioxyd (Quarzsand) und Kohle im elektrischen Lichtbogenofen bildet sich bei etwa 2000° Siliziumkarbid: $SiO_2 + 3\,C = SiC + 2\,CO$. Es entstehen, wenn rein, farblose Kristalle, deren Härte fast so groß ist wie die des Diamanten; der Aufbau entspricht auch dem Diamanten: die C-Atome sind tetraedrisch von vier Si-Atomen, die Si-Atome von vier C-Atomen umgeben, zwischen den beiden Atomarten besteht die feste Atombindung. Karborundum ist eine sehr widerstandsfähige Verbindung,

---

[1] Die Silikat-Chemie ist durch F. MACHATSCHKI (Österreich) grundlegend aufgebaut worden.

die nur durch besondere Reagenzien bei hoher Temperatur angegriffen wird. Wegen der großen Härte wird es als *Schleifmittel* verwendet.

Wird bei der Herstellung des Siliziumkarbides sehr hoch erhitzt, so verflüchtigt sich das Silizium an den heißen Stellen, $SiC \rightarrow C_{Graphit} + Si$, wobei der Kohlenstoff als Graphit abgeschieden wird; auf diese Weise wird technisch reiner Graphit gewonnen (ACHESON-Graphit).

Siliziumdisulfid SiS_2, diese dem Siliziumdioxyd analoge Verbindung, wird aus den Elementen durch Zusammenschmelzen bei etwa 600° erhalten. Sie bildet seidenglänzende Nadeln, die im Vakuum sublimieren. Gegen Wasser ist sie unbeständig; es bildet sich Siliziumdioxyd und Schwefelwasserstoff. Beachtenswerterweise hat das Siliziumdisulfid eine Faserstruktur:

$$\cdots Si \underset{S}{\overset{S}{\diamond}} Si \underset{S}{\overset{S}{\diamond}} Si \underset{S}{\overset{S}{\diamond}} Si \cdots$$

unterscheidet sich demnach von der Raumstruktur des Siliziumdioxydes, bei dem die Si-Atome durch Vermittlung von je einem O-Atom gebunden sind.

Silizide. Silizium vermag mit Metallen bei höheren Temperaturen Verbindungen einzugehen, die *Silizide* bezeichnet werden; sie haben einen ausgesprochenen *Metallcharakter*.

Silizium-organische Verbindungen („Silicone"). Der Wasserstoff in den Silanen kann durch Methyl-Äthyl-Radikale und durch Halogenatome vertreten werden, gleich wie der Wasserstoff in den entsprechenden Kohlenwasserstoffen. Die Synthese substituierter Silane ist gegenwärtig bereits im technischen Maßstabe durchführbar. So z. B. erhält man durch Einwirkung von Chlormethyl auf Silizium,

$$Si + 2\,CH_3Cl \xrightarrow[\text{280 bis 300°}]{\text{Cu-Katalysator}} (CH_3)_2SiCl_2$$

Dimethyldichlorsilan, Sdp. 70°.

Stoffe dieser Art haben bereits die Fähigkeit, in kleinsten Mengen auf Gewebe, Glas, Metalle usw. aufgetragen, diese für Wasser *unbenetzbar* zu machen.

Werden Alkylhalogensilane mit Wasser oder anderen Sauerstoff enthaltenden Stoffen behandelt, so bilden sich Verbindungen, in denen die Gruppen —Si—O—Si— sich ausbilden, z. B:

$$(C_2H_5)_2SiCl_2 \xrightarrow{H_2O} (C_2H_5)_3Si{-}O{-}Si(C_2H_5)_3 \rightarrow \text{zur weiteren Polymerisation geeignet.}$$

Hexaäthyldisiloxan

Stoffe dieser Art bilden Öle oder leimartige Produkte, die sich als Schmiermittel bei höheren Temperaturen eignen; ihre Änderung der Viskosität mit der Temperatur ist fast 2000mal geringer als die der gewöhnlichen Schmieröle. Es bilden sich lange Ketten aus von der allgemeinen Form:

17*

$$
R \diagdown \underset{R}{\overset{R}{\underset{|}{Si}}} \diagup \overset{O}{\diagdown} \diagup \underset{R}{\overset{R}{\underset{|}{Si}}} \diagup \overset{O}{\diagdown} \diagup \underset{R}{\overset{R}{\underset{|}{Si}}} \diagup \overset{O}{\diagdown} \diagup \underset{R}{\overset{R}{\underset{|}{Si}}} \diagup R
$$

Die Radikale R in den Molekeln können verschieden sein (OH, Alkyle usw.).

Solche lange Ketten lassen sich zu ebenen Bündeln kondensieren, man erhält dehnbare harzartige Stoffe, die sich durch besonders hohe Isolationswirkung, geringe Empfindlichkeit gegen Feuchtigkeit und gegen Änderungen der Temperatur auszeichnen.

Werden diese langen Molekeln mit anorganischen Stoffen, Zinkoxyd, Ruß u. a. (als Füllstoffe) erhitzt, so bilden sich räumlich ausgedehnte Großmolekeln — man erhält Produkte, die sich wie Kautschuk verhalten *(Silizium-Kautschuk)*, die bei hohen Temperaturen verwendet werden können.

Glas, keramische Produkte und Zement. *Glas* ist ein Gemisch von Silikaten, das beim Erkalten der Schmelze nicht kristallisiert und deshalb als eine unterkaltete Schmelze zu betrachten ist. Das gewöhnliche Glas (*Natron*-Glas) hat etwa die Zusammensetzung: $Na_2O \cdot CaO \cdot 6\ SiO_2$. Wird Na_2O durch K_2O ersetzt, so erhält man *Kali*-Glas von höherem Schmelzpunkt, da es nun auch einen höheren Siliziumgehalt erhalten kann.

Die Widerstandsfähigkeit des Glases gegen chemische Einwirkungen und gegen Temperaturänderungen wird wesentlich erhöht, wenn das Siliziumdioxyd teilweise durch Bor- oder Aluminiumoxyd ersetzt wird. Zu Gläsern dieser Art gehört das *Jenaer* Glas, das *Pyrex*-Glas und *Supremax*-Glas, letzteres eignet sich für den Gebrauch im Temperaturgebiet 600 bis 800°.

Die Herstellung des Glases erfolgt durch Zusammenschmelzen der entsprechenden Bestandteile im „*Glashafen*". Dazu werden verwendet: Quarzsand, Natriumsulfat und Kohle ($Na_2SO_4 + C = Na_2O + CO + SO_2$), Kalium-Natrium-Karbonat, Kalziumoxyd und Borsäure. Zur Herstellung besonderer Gläser, wie Bleiglas, Straß, Uviolglas, Emaille, werden noch weitere Stoffe verwendet.

Für *keramische Produkte* verwendet man Tonminerale (Schichtsilikate, S. 257), wie Kaolin, oder Tone, enthaltend verschiedene Bestandteile: *Kaolinit*, Quarz, Feldspäte, Glimmer, Kalk, Eisenoxydhydrate.

Porzellan. Für die Herstellung der Porzellane verwendet man reinen Kaolin, Quarz und Feldspat, die, feinst vermengt, bei etwa 1300° gebrannt werden. *Hartporzellane* haben einen hohen Kaolingehalt (etwa 50%), *Weichporzellane*, die für Kunstgegenstände verwendet werden, besitzen einen niedrigen Kaolingehalt (etwa 25%) und deshalb einen hohen Gehalt an Quarz und Feldspat.

Tonwaren, als allgemeine keramische Erzeugnisse, brauchen weniger reine Ausgangsstoffe; ist der Eisengehalt hoch, erhält man die gewöhnliche gelbe oder rote Töpferware, Ausgangsstoffe, frei von Eisenoxyd, liefern das weiße „*Steingut*", „*Steinzeug*".

Zement ist *hydraulischer* Mörtel (d. h. er erstarrt unter Wasser). Es ist ein System von drei Bestandteilen: $SiO_2 — CaO — Al_2O_3$; die relativen Mengen dieser drei Bestandteile bestimmen die verschiedenen Zementarten: *Portlandzement, Hüttenzement, Schmelzzemente* u. a. Zur Herstellung verwendet man *Tonminerale*, die durch entsprechende Zusätze, vor allem gebrannten Kalk, die Zusammensetzung erhalten, welche für die herzustellende Zementart notwendig ist. Sie werden auf Temperaturen um 1300° erhitzt. Der so erhaltene „Klinker" gibt vermahlen den Zement.

3. Germanium Ge
Übersicht

Wertigkeit	Hydride	Oxyde	Säuren
—IV	GeH_4, Sdp. —90° Ge_2H_6, Sdp. 29° } Germane $(GeH_2)_x$		
II		GeO	
IV		GeO_2, Schmp. 1115°	$\left\{ \begin{array}{l} H_4GeO_4 \\ H_2GeO_3 \end{array} \right\}$

Germanium gehört zu den sehr seltenen Elementen; es findet sich in *Argyrodit*, $4\,Ag_2S \cdot GeS_2$, im *Germanit* (ein Kupfergermanat) und in einigen Zinkerzen (in USA.). D. MENDELEJEFF hat 1871 das Bestehen dieses Elements vorausgesagt, 1885 entdeckte es CL. WINKLER (Deutschland).

Das Metall kristallisiert in Oktaedern. Es hat wie Silizium und das graue Zinn Diamantstruktur. Es ist sehr spröde und an der Luft beständig, vom Wasserstoffperoxyd wird es, besonders wenn fein verteilt, schon bei Zimmertemperatur angegriffen und gelöst. Salzsäure greift es nicht an, Königswasser oxydiert das Metall zu Germaniumdioxyd GeO_2.

Die chemischen Eigenschaften des Germaniums sind den seiner Nachbarhomologen vielfach sehr ähnlich. Es bildet gasförmige Hydride (Germane), die so wie Silane herstellbar sind. Die Germane sind jedoch gegen OH^--Ionen weniger empfindlich als letztere.

Die Halogenide des II-wertigen Germaniums sind wohl beständiger als die des Siliziums, verwandeln sich aber sehr leicht in die IV-wertige Form: Germanium II-chlorid erhält man nach der Gleichung: $GeCl_4 + Ge = 2\,GeCl_2$ bei höherer Temperatur. Germaniumtetrachlorid $GeCl_4$ (Sdp. 83°) wird aus dem Germanium IV-oxyd gewonnen: $GeO_2 + 4\,HCl = GeCl_4 + 2\,H_2O$; die Flüchtigkeit dieser Verbindung wird für die Gewinnung und Reinigung des Metalles verwendet. Die Halogenide werden, ebenso wie die des Siliziums und Zinns, durch Wasser allmählich zersetzt: es bildet sich Germaniumdioxyd.

Germaniumdisulfid GeS_2 ist flüchtig, es ist, wie das entsprechende Zinndisulfid, in Schwefelammonium löslich: es bilden sich *Thiogermanate*.

Germaniumoxyd GeO ist gelb. Das beständigste Oxyd ist das Germaniumdioxyd GeO_2; es bildet sich allgemein beim Erhitzen von Germa-

niumverbindungen an der Luft oder bei deren Behandlung mit Salpetersäure. Germaniumdioxyd kristallisiert isomorph mit Siliziumdioxyd und
Zinndioxyd; in Gläsern kann es das Siliziumdioxyd teilweise ersetzen.
Das Germaniumdioxyd ist amphoter; mit Laugen erhält man *Germanate*,
entsprechend den Silikaten und Stannaten. Unterscheidet sich vom
Siliziumdioxyd und Zinndioxyd dadurch, daß es mit Chlorwasserstoff
sofort Germaniumtetrachlorid gibt.

4. Zinn Sn

Übersicht

Wertigkeit	Hydride	Oxyde	Säuren
	SnH_4		
II		SnO	
IV		SnO_2	$H_2[Sn(OH)_6]$

Das Zinn kommt fast ausschließlich als Zinnstein (Kassiterit) SnO_2
vor, gediegen wird es selten angetroffen. Die Aufarbeitung zu reinem
Metall bietet im allgemeinen keine Schwierigkeiten, doch müssen stellenweise besondere Anreicherungsverfahren (z. B. elektromagnetische Trennung) für das Erz eingeschlagen werden. Zinn gehört zu seltenen Metallen,
es ist relativ teuer und die Wiedergewinnung aus dem Abfall (z. B. aus
den Zinnblechabfällen) ist wirtschaftlich notwendig. Dies erfolgt mit
Hilfe von Chlor, welches das Metall in das flüchtige Zinntetrachlorid
überführt. Auch eine Trennung durch Elektrolyse kann angewendet
werden.

Zinn hat die allgemein bekannte metallische Farbe und läßt sich
leicht silberweiß polieren. Es besitzt eine geringe Härte und große Dehnbarkeit: Bei Zimmertemperatur kann man es zu sehr dünnen Folien
(„Stanniol") walzen. Das geschmolzene Metall erstarrt zu tetragonalen
Kristallen. Beim Biegen eines Zinnstabes hört man ein leichtes Krachen
(„Zinngeschrei"), das durch Reiben der Kristallflächen aneinander
entsteht.

Das Metall ist trimorph; es bestehen folgende enantiotrope Übergänge:

$$\underset{\substack{\text{kubisch}\\ \alpha\text{-Sn}}}{\text{graues Sn}} \underset{19°}{\rightleftarrows} \underset{\substack{\text{tetragonal}\\ \beta\text{-Sn}}}{\text{weißes Sn}} \underset{\sim 161°}{\rightleftarrows} \underset{\substack{\text{rhombisch}\\ \gamma\text{-Sn}}}{\text{sprödes Sn}}$$

Die Temperatur gibt die Lage des Umwandlungspunktes an.

Danach ist das gewöhnliche Metall unterhalb 19° instabil. Die
Umwandlungsgeschwindigkeit β-Sn $\rightarrow$ α-Sn ist jedoch sehr klein; je
tiefer die Temperatur, um so größer könnte sie werden, wenn nicht
allgemein die Reaktionsgeschwindigkeit mit sinkender Temperatur ab-
nähme; bei etwa —50° wäre ein Maximum der Geschwindigkeit für die
Bildung des α-Sn zu erwarten. Bei 50° vollzieht sich der Übergang
α-Sn $\rightarrow$ β-Sn so rasch, daß man die Umwandlungswärme im Thermostaten
verfolgen kann. Wie bei allen an festen Phasen verlaufenden Vorgängen,

gehen diese Umwandlungen von bestimmten Stellen aus, die, als Keime wirkend, sich über die ganze Oberfläche und Tiefe langsam verbreiten.

Das γ-Zinn ist so spröde, daß man es leicht zu Pulver zerstoßen kann.

Zinn ist unter den gewöhnlichen Umständen an der Luft unveränderlich, mit Sauerstoff reagiert es erst bei höherer Temperatur und verbrennt zu Zinndioxyd. Mit den Halogenen, besonders Chlor, reagiert es sehr leicht, mit den anderen Nichtmetallen erst bei höheren Temperaturen. Seinem elektrischen Potential nach löst sich das Metall in Säuren, doch erfolgt dies in verdünnten sehr langsam, auch von verdünnten Basen wird es bei Zimmertemperatur kaum angegriffen; dies sind alles Eigenschaften, die Gefäße aus Zinn einst zu viel verwendeten Gebrauchsgegenständen (Hausgeschirr) machten. Man verwendet Zinn deshalb zum Überziehen von Metallen, die nicht seine Beständigkeit besitzen; so schützt ein Überzug mit Zinn das Eisenblech vor dem Rosten — Weißblech. Das Metall wird zur Herstellung verschiedener Metallegierungen verwendet, die bei den entsprechenden Metallen angegeben sind.

Zinn II-Verbindungen (Stannoverbindungen). *Zinn II-Chlorid* (Stannochlorid, Zinnsalz) $SnCl_2$ ist die meist verwendete Verbindung dieser Oxydationsstufe. Man erhält sie durch Lösen des Metalles in stärker erwärmter Salzsäure. Aus der wäßrigen Lösung kristallisiert $SnCl_2 . 2\,H_2O$. Das Salz ist in Wasser sehr leicht löslich und wird, wenn stark verdünnt, hydrolysiert: $SnCl_2 + H_2O \rightleftharpoons Sn(OH)Cl + HCl$, wobei sich das gebildete basische Salz das *Zinn II-hydroxylchlorid* als weißer Niederschlag ausscheidet. Das wasserfreie Salz erhält man durch Einwirkung von Chlorwasserstoff auf das Metall bei hoher Temperatur.

Kennzeichnend für das Zinn II-chlorid ist seine starke reduzierende Wirkung, die es in saurer Lösung betätigt:

$$HgCl_2 + SnCl_2 = Hg + SnCl_4,$$
$$2\,HgCl_2 + SnCl_2 = Hg_2Cl_2 + SnCl_4,$$
$$2\,FeCl_3 + SnCl_2 = 2\,FeCl_2 + SnCl_4.$$

Auch Sauerstoff vermag in saurer Lösung das Chlorid zu oxydieren.

Zinn II-hydroxyd $Sn(OH)_2$, entsteht als weißer Niederschlag nach Hinzufügung von berechneter Menge Alkalilauge zur Lösung eines Sn^{II}-Salzes: $Sn^{++} + 2\,OH^- = Sn(OH)_2$. Das Hydroxyd ist amphoter: Säuren lösen es zu Sn^{II}-Salzen, Laugen bilden Stannate:

$$Sn(OH)_2 + OH^- = [Sn(OH)_3]^-, \qquad Sn(OH)_2 + 2\,OH^- = [Sn(OH)_4]^{--}.$$

Die Stannite sind nur in Lösung beständig und wirken in alkalischer Lösung reduzierend; demnach können Sn^{II}-Verbindungen in sauren und alkalischen Lösungen als Reduktionsmittel verwendet werden. Stannite zeigen in der Wärme Disproportionierung: $2\,\overset{II}{Sn}(OH)_3^- = \overset{0}{Sn} + \overset{IV}{Sn}(OH)_6^{--}$.

Zinn II-sulfid SnS. Schwefelwasserstoff fällt aus Sn^{II}-Salzen das genannte Sulfid als dunkelbraunen Niederschlag, der nur in gelbem Alkali- oder Ammoniumsulfid löslich ist:

$$SnS + S^{--} + S \rightleftarrows SnS_3^{--},$$

da Sn^{II} keine Thiosalze bilden kann: der Vorgang ist eine Oxydation, bei der Schwefel die Rolle des Sauerstoffes spielt — „Aufschwefelung". Das Zinn II-sulfid kann auch aus den Elementen bei etwa 900° erhalten werden; man erhält metallisch glänzende Blättchen, die unzersetzt sublimieren.

Zinn IV-Verbindungen (Stanniverbindungen). Zinnwasserstoff SnH_4, Schmp. —150°, Sdp. —52°, wird beim Lösen von Mg-Sn-Legierungen in Salzsäure mit sehr schlechter Ausbeute erhalten. Das Gas ist in reinen Gefäßen tagelang haltbar und verträgt, im Gegensatz zu den Silanen und auch Germanen, ein Leiten durch verdünnte Alkalilösungen. Erwärmen auf 140 bis 150° zersetzt den Zinnwasserstoff, das Metall scheidet sich als „Zinnspiegel" ab. Es ist eine Reihe Methylderivate bekannt: CH_3SnH_3 Sdp. 0°, $(CH_3)_2SnH_2$ Sdp. 30°.

Zinn IV-chlorid $SnCl_4$, Schmp. —33°, Sdp. 113°. Diese vielgebrauchte Verbindung erhält man direkt aus den Elementen, als eine farblose, an der Luft rauchende Flüssigkeit. In Wasser löst sie sich mit starker Erwärmung; aus der Lösung lassen sich verschiedene Hydrate gewinnen; am bekanntesten ist $SnCl_4 . 5\,H_2O$ („Zinnbutter"), eine kristalline Masse. In starker Verdünnung hydrolysiert das Zinntetrachlorid: $SnCl_4 + 2\,H_2O \rightleftarrows SnO_2 + 4\,HCl$, das Zinndioxyd bleibt kolloidal gelöst.

In einer hochkonzentrierten wäßrigen Lösung von Zinntetrachlorid erhält man beim Einleiten von Chlorwasserstoff,

$$SnCl_4 + 2\,HCl = H_2[SnCl_6],$$

die **Hexachlorozinn IV-säure**; das Hydrat kristallisiert in farblosen blättrigen Kristallen: $H_2[SnCl_6] . 6\,H_2O$. Das Ammoniumsalz dieser Säure, das *Ammoniumhexachlorostannat* $(NH_4)_2[SnCl_6]$, besitzt technische Bedeutung, da es in der Färberei als Beize verwendet wird: „Pinksalz". Es ist bemerkenswert beständig, die wäßrige Lösung wird sogar beim Kochen wenig zersetzt.

Zinndioxyd SnO_2 wird durch Verbrennung des Metalls in Luft hergestellt. Man erhält ein in Säuren und Alkalien unlösliches, dichtes weißes Pulver von hohem Schmelzpunkt. Diesen Eigenschaften verdankt Zinndioxyd seine Verwendung zur Herstellung von weißen Glasuren und Emaillen.

Zinnsäuren, Stannate. Zinndioxyd und Natriumhydroxyd geben beim Schmelzen *Natriumhexahydroxo-stannat* $Na_2[Sn(OH)_6]$, das sehr leicht löslich ist. Dieses Salz findet in der Färberei als Beizmittel Verwendung. Wird die Lösung angesäuert, so erhält man einen voluminösen Niederschlag, der sich amphoter verhält. Nach der Dialyse zeigt er die Eigenschaft eines Gels, das sich leicht peptisieren läßt, also ein lyophiles

Sol bildet (S. 270). Die entsprechende Zinnsäure $H_2[Sn(OH)_6]$ ist demnach nicht direkt erhältlich. Solche *Zinnsäuresysteme* erhält man auch, wenn verdünnte Lösungen von Zinntetrachlorid mit verdünntem Ammoniak versetzt werden. Die Gele sind als Hydrate des Zinndioxydes aufzufassen, was auch die Röntgendiagramme bestätigen. Mit dem Altern und Abspalten von Wasser werden die Gele immer weniger in Säuren löslich; das Endprodukt ist unlösliches Zinndioxyd. Auf dem Wege zu diesem kann man, mehr oder weniger sicher, Existenzgebiete von „Zinnsäuren" feststellen. Ähnlichkeit mit dem Verhalten der Kieselsäure!

Zinndisulfid SnS_2 erhält man als gelben Niederschlag beim Versetzen löslicher ZinnIV-Salze mit Schwefelwasserstoff. Das Sulfid läßt sich auch auf trockenem Wege aus den Elementen, bei Gegenwart von Ammonchlorid und höherer Temperatur, gewinnen; man erhält goldgelbe Blättchen, die als „*Mussivgold*" oder als „*Zinnbronze*" verwendet werden (Gitter, S. 292).

Sulfostannate entstehen beim Lösen von Zinndisulfid in Alkalisulfiden:

$$SnS_2 + S^{--} \rightleftarrows [SnS_3]^{--}.$$

Über die Bildung aus ZinnII-sulfid s. oben. Die Reaktion ist umkehrbar; wird die Lösung angesäuert, so vermindern sich die S^{--}-Ionen zufolge Bildung von undissoziiertem Schwefelwasserstoff, das Disulfid muß sich deshalb abscheiden.

Nachweis. Nach dem Verhalten zu Schwefelwasserstoff gehört das Zinn zu der Schwefelwasserstoffgruppe. Kennzeichnend für das Metall in den beiden Oxydationsstufen sind die verschieden gefärbten Sulfide. Ein empfindlicher Nachweis s. bei Gold, S. 336.

5. Blei Pb

Übersicht

Wertigkeit	Hydride	Oxyde	Säuren
IV	PbH_4		
II		PbO	
IV		PbO_2	$H_2[Pb(OH)_6]$

Das wichtigste Bleierz ist der *Bleiglanz* (Galenit) PbS. *Weißbleierz* $PbCO_3$, noch einige andere mit Molybdän, Chrom, Wolfram vorkommende Bleiverbindungen sind selten. Viele Bleierze enthalten Silber.

Die Gewinnung des Bleies aus dem Bleiglanz erfolgt im Grunde durch eine Oxydation (Röstprozeß), wobei ein Teil des gebildeten Bleioxydes mit dem noch unveränderten Sulfid reagiert: $2\,PbO + PbS = 3\,Pb + SO_2$. Es sind auch Verfahren in Anwendung, die Bleioxyd mit Kohle reduzieren.

Die eigentliche Farbe des metallischen Bleies erkennt man erst an frischen Flächen, an denen es silberweiß erscheint; an der Luft bedeckt es sich ziemlich rasch mit einer dünnen Schicht, welche die bekannte mattblaue Farbe annimmt. Blei wird vom destillierten Wasser nicht angegriffen, enthält dieses Luft, so können sich im Wasser *lösliche* Bleiverbindungen bilden. Dieses Verhalten ist deshalb von Bedeutung, weil Röhren aus Blei für Trinkwasserleitungen verwendet werden. In einem gewöhnlichen Trinkwasser, das der Härte entsprechend Hydrokarbonate gelöst enthält, überzieht sich das Blei mit einer festen unlöslichen Schicht, die das Metall vor weiterem Angriff schützt; je härter das Wasser, um so besser. Ein weiches, kohlendioxydreiches Wasser jedoch kann mit der Zeit merkliche Mengen Blei lösen; da Bleiverbindungen giftig sind, wäre ein solches Trinkwasser gesundheitlich schädlich.

Nach der elektrochemischen Spannungsreihe ist Blei unedler als Wasserstoff und müßte sich deshalb in Säuren lösen; tatsächlich ist dies nicht der Fall, der Grund ist die am Blei auftretende Überspannung (S. 278).

Blei ist sehr dehnbar und weich, es kann mit einem Fingernagel geritzt werden (*„Weichblei“*); für besondere Zwecke ist es zu weich, schon ein geringer Zusatz von Antimon (6 bis 20%) macht es bedeutend härter — *„Hartblei“*.

Blei wird in der Metallindustrie zur Herstellung verschiedener Legierungen verwendet, Bleirohre, Bleibleche verwendet die Bauindustrie, die Fabrikation des technisch so wichtigen Bleiakkumulators verbraucht große Mengen des Metalls, Geschoßkerne und Flintenschrot bestehen aus Blei. Die Bleifarben werden wegen ihrer großen Deckkraft viel verwendet.

Blei II-Verbindungen. Dies sind die beständigsten Verbindungen.

Blei II-oxyd (Bleiglätte) PbO, Schmp. 890°, wird technisch hergestellt durch Oxydation von geschmolzenem Blei mit Luft. Das geschmolzene Oxyd erstarrt zu kristallinischen roten Schuppen. Führt man die Oxydation vorsichtig durch, so erhält man ein loses gelbes Pulver, *„Massicot“*, das für die Herstellung der Mennige verwendet wird. Auch die Zersetzung des Bleikarbonates gibt ein feinpulvriges Oxyd. Wird Bleihydroxyd mit Natronlauge gekocht, so erhält man, je nach der Laugenkonzentration, entweder ein rotes oder gelbes Bleioxyd, ersteres kristallisiert regulär und ist bei Zimmertemperatur die stabile Form, letzteres rhombisch, Umwandlungspunkt 585°. Das Oxyd ist in Säuren leicht löslich, in Alkalien jedoch sehr wenig; da eine Aufschlemmung des Oxydes in Wasser basische Reaktion besitzt, ist dieses Verhalten zu erwarten.

Bleichlorid $PbCl_2$ kristallisiert in schönen seidenglänzenden (rhombischen) Kristallen. Es ist wenig löslich und kann deshalb aus löslichen Bleisalzen nach Zusatz von konz. Salzsäure gefällt werden.

Bleijodid PbJ_2 wird als gelber Niederschlag erhalten, wenn Bleisalze mit Kaliumjodid versetzt werden. Nach dem Umkristallisieren aus heißem Wasser ergeben sich goldglänzende Blättchen, die beim Erhitzen rot und dann braun werden, während des Erkaltens verläuft die

Färbung in umgekehrter Folge. Gitter S. 292. Die Lösung des Salzes ist farblos. Das Bleijodid ist im Überschuß von Kaliumjodid löslich: Bildung von $K_2[PbJ_4]$.

Bleinitrat $Pb(NO_3)_2$ bildet große farblose Kristalle, sie sind sehr leicht löslich. Beim Erhitzen zersetzt es sich:

$$Pb(NO_3)_2 = PbO + 2\,NO_2 + \tfrac{1}{2}\,O_2 \quad (S.\ 191\,f.).$$

Bleiazetat $(CH_3CO_2)_2Pb$. Man erhält dieses vielseitig gebrauchte Salz beim Lösen der Bleiglätte in starker Essigsäure; es kristallisiert mit Kristallwasser, ist sehr leicht löslich, schmeckt süßlich *(Bleizucker)* und ist, wie alle Bleisalze, sehr giftig.

Bleikarbonat $PbCO_3$ kann auf nassem Wege erhalten werden, wenn in eine Lösung von Bleiazetat Kohlendioxyd eingeleitet wird, oder Lösungen von Bleisalzen mit Alkalikarbonaten versetzt werden. Es wird ein kristallinischer, weißer Niederschlag erhalten, $L = 3 \cdot 10^{-14}$, ist demnach eine sehr schwer lösliche Verbindung. Fällungen in der Hitze geben basische Karbonate verschiedener Zusammensetzung. Ein Fällungsprodukt von der Zusammensetzung $Pb(OH)_2 \cdot 2\,PbCO_3$ bildet das bekannte *Bleiweiß*. Diese als Malerfarbe verwendete Verbindung besitzt von allen weißen Farben die größte Deckkraft; sie hat nur den Nachteil, daß die gegen Schwefelwasserstoff nicht ganz unempfindlich ist. Die Herstellung wird in großem Maßstabe schon seit vielen Jahrhunderten nach verschiedenen Verfahren durchgeführt.

Bleisulfat $PbSO_4$ erhält man, wenn lösliche Bleisalze mit verd. Schwefelsäure versetzt werden, als weißen, schwer löslichen Niederschlag, $L = 1,6 \cdot 10^{-8}$; bemerkenswert ist die Löslichkeit des Sulfates in Alkaliazetat und besonders in Ammontartratlösungen.

Bleichromat $PbCrO_4$ bildet sich nach Zusatz von *Alkalidichromaten* als gelbroter, schwer löslicher Niederschlag. $2\,Pb^{++} + Cr_2O_7^{--} + H_2O = 2\,PbCrO_4 + 2\,H^+$. Es dient als „Chromgelb" in der Malerei.

Bleisulfid PbS fällt aus, wenn ein gelöstes Bleisalz mit Schwefelwasserstoff versetzt wird. Das Sulfid ist schwarz und ist das schwerstlösliche aller Bleisalze, $L = 3 \cdot 10^{-28}$. Es ist auch in Säuren unlöslich, in Salpetersäure erfolgt zwar Lösung, die jedoch auf die oxydierende Wirkung dieser Säure zurückzuführen ist. Bleisulfid hat die gleiche Gitterstruktur wie das Steinsalz (S. 128).

Blei IV-Verbindungen. Die IV-wertigen Verbindungen des Bleis sind unbeständig, eine fortgesetzte Hydrolyse führt stets zu *Bleidioxyd*, das als beständigste Verbindung dieser Oxydationsstufe anzusehen ist.

Bleiwasserstoff PbH_4. Dieses Gas läßt sich nicht in gleicher Weise gewinnen, wie die Wasserstoffverbindungen der homologen Elemente, aus den entsprechenden Magnesiumlegierungen. Man erhielt auf diesem Wege so geringe Mengen, daß ein Nachweis nur möglich war, als man ein Magnesium verwendete, an dessen Oberfläche das r. a. Isotop des

Bleies, Thorium B, niedergeschlagen war. Chemisch nachweisbare Mengen erhielt man an Bleikathoden in saurer Lösung erst dann, als eine automatisch sich unterbrechende Gleichstromelektrolyse angewendet wurde und die Stromstärke so groß war, daß beim Abreißen Funkenbildung eintrat.

Bleialkyle. Im Gegensatz zur Unbeständigkeit des Bleiwasserstoffes sind die Bleialkyle sehr beständig: Tetramethylblei $Pb(CH_3)_4$, Sdp. 110°, Tetraäthylblei $Pb(C_2H_5)_4$, Sdp. 200° (Zersetzung); letzteres in Benzin gelöst, erweist sich als wirksames Antiklopfmittel.

Blei IV-oxyd *(Bleidioxyd)* PbO_2 wird erhalten durch Oxydation von Bleisalzen mit Chlor, Brom, Chlorkalk, Hypochlorit u. a. Bleidioxyd ist ein braunes unlösliches Pulver, das den elektrischen Strom leitet. Es ist amphoter; mit starken Laugen erhält man lösliche *Plumbate* $[PbO_4]^{4-}$, das Dioxyd hat demnach, wie zu erwarten, stärker entwickelte Eigenschaften eines Säureanhydrides als das Bleioxyd; in Säuren gelöst, gibt das Dioxyd entsprechende Blei IV-Salze. Bleidioxyd ist ein starkes Oxydationsmittel. Beim Erhitzen wird Sauerstoff abgespalten $PbO_2 \rightleftharpoons Pb_3O_4 + O_2$, bei etwa 350° beträgt $p_{O_2} = 1$ Atm. Schwefel oder roter Phosphor, mit Bleidioxyd vermengt, entzünden sich beim Verreiben. Diesem Verhalten verdankt Bleidioxyd seine Verwendung in der Zündholzindustrie. Leitet man Schwefeldioxyd über schwach erhitztes Bleidioxyd, so bildet sich unter starkem Erwärmen Bleisulfat: $PbO_2 + SO_2 = PbSO_4$. Mangan II-Salze werden in schwach salpetersauren Lösungen mit Bleidioxyd in der Wärme zu Permanganaten oxydiert.

Wird Bleidioxyd mit festem Natriumhydroxyd in entsprechenden Mengen zusammengeschmolzen, so bildet sich Natriumhexahydroxoplumbat $Na_2[Pb(OH)_6]$, das mit den Hexahydroxo-Stannaten isomorph ist. Diesem Komplexsalz können bei 110° drei Molekeln Wasser abgespalten werden: man erhält *Natriumtrioxoplumbat* (Natriummetaplumbat): $Na_2[PbO_3]$.

Als Abkömmling einer *Metableisäure* wird das *Bleisesquioxyd* Pb_2O_3 aufgefaßt: $Pb[\overset{II}{Pb}\overset{IV}{O_3}]$; es ist ein rotes Pulver, das nach verschiedenen Methoden hergestellt werden kann. Mit Salpetersäure wird *Bleidioxyd* abgeschieden.

Mennige Pb_3O_4. Wird feinverteiltes Bleioxyd „Massicot" bei 500° an der Luft erhitzt, so erhält man ein hellrotes Pulver, das als *Mennige* bezeichnet wird: Die Zusammensetzung entspricht einem Blei II-Orthoplumbat: $Pb_2[PbO_4]$, mit Salpetersäure wird Mennige (gleich wie das Sesquioxyd) zersetzt, unter Abscheidung von Bleidioxyd. Erhitzt, spaltet Mennige in reversibler Reaktion Sauerstoff ab (s. oben). Mennige, mit Leinöl verrieben, bildet ein vielverwendetes Rostschutzmittel.

Blei IV-chlorid, Schmp. —15°, Sdp. 105° (Zersetzung). Bleidioxyd löst sich in konz. Salzsäure: $PbO_2 + 4\,HCl = PbCl_4 + 2\,H_2O$. Das gebildete Tetrachlorid kann auf einem Umwege rein gewonnen werden;

in konz. Salzsäure aufgelöstes Blei II-chlorid addiert Chlor: $PbCl_2 +$
$+ Cl_2 \rightleftharpoons PbCl_4$; aus der Lösung kann nach Zusatz von Ammonchlorid
das beständige (gelbgefärbte) *Ammoniumhexachloroplumbat* $(NH_4)_2[PbCl_6]$
auskristallisieren, das bei vorsichtig durchgeführter Zersetzung mit
verd. Schwefelsäure das Blei IV-chlorid als eine gelbe ölige Flüssigkeit
absetzt. Anlagerung von Metallchloriden gibt beständige Hexachloro-
plumbate. $K_2[PbCl_6]$ ist isomorph mit $K_2[PtCl_6]$.

Blei IV-sulfat $Pb(SO_4)_2$ bildet sich bei der Elektrolyse einer
80%igen Schwefelsäure an Bleianoden bei 30°; es scheidet sich als gelbes
Kristallpulver ab. Durch Wasser wird es zersetzt: $Pb(SO_4)_2 + 2 H_2O \rightleftharpoons$
$\rightleftharpoons PbO_2 + 2 H_2SO_4$. Auf diesem Vorgang beruht die Bildung des
Blei IV-oxydes bei der anodischen Oxydation (Formierung) des Bleiakkumulators. Auch die Abscheidung des Blei IV-oxydes an der Anode bei
der Elektrolyse einer, verdünnte Salpetersäure enthaltenden Bleisalzlösung
ist auf die Bildung eines Pb^{IV}-Nitrates zurückzuführen.

Sowohl Pb^{++}- als auch Pb^{++++}-Ionen sind farblos.

Der Bleiakkumulator. Das besondere chemische Verhalten des Bleis
spiegelt sich in Vorgängen ab, die bei der Ladung und Entladung eines
Akkumulators ablaufen. Der stromliefernde Vorgang ist:

$$Pb + PbO_2 + 2 H_2SO_4 \underset{\text{Ladung}}{\overset{\text{Entladung}}{\rightleftharpoons}} 2 PbSO_4 + 2 H_2O, \quad \Delta H = -87 \text{ kcal.}$$

Bei Ladung müssen Pb^{4+}-Ionen auftreten, da die Gleichgewichtseinstellung
notwendig ist:

$$PbO_2 + 2 H_2SO_4 \rightleftharpoons Pb(SO_4)_2 + 2 H_2O.$$

Die *Anode* des Bleiakkumulators besteht aus einer porösen Schicht
Bleidioxyd, die *Kathode* ist blankes Blei, das mit einer Schicht aus schwam-
migem Blei überzogen ist. Elektrolyt ist eine 4—5n H_2SO_4.

Nachweis. Analytisch gehört das Blei zur Schwefelwasserstoffgruppe.
Kennzeichnend ist das schwarze Bleisulfid und das schwer lösliche Blei-
sulfat; ersteres ist in verd. Salpetersäure löslich (Unterschied von HgS!).
Aus seinen Verbindungen läßt sich das Blei leicht zum Metall reduzieren.

XLI. Das kolloid-disperse System

1. Zwischen den gewöhnlichen Lösungen eines Stoffes in Wasser
und einer groben Aufschwemmung (Suspension) im Wasser liegt das
kolloid-disperse System. In diesem System zeigen anorganische Stoffe
eine Reihe von Eigenschaften, die für ihre Kennzeichnung von Bedeutung
sind. Die eingehende allgemeine Behandlung des genannten Systems
ist Gegenstand der *Kolloidchemie.*

Das kolloid-disperse System ist ein Zwei-Phasen-System mit mindestens
zwei unabhängigen Bestandteilen; der im großen Überschuß vorhandene
Bestandteil heißt die *Dispersionsphase*, der andere die *disperse Phase*. Die
verschiedenen Arten solcher Systeme zeigt die Tabelle:

Tabelle 10

Dispersions- mittel	Disperse Phase	Name und Beispiele
Gas	Gas	Bestandteile mischen sich vollständig, sind molekular dispers
	flüssig fest	Nebel, Wolken } *Aerosole* Rauch, Staub }
Flüssigkeit	Gas flüssig fest	Schaum kolloide Emulsion } *Sol* kolloide Suspension }
Fester Stoff	Gas flüssig fest	kolloid-disperse Kristalleinschlüsse Rubingläser, gefärbte Salze (z. B. Steinsalz, blau, violett gefärbt)

Von den Dispersionsmitteln interessiert hier nur das Wasser. Wir werden deshalb nur die *Hydrosole* in Betracht ziehen.

2. Die *Herstellung* von Hydrosolen gelingt auf verschiedene Weise: a) einige Stoffe geben beim Eintragen in *reines* Wasser Sole, z. B. frisch gefällte Sulfide und manche Tonarten, b) bei Fällungen aus wäßriger Lösung: Reduktion von Metallen aus ihren Salzlösungen (z. B. Gold), in Fällungen von Metallhydroxyden [$Fe(OH)_3$, $Al(OH)_3$, $Sn(OH)_4$ usw.] und Sulfiden (z. B. As_2S_3). c) *Metallsole* erhält man durch Zerstäubung des Metalles in Wasser, wenn zwischen den Metallen ein elektrischer Lichtbogen erzeugt wird. d) Man kann durch besondere „Kolloidmühlen" die Stoffe so fein zerkleinern, daß sie kolloidal in Lösung gehen: so gelingt es z. B., Schwefel in Wasser zu „lösen".

3. *Lyophile und lyophobe Sole.* Der in einer „Lösung" befindliche Stoff, die disperse Phase, vermag das „Lösungsmittel", das Dispersionsmittel, in wechselnden Mengen aufzunehmen; solche Systeme werden *lyophile* Sole bezeichnet. Ein solches Sol bilden Kieselsäure- und Zinnsäuresole. Kolloide dieser Art sind im allgemeinen reversible Kolloide, d. h. man kann sie, wenn sie als Gel in fester Form vorliegen, durch Hinzugabe von Wasser wieder in Lösung bringen.

$$Sol \underset{\text{Peptisation}}{\overset{\text{Koagulation}}{\rightleftarrows}} Gel$$

Lyophile Sole zeigen häufig die Eigenschaft, Gallerte zu bilden — man bezeichnet dies auch als Gelbildung —, z. B. die Abscheidung der Kieselsäure durch Ansäuern ihrer Salze als Hydrate des Siliziumdioxydes.

Wird das Dispersionsmittel nicht aufgenommen, so hat man ein *lyophobes* Sol; dazu gehören alle Metallhydrosole, diese sind *irreversibel.* Es besteht sonst kein grundsätzlicher Gegensatz zwischen lyophilen und lyophoben Solen.

4. *Größe der Teilchen, Dialyse.* Die Größe der Kolloidteilchen ist sehr wechselnd, ihr Durchmesser kann zwischen 10 bis 10^3 Å liegen. Sie sind demnach zu klein, um von einem gewöhnlichen Filtrierpapier (Porenweite etwa $5 \cdot 10^{-4}$ cm) zurückgehalten zu werden. Erst besondere Membranfilter (Porenweite bis etwa 100 Å) gestatten ihre Filtration — *Ultrafilter*.

Genannte Filter können auch verwendet werden, um das Kolloid rein zu erhalten. Wird Eisen III-hydroxyd durch Fällungen von Eisen III-chlorid mit Natriumhydroxyd hergestellt, so befinden sich in der Lösung neben $Fe(OH)_3$ die „Kristalloide" NaCl und NaOH; diese lassen sich durch Dialyse entfernen. Dazu verwendet man eine Anordnung, die im Prinzip in der Abb. 94 angegeben ist.

A ist ein Gefäß, dessen Boden aus einem dicht anliegenden Membranfilter *M* besteht, im Gefäß befindet sich die zu reinigende kolloidale Lösung. *A* steht in einem großen Gefäß *B*, durch das ständig reines Wasser fließt. Durch das Membranfilter diffundieren die „Kristalloide" entsprechend ihrem osmotischen Druck in das reine Wasser, während das Kolloid praktisch die Membran nicht passieren kann. Nach einer entsprechenden Zeit befindet sich in *A* das *reine* Kolloid.

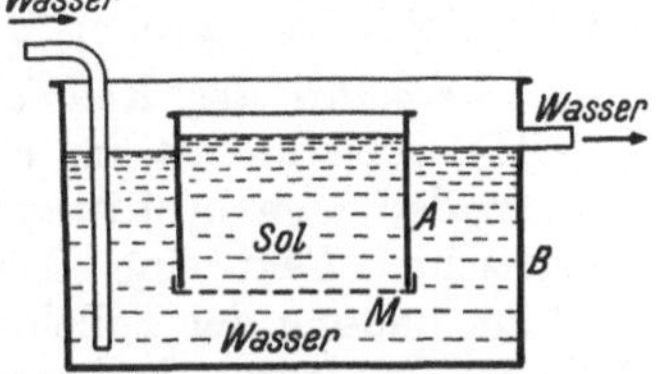

Abb. 94. Prinzip eines Dialysators.

5. *Das Molekulargewicht der Kolloide.* Die Sole zeigen, so wie echte Lösungen, entsprechend ihrer Konzentration einen osmotischen Druck; man kann daher nach den gleichen Methoden, wie S. 36 angegeben, ihr Molekulargewicht bestimmen. Bei den Kolloiden kommen dann noch andere Methoden dazu; Messung der Diffusionsgeschwindigkeit, Bestimmung des Sedimentationsgleichgewichtes mit Hilfe rasch rotierender Zentrifugen, „Ultrazentrifugen" u. a. Es zeigt sich, daß die Kolloide sehr große Mol-Gewichte besitzen; es beträgt das Mol-Gewicht von Eisen III-hydroxyd 6000, Kieselsäure 5000, Wolframsäure 1700.

6. *Der* FARADAY-TYNDALL-*Effekt.* Läßt man Lichtstrahlen durch ein Sol treten, so werden sie an den Kolloidteilchen abgebeugt, wodurch sie indirekt sichtbar werden. Es ist prinzipiell die gleiche Erscheinung, die man beobachtet, wenn ein Strahlenbündel in einen mit Rauch oder Staub erfüllten Raum eintritt. Der Effekt gestattet nach Anwendung eines Mikroskops, im TYNDALL-Kegel die Kolloidteilchen als winzige Lichtscheibchen zu erkennen. Man kann kolloide Metallteilchen bis zum Durchmesser von etwa 60 Å beobachten. Der TYNDALL-Kegel wird durch eine einfache Linsenanordnung im Sol erzeugt. Viele Kolloide, namentlich der Metalle, haben fast Kugelgestalt.

7. *Färbungen.* Der FARADAY-TYNDALL-Effekt ist für die Farbe der Sole bestimmend. Teilchen, die das Licht nicht oder sehr wenig absorbieren und den elektrischen Strom nicht leiten, erscheinen in Durchsicht gelb-

rötlich, in Aufsicht blau; Schwefelsole sind gelbrot. Stark absorbierende Teilchen zeigen ein reiches Farbenspiel: Silbersole sind in Durchsicht gelb oder blauviolett, in Aufsicht blau bzw. olivgelb; Goldsole sind in Durchsicht rubinrot, manche blau, Platinsole braunschwarz. Die Färbungen hängen auch von der Größe der Teilchen ab.

Die Farbwirkung der Sole ist außerordentlich groß. Die tiefgelbe Farbe des As_2S_3-Sols ist in einer 1 cm dicken Schicht noch bei einer Konzentration von $6 . 10^{-6}$ Mol/Liter erkennbar. Es gibt Ag-Sole, deren Farbwirkung noch zehnmal größer ist.

8. BROWNsche *Molekularbewegung.* Im FARADAY-TYNDALL-Effekt sieht man die Kolloidteilchen in ständiger Bewegung; sie entsteht dadurch, daß die Molekel der Flüssigkeit ihre Molekularbewegung auf das Teilchen übertragen. Diese BROWNsche Bewegung bewirkt, daß die Kolloidteilchen nicht zu Boden sinken, sondern im Raum, der Höhe nach, eine gesetzmäßige Verteilung erfahren. Diese Beobachtungen sind sowohl für die Erkenntnis der Molekularbewegung als auch für das Verhalten der Kolloide von großer Bedeutung.

9. *Verhalten der Kolloide im elektrischen Feld. Elektrophorese.* Ein $Fe(OH)_3$-Sol wandert im elektrischen Feld zur Kathode, die Teilchen müssen demnach positiv geladen sein. Allgemein erfahren alle Sole im elektrischen Feld eine Bewegung, ihre Richtung zu den Elektroden gibt die Ladung der Teilchen an. Positive Ladung haben z. B. $Ca(OH)_2$, $Al(OH)_3$, negative Ladungen die Metallsole von Silber, Gold und Platin, ferner Schwefel, Arsen- und Antimontrisulfid, Siliziumdioxyd Zinndioxyd und andere Oxyde.

Die Ladung der Kolloidteilchen entsteht durch Adsorption von Ionen, die in dem „Lösungsmittel" (in der Dispersionsphase) vorhanden sind. Wird die Ladung eines bestimmten Vorzeichens adsorbiert, so muß sich die entgegengesetzte Ladung in dem System in *Gegenionen* ausbilden.

Kolloidales Silber ist nach der Herstellung in Wasser negativ geladen, indem es die OH^--Ionen des Wassers adsorbiert. Erhöht man stark die positive Ladung in der Lösung durch Hinzufügung von Al^{+++}-Ionen [als $Al_2(SO_4)_3$ hinzugeben], so wird das Ag-Sol *positiv.* Es ist möglich, das Ag-Sol durch eine bestimmte Menge von Al^{+++}-Ionen zu entladen: Diesen Zustand in der Lösung kennzeichnet man als *isoelektrischen* Punkt. Viele Kolloide verlieren nach der Entladung ihre Beständigkeit und flocken aus — sie *koagulieren.*

Die *Koagulation* kann auch durch Vermischen zweier entgegengesetzt geladener Kolloide erfolgen, die sich gegenseitig nun ausflocken; so fällt positiv geladenes $Fe(OH)_3$-Sol und das negativ geladene Sb_2S_3-Sol aus.

Es gibt Kolloide, welche die Fällung von beigemischten Kolloiden verhindern können. Z. B. verhindern lyophile organische Kolloide, wie Albumin, Dextrin, die Fällbarkeit des roten Au-Sols durch Natriumchlorid innerhalb bestimmter Konzentration. Solche Kolloide bezeichnet man als „*Schutzkolloide*", sie haben erhebliche theoretische und praktische Bedeutung.

10. *Adsorption.* Gele, besonders solche aus Al_2O_3 bestehend, zeigen eine Fähigkeit, gewisse organische Stoffe bevorzugt zu adsorbieren; in der Chemie der Fermente (Enzyme) spielen solche Gele eine sehr belangreiche Rolle.

XLII. Die Metalle

In den folgenden Ausführungen über homologe Elemente treten immer häufiger auch Metalle auf, aus diesem Grunde sollen einige Bemerkungen über diese gemacht werden.

In reinem Zustand oder in Lösungen bilden Metalle nur positive Ionen. Meist haben die Ionen Edelgaskonfiguration und sind deshalb nur diamagnetisch. Die Metalle der Übergangselemente, zu denen gerade vielverwendete Metalle gehören, bilden Ionen mit unvollständigen äußeren Elektronenschalen und sind deshalb paramagnetisch. Experimentell hat sich ergeben, daß damit eine Färbigkeit der Ionen sich verbindet; eine große Zahl von Metallsalzlösungen sind durch ihre Farben gekennzeichnet. Es sind alle gefärbten Ionen paramagnetisch, nur einige paramagnetische Ionen (Yttrium, Zink, Lanthan, Terbium und Cassiopeium) sind farblos.

1. *Der metallische Zustand.* Diesen kennzeichnet eine hohe Dichte (von Leichtmetallen abgesehen), eine hohe Leitfähigkeit für Elektrizität und Wärme, eine geringe Durchlässigkeit für Licht, ein starkes Reflexionsvermögen, ferner die meist leichte *Verformbarkeit* im festen Zustand. Diese Eigenschaften besitzt die feste und flüssige Formart der Metalle, hingegen verschwinden sie im Gaszustand: Der Dampf des Quecksilbers ist farblos und leitet nicht den elektrischen Strom. Bei hohen Temperaturen ist der Dampf der Metalle einatomig. Geschmolzene Metalle erstarren immer kristallinisch, kennzeichnend ist ferner ihre große Dehnbarkeit.

Die Metalle gehören zu den Leitern I. Klasse, während die Lösungen wegen der mit der Leitung verbundenen Wanderung von Ionen zu Leitern II. Klasse gehören; bei ersteren nimmt ϱ mit steigender Temperatur zu, bei letzteren ab. In der Nähe des absoluten Nullpunktes wird bei manchen Metallen $\varrho = 0$: sie werden „supraleitend".

Spezifisch elektrischer
Widerstand ϱ

Silber	$1{,}6 \cdot 10^{-6}$
Graphit	$2{,}8 \cdot 10^{-3}$
Bestleitende verdünnte Schwefelsäure ...	$0{,}74$
Wasser	$2{,}5 \cdot 10^{7}$

Über den Aufbau der Metalle in Kristallgittern und metallische Bindung ist bereits S. 130 das Notwendigste angegeben. In den Metallen sind freie Elektronen vorhanden, wodurch eine Reihe von physikalischem Verhalten unmittelbar verständlich werden, so vor allem die elektrische Leitfähigkeit und die Emission von Elektronen bei hoher Temperatur. Der Zusammenhalt der Metallatome im Gitter ist deshalb anders als bei den

Nichtmetallen und Verbindungen, obgleich im Grunde natürlich auch hier elektrische Kräfte vorhanden sind. Die „metallische Bindung" ist vor allem weitgehend ungerichtet, also keinem einzelnen Atom zugeordnet.

2. Zwischen Metallen und Nichtmetallen ist keine scharfe Grenze vorhanden. Man hat, um dies zu kennzeichnen, den Begriff „*Halbmetall*" (in englischer Bezeichnung metalloids) eingeführt. Solche wären Elemente, die an der treppenförmigen Grenzlinie liegen, die im P. S. E. gezogen ist (Si, Ge, As, Sb, Bi, Te). In der Tabelle für die relative Elektronegativität (S. 125) befinden sie sich in der Mitte. Diese „Halbmetalle" kennzeichnen besondere Unterschiede von den eigentlichen Metallen.

	Elektrische Leitfähigkeit beim Schmelzpunkt	Koordinationszahl (S. 123)
Metalle	sinkt	12 oder 8, d. h. 74 bzw. 68% Raumerfüllung
Halbmetalle	steigt	2, 3, 4

Die Metalle bilden Gitter mit höchsten Koordinationszahlen 12 und 8. Die Halbmetalle jedoch neigen dazu, ihre Valenzelektronen zu betätigen, wodurch sich wesentlich niedrigere Koordinationszahlen ergeben, d. h. einem hervorgehobenen Atom nächstliegende Atomzahl wird kleiner. Man findet solche Koordinationszahlen nach der Regel: Acht minus Zahl der Elektronen außerhalb der vorhergehenden abgeschlossenen Schale. Z. B.

	Koordinationszahl	
Halogene	$8 - 7 = 1$	einzelne Molekeln (Inseln)
Se, Te	$8 - 6 = 2$	unendliche (eindimensionale) Ketten
As, Sb, Bi	$8 - 5 = 3$	Netze (zweidimensional)
Ge, Sn_{grau}	$8 - 4 = 4$	Diamantgitter (S. 221)

Manche Metalle können ihre Gitteranordnung ändern, es entstehen dadurch verschiedene Modifikationen. Ein Beispiel ist das Zinn (S. 262) und besonders das Eisen (S. 350), dessen Gitteränderung von erheblich technischer Bedeutung ist.

3. *Intermetallische Verbindungen („Intermetallische Phasen")*. Die Metalle bilden unter sich ebenso Verbindungen wie z. B. die Halogene. Die Deutung der Verbindungen auf Grund einer bestimmten Valenz des Metallatoms ist jedoch hier nicht durchführbar. Es ist nur ein enger Bereich für diese Verbindungen möglich. Sie haben die Fähigkeit die Komponenten zu lösen. Die intermetallischen Phasen können entweder in Gitter kristallieren, in denen die Atomverteilung geordnet ist, oder wo eine teilweise oder ganz statistische Verteilung der beiden oder mehreren Atomsorten über die Gitterplätze erfolgt. Interessant sind jene intermetallischen Phasen, die sich nur durch Ordnungsvorgänge aus den Mischkristallen mit statistischer Verteilung bilden. Man spricht hier von sogenannter „*Überstruktur*". Sie werden erkannt durch thermische Analyse und durch Röntgenanalyse, ferner zeigen die Ver-

bindungen besondere Werte für die elektrische Leitfähigkeit, die sich von den Bestandteilen unterscheidet.

Der Übergang intermetallische Verbindungen und Verbindungen mit valenzgemäßen (salzartigen) Zusammensetzungen vollzieht sich im allgemeinen rasch. Z. B.: Verbindet man Lithium mit einigen aufeinanderfolgenden Elementen der 5. Periode von Silber abwärts, so erhält man das nachstehende Bild.

Elemente der 5. Periode

$$\left.\begin{array}{l} AgLi_3 \\ CdLi_3 \\ InLi \end{array}\right\} \text{intermetallische Verbindung (Legierung)}$$

——— Sprung

$$\left.\begin{array}{l} (SnLi_4) \\ SbLi_3 \\ TeLi_2 \\ JLi \end{array}\right\} \text{valenzgemäße Zusammensetzung}$$

Einige intermetallische Verbindungen sind: $CuZn$, $CuZn_3$, $CuBe$, $AgCd$, $Cu_{31}Sn_8$, Ag_5Al_3, Ag_5Zn_8 usw. Zur Zeit sind bereits eine große Zahl solcher Verbindungen bekannt; man findet für deren Bildung gewisse Gesetzmäßigkeiten, die erkennen lassen, wie weitgehend sich diese Verbindungen von den Gesetzen der Valenzlehre entfernen.

4. *Metallegierungen.* Legierungen entstehen bei Kombination der Metalle mit anderen oder von Metallen mit manchen Nichtmetallen (z. B. Fe—C). Der Aufbau der festen Legierungen kann sehr verschiedenartig sein, es kann vorliegen: Homogenität, Heterogenität[1]. Alle Metallegierungen erstarren kristallinisch. Das Gefüge der Legierungen zu erkennen, ist Gegenstand der Metallographie.

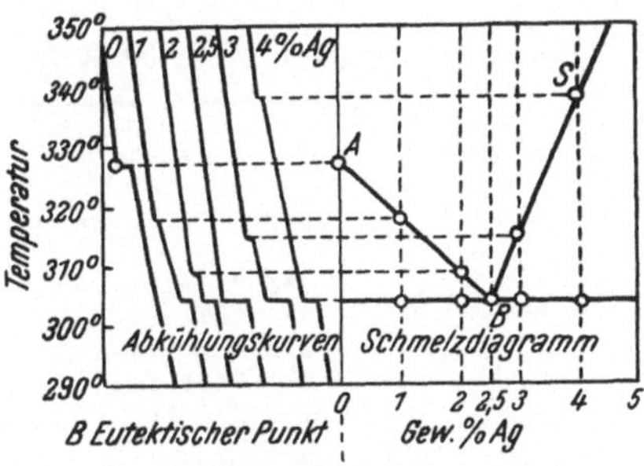

Abb. 95. Thermische Analyse Blei—Silber, Zusammensetzung des Eutektikums B 97,5% Pb, Schmp. 304°.

Eine wichtige Methode zur Ermittlung des Gefüges der Legierungen bildet neben der Analyse durch Röntgenstrahlen die thermische Analyse, die an zwei Beispielen kurz dargelegt wird (Abb. 95 und 96).

Die thermische Analyse beruht auf der Messung der Abkühlungsgeschwindigkeit von Schmelzen, die man als *Abkühlungskurve* aufnimmt.

a) Ein *reiner* geschmolzener Stoff zeigt beim Erstarren einen *Haltepunkt,*

---

[1] Phasen können sein: Reine Bestandteile, deren Mischkristalle oder intermetallische Verbindungen.

da die Schmelzwärme bei einer ganz bestimmten Temperatur (dem Schmelzpunkt) frei wird.

b) Hat man eine Schmelze, z. B. von zwei Stoffen, und scheidet sich ein *reiner* Stoff beim Abkühlen aus, so zeigt die Abkühlungskurve einen „Knick", denn es wird Wärme frei und damit die Abkühlung verlangsamt. Da die Lösung zufolge Ausscheidung des einen Stoffes immer konzentrierter wird, sinkt der Schmelzpunkt ständig, bis schließlich der eutektische Punkt erreicht wird, wo ein Haltepunkt auftritt (Abb. 95).

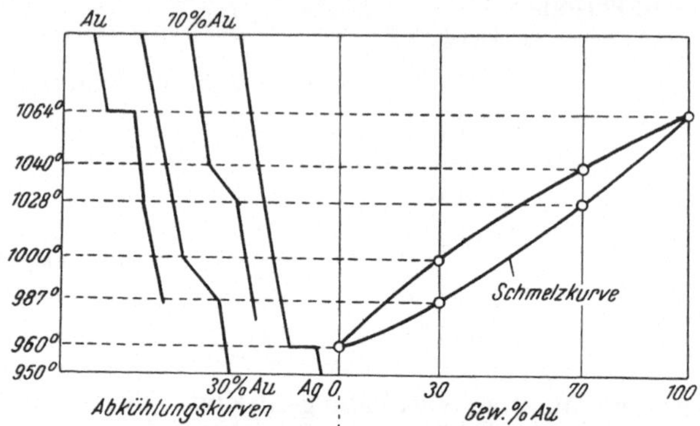

Abb. 96. Thermische Analyse Silber—Gold.

Beispiele binärer Metallsysteme, die ein Eutektikum bilden:

System	Zusammensetzung des Eutektikums und sein Schmelzpunkt
Ag—Cu	28,5% Cu, 779°
Al—Sn	99,5% Sn, 229°
Bi—Cd	40,0% Cd, 144°
Sn—Cd	67,7% Sn, 177°

c) Das Bild ist jedoch ganz anders, wenn sich Mischkristalle ausscheiden (S. 108f.). Wie hier ausgeführt, ist für eine bestimmte Zusammensetzung der Legierung ein Erstarrungsintervall Δt vorhanden, durch den der Temperaturabfall gemäßigt erscheinen muß (Abb. 96).

Eine ununterbrochene Reihe von Mischkristallen bilden z. B. noch:

	Zusammensetzung und Temperatur des Minimums der Schmelzkurve (S. 109, Abb. 46)
As—Sb	87% Sb, 605°
Au—Cu	82% Cu, 880°
Co—Ni	
Cu—Ni	
K—Rb	81,5% Rb, 328°
Se—Te	

Es wird hier nicht auf die erwähnte Möglichkeit eingegangen, nach der sich Metallsysteme bilden können, die Mischungslücken, teilweise Mischbarkeit oder Verbindungen enthalten. Dazu gehören wichtige Klassen der „vergütbaren" Metalle, z. B. das System Kohlenstoff—Eisen.

5. Die *elektromotorische Wirksamkeit und Spannungsreihe der Metalle* s. S. 319f.

6. *Magnetismus der Metalle*, s. S. 378.

7. *Chemische Reaktionsfähigkeit der Metalle*. Diese ist außerordentlich verschieden. Die Bezeichnung edles und unedles Metall, welche darüber etwas sagen will, ist sehr unbestimmt, da die Zahl der Stoffe, mit denen die Metalle sich verbinden können, groß ist und jeder einzelne von ihnen ein besonderes Verhalten gegen ein bestimmtes Metall besitzt. Die relative Reaktionsfähigkeit der Metalle wird noch am besten erfaßt, wenn man ihre Stellung in der Spannungsreihe berücksichtigt (S. 319f.). Metalle, deren Normalpotential $E° > 0$, gelten als unedle, mit $E° < 0$ als edle Metalle; erstere lösen sich in Säuren unter Entwicklung von Wasserstoff (dieser ist also edler als das Metall!), letztere sind unlöslich. Je positiver $E°$ eines Metalles ist, um so unedler ist es: mit $E° \approx 3$ Volt sind die Alkalien die unedelsten Metalle, Gold mit $E° \approx -1,4$ ist ein sehr edles Metall. Man kann, auf Grund der Stellung eines Metalles in der Spannungsreihe, auch noch engere Grenzen in dieser Hinsicht ziehen. So ist zufolge

$$\tfrac{1}{2}\,\mathrm{Mg} \rightleftharpoons \tfrac{1}{2}\,\mathrm{Mg}^{++} + e^-,\ E° = 2,34,\ \tfrac{1}{2}\,\mathrm{Zn} \rightleftharpoons \tfrac{1}{2}\,\mathrm{Zn}^{++} + e^-,\ E° = 0,76.$$

$$\tfrac{1}{3}\,\mathrm{Al} \rightleftharpoons \tfrac{1}{3}\,\mathrm{Al}^{+++} + e^-,\ E° = 1,67,\ \tfrac{1}{2}\,\mathrm{Cu} \rightleftharpoons \tfrac{1}{2}\,\mathrm{Cu}^{++} + e^-,\ E° = 0,34.$$

Aluminium mit 0,67 Volt edler als das Magnesium, Kupfer um 0,42 Volt edler als das Zink. Man gewinnt so eine relative Größe für den Vergleich der Reaktionsfähigkeit der Metalle, bezogen auf ihren *Übergang in den Ionenzustand* bestimmter Konzentration.

8. *Verhalten der Metallsalzlösungen gegen Schwefelwasserstoff*. Aus der Praxis der Analytischen Chemie hat sich mit der Zeit eine Einteilung der Metalle ergeben, welche das Verhalten der Metallsalzlösungen gegen Schwefelwasserstoff berücksichtigt. Es gibt Metalle, a) deren Sulfide in Säure unlöslich sind, b) deren Sulfide in Säuren löslich sind und c) deren Sulfide in wäßriger Lösung nicht beständig sind; bei Fällungen mit Ammonsulfid erhält man ihre Oxydhydrate.

a-Gruppe:

	CuS	$As_2S_{3(5)}$	Ag_2S	CdS	In_2S_3	SnS_2	$Sb_2S_{3(5)}$	Au_2S
Farbe	schw.	gelb	schw.	gelb	gelb	braun	orange	schw.

	HgS	PbS	Bi_2S_3	(MoS_3)	PdS_2	WS_3	PtS_2
Farbe	schw.	schw.	schw.	schw.	dunkelbraun	hellbraun	braun

b-Gruppe:

MnS	FeS	CoS	NiS	ZnS	Tl_2S	UO_2S
Farbe rosa	schwarz	schwarz	schwarz	weiß	schwarz	braun

c-Gruppe:

Aluminium   Titan   Chrom   Zirkonium   Thorium

9. *Überspannung.* Das S. 319 f. entwickelte elektromotorische Verhalten der Metalle ist streng reversibel; Zink z. B. müßte sich nach seiner Stellung in der Spannungsreihe in verdünnter Schwefelsäure unter Wasserstoffentwicklung lösen (S. 323 f. und 300). Tatsächlich zeigte sich jedoch, daß sehr reines Zink nicht von der Säure angegriffen wird, was im Widerspruch mit der notwendigen Reversibilität des Vorganges zu stehen scheint. Die Ursache ist eine Verzögerung in der Entwicklung des Wasserstoffes; die zuerst freigemachten Wasserstoffatome müssen sich entsprechend $2H = H_2$ zu Molekeln verbinden, was jedoch nicht genügend rasch erfolgen kann, da die Atome anscheinend auf der Zinkoberfläche festgehalten werden. Noch anschaulicher ist dieses Verhalten, wenn man in verdünnte Schwefelsäure reines Zink als Kathode schaltet und durch Anlegen einer Spannung Wasserstoff an dieser entwickeln läßt. Man findet, daß das reversible Potential dazu nicht genügt, sondern erst bei etwa 1,4 Volt beginnt die Wasserstoffentwicklung einzusetzen. Gleich verhalten sich noch andere Metalle; man kennzeichnet dieses Verhalten als *Überspannung.* Diese ist demnach die Differenz des reversiblen Potentials und dem Potential, bei dem wirklich Wasserstoff sich entwickelt. Folgend sind für einige Metalle die Überspannungen angegeben.

Hg	Zn	Pb	Cd	Sn	Ag	Au	Pt	
0,78	0,70	0,64	0,48	0,53	0,15	0,02	0,005	Überspannungen in Volt für die H_2-Entwicklung in kleinen Blasen.

Demnach besitzt das Quecksilber (wohl zum Teil wegen seiner glatten Oberfläche) einen besonders hohen Wert für die Überspannung, diese ist bei den Edelmetallen Silber, Gold wesentlich kleiner und ist an Platinelektroden praktisch Null. Wird Platin in ein System gebracht, wo eine Überspannung vorhanden ist, so wird diese sofort aufgehoben, dazu genügen oft erstaunlich geringe Mengen.

Bei der elektrochemischen Abscheidung des Wasserstoffes an der Kathode hat man die folgenden Teilvorgänge a) $e^- + H^+ = H$; b) $2H = H_2$, beide verlaufen nicht mit „unendlich" großer Geschwindigkeit und werden dadurch Ursache zur Überspannung. Solche Reaktionswiderstände bilden sich an Platinoberflächen nicht aus.

Die Überspannung ist von großer Bedeutung. Zwei Beispiele: a) Bei der Ladung eines Akkumulators ist die H^+-Ionenkonzentration viel größer als die der Pb^{++}-Ionen, so daß sich an der Pb-Kathode Wasserstoff entwickeln sollte (nach der Spannungsreihe ist ja H edler als Pb!). Zufolge beträchtlicher Überspannung jedoch werden Pb^{++}-Ionen entladen, was für die Funktion des Bleiakkumulators *entscheidend* ist.

b) Der hohen Überspannung des Quecksilbers liegt seine Verwendung zur Herstellung von Alkalilaugen zugrunde. An einer Quecksilberkathode bildet sich bei der Elektrolyse einer NaCl-Lösung Na-Amalgam, das trotz erheblichen positiven Potentials gegenüber der Wasserstoffelektrode wegen der Überspannung keinen Wasserstoff entwickelt. Das Amalgam wird von der Kathode entfernt, mit Wasser überschichtet und mit metallischem Eisen behandelt. Es wird dadurch die Überspannung aufgehoben und die Reaktion, Na-Amalgam $+ H_2O \rightarrow NaOH + Hg + H_2$, ist möglich: der Wasserstoff entwickelt sich nun am Eisen.

10. *Passivierung und Passivität der Metalle.* Manche Metalle, besonders das Eisen, Chrom, Aluminium, werden nach Entstehung von festhaftenden Oxydschichten auf ihrer Oberfläche gegen weiteren chemischen Angriff widerstandsfähig. Diese Oxydschichten sind äußerst dünn, ihre Dicke beträgt meist nur wenige Molekel- (Atom-) Lagen. Bemerkenswert entstehen solche Schichten am Eisen: Während in verdünnter Salpetersäure das Eisen löslich ist, ist dies nicht der Fall in konzentrierter Salpetersäure. Durch diese bildet sich auf der Eisenoberfläche eine schützende Oxydschicht, die in der konzentrierten Säure unlöslich ist. Erst bei etwa 72° ist die Schicht löslich, von da an wird das Eisen auch von konz. Salpetersäure gelöst. Man kennzeichnet einen solchen Vorgang *Passivierung*. Ein passives Metall steht außerhalb der Spannungsreihe, die ja nur für ein reines Metall gilt. Zwischen Passivität und Überspannung besteht ein klarer Unterschied: Erstere Eigenschaft wird dem Metall künstlich beigebracht, letztere ist eine individuelle Eigenschaft des Metalls.

11. *Korrosion.* Die Metalle sind während ihrer Verwendung ständig chemischen Angriffen ausgesetzt, besonders der Sauerstoff und die Feuchtigkeit der Luft sind daran beteiligt, deren Wirkungen durch manche Umstände, wie Säuredämpfe, hoher Gehalt an Kohlendioxyd, das Zusammentreffen verschiedener Metalle (S. 300) noch gesteigert werden. Während einige Metalle durch Ausbildung besonderer Oberflächenschichten an der Luft gegen einen weiteren Angriff geschützt bleiben (Aluminium, Zink, Blei), ist z. B. das Eisen einem ständig gleichbleibenden Oxydationsvorgang — dem Rosten — unterworfen. Auch andere Metalle werden durch länger andauernde chemische Einwirkungen angegriffen und zerstört. Diese die Metalle verändernden Vorgänge werden *Korrosion* bezeichnet. Sie hat, wie bereits angedeutet, viele verschiedene Ursachen, die vom physikalischen Zustand, von der Reinheit des Metalles, der Temperatur, der chemischen Natur der korrodierenden Stoffe u. a. abhängt. Da die Metalle kostbar sind, ist ein Schutz gegen die Korrosion von großer Bedeutung, dessen Auffindung ein wichtiger Zweig chemisch-technischer Forschung geworden ist.

XLIII. Bor und Homologe

Übersicht

Ordnungs-zahl	Element	Atom-gewicht	Isotope	Flammen-färbung der Chloride	Dichte	Schmelz-punkt °C	Siede-punkt °C	Wertigkeit
5	Bor B	10,82	A: 10, 11	} keine	2,3	2300	≈ 2550	–III, III
13	Aluminium Al	26,97	Reinelement		2,7	658	2500	III
31	Gallium Ga	69,72	A: 69, 71	violett	5,9	29,5	2064	III
49	Indium In	114,7	A: 64, 66	indigo-blau	7,3	156	>1450	III, I, II
81	Thallium Th	204,4	A: 203, 205	grün	11,8	302	1457	I, III

In dieser homologen Reihe der Elemente ist das Bor Nichtmetall, während die anderen vier Metalle sind. Die Metalle bis einschließlich Indium haben untereinander chemisch sehr ähnliche Eigenschaften, das Thallium jedoch unterscheidet sich von diesen in seiner doppelten Wertigkeit I und III (Ausnahme von der Regel 4, S. 87). Kennzeichnend für Gallium, Indium und Thallium ist die leicht festzustellende Flammenfärbung, die bei den ersten zwei Elementen fehlt, ferner der tiefe Schmelzpunkt, der beim Gallium am tiefsten von allen Metallen nach dem Quecksilber ist. Gallium, Indium und Thallium gehören zu den seltenen Elementen (Gallium und Indium sind sogar sehr selten), die zwar im Mineralreiche stark verbreitet sind, aber hier stets in winzigen Mengen in isomorphen Mischungen mit Zinkblenden und Aluminium-Mineralen (Tarnung!) vorkommen. Von dem Gallium und Indium sind eigentliche Minerale gar nicht bekannt. Die Metalle sind vorwiegend III-wertig, treten aber auch in niedrigeren Wertigkeitsstufen auf. Ihrer Anordnung im P. S. E. (Regel 4) entsprechend, zeigen sie dem Aluminium chemisch ähnliche Eigenschaften, soweit sie III-wertig sind, was besonders im Verhalten der Halogenide zum Ausdruck kommt. Die Hydroxyde von Gallium und Indium sind amphoter, die Chloride (und andere Salze) sind im Wasser stark hydrolysiert. Der Bunsenflamme erteilen, wie erwähnt, die Chloride der drei Metalle diese gut kennzeichnende Färbungen, ein Umstand, der für die verhältnismäßig frühe Entdeckung dieser seltenen Elemente entscheidend war. Thallium I-Verbindungen sind am stabilsten; dieses Element zeigt übrigens eine so verschiedene Art von chemischen Eigenschaften, wie sie bei keinem anderen Element angetroffen werden.

1. Bor B

Übersicht

Wertigkeit	Hydride	Oxyde	Säuren
	Borane $B_n H_{n+4}$, $n = 2, 5, 6, 10$		
III	Hydroborane $B_n H_{n+6}$, $n = 4, 5, 6$	B_2O_3	H_3BO_3

In der Natur findet sich Bor nur in Verbindungen, die an wenigen Stellen in größeren Mengen vorkommen. Das wichtigste Mineral ist *Kernit* $Na_2B_4O_7 \cdot 4\,H_2O$, das in Kalifornien in großen Lagern vorkommt. An Bedeutung weit zurückstehend sind dann *Borax* (Tinkal) $Na_2B_4O_7 \cdot 10\,H_2O$, *Boracid* $2\,Mg_3B_8O_{15} \cdot MgCl_2$, *Colemanit* $Ca_3B_6O_{11} \cdot 5\,H_2O$ u. a. Auch freie *Borsäure* H_3BO_3 findet sich stellenweise auf der Erdoberfläche (z. B. als Sassolin in Toskana). Alle genannten Minerale sind Salze der Borsäure (s. u.). Winzige Mengen Bor sind für das Wachstum der Pflanzen notwendig.

Bor kann durch Reduktion von Bortrioxyd mit Natrium oder Magnesium gewonnen werden:

$$B_2O_3 + 3\,Mg = 2\,B + 3\,Mg\,O.$$

Man erhält auf diese Weise nach entsprechender Reinigung *amorphes* Bor als ein braunes Pulver. Es ist im geschmolzenen Aluminium löslich, beim Erkalten scheidet sich AlB_{12} in metallisch glänzenden Kristallen aus. Ein reines *kristallisiertes* Bor wird durch Reduktion von Bortrichlorid mit Wasserstoff in Gasphase im elektrischen Lichtbogen erhalten: $2\,BCl_3 + 3\,H_2 = 2\,B + 6\,HCl$. Das reine kristallisierte „metallische" Bor hat eine dunkelgraue Farbe mit metallischem Glanz und ist nach dem Kohlenstoff (als Diamant) das härteste Element; es ist ein schlechter Leiter für den elektrischen Strom.

Bor ist unter normalen Bedingungen beständig. Über 500° C wird es reaktionsfähig und verbindet sich mit Sauerstoff, Halogenen und Schwefel, zersetzt Wasser usw. Bei 1000° reagiert es sogar mit Stickstoff und bildet Bornitrid.

Borwasserstoffe, Borane.

	B_2H_6	B_4H_{10}	B_5H_9	B_5H_{11}	B_6H_{10}	B_6H_{12}	$B_{10}H_{14}$
Schmp.	—165°	—120°	—47°	—129°	—65°	≈ —90°	100°
Sdp.	—92°	18°	48°	63°			213°

Es sind noch höhere, nicht näher untersuchte Borane bekannt. Borane von der allgemeinen Form B_nH_{n+4} sind beständiger als die um zwei Wasserstoffatome reichere Form B_nH_{n+6}.

Borane werden hergestellt durch Reduktion von Borhalogeniden mit Wasserstoff in einer Glimmentladung bei 10 Torr Gesamtdruck:

$$BBr_3 + 6\,H_2 \rightarrow B_2H_5Br \xrightarrow[60°]{\text{allmähliche Umsetzung}}$$

erstes Produkt

$$\rightarrow BBr_3,\ B_2H_5Br,\ B_2H_6 \xrightarrow{\text{Fraktionierung}} B_2H_6.$$

Die ältere Methode zur Herstellung der Borane aus Magnesiumbromid mit Salzsäure liefert eine geringe Ausbeute und wird deshalb nicht mehr angewendet — die thermische Zersetzung des Diborans B_2H_6, Tetraborans H_4B_{10} liefert die übrigen Borane.

Die Borane sind sehr reaktionsfähige Stoffe, sie reagieren ähnlich wie die Silane mit Sauerstoff schon bei Zimmertemperatur und sind gegen Wasser äußerst empfindlich[1]. Sie besitzen einen widerlichen, Kopfschmerzen und Übelkeiten verursachenden Geruch. Die Ermittlung der Konstitution der Borane bereitet erhebliche Schwierigkeiten. Der wegen der III-Wertigkeit zu erwartende einfachste Borwasserstoff BH_3 *(Borin)* ist nicht beständig; es sind jedoch eine Reihe von Verbindungen bekannt, in denen er vorkommt, z. B.:

Diboran reagiert mit Trimethylamin $N(CH_3)_3$ bei $-100°\,C$ und gibt ein ziemlich beständiges Produkt von der Zusammensetzung $(CH_3)_3N:BH_3$, mit Kohlenoxyd erhält man das **Borincarbonyl** $2\,CO + BH_3 \rightleftharpoons 2\,H_3BCO$. Wesentlich komplizierter sind die Reaktionen mit Ammoniak; bei etwa $-120°$ bildet sich

$$\overset{\textstyle H}{\underset{\textstyle H}{(NH_4)H_3B:\overset{..}{\underset{..}{N}}:BH_3}}$$

entsprechend der Summenformel $B_2H_6 \cdot 2\,NH_3$. Es ist ein bis $+80°\,C$ beständiges Produkt. Dies wären drei Beispiele, welche auf die leichte Spaltbarkeit des Diborans $B_2H_6 \rightarrow 2\,BH_3$ hinweisen. Man kann viele (nicht alle!) chemische und physikalische Eigenschaften des Diborans verstehen, wenn man eine leicht aufspaltbare Wasserstoffbindung (S. 133) zwischen zwei Borin-Molekeln annimmt:

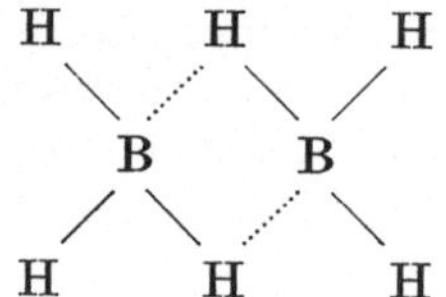

Boransalze. Leitet man in Quecksilberamalgame von Alkalien oder Erdalkalien Diboran, so erhält man *Salze* des Diborans; z. B. $2\,Na(Hg) + B_2H_6 \rightarrow Na_2B_2H_6$. Es sind dies nicht flüchtige Stoffe, viel stabiler als das Diboran. So kann man das genannte Natriumsalz im Vakuum bei 400° ohne besonders starke Zersetzung sublimieren.

Metallborhydride. Bemerkenswerte Verbindungen werden erhalten, wenn man Metallalkyle mit Diboran zur Reaktion bringt, z. B.

$$2\,LiC_2H_5 + 2\,B_2H_6 = \underset{\text{unflüchtig}}{2\,Li\,BH_4} + (C_2H_5)_2B_2H_4$$

Mit Beryllium- und Aluminiumalkylen ergeben sich $Be(BH_4)_2$ (Sdp. 91°); $Al(BH_4)_3$ (Sdp. 45°). Es entstehen demnach Metallverbindungen mit einem für anorganische Verbindungen ungewöhnlich hohen Gehalt an Wasserstoff; die niedrigen Siedepunkte letztgenannter Verbindungen sind sehr bemerkenswert.

Diboran wird von Wasser sehr leicht zerstört, etwas weniger leicht die höheren Borane; das Endprodukt ist stets Borwasserstoffsäure und Wasserstoff: $B_2H_6 + 6\,HOH = 6\,H_2 + 2\,B(OH)_3$.

---

[1] Die Chemie der Borane ist von A. Stock (Deutschland) erschlossen.

Der Ersatz der Wasserstoffe in den Boranen durch Halogene erfolgt bei Gegenwart von Aluminiumchlorid mit Halogenwasserstoff, z. B.:

$$B_2H_6 + HBr = B_2H_5Br + H_2,$$

demnach ähnlich wie bei den Silanen.

Borfluorid BF_3, Schmp. —128°, Sdp. —101°, entsteht beim Erhitzen von Bortrioxyd mit Flußsäure, wobei man diese zweckmäßig direkt im Bildungssystem erzeugt:

$$B_2O_3 + 3\,CaF_2 + 3\,H_2SO_4 = 2\,BF_3 + 3\,CaSO_4 + 3\,H_2O.$$

Borfluorid ist ein farbloses Gas von erstickendem Geruch, das vom Wasser rasch angegriffen wird, trocken kann es über Quecksilber aufbewahrt werden. Bei der Zersetzung mit Wasser bildet sich die *Fluoborsäure* $H[BF_4]$:

$$4\,BF_3 + 3\,H_2O = H_3BO_3 + 3\,H[BF_4].$$

Sie ist eine starke Säure, die nur in wäßriger Lösung bekannt ist. Die Salze sind beständig, ihre Löslichkeit entspricht der der Perchlorate, mit denen die Salze gleiche Konfiguration haben.

$$\begin{array}{c} \overset{\cdot\cdot}{:Cl:} \\ \overset{\cdot\cdot}{:Cl:}B \\ \overset{\cdot\cdot}{:Cl:} \\ \overset{\cdot\cdot}{} \end{array}$$

Borchlorid BCl_3, Schmp. —107°, Sdp. 13°, kann direkt aus den Elementen hergestellt werden, oder man verbindet die Entstehung des elementaren Bors gleichzeitig mit der Chloridbildung bei hoher Temperatur: $B_2O_3 + 3\,C + 3\,Cl_2 = 2\,BCl_3 + 3\,CO$. Borchlorid wird sehr leicht durch Wasser zersetzt, es bildet sich als Endprodukt Borsäure. Zahlreiche Anlagerungsprodukte sind bekannt.

Bortrioxyd B_2O_3 ist das Anhydrid der Borsäure H_3BO_3, aus der es durch starkes Erhitzen hergestellt werden kann; das glasig erstarrende Produkt ist sehr hydroskopisch.

Die **Borsäure** ist mit Wasserdämpfen flüchtig und wird auf diese Weise in vulkanischen Gegenden an die Erdoberfläche befördert, z. B. in Toskana. Man stellt die Säure aus Borax durch Ansäuern her:

$$Na_2B_4O_7 + 2\,HCl + 5\,H_2O = 4\,H_3BO_3 + 2\,NaCl.$$

Borsäure kristallisiert in schuppigen, sich fettig anfühlenden, perlenweißen Blättchen, die in kaltem Wasser mäßig, in heißem reichlich löslich sind. Beim Erhitzen verwandelt sich die Borsäure zuerst in *Metaborsäure* HBO_2 und diese dann in das Bortrioxyd: $H_3BO_3 \rightarrow HBO_2 \rightarrow B_2O_3$. Die Metaborsäure und das Bortrioxyd sind mit Wasserdämpfen *nicht* flüchtig,

Die Borsäure gehört zu den sehr schwachen Säuren. $K_I = 7 \cdot 10^{-10}$, $K_{II} = 2 \cdot 10^{-13}$, $K_{III} = 2 \cdot 10^{-14}$. In einer bei Zimmertemperatur gesättigten, etwa 0,64 Mol H_3BO_3/Liter enthaltenden Lösung beträgt

$c_{H^+} \approx 10^{-11}$ Mol/Liter; in einer Natriumdihydroborat-Lösung, deren Konzentration $c_{NaH_2BO_3} = 0,1$, sind etwa 10% hydrolysiert (Gl. 2, S. 174).

Beachtenswerterweise läßt sich die Borsäure in eine viel stärkere Säure überführen, wenn man ihrer Lösung organische Verbindungen hinzugibt, die Hydroxylgruppen enthalten. Dazu gehören mehrwertige Alkohole, wie Glyzerin, Mannit, Invertzucker u. a. Es bilden sich Komplexverbindungen; die Borsäure kann daraufhin mit Phenolphthalein als Indikator titriert werden.

Die Borsäure wird mit Methyl- oder Äthylalkohol in Gegenwart von verd. Schwefelsäure leicht verestert:

$$B(OH)_3 + 3\ CH_3OH = B(OCH_3)_3 + 3\ H_2O.$$

Die Ester sind sehr flüchtig; man verwendet diese Eigenschaft in der Analytischen Chemie. Siehe weiter unten.

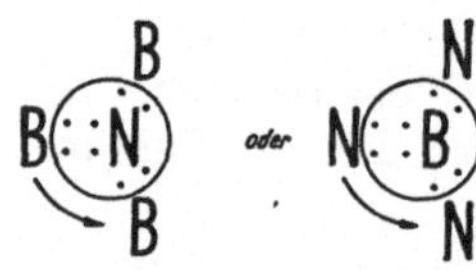

Abb. 97. Bornitridbindung B—N in der Gitterebene.

Die *Salze* der Borsäure — die *Borate* — leiten sich nicht von der Borsäure ab, sondern von Säuren, die aus n Borsäuremolekeln durch Abgabe von $(n + 1)$ Wassermolekeln entstehen: $n\ H_3BO_3 - (n + 1)\,H_2O \rightarrow H_{n-2}B_nO_{2n-1}$. Die Borate lassen sich mit starken Säuren als Basen titrieren.

Borax $Na_2B_4O_7 . 10\ H_2O$ ist das bekannteste Salz, das gegenwärtig hauptsächlich aus Kernit hergestellt wird. Borax bildet farblose, durchsichtige, leicht verwitterbare Kristalle (monokl. System); beim Erhitzen wird Wasser abgespalten, die so erhaltene glasartige Schmelze vermag Metalloxyde zu lösen; diese Eigenschaft wird in der Analytischen Chemie (Boraxperle) und technisch beim Löten verwendet. Das Salz findet vielseitige Verwendung in der Emailindustrie, in Wäschereien, gemeinsam mit Borsäure auch in der Kosmetik und Hygiene.

Borsäure bindet Wasserstoffperoxyd; es entstehen sogenannte „Perborate", von denen es mehrere im festen Zustande bestehende Formen gibt: $NaBO_3 . H_2O_2$; $Na_2B_4O_7 . H_2O_2$. Sie werden als Zusätze zu Waschmitteln, Seifen usw. verwendet.

Bornitrid BN kann direkt aus den Elementen bei hohen Temperaturen hergestellt werden. Man kann aber auch auf einem Umwege ein reines Produkt erhalten: Borbromid gibt mit flüssigem Ammoniak Boramid $B(NH_2)_3$, das sich beim Erhitzen zuerst in Borimid $B_2(NH)_3$ und schließlich in das reine Bornitrid umwandelt. Bornitrid kristallisiert hexagonal und bildet ein Schichtgitter: $\overset{2}{\underset{\infty}{}} [B^{[3]} N^{[3]}]\,h$. Es hat die gleiche Struktur wie der Graphit; die Gitterkonstanten sind diesem fast gleich: die eine Hälfte der Gitterpunkte sind von Bor, die anderen von Stickstoffatomen besetzt. Man kann sich, ganz entsprechend wie beim Graphit (Abb. 97), die Bindung zwischen Stickstoff und Bor vorstellen: Die acht Elektronen, die im Graphitbilde im Kreise angeordnet sind, werden im Bornitrid durch die fünf Elektronen des Stickstoffes und die drei Elektronen des Bors aufgebracht.

Bornitrid ist chemisch sehr widerstandsfähig; wird von Säuren nicht angegriffen, Wasserdampf bei 200° und geschmolzenes Alkalihydroxyd zersetzen es jedoch.

Im Graphit ist die Konstitution des Benzolringes (C_6)—H_6 enthalten; interessanterweise ist im Bornitrid auch die Konstitution einer $(BN)_3$—H_6-Verbindung vorgebildet. Beim Erhitzen von Diboran mit Ammoniak bildet sich nach der Gleichung

$$3 B_2H_6 + 6 NH_3 = 2 B_3N_3H_6$$

eine Verbindung, die *Borazol* (Schmp. —58°, Sdp. 55°) bezeichnet wird. Sie besitzt die Konstitution:

H
B
HN⟋ ⟍NH
NB ⎮⎮ BH ,
N
H

demnach dem Benzolring entsprechend. Die Übereinstimmung der phys. Eigenschaften Benzol—Borazol ist erstaunlich.

Borkarbid B_4C — bildet sich direkt aus den Elementen oder aus dem Bortrioxyd und Kohle bei Temperaturen über 2000° C. Es ist eine äußerst beständige Verbindung, die von Salpetersäure, Chlor, Sauerstoff, Chlorate, auch bei hohen Temperaturen nicht angegriffen wird. Borkarbid ist fast so hart wie Diamant.

Nachweis. Borsäureester sind flüchtig und verbrennen mit grüner Farbe; da die Veresterung glatt verläuft, gilt diese Eigenschaft als ein empfindlicher Nachweis.

2. Aluminium Al

Aluminium ist das häufigste Metall, es steht an der dritten Stelle der Elemente, die am Aufbau der Erde beteiligt sind. Es kommt nur in Verbindungen vor. Silizium ist neben Sauerstoff sein häufigster Begleiter. Feldspäte, Glimmer, Ton sind Aluminiumsilikate, die in gewaltigen Mengen vorkommend die Erdoberfläche bilden und formen. Über einige Aluminiumsilikate s. S. 256 ff.

Mehr oder weniger reines Aluminiumoxyd Al_2O_3 findet sich als *Korund* und *Schmirgel* in der Natur, ersterer kann in gut ausgebildeten Kristallen vorkommen, die man als Edelsteine schätzt: *Rubin* (rot), *Saphir* (blau), beide enthalten etwas Chrom, *Topas* $(OH, F)_2Al_2SiO_4$ (gelb), *Hydrargillit* $Al_2O_3 . 3 H_2O$ [$Al(OH)_3$ monoklin], *Diaspor* [$AlO(OH)$ rhomb.] sind Bestandteile des sogenannten *Bauxites*, der ein wichtiger Ausgangsstoff für die Herstellung des Metalles ist. *Kryolith* $Na_3[AlF_6]$ ist ebenfalls von technischer Bedeutung, findet sich jedoch fast nur in Grönland.

Aluminium wird großtechnisch durch Elektrolyse von Aluminiumhydroxyd hergestellt, das in geschmolzenem Kryolith gelöst ist. Das

Aluminiumhydroxyd muß sehr rein sein; es sind daher für dessen Herstellung besondere Verfahren in Anwendung, die sich nach den Ausgangsstoffen richten, die zur Verfügung stehen. Das Metall wird gegenwärtig in höchster Reinheit hergestellt.

Aluminium ist ein silberweißes leichtes Metall, $d_{25} = 2,7$ (Fe: 7,9, Cu: 8,9). Nach dem spezifischen elektrischen Widerstand $\varrho_0 = 2,41$ (Ag: 1,49, Cu: 1,55, Fe: 8,7) ist es ein guter Leiter für den elektrischen Strom. An der Luft ist Aluminium haltbar, überzieht sich nur mit einer festhaftenden schützenden Schicht. Man kann das Aluminium noch besser schützen, wenn man es anodisch in einer Chromsäurelösung, Oxalsäure und andere Stoffe enthaltend, oxydiert: Es bildet sich eine harte, sehr beständige und festhaftende Oxydschicht (Dicke etwa 0,02 mm), (*Eloxal*-Verfahren); auf solche Art oxydierte Aluminiumdrähte sind elektrisch isoliert. Das Verhalten des Aluminiums gegen Säuren und Basen ist stark von der Reinheit des Metalles abhängig. Verdünnte organische Säuren greifen es nicht an, wesentlich leichter alkalische Stoffe, gegen Salpetersäure wird das Metall passiv, verbindet sich jedoch sehr leicht mit freien Halogenen. Nach der elektrischen Spannungsreihe ist Aluminium ein ziemlich unedles Metall, es steht zwischen Zink und Beryllium.

Aluminium hat die *größte* Verbrennungswärme unter den Metallen, die Bildungswärme für Al_2O_3 beträgt $\Delta H = -380$ kcal ($Cr_2O_3 : \Delta H = -273$ kcal, $Fe_2O_3 : \Delta H = -198$ kcal). Da es auch eine sehr hohe Oxydationsgeschwindigkeit besitzt, eignet es sich auch zur Reduktion schwer reduzierbarer Metalloxyde (z. B. Cr_2O_3, MnO, Ti_2O_3), ferner ist es möglich, wenn Mischungen von Eisenoxyd und Al-Pulver zur Reaktion gebracht werden, hohe Temperaturen zu erzeugen. *Thermit*-Verfahren (Verfahren nach GOLDSCHMIDT):

$$8\,Al + 4\,Fe_2O_3 = 4\,Al_2O_3 + 8\,Fe, \qquad \Delta H = -708 \text{ kcal.} \qquad (1)$$

Bei entsprechender Anordnung genügt die entwickelte Wärme, um kompakte Eisenteile zusammenzuschweißen.

Al-Pulver mit Ammoniumnitrat und Nitrokörpern vermengt, wird bei Gesteinssprengungen verwendet.

Die Verwendung des Aluminiums ist sehr vielseitig und steigert sich ständig. Die Mengen des Aluminiums für die Herstellung von Küchengeräten und Gebrauchsgegenständen wird weit überholt durch den Verbrauch für „Leichtmetalle": Solche Al-Legierungen sind z. B. *Magnalium* enthält 2 bis 30% Mg, *Duraluminium* D (eine härtbare Legierung) enthält 3,5 bis 4,5% Cu, 1 bis 2% Mg und 2% Ni.

In seinen Verbindungen ist Aluminium fast ausschließlich III-wertig.

Aluminiumoxyd (*Tonerde*) Al_2O_3 entsteht bei der Verbrennung des Metalles und kann aus Aluminiumhydroxyd durch Glühen erhalten werden. Nachdem das Oxyd bei hoher Temperatur die beständigste Aluminiumverbindung ist, bildet es sich bei vielen Umsetzungen, an denen Aluminium beteiligt ist. Das in der Natur vorkommende Aluminiumoxyd *Korund* kann auch künstlich [etwa nach Gl. (1)] hergestellt werden. Künstlicher Korund kann reiner als der natürliche gewonnen werden, er ist sehr hart und dient als Schleif- und Poliermittel.

Zur Synthese künstlicher Edelsteine wird sehr feines Aluminiumoxyd verwendet. Dieses fällt auf die Stelle eines Chamottestiftes, auf die ein Knallgasgebläse gerichtet ist und sie auf 2000° erhitzt. Durch das allmähliche Aufschmelzen wächst der Kristall zu einem Einkristall empor. Die synthetischen Korundsteine sind nicht nur chemisch, sondern auch im Kristallbau vollkommen dem Naturstein gleich, diesen sind sie sogar überlegen, da sie viel homogener sind. Diese Überlegenheit erklärt sich aus den gleichmäßigen Bildungsbedingungen, daher Ausschaltung zufälliger Einwirkungen, denen Natursteine unterworfen sind. Synthetische Edelsteine werden auch als Lagersteine in der Uhren- und Apparateindustrie verwendet. Man erzeugt künstliche Rubine, blaue Saphire und rote Spinelle ($MgAl_2O_4$).

Aluminiumhydroxyd $Al(OH)_3$ entsteht als voluminöser Niederschlag bei Zusatz von Ammoniak zu gelösten Aluminiumsalzen. Da diese stark hydrolytisch gespalten sind, kann man das Hydroxyd aus den gelösten Salzen in der Wärme herstellen, wenn man Azetate oder Karbonate hinzusetzt, die etwa nach der Gleichung

$$AlCl_3 + H_2O \rightleftharpoons AlCl_2OH + HCl$$

entstehende Säure wird neutralisiert, wodurch die Hydrolyse in der Richtung $\rightarrow$ vollkommen wird. Wird gefälltes Aluminiumhydroxyd getrocknet und hoch erhitzt, so wird das gebildete Al_2O_3 schwer in Säuren löslich, stark geglüht, vollkommen unlöslich. Gleich verhält sich Fe^{III}-hydroxyd.

Wird ein Aluminiumsalz, z. B. $Al(NO_3)_3$, in geeigneter Verdünnung dialysiert, so erhält man das lyophobe (hydrophobe) Aluminiumhydroxyd; das Gel hat die Zusammensetzung $AlO(OH)$.

Aluminiumhydroxyd ist amphoter: in Säuren bilden sich die entsprechenden Salze, Alkalihydroxyde lösen unter Bildung von *Aluminaten*:

$$Al(OH)_3 + OH^- \rightleftharpoons Al(OH)_4^-.$$

Das Hydroxyd $AlO(OH)$ ist eine sehr schwache Base, $K_I = 6 \cdot 10^{-12}$. Die Salze des Aluminiums sind in der Tat erheblich hydrolysiert; *experimentell* findet man den Hydrolysegrad eines $^1/_{10}$mol. Aluminiumsalzes bei Zimmertemperatur zu etwa 3% [dieser Wert ist niedriger als der, welcher sich nach der Gl. (2), S. 174 mit Verwendung des angegebenen Wertes für K_I berechnet]. Die Salze des Aluminiums werden sich daher von der *stärkeren* Base $Al(OH)_3$ ableiten, für die $K_{II} \approx 10^{-10}$ sein dürfte.

Aluminate lassen sich auf trockenem Wege durch Schmelzen von Al_2O_3 mit Basen herstellen; man erhält z. B. $Na[AlO_2]$; sie können kristallinisch erhalten werden, kommen im Mineralreich vor und bilden die Gruppe der *Spinelle*. Zu diesen gehört der Spinell $Mg[AlO_2]_2$ und weitere Abarten; an Stelle von Mg kann Zn, Mn^{II}, Fe^{II} treten.

Durch Fällungen von Aluminiumsalzlösungen mit Ammoniak in der Wärme oder gelösten Aluminaten mit Kohlendioxyd erhält man zum Teil Aluminiumhydroxyde, die kristallinisch sind; sie besitzen eine Struktur, die dem natürlich vorkommenden Bauxitgemisch entspricht.

Die Salze des Aluminiums kristallisieren mit hohem Wassergehalt und sind farblos. Schwer löslich sind die Phosphate, Silikate und Borate. Das vier Wassermolekeln anlagernde Al^{+++}-Ion ist farblos.

Aluminiumfluorid AlF_3 bildet sich beim Erhitzen des Systems Al-Metall-Flußsäure auf hohe Temperatur. Das Fluorid ist wenig löslich und wird von kochender Schwefelsäure kaum angegriffen. Wird Aluminium in wäßriger Flußsäure gelöst, so erhält man zwei Hydrate, $AlF_3 . 3 H_2O$, von denen das eine löslich, das andere unlöslich ist.

Aluminiumfluorid ist in Flußsäure löslich, es entsteht eine **aluminiumfluowasserstoffsaure** H_3AlF_6, als dessen Natriumsalz der *Kryolith* Na_3AlF_6 aufgefaßt werden kann.

Kryolith besitzt eine erhebliche Bedeutung für die Herstellung des Aluminiums. Er wird synthetisch nach verschiedenen Verfahren hergestellt, z. B. in wäßriger Lösung nach der Gleichung

$$AlF_3 + 3 NH_4F + 3 NaNO_3 = Na_3AlF_6 + 3 NH_4NO_3.$$

Kryolith ist in Säuren *unlöslich*, wird jedoch leicht von Alkalien aufgeschlossen, sein Schmp. 1000° liegt niedrig, was für seine Verwendung bei elektrolytischer Herstellung des Metalls von Vorteil ist.

Aluminiumchlorid $AlCl_3$ ist ein vielverwendetes Reagens der organischen Chemie, es wird deshalb in größeren Mengen hergestellt. Man gewinnt es aus den Elementen oder aus Al_2O_3, Kohle und Chlor bei höherer Temperatur, es ist flüchtig, bei 183° beträgt der Sublimationsdruck 1 Atm., was für die Reinherstellung günstig ist. Wasserfrei, ist Aluminiumchlorid in vielen organischen Lösungsmitteln löslich, es wird für die klassische Reaktion nach FRIEDEL-CRAFFTS in der organischen Chemie gebraucht, z. B.

$$C_6H_6 + CH_3Cl \xrightarrow{} C_6H_5CH_3 + HCl$$
$$\text{Verlauf bei Gegenwart von } AlCl_3.$$

Solche Kondensationen unter Entwicklung von Halogenwasserstoffen sind zwar vorwiegend auf die aromatische Verbindungsreihe beschränkt, aber hier von allgemeiner Anwendbarkeit. Beispiele für Reaktion in einem anorg. System[1]. Aluminiumchlorid wird durch Wasser zersetzt und raucht deshalb an feuchter Luft.

Aluminiumsulfat $Al_2(SO_4)_3$ kristallisiert aus wäßrigen Lösungen mit Kristallwasser: $Al_2(SO_4) . 18 H_2O$ in farblosen Nadeln. Das Salz findet technische Verwendung in der Färberei, es ist eines der wichtigsten Stoffe für das Beizen der Baumwollfasern, auch in der Papierindustrie und Gerberei wird es angewendet. Aluminiumsulfat verdrängt immer mehr den früher ausschließlich gebrauchten Alaun.

Alaune. Aluminiumsulfat und Alkalisulfate bilden Doppelsalze von der allgemeinen Zusammensetzung $M_2^ISO_4 . Al_2(SO_4)_3 . 24 H_2O$, meist

---

[1] Halogensubstitutionen in Silane S. 250 und Borane S. 283.

geschrieben: $M^I Al(SO_4)_2 . 12 H_2O$. Es kann M^I ein Alkalimetall, Ammonium- oder Thallium(I) sein.

Kaliumalaun $KAl(SO_4)_2 . 12 H_2O$ wird am meisten verwendet, er bildet farblose Kristalle (Oktaeder). Man kann ihn vollkommen entwässern, erhält auf diese Weise den *gebrannten Alaun*. Die Darstellung erfolgt gegenwärtig noch aus Ton durch Aufschluß mit konz. H_2SO_4. Alaun findet gleiche Verwendung wie das Aluminiumsulfat. In der Medizin wird von seiner adstringierenden Eigenschaft (die übrigens allen Aluminiumsalzen eigen ist) Gebrauch gemacht.

Unter Alaunen versteht man noch eine allgemeine Doppelsalztype, in der auch das Aluminium durch III-wertige Metalle, wie Eisen, Chrom, Mangan, Vanadin und andere Metalle vertreten werden kann — alle haben sie ein großes Kristallisationsvermögen. *Alaune sind Doppelsalze, die in Lösung vollkommen in die einzelnen Salze zerfallen und deren einfache Ionen bilden.* Da die Bestandteile der Alaune einen vom Alaun verschiedenen Kristalltypus besitzen, sind Alaune nicht zu den Mischkristallen zu rechnen.

Aluminiumazetat $Al(CH_3CO_2)_3$ *(Essigsaure Tonerde)* ist, da Säure und Base des Salzes schwach sind, besonders weitgehend hydrolytisch gespalten: eine Lösung scheidet deshalb basische Azetate ab und wird in dieser Form in der Medizin verwendet.

Nachweis. Im analytischen Gang fällt das Aluminium bei der Schwefelammoniumgruppe aus. Al_2O_3 gibt, mit Spuren einer Co-Salzlösung befeuchtet und geglüht, eine intensiv blau gefärbte Schmelze, THÉNARD-*Blau*; gilt als empfindliche Reaktion.

3. Gallium Ga

Gallium kommt in der Natur in Zinkblenden und anderen Blenden stets in sehr geringen Mengen vor (im Mannsfelder Kupferschiefer $2 . 10^{-3}\%$, wird in Leopoldshall, Deutschland, gewonnen). Das sehr weiche, glänzend weiße Metall hat einen auffallend niedrigen Schmelzpunkt. Es kann zur Füllung von Quarzthermometern zur Messung hoher Temperaturen verwendet werden; der Unterschied der Siedepunkte zwischen Quecksilber und Gallium beträgt fast $2000°$!

Das Metall kann II- und III-wertig sein, letzteres wird bevorzugt. Die Salze sind farblos, das Gallium III-chlorid $GaCl_3$ verhält sich wie Aluminiumchlorid $AlCl_3$, es raucht an der Luft, und in Wasser erfolgt Hydrolyse bis zur Abscheidung des Hydroxydes.

4. Indium In

Findet sich in manchen Blenden in sehr geringer Konzentration. Das Metall ist silberweiß glänzend und so weich, daß es mit einem Messer geschnitten werden kann. Bevorzugt wird die Wertigkeit III; die niedrigeren Oxydationsstufen disproportionieren zu Metall und III-wertiger Stufe. Indiumtrichlorid $InCl_3$ ist im Wasser stark hydrolysiert.

5. Thallium Tl

Thallium findet sich in kleinsten Mengen in vielen hydrothermalen Erzgängen und Gesteinen vor. Teils ist es bei den Blenden der Schwermetalle zu finden, teils in den alkalienführenden Salzen und Glimmern. Das kommt davon, daß die Thallium III-Verbindungen Eigenschaften eines Schwermetalles haben, während die Thallium I-Verbindungen die der Alkalien besitzen.

Das Metall ist weißglänzend, weich, läuft an der Luft an und erinnert darin auch sonst etwas an Blei. Während die I-wertigen Verbindungen in wäßrigen Lösungen beständig sind, werden III-wertige Verbindungen weitgehend hydrolysiert; in den Komplexverbindungen sind auch diese beständig. Eine Reduktion $Tl^{III} \rightarrow Tl^{I}$ erfolgt leicht.

Von den Thallium I-Verbindungen wäre zu erwähnen das in Wasser leicht lösliche, stark alkalisch reagierende *Thallium I-hydroxyd* Tl(OH), *Thallium I-karbonat* Tl_2CO_3 ist in Wasser löslich und reagiert alkalisch, verhält sich demnach wie ein Alkalikarbonat. *Thallium I-sulfat* $Tl_2(SO_4)$ ist isomorph mit Kalium-, Rubidium- und Cäsiumsulfat. Die Halogenide sind schwer löslich, das Chlorid jedoch leicht löslich. Thallium I-sulfid Tl_2S ist schwarz und schwer löslich, es besteht demnach eine Ähnlichkeit mit Silber.

Die *Thallium III-Verbindungen* sind durch Oxydation der Thallium I-Verbindungen herstellbar. Die Halogenide sind weniger stark hydrolisiert als die des Galliums und Indiums. Thalliumhydroxyd $Tl(OH)_3$ wird aus löslichen Thallium III-Verbindungen mit Ammoniak als rotbrauner Niederschlag gefällt, das entsprechende Oxyd Tl_2O_3 kristallysiert in schwarzen Plättchen.

Thalliumverbindungen sind giftig. Man verwendet sie zur Vertilgung von Mäusen und Ratten.

XLIV. Die Erdalkalien

Übersicht

Ordnungszahl	Element	Atomgewicht	Isotope	Dichte	Schmelzpunkt ° C	Siedepunkt ° C	Wertigkeit
4	Beryllium Be	9,0	Reinelement	1,85	1280	2967	II
12	Magnesium Mg	24,3	3	1,74	657	1102	II
20	Kalzium Ca	40,1	6	1,55	850	1439	II
38	Strontium Sr	87,6	4	2,6	757	1364	II
56	Barium Ba	137,4	7	3,5	710	1638	II
88	Radium Ra	226,0	A { 223 224 226	—	700	1140	II

Das Magnesium und das Kalzium gehören zu den häufigsten Elementen und bilden als Karbonate und Silikate ausgedehnte Gebirgszüge, während die Häufigkeit der anderen Elemente dieser Reihe sehr stark zurücksteht, das Radium ist instabil und gehört zu den äußerst seltenen Elementen. Die Elemente sind durchwegs II-wertig; sie haben alle $2\,s$ Elektronen mehr als das vorhergehende Edelgas. Sie sind, nach ihren Normalpotentialen beurteilt, sehr unedle Metalle, sie zersetzen alle bei Zimmertemperatur das Wasser, wenn auch mit stark verschiedener Geschwindigkeit. Kalzium, Strontium und Barium bilden beständige Hydride und zeigen darin ihren Nachbarn, den Alkalimetallen, gleiches Verhalten.

Die Oxyde bilden alle Ionengitter, Berylliumoxyd ein Wurtzitgitter, während die Oxyde der restlichen Elemente im Gitter vom NaCl-Typus auftreten; sie gehören demnach zu den „salzartigen" Oxyden. Alle Erdalkalien vereinigen sich leicht mit Stickstoff. Kalzium, Strontium und Barium lösen sich in Ammoniak mit blauer Farbe.

Bis auf die Fluoride sind die Halogenide aller Elemente leicht löslich, Berylliumfluorid ist leicht löslich.

Die letzten vier Elemente besitzen im sichtbaren Gebiet sehr kennzeichnende Flammenspektren. Die Bunsenflamme färben die Salze des Kalziums schwach rötlich, Strontium karminrot, Barium hellgrün, Radium rot. Die Ionen aller Erdalkalien sind farblos.

1. Beryllium Be

Ein Hauptvorkommen dieses Elements ist der *Beryll* (S. 257), $Al_2Be_3[Si_6O_{18}]$, der in großen Lagern vorkommt. Die Edelsteine *Smaragd* (grün) und *Aquamarin* sind einige seltene Abarten des Berylls.

Das Metall kann man durch Elektrolyse von *Berylliumfluorid* BeF_2 oder der Komplexverbindung $Na[BeF_3] + Ba[BeF_3]_2$ herstellen. Das sehr harte Metall wird in Legierungen mit Leichtmetallen verwendet; Kupfer mit 2 bis 10% Be gibt eine vergütbare Legierung.

Berylliumhydroxyd bildet sich als gallertartiger Niederschlag beim Versetzen von Berylliumsalzen mit verdünnten Laugen; in stärkeren Laugen ist das Hydroxyd löslich, es unterscheidet sich darin von allen anderen Hydroxyden der Erdalkalien (Regel 6). Das Hydroxyd ist leicht löslich in Ammoniumkarbonat, dadurch unterscheidet es sich von *Aluminiumhydroxyd*. Aus dem Hydroxyd erhält man das Beryllium-oxyd BeO.

Die Berylliumhalogenide sind alle löslich, Berylliumkarbonat ist in Lösung nicht beständig, es bilden sich stets nur basische Karbonate; die Sulfate und Nitrate sind leicht löslich.

2. Magnesium Mg

Über das Vorkommen des Magnesiums in der Natur siehe bei den Silikaten (S. 255ff.) und bei Kalium. Die Herstellung des Metalles ist im gegenwärtig anbrechenden Zeitalter der Leichtmetalle von erheblicher Bedeutung geworden. Man verwendet die Elektrolyse der geschmolzenen Salze, wie Magnesiumchlorid oder Carnallit; auch die Reduktion des

Oxydes mit Kohle bei 2000° ist durchführbar, wobei das Metall im Wasserstoffstrom abdestilliert. Das silberweiße Metall ist nicht besonders hart und insoweit dehnbar, daß es zu dünnen Blechen und Bändern ausgewalzt werden kann. An der Luft verändert sich das blanke Metall rasch, indem sich eine feste schützende Oxydschicht bildet. Auch sonst reagiert nichtkompaktes Metall leicht: es löst sich in einer ätherischen Lösung von Jodmethyl (GRIGNARD-*Reagens*), ferner in siedendem Alkohol usw. Wasser wird von reinem Metall sehr langsam zersetzt, unreines Metall jedoch oder das Amalgam zersetzen es sehr lebhaft; die meisten Metalloxyde werden bei entsprechenden höheren Temperaturen reduziert. In Pulverform oder als Band verbrennt Magnesium mit hellem Licht (Blitzlicht, Verwendung in der Photographie),

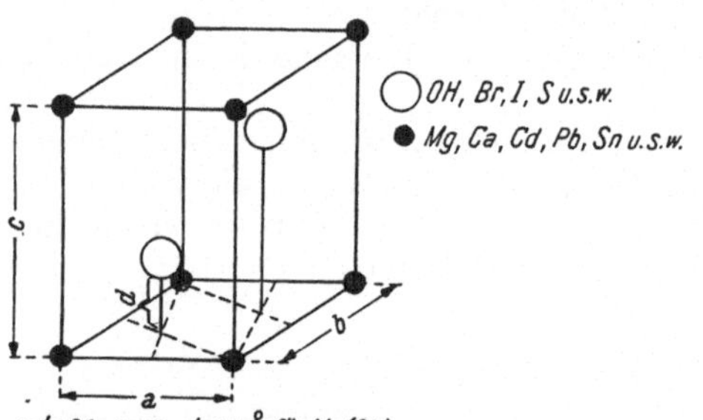

Abb. 98. *Brucitgitter*. Mit diesem Gitter kristallisieren z. B. noch   Ca(OH)₂;   Cd(OH)₂;   MgBr₂;   CdJ₂;   PbJ₂;   SnS₂.

besonders mit Chloraten und Bariumperoxyd vermengt ergeben sich starke Lichteffekte: Signalfeuer.

Große Mengen des Metalles werden für die Herstellung von Leichtmetall-Legierungen verwendet.

Magnesiumoxyd (*Magnesia*) MgO ist das unmittelbare Verbrennungsprodukt des Metalles; es wird meist durch Glühen des Karbonates als ein weißes, lockeres, sehr hoch schmelzendes Pulver erhalten, sogenannte *gebrannte Magnesia*, Schmp. 2642°. Wegen des hohen Schmelzpunktes wird Magnesia zur Herstellung hochfeuerfester Materialien, Tiegel und anderer Geräte verwendet, wobei man vom Magnesit oder Dolomit ausgeht.

Magnesiumhydroxyd Mg(OH)₂. In der Natur findet sich Magnesiumhydroxyd als *Brucit*, es bildet ein (hexagonales) Schichtgitter $\overset{2}{\infty}$ [Mg[6] OH[3]] h. Entsprechend diesem Aufbau, bildet Magnesiumhydroxyd durchsichtige, biegsame Plättchen. Die Elementarzelle des Gitters zeigt Abb. 98. Magnesiumhydroxyd wird aus Magnesiumsalzen nach Zusatz von Alkalihydroxyd erhalten, Ammoniak fällt unvollständig:

$$MgCl_2 + 2\,NH_4OH = Mg(OH)_2 + 2\,NH_4Cl.$$

$L = [Mg^{++}][OH^-]^2 = 6 \cdot 10^{-10}$. Nach S. 187 beträgt bei 25° in 1molarer NH₃-Lösung $c_{OH^-} = 4{,}2 \cdot 10^{-3}$. Um Magnesiumhydroxyd auszufällen, muß dem Löslichkeitsprodukt entsprechend $c_{OH^-} = \sqrt[3]{^1/_2 L} = \sqrt[3]{3 \cdot 10^{-10}} \approx$ $\approx 10^{-3}$ sein, d. h. man könnte mit der 1mol. NH₃-Lösung Magnesiumhydroxyd vollständig ausfällen. Die Fällung hängt von der Einstellung des Gleichgewichtes: $NH_4OH \rightleftarrows NH_4^+ + OH^-$ ab. Bei Anwesenheit von Ammonsalzen wird die Konzentration der OH⁻-Ionen zurückgedrängt, es wird $c_{OH^-} < 10^{-3}$ und die Fällung daher unvollständig.

Magnesiumchlorid $MgCl_2$ ist ein wichtiges Salz; es findet sich in den Kalisalzlagern Deutschlands in den obersten Schichten als *Karnallit* $MgCl_2.KCl.6 H_2O$ und als einfaches Salz $MgCl_2.6 H_2O$ *(Bischofit)*; ferner ist es im Meerwasser enthalten. Bei der Aufarbeitung des Karnallites zur Herstellung von Kalisalzen bleiben große Mengen Magnesiumchlorid übrig, die teilweise als Ausgangsprodukt für die Herstellung des Metalles und für Magnesiumsalze dienen. Magnesiumchlorid kann mit verschiedenen Molen Kristallwasser kristallisieren, am beständigsten ist das Hexahydrat, das außerordentlich leicht löslich ist. Das Kristallwasser kann beim Erwärmen abgegeben werden, doch nicht vollständig, da bei höheren Temperaturen Chlorwasserstoff abgespalten wird. Konz. Magnesiumchlorid gibt mit lockerer Magnesia einen harten weißen Stoff — es bildet sich ein basisches Salz (S. 336). Solche Magnesiazemente (Sorelzement) werden industriell viel verwendet, sind aber gegen Feuchtigkeit auf die Dauer nicht beständig.

Magnesiumsulfat $MgSO_4$, das leicht Doppelsalze bildet, findet sich ebenfalls in Kalisalzlagern; am bekanntesten ist *Kainit* $KCl.MgSO_4.$ $.3 H_2O$, *Astrakanit* $Na_2SO_4.MgSO_4.4 H_2O$ und *Kieserit* $MgSO_4.H_2O$. Dieser ist durch seine geringe Lösungsgeschwindigkeit ausgezeichnet und kann daher von den genannten Doppelsalzen u. a., mit denen er gemeinsam vorkommt, abgetrennt werden. *Bittersalz* $MgSO_4.7 H_2O$ findet sich gelöst in den Bitterwässern, es findet in der Technik als Beschwerungsmittel in der Papier- und Textilindustrie und in der Medizin reichliche Verwendung.

Magnesiumperchlorat („Dehydrite") $Mg(ClO_4)_2$ ist außerordentlich hygroskopisch und ist deshalb als vorzügliches Trockenmittel verwendbar.

Magnesiumkarbonat $MgCO_3$ kommt in der Natur als *Magnesit* und im *Dolomit* $MgCO_3.CaCO_3$ vor und ist durch Fällung von gelösten Magnesiumsalzen mit Karbonaten bei Gegenwart von Kohlendioxyd herstellbar. Mit Wasser erwärmt, zersetzt sich so ein gefälltes Magnesiumkarbonat, wobei sich basische Karbonate verschiedener Zusammensetzung bilden: $x MgCO_3.Mg(OH)_2 y H_2O$; die medizinisch verwendete *Magnesia alba* ist von dieser Art. Über die thermische Zersetzung siehe bei Kalzium. Magnesiumkarbonat ist wenig löslich, $L = 2,6 . 10^{-5}$, freie Kohlensäure erhöht die Löslichkeit. Magnesit dient u. a. für die Auskleidung der Konverter in der Stahlerzeugung.

Magnesiumnitrid Mg_3N_2 bildet sich beim Glühen des Metalls in einer N_2- oder NH_3-Atmosphäre. Gegen Wasser ist das Nitrid nicht beständig, es entsteht Ammoniak.

Nachweis. Für Magnesium gibt es keine typischen Reaktionen. Analytisch ist das schwer lösliche Magnesiumammoniumphosphat von Bedeutung: $Mg(NH_4)PO_4.6 H_2O$, es entsteht beim Versetzen eines Magnesiumsalzes mit Alkaliphosphat, Ammonchlorid und Ammoniaklösung.

3. Kalzium Ca

Das Kalziummetall wird ohne besondere Schwierigkeiten durch Elektrolyse von geschmolzenem Kalziumchlorid hergestellt; es ist ein silberweißes, hämmerbares Metall, das etwa härter als Blei ist. An feuchter Luft oxydiert es sich, und muß deshalb am besten unter Petroleum oder einer anderen wasserfreien Flüssigkeit aufbewahrt werden. Die reduzierende Eigenschaft ist viel stärker ausgeprägt als beim Magnesium. Das Metall vermag, richtig angewendet, die meisten Gase (auch Kohlenwasserstoffe) zu absorbieren und eignet sich deshalb zur Reindarstellung von Gasen.

Kalziumoxyd, Ätzkalk (gebrannter Kalk), CaO, wird durch „Brennen" des Kalksteines erhalten:

$$CaCO_3 \rightleftarrows CaO + CO_2, \qquad \Delta H = 43{,}3 \text{ kcal.}$$

Es stellt sich ein Gleichgewicht ein, $K = p_{CO_2}$; man bezeichnet p_{CO_2} als *Zersetzungsdruck* (Dissoziationsdruck). In der folgenden Zusammenstellung sind die entsprechenden Drucke der vier Erdalkalikarbonate angegeben:

	$MgCO_3$		$CaCO_3$		$SrCO_3$		$BaCO_3 \rightleftarrows$ bas. Karb. $+ CO_2$	
t° C	450	540	624	883	950	1250	1200	1350
p_{CO_2} (Torr)	6,8	747	5	763	15	755	92	735

Um eine rasche Zersetzung des Kalkes zu erhalten, wird man ihn so hoch erhitzen, daß $p_{CO_2} = 1$ Atm. beträgt, also auf mindestens 880° C, dies entspricht dem „Siedepunkt" des Kalkes. Aus der Zusammenstellung sieht man, daß diese „Siedetemperaturen" von Magnesium bis Barium regelmäßig ansteigen.

Unter den gewöhnlichen Bedingungen ist Kalziumoxyd ein beständiges Oxyd, bei höheren Temperaturen ist es zu verschiedenen Reaktionen befähigt; bei 300° reagiert es mit Chlor: $2\,CaO + 2\,Cl_2 = 2\,CaCl_2 + O_2$.

Kalziumfluorid CaF_2 kommt in der Natur als Flußspat vor; künstlich wird das Fluorid durch Fällung von gelösten Ca-Salzen mit Fluoriden als ein gallertartiger Niederschlag erhalten, der sehr leicht kolloidale Lösungen bildet. Das natürliche Produkt dient zur Herstellung des Fluorwasserstoffes (S. 133).

Kalziumchlorid $CaCl_2$. Man gewinnt das wasserfreie Salz durch vorsichtige Entwässerung des kristallwasserhaltigen, bei nicht zu hoher Temperatur (sonst gleiches Verhalten wie bei $MgCl_2 . 6\,H_2O$!). Wasserfrei ist Kalziumchlorid außerordentlich hygroskopisch, es löst sich in Wasser mit beträchtlicher Wärmeentwicklung:

$$CaCl_{2\,fest} + 200\,H_2O = CaCl_{2\,gelöst}, \qquad \Delta H = -18{,}6 \text{ kcal.}$$

Auf dieser Eigenschaft beruht die Verwendung des Kalziumchlorides als Trockenmittel, das zwar von anderen Stoffen [z. B. P_2O_5, geschm.

Alkalihydroxyden, $Mg(ClO_4)_2$] übertroffen wird, aber wegen der Billigkeit und angenehmen Eigenschaften diesem im allgemeinen vorgezogen wird. Kalziumchlorid ist auch in Alkohol löslich. Kalziumchlorid kann als ein Nebenprodukt des SOLVAY-Ammoniak-Sodaprozesses (S. 311 f.) gewonnen werden.

Kalziumnitrat *(Mauersalpeter, Kalksalpeter)* kristallisiert als $Ca(NO_3)_2 \cdot 4\,H_2O$, das auch wasserfrei erhalten werden kann; es ist sehr leicht löslich, das wasserfreie Salz auch in Alkohol. Es entsteht an Mauern, in deren Umgebung Stickstoff enthaltende Stoffe faulen. Große Mengen Kalziumnitrat sind bei der gegenwärtig nicht mehr angewendeten Luftverbrennung erzeugt worden *(Norge-Salpeter)*; es wird als Düngemittel verwendet und technisch aus Kalkstein und Salpetersäure hergestellt.

Kalziumsulfat $CaSO_4$ ist als Gips $CaSO_4 \cdot 2\,H_2O$ in der Natur stark verbreitet und findet sich daher in fast allen Gewässern gelöst: permanente Härte des Wassers. Es gibt zwei Formen: $CaSO_4 \cdot 2\,H_2O$ *Gips* monoklin, $CaSO_4$ *Anhydrit* rhombisch. Gips ist (unterhalb 42°) schwerer löslich als der Anhydrit, folglich ist ersterer die stabile Modifikation bei Gegenwart von Wasser. Die Löslichkeit des Gipses nimmt mit steigender Temperatur zuerst zu, erreicht ein Maximum (bei 42°) und nimmt dann ab. Die Abspaltung des Wassers erfolgt nach der Gleichung:

$$CaSO_4 \cdot 2\,H_2O \rightleftarrows CaSO_4 \cdot {}^1\!/_2\,H_2O + 1{}^1\!/_2\,H_2O_{Gas}, \qquad \Delta H = 3{,}9 \text{ kcal.} \qquad (a)$$

Bei 101° beträgt $p_{H_2O} = 0{,}99$ Atm. (Phasengesetz!); bei dieser Temperatur geht der kristallisierte Gips in ein kreideweißes Pulver über: *gebrannter Gips*. Wird dieser mit Wasser angemacht, so verwandelt er sich wieder in das Dihydrat: Die Reaktion verläuft in der ←-Richtung und unter Erwärmung. Das „Abbinden" des Gipses beruht darauf, daß sich feine Kriställchen von Gips bilden, die sich gegenseitig verfilzen und so eine kompakte Masse bilden. Erhitzt man den Gips auf hohe Temperaturen, so verliert er weiter Wasser und ist bei 300° totgebrannt; er nimmt kein Wasser mehr auf; es hat sich der natürlich vorkommende Anhydrit gebildet:

$$CaSO_4 \cdot 2\,H_2O_{Gips} \rightleftarrows CaSO_{4\,Anhydrit} + H_2O, \qquad \Delta H = 4{,}6 \text{ kcal.} \qquad (b)$$

Die Reaktion in der ←-Richtung ist äußerst langsam und nur in geologisch langer Zeitdauer bemerkbar. Auch das Halbhydrat ist eine unbeständige Form, wie man aus der Wärmetönung sieht, die sich nach Gl. (a) und (b) ergibt:

$$4\,CaSO_4 \cdot {}^1\!/_2\,H_2O \rightleftarrows CaSO_4 \cdot 2\,H_2O + 3\,CaSO_{4\,Anhydrit}, \quad \Delta H = -1{,}8 \text{ kcal.}$$

es bildet sich eine innige Mischung von Dihydrat und Anhydrit.

Anhydrit und Kochsalz kommen häufig gemeinsam vor. Eine *gesättigte* Kochsalzlösung hat eine kleinere Wasserdampftension p_{H_2O} (bei 100° $p_{H_2O} \approx 0{,}72$ Atm.) als der p_{H_2O}-Druck im Umsatz nach Gl. (a) und (b): in diesem System ist $CaSO_4 \cdot 2\,H_2O$ demnach instabil und der Vorgang muß nach Gl. (b) in →-Richtung ablaufen, also zur Anhydritbildung führen.

Abarten des Gipses sind *Frauenglas* und der opake körnige *Alabaster*. Wird Gips über 1000° erhitzt, so beginnt eine Zersetzung des Gipses, es entsteht eine feste Lösung $CaSO_4 . CaO$, welche die Fähigkeit besitzt, Wasser aufzunehmen und abzubinden. Es entsteht demnach ein hydraulisches Bindemittel, das ähnliche Eigenschaften wie Zement besitzt; so ein Gips wird *Mörtelgips* oder *Estrichgips* bezeichnet.

Kalziumkarbonat $CaCO_3$ bildet als Kalkstein, Marmor, Kreide ausgedehnte Gebirgszüge. Hexagonal kristallisiert, wird das Karbonat *Calcit* oder *Kalkspat* bezeichnet, es bildet zuweilen durchsichtige große doppelbrechende Kristalle *(Isländischer Doppelspat)*. Eine zweite Form des Kalziumkarbonates ist der rhombische Aragonit:

$$CaCO_{3\,Calcit} \rightleftharpoons CaCO_{3\,Aragonit}, \qquad \varDelta H = 0,04\ kcal,$$

Die Umwandlung in der $\rightarrow$-Richtung geht bei 400° vor sich. Kalziumkarbonat ist im Wasser schwer löslich, $L = 9 . 10^{-9}$. Karbonate fällen aus Ca-Salzen vollkommen die Ca^{++}-Ionen als $CaCO_3$; der weiße Niederschlag ist amorph und wird nach einiger Zeit kristallinisch; wird die Fällung in verdünnter Lösung in der Wärme durchgeführt, so fällt Aragonit aus, der bei Zimmertemperatur in Calcit übergeht.

Kalziumkarbonat und Kohlensäure geben das lösliche *Kalziumhydrokarbonat:*

$$CaCO_{3\,Calcit} + CO_2 + H_2O \rightleftharpoons Ca(HCO_3)_2, \qquad \varDelta H = -8,6\ kcal.$$

es bildet die *temporäre* Härte des Wassers. Es muß die in Lösung befindliche Menge des Kalziumhydrokarbonates $c_{Ca(HCO_3)_2} =$ prop. p_{CO_2} sein. Bei 16° beträgt

p_{CO_2}	$c_{Ca^{++}}$
0,14	0,0053
0,99	0,0108

Die Löslichkeit nimmt in der Tat, wie man sieht, dem Kohlendioxyddruck entsprechend zu, der prop. Faktor jedoch ist nicht konstant; er nimmt mit steigendem Druck ab. Der Grund liegt darin, daß das HENRY-Gesetz nicht gültig ist.

Bei *gleichem* p_{CO_2} nimmt die Löslichkeit des Kalziumkarbonates mit steigender Temperatur ab

	$t°$	$c_{Ca^{++}}$
$p_{CO_2} = 1$ Atm.	16	0,0108
	35	0,0076

Wird eine Lösung des Kalziumhydrokarbonates erwärmt, so geht der Vorgang in der $\leftarrow$-Richtung vor sich: Es scheidet sich das neutrale Karbonat aus; dieser Vorgang entspricht der Bildung des *Kesselsteins.*

Kalziumhydrid CaH_2 bildet sich beim Erhitzen des Metalles im H_2-Strom, die Reaktion erfolgt sehr lebhaft, unter starker Wärmeentwicklung: $Ca + H_2 = CaH_2$, $\varDelta H = -46\ kcal$. Verhalten gleich dem der Alkalihydride (S. 308).

Nachweis. Zur quantitativen Bestimmung von Ca^{++}-Ionen wird deren Fällung als Kalziumoxalat CaC_2O_4 angewendet, $L = 1{,}8 \cdot 10^{-9}$; es ist nach dem Fluorid das schwerst lösliche Kalziumsalz.

4. Strontium Sr.

Die Gewinnung des Metalles erfolgt so wie bei Kalzium. Das Strontiumoxyd SrO und Strontiumhydroxyd $Sr(OH)_2$ zeigen den entsprechenden Kalziumverbindungen gleiches Verhalten. Auch die Halogenide verhalten sich gleich, nur das wasserfreie Strontiumchlorid ist in Alkohol schwer löslich; Strontiumchlorid $SrCl_2 \cdot 6\,H_2O$ und $CaCl_2 \cdot 6\,H_2O$ sind isomorph.

Strontiumnitrat kristallisiert als $Sr(NO_3)_2 \cdot 4\,H_2O$, es kann leicht, schon bei 100°, das Kristallwasser abgeben. Wegen der roten Flammenfärbung des Strontiums wird gerade dieses Salz bei der Herstellung von Mischungen zu Signalfeuern und zur Feuerwerkerei verwendet. Das wasserfreie Nitrat ist in Alkohol im Gegensatz zu den Nitraten des Kalziums und Bariums sehr schwer löslich.

Strontiumsulfat $SrSO_4$ ist schwer löslich; es kommt in der Natur als Mineral *Cölestin* vor und bildet das eigentliche Ausgangsprodukt für die Herstellung der Strontiumverbindungen.

Nachweis. In Lösungen läßt sich das Strontium bei Abwesenheit von Ba^{++}-Ionen mit einer gesättigten Lösung von Kalziumsulfat (Gipswasser) als Sulfat fällen. Siehe ferner beim Nachweis des Bariums.

5. Barium Ba

Als Ausgangsprodukt für die Verbindungen des Bariums dient der *Schwerspat* $BaSO_4$ und *Witherit* $BaCO_3$, die in der Natur vorkommen.

Die Gewinnung des Metalls durch Schmelzflußelektrolyse, wie sie bei Kalzium und Strontium leicht durchgeführt werden kann, geht nicht glatt, man hat deshalb versucht, aus Bariumoxyd durch Reduktion mit Aluminium reines Metall zu erhalten.

Das Verhalten des Bariums in seinen Verbindungen ist dem des Kalziums und Strontiums sehr ähnlich. *Bariumoxyd* BaO wird technisch aus Bariumkarbonat durch Glühen mit Kohle hergestellt, da die thermische Gewinnung aus dem Karbonat erst bei zu hoher Temperatur durchführbar ist, wo sich schon sekundäre Vorgänge infolge Sinterung einstellen. Wird Bariumoxyd bei etwa 500° an der Luft ($p_{O_2} = 0{,}21$ Atm.) erhitzt, so bildet sich *Bariumperoxyd*: $BaO + {}^1\!/_2\,O_2 \rightleftarrows BaO_2$. Es ist ein schwer lösliches, weißes Pulver, das mit Wasser ein Hydrat $BaO_2 \cdot 8\,H_2O$ bildet. Mit Säuren behandelt, wird Wasserstoffperoxyd gebildet (S. 148). Bariumperoxyd ist demnach ein Bariumsalz des Wasserstoffperoxyds, dem entspricht auch seine Bildung nach der Gleichung:

$$Ba(OH)_2 + H_2O_2 = BaO_2 + 2\,H_2O.$$

Es wird deshalb als Oxydations- und Reduktionsmittel gleiches Verhalten wie Wasserstoffperoxyd zeigen (S. 149). Der Sauerstoffdruck in Atmosphären bei einigen Temperaturen beträgt:

$$t° \quad 618 \quad\quad 737 \quad\quad 835$$

$$p_{O_2} \quad 0{,}015 \quad\quad 0{,}18 \quad\quad 0{,}95$$

Von den Halogeniden wird *Bariumchlorid* $BaCl_2 . 2 H_2O$ am häufigsten verwendet. *Bariumnitrat* $Ba(NO_3)_2$ kristallisiert wasserfrei und ist von den Erdalkalinitraten am schwersten löslich. Es wird viel in der Feuerwerkerei in Signalfeuermischungen zur Erzeugung von grünem Licht verwendet. Das *Bariumkarbonat* $BaCO_3$ ist, durch Fällung mit Karbonaten erzeugt, ein weißes Pulver, das in Wasser fast gleich wie Kalziumkarbonat löslich ist, es ist aber stärker hydrolytisch gespalten wie dieses, da $K_{Ba(OH)_2} > K_{Ca(OH)_2}$ [Gl. (2), S. 174].

Bariumsulfat $BaSO_4$ ist das schwerst lösliche Bariumsalz, $L = 1 . 10^{-10}$. Zur Bestimmung der SO_4^{--} als auch der Ba^{++}-Ionen wird davon Gebrauch gemacht. Es ist ein dichter, weißer, gut filtrierbarer Niederschlag. Bariumsulfat findet eine vielseitige Verwendung als Malerfarbe (Permanentweiß) und in der Erzeugung von Feinpapier; auch in der Röntgenpraxis des Mediziners spielt es eine Rolle. Alle Bariumsalze sind stark giftig, Bariumsulfat ist so schwer löslich, daß es eingenommen keine Giftwirkung zeigt.

Nachweis. Kennzeichnend für das Barium ist das schwer lösliche Sulfat und das Bariumchromat $BaCrO_4$, $L = 1{,}6 . 10^{-10}$; da für Strontiumchromat $SrCrO_4$ $L = 4 . 10^{-5}$ beträgt, können die beiden Elemente in Lösung mit Verwendung dieses Unterschiedes in der Löslichkeit getrennt werden.

6. Radium Ra

Die chemischen Eigenschaften des Radiums gleichen, soweit bisher untersucht, sehr weitgehend denen des Bariums. Die Abtrennung des Radiums aus der Lösung seiner Salze erfolgt durch „Fällung" als $RaSO_4$, $L = c_{Ra^{++}} . c_{SO_4^{--}} = 4 . 10^{-16}$. Bei der Aufarbeitung des Radiums, z. B. aus der Pechblende, hat man Lösungen, in denen die Konzentration der Ra^{++}-Ionen nicht so groß ist, daß das Löslichkeitsprodukt erreicht wird. Glücklicherweise fällt aus so einer Lösung, die genügend Ba^{++}-Ionen enthält, bei Zusatz von überschüssigen SO_4^{--}-Ionen das gesamte gelöste Radium als Radiumsulfat aus; das ausfallende Bariumsulfat *adsorbiert* das noch schwerer lösliche Radiumsulfat, das auf diese Weise ausfällt. Man kennzeichnet dieses Verhalten als *Mitfällung*: Es ist von allgemeiner Bedeutung, da es auch bei anderen noch seltener vorkommenden radioaktiven Elementen verwendet werden kann.

Es wird ein in der Lösung vorhandenes radioaktives Ion von einem gefällten Salz adsorbiert, wenn das radioaktive Ion mit dem Säurerest des gefällten Salzes ebenfalls ein schwer lösliches Salz bildet.

Der Radiumgehalt in der Pechblende steht mit deren Urangehalt in einem radioaktiven Gleichgewicht, das Verhältnis beträgt $Ra/U \approx 3 . 10^{-7}$.

Im *Carnotit* (in Colorado vorkommend) sind pro 1000 kg 5 bis 10 mg Ra vorhanden, etwas reicher sind die Pechblenden aus dem Kongogebiet, den höchsten Gehalt scheint die Pechblende von Great Bear-Lake (Bärensee, Canada), zu besitzen, etwa 150 mg Radium/1000 kg; dieses Vorkommen beherrscht gegenwärtig maßgebend die Gewinnung des Radiums.

XLV. Zink, Cadmium, Quecksilber

Übersicht

Ordnungszahl	Element	Atomgewicht	Isotope	Dichte	Schmelzpunkt °C	Siedepunkt °C	Wertigkeit
30	Zink Zn	65,4	5	7,14	419,4	905,7	II
48	Cadmium Cd	112,4	8	8,64	320,9	767	(I) II
80	Quecksilber Hg	200,6	7	13,59 (0°)	—38,8	356,9	I, II

Zink und Cadmium sind typisch unedle Metalle, während das Quecksilber nach seiner Stellung in der Spannungsreihe Eigenschaften eines edleren Metalles zeigt, was besonders im Verhalten der leicht zersetzlichen Oxyde festzustellen ist. Alle drei Metalle haben in der äußersten Elektronenschale je zwei Elektronen, während die vorhergehende Schale stets 18 Elektronen besitzt; das ist eine stabile Elektronenanordnung und bedingt II als die höchste Wertigkeit der drei Elemente. Sie haben relativ niedrige Schmelz- und Siedepunkte, Eigenschaften, die für ihre metallurgische Gewinnung vorteilhaft ausgenützt werden können. Die Ionen der drei Metalle sind farblos. Zink- und besonders Quecksilberverbindungen haben sich als wirksame Katalysatoren erwiesen; in gleichem Maß sind sie Antiseptika und Desinfektionsmittel.

1. Zink Zn

Das Metall ist stark verbreitet. Die wichtigsten verhüttbaren Erze sind: *Galmei* $ZnCO_3$; die *Zinkblende* ZnS (regulär krist.), sie ist gleich wie Diamant gebaut (Abb. 76, die vollen Kreise sind Zn-Atome, die leeren Kreise S-Atome), *Wurtzit* (hexagonal krist.) und das *Rotzinkerz* ZnO. Auch Silizium enthaltende Erze sind bekannt; so der *gemeine Galmei* $Zn_2SiO_4 . H_2O$ u. a.

Die Gewinnung des Zinks beruht auf der leichten Reduzierbarkeit des Oxydes mit Kohle: $ZnO + C = Zn + CO$. Das Metall destilliert, durch das Kohlenoxyd weggeführt, in gekühlte Vorlagen, wo es sich als Flüssigkeit abscheidet. Ein Teil des Metalles setzt sich dabei als Staub ab: *Zinkstaub*. Das Oxyd muß, wo es nicht direkt zur Verfügung steht, besonders hergestellt werden, z. B. aus den Blenden durch Röstprozesse. Auch durch Elektrolyse von Zinksulfatlösungen läßt sich das Metall rein herstellen.

Das Metall hat frisch poliert einen schönen Glanz, der aber an der Luft nicht beständig bleibt. Das zwischen 100 bis 150° dehnbare Metall wird bei 200° so spröde, daß es gepulvert werden kann. Gegen Wasser ist kompaktes Zink praktisch beständig. Das Metall ist in Säuren als auch in Laugen löslich. Ganz reines Zink ist in Säuren jedoch fast unlöslich, weil an diesem der notwendige Übergang $2\,H^+ \rightarrow H_{2\,Gas}$ sehr stark verzögert wird. Gibt man geringe Mengen eines edleren Metalles, z. B. Kupfer oder Platin dazu, so setzt sofort eine lebhafte Gasentwicklung ein, ein Zeichen, daß nun das Zink in Lösung geht. Es wird an manchen blanken Stellen des Zinks das edlere Metall (z. B. Cu) niedergeschlagen; es entsteht ein Galvanisches Element (Lokalelement):

$$\text{Metallisch verbunden durch die Zink-Kupfer-Oberfläche}$$

$$\text{Elektrolytlösung} \begin{cases} \overbrace{Zn \leftarrow (Cu)} \rightarrow H_{2\,Gas} \text{ entweicht} \\ \downarrow \quad \uparrow \\ Zn^{++} \quad H^+ \end{cases}$$

Die Entwicklung des Wasserstoffes findet an (Cu) statt; die Zinkoberfläche Zn bleibt frei für den ungehinderten Vorgang $Zn \rightarrow Zn^{++} + 2\,e^-$.

Die Verwendung des Metalles ist sehr vielseitig. Im Laboratorium gebraucht man es als Stangenzink oder granuliert für die bequeme Herstellung von Wasserstoff. Mit Kupfer bildet Zink das *Messing* als wichtige Legierung. Eisenblech wird nach verschiedenen Verfahren mit Zink überzogen, um es gegen Luft und Feuchtigkeit haltbarer zu machen; dieses „*Verzinken*" wird auch auf andere Metalle angewendet. Für Küchengeräte kann es nicht gebraucht werden, da es zu leicht angegriffen wird und Zinkverbindungen als Magengifte wirken. Auch Zinkstaub, der immer oxydhaltig ist, wird in der präparativen Chemie und in der Technik verwendet.

Zinkoxyd ZnO kann durch Verbrennung des Metalles oder aus basischem Zinkkarbonat durch Erhitzen gewonnen werden; es ist schneeweiß und praktisch unlöslich. Das Oxyd dient als weiße Malerfarbe („*Zinkweiß*"); in der Medizin und in der Kosmetik wird es vielseitig verwendet: *Zinksalbe*.

Zinkhydroxyd $Zn(OH)_2$. Beim Versetzen löslicher Zinksalze mit Alkalihydroxyden scheidet sich ein voluminöser weißer Niederschlag aus, dem man die genannte Zusammensetzung zuschreibt. Von Zinkhydroxyd sind fünf kristallisierte und eine amorphe Form beschrieben, die unter bestimmten Bildungsbedingungen entstehen können. Das Hydroxyd ist sowohl in Laugen, in Ammoniak als auch in Säuren löslich. Im ersten Falle bilden sich *Zinkate*:

$$Zn(OH)_2 + 2\,NaOH = Na_2[Zn(OH)_4],$$

im zweiten Fall eine Ammonium-Komplexverbindung:

$$Zn(OH)_2 + 4\,NH_3 = [Zn(NH_3)_4](OH)_2,$$

Säuren liefern entsprechende Zinksalze.

Von den Salzen sind die Halogenide (mit Ausnahme des Fluorides) das Sulfat, das Nitrat und das Azetat leicht löslich. Es sind zahlreiche lösliche Komplexverbindungen bekannt.

Zinksulfid ZnS. Lösungen von Zinksalzen geben mit Schwefelwasserstoff bei Gegenwart von Natriumazetat oder mit Schwefelammonium weißes amorphes Zinksulfid, das frisch gefällt in Säuren löslich ist. Das Sulfid ist Bestandteil der geschätzten weißen Malerfarbe *Lithopon*; sie wird technisch aus Bariumsulfid und Zinksulfat hergestellt:

$$BaS + ZnSO_4 = \underbrace{ZnS + BaSO_4}_{\text{Lithopon}}.$$

Die Farbe ist ungiftig, wird natürlich von Schwefelwasserstoff nicht verändert; diese Vorteile mindern sich etwas, da ihre Deckkraft gegen Bleiweiß und Zinkweiß zurücksteht.

Zinksulfid läßt sich auch kristallinisch herstellen. Enthält dieses eingelagert winzige Mengen Schwermetalle (z. B. Kupfer oder Mangan), so erlangt das Sulfid die Fähigkeit nachzuleuchten, wenn es einer Lichtquelle ausgesetzt war; man bezeichnet es als *Sidotblende*. Ein so bereitetes Sulfid wird auch durch Strahlen des radioaktiven Zerfalles, durch ultraviolettes Licht und Röntgenstrahlen zum Leuchten gebracht; es unterscheidet sich dadurch von den Sulfiden der Erdalkalien.

Die Halogenide des Zinks sind untereinander sehr ähnlich.

Zinkchlorid $ZnCl_2$. Die Herstellung erfolgt durch Verwendung verschiedener Zinkverbindungen oder direkt aus dem Metall mit Salzsäure. Das Salz kommt wasserfrei in Pulver, oder in Stangen gegossen, im Handel vor. Es ist in Wasser unter starker Erwärmung löslich, die Lösung reagiert, zufolge Hydrolyse, sauer. Zinkchlorid wird in der Technik sehr vielseitig gebraucht; in der organischen Synthese dient es als wasserentziehendes Mittel, wobei seine Löslichkeit in vielen organischen Flüssigkeiten von Vorteil ist; der Zeugdruck, die Imprägnierung des Holzes verbrauchen beträchtliche Mengen.

Zinksulfat *(Zinkvitriol)* $ZnSO_4 . 7 H_2O$ ist das wichtigste Zinksalz, das nach verschiedenen Verfahren gewonnen werden kann, unter anderem direkt aus der Zinkblende durch eine geregelte Röstung. Das Salz bildet glasklare rautenförmige Kristalle, die mit Bittersalz isomorph sind. Mit dem Chlorid teilt es die Verwendung in der Technik und Heilkunde.

Zinkkarbonat $ZnCO_3$ läßt sich durch Fällung von Zinksalzen mit Hydrokarbonat unter besonderen Versuchsbedingungen (Kohlendioxyd im Überschuß) als weißer unlöslicher Niederschlag erhalten. Die Fällung ist nicht haltbar, da im wäßrigen System nur *basische Zinkkarbonate* beständig sind. Man erhält sie in wechselnder Zusammensetzung, wenn Alkalikarbonate als Fällungsmittel verwendet werden. Beim Glühen entsteht aus diesen basischen Karbonaten quantitativ Zinkoxyd.

Nachweis. Das Metall gehört zur Schwefelammoniumgruppe, kennzeichnend ist das weiße Zinksulfid. Sehr schwer löslich ist das Kaliumzinkcyanoeisen II $K_2Zn_3[Fe(CN)_6]$, das gelöste Zinksalze bei Zusatz von gelbem Blutlaugensalz gibt.

2. Cadmium Cd

Minerale dieses Elements sind sehr selten (s. unten), hingegen ist es ein ständiger Begleiter von Zinkerzen. Zinkstaub enthält immer Cadmium, dieses kondensiert sich schwerer als das Zink: er dient als Ausgangsmaterial für die Gewinnung des Metalls.

Das Metall, äußerlich betrachtet, ist dem Zink sehr ähnlich, jedoch weicher als dieses. Als reines Metall hat es bisher keine technische Verwendung gefunden, es wird nur zur Herstellung tief schmelzender Legierungen herangezogen:

WOOD-Metall: 50% Bi, 25% Pb, 12,5% Sn, 12,5% Cd, Schmp. 70°.

LIPPOWITZ-Metall: ähnliche Zusammensetzung, Schmp. 60°.

Schnellot ist eine Legierung Zinn-Blei-Bi, die etwa 25% Cd enthält; Schmp. etwa 70 bis 90°. Das chemische Verhalten des Cadmiums ist dem des Zinks sehr ähnlich, nur die Fähigkeit, Komplexverbindungen zu bilden, ist beim Cadmium stärker ausgebildet.

Cadmiumoxyd CdO wird bei der Verbrennung des Metalls erhalten, es ist ein braunes unlösliches Pulver.

Cadmiumhydroxyd $Cd(OH)_2$ wird gleich wie Zinkhydroxyd erhalten; der weiße Niederschlag ist in Alkalilaugen nicht löslich, wohl aber in Ammoniak.

Cadmiumsulfid CdS erhält man als *gelben* Niederschlag beim Versetzen *aller* (also auch komplexer) gelöster Cadmiumsalze mit Schwefelwasserstoff. Das Sulfid ist in verdünnten Säuren mit Ausnahme von Salpetersäure unlöslich. Es dient als gelbe Malerfarbe, von der sich verschiedene Farbtiefen, „Nuancen", herstellen lassen; *Cadmiumgelb*. Das Sulfid wird rein, doch sehr selten, im Mineralreiche gefunden, sonst ist es ein Begleiter sulfidischer Zinkerze. Halogenide des Cadmiums und des Zinks haben weitgehende ähnliche Eigenschaften, sie unterscheiden sich von letzteren wieder in der Fähigkeit, Komplexverbindungen zu bilden, die beim Cadmiumjodid besonders ausgeprägt ist: hier beobachtet man eine „Selbstkomplexbildung":

$$3\,CdJ_2 = Cd[CdJ_3]_2,$$

$$Cd^{++} + 3\,J^- \underset{\underbrace{\qquad}}{\rightleftarrows} CdJ_2 + J^- \rightleftarrows [CdJ_3]^-.$$

undissoziiertes Salz!

Man erkennt dies unter anderem durch die Messung der elektrischen Leitfähigkeit, die bei diesem Salz besonders niedrig gefunden wird; in der letzten Gleichung ist das Verhalten sofort abzulesen.

Zu beachten ist im Gegensatz zu Zinksulfat die Zusammensetzung von *Cadmiumsulfat*: $3\,CdSO_4 . 8\,H_2O$, das unter den gewöhnlichen Bedingungen stabil ist.

Nachweis. Das Metall gehört zur Schwefelwasserstoffgruppe, kennzeichnend ist das in verdünnten Säuren unlösliche gelbe Sulfid.

3. Quecksilber Hg

Das Metall kommt fast nur als Sulfid HgS, *Zinnober* (hexagonal kristallisierend), in der Natur vor, zuweilen wird es auch gediegen, im Gestein als Tropfen eingelagert, neben dem Zinnober gefunden. Die Verhüttung des Zinnobers erfolgt durch Erhitzen des Sulfides im Luftstrom:

$$HgS + O_2 = Hg + SO_2.$$

Das abdestillierende Quecksilber wird kondensiert und in eisernen Kästen gesammelt. Trockene Luft greift das Metall nicht an, wohl aber darin gelöste unedlere Metalle, die oxydiert werden; Leiten trockener Luft durch das Metall ist, sobald dieses fremde Metalle gelöst enthält, eine wirksame Reinigungsmethode. Enthält das Quecksilber wenig fremde Metalle gelöst, so kann es gereinigt werden, wenn man es in feinen Tropfen durch verdünnte Salpetersäure fallen läßt (Abb. 99).

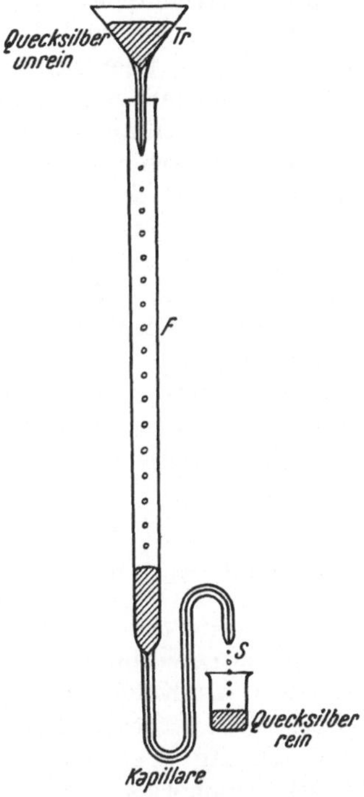

Ganz reines Quecksilber liefert die Destillation im Hochvakuum. Nachdem das Metall leicht in großer Reinheit gewonnen werden kann, dient es in der Meßkunde als Standard; z. B. zur Definition der Einheit des elektrischen Widerstandes.

Quecksilber wird von den Halogenen und von Stickstoffdioxyd sehr rasch angegriffen, Halogenwasserstoffe, Schwefelwasserstoff (luftfrei) wirken langsam ein. Während Schwefel ebenfalls das Metall bald verändert, ist Phosphor fast ohne Wirkung. Von den Säuren wirkt bei Zimmertemperatur Salpetersäure am raschesten, konz. Schwefelsäure nur langsam ein.

Obgleich der Sättigungsdruck des Quecksilbers bei 20° nur $1{,}3 . 10^{-3}$ Torr beträgt, so wirkt sich die diesem geringen Druck entsprechende Quecksilbermenge auf den Menschen bei längerer Einwirkung schädigend aus.

Abb. 99. *Reinigung des Quecksilbers.* In der Fallröhre (Länge etwa 1,5 Meter) befindet sich verdünnte Salpetersäure, durch die, in möglichst dünnen Tröpfchen aufgelöst, Quecksilber rieselt. Das unreine Quecksilber befindet sich im Trichter *Tr*, der einen kapillaren Stiel mit feiner Spitze besitzt. Im Trichter selbst kann sich noch ein Filterpapier, mit einem kleinen Loch versehen, befinden. Bei *S* tropft das gereinigte Quecksilber ab.

Zu Beginn tritt Bluten des Zahnfleisches ein, später können sich schwere Nervenschädigungen einstellen. Durch richtige Ausgestaltung der mit Quecksilber bedienten Apparate und Arbeitsräume kann jede Gefahr ausgeschaltet werden — **jedenfalls Vorsicht beim Arbeiten mit Quecksilber!**

Lösungen von Metallen in Quecksilber werden *Amalgame* bezeichnet, zu deren Bildung die Alkalien, Kupfer, Zink, Kadmium, Zinn und Blei, von den Edelmetallen Silber und Gold befähigt sind. Eisen, Kobalt und

Nickel werden nicht gelöst. Von dem Gehalt des gelösten Metalls hängt es ab, ob das Amalgam fest oder flüssig ist.

Eine Verwendung des Quecksilbers ist auf allen Gebieten der Wirtschaft zu finden: in der chemischen Großindustrie, bei der Herstellung der Natronlauge (Quecksilberverfahren), des Zinnobers, in der Munitionsindustrie (Knallquecksilber), für Präparate, die Anwendung in der Heilkunde finden, werden beträchtliche Mengen verarbeitet. Im Laboratorium ist das Metall unentbehrlich als Sperrflüssigkeit in der Gasanalyse und für den Betrieb von Hochvakuumpumpen; in der Organischen Chemie werden die Alkaliamalgame als Reduktionsmittel verwendet.

In den Verbindungen kann das Quecksilber I- oder II-wertig sein, wobei sich bei diesem Metall als besondere Eigenart ergeben hat, daß das I-wertige Quecksilberatom stets *dimer* ist, d. h. in den Verbindungen als Hg_2^{++} vorhanden ist. Das gilt für die feste (kristalline), die gelöste und für die gasförmige Phase der Verbindung. Die Quecksilber I-Verbindungen sind meist schwer löslich und haben wenig Neigung, Komplexverbindungen einzugehen; sie lassen sich leicht oxydieren, vielfach ist Disproportionierung, $2\,Hg^{I} \rightarrow Hg^{II} + Hg$ zu beobachten. Die Quecksilber II-Verbindungen, im allgemeinen leichter löslich, zeigen jedoch eine bemerkenswerte Fähigkeit, basische Salze und Komplexverbindungen zu bilden. Hervorzuheben ist:

Ammoniak wird von Hg^{II} leicht substituiert: $Hg\begin{cases} NH- \\ NH- \end{cases}$; es läßt sich

in organische Verbindungen einführen, z. B. in den Benzolkern C_6H_5—Hg—, wobei es an Kohlenstoff gebunden ist, ein Verhalten, das dem Quecksilber allein in diesem Ausmaße zukommt. Bemerkenswert ist die Löslichkeit der Hg^{II}-Verbindungen in organischen Flüssigkeiten, wie Benzol, Äther, Alkohol usw.

Quecksilber I-Verbindungen *(Merkuroverbindungen).* Quecksilber I-oxyd Hg_2O *(Merkurooxyd)* ist durch Zusatz von Alkalihydroxyd zu einem Hg^{I}-Salz erhältlich: $Hg_2^{++} + 2\,OH^- = Hg_2O + H_2O$.

Das fast unlösliche Oxyd ist lichtempfindlich, es dissoziiert leicht $Hg_2O = HgO + Hg$. Ein Quecksilber I-sulfid ist nicht bekannt.

Die Halogenide sind alle schwer löslich, die Löslichkeit nimmt vom Fluor zum Jodid ab. Das Jodid ist gefärbt, während die anderen nur geringe Färbungen aufweisen.

Quecksilber I-chlorid *(Kalomel)* Hg_2Cl_2. Auf trockenem Wege erhältlich, durch Erhitzen einer innigen Mischung von Quecksilber II-chlorid mit Quecksilber oder von Quecksilber II-sulfat mit Natriumchlorid:

$$HgCl_2 + Hg = Hg_2Cl_2,$$

$$HgSO_4 + Hg + 2\,NaCl = Hg_2Cl_2 + Na_2SO_4.$$

Auch durch Reduktion von Quecksilber II-chlorid oder aus Hg^{I}-Verbindungen mit Salzsäure ist Kalomel erhältlich. Das nach den Gleichungen hergestellte Produkt sublimiert ab und liefert eine kristalline Masse. Das Quecksilber I-chlorid wird durch Ammoniak schwarz, daher der Name Kalomel ($\varkappa\alpha\lambda\acute{o}\nu\ \mu\acute{\varepsilon}\lambda\alpha\varsigma$). Es ist schwer löslich, leichter in Chloridlösungen, gegen Licht ist es, ähnlich wie Silberchlorid, empfindlich.

Quecksilber I-chlorid läßt sich in den gasförmigen Zustand überführen, die Dampfdichte bei etwa 400° liefert das Mol.-Gew. 237 entsprechend HgCl. Das Gas ist jedoch *nicht einheitlich*; bei der Verdampfung tritt Spaltung der Molekel ein:

$$\mathrm{Hg_2Cl_{2\,fest} \rightleftarrows Hg_2Cl_{2\,Gas} \rightleftarrows Hg_{Gas} + HgCl_{2\,Gas}.}$$

Ist g die abgewogene Menge des Salzes, und V bei bestimmtem p und T das gemessene Volumen, so beträgt die Dichte $d = G/V$, woraus sich das genannte Mol.-Gew. ergibt. Wird das Salz *vollständig trocken* angewendet (S. 188), so tritt *keine* thermische Dissoziation im Sinne der Gleichung ein, sondern nur der Vorgang $\mathrm{Hg_2Cl_{2\,fest} \rightleftarrows Hg_2Cl_{2\,Gas}}$. Jetzt ist das gefundene Volumen V' (p, T gleich) und nach der Gasgleichung muß $V' = V/2$, also $d = 2\,g/V$ sein, demnach das doppelte Molekulargewicht, $\mathrm{Hg_2Cl_2}$ entsprechend. Freies Quecksilber im Gaszustand des Salzes zeigt eingebrachtes Gold an, das sich amalgamiert.

Quecksilber I-sulfat $\mathrm{Hg_2SO_4}$ ist erhältlich durch Erhitzen von Quecksilber mit konz. Schwefelsäure, oder aus Quecksilber I-nitrat nach Zusatz von Schwefelsäure. Das kristallisierte Salz ist schwer löslich, die Lösung zersetzt sich mit der Zeit und bildet verschieden gefärbte basische Salze. Es wirkt als Katalysator bei der Oxydation organischer Stoffe mit Schwefelsäure.

Quecksilber I-nitrat $\mathrm{Hg_2(NO_3)_2 . 2\,H_2O}$ ergibt die Lösung des Metalles in verd. Salpetersäure. Das leicht lösliche Salz hydrolysiert sich sehr leicht unter Bildung basischer Nitrate, wahrscheinlich nach:

$$\mathrm{Hg_2(NO_3)_2 + H_2O = Hg_2(NO_3)OH + HNO_3.}$$

Das Salz ist leicht oxydierbar, Anwesenheit von Quecksilber verhindert es:

$$\mathrm{Hg(NO_3)_2 + Hg \rightleftarrows Hg_2(NO_3)_2.}$$

Dies hat man bei der genannten Darstellung zu beachten.

Quecksilber II-Verbindungen *(Merkuriverbindungen)*. Quecksilber II-oxyd *(Merkurioxyd)* HgO kann durch direkte Oxydation des Metalls hergestellt werden. Es bildet sich bei Zusatz von überschüssigem Alkalihydroxyd zu Lösungen von Hg^{II}-Salzen als *gelber* Niederschlag. Ein rotes kristallinisches Oxyd liefert das Erhitzen von trockenem Quecksilber I- oder -II-nitrat. Die verschiedene Färbung ist durch verschiedene Korngröße bedingt. Stärkeres Erhitzen des Oxydes zersetzt es: $\mathrm{HgO} \rightleftarrows$ $\rightleftarrows \mathrm{Hg} + 1/2\,O_2$ (S. 145). Wäßrige Aufschlämmungen des Oxydes reagieren (wie solche des Silberoxydes) alkalisch.

Quecksilber II-sulfid HgS. Schwefelwasserstoff fällt aus Hg^{II}-Salzen schwarzes Sulfid. Die Löslichkeit des Sulfides ($L \approx 10^{-47} =$

$= c_{Hg^{++}} \cdot c_{S^{--}}$) ist außerordentlich niedrig, auch in mäßig verd. Salpetersäure ist es unlöslich. Das Metall wird daher aus allen seinen Verbindungen ohne Ausnahme mit Schwefelwasserstoff als Sulfid gefällt.

Man erhält ein *rotes* Sulfid, dem Zinnober etwa entsprechend, durch Einwirkung von Polysulfiden auf Quecksilber in der Wärme, ferner aus dem schwarzen Sulfid durch Sublimation, oder Behandlung mit Polysulfiden. Das schwarze Sulfid ist die *instabile* Form des Quecksilbersulfides. Stufenregel! Der künstlich hergestellte Zinnober wird als. sehr geschätzte rote Malerfarbe verwendet.

Das Quecksilbersulfid ist in Schwefelammonium unlöslich, in konz. Alkalisulfidlösungen wird es unter Bildung von *Sulfosalzen* gelöst:

$$HgS + Na_2S = Na_2[HgS_2],$$

$$HgS + S^{--} \rightleftarrows [HgS_2]^{--}.$$

Für den Verlauf → stehen offenbar nur in den Alkalisulfidlösungen genügend S^{--} zur Verfügung, im Schwefelammonium (NH_4HS) ist dies nicht der Fall (S. 158).

Von den Hg^{II}-Halogeniden ist das Jodid gefärbt, die anderen bilden farblose Kristalle. In wäßrigen Lösungen sind sie sehr wenig ionisiert. Mit Ausnahme des Fluorides sind von den Halogeniden Komplexverbindungen mit Alkalichloriden bekannt. Diese komplexen Halogenide sind in organischen Stoffen vielfach löslich.

Quecksilber II-chlorid, Sublimat, $HgCl_2$ erhält man durch Erhitzen von Quecksilber II-sulfat mit Natriumchlorid:

$$HgSO_4 + 2\,NaCl = HgCl_2 + Na_2SO_4.$$

Das Salz sublimiert ab — daher der Name. Die Lösung des Salzes in Wasser reagiert sauer, nach Zusatz von Natriumchlorid wird sie neutral. Die zur Desinfektion gebrauchten „Sublimatpastillen" enthalten deshalb eine entsprechende Menge Natriumchlorid. Das Sublimat ist ein sehr gefährliches Magengift, es ist ein wirksames Desinfektionsmittel und Antiseptikum. Sublimatpastillen werden mit Eosin rot gefärbt, um Verwechslungen zu vermeiden.

Von *Quecksilber II-jodid* sind zwei Formen bekannt. Bei Fällungen von Hg^{II}-Verbindungen mit Alkalijodid bildet sich im allgemeinen die *gelbe instabile* Form; sie kann durch Erhitzen in die *rote stabile* Form übergeführt werden. Beide Formen sind *enantiotrop*, der Umwandlungspunkt liegt bei 127° (S. 155). Das Salz ist in Wasser gelöst kaum ionisiert, aus der Lösung läßt sich das Quecksilber nur mit Schwefelwasserstoff fällen, mit Silbernitrat (als Reagens für T) erhält man keine Fällung.

Mit Kaliumjodid entsteht ein Doppeljodid $K_2[HgJ_2]$, die alkalische Lösung bildet das NESSLER-Reagens.

Quecksilber II-cyanid $Hg(CN)_2$ ist unter anderem durch Einwirkung von Cyanwasserstoff auf Quecksilberoxyd erhältlich: $HgO + 2\,HCN = Hg(CN)_2 + H_2O$. Das kristallinische Cyanid ist leicht löslich und ist ebenso wie das Jodid in Lösung nicht ionisiert. Es bildet

Komplexverbindungen, z. B. $Na[Hg(CN)_3]$, $Na_2[Hg(CN)_4]$, und ist sehr giftig.

Fügt man zu einer Lösung von Sublimat Ammoniak, so bildet sich ein weißer unlöslicher Niederschlag: $Hg(NH_2)Cl$: das „*unschmelzbare Präzipitat*": $2\,HgCl_2 + 2\,NH_3 = Hg(NH_2)Cl + NH_4Cl$. Beim Erhitzen zersetzt sich dieses in Ammoniak, Quecksilber I-chlorid und Stickstoff.

Bei Gegenwart von viel Ammoniumchlorid erhält man mit Ammoniak das „*schmelzbare Präzipitat*" $Hg(NH_2)_2 \cdot 2\,HCl$

$$HgCl_2 + 2\,NH_3 = Hg(NH_2)_2 \cdot 2\,HCl,$$

das beim Erhitzen schmilzt und sich dann zersetzt.

Millon-Base. Bei der Einwirkung von Quecksilberoxyd und Ammoniak bildet sich eine kristalline unlösliche Verbindung, die die Fähigkeit hat, mit Säuren Salze zu bilden — man bezeichnet sie als *Millon-Base*: $[NH_2(HgOH)_2]OH$. Die Salze leiten sich vom Anhydrid ab: $[NH_2Hg_2O]OH$. Salze dieser Base werden sich daher stets als stabiles Endprodukt bilden, wenn man lösliche Hg^{II}- und auch Hg^{I}-Salze mit Ammoniak versetzt, wobei vorerst HgO entsteht. So gibt Quecksilber II-nitrat: $[NH_2Hg_2O]NO_3$. $[NH_2Hg_2O]J$ ist die Zusammensetzung des Niederschlages, der sich auf Zusatz von Ammoniak zum NESSLER-Reagens ergibt.

Nachweis. Hg^{I}-Verbindungen werden durch das schwer lösliche Quecksilber I-chlorid erkannt. Die Hg^{II}-Verbindungen gehören zur Schwefelwasserstoffgruppe, das Quecksilbersulfid kennzeichnet vor allem seine Unlöslichkeit in mäßig starker Salpetersäure.

XLVI. Alkalimetalle

Übersicht

Ordnungszahl	Elemente	Atomgewicht	Isotope	Flammenfärbung	Dichte	Schmelzpunkt ° C	Siedepunkt ° C	Wertigkeit
3	Lithium Li	6,9	A: 7; 6	karmin-rot	0,53	179	1372	
11	Natrium Na	22,9	Reinelement	gelb	0,97	97,7	883	
19	Kalium K	39,1	^{39}K 93,4%; ^{40}K 6,4% ^{41}K β-Strahler	schwach violett	0,86	63,5	776	I
37	Rubidium Rb	85,5	^{85}Rb 71,8%; ^{87}Rb β-Strahler	rot-violett	1,53	39	713	
55	Cäsium Cs	132,9	Reinelement	blau-violett	1,90	28,5	690	
87	Francium Fr	—	radioaktiv, β-Strahler, s. S. 317 f., Abb. 115					

Die genannten sechs Elemente, die unter dem Namen Alkalimetalle zusammengefaßt werden, gehören zu den reaktionsfähigsten Metallen.

Sie zersetzen das Wasser (am lebhaftesten das Kalium) und bilden die entsprechenden Hydroxyde, deren Lösungen die stärksten Basen sind. Diese Eigenschaften stellen sie an die Spitze der Spannungsreihe der Metalle. Kennzeichnend ist neben ihrer niedrigen Dichte ihr tiefer Schmelz- und Siedepunkt und daß sie unter allen Elementen die niedrigste Ionisationsenergie (S. 114) haben, die ihre Reaktionsfähigkeit bedingt.

Die Alkalimetalle bilden alle kubisch raumzentrierte Gitter, sie sind die weichsten Metalle. Die Metalldämpfe sind gefärbt (Natrium violett, Kalium grün, Cäsium blau), ihre kolloidalen Lösungen haben gleiche Färbungen. In flüssigem Ammoniak sind sie alle mit blauer Farbe löslich. Die Herstellung der Metalle erfolgt im allgemeinen durch Elektrolyse der geschmolzenen Hydroxyde oder Chloride. Kleine Mengen lassen sich aus den Chloriden durch Erhitzen auf etwa 400 bis 500° mit metallischem Kalzium im Vakuum herstellen, wobei die flüchtigeren Alkalimetalle abdestillieren.

Der spezifische elektrische Widerstand der Alkalimetalle ist niedrig; so beträgt $\varrho_{0\,\text{Natrium}}/\varrho_{0\,\text{Silber}} = 2{,}9$. Mit Quecksilber bilden sie Amalgame, die vielfach wissenschaftliche und technische Bedeutung haben.

Die Alkalimetalle reagieren mit Wasserstoff beim Erwärmen und geben Hydride (LiH, NaH usw.), in denen der Wasserstoff negativ geladen ist; bei der Elektrolyse der Hydride wird er daher an der Anode abgeschieden.

	LiH	NaH	KH
Bildungswärme ΔH	—21,5	—14	—10 kcal

Die Alkalihydride kristallisieren kubisch (in Würfeln), im Wasser erfolgt Zersetzung bei Wasserstoffentwicklung. Mit Sauerstoff verbrennen die Alkalimetalle sehr lebhaft, liefern Oxyde und Peroxyde; die Oxyde sind mit Ausnahme des Lithiumoxydes etwas gelb gefärbt.

Die Ionen der Alkalimetalle sind farblos, ihre Salze sind alle leicht löslich, schwer löslich sind einige Li-Salze und einzelne der übrigen Metalle.

Chemisch sind die Alkalimetalle untereinander sehr ähnlich, nur das erste Metall, das Lithium, weicht in einigen Eigenschaften ab. Regel 6, S. 87.

Die Metalle und ihre Verbindungen geben leicht Flammenfärbungen, die schon sehr geringe Mengen spektroskopisch festzustellen gestatten.

Den Alkalimetallen sehr ähnlich ist das Ammonium-Ion $NH_4{}^+$, das besonders den K^+-Ionen ähnliches Verhalten besitzt. Das Ion $NH_4{}^+$ kann elektrolytisch aus den Lösungen seiner Salze an einer Quecksilberkathode (als Ammoniumamalgam) abgeschieden werden (S. 188 f.).

Die Verbindungen der Alkalimetalle, namentlich des Natriums und des Kaliums sind allseitig von großer Bedeutung; sie werden in allen Zweigen der Wirtschaft verwendet. Die Industrie der Silikate (Glas, Keramik), die Waschmittel (Textilindustrie), die Lebensmittelherstellung, die Industrie der künstlichen Düngemittel verbrauchen alljährlich große Mengen. Die Alkalimetalle geben die stärksten Basen, technisch Laugen bezeichnet. Die meisten anorganischen und organischen Säuren werden, wenn möglich, an Alkalien gebunden. Die vielen Produkte dieser Art herzustellen, die in der Wirtschaft gebraucht werden, ist eine besondere Aufgabe vieler chemischer Industriezweige, die von den einfachsten Alkaliverbindungen ausgehen.

1. Lithium Li

Lithium findet man in Mineralen, die unter dem Einfluß von Wasserdämpfen in den erstarrenden Gesteinen der Restkristallisation — den Pegmatiten — entstanden sind.

Spodumen, $LiAl[Si_2O_6]$, *Lithiumglimmer*, sind ziemlich komplex zusammengesetzte Silikate, die gut spaltbar sind. Ein Ausgangsprodukt für die Herstellung des Lithiums ist der *Amblygonit*, ein Lithiumaluminiumphosphat $LiFAlPO_4$. Die genannten Minerale können mit Säuren oder Soda aufgeschlossen werden. Auch in manchen Mineralquellen finden sich Lithiumsalze.

Das Lithiumhydroxyd $LiOH$ ist in Wasser mäßig löslich und ist deshalb, ganz im Gegensatz zu den Hydroxyden der anderen Alkalimetalle, nicht hygroskopisch. Es bildet ein Hydrat $Li(OH).H_2O$, das im Temperaturgebiet 0 bis 100° auskristallisiert.

Lithiumfluorid LiF ist schwer löslich. Lithiumchlorid $LiCl$ ist äußerst leicht, auch in Alkohol löslich. Lithiumnitrat kristallisiert mit Kristallwasser: $LiNO_3.3\,H_2O$.

Lithiumkarbonat Li_2CO_3 ist schwer löslich; es kann aus Lösungen mit Karbonaten gefällt werden. Die Löslichkeit nimmt mit steigender Temperatur ab. Bei höheren Temperaturen wird Kohlendioxyd abgespalten, und zwar erfolgt dies „leichter" als bei den anderen Alkalikarbonaten: Einen Druck $p_{CO_2} = 0{,}021$ Atm. erreichen die angegebenen Karbonate bei den Temperaturen:

Li_2CO_3	Na_2CO_3	K_2CO_3	Cs_2CO_3
$t°$ C 810	1050	1090	≈ 910

Lithiumphosphat Li_3PO_4 ist schwer löslich. Auch die Löslichkeit der Li-Salze in nichtwäßrigen Lösungen unterscheidet sich vielfach von denen der übrigen Alkalisalze.

Wegen der prächtig karminroten Flammenfärbung der Li-Salze werden diese bei den Lichtsignalen verwendet. Diese Flammenfärbung ist auch der wichtigste und empfindlichste *Nachweis* für Lithium.

2. Natrium Na

Die wichtigste und ausschließlichste Quelle für das Natrium und seine Verbindungen ist das *Natriumchlorid* NaCl. Im Meerwasser beträgt der Gehalt im Durchschnitt etwa 3,5%, im Süßwasser, das die Meere speist, ist er bedeutend niedriger, der Kalkgehalt drei- bis fünfmal höher. Im Meerwasser jedoch ist der NaCl-Gehalt etwa 30mal höher als der

Kalkgehalt. Das so wichtige Natriumchlorid der Meere stammt demnach aus der Frühzeit der Erdentwicklung; eine gütige Natur hat durch die Verwitterungstätigkeit an den Schmelzfluß- und Glutflußgesteinen Natriumchlorid dem Menschen auf diese Weise leicht erreichbar gemacht. Der durch die Flüsse den Meeren zugeführte Kalk wird von der hier lebenden Tierwelt aufgenommen. So sind die Hauptgewinnungsstellen für das Natriumchlorid die *ozeanischen Salzlagerstätten* (Steinsalzlager), die sich an verschiedenen Orten der Erde ausgebildet haben; am mächtigsten sind die Salzlager Norddeutschlands. Von geringster Ausdehnung bilden sich in abflußlosen Seen hohe NaCl-Gehalte aus; im Toten Meer 20%, in der Karabugasbucht (Gebiet des Kaspischen Meeres) 28% NaCl. Natrium kommt in gebirgebildenden Gesteinen und zahlreichen Mineralen vor. Von örtlicher Bedeutung sind Natron- (Na_2CO_3) und Sulfatseen (Na_2SO_4). Für eine technische Verwertung zur Herstellung von Natriumverbindungen sind diese Vorkommen und noch mehr die in den verschiedenen Silikatgesteinen ohne Bedeutung.

Natriummetall wird durch Elektrolyse von geschmolzenem Natriumhydroxyd hergestellt (CASTNER-Prozeß). Das Metall ist weich, kann mit einem Messer geschnitten werden, an der frischen Schnittfläche ist es silberglänzend, verliert aber an der Luft in kurzer Zeit den Glanz. Das Metall kann nur unter wasserfreien Flüssigkeiten (Petroleum, Paraffinöl) aufbewahrt werden.

Über das Spektrum des Natriums s. S. 58, Abb. 24.

Oxyde. Wird Natrium im Sauerstoff verbrannt, so bildet sich ein Gemisch von Oxyden, Natriumoxyd Na_2O und Natriumperoxyd Na_2O_2.

Die Herstellung des reinen Natriumoxydes ist schwierig, man muß zu seiner Darstellung einen Umweg einschlagen:

$$1. \quad Na_3N + NaNO_2$$
$$2. \quad NaOH + Na \longrightarrow Na_2O.$$
$$3. \quad \left.\begin{array}{l} NaNO_3 \\ NaNO_2 \end{array}\right\} + Na$$

Die angegebenen drei Reaktionswege spielen sich alle erst bei einer Temperatur um 350—400° ab und verlaufen dann meist stürmisch.

Natriumperoxyd Na_2O_2 erhält man beim Verbrennen des Metalls in einem großen Sauerstoffüberschuß. Es ist ein etwas gelb gefärbtes Pulver, das mit Säuren zersetzt Wasserstoffperoxyd gibt. Mit oxydierbaren Stoffen reagiert Natriumperoxyd äußerst heftig, meist explosionsartig, mit Kohlendioxyd bildet sich Sauerstoff: $Na_2O_2 + CO_2 = Na_2CO_3 + \frac{1}{2} O_2$. Diese Reaktion ist von Bedeutung für die Verbesserung der Luft in geschlossenen Räumen; man verwendet dazu „Luftpatronen", die das Peroxyd enthalten. Als wirksames Bleichmittel findet das Natriumperoxyd ebenfalls Verwendung.

Natriumhydroxyd *(Ätznatron)* NaOH. Dieses Alkalihydroxyd ist die wichtigste Base und wird deshalb in allergrößtem Maßstab hergestellt. Als Ausgangsprodukt dient Natriumchlorid, dessen wäßrige Lösung bei der Elektrolyse an der Kathode Natriumhydroxyd, an der Anode Chlor liefert. Diese *Chloralkali-Elektrolyse* wird nach verschiedenen technischen Verfahren durchgeführt. Vor den elektrochemischen Verfahren war die Herstellung der Natronlauge durch „*Kaustizierung der Soda*" maßgebend: $Na_2CO_3 + Ca(OH)_2 \rightleftharpoons 2\,NaOH + CaCO_3$. Das kristallinisch zu erhaltende Natriumhydroxyd ist in Wasser sehr leicht löslich, beim Lösen tritt Erwärmung ein: $NaOH_{fest} + 100\,H_2O = {}= NaOH_{gelöst}$, $\Delta H = -10$ kcal. An der Luft ist es zerfließlich. Es sind mehrere Hydrate bekannt; im Bereich 12 bis 60° ist $NaOH.H_2O$ beständig. Technisch wird Natriumhydroxyd in Stangen, dünnen Plättchen oder in Pillenform hergestellt.

Zerfließliche Stoffe. Einige leichtlösliche Stoffe *zerfließen* an der Luft. Die Bedingung für diese Eigenschaft ist, daß der Stoff mit Wasser eine Lösung bildet, deren Dampfdruck *kleiner* ist als der Partialdampfdruck des Wassers in der Luft. Da die Luft durchschnittlich 60 bis 70% mit Wasserdampf gesättigt ist, so werden alle Stoffe . bei einer bestimmten Temperatur zerfließlich sein, die Lösungen bilden können, deren Dampfdruck 0,6 bis 0,7 von dem des Wassers bei gleicher Temperatur beträgt.

Natriumchlorid NaCl. Das reine Natriumchlorid (Kochsalz) wird aus dem bergmännisch gewonnenen Produkt durch Lösen und Eindampfen der Lösungen (Solen) unter besonders zu beachtenden Umständen hergestellt. Rein kristallisiert es in farblosen Würfeln (tesserales Kristallsystem), ist nicht hygroskopisch; feuchtigkeitsempfindlich ist nur ein Kochsalz, das Beimengungen, vor allem Magnesiumsalze, enthält. Die zuweilen blauen Färbungen des Steinsalzes sind auf kolloidal gelöstes Natrium zurückzuführen. Die Löslichkeit L des Natriumchlorids ist von der Temperatur wenig abhängig:

	20°	50°	100°
L_{NaCl}	35,8	36,7	39,2

Die vielseitige Verwendung des Steinsalzes als Rohprodukt zur Herstellung von Salzsäure, Natronlauge, Soda, Sulfate ist an entsprechenden Stellen ausgeführt.

Natriumnitrat *(Chilesalpeter)* $NaNO_3$ kommt in der Natur in den regenlosen Gebieten des nördlichen Chile vor; die Entstehung dieser ausgedehnten Lager ist noch nicht geklärt. Die hier einst reiche Salzförderung ist nach Auffindung der gegenwärtigen Verfahren zur Gewinnung der Salpetersäure stark zurückgegangen. Natriumnitrat ist sehr leicht löslich, so daß bei der Lösung eine erhebliche Erniedrigung der Temperatur eintritt.

Natriumkarbonat *(Soda)* Na_2CO_3 und Natriumhydrokarbonat *(Natriumbikarbonat)* $NaHCO_3$. Natriumkarbonat wird technisch nach dem Solvay-*Verfahren* (Ammoniak-Soda-Verfahren) hergestellt. L. Solvay (um

1850, Belgien). Das Verfahren gründet sich auf die Bildung des schwer löslichen Natriumhydrokarbonates nach Umsatz von *Ammoniumhydrokarbonat* $(NH_4)HCO_3$ mit Natriumchlorid:

$$(NH_4)HCO_3 + NaCl = NaHCO_3 + NH_4Cl,$$

das sich bildet, wenn in eine fast gesättigte NaCl-Lösung Ammoniak und dann Kohlendioxyd eingeleitet wird. Das ausgeschiedene Natriumhydrokarbonat erwärmt, gibt Soda:

$$2\,NaHCO_3 = Na_2CO_3 + H_2O + CO_2.$$

Das Kohlendioxyd wird in den Prozeß zurückgeführt. Die Mutterlaugen des Natriumhydrokarbonates enthalten noch Ammoniumhydrokarbonat und Ammoniumchlorid. Nach Überführung ersteren Salzes in $(NH_4)_2CO_3$ (durch Einbringung von Ammoniak) läßt sich dieses bei 60° in Kohlendioxyd und Ammoniak zersetzen, das NH_4Cl wird mit Kalk erhitzt:

$$NH_4Cl + Ca(OH)_2 = NH_3 + CaCl_2 + 2\,H_2O.$$

Auf diese Weise wird das Ammoniak dem Betriebe erhalten. Das einzige Nebenprodukt des Verfahrens ist eine $CaCl_2$-Lösung.

Der früher benützte LEBLANC-*Soda-Prozeß* entstand während der französischen Revolution und der folgenden Kontinentalsperre um 1794; er wird gegenwärtig nicht mehr ausgeführt. Die im Prozeß verwendeten Vorgänge sollen die folgenden Gleichungen andeuten:

$$NaCl + H_2SO_4 = Na_2SO_4 + 2\,HCl, \tag{1}$$

$$Na_2SO_4 + 2\,C = Na_2S + 2\,CO_2, \tag{2}$$

$$Na_2S + CaCO_3 = \underline{Na_2CO_3} + CaS. \tag{3}$$

Die im Handel befindliche Kristallsoda (Waschsoda) ist stets das Dekahydrat $Na_2CO_3 . 10\,H_2O$.

Natriumkarbonat in Wasser gelöst reagiert alkalisch: $Na_2CO_3 + H_2O \rightleftarrows NaOH + NaHCO_3$. Die große Löslichkeit und Hydrolyse sind bestimmend für die Verwendung der Soda als alkalisch wirkendes Mittel, das an Stellen verwendet werden kann, wo man Natronlauge ausschließen muß. Experimentell findet man z. B. bei 18° in einer 0,1 mol. Na_2CO_3-Lösung den Hydrolysengrad 0,022, d. h. es sind 2,2% hydrolytisch gespalten.

Beim starken Erhitzen wird Kohlendioxyd abgespalten: $Na_2CO_3 \rightleftarrows Na_2O + CO_2$. Man findet

$t°$	1000	1400
p_{CO_2}	$2 . 10^{-3}$	$1 . 10^{-1}$ Atm.

Das System $Na_2CO_3—H_2O$ ist in der Abb. 100 dargestellt.

	Umwandlungstemperatur
$Na_2CO_3 . 10\,H_2O \rightleftarrows Na_2CO_3 . 7\,H_2O + 3\,H_2O$	32,0°
$Na_2CO_3 . 7\,H_2O \rightleftarrows Na_2CO_3 . H_2O + 6\,H_2O$	35,4°

Die Umwandlungspunkte A und B sind Vierfach-Punkte. Durch Überschreitungen können metastabile Teile der Löslichkeitskurve beobachtet werden (s. Ausführung bei Natriumsulfat S. 313 f.).

Natriumhydrokarbonat bildet sich beim Einleiten von Kohlendioxyd in einer Natriumkarbonatlösung; ist diese genügend konzentriert, so scheidet sich das Hydrokarbonat als weißer kristallinischer Niederschlag ab:

$$Na_2CO_{3\,fest} + CO_2 + H_2O \rightleftarrows 2\,NaHCO_{3\,fest}.$$

Das feste Salz zersetzt sich schon beim gelinden Erhitzen in der $\leftarrow$-Richtung, bei 100° beträgt der Gesamtdruck $p_{CO_2} + p_{H_2O} \approx 0,96$ Atm. Über die Hydrolyse des Natriumhydrokarbonates s. S. 242.

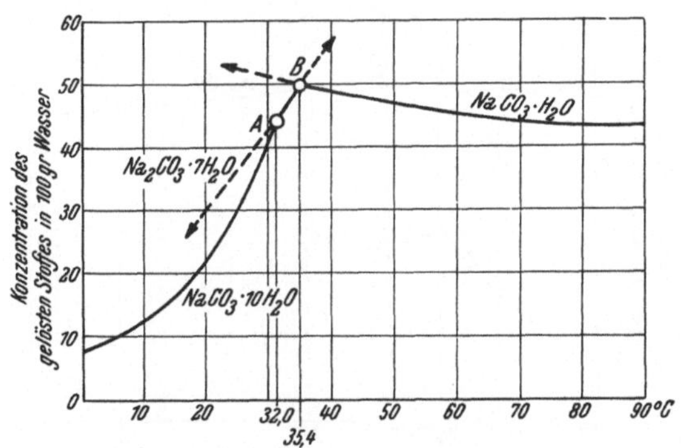

Abb. 100. Das System Na₂CO₃—H₂O.

Natriumsulfat Na_2SO_4 wird als Nebenprodukt erhalten bei der Herstellung der Salzsäure oder Salpetersäure aus Natriumchlorid bzw. Natriumnitrat mit Schwefelsäure. Eine andere Quelle bildet die Umsetzung der *reziproken* Salzpaare

$$2\,NaCl + MgSO_4 \rightleftarrows MgCl_2 + Na_2SO_4.$$

Dieses System ergibt sich bei der Aufarbeitung der Kaliumsalze. In der Kälte scheidet sich (bei Temperaturen unter 32°) *Glaubersalz* $Na_2SO_4 \cdot 10\,H_2O$ aus.

Das System Na_2SO_4—H_2O (Abb. 101). Die Löslichkeit des Glaubersalzes $Na_2SO_4 \cdot 10\,H_2O$ (Dekahydrat) nimmt mit steigender Temperatur zu, bei 32,5° jedoch zeigt seine Löslichkeitskurve AB einen stark ausgeprägten „Knick" *(B)*: die Löslichkeit nimmt von hier an mit steigender Temperatur ab. Bei dieser Temperatur verwandelt sich das Dekahydrat des Natriumsulfates in das wasserfreie Salz Na_2SO_4. Von B nach E bezieht sich die Löslichkeit auf das Salz Na_2SO_4 als Bodenkörper. Punkt B ist der Schnittpunkt zweier Löslichkeitskurven, in diesem sind vier Phasen vorhanden: Na_2SO_4, $Na_2SO_4 \cdot 10\,H_2O$, Lösung und die über dem System befindliche Dampfphase, Bestandteile: 2, Salz und Wasser, demnach ist nach dem Phasengesetz (S. 30) die Zahl der Freiheiten $F = B - P + 2 = 0$, d. h. das System ist *invariant*.

Man kann die Löslichkeit des Dekahydrates über dem Punkt B hinaus verfolgen, das System ist dann zwar für dieses Salz gesättigt, aber für das wasserfreie Salz *übersättigt*; wird eine Spur dieses Salzes als Keim in die Lösung gebracht, so scheidet sich bei Temperaturen höher als 32,5° über die Lösung das reine wasserfreie Salz aus. Demnach ist unter diesen Bedingungen das Dekahydrat instabil, das wasserfreie Salz stabil: Bei 32,5 liegt die Umwandlungstemperatur für den Vorgang: Na_2SO_4. $.10\,H_2O \rightleftarrows Na_2SO_4 + 10\,H_2O$. Kühlt man die gesättigte Lösung des wasserfreien Salzes unter 32,5° ab, so ergibt sich ein System, das nun

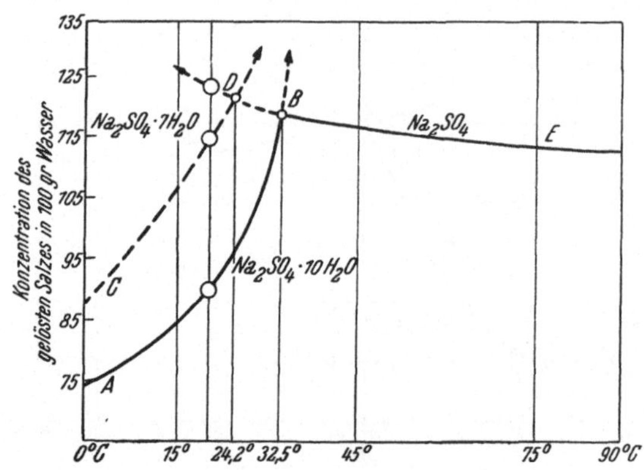

Abb. 101. Zustandsdiagramm des Systems $Na_2SO_4-H_2O$. Das gestrichelt Gezeichnete ist instabiles System. AB Löslichkeitskurve des Dekahydrates, CD Löslichkeitskurve des Heptahydrates, DBE Löslichkeitskurve von Na_2SO_4 wasserfrei.

für $Na_2SO_4.10\,H_2O$ übersättigt ist; sobald es mit einer Spur von festem Dekahydrat geimpft wird, kristallisiert aus dem System das ganze Dekahydrat aus. D ist der Schnittpunkt der Löslichkeitskurve des Na_2SO_4. $.7\,H_2O°$ (Heptahydrat) und des Na_2SO_4-Salzes. In D sind ebenfalls vier Phasen mit zwei Bestandteilen vorhanden, d. h. das System ist *invariant*; die damit festgelegte Temperatur ist 24,2°. Dies ist die Umwandlungstemperatur für den Vorgang: $Na_2SO_4.7\,H_2O \rightleftarrows Na_2SO_4 + 7\,H_2O$. Das ganze System ist, wie auch in der Abbildung durch Strichelung angedeutet, instabil. Das Heptahydrat scheidet sich aus, wenn eine gesättigte Lösung des wasserfreien Na_2SO_4 vorsichtig auf etwa 17° abgekühlt wird.

Es kann im System bei etwa 20° *drei* gesättigte Lösungen geben, und zwar mit den Bodenkörpern $Na_2SO_4.10\,H_2O$, $Na_2SO_4.7\,H_2O$ und Na_2SO_4 (in der Abbildung durch ○ angedeutet). Von diesen aber ist nur die gesättigte Lösung des Dekahydrates stabil. Die beiden instabilen Systeme haben die höhere Löslichkeit, wie dies ja immer der Fall sein muß.

Aus diesen Bemerkungen von allgemeiner Bedeutung ergibt sich a) daß ein Knick in der Löslichkeitskurve eines Stoffes auf eine Änderung des Bodenkörpers schließen läßt, ferner b) daß bei Angaben von „Löslichkeit" die Zusammensetzung des Bodenkörpers anzugeben ist.

Natriumhydrosulfat *(Bisulfat)* $NaHSO_4$ bildet sich z. B., wenn Steinsalz mit Schwefelsäure bei niedriger Temperatur zersetzt wird. Wird das saure Salz stark erhitzt, so bildet sich nach der Gleichung S. 164 Dinatriumdisulfat.

Alle Phosphate des Natriums sind leicht löslich.

3. Kalium K

Die für die Gewinnung des Kaliums in Betracht kommenden Rohstoffe stammen fast ausschließlich aus den ozeanischen Salzlagerstätten. Diese sind durch Verdunsten ausgedehnter Meere entstanden; die zuletzt sich ausscheidenden Stoffe bilden die leicht löslichen Kalium- und Magnesiumsalze von verschiedener Zusammensetzung. *Sylvin* ist reines Kaliumchlorid KCl, sehr verbreitet ist der *Carnallit* $KCl . MgCl_2 . 6 H_2O$ und der *Kainit* $KCl . MgSO_4 . 3 H_2O$. *Hartsalz* ist ein Gemenge von *Kieserit* $MgSO_4 . H_2O$, Sylvin und Steinsalz. Alle diese Minerale werden noch durch weitere Reihen von Natrium- und Magnesiumsalzen begleitet, die in den norddeutschen Salzlagern vorkommen. Sie werden hier als „*Abraumsalze*" bezeichnet, da sie früher, als man noch keine Verwendung für Kaliumsalze hatte (ihre Verwendung setzt erst nach der Mitte des 19. Jahrhunderts ein) als unbrauchbar abgeräumt wurden; nur das tiefer liegende Steinsalz wurde gefördert. Gegenwärtig sind hier die Abraumsalze wertvoller als das Steinsalz geworden. Der geringe Kaliumgehalt des Meeres ist bemerkenswert, er beträgt etwa ein Zehntel vom Na-Gehalt. Der größte Teil der geförderten Kaliumsalze wird zur künstlichen Düngung verwendet, auf deren Bedeutung JUSTUS VON LIEBIG (Deutschland) um 1850 zuerst hingewiesen hat. Ebenso wie bei Natrium, sind die reichen Vorkommen des Kaliums in den Silikatgesteinen für seine Gewinnung fast ohne Bedeutung.

Die Herstellung des metallischen Kaliums nach dem CASTNER-Prozeß (s. oben) ist schwierig, es sind deshalb auch andere Verfahren in Anwendung. Über die Radioaktivität des Kaliums s. S. 93.

Oxyde. Beim Verbrennen des Kaliums an der Luft bildet sich ein Peroxyd K_2O_4 (ungefähre Zusammensetzung, orangegelb gefärbt). Kaliumoxyd K_2O läßt sich nur indirekt über Kaliumnitrat $+$ metallisches Kalium herstellen, also gleich dem Vorgang zur Herstellung des Natriumoxydes.

Kaliumhydroxyd KOH wird durch Elektrolyse von KCl-Lösungen gewonnen. Das feste, schwer wasserfrei zu erhaltende Produkt zeigt gleiche Eigenschaften wie das Natriumhydroxyd. Es sind zwei Hydrate bekannt: bis $30°$ ist $KOH . 2 H_2O$, dann nach höherer Temperatur $KOH . H_2O$ stabil.

Kaliumchlorid KCl kristallisiert regulär in Würfeln und wird, wie erwähnt, bergmännisch gewonnen; es ist ein wichtiges Düngemittel.

Kaliumnitrat *(Salpeter)* KNO_3 kristallisiert aus saurer Lösung in Rhomboedern aus reinem Wasser in rhombischen Prismen. Da Kaliumnitrat, im Gegensatz zu Natriumnitrat, nicht hygroskopisch ist, eignet es sich zur Herstellung von Schießpulver. Die Herstellung von Kaliumnitrat aus Natriumnitrat war einst ein wichtiger Prozeß. (Konversionssalpeter.) Man verwendet das folgende System *reziproker* Salzpaare:

$$NaNO_3 + KCl \rightleftarrows KNO_3 + NaCl.$$

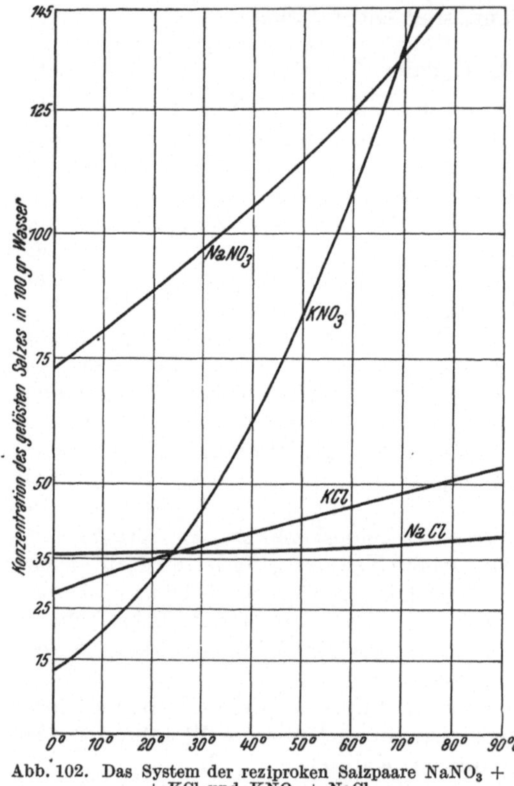

Abb. 102. Das System der reziproken Salzpaare NaNO₃ + + KCl und KNO₃ + NaCl.

Gibt man zu einer heiß gesättigten Lösung von Natriumnitrat eine etwa äquivalente Menge Kaliumchlorid, so scheidet sich das schwer lösliche Kochsalz aus, das abfiltriert wird. Beim Erkalten der Lösung kristallisiert reiner Salpeter aus, dessen Löslichkeitsprodukt am tiefsten liegt. In der Abb. 102 ist das Gesagte noch deutlicher abzulesen.

Kaliumkarbonat (*Pottasche*) K_2CO_3. Die Herstellung erfolgt durch Einleiten von Kohlendioxyd in Kalilauge, die bei der Elektrolyse von Kaliumchlorid gewonnen wird, oder nach dem *Staßfurter* Verfahren. Dieses beruht auf der Schwerlöslichkeit des Doppelsalzes $MgCO_3 . KHCO_3 . 4 H_2O$: Es wird in eine Kaliumchloridlösung Magnesiumkarbonat (das noch wasserhältig ist und sich leicht verteilt) eingetragen und Kohlendioxyd eingeleitet:

$$2 KCl + 3 MgCO_3 + CO_2 + 7 H_2O = 2 MgCO_3 . KHCO_3 . 4 H_2O + MgCl_2.$$

Das Doppelsalz wird unter Druck erhitzt oder mit Magnesiumoxyd und Wasser bei 40° umgerührt; es bildet sich eine reine K_2CO_3-Lösung und das schwer lösliche Magnesiumkarbonat $MgCO_3 . 3 H_2O$ wird zurückgewonnen. Da alle Pflanzen Kaliumverbindungen enthalten, sind die Pflanzenaschen reich an Kaliumkarbonat, besonders die Asche der Melassenschlempe; auch in dem veraschten Wollschweiß der Schafe ist es reichlich enthalten.

Kaliumhydrokarbonat $KHCO_3$ ist zwar etwas schwerer löslich als das Kaliumkarbonat, doch ist der Unterschied in der Löslichkeit zu gering, um ein Verfahren zur Herstellung von Kaliumkarbonat nach dem SOLVAY-Prozeß durchzuführen. Bei 25° ist Kaliumhydrokarbonat etwa $3^1/_2$mal leichter löslich als das Natriumhydrokarbonat.

Kaliumsulfat K_2SO_4 kristallisiert wasserfrei. Es wird durch Umsetzung von Magnesiumsulfat (Kieserit) mit Kaliumchlorid technisch gewonnen und ist ebenfalls ein viel angewendetes Düngemittel. Kaliumhydrosulfat $KHSO_4$ wird aus dem Sulfat hergestellt: $K_2SO_4 + H_2SO_4 = 2\,KHSO_4$, es wird so wie das Natriumhydrosulfat verwendet.

Nachweis. Neben der Flammenfärbung sind die folgenden schwer löslichen Salze des Kaliums kennzeichnend: *Kaliumperchlorat* $KClO_4$, das *Kaliumhexachloro*-Platin-IV $K_2[PtCl_6]$ und das saure Salz der Weinsäure *(Kaliumhydrotartrat)*:

$$\begin{array}{c} \text{COOK} \\ | \\ \text{H---C---OH} \\ | \\ \text{OH---C---H} \\ | \\ \text{COOH.} \end{array}$$

4. Rubidium Rb

Eigentliche Rubidium-Minerale sind nicht bekannt. Es kommt gemeinsam mit den anderen Alkalimetallen in den ozeanischen Ablagerungen vor und sind so besondere Fundstellen die Abraumsalze. Die Rb-Konzentration ist hier allerdings gering, für Carnallit und Kieserit beträgt der Gehalt etwa 0,024 bis 0,03% Rb. Höher ist der Gehalt im Lithiumglimmer (Lepidolith) und in einigen Feldspäten pegmatitischen Ursprungs. Rubidium zeigt ein chemisches Verhalten, das seinem Nachbar Kalium fast gleich ist.

Über die Radioaktivität des Rubidiums s. S. 93.

5. Cäsium Cs

Was bezüglich Rubidium gesagt, gilt auch für das Cäsium, es ist nur noch seltener als dieses. Der seltene *Polluzit* $Cs[AlSi_2O_6] \cdot H_2O$ dürfte das einzig bekannte Mineral dieses Elements sein. *Cäsiumoxyd* Cs_2O ist orange gefärbt. Cäsium hat von den Metallen die niedrigste Ionisierungsenergie und wird deshalb als Elektronenquelle in der Radio- und Lichtmeßtechnik verwendet. Schwer löslich sind neben Perchlorat und Tartrat, Cs_2BiCl_5, Cs_2SbCl_5, Cs_2SnCl_6 und die Verbindung mit Kobaltnitrit $[Co(NO_2)_6]CoCs$.

6. Francium Fr

Francium ist ein Element in der Reihe des r. a. Zerfalles des Aktiniums (S. 393); es ist ein β-Strahler, Halbwertzeit 21 Minuten.

Francium zeigt vollständig die Eigenschaften eines Alkalimetalles: wird es Cäsiumsalzen zugemischt, so wird es mit diesem gefällt (Mitfällung, S. 298), und zwar als Perchlorat, Tartrat, ferner in Fällungen mit Platinchlorwasserstoffsäure und den Fällungsmitteln, die bei Cäsium noch besonders angegeben sind. Es ist das elektropositivste aller Elemente. Es hat nicht an Untersuchungen gefehlt, ein „Ekacäsium" in den Alkalimetallen aufzufinden; da sie alle kein sicheres Ergebnis für seine Existenz ergeben haben, läßt schließen, daß die Isotope von $_{87}$Fr kurze Lebensdauer haben werden.

XLVII. Oxydations- und Reduktionsvorgänge im allgemeinen. (Elektrochemische Vorgänge)

1. Im Kapitel S. 110 sind Vorgänge als Oxydationen bezeichnet worden, in denen Sauerstoff beteiligt war, Zunahme des Sauerstoffgehaltes eines Stoffes ist als *Oxydation*, dessen Abnahme als *Reduktion* bezeichnet. Diese beiden Vorgänge können in eine allgemeine Fassung gebracht werden: Oxydation ist ein *Vorgang*, bei dem ein Stoff Elektronen abgibt, Reduktion ist ein *Vorgang*, bei dem ein Stoff Elektronen aufnimmt. *Oxydationsmittel* ist ein Stoff, der Elektronen aufnimmt, *Reduktionsmittel* ein Stoff, der Elektronen abgibt. Zwei Beispiele:

Reduktionsmittel   Reduktionsmittel

$$\mathrm{Fe^{++}} \xrightleftharpoons[\text{Red.-Vorgang}]{\text{Oxyd.-Vorgang}} \mathrm{Fe^{+++}} + e^- \qquad \mathrm{Cl^-} \xrightleftharpoons[\text{Red.-Vorgang}]{\text{Oxyd.-Vorgang}} {}^1/_2\,\mathrm{Cl_2} + e^-$$

Oxydationsmittel   Oxydationsmittel

Es sind demnach $\mathrm{Fe^{++}}$, $\mathrm{Cl^-}$ Reduktionsmittel, $\mathrm{Fe^{+++}}$, ${}^1/_2\,\mathrm{Cl_2}$ Oxydationsmittel. Bei allen Reaktionen, die durch Vermittlung von Ionen verlaufen, muß stets ein Oxydationsmittel und ein Reduktionsmittel vorhanden sein. Systeme dieser Art werden deshalb als *Redox-Systeme*, die entsprechenden Gleichgewichte als *Redox-Gleichgewichte* bezeichnet.

Solche Redox-Systeme können miteinander wie in einer chemischen Gleichung verbunden werden, es ist nur dafür zu sorgen, daß in der Endgleichung das Elektron nicht mehr vorkommt. Z. B.: Die Reaktion des Wasserstoffperoxydes mit Kaliumpermanganat (S. 149) verläuft unter Abgabe von Sauerstoff, durch Reduktion des Permanganates wird $\mathrm{Mn^{VII}} \rightarrow \mathrm{Mn^{II}}$,

$$\mathrm{H_2O_2} = \mathrm{O_2} + 2\,\mathrm{H^+} + 2\,e^-,$$

$$\mathrm{MnO_4^-} + 8\,\mathrm{H^+} + 5\,e^- = \mathrm{Mn^{++}} + 4\,\mathrm{H_2O}.$$

Die beiden Vorgänge lassen sich nach entsprechender Multiplikation:

$$5\,\mathrm{H_2O_2} = 5\,\mathrm{O_2} + 10\,\mathrm{H^+} + 10\,e^-,$$

$$2\,\mathrm{MnO_4^-} + 16\,\mathrm{H^+} + 10\,e^- = 2\,\mathrm{Mn^{++}} + 8\,\mathrm{H_2O}$$

addieren, man erhält:

$$2\,MnO_4^- + 5\,H_2O_2 + 16\,H^+ = 5\,O_2 + 2\,Mn^{++} + 8\,H_2O.$$

In einer solchen Redox-Gleichung ist *die Erhaltung der elektrischen Ladung* stets zu beachten.

2. Systeme dieser Art werden besonders wichtig, wenn es gelingt, den Wert der freien Energie der einzelnen Reaktionen kennenzulernen. Das ist möglich durch Messung ihrer elektromotorischen Kräfte. Hat man zwei Vorgänge

$$\text{I. } Cu \rightleftarrows Cu^{++} + 2\,e^-,$$

$$\text{II. } Zn \rightleftarrows Zn^{++} + 2\,e^-,$$

so lassen sie sich in einen Vorgang vereinigen:

$$Cu^{++} + Zn \rightleftarrows Cu + Zn^{++}.$$

Diese Reaktion läßt sich auf zwei Wegen a und b durchführen.

a) Gibt man in eine Kupfersulfatlösung Zinkstaub, so erfolgt sofort Fällung des Kupfers, die Lösung erwärmt sich und wird, nach genügendem Zusatz an Zink, farblos: es befinden sich keine Cu^{++}-Ionen mehr in Lösung.

b) Man kann ein *Galvanisches Element* aufbauen, wie es die Abbildung 103 angibt. Die Galvanische Zelle besteht aus zwei Gefäßen, sogenannten Halbzellen, das eine

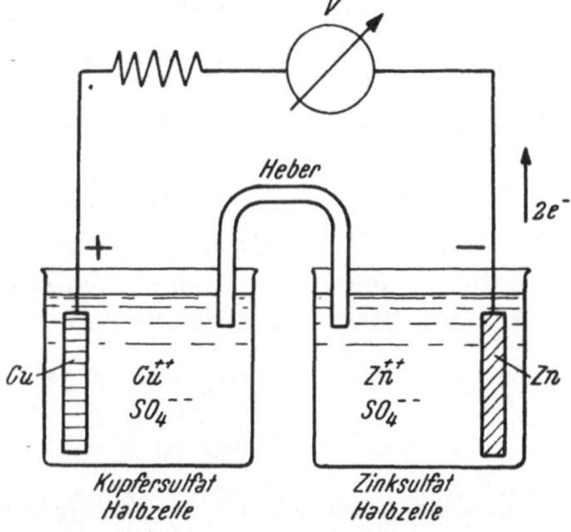

Abb. 103. Galvanische Kette: Kupfersulfat und Zinksulfat im Anoden- bzw. Kathodenraum getrennt, durch einen Heber, mit KCl-Lösung gefüllt, leitend verbunden. Form: Cu | CuSO₄ | KCl | | ZnSO₄ | Zn; die |-Striche bedeuten *Phasengrenzen*.

Gefäß enthält eine Zinksulfat-, das andere eine Kupfersulfatlösung, in beide tauchen entsprechend Abb. 103 ein Cu- bzw. Zn-Metallstab. Werden die beiden Elektroden, wie angegeben, über ein Voltmeter V verbunden (das Galvanische Element geschlossen), so zeigt dieses eine Spannung, die sich zwischen den beiden Elektroden ausbildet.

Die Vorgänge in den beiden Zellen sind: $Cu^{++} + 2\,e^- = Cu$, $Zn \rightarrow Zn^{++} + 2\,e^-$, das hier abgegebene Elektron fließt über den Schließungskreis zur Cu-Elektrode. Der Strom fließt, da sich zwischen den beiden Elektroden eine Potentialdifferenz ausbildet, die sich aus dem Elektrodenpotential der einzelnen Elektroden E_{Cu}, E_{Zn} zusammensetzt. Das Elektrodenpotential bildet sich als Folge einer *elektromotorischen Kraft* aus, deren Wert man ersterem gleichsetzt. Der Wert des Elektrodenpotentials ist durch die NERNST-Gleichung gegeben.

Für die Cu-Elektrode, also für den Vorgang $Cu \rightleftarrows Cu^{++} + 2\,e^-$ oder $^1/_2\,Cu \rightleftarrows {}^1/_2\,Cu^{++} + e^-$:

$$E_{Cu} = E^\circ - \frac{RT}{2\,\mathfrak{F}} \ln c_{Cu^{++}} \quad \text{oder} \quad E_{Cu} = E^\circ - \frac{RT}{\mathfrak{F}} \ln c_{Cu^{++}}^{1/2} \tag{1}$$

(NERNST-Gleichung).

Die Gaskonstante R ist hier auszudrücken in $\dfrac{\text{Volt} \cdot \text{Coulomb}}{\text{Grad}} =$
$= \dfrac{\text{Joule}}{\text{Grad}}$, demnach ist $R = 8{,}309$ Joule/Grad, $\mathfrak{F} = 96\,500$ Coulomb, es beträgt dann für 25° und BRIGGS-Log.

$$\frac{2{,}3\ RT}{\mathfrak{F}} = 0{,}059 \text{ Volt,} \tag{2}$$

$$E_{\text{Cu}} = (E^\circ)_{\text{Cu}} - 0{,}059 \log c^{1/2}_{\text{Cu}^{++}} \tag{3}$$

und für die Zn-Elektrode:

$$E_{\text{Zn}} = (E^\circ)_{\text{Zn}} - 0{,}059 \log c^{1/2}_{\text{Zn}^{++}}. \tag{4}$$

Wird $c_{\text{Cu}^{++}} = 1$, beträgt also thermodynamisch die Cu^{++}-Ionenkonzentration Eins, so ist

$$E_{\text{Cu}} = (E^\circ)_{\text{Cu}}. \tag{5}$$

E° wird als *Normalpotential* bezeichnet; dieser Begriff ist für die Behandlung elektrochemischer Vorgänge von grundlegender Bedeutung. Der Wert beträgt für die beiden Elektroden:

$$\begin{aligned}
E_{\text{Cu}} &= -0{,}34 - 0{,}059 \log c^{1/2}_{\text{Cu}^{++}}, \\
E_{\text{Zn}} &= +0{,}76 - 0{,}059 \log c^{1/2}_{\text{Zn}^{++}}.
\end{aligned} \tag{6}$$

3. *Das elektrochemische Gleichgewicht.* In der Galvanischen Zelle ist das Potential gleich der Differenz der beiden Elektrodenpotentiale. Da ein Redox-System vorliegt, müssen die beiden Elektrodenvorgänge in entgegengesetzter Richtung verlaufen: Es ist demnach die Potentialdifferenz in der Galvanischen Kette $E_{\text{Cu/Zn}}$:

$$E_{\text{Cu/Zn}} = -1{,}10 - 0{,}059 \log \frac{c^{1/2}_{\text{Cu}^{++}}}{c^{1/2}_{\text{Zn}^{++}}}. \tag{7}$$

In der Kette wird nach entsprechend langem Fließen des Stromes $c_{\text{Cu}^{++}}$ immer kleiner und $c_{\text{Zn}^{++}}$ immer größer, damit wird aber auch die Potentialdifferenz (die Spannung der Kette) sinken, schließlich wird $E_{\text{Cu/Zn}} = 0$; es hat sich ein Gleichgewicht eingestellt. Aus der Gl. (7) kann man die Gleichgewichtskonstante K' finden, die den Zustand $E_{\text{Cu/Zn}} = 0$ ausdrückt:

$$K' = \frac{c^{1/2}_{\text{Zn}^{++}}}{c^{1/2}_{\text{Cu}^{++}}} = 10^{\frac{1{,}10}{0.059}} \text{ oder } \frac{c_{\text{Zn}^{++}}}{c_{\text{Cu}^{++}}} = K = 2 \cdot 10^{37}. \tag{8}$$

Dieses Ergebnis kann auch dahin ausgedrückt werden, daß Zink das gesamte gelöste Kupfer ausfällt. Die behandelte Form einer Galvanischen Kette stellt den Vorgang übersichtlich dar, wie er sich in dem vielgebrauchten Kupfer-Zink-Element, auch DANIEL-Element genannt, abspielt.

4. *Elektrodenpotential und freie Energie.* Eine besondere Eigenschaft solcher elektrochemischer Vorgänge ist, daß sie gestatten, direkt chemische

Energie in äußere Arbeit überzuführen. Das sieht man aus Abschn. 2. In a wird bei der Fällung von Cu^{++}-Ionen mit Zink keine äußere Arbeit geleistet, das System erwärmt sich nur, in b liefert derselbe Vorgang elektrische Energie, also äußere Arbeit. Vorgang nach a verläuft im „elektrischen Kurzschluß" und kann deshalb keine Arbeit geben.

Freie Energie ist die maximale äußere Arbeit, die ein chemischer Vorgang bei einer bestimmten Temperatur leisten kann (S. 10). Es ist bei elektrochemischen Vorgängen

$$\Delta F = - n \, \mathfrak{F} \, E° \text{ Volt . Coulomb,}$$
$$\Delta F = - n \, 23\,074 \, E° \text{ Kalorien,} \tag{9}$$

d. h. man kann direkt die freie Energie aus der Messung der Werte von $E°$ finden. n ist die Anzahl elektrischer Ladungen, die sich bei einem bestimmten Vorgang in einer Richtung beteiligen.

Nach Kap. 5, Gl. (15) ist

$$\Delta F = - R \, T \ln K$$

oder

$$K = 10^{\frac{n \, E°}{0,059}}. \tag{10}$$

Anwendung dieser Gleichung S. 323 ff.

5. *Gaselektroden, Wasserstoffelektrode.* Gase können ebenso wie Metalle elektromotorisch wirksam werden, z. B. H_2, O_2, die Halogene. Leitet man H_2-Gas über einen platinierten Draht, der in verdünnte Schwefelsäure eintaucht, so stellt sich folgender Vorgang ein:

$$^1/_2 \, H_{2 \text{ Gas, gelöst}} \rightleftharpoons H^+ + e^-. \tag{11}$$

Das Elektrodenpotential lautet dann, p_{H_2} ist der Partialdruck des H_2-Gases:

$$E = (E°)_{H_2} - 0,059 \log \frac{c_{H^+}}{\sqrt{p_{H_2}}}. \tag{12}$$

Ist thermodynamisch $c_{H^+} = 1$, so wird bei der Wasserstoffelektrode $(E°)_{H_2} = 0$ gesetzt. Auf dieses Potential werden alle anderen Potentiale bezogen; das hat sich als notwendig ergeben, da ja stets nur Potentialunterschiede gemessen werden, demnach eine Bezugselektrode (Standard-Elektrode) festgelegt werden muß.

6. *Die allgemeine Spannungsreihe.* Dies ist die Zusammenstellung der Redox-Systeme mit Angabe der Normalpotentiale, bezogen auf die Wasserstoffelektrode als Nullelektrode. Die hier angegebenen Zahlen lassen sich sehr vielseitig verwerten, was bereits an verschiedenen Stellen des Buches geschah. Es werden im folgenden noch einige weitere Beispiele angegeben; für die Verwertung der einzelnen Gleichungen ist nach Abschn. 1 vorzugehen.

7. Will man nur feststellen, welche Richtung ein chemischer Vorgang in einem Reaktionssystem nehmen muß, wenn die Konzentration der beteiligten Stoffe nicht zu klein ist, so genügt es, die Normalpotentiale der beiden Teilreaktionen nach fallenden negativeren Werten der Poten-

Tabelle 11. *Allgemeine Spannungsreihe*
(Die Werte gelten für 25°, die Gasdrucke für 1 Atm.)

Reaktion	E°
$Li = Li^+ + e^-$	$+3{,}02$
$Cs = Cs^+ + e^-$	$+3{,}02$
$Rb = Rb^+ + e^-$	$+2{,}99$
$K = K^+ + e^-$	$+2{,}92$
$\frac{1}{2} Ba = \frac{1}{2} Ba^{++} + e^-$	$+2{,}90$
$\frac{1}{2} Sr = \frac{1}{2} Sr^{++} + e^-$	$+2{,}89$
$\frac{1}{2} Ca = \frac{1}{2} Ca^{++} + e^-$	$+2{,}87$
$Na = Na^+ + e^-$	$+2{,}712$
$\frac{1}{3} Al + \frac{4}{3} OH^- = \frac{1}{3} Al(OH)_4^- + e^-$	$+2{,}35$
$\frac{1}{2} Mg = \frac{1}{2} Mg^{++} + e^-$	$+2{,}34$
$\frac{1}{2} Be = \frac{1}{2} Be^{++} + e^-$	$+1{,}70$
$\frac{1}{3} Al = \frac{1}{3} Al^{+++} + e^-$	$+1{,}67$
$\frac{1}{2} Zn + 2 OH^- = \frac{1}{2} Zn(OH)_4^{--} + e^-$	$+1{,}216$
$\frac{1}{2} Mn = \frac{1}{2} Mn^{++} + e^-$	$+1{,}05$
$\frac{1}{2} Zn + 2 NH_3 = \frac{1}{2} Zn(NH_3)_4^{++} + e^-$	$+1{,}03$
$Co(CN)_6^{----} = Co(CN)_6^{---} + e^-$	$+0{,}83$
$\frac{1}{2} Zn = \frac{1}{2} Zn^{++} + e^-$	$+0{,}762$
$\frac{1}{2} H_2C_2O_4 \,(aq) = CO_2 + H^+ + e^-$	$+0{,}49$
$\frac{1}{2} Fe = \frac{1}{2} Fe^{++} + e^-$	$+0{,}440$
$\frac{1}{2} Cd = \frac{1}{2} Cd^{++} + e^-$	$+0{,}402$
$\frac{1}{2} Co = \frac{1}{2} Co^{++} + e^-$	$+0{,}277$
$\frac{1}{2} Ni = \frac{1}{2} Ni^{++} + e^-$	$+0{,}250$
$J^- + Cu = CuJ_{\,fest} + e^-$	$+0{,}187$
$\frac{1}{2} Sn = \frac{1}{2} Sn^{++} + e^-$	$+0{,}136$
$\frac{1}{2} Pb = \frac{1}{2} Pb^{++} + e^-$	$+0{,}126$
$\frac{1}{2} H_2 = H^+ + e^-$	$0{,}000$
$\frac{1}{2} H_2S = \frac{1}{2} S + H^+ + e^-$	$-0{,}141$
$Cu^+ = Cu^{++} + e^-$	$-0{,}167$
$\frac{1}{2} H_2O + \frac{1}{2} H_2SO_4 = \frac{1}{2} SO_4^{--} + 2 H^+ + e^-$	$-0{,}20$
$\frac{1}{2} Cu = \frac{1}{2} Cu^{++} + e^-$	$-0{,}345$
$Fe(CN)_6^{----} = Fe(CN)_6^{---} + e^-$	$-0{,}36$
$2 OH^- + \frac{1}{2} Cl_2 = ClO^- + H_2O + e^-$	$-0{,}52$
$\frac{3}{2} J^- = \frac{1}{2} J_3^- + e^-$ bei Gegenwart $J_{2\,fest}$	$-0{,}53$
$MnO_4^{--} = MnO_4^- + e^-$	$-0{,}54$
$\frac{4}{3} OH^- + \frac{1}{3} MnO_2 = \frac{1}{3} MnO_4^- + \frac{2}{3} H_2O + e^-$	$-0{,}57$
$OH^- + \frac{1}{2} ClO^- = \frac{1}{2} ClO_2^- + \frac{1}{2} H_2O + e^-$	$-0{,}59$
$\frac{1}{2} H_3AsO_3 \,gelöst = \frac{1}{2} H_3AsO_4 \,gelöst + e^-$	$-0{,}61$
$\frac{1}{2} H_2O_2 = \frac{1}{2} O_2 + H^+ + e^-$	$-0{,}682$
$Fe^{++} = Fe^{+++} + e^-$	$-0{,}771$
$Hg = \frac{1}{2} Hg_2^{++} + e^-$	$-0{,}799$
$Ag = Ag^+ + e^-$	$-0{,}800$
$H_2O + NO_2 = NO_3^- + 2 H^+ + e^-$	$-0{,}81$
$\frac{1}{2} Hg = \frac{1}{2} Hg^{++} + e^-$	$-0{,}854$
$\frac{1}{2} Hg_2^{++} = Hg^{++} + e^-$	$-0{,}910$
$\frac{1}{2} HNO_2 \,gelöst + \frac{1}{2} H_2O = \frac{1}{2} NO_3^- + \frac{3}{2} H^+ + e^-$	$-0{,}94$
$NO + H_2O = HNO_2 + H^+ + e^-$	$-0{,}99$
$\frac{1}{2} ClO_3^- + \frac{1}{2} H_2O = \frac{1}{2} ClO_4^- + H^+ + e^-$	$-1{,}00$
$Br^- = \frac{1}{2} Br_2 \,fl. + e^-$	$-1{,}065$
$H_2O + \frac{1}{2} Mn^{++} = \frac{1}{2} MnO_2 + 2 H^+ + e^-$	$-1{,}28$
$Cl^- = \frac{1}{2} Cl_2 \,gas + e^-$	$-1{,}358$
$\frac{7}{6} H_2O + \frac{1}{3} Cr^{+++} = \frac{1}{6} Cr_2O_7^- + \frac{7}{3} H^+ + e^-$	$-1{,}36$
$\frac{1}{3} Au = \frac{1}{3} Au^{+++} + e^-$	$-1{,}42$
$\frac{1}{2} H_2O + \frac{1}{6} Cl^- = \frac{1}{6} ClO_3^- + H^+ + e^-$	$-1{,}45$
$\frac{4}{5} H_2O + \frac{1}{5} Mn^{++} = \frac{1}{5} MnO_4^- + \frac{8}{5} H^+ + e^-$	$-1{,}52$
$\frac{1}{2} Cl_2 + H_2O = HClO + H^+ + e^-$	$-1{,}63$
$H_2O = \frac{1}{2} H_2O_2 + H^+ + e^-$	$-1{,}77$
$Co^{++} = Co^{+++} + e^-$	$-1{,}84$
$F^- = \frac{1}{2} F_2 + e^-$	$-2{,}85$

tiale aufzuschreiben; der mögliche Vorgang liefert dann den Stoff „rechts oben" und den Stoff „links unten". Z. B. a) die Einwirkungen von Chlor auf eine Lösung von Kaliumbromid:

$$E°$$

$$Br^- = {}^1/_2\,Br_{2\,flüssig} + e^- - 1{,}06 \qquad \text{verbraucht} \rightarrow \text{gebildet}$$
$$Cl^- = {}^1/_2\,Cl_{2\,Gas} + e^- \quad - 1{,}36 \qquad \text{gebildet} \leftarrow \text{verbraucht}$$

(13)

Es wird $Br_{2\,flüssig}$ und Cl^- gebildet, $Cl_{2\,Gas}$ und Br^- verbraucht.

b) Wie verhält sich Schwefelwasserstoff gegen eine Reihe von Ionen: Hg_2^{++}, Cu^+, Fe^{+++}?

$$E°$$

$$\tfrac{1}{2}\,H_2S = {}^1/_2\,S + H^+ + e^- \qquad -0{,}14$$
$$Cu^+ = Cu^{++} + e^- \qquad -0{,}167$$
$$Fe^{++} = Fe^{+++} + e^- \qquad -0{,}77$$
$$\tfrac{1}{2}\,Hg_2^{++} = Hg^{++} + e^- \qquad -0{,}91$$

(14)

Nach der „Rechts-oben-links-unten-Regel" sieht man, daß Cu^{++} zu Cu^+, Fe^{+++} zu Fe^{++}, Hg^{++} zu Hg_2^{++} reduziert wird.

Von möglichen Sulfidbildungen abgesehen, wird sich in allen Fällen Schwefel ausscheiden.

c) Verhalten der Metalle gegen nichtoxydierende Säuren lassen sich sofort aus den Tabellen ablesen: Da in ${}^1/_2\,H_2 = H^+ + e^-$, $(E°)_{H_2} = 0$, so werden sich alle Metalle, deren $(E°)_{Metall} > 0$, in Säuren unter H_2-Entwicklung lösen, während die Metalle mit $(E°)_{Metall} < 0$ von Säuren nicht gelöst werden können. Je negativer der Wert $(E°)_{Metall}$, um so edler, je positiver, um so unedler ist das betreffende Metall gegen eine Säure. Über besondere Fälle siehe S. 278, 300; Kap. 2, 325.

d) Wie verhält sich Ferrocyankalium gegen Fe^{+++}-Ionen?

$$E°$$

$$[Fe(CN)_6]^{4-} = [Fe(CN)_6]^{3-} + e^- \qquad -0{,}36$$
$$Fe^{++} = Fe^{+++} + e^- \qquad -0{,}77$$

Nach der „Regel" wird Ferrocyankalium zu Ferricyankalium oxydiert, demnach wäre das Fe^{+++}-Ion ein stärkeres Oxydationsmittel als das Ferricyanion, oder das Fe^{++}-Ion ist ein schwächeres Reduktionsmittel als das Ferrocyanion. Genannte Stoffe reagieren unter Bildung von Niederschlägen (S. 342); diese Überlegung zeigt, wie undurchsichtig in der Tat die Fällung in diesem Fall sein wird.

Der in a bis d „qualitativen" Verwendung des Wertes in der Spannungsreihe folgen einige Beispiele „quantitativer" Art (ein Beispiel ist bereits in Abschn. 3 angegeben).

e) Löst man Zink in verd. Säure, ${}^1/_2\,Zn + H^+ \rightleftarrows {}^1/_2\,Zn^{++} + {}^1/_2\,H_2$, so kann man fragen, bei welchem p_{H_2}-Druck sich ein Gleichgewicht einstellt. Man hat die einzelnen Vorgänge:

$$\tfrac{1}{2}\,\mathrm{Zn} = \tfrac{1}{2}\,\mathrm{Zn}^{++} + e^- \qquad E_{\mathrm{Zn}} = -\,0{,}762 + 0{,}059 \log c^{1/2}_{\mathrm{Zn}^{++}},$$

$$\tfrac{1}{2}\,\mathrm{H}_2 = \mathrm{H}^+ + e^- \qquad E_{\mathrm{H}_2} = 0 + 0{,}059 \log \frac{c_{\mathrm{H}_2}}{\sqrt{p_{\mathrm{H}_2}}}.$$

Nach dem Vorgehen in Abschn. 3 findet man

$$\frac{c^{1/2}_{\mathrm{Zn}^{++}}\,\sqrt{p_{\mathrm{H}_2}}}{c_{\mathrm{H}^+}} = K = 10^{\frac{0{,}76}{0{,}059}} = 8 \cdot 10^{12}. \tag{15}$$

Man sieht, im Gleichgewicht ist der Wasserstoffdruck so gewaltig hoch, daß es unmöglich wäre, die Reaktion in der $\leftarrow$-Richtung zu leiten, d. h. es wird stets eine *vollständige* Lösung des Zinks in einer Säure erfolgen.

Verwendet man edlere Metalle, so ändert sich das Bild ganz bedeutend. Für Zinn, Kupfer und Gold findet man aus der Tabelle 11:

$$p_{\mathrm{H}_2} = \frac{c^2_{\mathrm{H}^+}}{c_{\mathrm{Sn}^{++}}} \cdot 4 \cdot 10^4, \quad p_{\mathrm{H}_2} = \frac{c^2_{\mathrm{H}^+}}{c_{\mathrm{Cu}^{++}}} \cdot 10^{-11}, \quad p_{\mathrm{H}_2} = \frac{c^2_{\mathrm{H}^+}}{c^{2/3}_{\mathrm{Au}^{+++}}} \cdot 7 \cdot 10^{-49}. \tag{16}$$

Bei $c_{\mathrm{H}^+} = 1$ und den Werten $c_{\mathrm{Sn}^{++}}$, $c_{\mathrm{Cu}^{++}}$, $c_{\mathrm{Au}^{+++}}$ ebenfalls Eins, betragen die entsprechenden Drucke in Atmosphären, der Reihe nach

	Sn	Cu	Au
p_{H_2}	$4 \cdot 10^4$	$1 \cdot 10^{-11}$	$7 \cdot 10^{-49}$

Um die Reaktionen in der Richtung $\leftarrow$ im „Kurzschluß“ durchzuführen, müßte sich in der Lösung der genannten Metalle ein platinierter Platindraht befinden, an dem der Wasserstoff nach Gl. 11 „aktiviert“ wird.

f) Bildet sich bei der Reaktion ein Niederschlag, so ist dessen Löslichkeitsprodukt zu berücksichtigen. Als Beispiel betrachten wir die Fällung von Cu^{II}-Ionen mit J^--Ionen, die Grundlage einer wertvollen Methode zur Kupferbestimmung. Aus der Tabelle findet man

$$\tfrac{1}{2}\,\mathrm{Cu} = \tfrac{1}{2}\,\mathrm{Cu}^{++} + e^- \qquad -0{,}345$$
$$\mathrm{J}^- = \tfrac{1}{2}\,\mathrm{J}_2 + e^- \qquad -0{,}53$$

es müßte demnach metallisches Kupfer, mit Jod reagierend, Cu^{++}- und J^--Ionen geben, diese beiden Ionen reagieren: $\mathrm{Cu}^{++} + 2\,\mathrm{J}^- \rightleftarrows \mathrm{CuJ} + \tfrac{1}{2}\,\mathrm{J}_2$, womit sich der Vorgang $\mathrm{Cu}^+ \rightleftarrows \mathrm{Cu}^{++} + e^-$ verknüpft. Man hat deshalb zu beachten:

$$\left.\begin{array}{ll} \mathrm{Cu}^+ = \mathrm{Cu}^{++} + e^- & -0{,}16 \\ \mathrm{J}^- = \tfrac{1}{2}\,\mathrm{J}_{2\,\mathrm{fest}} + e^- & -0{,}53 \end{array}\right\} \quad \mathrm{Cu}^{++} + \mathrm{J}^- \rightleftarrows \tfrac{1}{2}\,\mathrm{J}_{2\,\mathrm{fest}} + \mathrm{Cu}^+.$$

Nach Abschn. 3 findet man ($\mathrm{J}_{2\,\mathrm{fest}}$ braucht als feste Phase nicht berücksichtigt zu werden):

$$\frac{c_{Cu+}}{c_{J-} \cdot c_{Cu++}} = 7 \cdot 10^{-7}. \tag{17}$$

$c_{Cu+} \cdot c_{J-} = L = 4 \cdot 10^{-12}$, demnach $c_{Cu++} = \dfrac{5{,}7 \cdot 10^{-6}}{c_{J-}^2}$. Man sieht, daß

bei genügender c_J--Konzentration in der Kupferlösung das Kupfer bis zu analytisch nicht mehr feststellbarer Menge gefällt wird.

8. *Elektrometrische Bestimmung des p_H-Wertes.* Man hat zwei Wasserstoffelektroden, die in zwei Lösungen eintauchen, deren Wasserstoffionenkonzentration c_{H+} — und c'_{H+} — betragen. In der Anordnung (s. dazu Abb. 103)

$$Pt_{(1)} H_2 \mid c_{H+} \mid KCl \mid c'_{H+} \mid H_2 Pt_{(2)},$$

betrage an den beiden Platinelektroden $p_{H_2} = 1$ Atm., dann ist

$$E_{12} = 0{,}059 \log \frac{c_{H+}}{c'_{H+}}.$$

Ist das eine Halbelement eine Normal-Wasserstoffelektrode $c'_{H+} = 1$, so ist

$$E_{12} = 0{,}059 \log c_{H+} = -0{,}059 \, p_H. \tag{18}$$

Das gemessene Potential E_{12} gestattet also direkt den Wert von p_H zu finden. In der Praxis umgeht man diese allen p_H-Messungen zugrunde liegende Methode durch Anwendung bequemerer Ausführungsformen.

9. Ergibt sich mit Verwendung der Werte in der Tabelle für ein bestimmtes System, daß eine chemische Reaktion in einer bestimmten Richtung eintreten muß, so ist damit noch nicht entschieden, ob sie wirklich eintritt; die Geschwindigkeit einer chemischen Reaktion ist thermodynamisch stets unbekannt. Z. B. Oxydation der Salpetrigen Säure mit Jod:

$$HNO_{2\,gelöst} + J_{2\,fest} + H_2O = NO_3^- + 2\,J^- + 3\,H^+. \tag{19}$$

Aus der Tabelle entnimmt man

$$E^\circ$$
$$\tfrac{3}{2}\,J^- = \tfrac{1}{2}\,J_3^- + e^- \qquad\qquad -0{,}53$$
$$\tfrac{1}{2}\,HNO_{2\,gelöst} + \tfrac{1}{2}\,H_2O = \tfrac{1}{2}\,NO_3^- + \tfrac{3}{2}\,H^+ + e^- \qquad -0{,}94$$

Aus den beiden Gleichungen erhält man

$$\frac{c_{NO_3^-} \cdot c_{H+}^3}{c_{HNO_3\,gelöst}} = 11 \cdot 10^{-14} \frac{c_{J_3^-}}{c_{J-}^3}. \tag{20}$$

Bei Gegenwart von $J_{2\,fest}$ in einer 0,1 mol KJ-Lösung beträgt $c_{J_3^-}/c_{J-}^3 \approx 10^2$ und in $NaHCO_3$-Lösung (S. 174, Gl. 1) ist $c_{H+} \approx 10^{-8}$, demnach

$$\frac{c_{NO_3^-}}{c_{HNO_2\,gelöst}} \approx \cdot 10^{13}.$$

Es müßte die gesamte gelöste Salpetrige Säure durch Jod nach der Gl. 19

oxydiert werden. Tatsächlich zeigt es sich jedoch, daß Salpetrige Säure in einer Natriumhydrokarbonat enthaltenden Lösung auch bei großem Überschuß an J_3^- *nicht* oxydiert wird. In einer Lösung, die Arsenige Säure und Salpetrige Säure zugleich enthält, läßt sich sogar erstere mit Jod oxydieren, während letztere den Titer nicht ändert; so ist es möglich, auf diesem Verhalten eine quantitative Methode zur Bestimmung beider Säuren nebeneinander zu gründen, trotzdem eine thermodynamische Überlegung diese vorerst für undurchführbar feststellen muß. Es wäre möglich, daß bei Anwesenheit irgend eines Katalysators die Nitritoxydation durch Jod vor sich geht; deshalb verlangen solche Methoden eine ständige Kontrolle, wenn sie in besonderen Systemen durchgeführt werden.

Ein anderes Beispiel ist noch S. 212 angeführt.

Disproportionierung

Ein Element kann verschiedene Wertigkeiten haben, in denen es eine ebensolche verschiedene Stabilität in der Verbindung besitzt. Es kann nun der Fall eintreten, daß ein Element mit einer bestimmten Wertigkeit diese im Verlaufe einer Umsetzung ändert. Ein einfaches Beispiel bildet das Kupfer, das in zwei Oxydationsstufen vorkommt; deren Übergänge sind:

$$
\begin{array}{clccl}
 & & E° & & \\
1. & Cu^+ = Cu^{++} + e^- & -0{,}167 & \Delta F = 3{,}8 \text{ kcal,} & \\
 & & & _{m \to h} & \\
2. & {}^1\!/_2\,Cu = {}^1\!/_2\,Cu^{++} + e^- & -0{,}345 & \Delta F = 7{,}9 \text{ kcal,} & \\
 & & & _{n \to h} & \\
3. & Cu = Cu^+ + e^- & -0{,}523 & \Delta F = 12{,}1 \text{ kcal.} & \\
 & & & _{n \to m} &
\end{array}
$$

In den Gleichungen sind der Reihe nach angegeben die Oxydationsübergänge: mittlere Oxydation $\to$ höchsten, niedrigste $\to$ höchsten und niedrigste $\to$ mittleren. Aus den Gl. 2 und 3 findet man den Vorgang:

$$
\overset{I}{Cu^+} = {}^1\!/_2\,\overset{II}{Cu^{++}} + {}^1\!/_2\,\overset{0}{Cu}, \qquad E° = 0{,}178, \qquad \Delta F = -4{,}2 \text{ kcal;}
$$

da der Wert der freien Energie negativ ist, kann er in diesem System eintreten. Es ändert das Kupfer die mittlere Oxydationsstufe, indem es in die höchste II. und Null übergeht. Man bezeichnet den Übergang einer mittleren Oxydationsstufe in eine höhere und niedrige mit *Disproportionierung*. Bei so einem Vorgang muß die negative oder positive Wertigkeit eines bestimmten Elements auf der einen Seite des Gleichheitszeichens entsprechen der algebraischen Summe der positiven und negativen Wertigkeiten, die das Element auf der anderen Seite des Gleichheitszeichens bezieht (s. Abschn. 1 unten, Beispiele S. 139, 199, 359 u. a.).

Der hier angeführte Fall läßt sich leicht überblicken, meist ist die Disproportionierung wesentlich verwickelter; solche Vorgänge müssen aber selbstverständlich unter Abnahme der freien Energie verlaufen.

XLVIII. Kupfer, Silber, Gold

Übersicht

Ordnungszahl	Element	Atomgewicht	Isotope	Dichte	Schmelzpunkt °C	Siedepunkt °C	Wertigkeit
29	Kupfer Cu..	63,57	A: 63, 65	8,9	1084	2595	I, II, (III)
47	Silber Ag...	107,880	A: 107, 109	10,5	960	2170	I, II
79	Gold Au ...	197,2	Reinelement	19,3	1063	2960	I, III

Diese drei Metalle haben je zwei Wertigkeiten, die beim Silber am schwächsten betont sind, da dieses fast ausschließlich I-wertig ist. In allen Oxydationsstufen bilden sie beständige Komplexverbindungen, in den höchsten Stufen mit der Koordinationszahl vier. Während Kupfer- und Goldverbindungen gefärbte Lösungen geben, sind die des Silbers farblos. Ihre Stellung in der Spannungsreihe kennzeichnet sie, besonders das Silber und Gold, als Edelmetalle.

In der 4., 5. und 6. Periode, denen die drei Metalle angehören, sind sie einmal Nachbarn der Übergangselemente, dann aber auch Nachbarn von Elementen, die nicht mehr dazu gehören: sie nehmen deshalb eine Art Übergangsstellung ein. Nach S. 86 haben untereinander stehende Übergangselemente ähnliche chemische Eigenschaften; so kommt es, daß zwischen den Übergangselementen Nickel, Palladium, Platin einerseits und Kupfer, Silber, Gold anderseits als Homologe Ähnlichkeiten bestehen werden. Die I-wertigen Verbindungen des Kupfers und Nickels sind wenig beständig, ihre Oxyde sind leicht reduzierbar, die löslichen Verbindungen sind gefärbt. Beide Metalle haben beachtenswerte katalytische Eigenschaften. Obgleich sich weiters Silber und Gold von ihren Nachbarn Palladium bzw. Platin in den beständigen Wertigkeiten unterscheiden (sich darin gleichsam ausweichen), so stimmen sie doch in den allgemeinsten chemischen Eigenschaften, die edelsten Metalle zu sein, vollständig überein. Alle drei Metalle kristallisieren in flächenzentrierten Würfelgittern.

1. Kupfer Cu

Das Metall kommt selten gediegen vor. Wichtige Erze sind: *Kupferglanz* Cu_2S, häufig vorkommend ist der *Kupferkies* $CuFeS_2$ und *Buntkupferkies* Cu_3FeS_3, selten sind der *Malachit* $CuCO_3Cu(OH)_2$ und das *Rotkupfererz* Cu_2O.

Die Gewinnung des Kupfers aus den sulfidischen Erzen, die vorwiegend zur Verfügung stehen, erfordert wegen der großen Affinität des Schwefels zu Kupfer und Eisen besondere Prozesse. Man gewinnt zuerst ein an Kupfer angereichertes Zwischenprodukt Cu_2S . FeS, *Kupferstein* genannt. Nun verwendet man die Eigenschaft des Eisens, sich mit Sauerstoff rascher als Kupfer zu oxydieren und zu verschlacken; das zum Teil gebildete Kupfer I-oxyd vermag dann restlichen Schwefel zu verbrennen.

$$2\,Cu_2O + Cu_2S = 6\,Cu + SO_2.$$

Dieser Vorgang wird in einer ähnlichen Anordnung durchgeführt, wie sie beim BESSEMER-Prozeß (S. 347) angewendet wird.

Zur Reinigung *(Raffination)* des Rohkupfers, die meist noch notwendig ist, wird, wenn dieses Edelmetalle enthält, die Elektrolyse herangezogen. Das Rohkupfer *(Schwarzkupfer)* wird als Anode geschaltet, Elektrolyt ist eine Schwefelsäure enthaltende Kupfersulfatlösung; das reine Metall scheidet sich an der Kathode ab. Die aufzuwendende Klemmenspannung kann an der Anode, die hier in kleinsten Mengen vorhandenen Edelmetalle nicht in Lösung bringen; sie fallen als Anodenschlamm ab: Silber, Gold und Platinmetalle können darin vorkommen, die unedlen Metalle, Kobalt, Eisen, Zinn, die im Schwarzkupfer vorhanden sind, bleiben wegen ihres großen Abscheidungspotentials in der Elektrolytlösung.

Das hellrote Metall hat nach dem Silber die größte Leitfähigkeit für Elektrizität und Wärme, ist luftbeständig und nur bei lang dauernder Einwirkung von Feuchtigkeit und Luft überzieht sich das Metall mit basischen Karbonaten; so entsteht die *Patina*, die z. B. den Kupferdächern das schöne Aussehen gibt. Das Metall verbindet sich mit Sauerstoff erst bei schwacher Rotglut, aber schon bei etwas höherer Temperatur ist der p_{O_2}-Druck schon merkbar. Halogene greifen das Metall sehr leicht an. Kupfer wird von verdünnten Säuren (Salpetersäure ausgenommen) bei Zimmertemperatur nicht gelöst, wie aus der Spannungsreihe ersichtlich. In der Wärme lösen es alle Säuren, hier sind die der Spannungsreihe zugrunde liegenden Bedingungen nicht mehr erfüllt. Schwefelsäure löst unter Bildung von Schwefeldioxyd:

$$Cu + 2\,H_2SO_4 = CuSO_4 + 2\,H_2O + SO_2.$$

Bei der Lösung in Salpetersäure ist zu beachten:

$$Cu + 3\,HNO_3 = Cu(NO_3)_2 + H_2O + HNO_2,$$

es bildet sich Salpetrige Säure. Diese beschleunigt allgemein die Reaktionsgeschwindigkeit der Salpetersäure, so daß die Geschwindigkeit der Auflösung, die zu Beginn langsam ist, immer rascher und schließlich stürmisch verläuft. Die Reaktion erzeugt sich demnach ihren eigenen Katalysator; solche Vorgänge werden als *Autokatalyse* bezeichnet. Kupfer ist für die Elektroindustrie unentbehrlich, es dient für die Herstellung einer Reihe von wichtigen Legierungen. *Bronzen* sind Legierungen des Metalls mit Zinn; um beim Gießen der Bronzen die schädliche Oxydation zu vermeiden, fügt man der Schmelze Phosphor hinzu. Die *Phosphorbronzen* (die keinen Phosphor mehr enthalten) haben besonders wertvolle Eigenschaften. Messing: 60% Cu, Rest Zink; Neusilber (Alpaka): 50 bis 70% Cu, der Rest verteilt sich auf Nickel und Zinn in verschiedenen Verhältnissen.

Die Verbindungen des Kupfers kennzeichnet ihre leichte in Lösung durchzuführende Oxydation und Reduktion $Cu^{I} \rightleftarrows Cu^{II}$ und die Reduktion zu Metall $Cu^{II} \rightarrow Cu^{I} \rightarrow Cu$.

Kupfer I-verbindungen (*Cupro*-verbindungen). *Kupfer I-oxyd* Cu_2O erhält man, wenn Kupfer II-verbindungen mit einem alkalischen, nicht zu starken Reduktionsmittel, z. B. Traubenzucker, gelinde erwärmt werden. Der Niederschlag ist schön hellgelb und unlöslich, beim Erwärmen wird er rot. Er ist in Salzsäure unter Bildung von Kupfer I-chlorid $CuCl$ löslich, in verdünnter Schwefelsäure erfolgt Disproportionierung:

$$\overset{I}{Cu_2}O + H_2SO_4 = \overset{II}{Cu}SO_4 + \overset{0}{Cu} + H_2O.$$

FEHLINGsche *Lösung* ist eine mit Weinsäure versetzte alkalische Kupfersulfatlösung, die für den Nachweis von reduzierenden Stoffen, z. B. von Traubenzucker, im Harn direkt verwendet werden kann.

Kupfer I-halogenide. Kupfer löst sich beim Erwärmen in konz. Salzsäure zu einer stark dunklen Lösung, die beim Verdünnen mit Wasser ein schön weißes Kupfer I-chlorid $CuCl$ liefert. Dieses ist wieder in starker Salzsäure und in Ammoniak löslich: Diese Lösungen haben die bemerkenswerte Eigenschaft, Kohlenoxyd zu lösen, das beim Erwärmen wieder abgegeben wird. Kupfer I-bromid ist grünlichgelb kristallinisch, das Kupfer I-jodid erhält man bei Zusatz von Kaliumjodid zu Kupfer II-salzen, wobei sich freies Jod bildet (Zwischenprodukt das instabile CuJ_2):

$$CuSO_4 + 2\,KJ = CuJ + K_2SO_4 + {}^1/_2\,J_2.$$

Kupfer I-sulfid *(Kupfersulfür)* Cu_2S durch Reduktion von Kupfer II-sulfid mit Wasserstoff bei Glühtemperatur erhältlich. Es ist kristallinisch von dunkelgrauer Farbe; läßt sich leicht rein herstellen und bildet deshalb in der Analytischen Chemie eine Bestimmungsform für Kupfer.

Kupfer I-Verbindungen sind alle unlöslich, sie bilden Komplexverbindungen, z. B. mit Ammoniak das feste $[Cu(NH_3)_2]Cl$ und $[Cu(NH_3)_2]_2SO_4$, sie sind löslich und beständig. Das Cu^+-Ion scheint farblos zu sein, da Cu^I-salze in Lösungen auch farblos sind.

Kupfer II-verbindungen. Beim Glühen des Kupfers in Sauerstoff ($t \approx 500°$) erhält man das schwarze Kupfer II-oxyd CuO. Dieses Oxyd wird häufig verwendet, da es den Sauerstoff leicht abgibt und ebenso wieder aufnimmt: Wasserstoff, Kohlenoxyd werden schon bei 300°, organische Stoffe bei Rotglut verbrannt.

Kupfer II-hydroxyd $Cu(OH)_2$ bildet sich aus gelösten Kupfer II-Salzen bei Zusatz von Alkalilaugen, der voluminöse blaue Niederschlag (Gel) ist in der Lauge etwas löslich, leicht löslich ist er mit schöner blauer Farbe in Ammoniak:

$$Cu(OH)_2 + 4\,NH_3 = [Cu(NH_3)_4](OH)_2.$$

Die Lösung hat die wertvolle Eigenschaft, Zellulose zu lösen, sie wird deshalb bei der Herstellung von Kunstseide verwendet (SCHWEIZER-*Reagens*). Alle Kristallwasser enthaltende Kupfer II-salze und ihre genügend verdünnten wäßrigen Lösungen sind blau gefärbt: Es ist die Farbe des hydratisierten Cu^{++}-Ions, etwa $[Cu(H_2O)_4]^{++}$.

Das Kupfer II-fluorid $CuF_2 . 2\,H_2O$ wenig löslich; Kupfer II-chlorid $CuCl_2 . 2\,H_2O$ kristallisiert aus Wasser in grünblauen Nadeln, die in Wasser sehr leicht löslich sind, gleich verhält sich das Bromid, das Jodid ist nicht beständig (s. oben).

Kupfer II-sulfat *(Kupfervitriol)* $CuSO_4 . 5 H_2O$ ist das bekannteste und technisch vielseitig verwendete Kupfersalz. Es wird aus dem Metall (man verwendet Abfälle) durch Behandlung mit verdünnter Schwefelsäure an der Luft und Erwärmen unmittelbar hergestellt. $Cu + H_2SO_4 + + {}^1/_2 O_2 = CuSO_4 + H_2O$. Kupfervitriol kristallisiert in durchsichtigen blauen Kristallen (triklines System), die in großen Stücken gezogen werden können. Das wasserfreie Salz ist weiß und hat eine sehr große Affinität zu Wasser, schon geringste Mengen davon färben es blau. Nachweis für Wasser!

Kupfer II-nitrat $Cu(NO_3)_2$ kristallisiert mit verschiedener Anzahl Molekeln Wasser. Es ist blau gefärbt und sehr leicht löslich. Ein **Kupfer II-carbonat** ist nicht bekannt. Es ist anzunehmen, daß Kupfer II-salze in Lösung nach Zusatz von Soda wohl zuerst das neutrale Karbonat geben, das aber sofort hydrolysiert wird; man bekommt *basische* Karbonate. Es gibt eine Reihe von Mineralen, die sich von solchen ableiten, z. B. der grüne Malachit, auch die Patina gehört dazu.

Löst man Kupferoxyd in Essigsäure, so erhält man ein tiefblaugrünes kristallisierendes **Kupfer II-acetat** $[Cu(H_2O)_4](CH_3CO_2)_2H_2O$. *Grünspan* ist eine nicht näher anzugebende Mischung basischer Kupferacetate. Man erzeugt ihn auch technisch, da er u. a. als Malerfarbe verwendet wird. **Kupfer II-sulfid** CuS ist aus allen gelösten Kupfer II-verbindungen mit Schwefelwasserstoff fällbar. Das so erhaltene Sulfid ist schwarz und in Säuren vollkommen unlöslich, hat aber, frisch gefällt, namentlich bei geringer Säurekonzentration die Neigung, kolloidal in Lösung zu gehen, auch Luftsauerstoff oxydiert das feuchte Sulfid.

Kupfer II-salze geben eine noch reichlichere Zahl von Komplexverbindungen als das einwertige Metall. Zu beachten sind die tiefdunkelblauen komplexen Ammoniakverbindungen $[Cu(NH_3)_3]^{++}$, $[Cu(NH_3)_4]^{++}$, sie entstehen, wenn man zu gelösten Kupfer II-salzen Ammoniak im Überschuß hinzufügt. Auch im festen Zustand sind Komplexverbindungen herstellbar, z. B. $K_2[Cu(CN)_4]$ weiße Kristalle, leicht löslich.

Nachweis. Kupfer gehört zu der Schwefelwasserstoffgruppe. Kennzeichnend ist das in Säuren unlösliche schwarze Sulfid. Empfindlicher Nachweis: Die tiefblaue Färbung gelöster Kupfersalze nach Zusatz von Ammoniak. Gelbes Blutlaugensalz fällt das rotbraune $Cu_2[Fe(CN)_6]$, Kupfer II-hexacyano-eisen II. Elektrische Funken zwischen Kupferelektroden sind hellblaugrün gefärbt, die flüchtigen Kupferhalogenverbindungen erteilen der Bunsenflamme eine gleiche Farbe, darauf gründet sich die empfindliche BEILSTEIN-Probe.

Das System Salz—Salz. Kristallwasser

1. Ein kristallwasserhältiges Salz (Hydrat a) zerfällt beim Erwärmen in ein niedrigeres Hydrat b oder in das wasserfreie Salz. Dieses System besteht aus zwei Bestandteilen (wasserfreies Salz, Wasser) und drei

Phasen (Hydrat a und b, Dampf). Nach dem Phasengesetz hat das System *eine* Freiheit, d. h. es ist univariant; bei einer bestimmten Temperatur ist ein ganz bestimmter Wasserdampfdruck vorhanden. Dies ist auch experimentell in zahllosen Fällen gefunden worden. Als Beispiel sei Kupfersulfat $CuSO_4 . 5\ H_2O$ herangezogen. Die folgenden drei Gleichgewichte bei der Abspaltung des Wassers können sich einstellen:

$$CuSO_4 . 5\ H_2O \rightleftarrows CuSO_4 . 3\ H_2O + 2\ H_2O, \tag{1}$$

$$CuSO_4 . 3\ H_2O \rightleftarrows CuSO_4 . 1\ H_2O + 2\ H_2O, \tag{2}$$

$$CuSO_4 . 1\ H_2O \rightleftarrows CuSO_4 + H_2O. \tag{3}$$

Die entsprechenden Drucke sind schematisch in der Abb. 104 ausgedrückt.

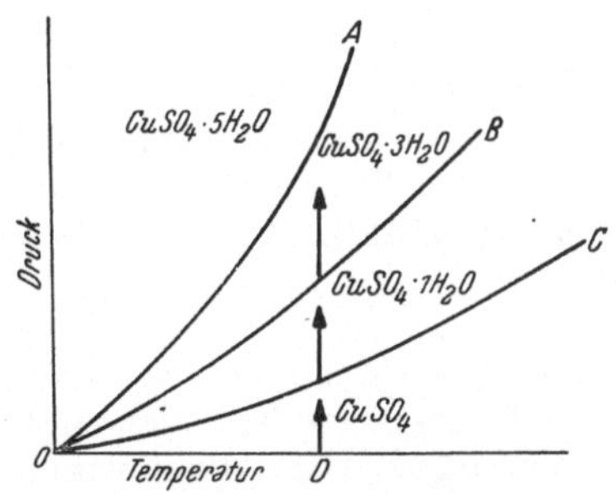

Abb. 104. Die Abhängigkeit der p_{H_2O}-Dampfdrucke von $CuSO_4 . 5\ H_2O$ Kurve OA; $CuSO_4 . 3\ H_2O$ Kurve OB; $CuSO_4 . 1\ H_2O$ Kurve OC; schematisch.

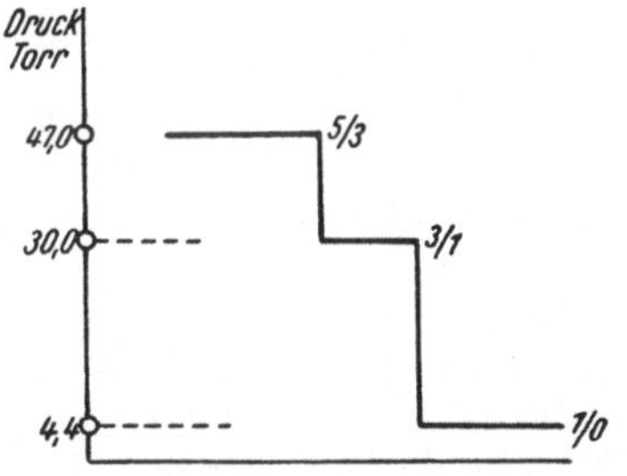

Abb. 105. Dampfdrucke der Systeme $CuSO_4 . 5\ H_2O$ bis $CuSO_4$ nach Fortschreiten der Entwässerung bei 50°; 5/3, 3/1 und 1/0 bedeuten die im Gleichgewicht befindlichen Hydrate.

2. *Die Entwässerung des Salzes* $CuSO_4 . 5\ H_2O$: Wird nach Gl. 1 Wasser bei einer bestimmten Temperatur abgespalten, so ist das System beständig univariant, solange Pentahydrat neben Trihydrat vorhanden ist; der Dampfdruck bleibt konstant. Verschwindet infolge ständiger Wegführung des Wassers das Pentahydrat, so fällt sofort der Druck auf den Wert des Systems Gl. 2; verschwindet das Trihydrat, so fällt der Druck wieder: das System Gl. 3 hat sich eingestellt. Dieses Verhalten ist in Abb. 105 schematisch dargestellt.

3. Fügt man zu wasserfreiem $CuSO_4$ etwas Wasserdampf, so steigt sein Druck im System Richtung ↑ (Abb. 104). Das System ist so lange divariant, bis der Pfeil die C-Kurve erreicht: Es verschwindet $CuSO_4$ und $CuSO_4 . 1\ H_2O$ entsteht. Gleich ist es in den anderen Gebieten.

Man beachte nun, daß die Angabe des Dampfdruckes eines kristallwasserhältigen Salzes nur dann sinnvoll ist, wenn auch angegeben ist, welches Salz sich im System bildet. So kann z. B. $CuSO_4 . 1\ H_2O$ im ganzen Flächenbereich ODC bestehen, also bei verschiedenen Dampfdrucken und Temperaturen.

4. *Verwitterung und deren Verzögerung.* In der Abb. 105 sieht man, daß $CuSO_4 . 5\ H_2O$ bei 50° nur dann Wasser abgeben kann, wenn im

System $p_{H_2O} < 47$ Torr wäre. Die Abgabe von Wasser eines Kristall-wasser enthaltenden Salzes beim Liegen an der Luft bezeichnet man *Verwitterung*. Ein solches Salz kann demnach nur dann verwittern, wenn der Partialdruck des Wasserdampfes p_{H_2O} in der Luft kleiner ist als der des Salzes. Bei Zimmertemperatur ist p_{H_2O} von $CuSO_4.5\,H_2O$ niedriger als in der Luft, von $Na_2SO_4.10\,H_2O$ höher, deshalb verwittert nur dieses.

Ein vollkommen unverletzter Kristall, z. B. $Na_2SO_4.10\,H_2O$, ver-wittert nicht. Verwitterung setzt erst ein, wenn er verletzt wird (wenn seine Flächen oder Kanten geritzt werden) oder wenn eine Spur von der entstehenden neuen Phase, also Na_2SO_4, dem Kristall hinzugefügt wird. Die Geschwindigkeit der Entstehung neuer Phasen erfährt oft große Verzögerungen.

2. Silber Ag

Silber kommt zuweilen gediegen vor. Die wichtigsten Erze sind: *Silberglanz* Ag_2S, der in geringen Mengen auch im Bleiglanz und anderen sulfidischen Erzen vorkommt. *Lichtes Rotgültigerz* $Ag_3[AsS_3]$ und *dunkles Rotgültigerz* $Ag_3[SbS_3]$, auch Halogenide, z. B. AgCl *(Hornsilber)*, sind im Mineralreiche zu finden.

Für die Gewinnung des Metalls ist die Anwendung des *Cyanidver-fahrens* wichtig, da sich dieses auch für recht silberarme Erze verwenden läßt. Es beruht darauf, daß Silberverbindungen mit Alkalicyaniden Komplexverbindungen geben. Das Verfahren wird mit verdünnten Cyanid-lösungen unter Einwirkung von Luft durchgeführt.

$$2\,Ag + H_2O + {}^1\!/_2\,O_2 + 4\,NaCN = 2\,[Ag(CN)_2]Na + 2\,NaOH,$$

$$Ag_2S + 4\,NaCN \rightleftarrows 2\,[Ag(CN)_2]Na + Na_2S.$$

Die Luft oxydiert das metallische Silber und das Sulfid zu Sulfat, Thio-sulfat und Rhodanat, wodurch die letzte Reaktion erst in der $\rightarrow$-Richtung verlaufen kann. Aus dem gebildeten Cyanokomplex läßt sich das Silber z. B. mit Zink als Metall fällen.

Die Aufarbeitung mancher sulfidischer Erze, ganz besonders des Bleies, liefern als Nebenprodukt Silber. Die Legierung Ag—Pb besitzt ein Eutektikum mit 2,6% Ag, Schmp. 303°. Reines Blei hat den Schmp. 326°, Silber 960°. Beim Erstarren der flüssigen Legierung scheidet sich zuerst das feste Blei aus, so daß es möglich ist, eine An-reicherung des Silbers bis etwa 2% im Blei zu erhalten. Luft vermag in so einer Legierung nur das Blei zu oxydieren, während das edle Silber unverändert zurückbleibt *("Pattinsonieren")*.

Ein weiteres Verfahren benützt die Eigenschaft des flüssigen Zinks bei 400° mit flüssigem Blei nicht mischbar zu sein und diesem das gelöste Silber zu entziehen. Auf dem Blei schwimmend, wird die Lösung Ag—Zn abgehoben, Zink kann abdestilliert werden, Silber bleibt zurück *("Parke-sieren")*.

Ähnlich wie bei Kupfer wird eine Raffination durch Elektrolyse auch beim Silber angewendet.

Das Silber hat die größte Leitfähigkeit für den elektrischen Strom und Wärme, es ist nach Gold das dehnbarste Metall. Das Metall ist sehr weich, so daß es für den Gebrauch mit Kupfer legiert wird. Silber kann sich nicht direkt mit Sauerstoff verbinden, erst Ozon greift das Metall bei Zimmertemperatur an. Kennzeichnend ist die große Affinität zu Schwefel, mit dem es sich zum schwarzen Sulfid vereinigt. Das „Schwarzwerden" des Silbers ist auf diese Reaktion zurückzuführen. Säuren (Salpetersäure ausgenommen) lösen das Metall bei Zimmertemperatur nicht.

Silber ist in seinen Verbindungen fast ausschließlich I-wertig, aus Lösungen läßt sich das Metall durch Reduktion abscheiden. Das Ag^+-Ion ist farblos.

Silberoxyd Ag_2O erhält man nach Zusatz von Lauge zu einer Ag^+-Ionen enthaltenden Lösung; der schwarzbraune Niederschlag spaltet schon bei etwa 200° Sauerstoff ab. Das Oxyd ist sehr wenig löslich, die Lösung besitzt alkalische Reaktion.

Silberfluorid AgF ist löslich, die anderen Halogenide sind sehr schwer löslich. Die Löslichkeit fällt in der Reihe von Chlor zu Jod. Man erhält sie durch Zusatz der entsprechenden Halogenverbindungen zu Silbernitrat. Cyanide und Rhodanide verhalten sich gleich wie die Halogenide, nur sind die entsprechenden Fällungen, Silbercyanid $AgCN$ und Silberrhodanid $AgCNS$ im Überschuß des Fällungsmittels löslich.

Silberchlorid $AgCl$ wird als weißer Niederschlag erhalten, der sich in salpetersaurer Lösung in der Wärme zusammenballt. Er ist in verdünnten Säuren unlöslich, leicht löslich in Ammoniak unter Bildung des Komplexions $[Ag(NH_3)_2]^+$; ebenso lösen Natriumthiosulfat und Kaliumcyanid: $[Ag(S_2O_3)_2]^{---}$; $[Ag(CN)_2]^-$.

Die Komplexionen dissoziieren der Reihe nach

$$[Ag(NH_3)_2]^+ \rightleftarrows Ag^+ + 2\,NH_3,$$
$$[Ag(S_2O_3)_2]^{---} \rightleftarrows Ag^+ + 2\,S_2O_3{}^{--},$$
$$[Ag(CN)_2]^- \rightleftarrows Ag^+ + 2\,CN^-.$$

Die Ag^+-Ionenkonzentration hängt von den entsprechenden Gleichgewichtskonstanten ab, also von der Konzentration des Ammoniaks bzw. der Anionen.

Silberbromid $AgBr$ ist gelblich, es ist in Ammoniak nur schwer löslich, hingegen lösen Natriumthiosulfat und Kaliumcyanid.

Silberjodid AgJ ist gelb gefärbt, es ist in Ammoniak unlöslich, Cyanide lösen es, jedoch nicht mehr das Natriumthiosulfat. Auf der Löslichkeit des Silberbromids und -jodids in einer Lösung von Natriumthiosulfat beruht dessen Anwendung als Fixiersalz in der Photographie.

Alle Silberhalogenide werden durch Licht im weiten Wellenbereich unter Abscheidung von metallischem Silber zersetzt; dieser Vorgang ist für die Photographie von grundlegender Bedeutung.

Silbernitrat $AgNO_3$ ist das am häufigsten gebrauchte Salz, es ist durch Lösung des Metalls in Salpetersäure herstellbar. Es bildet farblose durchscheinende Kristalle, die sehr leicht löslich sind. Der in der Medizin verwendete „*Höllenstein*" ist eine Mischung von Silbernitrat und Salpeter.

Silbersulfat Ag_2SO_4 ist schwer löslich, **Silberkarbonat** Ag_2CO_3 ist aus Silbernitrat bei Zusatz von Alkalikarbonat erhältlich. Das hellgelbe Pulver ist in Wasser unlöslich; schon bei 230° beträgt $p_{CO_2} \approx 1$ Atm.

Silbersulfid Ag_2S ist schwarz gefärbt und ist nach seinem Löslichkeitsprodukt $L = [Ag^+]^2[S^{--}] = 10^{-51}$ das schwerst lösliche Silbersalz $[Ag^+] = 10^{-17}\sqrt[3]{2}$; $[S^{--}] = 10^{-17}\sqrt[3]{0{,}25}$. Da Schwefelwasserstoff aus allen, auch komplexen Silberverbindungen, z. B. aus den drei oben angegebenen, das Sulfid fällt, kann in diesen die Ag-Ionenkonzentration nur größer als 10^{-17} Mol/Liter sein.

Silbercyanid $AgCN$ bildet einen käsigen Niederschlag bei Zusatz von Cyaniden zu Silbernitrat, der in verdünnten Säuren unlöslich ist. Überschuß des Lösungsmittels löst, z. B.

$$AgCN + KCN = [Ag(CN)_2]K.$$

Es bildet sich *Kaliumsilbercyanid*. Dieses Salz wird bei der galvanischen Versilberung verwendet, da es erst bei einer Kathodenspannung das Silber ausscheidet, bei der das zu versilbernde unedle Metall nicht in Lösung gehen kann.

Es sind auch einige Silber II-verbindungen bekannt, die nach Oxydation mit Persulfat aus Silbersalzen, bei Gegenwart organischer Verbindungen als Komplexbildner erhalten werden. Silber II-fluorid AgF_2 ist bisher allein als nichtkomplexe Verbindung dieser Oxydationsstufe durch Fluorierung von Ag^I-Verbindungen bei 200° C hergestellt.

Nachweis. Das Silber kennzeichnet die schwerlöslichen Halogenide und ihr Verhalten gegen Ammoniak. Aus Silbersalzen läßt sich leicht mit reduzierenden Stoffen, z. B. Hydrazin oder Traubenzucker, in ammoniakalischer Lösung ein glänzender Silberspiegel an der Glaswand erzeugen.

3. Gold Au

Dieses Metall kommt gediegen in der Natur vor; es gibt nur wenige Minerale, in denen es gediegen und zugleich in teilweiser Verbindung mit Tellur und Selen, Blei und Antimon gefunden wird. Gold kann auf primärer oder sekundärer Lagerstätte vorkommen; im ersten Fall heißt es Berggold, sonst Seifengold.

Die Gewinnung des Goldes erfolgt zur Zeit nach dem *Cyanidverfahren*, das dem beim Silber angewendeten gleich ist; es werden damit die größten Verdünnungen des Metalls noch erfaßt:

$$2\,Au + H_2O + {}^1/_2\,O_2 + 4\,KCN = 2\,K[Au(CN)_2] + 2\,KOH.$$

Eine meist notwendige Trennung des Goldes, nach diesem Verfahren gewonnen, von anderen Edelmetallen erfolgt entweder elektrolytisch oder nach einfachen chemischen Verfahren. Ist das Gold in nicht zu großer Verdünnung anwesend, so kann es durch Lösung mit Quecksilber aus dem Gestein herausgeholt werden (Amalgamationsverfahren).

Das Gold vereinigt die edelsten Eigenschaften eines Metalls, zu denen es selbst das „Vorbild" ist. Ebenso bestimmt es ihren eigenen Wert, da es als Werteinheit für alle anderen Werte der Weltwirtschaft dient. Die schöne gelbe Farbe und ihr Glanz kennzeichnen das Gold vor allen anderen Metallen, es hat die größte Dichte und Dehnbarkeit unter ihnen. Chemisch ist Gold äußerst widerstandsfähig, nur von Chlor wird es schon bei Zimmertemperatur angegriffen; deshalb löst es sich in einer Mischung von Salpetersäure und Salzsäure (1 : 3), in der freies Chlor vorhanden ist. Da diese den „König der Metalle" zu lösen vermag, erhielt sie die Bezeichnung „*Königswasser*".

Die gelösten Verbindungen des Goldes aller Wertigkeiten kennzeichnet ihre außergewöhnlich leichte Reduzierbarkeit; die festen Verbindungen sind thermisch wenig beständig; sie zersetzen sich zu Metall schon bei mäßig hoher Temperatur.

Gold I-verbindungen. Gold I-oxyd Au_2O entsteht aus Gold I-verbindungen bei Zusatz von Laugen, aus Gold III-salzen bei Gegenwart von Reduktionsmitteln. Das Oxyd ist unlöslich, es wird deshalb von starken Säuren kaum angegriffen. Gold I-halogenide sind bis auf das Gold I-jodid sehr wenig beständig; sie sind alle schwer löslich, bilden leicht beständige Komplexverbindungen. Gold I-cyanid AuCN erhält man bei Zusatz von Cyaniden zu Gold III-verbindungen oder beim Ansäuern von Kaliumdicyanogold I $K[Au(CN)_2]$ (s. oben).

Gold III-verbindungen. Gold III-hydroxyd *(Goldsäure)*: Fügt man einer Gold III-verbindung in Lösung Alkalihydroxyd hinzu, so bildet sich ein Niederschlag, der beim Trocknen ein gelbes Pulver bildet: $AuO(OH)$. Diese „Goldsäure" ist amphoter; davon sich ableitende Salze werden *Aurate* genannt: $K[AuO_2].3\,H_2O$ *Kaliumaurat*.

Von den Gold III-halogeniden zeigen Chlorid und Bromid gleiches Verhalten. Sie bilden dunkelrote Kristalle, das Jodid ist nicht beständig, es spaltet leicht Jod ab.

Gold III-chlorid *(Aurichlorid)*, durch direkte Einwirkung von Chlor auf das Metall erhältlich. Bei höherer Temperatur wird Chlor abgespalten (bei 250° $p_{Cl_2} \approx 1$ Atm.). Sehr reines Chlor in geringen **Mengen** ist auf diese Weise leicht zu gewinnen. In Wasser erfolgt Lösung unter Komplexbildung:

$$AuCl_3 + H_2O = H_2[AuCl_3O],$$

nach Zusatz von Salzsäure der weitere Umsatz:

$$\underset{\text{braunrot}}{H_2[AuCl_3O]} + HCl = \underset{\text{hellgelb}}{H[AuCl_4]} + H_2O.$$

Es entsteht die *Goldchlorwasserstoffsäure*, gewöhnlich als „Goldchlorid" bezeichnet. Man erhält sie durch Lösung von Gold in Königswasser und wiederholtem Eindampfen mit Salzsäure in hellgelben, leicht löslichen

Nadeln: $H[AuCl_4] \cdot 4\,H_2O$. Das Natrium oder Kaliumsalz, meist „Goldsalz" genannt, ist ebenfalls leicht löslich. Von Gold III-verbindungen leiten sich Komplexe ab, z. B.: $[Au(CN)_4]^-$ erhält man, wenn Lösungen von Gold III-chlorid mit Cyaniden eingeengt werden. Diese Tetracyano-Gold III-salze spalten beim Erhitzen Cyan ab und geben Dicyanosalze.

Nachweis. Die leichte Reduzierbarkeit: Eisen II-sulfat fällt aus Lösungen das Metall in gelben Flitterchen, ist die Verdünnung sehr groß, so bleibt das Metall kolloidal (als Hydrosol) gelöst, wobei sich hellrote, braune, violette bis schwarze Färbungen ergeben. Wird eine gelöste Goldverbindung mit Zinn II-chlorid versetzt, so bildet sich eine Adsorption SnO_2—Au, die kolloidal gelöst bleibt und eine prachtvolle rote Farbe besitzt *(Cassius-Goldpurpur)*. Das gebildete SnO_2 als Zinnsäure wirkt als Schutzkolloid und verhindert das Ausflocken des Goldes. Auch dem Glasfluß erteilt das Gold diese schöne rote Farbe; *Goldrubinglas*, eine Farbe, die ebenfalls kolloidal gelöstem Metall zuzuschreiben ist.

XLIX. Basische Salze (Hydroxy- und Oxysalze)

1. Werden in einer mehrsäurigen Base die Hydroxyle nur teilweise durch Säureradikale oder Sauerstoff ersetzt, so erhält man basische Salze. Ein solches einfaches basisches Salz ist das Wismutdihydroxychlorid $Bi(OH)_2Cl$, das bereits S. 218 erwähnt ist. Dieses basische Salz ist schwer löslich, sein Löslichkeitsprodukt beträgt:

$$Bi(OH)_2Cl \rightleftharpoons Bi^{+++} + Cl^- + 2\,OH^-, \quad L = [Bi^{+++}]\,[Cl^-]\,[OH^-]^2 \approx 10^{-31}.$$

Man sieht, daß hier die Löslichkeit von der Cl^--Ionen- *und* OH^--Ionenkonzentration *zugleich* abhängig ist. Es ist auch eine Reihe leicht löslicher, einfacher basischer Salze bekannt, z. B. Titanylsulfat $TiOSO_4$ (S. 375). Zirkonylchlorid $ZrOCl_2$ (S. 376), Uranylchlorid UO_2Cl_2 (S. 370) u. a. Es ist zu beachten, daß in der Lösung das Gleichgewicht $2\,OH^- \rightleftharpoons O^{--} + H_2O$ besteht, dessen Gebiet weitgehend links liegen muß.

2. Den basischen Salzen der genannten Art steht eine Reihe basischer Salze gegenüber, die nicht so einfach gebaut ist; sie spielen im Mineralreich und in der Technik eine beachtenswerte Rolle. Die amphoteren Hydroxyde der Metalle oder deren Oxyde, z. B. von Magnesium, Zink, Kupfer, Blei, lösen sich in konz. Lösungen in ihren Salzen auf, während sie mit den verdünnten meist schwer lösliche basische Salze geben. Die Anlagerung der Salze an das Hydroxyd (oder Oxyd) wäre *formal* durch eine Komplexbildung nach der Gleichung darzustellen:

$$MeX_2 + n\,Me(OH)_2 = [Me[Me(OH)_2]_n]X_2.$$

Einige solche basische Salze sind:

$[Zn[Zn(OH)_2]_4]Cl_2$ $[Zn[Zn(OH)_2]_3]SO_4$ $[Zn_3[Zn(OH)_2]_3](AsO_4)_2$

$[Cu[Cu(OH)_2]_3]Cl_2$

$[Pb[Pb(OH)_2]_2](ClO_4)_2$ $[Pb[PbO]_4]SO_4$
      gelöst und fest

$[Al[Al(OH)_3]_2]Cl_3$
      nur in Lösung

Komplexe dieser Art liegen meist in den Lösungen, aber nicht in festen Substanzen vor. Zu den ersteren gehört der als Reagens in der Alkaloidchemie verwendete *Bleiessig* [PbPb(OH)$_2$] (CH$_3$CO$_2$)$_2$ und die Chromsulfatbrühe der Gerberei.

Allgemein kann man feststellen, daß die Neigung, basische Salze zu bilden, um so größer ist, je höher die Wertigkeit des Kations und dessen polarisierende Wirkung ist, sie nimmt ab, je höher die Wertigkeit des Anions ist, die der Polarisation entgegenwirkt. Es hat sich bisher gezeigt, daß die II- und III-wertigen Metalle die reichsten Formen basischer Salze bilden. Einwertige Kationen (Alkalien, Silber) geben keine basischen Salze, von Uran^{VI} sind überhaupt keine normalen Salze bekannt.

3. Auch für diese komplizierten schwerlöslichen basischen Salze gibt es bestimmbare Löslichkeitsprodukte, die die Fällung von Metallhydroxyden beherrschen. Bilden sich solche stabile schwerlösliche basische Salze, so ist zu erwarten, daß es bei der Fällung der Hydroxyde der Metalle zur Abscheidung von basischen Verbindungen kommen kann. Die Zusammensetzung der Fällung (des Bodenkörpers) ist dann sowohl von der Hydroxyl- als auch von den anderen Anionenkonzentrationen abhängig (s. oben). Z. B. gibt eine 0,1 n Zinkchloridlösung mit Lauge ein reines Zinkhydroxyd, während aus einer 0,01 n Zinksulfatlösung ein basisches Salz ZnSO$_4$. 3 Zn(OH)$_2$ ausfällt. Eine Kupfersulfatlösung gibt erst bei einer Konzentration niedriger als 10^{-4} n mit Lauge reines Hydroxyd. In konzentrierteren Lösungen entsteht CuSO$_4$. 3 Cu(OH)$_2$. In verd. Lösungen muß sich demnach die Zusammensetzung des Niederschlages ändern, indem durch eine fortschreitende Hydrolyse in der genannten, stark verdünnten Lösung das reine Hydroxyd entsteht. CuSO$_4$. 3 Cu(OH)$_2$ + H$_2$O $\rightarrow$ Cu(OH)$_2$: Je verdünnter die Lösung, um so höher basisch ist die Zusammensetzung der Fällung.

4. Wie bereits bemerkt, ist die angegebene Zusammensetzung der „Molekel" basischer Salze nur für den festen Zustand formal. Man findet soweit sich diese im festen Zustand herstellen lassen, daß die Kristalle meistens Schichtgitterstruktur besitzen. In solchen Gittern kann man in einfacher Weise kaum räumlich ausgebildete Molekelarten der angegebenen Formen erkennen, da ein Schichtgitter zweidimensionaler Ordnung ist (S. 129).

5. Im Mineralreich vorkommende basische Verbindungen sind z. B. der *Malachit* (S. 327), *Atakamit* CuCl$_2$. 3 Cu(OH)$_2$, *Azurit* (Kupferlasur) 2 CuCO$_3$. Cu(OH)$_2$. Die Knochen der Säugetiere bestehen aus einem Hydroxylapatit 3 Ca$_3$(PO$_4$)$_2$Ca(OH)$_2$. Ferner sind viele Mineralfarben als basische Salze zu kennzeichnen: Bleiweiß (S. 367), Chromrot PbCrO$_4$. PbO, Grünspan (S. 330). Die Abbindung des Magnesiazementes (Sorelzement) (S. 293) und wahrscheinlich der Zemente überhaupt ist auf die Bildung basischer Salze zurückzuführen.

L. Eisen, Kobalt, Nickel
(Eisengruppe)
Übersicht

Ordnungs-zahl	Element	Atom-gewicht	Isotope	d	Schmelz-punkt °C	Siede-punkt °C	Wertigkeit
26	Eisen Fe	55,8	4	7,86	1535	2730	II, III, VI
27	Kobalt Co ...	58,9	Reinelement	8,9	1492	3185	II, III
28	Nickel Ni ...	58,7	5	8,9	1453	3177	II, III

Diese Metalle gehören zu den Übergangselementen und haben deshalb untereinander besondere Ähnlichkeiten bzüglich ihrer chemischen und physikalischen Eigenschaften. Diese ist bei den drei Elementen größer als bei den ihnen homologen *Platinmetallen*; sie werden deshalb gesondert behandelt. Mit den Platinmetallen teilen sie die Fähigkeit, mehrere Oxydationsstufen zu besitzen, gute Katalysatoren zu sein und Komplexverbindungen in reicher Zahl zu bilden. In den Verbindungen sind sie vielfach stark gefärbt und bilden gefärbte Ionen. Das allgemein bekannte Aussehen des Eisens, des Stahls, des Nickels ist auch das von Kobalt und allen anderen Platinmetallen; das niedrige Atomvolumen, die hohen Siedepunkte sind weitere allgemeine Eigenschaften dieser neun Elemente. Sie sind mit wenigen Ausnahmen befähigt, *Metallkarbonyle* von der Form z. B. $Fe(CO)_5$, $Ni(CO)_4$, $Os(CO)_5$ usw. zu bilden.

Von den Platinmetallen unterscheiden sich die drei Metalle durch ihren *Ferromagnetismus*. Das Eisen als Nachbar des Mangans hat diesem ähnliche Eigenschaften (die VI-Wertigkeit), Mangan ist sein ständiger Begleiter in der Natur. Nickel als Nachbar des Kupfers ist in seinen einfachen Salzen stark gefärbt.

Alle drei Metalle sind in ihren stabilen Verbindungen II-wertig, die auch stabile III-Wertigkeit des Eisens wird beim Kobalt hauptsächlich in seinen Komplexverbindungen erreicht, während sie bei Nickel nur wenig ausgeprägt zu finden ist. Als höchste Wertigkeit erreicht Eisen VI.

1. Eisen Fe

Eisen ist das verbreitetste Schwermetall, kommt in der Natur nur in Verbindungen vor; in den Meteoriten hat man das Metall mit Nickel vereint gediegen festgestellt. Die wichtigsten Eisenerze sind die Oxyde: *Roteisenstein*, Fe_2O_3, der ferromagnetische *Magneteisenstein* Fe_3O_4, *Brauneisenstein* $2 Fe_2O_3 . 3 H_2O$ und der *Spateisenstein* (Siderit) $FeCO_3$. Auch das Vorkommen als *Eisenkies (Pyrit)* FeS_2 ist zu beachten, der nach der Röstung als „*Kiesabbrand*" verwendet wird. Eine Abart des Pyrites ist der *Markasit*, beide bilden Kristalle, die zwei verschiedenen Kristallsystemen angehören.

Die allgemeinen chemischen und physikalischen Eigenschaften des Eisens werden, mehr wie bei anderen Metallen, durch die Beimengungen bestimmt; für das Verhalten des Eisens, das stets Kohlenstoff enthält, ist das System Eisen—Kohlenstoff *maßgebend*, es wird durch Silizium, Mangan und andere Zusätze beeinflußt.

Eisen ist unter den gewöhnlichen Umständen an der Luft nicht beständig, es bildet Eisenoxydhydrate, die sich von der Unterlage abheben und als *Rost* wegfallen, wodurch ein weiterer Angriff der Eisenunterlage möglich ist. Bei 500° an der Luft bildet es das Oxyd Fe_3O_4 („Hammerschlag"), bei etwa gleicher Temperatur wird Wasserdampf zersetzt.

$$3\,Fe + 4\,H_2O \rightleftharpoons Fe_3O_4 + 4\,H_2.$$

Säuren lösen das reine Eisen leicht unter Wasserstoffentwicklung, konz. Schwefelsäure greift es nicht an, gegen starke Salpetersäure wird es passiv (S. 279). Die Affinität des Eisens zu Kohlenstoff kennzeichnet eine besondere Eigenart dieses Metalls, sie bestimmt allgemein die Methoden zur Darstellung (die Technologie) dieses Metalls. Das metallische Eisen vermag in zwei Gitteranordnungen aufzutreten: Das α-Eisen ist kubisch raumzentriert, das γ-Eisen kubisch flächenzentriert, der Umwandlungspunkt liegt bei 906°, unterhalb dieser Temperatur ist das α-Eisen stabil; die Formen sind enantiotrop. Dazu kommt noch das δ-Eisen, S. 350.

Über die wichtigsten physikalischen Eigenschaften des Eisens s. S. 349 f.

In den Verbindungen ist das Eisen vorwiegend II- und III-wertig, die einzelnen Oxydationsstufen sind leicht ineinander überführbar. Die Reaktionsgeschwindigkeit der Übergänge $Fe^{II} \rightleftharpoons Fe^{III}$ verläuft in allen Verbindungen rasch und quantitativ. Dies ist der tiefere Grund für die hervorragende Stellung, die die Eisenverbindungen in der Physiologie als Überträger für den Sauerstoff einnehmen: der rote Blutfarbstoff, das *Hämoglobin*, enthält Eisen. Die Salze sowohl des II- als III-wertigen Eisens sind gleich löslich und zur Bildung von Komplexverbindungen ungefähr gleich befähigt. Unlöslich sind z. B. die Oxyde, Hydroxyde, Sulfide, Karbonate und Phosphate. Das Fe^{++}-Ion ist schwach grünlich, die Farbe des Fe^{+++}-Ions ist nicht anzugeben, da in der Lösung allgemein eine starke Hydrolyse der Fe^{III}-salze vorliegt.

Da das Fe^{II}-hydroxyd stärker basisch sein muß (S. 120) als das Fe^{III}-hydroxyd, sind die Fe^{III}-salze stärker hydrolysiert als die entsprechenden Fe^{II}-salze. Fe^{VI}-verbindungen sind nur als Ferrate bekannt.

Eisen II-verbindungen *(Ferroverbindungen)*. Eisen II-oxyd (Ferrooxyd) FeO wird als schwarzes pyrophores Pulver beim Erhitzen von Eisen II-oxalat unter Ausschluß von Luft erhalten. Eine Reindarstellung des Oxydes bietet Schwierigkeiten. Es ist das bei hoher Temperatur allein beständige Oxyd. Aus den anderen Oxyden entsteht es bei Temperaturen um 1600°: $Fe_2O_3 \rightarrow Fe_3O_4 \rightarrow FeO$.

Eisen II-hydroxyd $Fe(OH)_2$ erhält man durch Zusatz von Lauge zu einem Fe^{II}-salz bei Abwesenheit von Sauerstoff als einen weißen flockigen Niederschlag. Dieser nimmt ungemein rasch Sauerstoff auf; die Farbe wird zuerst schmutziggrün, dann tief dunkel und wird schließlich rotbraun, die dann das reine Eisen III-oxyd anzeigt.

Eisen II-sulfid FeS wird als schwarzer Niederschlag erhalten, wenn man zu gelösten Fe^{II}-salzen Schwefelammonium hinzufügt, er ist in Säuren sehr leicht löslich. Eisensulfid wird technisch durch Zusammenschmelzen von Eisen und Schwefel hergestellt. Dieses *„Schwefeleisen"* dient im Laboratorium zur Herstellung des Schwefelwasserstoffes, der, so bereitet, nicht rein ist, da das Ausgangsprodukt unter anderm noch freies Eisen enthält.

Die Fe^{II}-halogenide werden ausgehend von Eisen und den betreffenden Halogenen oder Halogenwasserstoffen hergestellt. Sie kristallisieren alle mit mehreren Molekeln Kristallwasser und sind zur Bildung von *Doppelsalzen* gleich befähigt. Bedeutung hat das **Eisen II-chlorid** FeCl$_2$. 4 H$_2$O, das mit dieser Zusammensetzung aus salzsäurehaltiger Lösung auskristallisiert. Die blaugrünen Kristalle sind sehr leicht löslich. Das wasserfreie weiße Salz kann unzersetzt sublimieren. Mit Kaliumchlorid z. B. bildet sich das Doppelsalz: K$_2$[FeCl$_4$] . 2 H$_2$O.

Eisen II-sulfat *(Eisenvitriol)* FeSO$_4$. 7 H$_2$O. Dieses Salz wird auf verschiedene Art hergestellt, am einfachsten durch die Einwirkung von verdünnter Schwefelsäure auf das Metall; es ist technisch das wichtigste Eisensalz. Aus Wasser kristallisierend, bildet es gut ausgebildete, hellgrüne, monokline Prismen, die leicht verwittern, und dabei teilweise Oxydation erfahren, erkenntlich durch die Braunfärbung an den Kristallflächen. Die Sulfate (Vitriole) des Mangans, Zinks, Nickels und des Magnesiums sind mit Eisen II-sulfat isomorph. Das Doppelsalz Fe(SO$_4$) . 6 H$_2$O . (NH$_4$)$_2$SO$_4$ verwittert und oxydiert sich jedoch nicht an der Luft; es wird als Mohrsches *Salz* zur Titerstellung der Kaliumpermanganatlösung verwendet.

Eisen II-karbonat FeCO$_3$, das leicht künstlich hergestellt werden kann, kommt in der Natur als Eisenspat vor. In kohlendioxydhaltigem Wasser löst es sich als *Eisenhydrokarbonat* Fe(HCO$_3$)$_2$ und ist Bestandteil der „Eisensäuerlinge". Aus der Lösung werden durch den Luftsauerstoff Eisen III-oxydhydrate gefällt; auf diese Weise sind einige Eisenminerale (z. B. Brauneisenstein) auf der Erdoberfläche entstanden.

Gelbes Blutlaugensalz. Läßt man auf Fe II-salze Alkalizyanide in einer Lösung einwirken, so entsteht als stabiles Endprodukt ein Verbindungskomplex [Fe(CN)$_6$]$^{4-}$; die entsprechende Kaliumverbindung K$_4$[Fe(CN)$_6$].3 H$_2$O (Kaliumhexacyano-Eisen II) wird als gelbes Blutlaugensalz bezeichnet. Zu seiner Herstellung verwendete Ausgangsstoffe waren früher Abfallprodukte der Schlachthäuser, gegenwärtig dient dazu die aufgebrauchte Gasreinigungsmasse. Gelbes Blutlaugensalz bildet schön gelbe monokline Kristalle, die leicht löslich sind; es ist nicht giftig, wonach also das Cyan darin festgebunden sein muß. In der Tat läßt sich in dem Salz weder das Eisen noch das Cyan mit den gewöhnlichen Reaktionen nachweisen. Bei Zusatz starker Säuren scheidet sich die entsprechende Eisen II-cyanowasserstoffsäure H$_4$[Fe(CN)$_6$] als weißer Niederschlag aus, an der Luft ist dieser, wie seine rasche Bläuung erkennen läßt, nicht beständig. Gelöstes gelbes Blutlaugensalz entwickelt mit verdünnten Säuren in der Wärme Cyanwasserstoffsäure.

$$2 K_4[Fe(CN)_6] + 3 H_2SO_4 = 6 HCN + 3 K_2SO_4 + K_2Fe[Fe(CN)_6].$$

Eisen III-verbindungen *(Ferriverbindungen)*. Die Fe^{III}-salze sind gelöst stärker hydrolytisch gespalten, die Lösungen reagieren demnach sauer und enthalten kolloidal gelöste Fe^{III}-oxydhydrate. Die Hydrolyse kann durch Zusatz von Mineralsäuren zurückgedrängt werden.

Eisen III-oxyd Fe_2O_3 ist ein beständiges Oxyd, das beim Glühen von Fe^{III}-hydraten oder auch von Eisen II-III-oxyd an der Luft als *rotbraunes* Pulver erhalten wird. Das Oxyd ist nach starkem Glühen in Säuren nicht löslich, seine Eigenschaften hängen auch sonst von der Methode ab, nach der es gewonnen wird. Man kann das Oxyd so hart herstellen, daß es zum Schleifen von Glas und Edelsteinen verwendet werden kann. Es ist möglich, den Verteilungsgrad (die Korngröße) des Oxyds beliebig zu gestalten, wodurch verschieden rot bis violett gefärbte Produkte entstehen; sie werden als Malerfarben verwendet (Englischrot, Venezianischrot u. a.).

Eisen II-III-oxyd $FeO.Fe_2O_3$; (Fe_3O_4) wird auf verschiedenen Wegen als ein *schwarzes* Pulver erhalten; Verbrennung von Eisen an der Luft (Hammerschlag, Rost), bei der Einwirkung von Wasserdampf auf Eisen bei schwacher Rotglut. Das als Magneteisenstein in der Natur vorkommende Oxyd ist chemisch sehr widerstandsfähig, leitet den elektrischen Strom und wird für *Magnetitelektroden* in der Chlor-Alkali-Elektrolyse verwendet.

Eisen III-hydroxyd bildet sich, wenn gelöste Fe^{III}-salze mit Alkalien versetzt werden, als ein roter schleimiger Niederschlag, von einer nicht genau angebbaren Zusammensetzung. Es entstehen Eisenoxydhydrate, die erst beim Trocknen allmählich kristallinisch werden; als Endprodukt bildet sich FeO(OH). Im Mineralreich kommt das Eisen in dieser Zusammensetzung als *Nadeleisenerz, Limonit, Goethit* vor. Frisch gefälltes Eisen III-hydroxyd ist amphoter, starke Alkalien lösen es zu sogenannten *Ferriten*.

Eisen III-sulfid Fe_2S_3 fällt aus wäßrigen Lösungen von Fe^{III}-salzen mit Lösungen, die S^{--}-Ionen enthalten, als schwarzer Niederschlag aus, in Säuren ist er sehr leicht löslich.

$$Fe_2S_3 + 4 HCl = 2 FeCl_2 + 2 SH_2 + S \quad \text{(Reduktion)!}$$

Da Schwefelwasserstoff in saurer Lösung Fe^{III}-salze zu Fe^{II}-salzen reduziert, ist dieses Sulfid unter den Bedingungen des gewöhnlichen analytischen Ganges in den Sulfiden der Fällung mit Schwefelammonium nicht vorhanden.

Von den Halogeniden ist das Eisen III-jodid in der Lösung unbeständig, am wichtigsten ist das Eisen III-chlorid $FeCl_3$. Man erhält diese Verbindung durch direkte Einwirkung von überschüssigem Chlor auf Eisen unter Erwärmung; es setzt sich als schwarzbraunes Sublimat nieder. In Gasform hat man bei $400°$ die Zusammensetzung Fe_2Cl_6, bei höheren Temperaturen tritt Dissoziation zu einfachen Molekeln, wobei allerdings auch schon die Reaktion $FeCl_3 \rightleftharpoons Fe\,Cl_2 + \frac{1}{2}\,Cl_2$ zu berücksichtigen ist. Das Eisen III-chlorid ist sehr hygroskopisch und hat, technisch hergestellt, die Zusammensetzung $FeCl_3 \cdot 6\,H_2O$. Die Lösung zeigt erhebliche Hydrolyse an: $FeCl_3 + 3\,H_2O \rightleftharpoons Fe(OH)_3 + 3\,HCl$. Wird die Säure wegdialysiert (S. 271), so kann man hochkonzentrierte Lösungen von kolloidalem Eisen III-hydroxyd erhalten.

Eisen III-sulfat $Fe_2(SO_4)_3$, durch Oxydation von Eisen II-sulfat oder durch Lösung des Fe^{III}-oxydes in Schwefelsäure erhältlich. Das Salz kristallisiert mit verschiedenem Kristallwassergehalt, seine Lösung zeigt wie das Chlorid starke Hydrolyse. Zu beachten ist das Salz als Bestandteil der *Eisenalaune*, in denen es sehr beständig ist, $(NH_4) \cdot Fe(SO_4)_2 \cdot 12\,H_2O$ *Eisenammoniumalaun*; $(K, Na)Fe(SO_4)_2 \cdot 12\,H_2O$ *Kalium*- oder *Natriumalaun*; diese Alaune bilden, wenn rein, farblose Kristalle.

Eisen III-rhodanid $Fe[Fe(CNS)_6]$ erhält man, wenn Rhodanide zu einem gelösten Fe^{III}-Salz hinzugefügt werden, in tiefroter Lösung. Die Färbung ist äußerst stark, so daß damit allergeringste Mengen von Fe^{III}-Verbindungen nachgewiesen werden. Die Komplexverbindung ist in Äther und Benzol löslich.

Rotes Blutlaugensalz, durch Oxydation von gelbem Blutlaugensalz in Lösung erhältlich. Chlor, Salpetersäure können dazu verwendet werden: Bei der Oxydation geht die gelbe Farbe in die rötlichgelbe Farbe des gelösten roten Blutlaugensalzes über:

$$Na_4[Fe(CN)_6] + \tfrac{1}{2}\,Cl_2 = Na_3[Fe(CN)_6] + NaCl.$$

Das Salz bildet dunkelrote Prismen. Es spaltet in Lösung etwas Cyanwasserstoff ab und ist deshalb giftig. Das Salz wirkt in alkalischer Lösung oxydierend, unter Rückbildung zu gelbem Blutlaugensalz. Die freie Säure ist noch weniger beständig als die Eisen II-cyanwasserstoffsäure.

Berlinerblau, Turnbullsblau. Gelbes Blutlaugensalz, versetzt mit einem Fe^{III}-salz oder rotes Blutlaugensalz mit Fe^{II}-salzen, alles in Lösungen ausgeführt, liefern beim Überschuß von Eisen *unlösliches Berlinerblau* bzw. unlösliches *Turnbullsblau*:

$$3\,[Fe(CN)_6]^{4-} + 4\,Fe^{+++} = [Fe(CN)_6]Fe_4 \quad \text{(Berlinerblau)},$$

$$2\,[Fe(CN)_6]^{3-} + 3\,Fe^{++} = [Fe(CN)_6]Fe_3 \quad \text{(Turnbullsblau)}.$$

Bringt man genannte Stoffe etwa im Molverhältnis $1:1$ zusammen, so erhält man noch keinen Niederschlag, sondern nur stark blau gefärbte Lösungen kolloidaler Verbindungen, zwischen denen die Einstellung von Gleichgewichten etwa von der Form

$$[Fe^{II}(CN)_6]Fe^{III}K \rightleftharpoons [Fe^{III}(CN)_6]Fe^{II}K$$

anzunehmen ist (s. S. 323).

Gelbes Blutlaugensalz und Fe^{II}-Salze geben nur einen weißen unbeständigen Niederschlag. Rotes Blutlaugensalz und Fe^{III}-salze geben keine Fällung, sondern nur eine dunkelbraune Färbung.

Prussid-verbindungen *(Prussiate)*. Wird im Komplex $[Fe(CN)_6]$ eine Cyanogruppe durch eine andere Gruppe ersetzt, so erhält man sogenannte Prussiate: z. B. $Na_3[Fe^{II}(CN)_5NO].2\ H_2O$, das *Natriumnitroso-prussiat*, gewöhnlich als „Nitroprussidnatrium" bezeichnet. Das Nitroprussidnatrium ist leicht löslich, die wäßrigen Lösungen geben mit SH^-- und S^{--}-ionen schön violett gefärbte Lösungen; es wird deshalb als Reagens verwendet.

Weitere Beispiele von Prussidverbindungen:

$$Na_3[Fe^{II}(CN)_5NH_3] \qquad \text{Natrium-ammin-prussiat,}$$

$$Na_4[Fe^{II}(CN)_5NO_2] \qquad \text{Natrium-nitrito-prussiat.}$$

Bei der Oxydation gehen die Fe^{II}-prussiate in Fe^{III}-prussiate über.

Ferrate. Beim Zusammenschmelzen von Eisenfeilicht mit Salpeter entsteht in lebhafter Reaktion eine Schmelze; diese mit Wasser ausgelaugt gibt eine schön rotviolette Lösung; die Farbe entspricht der entstandenen gelösten Verbindung K_2FeO_4 *Kaliumferrat*. Solche Ferrate, in denen das Eisen VI-wertig ist, können auch auf nassem Wege erhalten werden; Oxydation von Eisen III-hydraten mit Chlor in sehr starken Laugen oder *anodische* Auflösung des Eisens in starken Laugen. Die Alkaliverbindungen (Salze) sind leicht löslich, schwerer löslich ist das *Bariumferrat* $BaFeO_4.H_2O$. Die Ferrate sind in alkalischer Lösung stärkere Oxydationsmittel als etwa das Kaliumpermanganat. Sie sind bei Gegenwart von Säuren nicht beständig. Die Zersetzung erfolgt in der Richtung:

$$H_2FeO_4 \rightarrow Fe^{III} + O_2.$$

Eisencarbonyle. Beim Erhitzen auf etwa 200° von feinverteiltem Eisen und Kohlenoxyd unter Druck erhält man eine gelbe Flüssigkeit, Sdp. 103°, Zusammensetzung: $Fe(CO)_5$ — *Eisenpentacarbonyl*. Diese Verbindung ist in Kohlenwasserstoffen (Benzin, Benzol u. a.) löslich und erteilt diesen, in geringen Mengen beigefügt, die Fähigkeit, bei der Verbrennung im Explosionsmotor nicht zu „klopfen" (s. bei Blei). Beim Erwärmen (oder auch im Licht) tritt Polymerisation ein, weitere Temperatursteigerung liefert schließlich sehr reines Eisen:

$$\underset{\text{flüssig}}{Fe(CO)_5} \rightarrow \underset{\text{fest}}{Fe_2(CO)_9} \rightarrow \ldots \rightarrow \text{Eisen (sehr rein).}$$

Die Bildung dieser Verbindung kann man verstehen, wenn angenommen wird, daß die CO-Molekel von der Konstitution : C : : : O : zwei Elektronen zur Verfügung stellen kann, die, zu den vorhandenen Elektronen des Eisens hinzutretend, eine Elektronenkonfiguration geben, welche der des Kryptons entspricht (Eisen hat 26 Elektronen, Krypton 36 Elektronen), demnach $26 + 5.2 = 36$ Elektronen. Nach dieser Fassung läßt sich auch die Bildung von Metallkarbonylen und deren Abkömmlinge anderer Metalle gut verstehen.

Nachweis. Das Eisen gehört zu der Schwefelammoniumgruppe. Kennzeichnend sind das schwarze Sulfid $Fe^{II}S$, $Fe^{III}_2S_3$. Die Reaktionen mit dem gelben und roten Blutlaugensalz und der empfindliche Nachweis mit Rhodanverbindungen gestatten die verschiedenen Oxydationsstufen des Metalls scharf festzustellen.

Die Gewinnung des Eisens

Die Gewinnung gliedert sich in a) Herstellung des Roheisens im Hochofen und b) Veredelung des Roheisens, d. h. die Erzeugung von Stahl und Schmiedeeisen.

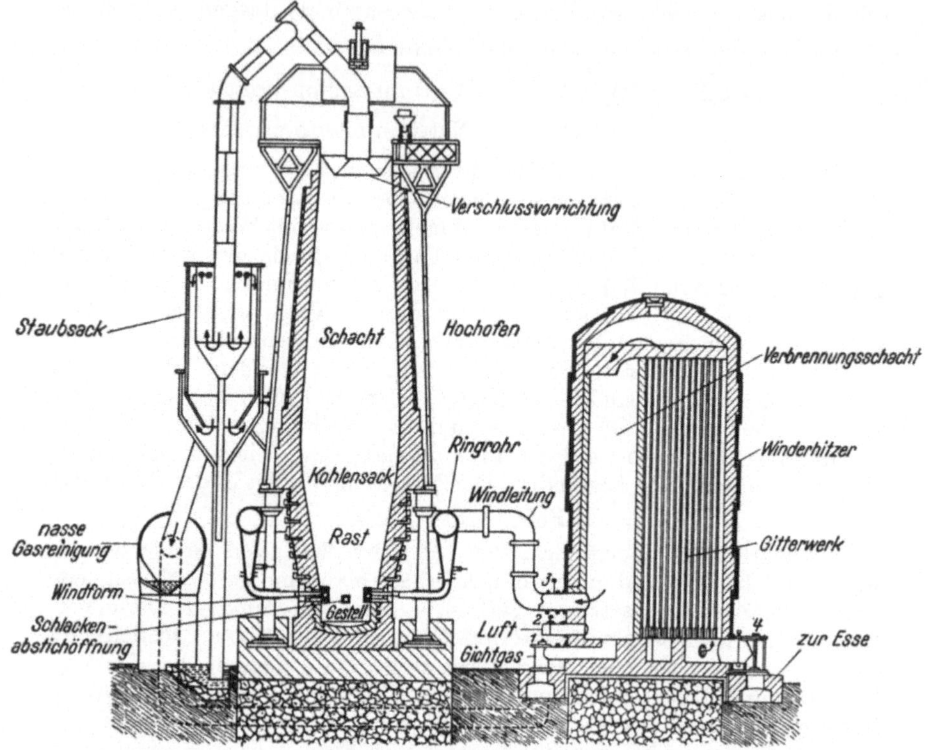

Abb. 106. *Hochofen.* Der unterste schraffierte Teil bildet den Bodenstein. Im rechten Teil der Abbildung befindet sich der Winderhitzer, „*Cowper*" genannt. Er ist als Wärmespeicher gebaut und dient zur Erhitzung des Windes. Im Verbrennungsschacht wird Gichtgas mit Luft verbrannt, die heißen Verbrennungsgase streichen dann in der Richtung ⤵ durch ein Gitterwerk, bestehend aus Steinen, die hoch erhitzt werden. Schließlich treten sie, auf etwa 200 bis 300° abgekühlt, bei der Esse aus. Ist die Temperatur des Gitterwerkes entsprechend hoch gestiegen, so wird Luft in der Richtung ← eingeblasen, die sich, das glühende Gitterwerk durchströmend, auf 700 bis 800° erwärmt und durch die Windleitung in den Hochofen tritt (in der Abbildung ist dieser Zustand angedeutet). Wird auf diese Art das Gitterwerk abgekühlt, so erfolgt die Umschaltung des Windes auf einen zweiten oder dritten „Cowper", die, wie eben erwähnt, mittlerweile vorerhitzt worden sind. Diese Arbeitsweise entspricht, wie man sieht, im Prinzip der S. 348 angegebenen Regenerativ-Feuerung.

1. *Hochofen.* Der Hochofen besitzt eine Höhe von 25 bis 30 m und hat eine in der Abb. 106 angegebene Form. Der oberste Teil wird „Gicht" genannt, der „Schacht" nimmt etwa drei Fünftel der gesamten Höhe ein, der untere breiteste Teil ist der „Kohlensack" (Durchmesser 6 bis 8 m), dann folgt die „Rast", die auf dem „Gestell" aufsitzt, etwa 3 m Höhe, Durchmesser 4 m, und ist, wie der ganze Hochofen, mit hochschmelzendem Material (Schamottesteine) ausgekleidet. Der unterste Teil, auf dem der

ganze Hochofen ruht, wird „Bodenstein" bezeichnet. Der Kohlensack hat die Aufgabe, die sich ausdehnenden Teile der Beschickung aufzunehmen und so ihr „Hängen" zu verhindern. Weiter nach unten kann wieder eine Verengung eintreten, denn hier sammelt sich bereits die flüssige Hochofenschlacke und das flüssige Roheisen. Der Hochofen wirkt bezüglich Kohleverbrennung wie eine Vorrichtung zur Erzeugung von Generatorgas. Rast und Gestell werden mit Wasser gekühlt.

2. *Hochofenprozeß.* Die Beschickung des Hochofens erfolgt am Gicht, und zwar in Schichten: Zuerst wird eine Schicht Koks eingeführt, dann folgt eine Schicht Eisenerz mit Zuschlag („Möller"), dann wieder Koks usw. Der Zuschlag hat die Aufgabe, das taube Gestein, die Gangart, leicht als Kalzium-Aluminium-Silikate niederzuschmelzen, sie bilden die Schlacke. Ist die Gangart kieselsäure- und tonerdehaltig, so wird Kalkgestein zugesetzt, enthält das Eisenerz Kalk, so wird Kieselsäure und tonerdehaltiges Gestein verwendet.

Die Hochofenbeschickung brennt von unten hinauf, die Verbrennung wird durch vorgewärmte Luft, durch den „Wind" aufrecht erhalten; dieser tritt auf etwa 800° erwärmt durch Winddüsen ein, die in der „Formebene" liegen.

Der Hochofenprozeß ist eine Reduktion der Eisenoxyde durch Kohle. Die damit zusammenhängenden Vorgänge sind verschiedenartig und sind nicht durch einfache chemische Vorgänge erschöpfbar darzustellen. Sie hängen mit den physikalischen Beschaffenheiten der aufgegebenen Erze innig zusammen. Die Reduktionen sind nicht durch Gleichgewichtszustände bestimmt, sondern sind im Gange befindliche Vorgänge. Eine Ausnahme bildet bemerkenswert die BOUDOUARD-Reaktion, da deren Gleichgewichtseinstellung durch Eisenoxyde und andere Stoffe katalytisch sogar befördert wird und deshalb zumindest angenähert mit einem Gleichgewichtszustand zu rechnen ist. Eine einheitliche Darstellung des Hochofenprozesses ist nach den angeführten Gründen nicht möglich.

Man kann ihn hauptsächlich durch die folgenden Gleichungen darstellen. In den unteren Teilen des Hochofens verbrennt die Kohle zu Kohlenoxyd und Kohlendioxyd, wobei die Temperatur bis auf etwa 1400 bis 1600° ansteigt. Das gebildete Kohlenoxyd reduziert das Eisenoxyd im Temperaturgebiet 600 bis 800° des oberen Teiles des Schachtes *(Reduktionszone)*.

$$Fe_2O_3 + 3\,CO \rightleftharpoons 2\,Fe_{fest} + 3\,CO_2, \quad \varDelta H = -13\ \text{kcal}.$$

Das entstandene Kohlendioxyd jedoch kommt mit der heißen Koksschicht in Berührung, wobei sich das BOUDOUARD-Gleichgewicht (S. 237) einstellt: $CO_2 + C \rightleftharpoons 2\,CO$, $\varDelta H = 41{,}2$ kcal, es entsteht wieder Kohlenoxyd, das weitere Reduktion bewirkt. Ferner gibt dieses Gleichgewicht in Teilen des Hochofens (600 bis 1000°), wenn es sich in der Richtung $\leftarrow$ verschiebt, einen sehr fein verteilten Kohlenstoff, der nun auch direkt Eisenoxyde reduzieren kann:

$$Fe_2O_3 + 3\,C = 2\,Fe_{fest} + 3\,CO, \quad \varDelta H = 118\ \text{kcal}.$$

Ferner aber wird ein Teil direkt vom Eisen gelöst, wodurch sein Schmelzpunkt auf etwa 1100 bis 1200° sinkt.

Es kommt auch zur Bildung von Eisensilikaten, ihre Reduktion erfolgt durch Kohle bei 1400° in der *Schmelzzone*, dem an der Rast liegenden Teil, der unter der unmittelbaren Einwirkung des Windes steht. Hier wird Siliziumdioxyd zu Silizium reduziert, unter dessen Einfluß auch freier Phosphor gebildet wird; beide lösen sich im flüssigen Eisen. Das gebildete Eisen rinnt durch das Gestein der Beschickung nach abwärts und sammelt sich im Gestell, wo es, von der flüssigen Schlacke überdeckt, vor der Oxydation durch den Wind geschützt ist.

In höheren Teilen des Hochofens, sobald die Temperatur auf etwa 300° gesunken ist, finden keine Reaktionen mehr statt. Das nach oben strömende Gas wird *Gichtgas* bezeichnet, es verläßt den Ofen am Gicht. Entsprechend dem BOUDOUARD-Gleichgewicht enthält es Kohlenoxyd und Kohlendioxyd im Verhältnis $p_{CO}/p_{CO_2} \approx 2$, ungefähr 4% H_2, 55% N_2 und etwas Methan, Heizwert 1000° kcal/m³. Die Gichtgase werden nach Entstaubung zum Heizen des Windes, zum Betrieb von Gasmotoren und im Stahlwerk verwendet. Von Zeit zu Zeit wird am Stichloch flüssiges Eisen abgestochen und in besondere Sandformen (*„Masselbetten"*) oder in Eisenschalen (*„Kokillen"*) fließen gelassen. Die Schlacke fließt durch eine unter der Formebene liegende Röhre ab, die mit Wasser gekühlt wird. Die Schlacke kann verwertet werden; sie dient unter anderem zur Erzeugung besonderer Hochofenzemente.

In einem modernen Hochofen werden täglich bis zu 1000 t Roheisen erzeugt; es ist deshalb verständlich, daß die Bewältigung der dazu verwendeten Materialien einen großen Aufwand an zusätzlichen Betriebsmitteln erfordert.

Das Roheisen enthält neben Kohlenstoff die Begleitstoffe Silizium, Mangan, Phosphor, Schwefel in verschiedenen Mengen, die von der Art des Eisenerzes und des Kokses abhängt. Die zwei letztgenannten Elemente erteilen dem Eisen sehr schädliche Eigenschaften und müssen deshalb sorgfältigst entfernt werden.

3. *Elektrisches Verfahren.* Stellenweise hat man die Erzeugung des Roheisens im Hochofen durch Anwendung elektrischer Energie ersetzt. In dem dazu verwendeten Lichtbogenofen bleibt der Kohle die Reduktion der Eisenoxyde und Kohlung des Eisens erhalten, während für die Erzeugung der hohen Temperatur elektrische Energie wirkt; dadurch läßt sich eine Ersparung an Kohle erzielen. Dieses Verfahren ist nur in Ländern wirtschaftlich durchführbar, die über billige elektrische Kraft verfügen. Viel größere Bedeutung hat die Anwendung elektrischer Energie zur Erzeugung von Stahl (Elektrostahl) und Gewinnung (S. 349) genannter Ferrolegierungen.

Gewinnung des Stahls und des schmiedbaren Eisens

Das Roheisen ist wegen seines hohen Kohlenstoffgehaltes spröde, schmilzt, ohne vorher weich zu werden, ist deshalb nicht schmiedbar, nicht schweißbar und nicht härtbar. Diese wertvollen Eigenschaften erlangt das Eisen erst nach entsprechender Entkohlung, die so geleitet wird, daß auch die beiden schädlichen Elemente, Schwefel und Phosphor, wenn vorhanden, entfernt werden. Die Entkohlung des Eisens wird „Frischen" bezeichnet.

1. *Das Windfrischverfahren.* Der Kohlenstoff und die anderen Begleitstoffe werden durch Einpressen von Luft in das flüssige Eisen oxydiert; man erhält eine Oxydschlacke, die Silizium, Phosphor, Schwefel und Mangan enthält. Die Ausführung erfolgt im Konverter, auch „Birne" bezeichnet.

Enthält das Eisen viel Phosphor, so macht man die Auskleidung der Birne aus basischen, feuerfesten Steinen, z. B. Kalzium-Magnesiumoxyd (Dolomit): *Thomasbirne.* Bei phosphorfreiem Eisen besteht die Auskleidung aus Quarz und Tonmineralen: *Bessemerbirne.* Die Oxydation der genannten Begleitstoffe liefert eine Wärmemenge, die das Erstarren des flüssigen Eisens beim Blasen verhindert. Ist zu wenig Silizium vorhanden, so wird dem Eisen Ferrosilizium zugesetzt. Es wird zuerst das Silizium, Mangan und der Phosphor oxydiert, zum Schluß kommt der Kohlenstoff an die Reihe. In dieser Periode *(Kochperiode)* verläuft die Oxydation mit donnerndem Getöse. Der Schwefel wird in der THOMAS-Birne, und zwar nur in dieser, als Mangansulfid abgeschieden und geht, da er im flüssigen Eisen nicht

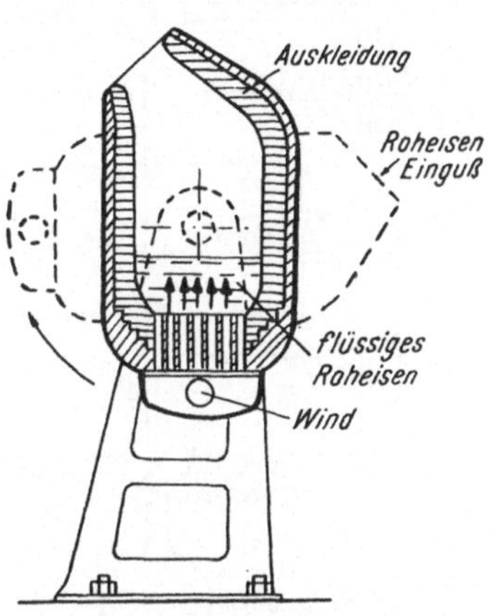

Abb. 107. *Konverter, „Birne".* Für die Einfüllung des Roheisens hat die Birne eine Stellung, wie durch Strichelung angedeutet. Nach der Füllung erfolgt, bei gleichzeitigem Einschalten des Windes, die Aufrichtung zur Esse. Fassungsraum 3 bis 5 t Roheisen.

löslich, ebenfalls in die Schlacke. Zur Beförderung der Schlackenbildung wird im THOMAS-Prozeß gebrannter Kalk zugesetzt.

Bei diesem Verfahren wird der ganze Kohlenstoff oxydiert, die Rückkohlung erfolgt nach Zusatz von Spiegeleisen, wobei das Mangan als Reduktionsmittel für das gebildete Eisenoxyd eine *wichtige* Rolle spielt. Das Windfrischverfahren geht rasch vor sich, die Blasedauer beträgt etwa 15 bis 20 Minuten. Am Schluß wird zuerst die Schlacke und dann der flüssige Stahl abgegossen.

2. *Herdfrisch*-(SIEMENS-MARTIN)-*Verfahren.* Die Oxydation des Kohlenstoffes erfolgt langsamer als im Windfrischverfahren; man kann deshalb leicht auf einen bestimmten Kohlenstoffgehalt des Eisens hinarbeiten. Die Oxydation erfolgt durch brennendes Gas mit einem Überschuß an Sauerstoff; es streicht über das geschmolzene Eisen, dem zur Beschleunigung der Oxydation Schrott oder oxydische Eisenerze (eventuell auch Kalk) zugesetzt wird. Für das Verfahren ist auch hier die Auskleidung, die „*Zustellung*" des verwendeten Ofens, von technischer und wirtschaftlicher Bedeutung; die anfangs „*saure*" Zustellung mit Dinassteinen

(96 bis 98 % SiO_2, 2 bis 4 % CaO, als Bindemittel) ist gegenwärtig durch die „*basische*", besonders widerstandsfähige Zustellung vielfach ersetzt: es werden Magnesit und Chrommagnesitsteine verwendet. Das Herdfrischverfahren hat sich besonders zur Herstellung bestimmter Stahlsorten bewährt. Nach vollendeter Arbeit wird bei feststehenden Öfen der flüssige Stahl abgestochen oder bei kippbaren Öfen abgegossen. Fassungsraum der Öfen beträgt an 100 t.

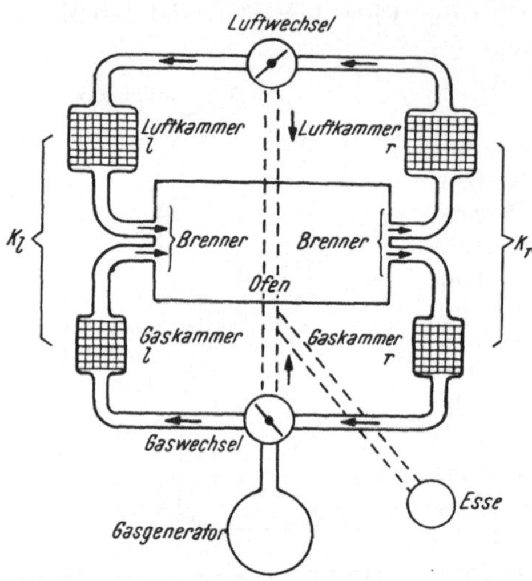

Abb. 108. *Siemens-Regenerativ-Feuerung*, schematisch. Bei der gezeichneten Stellung des Luft- und Gasgenerator-Wechsels strömt das Gas und die Luft durch das Kammersystem K_l in der Richtung der gezeichneten Pfeile. Die Luftkammern sind größer als die Gaskammern, wiel der Ofen mehr Luft als Gas braucht. Werden die Wechsel in die andere (gestrichelte) Stellung gebracht, so ändern sich die Richtungen aller Pfeile gerade entgegengesetzt, bis auf die zur Esse führenden. Die Flammen sitzen dann auf den Brennern des K_r-Kammersystems.

Im Siemens-Martin-Ofen ist das wichtige Prinzip der *freien Flammenentfaltung* enthalten. Flammen sind heißer, wenn ihre Vorgänge nicht durch feste Körper beeinflußt werden: *Die Flamme gibt ihre Wärme nicht durch Berührung ab, sondern durch Strahlung.*

Die notwendig hohe Temperatur — etwa 1500° — wird wirtschaftlich durch eine besondere Ofenfeuerung erreicht — SIEMENS - *Regenerativ - Feuerung.* Zwei gemauerte Kammersysteme K_l, K_r dienen als Wärmespeicher; durch das eine System streichen die heißen Flammenabgase und erwärmen es, durch das andere bereits hoch erhitzte System treten die Ausgangsgase, Heizgas und Luft ein, die, auf diese Weise vorgewärmt, dem brennenden Gas zugemischt werden. Nach einiger Zeit wird die Strömungsrichtung geändert: Die Flammenabgase treten durch das Kammersystem, das von den Ausgangsgasen abgekühlt worden ist, diese haben aber nun durch das erhitzte System durchzutreten usw. In der Abb. 108 wird das Gesagte noch deutlicher zum Ausdruck gebracht.

3. *Veredelung des Stahls.* Der Stahl läßt sich für besondere Zwecke noch weiter veredeln. *Chromstähle* sind besonders widerstandsfähig und werden bei höherem Chromgehalt korrosionsbeständig; bekannt ist der V2A-Stahl geworden: 18% Cr, 8% Ni, < 0,1 C. *Siliziumstähle* sind hart und elastisch (dienen zur Erzeugung von Stahlfedern), ein hoher Siliziumgehalt macht ihn gegen Säure unangreifbar. *Manganstähle* sind ebenfalls hoch elastisch und fest, sie enthalten bis zu 10% Mn. Besonders wertvolle Eigenschaften erhält der Stahl nach Zusatz von Nickel, Molybdän, Wolfram, Vanadin und anderen Metallen, die oft schon mit geringem Prozentsatz wirksam sind. *Wolframstahl* z. B. enthärtet bei 500° noch

nicht und wird deshalb zur Bearbeitung von Stahl verwendet. Auch in der Erzeugung von starken permanenten *Stahlmagneten* haben sich besondere Metallzusätze (Al, Ni, Co u. a.) außerordentlich bewährt.

Tabelle 12. *Einige Eisen- und Stahlarten in übersichtlicher Darstellung*
Roheisen 1,75 bis 4% C

Weißes Roheisen (Zementit) durch rasche Abkühlung erhalten. < 0,5% Si, > 4% Mn, Schmp. 1100°, hart, spröde, wird zur Herstellung von schmiedbarem Eisen verwendet.	*Graues Roheisen.* > 2% Si, < 0,2% Mn. Kohlenstoff größtenteils als Graphit ausgeschieden, Schmp. 1200°, weicher, weniger spröde als weißes Roheisen, leicht flüssig, zum Gießen geeignet — *Gußeisen, Siliziumeisen* 5 bis 10% Si.

Schmiedbares Eisen und *Stahl.* < 1,75% C, Schmelzpunkt höher als vom Roheisen, wird vor dem Schmelzen weich

Schweißstahl (Puddelstahl), in nicht flüssigem Zustand erzeugt, gegenwärtig wenig verwendet.	Flußstahl, im flüssigen Zustand erhalten (Bessemer-, Thomas-, Siemens-Martin-Verfahren), *Tiegelstahl, Elektrostahl,* in Formen vergossen, *Stahlguß.*	*Temperguß,* aus weißem Roheisen gegossen, der C-Gehalt mit Eisenoxyd bei 900° nachträglich herabgesetzt.	*Schmiedeeisen,* höchstens 0,5% C.

Elektrostahl, im elektrischen Lichtbogenofen hergestellter Stahl, ausgehend vom weißen Roheisen oder Eisenabfällen. Arbeitsweise erfolgt prinzipiell wie im Siemens-Martin-Verfahren.

Spiegeleisen: Hoher Mangangehalt (2 bis 20% Mangan), kann viel Kohlenstoff (4 bis 5%) aufnehmen.
Ferromangan: 25 bis 80% Mangan, 5 bis 7% C.
} Verwendung als Zusatz zu anderen Eisensorten als Desoxydationsmittel und Rückkohlung bei der Stahlerzeugung.

Es gibt dann noch Eisenlegierungen, die zur Herstellung besonderer Stahlsorten Verwendung finden: *Ferrosilizium, Ferrochrom, Ferrowolfram, Ferronickel* usw.

Elektrolyteisen. Darunter versteht man sehr reines Eisen, das durch Elektrolyse vom Eisen II-chlorid an der Kathode erhalten wird. Auch das durch Zersetzung von Carbonyleisen (S. 343) erhaltene ist sehr rein. Solche Eisensorten haben wertvolle physikalische Eigenschaften, sie können z. B. hysteresisfrei erhalten werden.

Das System Eisen—Kohlenstoff. 1. Dieses System ist von erheblich technischer und theoretischer Bedeutung. Es besteht aus einem Metall und einem Nichtmetall, demnach aus zwei Bestandteilen ($B = 2, F = 4 - - P$). Ein solches System (Ag—Au) ist nach dem Phasengesetz bereits S. 276 behandelt. Das System Fe—C jedoch unterscheidet sich von diesem grundsätzlich: Es bildet keine lückenlose Reihe von Mischkristallen. Eisen- und Kohlenstoff geben außerdem eine Verbindung Fe_3C (Zementit), ferner ist Kohlenstoff in Eisen löslich; das hat das Auftreten besonderer

Phasen zur Folge, die das Bild des Zustandsdiagramms gegenüber dem des Systems Ag—Au verändern.

2. Wie S. 339 ausgeführt, kann das Eisen in drei allotropen Modifikationen auftreten: α-Eisen (α-Ferrit), häufig einfach Ferrit bezeichnet, γ-Eisen (γ-Ferrit) und δ-Eisen (δ-Ferrit). Der Schmelzpunkt des Eisens beträgt 1535° (Punkt A). Die Phasenumwandlungen $\gamma \rightleftarrows \alpha$ und $\delta \rightleftarrows \gamma$

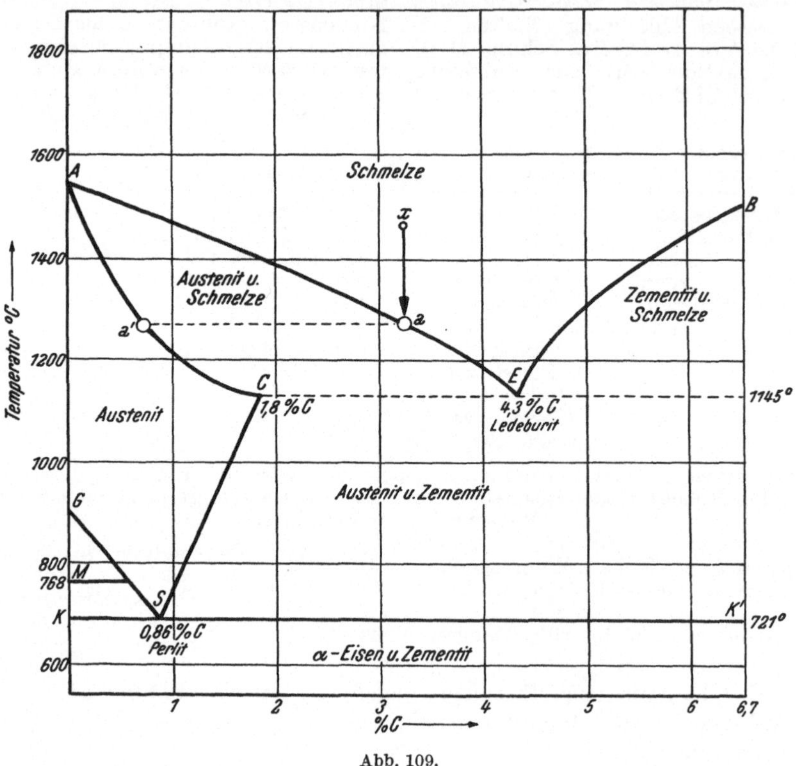

Abb. 109.

sind durch Wärmeänderungen begleitet und können nach der Methode (S. 275) aufgefunden werden. Die Umwandlung α-Eisen $\rightarrow$ γ-Eisen erfolgt bei 906° (S. 339). Eisen vermag Kohlenstoff zu lösen, eine Lösung von Kohlenstoff in γ-Eisen wird *Austenit* bezeichnet, auch α-Eisen vermag geringe Mengen (0,04% C) zu lösen, die Phase behält jedoch die Bezeichnung. Die Verbindung des Eisens mit Kohlenstoff

$$3\,\text{Fe}_{\text{flüssig}} + \text{C}_{\text{Graphit}} \rightleftarrows \text{Fe}_3\text{C}, \qquad \Delta H \approx +5\,\text{kcal},$$

heißt *Zementit* (6,7% C). Schmp. 1857.

3. *Das Phasendiagramm* (Abb. 109). Längs der Schmelzkurve AE hat man die Erniedrigung des Schmelzpunktes des Eisens zufolge Auflösung des Kohlenstoffes. Wird eine bestimmte Stelle x der Schmelze

bis a abgekühlt, so scheidet sich bei a' Austenit aus, welcher mit der Schmelze a im Gleichgewicht steht. Kühlt man weiter ab, so bewegt man sich in der Richtung $A \to E$ und $A \to C$. Der Kohlenstoffgehalt in der Schmelze steigt. Erreicht diese 4,3% C, so erstarrt das ganze System zu einem heterogenen Gemisch; bei C bildet sich ein mit Kohlenstoff gesättigter Austenit (1,8% C) und mit diesem im Gleichgewicht stehend ein Zementit, durch einen Punkt auf der Geraden CE liegend dargestellt, der 6,7% C entspricht. E ist ein eutektischer Punkt, 4,3% C, Temperatur 1145°. Längs der Geraden CE ist $F = 1$, es kann, die Gasphase berücksichtigt, im System nur zwei feste Phasen geben. Nun können, und das ist im behandelten System besonders zu beachten, in der festen Phase Umwandlungen eintreten. Kühlt man unter 1145° ab, so scheidet sich entlang der Kurve CS gesättigter Austenit und Zementit ab, da mit sinkender Temperatur die Löslichkeit für Kohlenstoff abnimmt. In S wird die Sättigung mit 0,8% C erreicht, Temperatur 721°, hier tritt Zerfall ein in α-Eisen und Zementit. Die Umwandlungstemperatur des Eisens $\alpha \to \gamma$ wird durch gelösten Kohlenstoff entlang der Kurve GS von 906° auf 721° erniedrigt. Wird Austenit mit C $< 0,86\%$ langsam abgekühlt, so scheidet sich längs GS α-Eisen aus, sein Gebiet ist die Fläche GSK. Das Eutektikum E mit 4,3% C wird *Ledeburit*, das Eutektoid S mit 0,86% C *Perlit* bezeichnet. M ist der Curie-Punkt (S. 379 f.), seine Temperaturlage wird durch gelösten Kohlenstoff nicht geändert.

4. Von besonderer technischer Bedeutung ist das System im Gebiete $ACSG$. Wird Austenit, 0 bis 0,86% C, langsam abgekühlt, so scheidet sich α-Eisen und Perlit ab, von 0,86 bis 1,8% C scheidet sich Perlit und Zementit ab; diese Phasen sind im weichen Stahl oder bei niedrigem Kohlenstoffgehalt im Schmiedeeisen vorhanden. Erfolgt die Abkühlung sehr rasch *(Abschreckung)*, so bilden sich diese Phasen nur teilweise. Es entsteht auf diese Weise der harte Stahl. Durch eine Änderung der Geschwindigkeit der Abkühlung lassen sich verschieden harte Stahlsorten erzeugen. Das durch die Abschreckung erhaltene Gefüge wird als *Martensit* bezeichnet.

5. Es hat sich gezeigt, daß Zementit nach längerem Glühen entsprechend seiner endothermen Bildungswärme bei 1000° in Eisen und Graphit zerfällt, dieses System ist also bei niedriger Temperatur stabil: Es sind demnach alle, festen Zementit enthaltenden, Phasen eigentlich metastabil.

2. Kobalt Co

Die wichtigsten Kobalterze sind: der *Speiskobalt* $CoAs_2$ und der *Kobaltglanz* $CoAsS$, alle diese Erze enthalten auch Nickel. Für die Gewinnung kommen auch manche Kupfererze und der *Magnetkies* Fe_3S_4 in Betracht. Kobalt ist dem Eisen sehr ähnlich, doch zäher; als Metall hat es bisher keine durchgreifende Anwendung gefunden. Chemisch ist es widerstandsfähiger als Eisen. Hauptsächlich findet Kobalt Verwendung als „Smalte" (ein Kaliumkobalt-Silikat) in der Glasindustrie

zur Erzeugung der schönen blauen Gläser (Kobaltglas) und in der Feinkeramik zur Färbung auf Porzellan. In den gewöhnlichen beständigen
Verbindungen, also vor allem in den Salzen, ist Kobalt II-wertig und in
den Komplexverbindungen fast ausschließlich III-wertig. Es gibt Salze
des II- und III- wertigen Kobalts, z. B. $Co(SO_4) . 7 H_2O$ und $Co_2(SO_4)_3 .$
$. 18 H_2O$, letzteres jedoch ist in Lösung nicht beständig: Es zersetzt sich
unter Sauerstoffentwicklung zu einer Co^{II}-Verbindung. Anderseits
zeigen Komplexverbindungen des II-wertigen Kobalts das Bestreben,
in solche des III-wertigen überzugehen. So erhält man aus einer Lösung
von Kobalt II-chlorid, die Ammoniak und Ammonchlorid enthält, nach
Einblasen von Sauerstoff das beständige Hexammin-kobalt III-chlorid
$[Co(NH_3)_6]Cl_3$. Solche Ammoniakverbindungen des III-wertigen Kobalts
sind sehr zahlreich (Kobaltiake). Mit diesem Metall sind übrigens die
klassischen Untersuchungen über Komplexverbindungen von S. M. Jörgensen und A. Werner ausgeführt worden.

Das Co^{++}-ion dürfte hellrot sein, doch muß man berücksichtigen, daß
dieses viele Wassermolekel angelagert haben wird; man findet nämlich,
daß Erwärmung der Lösung eine *Vertiefung* der Farbe nach Blau hervorruft. Kobaltsalze und -verbindungen aller Oxydationsstufen sind gefärbt.

Kobalt II-verbindungen. Durch Fällung von gelösten Co^{II}-verbindungen mit Lauge erhält man, ähnlich wie bei Eisen, Kobalt II-oxyhydrate, die sich leicht zu Kobalt III-oxyhydraten oxydieren. Diese
Hydrate liefern nach Trocknen und Glühen das beständige *Kobalt II-
oxyd* CoO als grünes Pulver.

Lösungen von Co^{II}-verbindungen geben mit Schwefelammonium
schwarzes Kobalt II-sulfid CoS, das in Wasser und Säuren unlöslich ist,
frisch gefällt jedoch ist es in Säuren löslich, verwandelt sich aber bald in
die unlösliche Formart, die analytisch vorwiegend in Betracht kommt.

Kobalt II-chlorid $CoCl_2 . 6 H_2O$. Das feste, kristallwasserhaltige
Salz und die Lösungen sind rosa gefärbt, die Färbung hat man dem Aquo-
Komplex $[Co(H_2O)_6]^{++}$ zuzuordnen, wasserfreies Chlorid ist blau:

$$\text{Dehydratation bei Erwärmung} \longrightarrow$$

$$CoCl_2 . 6 H_2O \;\rightleftarrows\; \ldots . CoCl_2H_2O \ldots . \rightleftarrows CoCl_2 .$$
$$\text{rosa} \qquad\qquad \text{blauviolett} \qquad\qquad \text{blau}$$

$$\longleftarrow$$
$$\text{Hydratation bei Gegenwart von Wasserdampf}$$

Dehydratation erreicht man schon durch gelindes Erwärmen (30 bis 40°).
Darauf beruht die gelegentliche Verwendung von Kobaltchloridlösungen
als „geheim" (sympathetische) Tinte. Bei gewöhnlicher Temperatur
ist die Schrift kaum zu sehen, erwärmt man gelinde das beschriebene
Blatt, so werden die Schriftzüge blau.

Die anderen Halogenverbindungen des Kobalts verhalten sich ähnlich
dem Chlorid.

Das Kobalt II-nitrat $Co(NO_3)_2 . 6 H_2O$ wird als Reagens im Laboratorium verwendet, das Kobalt II-sulfat $Co(SO_4) . 7 H_2O$ kristallisiert in rötlichen monoklinen Prismen, es ist mit Eisenvitriol isomorph. Co^{II}-salze starker Säuren absorbieren gasförmiges Ammoniak, und zwar können bis sechs Molekeln pro Atom gebunden werden, z. B. $[Co(NH_3)_6]$. SO_4 Hexammin-kobalt II-sulfat. Verbindungen dieser Art sind löslich.

Kobalt III-verbindungen. Das Kobalt III-oxyd Co_2O_3 entsteht durch Oxydation, ausgehend von Kobalt II-oxyhydraten zu Kobalt III-oxyhydraten. Wird diesen vorsichtig Wasser entzogen, so bildet sich das genannte Oxyd; durch Glühen geht es schließlich in das beständige CoO über.

$$Co_2O_3 \rightleftarrows CoO.Co_2O_3 \rightleftarrows CoO$$
braunschwarz   schwarz   olivengrün

Kobalt III-sulfat $Co_2(SO_4)_3$ bildet sich unter besonderen experimentellen Bedingungen bei der Elektrolyse konz. Lösungen von Kobalt II-sulfat in schwefelsaurer Lösung an der Anode (s. oben).

Natrium-hexanitrito-kobalt III $Na_3[Co(NO_2)_6]$. Während ein Kobaltnitrit nicht bekannt ist, läßt sich dieses in einer Komplexverbindung leicht herstellen. Die als gelbes Pulver erhältliche Verbindung dient als Reagens auf Kaliumionen, da das entsprechende Kaliumsalz schwer löslich ist.

Die schon oben erwähnten *Kobaltiake* zeigen, daß die Co^{III}-Verbindungen mit Ammoniak stabile Verbindungen geben. Man kann $[Co(NH_3)_6]A_3$ als Grundverbindung der Kobaltiake betrachten. Das Ammoniak kann durch Wasser *(Aquo-verbindungen)* oder Säurereste schwacher Säuren *(Azido-verbindungen)* und andere Gruppen, das einwertige Anion A durch beliebige Säurereste ersetzt werden.

Die Komplexverbindungen des Kobalts werden mitunter in wäßriger Lösung allmählich verändert. So erfolgt die Umsetzung von Chloro-pentammin-kobalt III-chlorid zu dem entsprechenden Aquosalz nach der Gleichung

$$[Co(NH_3)_5Cl]Cl_2 + H_2O \rightleftarrows [Co(NH_3)_5H_2O]Cl_3 \qquad (1)$$
Purpureo-salz   Roseo-salz

oder in Ionenschreibweise:

$$[Co(NH_3)_5Cl]^{++} + 2\,Cl^- + H_2O \overset{k_1}{\rightleftarrows} [Co(NH_3)_5H_2O]^{+++} + 3\,Cl^-.$$

Die Reaktion in der Richtung $\rightarrow$ ist mit einer *Vermehrung* an Ionen verbunden, ihr Fortgang kann also durch Messung der elektrischen Leitfähigkeit der Lösung bestimmt werden. Beträgt die äquivalente Leitfähigkeit des Purpureo-salzes zu Beginn der Reaktion λ_0, zur Zeit t, λ_t und nach „unendlich" langer Zeit λ_∞, so ist seine Anfangskonzentration $c_A^0 =$ prop. $(\lambda_\infty - \lambda_0)$ und zur Zeit t, $c_A =$ prop. $(\lambda_t - \lambda_\infty)$. Nach Gleichung 2, S. 179 ist dann

$$k' = \frac{1}{t} \ln \frac{c_A^0}{c_A} \quad \text{oder} \quad k = \frac{1}{t} \log \frac{\lambda_\infty - \lambda_0}{\lambda_t - \lambda_\infty}.$$

Nach diesem Ausdruck kann die Geschwindigkeitskonstante berechnet werden.

$$c_A^0 = 4 \cdot 10^{-3} \text{ Mol/Liter Chloropentammin-kobalt III-chlorid}$$

$$\lambda_0 = 259{,}7, \quad \lambda_\infty = 360, \quad \text{Temperatur } 25°$$

Zeit t (Minuten)	0	40	790	1355	1940	∞
Äquiv. Leitfähigkeit						
λ_t	259,7	260,4	271	278	284	(360)
$k_1 \cdot 10^3$	—	0,062	0,067	0,066	0,063	—

Man sieht, der Vorgang nach der Gl. (1) vollzieht sich scharf nach dem Gesetz für eine monomolekulare Reaktion.

Die Gl. (1) führt, wie angedeutet, zu einem Gleichgewicht. In dem gewählten Konzentrationsbereich ist die Reaktion $\leftarrow$ noch sehr klein und kann deshalb unbeachtet bleiben.

Man hat für andere Komplexsalze gefunden:

	$k_1 \cdot 10^3$
$[Co(NH_3)_5Cl](NO_3)_2$	0,055
$[Co(NH_3)_5Br](Br)_2$	0,169
$[Co(NH_3)_5NO_3](NO_3)_2$	0,76
$[Co(NH_3)_5NO_3]Cl_2$	0,78

Es zeigt sich demnach eine Umsetzung, die von der Natur des Säureanions unabhängig ist, was nach der Gl. (1) zu erwarten wäre. Ferner erfolgt der Eintritt der Aquogruppe an die Stelle des Broms oder an die Stelle der Nitratogruppe etwa 3mal bzw. 13mal rascher als an die des Chlors; Chlor ist demnach unter den drei koordinativ gebundenen Radikalen am „festesten" gebunden.

Nachweis. Kobalt gehört zur Schwefelammoniumgruppe; kennzeichnend ist das schwarze, in Säuren unlösliche Sulfid, zum Unterschied von allen Sulfiden dieser Gruppe (mit Ausnahme von Nickel) (s. unten).

3. Nickel Ni

Nickelerze sind: *Rotnickelkies* NiAs, *Weißnickelkies* $NiAs_2$, die *Nickelblende* (Gelbnickelkies) NiS und das *Arsennickelkies* NiAsS. Für die Gewinnung des Metalles sind genannte Erze im Verhältnis zum *Garnierit* und zum *Magnetkies* von geringer Bedeutung; Garnierit, ein *Magnesiumnickelsilikat*, und der schon beim Kobalt erwähnte Magnetkies sind dafür ausschlaggebend.

Bei der hüttenmännischen Gewinnung des reinen Metalles wird von der Eigenschaft des Nickels Gebrauch gemacht, ein flüchtiges Nickeltetrakarbonyl, Sdp. 43°, bei niedriger Temperatur ($\approx 80°$) zu bilden:

$$Ni + 4\,CO \rightleftarrows Ni(CO)_4, \qquad \Delta H = -43 \text{ kcal.}$$

Bei stärkerem Erhitzen ($\approx 200°$) erfolgt Zersetzung in der Richtung zu reinem Metall (Verfahren nach L. MOND).

Nickel kennzeichnet eine große Dehnbarkeit; wegen seines Glanzes, der durch leichtes Polieren erhalten werden kann, ist es besonders geschätzt, zumal das Metall chemisch widerstandsfähig ist. Wegen dieser Eigenschaft werden Gefäße aus Nickel auch bei chemischen Arbeiten herangezogen: Nickeltiegel dienen z. B. zur Ausführung von Alkalischmelzen. Gegenstände aus anderen Metallen (besonders solche aus Eisen) werden mit Nickel überzogen (galvanische „Vernickelung"), um sie so schöner und widerstandsfähiger zu machen. Hauptsächlich findet Nickel in der Stahlindustrie Verwendung: *Nickelstahl* ist durch besondere Härte ausgezeichnet. In wichtigen Legierungen (z. B. Monelmetall, hauptsächlich eine Nickel-Kupferlegierung) ist Nickel enthalten. Da Nickel eine relativ kleine elektrische Leitfähigkeit hat, wird es zur Herstellung von Widerstandsmaterial herangezogen: Konstantan (40% Ni, 60% Cu); Chromnickeldraht (60% Ni, 40% Cu) u. a.

In den allermeisten Verbindungen ist Nickel II-wertig; seine Komplexverbindungen (Additions- und Koordinationsverbindungen) sind weniger beständig als die des Kobalts. Das hydratisierte Ni^{++}-ion ist hellgrün.

Die Oxyde des Nickels sind denen des Kobalts sehr ähnlich. Nickel II-oxyd NiO bildet sich als Rückstand beim Erhitzen von Nickelhydroxyd oder von Salzen flüchtiger Säuren; es ist ein grünes, unlösliches Pulver. Dieses Oxyd läßt sich mit Wasserstoff schon bei etwa 200° reduzieren und gibt ein sehr fein verteiltes Metall, das sich als vorzüglicher Katalysator für Hydrierungen organischer Stoffe eignet (S. 229). Das entsprechende Nickel II-hydroxyd $Ni(OH)_2$ fällt auf Zusatz von Alkalihydroxyd zu gelösten Nickelsalzen als apfelgrüner, voluminöser Niederschlag aus, er ist luftbeständig. Mit Halogenen in alkalischer Lösung (z. B. Bromlauge) geht das Hydroxyd in das schwarze unlösliche Nickel III-hydroxyd $Ni(OH)_3$ über; das daraus gewinnbare Nickel III-oxyd Ni_2O_3 (häufig noch als Nickelsuperoxyd bezeichnet), läßt sich anscheinend nicht rein herstellen. Genannte zwei Nickelhydroxyde spielen im Edison-*Akkumulator* eine Rolle, der aus einer Eisen- und einer Nickel III-oxyd-elektrode besteht, Elektrolyt ist 20%ige Kalilauge.

Entladung

$$Fe + Ni_2O_3 . 3\,H_2O \rightleftharpoons Fe(OH)_2 + 2\,Ni(OH)_2 .$$

Ladung

Der Edison-Akkumulator (auch *Nife*-Akkumulator bezeichnet) hat gegenüber dem Bleiakkumulator Vorteile, besonders ist ersterer gegen stark wechselnde Beanspruchung weniger empfindlich als letzterer. Die mittlere Spannung beträgt beim Edison-Akkumulator 1,27 Volt, beim Bleisammler 2,0 Volt.

Aus Nickelsalzlösungen fällt Schwefelammonium schwarzes Nickel II-sulfid NiS, das in Säuren nicht löslich ist, verhält sich demnach gleich dem Kobaltsulfid.

Die Nickel II-halogenide kristallisieren alle mit Kristallwasser; das Nickel II-chlorid $NiCl_2 . 6\,H_2O$ kristallisiert aus Lösungen in grünen monoklinen Prismen. **Nickel II-sulfat** $NiSO_4 . 7 H_2O$ ist aus Lösungen in smaragdgrünen rhombischen Kristallen erhältlich.

Alle Nickelsalze, gleich wie die Kobaltsalze, vermögen wasserfrei oder in Lösung Ammoniak aufzunehmen. Die Ni-aminkomplexe lösen sich mit blauer Farbe.

Nickelsalzlösungen geben mit Kaliumcyanid den schwer löslichen Niederschlag **Nickel II-cyanid** $Ni(CN)_2$, der im Überschuß löslich ist: $K_2[Ni(CN)_4]$, Säuren fällen wieder das Cyanid. In Lösung oxydiert Brom zu **Nickel III-oxyd**; diese Reaktion ist zur Trennung Nickel-Kobalt geeignet, da bei dieser Behandlung der stabile Co^{III}-Cyankomplex entsteht.

Nachweis. Nickel gehört zur Schwefelammoniumgruppe. Kennzeichnend ist das in Säuren unlösliche schwarze Sulfid; Nickel läßt sich sehr scharf mit Dimethylglyoxim

$$CH_3\!-\!C = NOH$$
$$|$$
$$CH_3\!-\!C = NOH$$

nachweisen; der rosenrote Niederschlag ist in schwacher Essigsäure und in Ammoniaklösungen unlöslich (Reagens nach L. TSCHUGAEFF). Da die entsprechende Kobaltverbindung löslich ist, kann mit diesem Reagens leicht die sonst schwierige Trennung des Nickels vom Kobalt durchgeführt werden.

LI. Mangan-Gruppe

Übersicht

Ordnungszahl	Element	Atomgewicht	Isotope	Dichte	Schmelzpunkt °C	Siedepunkt °C	Wertigkeit
25	Mangan Mn ..	54,9	Reinelement	7,3	1221	2152	I, II, III, IV, V, VI, VII
43	Technetium Tc ...	—	etwa 20 A: 92 bis 105	—	—	—	(s. S. 361)
75	Rhenium Re .	186,4	A: 185, 187	20,5	3170	—	III, IV, V, VI, VII

Von diesen drei Elementen ist 43 bisher in der Natur mit Sicherheit nicht aufgefunden worden (S. 94). Während das Mangan sehr verbreitet ist, gehört das Rhenium zu den sehr seltenen Elementen.

Beide Metalle sind chemisch ähnlich, beide erreichen die Maximalwertigkeit 7 gegen Sauerstoff; während das Manganheptoxyd sehr unbeständig ist, sich explosionsartig zersetzt, ist das entsprechende Rheniumoxyd beständig. Das Mangan ist seinem Nachbarn Eisen chemisch recht verwandt, sie kommen in der Natur auch stets gemeinsam vor.

1. Mangan Mn

Mangan ist ziemlich stark verbreitet. Die wichtigsten Erze: *Braunstein* MnO_2, *Braunit* Mn_2O_3, *Hausmannit* Mn_3O_4, *Mangankarbonat* $MnCO_3$. In den Eisenerzen ist fast immer ein Mangangehalt feststellbar, je höher dieser ist, um so wertvoller ist das Erz.

Die Herstellung des Metalls erfolgt aluminothermisch aus Mn_3O_4, das technisch durch Glühen von Braunstein hergestellt wird (S. 286). Das Metall, dem Eisen sehr ähnlich, wird rein kaum verwendet, nimmt aber in der Metallindustrie, besonders in der Veredelung des Eisens, eine wichtige Stellung ein. Hier hat es eine doppelte Rolle; einmal werden die Eisenoxyde reduziert, das Mangan geht dabei leider zum Teil in die Schlacke, ferner erteilt das Mangan dem Eisen wertvolle physikalische Eigenschaften.

Mangan hat alle Wertigkeiten von I bis VII. Nach allgemeiner Gesetzmäßigkeit (S. 120) nimmt mit zunehmender Wertigkeit gegen Sauerstoff seine Eigenschaft als Base zu wirken ab, während die als Säure steigt. Manganoxyd MnO und Mangan III-oxyd Mn_2O_3 sind basische Oxyde, Mangan IV-oxyd MnO_2 ist amphoter, das Heptoxyd Mn_2O_7 ist bereits ein typisches Säureanhydrid.

Mangan I-verbindungen sind sehr unbeständig.

Mangan II-verbindungen. Das Mangan II-oxyd MnO ist durch Reduktion der höheren Oxyde und besonders leicht durch Erhitzen von Mangankarbonat zu erhalten. Das grünlich gefärbte Pulver, das in Wasser unlöslich ist, kann leicht oxydiert werden. *Mangan II-hydroxyd* $Mn(OH)_2$ erhält man durch Fällung gelöster Mangan II-salze, mit Alkalihydroxyd (Ammoniak fällt unvollständig) als weißer Niederschlag, der sich rasch an der Luft unter Braunfärbung oxydiert.

Mangan II-chlorid $MnCl_2$ ist aus dem Metall durch Chlorierung erhältlich. Die Herstellung z. B. über das Karbonat mit Salzsäure liefert das kristallwasserhaltige Salz $MnCl_2 . 4 H_2O$, hellrot (rosa) gefärbt, leicht löslich.

Mangan II-nitrat $Mn(NO_3)_2 . 6 H_2O$ erhält man aus dem Karbonat, rosa gefärbte Kristalle, leicht löslich. *Mangan II-sulfat* $MnSO_4$, durch Lösung von Braunstein in starker Schwefelsäure erhältlich. Es ist das beständigste lösliche Salz dieser Oxydationsstufe; die rosa gefärbten Kristalle können verschiedene Molekel Kristallwasser enthalten; man verwendet es als Ausgangsstoff für andere Manganverbindungen.

Unlösliche Mangan II-verbindungen sind:

Mangan II-karbonat. Technisch ist es durch Fällung von Mangan II-salzen mit Natriumhydrokarbonat und Kohlensäure unter Druck zu erhalten. Das meist hellbraun gefärbte wasserfreie Karbonat spaltet schon bei 100° glatt Kohlendioxyd ab, eine Eigenschaft, die für die Herstellung dieses Gases zuweilen von Vorteil ist. Der natürliche Manganspat ist, wenn er rein ist, rötlich gefärbt.

Mangan II-phosphat $Mn_3(PO_4)_2 . 7 H_2O$, durch Fällung aus Mangan II-salzen mit Dinatriumhydrophosphat erhältlich. Verwendet man bei der

Fällung eine Lösung von Ammoniak, Ammonchlorid und Ammoniumphosphat, so wird ein schön kristalliner Niederschlag $Mn(NH_4)PO_4 . H_2O$ erhalten, dieser geht beim Glühen quantitativ in das Pyrophosphat über:
$$2 Mn(NH_4)PO_4 = Mn_2P_2O_7 + 2 NH_3 + H_2O.$$

Mangan II-sulfid $MnS . x H_2O$ erhält man bei der Fällung von Mangan II-verbindungen mit Schwefelammonium als fleischfarbenen Niederschlag, der sich an der Luft bald dunkel verfärbt.

Mangan II-salze in Bindungen mit organischen Stoffen erteilen den trocknenden Ölen, z. B. Leinöl, die Fähigkeit, den Sauerstoff der Luft rasch aufzunehmen, auf dieser beruht die Trocknung der Firnisse überhaupt; Bleisalze können diesen Vorgang noch steigern.

Chemisch verhalten sich die Mangan II-verbindungen ähnlich wie das Magnesium.

Mangan III-verbindungen. Diese Oxydationsstufe, der das Oxyd Mn_2O_3 zugrunde liegt, ist wenig beständig; beständig sind jedoch die entsprechenden Komplexverbindungen.

Das **Mangan III-oxyd** Mn_2O_3 erhält man durch Glühen des Braunsteins bis etwa $900°$ C an der Luft. Bei höherer Temperatur spaltet Mn_2O_3 noch weiteren Sauerstoff ab und geht in das sehr beständige *Trimangantetroxyd* Mn_3O_4 einheitlicher Zusammensetzung über. Das Mn_2O_3 entsprechende Hydrat hat die Zusammensetzung $MnO(OH)$: auch in der Natur gibt es Manganerze *(Manganit)*, deren Zusammensetzung ungefähr dieser Formel entsprechen. Vorsichtiges Lösen in Säuren liefert Mangan III-salze, es kann aber auch leicht Disproportionierung zu Mn^{II} und Mn^{IV} (MnO_2) eintreten. Man erhält auf diese Weise **Mangan III-sulfat** $Mn_2(SO_4)_3 . H_2SO_4 . 4 H_2O$, Salz und Lösungen sind rotviolett; MnF_3 ist beständig, $MnCl_3$ jedoch, ist nicht erhältlich, wohl aber sind Komplexverbindungen bekannt, z. B. das dunkelrot gefärbte Salz: $MnCl_3 . 2 KCl$.

Mangan IV-verbindungen. Auch die Verbindungen dieser Oxydationsstufe sind nicht beständig. Dazu gehört jedoch das sehr beständige Mangandioxyd MnO_2, allgemein als *Braunstein* bezeichnet. Dieses Oxyd wird auch wegen seiner geringen Löslichkeit sehr leicht von Mangan IV-verbindungen abgeschieden. Künstlich läßt sich Braunstein auf verschiedene Weise aus Manganverbindungen gewinnen (s. weiter unten). Das entsprechende Hydrat H_2MnO_3 ist als eine sehr schwache Säure zu kennzeichnen, deren Salze in stark alkalischen wäßrigen Systemen keine genau erkennbare Zusammensetzung haben. Der künstlich hergestellte Braunstein ist chemisch viel reaktionsfähiger als der als Mineral vorkommende. Mangandioxyd zersetzt katalytisch Hydroperoxyd und löst sich in Schwefelsäure bei Gegenwart von Hydroperoxyd:

$$MnO_2 + H_2O_2 + H_2SO_4 = MnSO_4 + 2 H_2O + O_2.$$

Hier erfolgt Reduktion von $Mn^{IV} \rightarrow Mn^{II}$; gleiches geschieht beim Lösen in Salzsäure: $MnO_2 + 4 HCl = MnCl_2 + 2 H_2O + Cl_2$. Intermediär bilden sich anscheinend $MnCl_4$ und $MnCl_3$. Diese Reaktion liefert auf eine sehr bequeme Weise ziemlich reines Chlor. Technisch wird Braunstein auch sonst zu Oxydationszwecken herangezogen; in den Taschenbatterien dient es als Depolarisator.

Mangandioxydhydrate bilden sich auch bei der Oxydation in alkalischer Lösung von Mangan II-salzen mit Wasserstoffsuperoxyd, Chlor, Chlorkalk und Luft. Es sind dunkelbraune Niederschläge. Aus den Schmelzflüssen, MnO_2-Metalloxyde, ergeben sich mehr oder weniger einheitliche *Manganite*. Bemerkenswert ist die Bildung eines Mangandioxydhydrates an der Anode, bei der Elektrolyse von Mangan II-verbindungen in starker Salpetersäure.

Mangan V-verbindungen gewinnt man, wenn Braunstein bei Gegenwart von Natriumoxyd in einer $NaNO_2$-Schmelze oxydiert wird, oder auch durch Reduktion von Permanganat, oder Manganat mit Natriumsulfit in stark alkalischer Lösung. Formal geschrieben:

$$\overset{IV}{MnO_2} \xrightarrow[\text{NaNO}_2\text{-Schmelze}]{Na_2O} \overset{V}{MnO_4'''} \xleftarrow[\text{alkalische Lösung}]{\text{Reduktion}} \overset{VII}{MnO_4'}.$$

Man erhält $Na_3MnO_4 \cdot 10\,H_2O$, hellblaue Prismen, die Verbindung hat nur wissenschaftliche Bedeutung.

Mangan VI-verbindungen. Wird Mangandioxyd mit oxydierenden alkalischen Schmelzen (Alkali + Salpeter) behandelt, so erhält man eine tiefgrüne Schmelze von *Alkalimanganaten*. In der Technik wird Salpetersäure durch den Luftsauerstoff ersetzt. Die Manganate sind als Salze der unbeständigen *Mangansäure*

$$MnO_3 + H_2O = H_2MnO_4$$

zu betrachten, deren Anhydrid nicht bekannt ist.

Alkalimanganate bilden tiefdunkelgrüne Kristalle, die in alkalihaltigem Wasser leicht mit schön grüner Farbe löslich sind. In reinem Wasser, noch rascher bei Zusatz einer Säure, tritt Disproportionierung ein:

$$3\,\overset{VI}{MnO_4}{}^{--} + 2\,H_2O = \overset{IV}{MnO_2} + 2\,\overset{VII}{MnO_4}{}^{-} + 4\,OH^{-}.$$

Die Konzentration der OH^{-}-ionen muß, wenn die Reaktion ganz nach rechts verlaufen soll, durch entsprechenden Säurezusatz niedrig gehalten werden. Die Reaktion ist durch den Farbenübergang grün $\rightarrow$ rot gekennzeichnet. Diese und noch andere Farbenänderungen des Mangans haben ihm einst den Ruf, ein mineralisches Chamäleon zu sein, eingetragen. Das $MnO_4{}^{--}$-ion dürfte grün gefärbt sein.

Mangan VII-verbindungen. *Manganheptoxyd* Mn_2O_7 bildet sich bei der Einwirkung von konz. Schwefelsäure auf Kaliumpermanganat:

$$2\,KMnO_4 + H_2SO_4 = Mn_2O_7 + K_2SO_4 + H_2O.$$

Das Heptoxyd scheidet sich als grünlich dunkles und schweres Öl aus, das bei gelinder Erwärmung oft sehr heftig explodiert; besonders leicht geschieht dies bei Anwesenheit organischer Verbindungen. In viel Wasser löst sich das Heptoxyd: es entsteht die *Übermangansäure*

$$Mn_2O_7 + H_2O = 2\,HMnO_4;$$

die Lösung ist rot gefärbt. Die Übermangansäure ist eine starke Säure, in Wasser ist sie vollständig elektrolytisch dissoziiert, das $MnO_4{}^-$-ion ist rot, in freiem Zustande ist die Säure nicht gewinnbar.

Die Elektrolyse von Manganaten liefert an der Anode *Permanganate*:

$$MnO_4{}^{--} = MnO_4{}^- + e^-,$$

die demnach Salze der Übermangansäure sind. Die Lösungen aller Permanganate in Wasser sind rot.

Das wichtigste Salz ist das *Kaliumpermanganat* $KMnO_4$; es kristallisiert wasserfrei in langen dicken Nadeln (Prismen), die einen tief dunklen metallischen Glanz besitzen. Es ist isomorph mit Kaliumperchlorat $KClO_4$ und bildet damit eine lückenlose Reihe von Mischkristallen. Das Natriumpermanganat ist viel leichter löslich und kann deshalb nicht so rein wie das Kaliumsalz hergestellt werden. Auch das Kalziumpermanganat ist sehr leicht löslich und findet in der Technik als Oxydationsmittel Verwendung. Die festen Permanganate spalten bereits bei etwa 450° rasch Sauerstoff ab.

Kennzeichnend für die Permanganate ist ihre Fähigkeit, rasch zu oxydieren. Viele oxydable Stoffe, wie Wasserstoffperoxyd, Oxalsäure, Salpetrige Säure, Eisen II-salze und viele andere werden mit Permanganat in saurer oder alkalischer Lösung oxydiert. Formal kann der zugrunde liegende Vorgang geschrieben werden:

$$2\,KMnO_4 + 3\,H_2SO_4 = 5\,O + K_2SO_4 + 2\,MnSO_4 + 3\,H_2O,$$

$$2\,KMnO_4 \rightarrow K_2O + 2\,MnO + 5\,O.$$

In einer neutralen oder schwach sauren (z. B. Essigsäure enthaltenden) Lösung wird bei der Oxydation Braunstein MnO_2 abgeschieden:

$$2\,KMnO_4 + H_2O = 3\,O + 2\,MnO_2 + 2\,KOH,$$

$$2\,KMnO_4 \rightarrow K_2O + 2\,MnO_2 + 3\,O.$$

Nach der ersten Oxydationsgleichung werden demnach in saurer Lösung fünf Sauerstoffatome, nach der zweiten, in alkalischer oder schwach saurer Lösung drei Sauerstoffatome, bei der Oxydation verbraucht. Oxydation in alkalischer Lösung wird besonders bei der Oxydation organischer Verbindungen verwendet.

Beide Oxydationen verlaufen in Gegenwart von oxydierbaren Stoffen fast momentan und quantitativ; sobald das Permanganat verbraucht ist, verschwindet die rote Farbe der Lösung. Dieses Verhalten wird in der Analytischen Chemie gründlich ausgewertet. Kaliumpermanganat ist deshalb in der Oxydimetrie ein wichtiges Reagens der Maßanalyse. Die Normalität der Lösung wird hier auf Grund des bei der Oxydation zur Verfügung stehenden Sauerstoffes festgelegt. Wie man sieht, entsprechen in saurer Lösung $2\,KMnO_4 \ldots 5$ O-Atome, die 10 H-Atomen äquivalent sind; man bezieht auf 1 H-Atom, demnach enthält eine Normallösung in 1 Liter Lösung $^1/_5$ KMnO$_4$.

Das Permanganation MnO$_4^-$ ist bei Gegenwart von OH$^-$-Ionen nicht beständig; es geht bei Sauerstoffabspaltung die Reduktion Mn$^{VII} \rightarrow$ Mn^{VI} vor sich:

$$4 \text{ KMnO}_4 + 4 \text{ KOH} = 4 \text{ K}_2\text{MnO}_4 + 2 \text{ H}_2\text{O} + \text{O}_2.$$

Die betonte Oxydationsfähigkeit der Permanganate wird nicht nur in den allgemeinen experimentellen und wissenschaftlichen Arbeiten des Chemikers verwendet, sondern sie ist auch in der medizinischen Technik wertvoll.

Nachweis. Mangan wird an seinem mit Schwefelammonium erhaltenen fleischfarbenen Mangansulfid MnS erkannt. Manganverbindungen geben beim Schmelzen mit Soda und Salpeter grüne Schmelzen, die beim Ansäuern rot werden. Mangan II-verbindungen lassen sich mit Bleidioxyd in starken Lösungen von Schwefelsäure oder Salpetersäure beim Kochen zu Permangansäure oxydieren (CRUM-Reaktion):

$$2 \text{ Mn(NO}_3)_2 + 5 \text{ PbO}_2 + 6 \text{ HNO}_3 = 2 \text{ HMnO}_4 + 5 \text{ Pb(NO}_3)_2 + 2 \text{ H}_2\text{O}.$$

Halogenwasserstoffsäuren beeinträchtigen diese sonst glatt verlaufende Reaktion. Die letzten zwei Reaktionen sind empfindlich.

2. Technetium Tc

Das Element ist 1937 entdeckt worden. Man erhält es durch Einwirkung von Deuteronenstrahlen auf Molybdän (siehe S. 395). Es sind an 20 Isotope mit Massenzahlen 92 bis 105 bereits bekannt. Ein langlebiges Isotop $^{99}_{43}$ Tc (Halbwertzeit etwa 10^6 Jahre) wird in den Uran-Piles (S. 399) erhalten; Technetium ist demnach auch ein Produkt der Urankernspaltung. Man wird z. Z. schon mehrere Kilogramm zur Verfügung haben. Chemisch zeigt es ein Verhalten, das dem des Rheniums ähnlicher ist als dem des Mangans.

3. Rhenium Re

Rhenium ist zuerst in Platinerzen und in oxydischen Mineralen (Gadolinit, Columbit, Tantalit) aufgefunden worden. Später hat sich gezeigt, da Rhenium auch dem Molybdän nahesteht, daß molybdänhaltige Erze Rhenium enthalten, das sich bei deren Aufarbeitung anreichert und auf diese Weise etwas leichter (z. B. in Deutschland, Mansfelder Kupferschiefer) gewonnen werden kann.

Das metallische Rhenium wird durch Reduktion der Oxyde oder der Sulfide hergestellt; die Halogenide lassen sich thermisch zu Metall zersetzen. Es hat eine hohe Dichte und einen sehr hohen Schmelzpunkt, ist an der Luft beständig und nur in Salpetersäure löslich.

Das beständigste Oxyd ist das *Rheniumheptoxyd* Re$_2$O$_7$, gelbgefärbt, destilliert unzersetzt, Sdp. 363°. Es ist auch ein *Rheniumperoxyd* Re$_2$O$_8$ bekannt. Für das Rhenium ist besonders kennzeichnend seine leichte

Überführbarkeit in Derivate der *Perrheniumsäure* $HReO_4$, deren Salze zum Unterschied von den Permanganaten farblos sind, die Säure und Salze sind schwer reduzierbar.

Gleich wie beim Mangan bilden sich beim Schmelzen mit Alkalien graugefärbte *Rhenate* ReO_4^{--}, die so wie die Manganate in saurer Lösung sich umwandeln:

$$3 \overset{VI}{ReO_4}{}^{--} + 4\,H^+ \rightleftarrows 2 \overset{VII}{ReO_4}{}^- + \overset{IV}{H_2ReO_3} + H_2O.$$

Das der *Rhenigen Säure* H_2ReO_3 entsprechende Oxyd ReO_2 ist schwarz und durch Reduktion des Heptoxydes mit Rhenium herstellbar.

Es sind zwei Sulfide bekannt, Re_2S_7 und ReS_2. Von den Halogenverbindungen ist das Fluorid ReF_6, durch seinen niedrigen Schmp. 18,8 und Sdp. 47,6°, bemerkenswert.

LII. Chrom, Molybdän, Wolfram, Uran

Übersicht

Ordnungszahl	Element	Atomgewicht	Isotope	Dichte	Schmelzpunkt °C	Siedepunkt °C	Wertigkeit
24	Chrom Cr	52,0	4	6,9	1920	2327	II, III, IV, VI (I?)
42	Molybdän Mo	95,9	7	10,2	2622	4800	II, III, IV, V, VI
74	Wolfram W	184,0	5	19,3	3380	6000	II, III, IV, V, VI
92	Uran U	238,0	^{238}U 99,8%; ^{235}U 0,7% ^{234}U 0,006%	19,0	1150	—	III, IV, V, VI

Die Elemente dieser Gruppe, die Übergangselemente sind, besitzen alle mehrere Wertigkeiten, VI ist die stabilste, bei Uran kommt die Wertigkeit IV häufig in stabiler Verbindung vor. Die VI-Wertigkeit der Elemente entspricht der Abgabe von sechs Elektronen, wodurch sich eine Edelgaskonfiguration des Metallions ergäbe. Doch ist eine vollständige Ionenbindung nicht vorhanden, es spalten sich nur einige der d-Elektronen ab. Die Elemente treten durch einen besonders hohen Schmelzpunkt hervor. Sie sind ferner gekennzeichnet durch die Fähigkeit, zahlreiche Komplexverbindungen zu bilden, Wolfram und Molybdän stehen darin an erster Stelle, während Uran sich etwas einfacher verhält. Sie bilden Polysäuren, d. h. Verbindungen, in denen mehrere Molekeln der Trioxyde in einer Molekel der Säure vorhanden sind; in formaler Schreibweise: z. B. Dichromate $K_2O \cdot 2\,CrO_3$, Trichromat $K_2O \cdot 3\,CrO_3$; Metawolframate $K_2O \cdot 4\,WO_3$ usw. Alle vier Metalle bilden flüchtige Oxychloride: z. B. CrO_2Cl_2, Sdp. 117°, WO_2Cl_2, Sdp. 266°.

1. Chrom Cr

Das wichtigste Chromerz ist der *Chromeisenstein* $FeO \cdot Cr_2O_3$. Technische Bedeutung hat auch das Rotbleierz $PbCrO_4$. Chrom kann auch in manchen Schichtsilikaten, z. B. in Glimmer und Chloriten vorkommen.

Die Darstellung erfolgt aus dem Chromoxyd durch Reduktion mit Aluminium (S. 286). Das Metall ist weißglänzend, hart und spröde. Es ist sehr beständig gegen die Einwirkung von Luft und Feuchtigkeit, in Säuren jedoch ist das Metall relativ leicht löslich, Salpetersäure macht es passiv. Zufolge des Überganges $Cr \rightarrow Cr^{+++}$, $E_{Cr/Cr+++} = -0{,}29\,V$, vermag eine Säure das Metall nicht III-wertig zu lösen. Nach den experimentellen Erfahrungen wird Chrom von Säuren II-wertig gelöst; es muß dann für den Übergang $Cr \rightarrow Cr^{++}$, $E_{Cr/Cr++} > 0{,}29$ sein. In der Spannungsreihe gelangt demnach das Chrom noch an eine zweite Stelle, und zwar in die Nachbarschaft etwa von Cadmium oder Eisen. Dies gilt nur, wenn keine oxydierenden Stoffe vorhanden sind, ferner darf die Säure nicht oxydierend wirken. Wegen seiner Härte wird Chrom viel zur galvanischen Verchromung von Eisengegenständen verwendet. Dadurch wird vielfach die schönere Vernickelung verdrängt. Zur Herstellung besonders widerstandsfähiger Stähle und Legierungen wird metallisches Chrom oder Ferrochrom (60% Cr) verwendet. Kennzeichnend für Chrom ist seine große Neigung, Komplexverbindungen verschiedenster Art zu bilden, stets beträgt seine Koordinationszahl 6.

Chrom II-verbindungen haben keine besondere Bedeutung. Da sich das II-wertige Chrom in saurer Lösung (bei Abwesenheit von festem Chrom) leicht umladet:

$$Cr^{++} + H^+ \rightleftharpoons Cr^{+++} + {}^1\!/_2 H_2,$$

so erhält man Cr^{II}-verbindungen nur, entsprechend der Gleichung, durch besondere Reduktion von Chrom III-salzen. Wäßrige Lösungen von Chrom II-salzen sind lichtblau gefärbt. Chrom II-salze haben Ähnlichkeit mit Eisen II-salzen, sind aber viel stärkere Reduktionsmittel als diese. An Platin vermag eine wäßrige Cr^{II}-Salzlösung Wasserstoff zu entwickeln. $CrSO_4 \cdot 7\,H_2O$ ist isomorph mit $FeSO_4 \cdot 7\,H_2O$.

Chrom III-verbindungen. Chrom III-oxyd Cr_2O_3 ist ein in Wasser unlösliches, schön grün gefärbtes Pulver. Man erhält auch das Oxyd durch Erhitzen von Ammoniumdichromat: $(NH_4)_2Cr_2O_7 = Cr_2O_3 + N_2 + {}+ 4\,H_2O$. Es ist bei hoher Temperatur das allein beständige Oxyd des Chroms. Durch Laugen werden aus Chrom III-salzen Hydrate $Cr_2O_3 \cdot x\,H_2O$ als hellgraublaue Niederschläge gefällt. Der Niederschlag löst sich in Laugen unter Bildung von *Chromiten* $(Na_2Cr_2O_4;\ NaCrO_2)$, in dem sich das Chrom als Anion befindet, der Niederschlag ist auch in Säuren löslich.

Chrom III-chloride und -hydrate. In der Rotglut einwirkendes Chlor führt das Metall in $CrCl_3$ über. Es sind rotviolette glänzende Blättchen, die in Wasser nicht löslich sind; Lösung unter Erwärmung tritt erst bei Gegenwart sehr geringer Mengen von Chromdichlorid $CrCl_2$ ein. Es bildet sich das Hydrat 1. Man kennt drei Formen

1. $[Cr(H_2O)_4Cl_2]Cl \cdot 2\,H_2O$ dunkelgrün $^1/_3$ des Chlors
Dichloro-tetraaquo-chrom III-chlorid-dihydrat

2. $[Cr(H_2O)_5Cl]Cl_2 \cdot H_2O$ hellblaugrün $^2/_3$ des Chlors   ist fällbar
Chloro-pentaaquo-chrom III-chlorid-hydrat

3. $[Cr(H_2O)_6]Cl_3$ graublau   gesamtes Chlor
Hexaaquo-chrom III-chlorid

Letzteres Salz ist am leichtesten herstellbar. Es entsteht aus Chrom III-salzen, wenn man die wäßrige Lösung mit Chlorwasserstoff sättigt. Das Wasser ist in diesem Salz äußerst fest gebunden; es hat praktisch keine p_{H_2O}-Tension.

Genannte drei Salze bilden ein schönes Beispiel für *Hydratisomerie*, die gerade beim Chrom noch in vielen anderen Verbindungen auftritt.

Chrom III-sulfat $Cr_2(SO_4)_3 \cdot 18\,H_2O$ ist ein violettes Salz. Beim Erwärmen können aus diesem an Wasser ärmere grüne Chromsulfate gebildet werden. Das wasserfreie, rosarote Salz ist unlöslich.

Chromalaun $KCr(SO_4)_2 \cdot 12\,H_2O$ kristallisiert sehr gut in dunkelvioletten großen Oktaedern, die in Wasser leicht löslich sind. Es wird bei einigen technischen Prozessen, bei denen Kaliumbichromat als Oxydationsmittel verwendet wird, als Nebenprodukt gewonnen und findet in der Gerberei (Chromleder) und Färberei Verwendung.

Chromiake. Die hervortretende Fähigkeit des Chroms, komplexe Verbindungen zu bilden, zeigt sich im Verhalten gegen Ammoniak. Der zugrunde liegende Komplex hat die Form $[Cr(NH_3)_6]^{+++}$, in dem die koordinative Bindung der sechs NH_3-Molekeln sehr fest ist. In der wäßrigen Lösung erfolgt deshalb die zunehmende Hydratisierung sehr langsam in der Richtung:

$$\underset{1}{[Cr(NH_3)_6]^{+++}} \rightarrow \underset{2}{\left[Cr_{H_2O}^{(NH_3)_5}\right]^{+++}} \rightarrow \underset{3}{\left[Cr_{(H_2O)_2}^{(NH_3)_4}\right]^{+++}} \ldots \rightarrow \underset{4}{[Cr(H_2O)_6]^{+++}}.$$

Es bildet sich eine Reihe von Amino-aquo-chrom III-komplexen, bevor das im Wasser stabile Hexaaquo-chrom III-ion entsteht.

Die NH_3-Molekeln können durch Säurereste (Acido), OH (Hydroxo), organische Radikale u. a. Gruppen ersetzt werden. Die auf diese Art meist in festem Zustand erhaltenen Komplexverbindungen haben alle sehr kennzeichnende Farben, nach denen die Salze benannt werden.

Ersetzt man in 3 die H_2O-Molekeln durch zwei Acidogruppen R^-, so erhält man das Diacido-tetramin-chrom III-ion.

$$\left[Cr_{R_2}^{(NH_3)_4}\right]^+.$$

Von diesem Ion sind zwei Anordnungen (cis-, trans-Form) im Raum möglich und auch gefunden worden (Abb. 110).

Die Feststellung dieser Anordnungen gelingt durch Einführung von Äthylendiamin $NH_2\!-\!CH_2\!-\!CH_2\!-\!NH_2$, das je zwei NH_3-Molekel ersetzen kann. Es bilden sich von der cis-Form zwei Diacidodiën-chrom III-salze, deren Anordnungen sich wie Bild und Spiegelbild verhalten (Abb. 111).

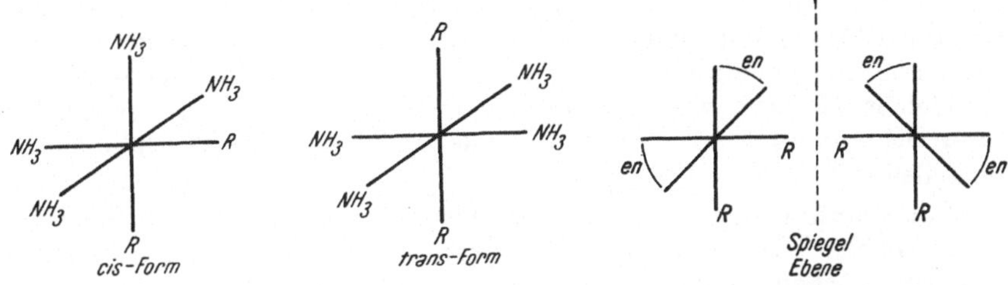

<table>
<tr><td style="text-align:center">Abb. 110.</td><td style="text-align:center">Abb. 111. Spiegelbild-Isomerie.</td></tr>
</table>

Nach der Lehre der Stereochemie bedeutet dies, daß sich beide Formen durch ihre entgegengesetzte optische Drehbarkeit unterscheiden müssen — Spiegelbild-Isomerie —, was sich auch tatsächlich ergeben hat. Von der trans-Form sind keine optischen Antipoden der entsprechenden Diën-Verbindungen herstellbar. Damit ist der Beweis für das Bestehen einer cis-trans-Form erbracht.

Chrom VI-verbindungen. Versetzt man eine konz. Alkalichromat- oder Dichromatlösung mit konz. Schwefelsäure, so scheidet sich *Chromsäureanhydrid* CrO_3 in dunkelroten Nadeln aus. Diese lösen sich in Wasser; es bildet sich Chromsäure H_2CrO_4 ($K_{II} = 3 . 10^{-7}$) und Dichromsäure $H_2Cr_2O_7$. Beide sind nur in Lösung beständig.

Die meisten Elemente, so auch Cr^{VI}, sind gegen Sauerstoff koordinativ IV-wertig. Die Konstitution der entsprechenden Ionen ist demnach:

$$\left[\begin{array}{ccc} & O & \\ O & Cr & O \\ & O & \end{array}\right]^{--} \qquad \left[\begin{array}{ccccc} O & & & O & \\ O & Cr & O & Cr & O \\ O & & & O & \end{array}\right]^{--}$$
$$CrO_4{}^{--} \qquad\qquad Cr_2O_7{}^{--}$$

Chromsäureanhydrid ist ein außerordentlich starkes Oxydationsmittel.

Chromate und **Dichromate.** Sind die Salze der entsprechenden Säuren. Zwischen den Ionen beider Säuren besteht ein Gleichgewicht,

$$2\,CrO_4{}^{++} + 2\,H^+ \rightleftarrows Cr_2O_7{}^{++} + H_2O, \tag{1}$$

gelb   orange

das in saurer Lösung nach rechts verschoben ist. In alkalischer Lösung sind nur die gelbgefärbten Chromate beständig.

Chromate erhält man durch einen oxydierenden Aufschluß von Chromtrioxyd Cr_2O_3 mit Soda und Salpeter:

$$Cr_2O_3 + 2\,Na_2CO_3 + 3\,KNO_3 = 2\,Na_2CrO_4 + 3\,KNO_2 + 2\,CO_2.$$

Dichromate, die als Ausgangsprodukt vielfach für alle Chromverbindungen dienen, werden nach besonderen technischen Verfahren aus Chromeisenstein hergestellt. Ammonium und Alkalichromate und Dichromate sind in Wasser löslich, weniger löslich sind die Erdalkalisalze, das Bariumchromat $BaCrO_4$ ist bereits schwer löslich. Unlöslich sind die Salze der Schwermetalle, die alle schön gelb gefärbt sind. Bleichromat $PbCrO_4$ ist gelb, Silber- und Quecksilbersalze sind dunkelrot. Versetzt man eine Dichromatlösung mit einem löslichen Salz, z. B. Bariumchlorid, so fällt das gelbe Bariumchromat aus. Das Löslichkeitsprodukt dieses Salzes ist kleiner als das vom Barium-Dichromat, entsprechend der Gl. (1) kann sich die dazu notwendige Verschiebung des Gleichgewichtes leicht einstellen.

Kaliumchromat K_2CrO_4 kristallisiert wasserfrei in hellgelben, leicht löslichen Kristallen, *Kaliumdichromat* (Kaliumbichromat) $K_2Cr_2O_7$ wasserfrei, schön orangerote Kristalle, etwas weniger löslich als das Chromat; kann deshalb leicht sehr rein hergestellt werden und ist als Urtitersubstanz in der Jodometrie brauchbar. Werden Dichromate mit Chromtrioxyd erhitzt, so bilden sich höhere Chromate: Tri- und Tetrachromate (s. Einleitung).

Bleichromat $PbCrO_4$ dient als gelbe Farbe *(Chromgelb)*; leicht flüchtig ist das *Chromylchlorid* CrO_2Cl_2, Sdp. 117°. Es bildet dunkelrotbraune Dämpfe, ist leicht, z. B. aus Mischungen von Dichromat, Natriumchlorid und konz. Schwefelsäure durch Abdestillieren herzustellen und ist ein starkes Oxydationsmittel.

$$Na_2Cr_2O_7 + 4\,NaCl + 6\,H_2SO_4 = 2\,CrO_2Cl_2 + 6\,NaHSO_4 + 3\,H_2O.$$

Bromide und Jodide geben diese Reaktion nicht.

Perchromsäure *(Perchromate)*. Diese Verbindungen entstehen durch Einwirkung von Hydroperoxyd auf Chromate oder deren Säure. Sie sind rot oder blau gefärbt und dürften das Chrom V-wertig enthalten. Auf dieser Eigenschaft gründet sich ein empfindlicher Nachweis für Chrom: Versetzt man eine sehr verdünnte Chromat- oder Dichromatlösung mit verdünnter Schwefelsäure und Wasserstoffperoxyd, so erhält man eine kornblumenblaue Lösung von Chromperoxyd (CrO_b), das sich mit Äther ausschütteln läßt und dadurch dem Wasserstoffperoxyd (das es leicht wieder zersetzt) entzogen wird.

Nachweis. Da Chrom auf nassem Wege kein Sulfid bildet, gehört dieses Metall zur Schwefelammoniumgruppe, in der es als Oxydhydrat gefällt wird. Durch oxydativen Aufschluß lassen sich leicht Chromate herstellen, deren Nachweis mit Wasserstoffperoxyd ist empfindlich.

2. Molybdän Mo

In der Natur hauptsächlich als *Molybdänglanz* MoS_2 vorkommend, dieser ist graphitähnlich, schuppig und bildet ein Schichtgitter. Verbindungen des Metalles sind in der Natur an vielen Stellen zu finden; selten jedoch trifft man größere Mengen lagernd. Das Metall wird ausschließlich durch Reduktion des Molybdäntrioxyds MoO_3 mit Wasserstoff bei etwa 1000° erhalten. Bei dieser Darstellung wird das Molybdän wegen seines hohen Schmelzpunktes zuerst als feines Pulver erhalten. Dieses wird in Stäbe gepreßt und dann elektrisch auf hohe Temperatur erhitzt, das Pulver sintert unter diesen Bedingungen zu festem Metall zusammen. Dies ist ein Beispiel zur Herstellung von kompakten Metallen aus Pulver — *Pulvermetallurgie*. Das Metall ist glänzend, silberweiß und an der Luft beständig, beim Glühen schon über 400°, jedoch oxydiert es sich an der Luft sehr rasch zum Trioxyd. Gegen Säuren ist es ziemlich beständig, wird jedoch von Salpetersäure beim Erwärmen gelöst. Molybdändrähte werden bei der Konstruktion von Widerstandsöfen für hohe Temperaturen (bis etwa 1500°) verwendet. Wegen der leichten Oxydierbarkeit jedoch muß ein Schutzgas, Wasserstoff oder Ammoniak, das Metall ständig umgeben. Es wird in der Stahl- und Glühlampenindustrie wegen des hohen Schmelzpunktes auch in der Hochvakuumtechnik verwendet.

Molybdän hat viele Wertigkeiten, VI ist die höchste und auch wichtigste Oxydationsstufe.

	Oxyde	Sulfide	Chloride		
	—	—	$(MoCl_2)_3$		Sdp. 36°
	Mo_2O_3	Mo_2S_3	$MoCl_3$	MoF_3	
Weinrot bis braun ..	MoO_2	MoS_2	$MoCl_4$		
Dunkelviolett	Mo_2O_5	—	$MoCl_5$		
Hellgelb...........	MoO_3	MoS_3	—	MoF_6	

Das Molybdäntrioxyd MoO_3 kann durch Rösten sulfidischer Erze gewonnen werden, durch Sublimation bei 700° wird es gereinigt.

Die Halogenide höherer Wertigkeit sind gegen Wasser nicht beständig; es bilden sich basische Halogenide. Im Gegensatz zu Chrom werden aus Molybdänsalzen mit Schwefelwasserstoff in saurer Lösung Sulfide erhalten, sie sind in Ammoniumsulfid löslich.

Molybdänsäure und -salze. In *starken* Laugen löst sich Molybdäntrioxyd MoO_3 zu dem einfachen Salz der Molybdänsäure, z. B. Na_2MoO_4. Die meisten Molybdate jedoch enthalten pro Kation mehrere Molekeln MoO_3; es bilden sich an Formen reiche *Polymolybdate*, wenn stark alkalische Lösungen auf festes Molybdäntrioxyd einwirken.

Ammoniummolybdat. Beim Lösen von Molybdäntrioxyd in wäßriger Ammoniaklösung erhält man nach dem Abdampfen ein Salz von der Zusammensetzung $5 (NH_4)_2OMoO_3 . 7 H_2O$ oder $3 (NH_4)_2O . 7 MoO_3 . . 4 H_2O$. Eine Salpetersäure enthaltende Lösung dieses Salzes ist ein wichtiges Reagens auf Phosphorsäure; man erhält einen schön gelben Niederschlag $(NH_4)_3H_4[P(Mo_2O_7)_6]$, der in Ammoniak leicht löslich ist.

Von den einfachen Halogeniden und Sulfiden abgesehen, bildet Molybdän mit Säuren keine einfachen Salze — es entstehen stets Komplexverbindungen, der Säurerest wird koordinativ vom Molybdän gebunden; es bilden sich demnach Acidosalze; sie sind in allen Wertigkeitsstufen des Molybdäns bekannt. Am einfachsten sind solche mit Halogenwasserstoffen gebaut, z. B.

$$\left[\mathrm{Mo}^{O_3}_{F_2}\right]^{--} \quad \left[\mathrm{Mo}^{O_2}_{F_3}\right]^{-} \dots \quad \left[\mathrm{Mo}^{O}_{F_5}\right]^{-}.$$

Nachweis. Die Anwesenheit von Molybdän ergibt sich dadurch zu erkennen, daß das Filtrat nach der Fällung mit Schwefelwasserstoff tiefblau gefärbt ist. Molybdänsulfid ist in Schwefelammonium löslich; $(NH_4)_2[MoS_4]$. Ein empfindliches Reagens auf Molybdän ist Xanthogensäure, man erhält purpurrote Färbungen.

3. Wolfram W

Wolfram kommt in der Natur hauptsächlich als Wolframat vor; eine isomorphe Mischung von $FeWO_4$ und $MnWO_4$ heißt *Wolframit*, und $CaWO_4$ *Scheelit* (auch *Tungstein* genannt), von diesem Namen leitet sich die englische Bezeichnung für Wolfram, tungsten, ab. Die Herstellung des kompakten Metalles erfolgt durch Sinterung (s. bei Molybdän). Das Metall ist weiß glänzend und zeigt im hohen Vakuum glühend wenig Neigung zur Zerstäubung. Bei gewöhnlicher Temperatur ist es luftbeständig, oxydiert sich aber an der Luft bei Glühhitze zu Trioxyd WO_3, gegen Säuren ist es beständig. Wolfram wird hauptsächlich in der Beleuchtungsindustrie verwendet, namentlich für die Herstellung von Glühlampen. In der experimentellen Technik zur Herstellung hoher Temperaturen, besitzt es neben seinem Nachbarn Molybdän hervorragende Bedeutung. Auch in der Stahlindustrie spielt es eine nicht unwichtige Rolle zur Erzeugung von Schnelldrehstählen, die auch beim Glühen ihre Härte beibehalten.

Die beständigste Wertigkeit des Wolframs ist VI.

Übersicht

	Oxyde	Sulfide	Chloride	
	—	—	WCl_2	
Braun	WO_2	WS_2	WCl_4	
	—	—	WCl_5	
Zitronengelb ...	WO_3	WS_3	WCl_6	WF_6, Schmp. 2,5°; Sdp. 19,5°

blauschwarz, Sdp. 347°

Chemisch zeigt das Wolfram dem Molybdän sehr ähnliches Verhalten. Wolframtrioxyd gibt bei der Reduktion mit Wasserstoff eine Reihe niedriger Oxyde, die stark gefärbt sind. Man kann dies zum empfindlichen Nachweis, z. B. von H-Atomen, bei hoher Temperatur verwenden. Die Wolframhalogenide sind gegen Wasser meist nicht beständig, es bilden sich Oxyhalogenide.

Alkaliwolframate sind in Wasser leicht löslich, z. B. $Na_2WO_4 \cdot 2\,H_2O$. Ebenso wie beim Molybdän vermögen die einfachen Wolframate weitere Molekeln WO_3 zu lösen; es bilden sich auf diese Weise sehr verschiedenartige, komplex zusammengesetzte Wolframate („Metawolframate").

Einfache Wolframate scheiden beim Zusatz starker Säuren **Wolframsäure** H_2WO_4 ab; sie ist gelb gefärbt und praktisch unlöslich. Dies ist auch ein empfindlicher Nachweis für Wolfram. Gleich wie Molybdän, gibt auch Wolfram keine einfachen Salze mit Säuren, man erhält Azido-verbindungen.

Wolframsäure vermag auch fremde Säuren anzulagern, es entstehen sehr beständige Verbindungen, die nur durch starke Laugen zerstörbar sind. Beispiele solcher Verbindungen:

$H_4SiO_4 . 12 WO_3 . 8 KOH . 8 H_2O$ *Silikowolframat*; $[SiW_{12}O_{40}]H_4 . 2 H_2O$ Silikowolframsäure.

$H_3BO_3 . 12 WO_3 . 5 KOH . 14 H_2O$ *Borwolframat*; $[BW_{12}O_{40}]H_3 . 2 H_2O$ Borwolframsäure.

$H_3PO_4 . 12 WO_3 . 3 KOH . 2^1/_2 H_2O$ *Phosphorwolframat*; $[PW_{12}O_{40}]H_5 .$. $2 H_2O$ Phosphorwolframsäure.

Man bezeichnet solche Verbindungen, in denen verschiedene Säuren vorkommen, als *Heteropolysäuren*.

Nachweis. Schwefelwasserstoff erzeugt unter den gewöhnlichen Bedingungen kein Sulfid. Kennzeichnend für Wolfram ist die leichte Fällbarkeit der gelben Wolframsäuren.

4. Uran U

Kommt in der Natur hauptsächlich als *Pechblende* U_3O_8 in Pegmatiten vor, von dieser sind einige geringe Mengen anderer Elemente enthaltende Abarten vorhanden, die an verschiedenen Stellen der Erde aufgefunden werden. Ausgedehnte Lagerstätten sind bisher nicht bekannt. Das Metall ist rein schwer herzustellen, es ist silberweiß und oxydiert sich schon beim geringen Erhitzen an der Luft zu U_3O_8; von Säuren wird es leicht angegriffen. Das Metall fand bis 1942 kaum eine besondere Verwendung. Auch die Verbindungen hatten geringe technische Bedeutung, Glas erteilen sie eine schön gelbe Farbe. Während früher der Wert des Urans vor allem bestimmt war durch den Gehalt an seinen r. a. Zerfallsprodukten, also besonders Radium, ist es seit 1942 nach Auffindung von Prozessen zur Verwendung der Atomenergie von allergrößter Bedeutung geworden.

Uran kann II- bis VI-wertig sein, wobei auch hier unter gewöhnlichen Bedingungen letztere Wertigkeit die stabilste ist. In saurer Lösung ist das IV-wertige U^{4+}-ion beständig. Vom VI-wertigen Uran sind in wäßriger Lösung keine stabilen normalen Salze bekannt; sie erfahren alle Hydrolyse. In Lösung ist das Uranylion UO_2^{++} stabil. Uran IV-verbindungen können leicht durch Oxydation in Uran VI-verbindungen übergeführt werden.

Übersicht

Oxyde		Sulfide	Chloride	Fluoride	
		—	—	UCl_3	UF_3	Das Mischoxyd U_3O_8, als
Braun ...	UO_2	US_2	UCl_4	UF_4	Mineral pechschwarz, ist als
		—	—	UCl_5	UF_5	künstliches Produkt hellgrün
Orangegelb	UO_3	—	UCl_6	UF_6	Sdp. 56°

Von den Oxyden ist das Uranoxyduloxyd *Uran IV—VI-oxyd* $UO_2 . 2 UO_3$ entsprechend U_3O_8 bis etwa 600° beständig, bei höherer Temperatur ist UO_2 stabil. Die Halogenide sind mit Ausnahme von UF_4 gegen Wasser nicht beständig.

Das Urantrioxyd UO_3 kann als amphoteres Oxyd betrachtet werden. Mit Laugen erhält man *Uranate*, z. B. Na_2UO_4, und *Diuranate* $Na_2U_2O_7 . 6 H_2O$; diesen wird auch eine andere Formel zugeschrieben: $Na_2U_7O_{22}(Na_2UO_4 + 6 UO_2)$ oder im Überschuß von Lauge:

$$Na_4U_5O_{17}(2 K_2UO_4 + 3 UO_2).$$

Alle Uranate sind in Wasser unlöslich, sie werden deshalb leicht als Niederschlag erhalten, wenn zu Uranylsalzen die entsprechenden Basen hinzugefügt werden.

Mit Säuren liefert das Oxyd die wichtigen **Uranylverbindungen**, die alle gut kristallisieren. Sie sind in Wasser löslich. Die Lösungen sind gelb und zeigen gelbgrüne Fluoreszenz. Meist verwendet wird das **Uranylnitrat** $UO_2(NO_3)_2 . 6 H_2O$ und das **Uranylazetat** $UO_2(C_2H_3O_2)_2 . . 2 H_2O$. Dieses gibt mit Natriumazetat ein schwerlösliches Salz $Na[UO_2(C_2H_3O_2)_3]$, in Tetraedern kristallisierend. Es kann zum Nachweis von Natriumionen verwendet werden. Die Uranylsalze neigen besonders zur Bildung von Acidokomplexverbindungen.

Alle Uransalze sind giftig.

Nachweis. Uran wird durch Schwefelammonium als UO_2S gefällt, der Niederschlag ist in Säuren löslich. Uranylsalze geben mit gelbem Blutlaugensalz eine braune Fällung von Uranyl-hexacyano-eisen II $(UO_2)[Fe(CN)_6]$; die Reaktion ist sehr empfindlich.

Chemie der Transurane (S. 396). Die Transuranelemente können, soweit bisher bekannt, III-wertig sein. Sie sind nicht Homologe des Rheniums, Osmiums, Iridiums und Platins, sondern sind Übergangselemente, wie die Seltenen Erden (Lanthanide); sie werden *Aktinide* bezeichnet. Man hat ihren Beginn zuerst mit Thorium angenommen; doch zeigt dieses Element, wie nachträglich festgestellt worden ist, chemische Eigenschaften, die dem des Hafniums und Zirkoniums ähnlich sind, diesen also homolog ist. Beide Elemente haben in der O-Schale keine *f*-Elektronen, die für die Lanthaniden kennzeichnend sind und deshalb auch für die Aktiniden notwendig wären. Es ist möglich, daß die eigentlichen Aktiniden erst beim Neptunium beginnen werden; z. Z. läßt sich darüber noch keine Entscheidung treffen. Jedenfalls können die Transurane auch VI- und IV-wertig sein. Sie zeigen bei gleicher Wertigkeit untereinander große Ähnlichkeit; alle Fluoride und Jodate der VI-wertigen Elemente sind löslich, der IV-wertigen unlöslich, u. a. Neptunium und Plutonium können sehr leicht zur III-wertigen Oxydationsstufe reduziert werden, in der sie stabil sind. An den Ionen UO_2^{++}, NpO_2^{++}, PnO_2^{++} u. a. ist (ähnlich wie bei den Seltenen Erden) eine *Aktinidenkontraktion* festgestellt worden. Curium kann nur III-wertig sein.

Um den Zusammenhang der Lanthaniden und Aktiniden deutlich zu machen, erhielten die zwei Transurane Americium und Curium als Nachbarn der Seltenen Erden entsprechende Namen, Europium-Americium, Gadolinum-Curium (JOHANN GADOLIN hat sich bei der Auffindung der Seltenen Erden hervorragend beteiligt, das Ehepaar PIERRE CURIE sind die Entdecker der ersten r. a. Elemente).

In der Tabelle 14 (S. 397) sind die zur Zeit bekannten natürlichen und künstlichen isotopen Elemente von der Ordnungszahl 91 an verzeichnet.

LIII. Vanadin, Niob, Tantal und Protaktinium

Übersicht

Ordnungszahl	Element	Atomgewicht	Isotope	Dichte	Schmelzpunkt °C	Siedepunkt °C	Wertigkeit
23	Vanadin V	50,05	Reinelement	6,1	1726	3000	II, III, IV, V
41	Niob[1] Nb	92,91	Reinelement	8,4	1950	2900	III, IV, V
73	Tantal Ta	180,88	Reinelement	16,6	3030	4100	II, III, IV, V
91	Protaktinium Pa	231	Reinelement				V, r. a. α-Strahler (S. 391, 393)

[1] In England und USA. zuweilen noch Columbium bezeichnet.

Es sind Metalle verschiedenster Wertigkeit; am beständigsten sind Pentoxyde (Regel 2, S. 86 f.) oder die ihnen entsprechenden Verbindungen. In dieser Oxydationsstufe bilden die Metalle Säuren, man bezeichnet sie deshalb auch „*Erdsäuren*". Sie gehören zu den seltenen Elementen (das Protaktinium sogar zu den sehr seltenen), obgleich sie in höchster Verdünnung in vielen Mineralen und Erzen nachweisbar sind.

1. Vanadin V

Als Mineral kennt man ein Vanadinsulfid VS_4 *(Patronit)* und *Vanadinbleierz* $Pb(VO_4)PbCl_2$. Auch in einigen Blei- und Eisenerzen, sogar in den Aschen mancher Pflanzen, ist Vanadium in geringen Mengen vorhanden. Das Metall verteilt sich über die ganze Erde, es findet sich besonders gerne in aluminiumreichen Gesteinen, wo es dieses Metall in Kristallen vertreten kann. So kommt es, daß eigentliche Erzlagerstätten für Vanadium sehr selten sind.

Das reine Metall ist schwer erhältlich, man begnügt sich mit der Herstellung einer Eisenlegierung *(Ferrovanadium)*, die in der Stahlindustrie verwendet wird. Der hohe Schmelzpunkt des Metalls wird durch geringe Zusetzung von Kohlenstoff noch weiter erhöht. Vanadium ist außer in der Veredelung des Stahles, dem es einen besonderen Widerstand gegen Stoß erteilt, auch in seinen Verbindungen von Bedeutung; einige davon haben sich als sehr aktive widerstandsfähige Katalysatoren, namentlich in der Herstellung der Schwefelsäure, erwiesen.

Es gibt vier Oxyde, das dem zweiwertigen entsprechende Hydroxyd reagiert basisch. Die Basizität nimmt mit zunehmender Wertigkeit entsprechend der allgemeinen Gesetzmäßigkeit (S. 120) ab. VO_2 ist bereits amphoter und V_2O_5 vorwiegend Säureanhydrid.

Aus den beständigen Vanadin V-verbindungen lassen sich durch Reduktion die niedrigeren Wertigkeitsstufen herstellen; die leichte Reduktion und Oxydation der Vanadiumverbindungen ist übrigens charakteristisch für dieses Element.

Vanadin II-verbindungen oxydieren sich außerordentlich leicht. Das Vanadin II-sulfat $VSO_4 . 7 H_2O$ vermag sogar in Wasser gelöst diesem Sauerstoff zu entziehen. Nur in den Komplexsalzen sind die Verbindungen gegen Oxydation etwas beständiger. VCl_2 ist in Wasser löslich. Die Lösungen der Salze sind violett gefärbt.

Vanadin III-verbindungen sind auch noch leicht oxydierbar. Das Sulfat bildet Komplexverbindungen, die ziemlich luftbeständig sind. VCl_3 ist im Wasser löslich, VF_3 bildet ebenfalls Komplexsalze. Die Lösungen der Salze sind grün bis violett gefärbt.

Vanadin IV-verbindungen. Das Oxyd VO_2 ist in Säuren und Laugen löslich. VCl_4 und VF_4 sind gegen Wasser nicht beständig, bei der Hydrolyse bilden sich stabile *Vanadylverbindungen*, z. B. $VOCl_2$, dieses *Vanadylchlorid* ist in Wasser mit blauer Farbe löslich. Die Verbindungen disproportionieren zur III- und V-Wertigkeit.

Vanadin V-verbindungen. Das Pentoxyd V_2O_5 kann durch Verbrennung des Metalls, aus Ammoniumvanadaten beim Glühen und durch Hydrolyse einiger Verbindungen erhalten werden. Dieses beständigste Oxyd ist orangegelb bis braun, Schmp. 660°. Im Wasser löst es sich etwas mit gelber Farbe: $V_2O_5 + 3 H_2O = 2 H_3VO_4$ doch ist die gebildete *Vanadinsäure* nicht isolierbar. In Laugen erfolgt leicht Lösung: Bildung von *Vanadaten*. Auffallend ist das Verhalten gegen Salzsäure, die das Pentoxyd ebenfalls löst, wobei Reduktion $V^V \rightarrow V^{IV}$ erfolgt.

Die Vanadate sind zum Teil infolge ihrer Komplexbildung reich an verschiedenen Formen; es gibt *Orthovanadate* VO_4^{---}, *Metavanadate* (z. B. $NaVO_3$), deren Ion ist jedoch: $[V_3O_9]^{3-}$, es gibt ferner noch eine Reihe von *Polyvanadaten*, die Alkaliverbindungen sind in Wasser mit verschiedenen Färbungen löslich. Die freien Säuren zersetzen sich unter Abscheidung von V_2O_5. Das Pentafluorid VF_5 ist im Wasser leicht mit rotgelber Farbe löslich, in Lösung scheint scheint mit der Zeit Hydrolyse einzusetzen.

Nachweis. Keine Fällung mit Schwefelwasserstoff oder Schwefelammonium; Vanadiumlösungen geben mit Hydroperoxyd intensiv rotbraune Färbungen; sehr empfindlicher Nachweis. Auch die geringe Löslichkeit des Ammoniumvanadates $(NH_4)_4H_2V_4O_{13}$ ist kennzeichnend.

2. Niob Nb

Das wichtigste Mineral ist der *Niobit* oder *Columbit*, eine isomorphe Mischung von *Eisenniobat* $Fe(NbO_3)_2$ und *Eisentantalat* $Fe(TaO_3)_2$: ist letzteres überwiegend, so bezeichnet man sie als *Tantalit*. Niob und Tantal kommen auch in Gemeinschaft mit den Seltenen Erden vor. Die gegenseitige Tarnung der beiden Elemente in den genannten Mineralen ist möglich, weil gleiche Ionenradien vorliegen: Nb^{5+} 0,69 Å, Ta^{5+} 0,64 Å. Die Trennung Nb—Ta ist schwierig, sie erfolgt über Verbindungen mit Fluorwasserstoffsäure, die sich zur Lösung dieser Elemente in den verschiedenen Verbindungen besonders eignet.

Beständig sind die *Niob V-verbindungen*. Das Niobpentoxyd Nb_2O_5 ist amphoter, löst sich in Säuren und bei alkalischem Aufschluß, dieser liefert *Niobate*; die Alkaliniobate sind in Wasser löslich (Na_3NbO_4 Natriumorthoniobat; $NaNbO_3$ Natriummetaniobat). Beim Ansäuern von Niobaten erhält man eine *Niobsäure*, die auch durch Hydrolyse einiger Salze und aus dem Niobpentachlorid erhältlich ist. Das Niobpentafluorid NbF_5 ist farblos, das Niobpentachlorid $NbCl_5$ ist gelb. Das Nb^{+++}-Ion ist blau.

3. Tantal Ta

Vorkommen siehe bei Niob. Das Metall kann aus dem Kaliumtantalfluorid ($TaF_5 \cdot 2 KF$) in der Hitze mit Hilfe von metallischem Natrium hergestellt werden. Während das metallische Niob bisher keine Verwendung gefunden hat, zeigt Tantal so wertvolle Eigenschaften, daß es zum Teil an Stelle von Platin verwendet werden kann.

Beständig sind die *Tantal V-verbindungen*. Aus dem Tantalpentoxyd, durch Verbrennung des Metalls im Sauerstoffstrom hergestellt, lassen sich durch Alkalischmelzen Tantalate gewinnen, deren Verhalten denen der Niobate ähnlich ist. Das Pentachlorid (gelb gefärbt) und das Fluorid (farblos) werden in Wasser zu einer „*Tantalsäure*“ hydrolysiert. Komplexfluoride $TaF_5 \cdot 2 KF$; $TaF_5 \cdot 3 NaF$ u. a. sind sehr beständig, sie besitzen in Wasser unterschiedliche Löslichkeiten. Das *Tantaltrichlorid* $TaCl_3$ ist im Wasser löslich, die Lösung ist grün gefärbt und dürfte dem Ta^{+++}-Ion entsprechen.

4. Protaktinium Pa

Von den r. a. Elementen, die der Uranzerfallsreihe angehören, sind *Radium* und das *Protaktinium* die häufigst vorkommenden. Protaktinium ist ein α-Strahler, über seine Zerfallsreihe s. Abb. 114, 115, das inaktive Endprodukt ist das *Aktinium D* (Aktiniumblei). Das Element ist sehr selten, in 1000 kg Uran irgendeines Uranminerals sind 129 mg Protaktinium neben 340 mg Radium vorhanden. Chemisch ist das Protaktinium dem Tantal sehr ähnlich; nach der Methode der gemeinsamen Fällung (S. 298) ist das Element in Lösung, nach Zusatz von Tantal-Verbindungen zu Rückständen der Pechblendeaufarbeitung, mit diesem zugleich fällbar.

Das Pentoxyd Pa_2O_5 ist rein erhalten worden.

LIV. Titan, Zirkon, Hafnium und Thorium

Übersicht

Ordnungszahl	Element	Atomgewicht	Isotope	Dichte	Schmelzpunkt °C	Siedepunkt °C	Wertigkeit	Bemerkung
22	Titan Ti	47,9	5	4,5	1727	>3000	II, III, IV	
40	Zirkon Zr	91,2	5	6,5	1860	>2900	(II, III) IV	
72	Hafnium Hf	178,6	6	13,3	2230	>3200	II, III, IV	
90	Thorium Th	232	A: 227, 228, 230, 232	11,7	1827	3520	(II, III) IV	r. a. α-Strahler (S. 391, 393, 394)

In dieser Elementreihe ist das Thorium bereits ein Glied der Aktinide (S. 370), hat jedoch mit den anderen drei Elementen viele ähnliche chemische Eigenschaften, vor allem die Wertigkeit IV. In dieser Reihe bildet nur das Titan-Ion gefärbte Lösungen. Die Zunahme der basischen Eigenschaften mit dem des Atomgewichtes entspricht gut der Regel 4 (S. 87). Kennzeichnend für die Verbindungen dieser Elemente ist ihre Fähigkeit, mit Wasserstoffperoxyd beständige Peroxyverbindungen zu bilden.

1. Titan Ti

Im Mineralreich findet sich das Element als Dioxyd TiO_2 hauptsächlich als *Rutil* tetragonal kristallisierend vor, seltener sind der in anderen Kristallformen vorkommende *Anatas* und *Brookit*, häufig ist das Dioxyd mit Eisenoxyd stark verunreinigt. Man faßt den wichtigen *Ilmenit* (Titaneisenerz) TiO_2FeO als ein Eisentitanat auf. Das Element ist nur in kleinen und kleinsten Mengen stark verteilt auf der Erdoberfläche anzutreffen.

Die Herstellung des reinen Metalls ist schwierig, da es chemisch sehr reaktionsfähig ist. Es wird für Stahllegierungen in Form von *Ferrotitan* verwendet; Stahl wird fest und elastisch. Titan verbindet sich bei höherer Temperatur mit Stickstoff, gibt mit Kohlenstoff und Silizium beständige Verbindungen und vermag Wasserstoff erheblich zu absorbieren. Das beste Lösungsmittel für das Metall und auch für seine Verbindungen ist Fluorwasserstoffsäure; Salpetersäure oxydiert es zu einer „*Metatitansäure*".

Titan III-verbindungen. Man erhält diese durch Reduktion von Titan IV-verbindungen. Das Ti^{III}-Ion ist violett gefärbt. Die III-wertigen Titanverbindungen sind alle starke Reduktionsmittel, schon Luftsauerstoff oxydiert sie. Für die Reaktion $Ti^{+++} + H^+ \rightleftarrows Ti^{++++} + \frac{1}{2} H_2$ findet man in verd. Schwefelsäure

$$p_{H_2} = 0{,}28 \, \frac{c^2_{Ti^{+++}} \, c^2_{H^+}}{c^2_{Ti^{++++}}} \quad (25°),$$

beträgt das Verhältnis $c_{Ti^{+++}}/c_{Ti^{++++}} = 2$; so ist in einer etwa 1n H_2SO_4 $p_{H_2} \approx 1$ Atm., der zur Reduktionswirkung zur Verfügung steht. Man sieht aus der Gleichung, daß diese nicht nur von dem genannten Verhältnis der Ionenkonzentrationen, sondern auch von der H^+-Ionenkonzentration abhängt. In einer Ti^{III} und Ti^{IV} enthaltenden Lösung wird sich natürlich kein Wasserstoff entwickeln. Die Reaktion in der →-Richtung wird erst bei Gegenwart von reduzierbaren Stoffen eintreten, z. B.

$$Fe^{+++} + Ti^{+++} \rightleftharpoons Fe^{++} + Ti^{++++}.$$

Das wasserfreie **Titan III-chlorid** $TiCl_3$ ist violett in Wasser löslich. Es disproportioniert bei höherer Temperatur (Stickstoffatmosphäre, 700°) in $TiCl_2$ und $TiCl_4$. Beim Versetzen einer Titan III-verbindung mit Lauge fällt das unlösliche, dunkel gefärbte Hydroxyd $Ti(OH)_3$ aus. Die Salze des III-wertigen Titans bilden zahlreiche Komplexverbindungen.

Titan IV-verbindungen. In diesen sind die Salze gegen Wasser unbeständig, sie neigen zur Hydrolyse und Komplexbildung. **Titandioxyd** *(Titanweiß)* TiO_2 wird nach besonderen Verfahren hergestellt und bildet eine wertvolle weiße Anstrichfarbe von großer Deckkraft, die Zinkweiß und Bleiweiß übertrifft. **Titan IV-chlorid** $TiCl_4$ erhält man durch direkte Einwirkung von Chlor auf das Metall, Schmp. —20°, Sdp. 136°, durch Wasser erfolgt sehr leicht Hydrolyse:

$$TiCl_4 + 2\,H_2O = TiO_2 + 4\,HCl.$$

Die Halogenide lagern Halogenionen an und führen zu komplexen Säuren, z. B. $H_2[TiF_6]$; $H_2[TiCl_6]$, deren Salze in Wasser löslich und beständig sind, z. B. das **Ammonium-hexachloro-titan IV** $(NH_4)_2[TiCl_6]$. Es sind auch Sulfatotitanate bekannt: $[Ti(SO_4)_3]^{--}$. Die Salze des IV-wertigen Titans sind im Wasser gelöst instabil, durch Hydrolyse entstehen die löslichen stabilen *Titanylverbindungen*, z. B. $[TiO]SO_4$, das im Wasser leicht löslich ist.

Beim Schmelzen von Titandioxyd mit Alkalikarbonaten ergeben sich *Titanate* von der Form $[TiO_3]^{--}$ und $[TiO_4]^{4-}$, entsprechende Salze sind im starken Laugenüberschuß löslich.

Durch Hydrolyse von Titan IV-verbindungen gelangt man zu Hydraten des Titans, die als **Titansäuren** *(Metatitansäure)* bezeichnet werden. Laugen fällen aus Titan IV-salzen ebenfalls eine Titansäure. Diese auf verschiedene Art hergestellten Formen der Titansäuren haben untereinander abweichende chemische Eigenschaften, zwischen denen es fließende Übergänge gibt. Eine reine Titansäure H_4TiO_4 [oder $Ti(OH)_4$] ist herstellbar.

Titansalze geben mit Wasserstoffperoxyd in saurer oder alkalischer Lösung intensiv gelbe bis orangerote Färbungen: es werden *Pertitanverbindungen* unbekannter Konstitution gebildet, dies ist auch der empfindlichste Nachweis für das Wasserstoffperoxyd. Diese Reaktion ist es, die die starke Verteilung des Titans über die Gesteine der Erdoberfläche genau festzustellen gestattet.

Nachweis. Das Metall gehört in die Schwefelammoniumgruppe, eine sehr empfindliche Reaktion ist vorhergehend angegeben.

2. Zirkonium Zr

Zirkonium ist in geringen Mengen (wie Titan) stark über die ganze Erde verteilt; größere Lagerstätten sind nicht bekannt. Als Minerale kommen in Betracht der *Zirkon* $ZrSiO_4$ und die *Zirkonerde* ZrO_2 *(Brazilit)*, diese ist für die technische Aufarbeitung am wichtigsten. Beide Minerale werden auf sekundärer Lagerstätte gefunden.

Die Gewinnung des reinen Metalls erfolgt nach besonderen, von den allgemeinen metallurgischen Methoden abweichenden Verfahren. So liefert z. B. ein reines Metall die thermische Dissoziation: $ZrJ_4 = Zr + 2\,J_2$. Das Metall ist glänzend, stahlähnlich; fein verteilt, oxydiert es sich leicht an der Luft. Das beste Lösungsmittel (auch für die Verbindungen) ist Flußsäure.

Am beständigsten sind die Zirkonium IV-verbindungen: das Zr^{++++}-ion dürfte farblos sein. **Zirkoniumdioxyd** ZrO_2 ist von Bedeutung, weil es den sehr hohen Schmelzpunkt 3000° hat. Man kann es nach verschiedenen Methoden herstellen; technisch geht man von der Zirkonerde aus. Das Oxyd ist nach starkem Glühen chemisch besonders widerstandsfähig; da es außerdem einen sehr kleinen thermischen Ausdehnungskoeffizienten (ähnlich wie Quarz) hat, ist es für die Herstellung hochfeuerfesten Gefäßmaterials wertvoll. Schmelzende Alkalien lösen das Oxyd; aus der Schmelze lassen sich *Zirkonate* mit der Gruppe $[ZrO_3]^{--}$ oder $[ZrO_4]^{4-}$ erhalten, die in wäßrigen Lösungen nicht stabil sind, Säuren lösen sie.

Zirkoniumtetrachlorid $ZrCl_4$ wird durch Wasser zersetzt, es bildet sich das in Wasser lösliche Zirkonylchlorid $ZrOCl_2$. In starker Salzsäure ist diese Verbindung als $ZrOCl_2 \cdot 8\,H_2O$ schwer löslich. Das entsprechende Fluorid ist in Wasser unlöslich, mit Flußsäure sind daraus **Hexafluorozirkonate** ($[ZrF_6]^{--}$) herstellbar. Die Zirkoniumsalze (Sulfate, Nitrate, Azetate usw.) erfahren in Wasser Hydrolyse. Endprodukt sind Zirkoniumdioxyhydrate, die z. T. über stabile lösliche Verbindungen (basische Salze, s. S. 336), als „Zirkonyl“-Verbindungen bezeichnet, verlaufen: *Zirkonylschwefelsäure* $ZrO_2 \cdot 2\,SO_3 \cdot 4\,H_2O$, *Zirkonylnitrat* $ZrO(NO_3)_2 \cdot 2\,H_2O$.

Nachweis. Kennzeichnend für Zirkonium ist die Löslichkeit seiner Salze in überschüssiger Fluß- und Oxalsäure, wodurch es sich von den Seltenen Erden und seinem Nachbarn, dem Thorium, unterscheidet; auch das schwer lösliche $ZrOCl_2$ ist zu beachten.

3. Hafnium Hf

Das Hafnium gehört zu einem der erst jüngst entdeckten chemischen Elementen. Es ist dem Zirkon außerordentlich ähnlich und kommt in allen Zirkoniummineralen vor; deren Gehalt an Hafnium kann bis zu 3% betragen. Der Grund zu diesem Verhalten liegt darin, daß Hafnium und Zirkonium fast gleiche Ionenradien besitzen:

Ionenradius

Zr^{4+} 0,87 Å

Hf^{4+} 0,84 Å

dadurch ist die Bildung von Mischkristallen möglich. Die damit zusammenhängende Tarnung ist beim Hafnium deshalb besonders stark, weil sie durch das weitgehend gleiche chemische und physikalische Verhalten noch gesteigert wird. Die Auffindung des Hafniums bedeutet für die Richtigkeit der Ansicht über das Aufbauprinzip der Atome einen wichtigen und bedeutenden Erfolg. Nach der Tabelle 7, S. 92 sieht man, daß mit dem Cassiopeium, Ordnungszahl 71, die Seltenen Erden abgeschlossen sein müssen. Das Element Ordnungszahl 72 war zur Zeit der Entstehung der Tabelle noch nicht bekannt. Es war nun zu erwarten, daß dieses ein Homologes des Zirkoniums sein müßte und deshalb in den Zirkoniummineralen zu suchen wäre, also nicht bei den Seltenen Erden, wie dies bis dahin der Fall gewesen ist. In der Tat gelang es G. v. HEVESY und D. COSTER 1922, in Zirkoniummineralen das Element Ordnungszahl 72 aufzufinden, das nach dem Orte seiner Entdeckung Kopenhagen (lat. Hafniae) den Namen erhielt. In der Auffindung des Elements war die durch die MOSELEY-Gerade (S. 89) zum Ausdruck gebrachte Gesetzmäßigkeit der Röntgenspektra entscheidend.

Die schwierige Trennung Zr—Hf gelingt durch die fraktionierte Kristallisation der Ammonium-hexa-fluorosalze $(NH_4)_2[ZrF_6]$— —$(NH_4)_2[HfF_6]$, ersteres Salz ist etwas schwerer löslich.

4. Thorium Th

Das wichtigste Vorkommen dieses Elements findet sich im Monazitsand, in dem das Cer bis zu 10% vom Thorium vertreten werden kann. Selbständige Minerale sind selten, so der Thorit $ThSiO_4$ (orangegelb gefärbt) und der Thorianit ThO_2.

Die Herstellung des reinen Metalles ist, wie die seiner Homologen, aus gleichen Gründen nur nach besonderen Verfahren durchführbar. Die schöne Methode der thermischen Zersetzung des Jodids (wie bei Zirkon angegeben), führt auch hier zum Ziel. Das Metall ist ziemlich reaktionsfähig, Königswasser löst es sehr leicht, hingegen nicht Flußsäure; eine technische Verwendung des Metalls ist nicht bekannt. Einige Verbindungen hingegen besitzen erhebliche technische Bedeutung. Da das Thorium-Atom durch Neutronen zertrümmert werden kann, hat sich die Bedeutung dieses Elements gegenwärtig außerordentlich erhöht.

Thorium ist vorwiegend IV-wertig. Es sind jedoch Di- und Trihalogenide darstellbar (ThJ_2, ThJ_3); sie sind gegen Wasser nicht beständig; es tritt Oxydation ein. Das Ion Th^{4+} ist farblos, gelöste Thoriumsalze geben mit Laugen einen gallertartigen hellen Niederschlag von *„Thorium-*

hydroxyd" Th(OH)$_4$, das stark basische Eigenschaften zeigt, nach starkem Glühen erhält man reines Thoriumoxyd ThO$_2$ (Thorerde), das von Säuren kaum gelöst wird; sogar schmelzende Alkalikarbonate schließen es nicht auf.

Das Thoriumoxyd vermag nach Zusatz von 1% Ceroxyd bei hoher Temperatur ein helles Licht auszustrahlen; beide Oxyde sind schwer flüchtig. Darauf beruht die Verwendung des Thoriums zur Herstellung von *Gasglühkörpern*, die von C. AUER VON WELSBACH eingeführt worden sind.

Die Thoriumhalogenide ThCl$_4$, ThBr$_4$ sind gegen Wasser nicht beständig, soweit Lösung vorliegt, ist dies auf Komplexbildung zurückzuführen. Das Thoriumfluorid jedoch ist bei Gegenwart von Flußsäure schwer löslich. Thoriumnitrat Th(NO$_3$)$_4$ mit verschiedenen Molekeln H$_2$O kristallisierend ist das meistverwendete Salz. Es ist in Wasser leicht löslich, die Lösung reagiert sauer, also Hydrolyse! Für die Herstellung des AUER-Glühstrumpfes wird das Nitrat verwendet; beim Erhitzen geht es glatt in das Oxyd über.

Karbonato-verbindungen [Th(CO$_3$)$_5$]$^{6-}$. Bilden sich aus vielen Thoriumverbindungen durch Behandeln mit starken Alkalikarbonaten, die Alkalisalze sind löslich. Dies ist von Bedeutung für die Trennung Thorium—Seltene Erden im Monazitsand.

Nachweis. Analytisch gehört das Thorium wie das Zirkonium zur Schwefelammongruppe, wo sie als Hydroxyde ausfallen. Verhalten gegen Oxalsäure siehe bei Zirkonium.

LV. Der Magnetismus der Elemente und der chemischen Verbindungen[1]

1. Jedes Element, jede chemische Verbindung ist diamagnetisch, d. h. ein auf diese einwirkendes induzierendes magnetisches Feld wird geschwächt. Ein paramagnetischer oder ferromagnetischer Stoff *verstärkt* (letzterer besonders stark) das induzierende magnetische Feld. Das Maß für den Magnetismus eines Stoffes ist die magnetische *Suszeptibilität*, die, auf ein Mol bezogen, als *Molare Suszeptibilität* χ_{Mol} bezeichnet wird. Die an einem Stoff gemessene Molare Suszeptibilität ist stets die Summe der diamagnetischen und paramagnetischen Suszeptibilität:

$$\chi_{\text{Mol}} = \chi_{\text{Mol}} \text{ (diamagn.)} + \chi_{\text{Mol}} \text{ (paramagn.)}.$$

Im allgemeinen ist

$$\chi_{\text{Mol}} \text{ (diamagn.)} \ll \chi_{\text{Mol}} \text{ (paramagn.)}.$$

2. Die Theorie liefert für ein aus Atomen bestehendes Gas

$$\chi_{\text{Mol}} = \frac{J(J+1)\,g^2\,\mu_0^2}{3\,k\,T}\,N_L = \frac{M_J^2\,N_L^2}{3\,R\,T} = \frac{c_{\text{Mol}}}{T} \quad \text{(CURIE-Gesetz)}. \quad (1)$$

---

[1] Die hier verwendeten Begriffe zum Magnetismus sind in den entsprechenden Lehrbüchern für Physik ausgeführt.

Es bedeutet: $\mu_0 = \dfrac{e\,h}{2\,m\,2\,\pi} = 9{,}257 . 10^{-21}$ Gauß . cm³, das BOHR-*Magneton*, g ist eine dimensionslose Zahl, die sich aus spektroskopisch zu erhaltenden Werten J, L und S zusammensetzt und berechnet werden kann, $k = R/N_L$ (BOLTZMANN-Konstante). Für das magnetische Moment pro 1 Atom ist

$$M_J = \mu_0\, g\, \sqrt{J\,(J+1)}. \tag{2}$$

Beträgt $J = 0$, also $L = S = 0$, so ist das Atom *diamagnetisch*, ist J von 0 verschieden, so ist es *paramagnetisch* ($L \neq 0$, $S = 0$, oder $L = 0$, $S \neq 0$). Das magnetische Moment für 1 Mol ergibt sich demnach aus der Gl. 1

$$M_J\,N_L = \sqrt{\chi_{\text{Mol}}\,3\,RT} = \sqrt{c_{\text{Mol}} . 3\,R}. \tag{3}$$

Nach Gl. 1 ist die paramagnetische Suszeptibilität der absoluten Temperatur *verkehrt* proportional.

3. Sehr häufig ist $J = 0$, so bei allen Edelgasen und Ionen mit Edelgaskonfiguration, in allen 18 Außenelektronen enthaltenden Ionen, Cu^+, Cd^{++}. Dazu gehört auch das Palladium, ferner Elemente und Ionen mit 2 -Elektronen, Be, Zn, Pb^{++} usw. Hingegen liefern die Übergangselemente, also Elemente mit unvollständigen, im Aufbau befindlichen, inneren Schalen, solche Ionen, deren J von Null verschieden ist (S. 57).

Die Gl. 1 gilt für den Gaszustand, in dem eine freie Einstellung der Atome im magnetischen Feld erfolgen kann. In sehr vielen Fällen jedoch ist eine Prüfung der Gleichung nur an gelösten oder kristallisierten Stoffen möglich. Daß sich hier eine Übereinstimmung der beobachteten und nach der theoretischen Gleichung berechneten χ_{Mol}-Werten ergibt, läßt schließen, daß sowohl in Lösung als auch im festen kristallisierten Zustand sich die diamagnetischen Ionen im magnetischen Feld *frei orientieren* können (S. 55 f.).

Die freie Einstellung der ein magnetisches Eigenmoment besitzenden Atome und Molekel in der Richtung eines außen einwirkenden magnetischen Feldes wird durch die Molekularbewegung beeinflußt und ist deshalb von der Temperatur abhängig. Der Paramagnetismus befolgt deshalb das schon angegebene Gesetz von CURIE oder das CURIE-WEISS-Gesetz:

$\chi_{\text{Mol}}\,(T - \Theta) = $ konst. (Θ ist eine konst. Größe, CURIE-Temperatur genannt).

Es gibt eine von der Temperatur *unabhängige* paramagnetische Suszeptibilität; sie kommt nur bei Metallen im festen Zustande vor. *Ferromagnetismus* ist ein Sonderfall des Paramagnetismus. Durch diesen werden die Elementarmagnete in den *festen* Riesenmolekeln gerichtet und erzeugen in diesem System eine „Magnetisierung"; die dazu notwendige Ordnung kann erst bei hoher Temperatur gestört werden. Dann aber geht der Ferromagnetismus in den Paramagnetismus über, d. h. es tritt das Gebiet auf, in dem das CURIE-WEISS-Gesetz gilt. Eisen z. B. wird bei $t = 768°$ (CURIE-Punkt) diamagnetisch.

4. Der Magnetismus der *Übergangselemente* zeigt eine bemerkenswerte Gesetzmäßigkeit. In der 4. Periode steigt der Paramagnetismus vom Scandium mit zunehmender Ordnungszahl stark an und geht in den

Endgliedern Eisen, Kobalt, Nickel, in *Ferromagnetismus* über. In der
5. und 6. Periode ist gleiches Verhalten festzustellen; der Magnetismus
ist jedoch in diesen abgeschwächt, am stärksten in der 6. Periode, doch
ist in beiden Perioden in den Platinmetallen, die am Ende jeder einzelnen
Periode stehen, ein *starkes Ansteigen* des Paramagnetismus festzustellen.

Das Verhalten der Verbindungen im magnetischen Felde gibt oft
entscheidende Hinweise für ihren Elektronenbau. Dies ist Gegenstand
der *Magnetochemie*, von W. KLEMM (Deutschland) entwickelt.

LVI. Scandium, Yttrium, Lanthan, Actinium und die Seltenen Erden

A. Scandium, Yttrium, Lanthan und Actinium

Übersicht

Ordnungs-zahl	Element	Atom-gewicht	Isotope	Dichte	Schmelz-punkt °C	Siede-punkt °C	Wertigkeit
21	Scandium Sc	45,1	Reinelement	3,1	1400	2400	
39	Yttrium Y	88,9	Reinelement	$\approx 4,3$	1475	—	III
57	Lanthan La	138,9	Reinelement	6,2	885	1800	
89	Actinium Ac	227?	Tabelle	r. a., β-Strahler			

Scandium ist stark verbreitet, aber stets nur in allergeringsten Mengen.
Es gibt nur sehr wenige, seltene Minerale, die einen größeren Scandium-
gehalt aufweisen, dazu gehört besonders der interessante *Thortveitit*
(40% Sc, 7% Yttererden). Der größte Teil des Scandiums findet sich
in der Hauptkristallisation der Erdrinde, kommt also nicht mit den
Seltenen Erden zusammen vor; das ist zu erwarten, da der Atomradius
des Sc^{+++} etwa 25% niedriger ist als der der Seltenen Erden. Yttrium
und Lanthan kommen hingegen mit den Seltenen Erden gemeinsam vor;
im durchschnittlichen Erdenbestand kommen auf die Atommenge 100
des Yttriums 7 als Atommenge des Lanthans und etwa 92 auf die Seltenen
Erden. Lanthan findet sich in den Ceriterden.

Die reinen Metalle dieser Elemente haben keine weitere Bedeutung.

Die *Hydroxyde* der drei Metalle erhält man aus den Lösungen der
Salze mit Alkalihydroxyden oder Ammoniak. Das *Lanthanhydroxyd*
$La(OH)_3$ ist eine starke Base, sie vermag Kohlendioxyd aus der Luft zu
absorbieren. Durch Erhitzen erhält man die weißen Oxyde.

Von den Salzen sind die Chloride und Nitrate leicht löslich, schwer
löslich sind die Fluoride, Karbonate und Oxalate. Beachtenswert sind
die Fluoride des Scandiums: es bildet leichtlösliche Komplex-Fluoride,
z.B. $[ScF_6]^{---}$; Ammoniak fällt aus dieser Lösung kein Scandiumhydroxyd.

Das Yttrium zeigt chemisch ein gleiches Verhalten wie die Seltenen
Erden; Grund dazu s. S. 382, Abb. 112.

Lanthan vermag mit Wasserstoff eine Art Hydridverbindung zu bilden, doch scheint kein echtes Hydrid von der Art der Alkali- und Erdalkalihydride vorzuliegen.

Über Aktinium s. S. 393.

B. Seltene Erden

Tabelle 13

		Ordnungs-zahl	Atom-gewicht	Wertigkeit	Färbung der Salzlösung		Isotope
	Lanthan La...	57	138,9	III	farblos		1
	Cer Ce	58	140,1	III, IV	farblos		4
	Praseodym Pr	59	140,9	III, IV	grün		1
I Cerit-erden	Neodym Nd ..	60	144,3	III	rot-violett		7
	Prometeum Pm	61	—	—	s. S. 94		—
	Samarium Sm	62	150,4	II, III	gelb		7 A: 148, α-St.
	Scandium Sc .	21	45,1	III	farblos		1
	Yttrium Y	39	88,9	III	farblos		1
	Europium Eu .	63	152,0	II, III	fast farblos		2
	Gadolinium Gd	64	156,9	III	farblos	Terbin-Erden	7
	Terbium Tb ..	65	159,2	III, IV	fast farblos		1
II Ytter-erden	Dysprosium Dy	66	162,5	III	gelb		6
	Holmium Ho .	67	164,9	III	gelb	Erbin-Erden	1
	Erbium Er ...	68	167,2	III	rosa		6
	Thulium Tm .	69	169,4	III	grün		1
	Ytterbium Yb	70	173,0	II, III	farblos	Ytterbin-Erden	7
	Cassio-peium* Cp..	71	174,9	III	farblos		A: 175, 176, β-St.

Radioaktiv sind: Samarium (α-Strahler), Neodym und Cassiopeium (β-Strahler).

* Im französischen und englischen Schrifttum: Lutetium Lu.

1. Wie im Kapitel XXVI angegeben, tritt vom Element Lanthan, Ordnungszahl 57, an die Auffüllung der 4f-Elektronen in der N-Schale ein,

während die Zahl der Elektronen in der O- und P-Schale unverändert bleibt; mit Cassiopeium, Ordnungszahl 71, ist diese Auffüllung vollendet. Diese 14 Elemente, Ordnungszahl 58 bis 71 in der 6. Periode, welche in diesem Gebiete liegen, bezeichnet man *Seltene Erden*. Dies sind Übergangselemente, deren Art viel stärker ausgeprägt ist als bei den Elementen in der 4. und 5. Periode und bei den außerhalb der Seltenen Erden auf Cassiopeium folgenden Elementen Hafnium bis Platin. Zuweilen rechnet man auch das Scandium, Yttrium und Lanthan zu den Seltenen Erden, obgleich sie nach dem Aufbau von diesen verschieden sind: in der M-Schale sind keine 4f-Elektronen vorhanden; deshalb sind genannte drei Elemente bereits vorher behandelt. Man bezeichnet auch die 14 Elemente der Seltenen Erden, da auf Lanthan folgend, *Lanthanide*.

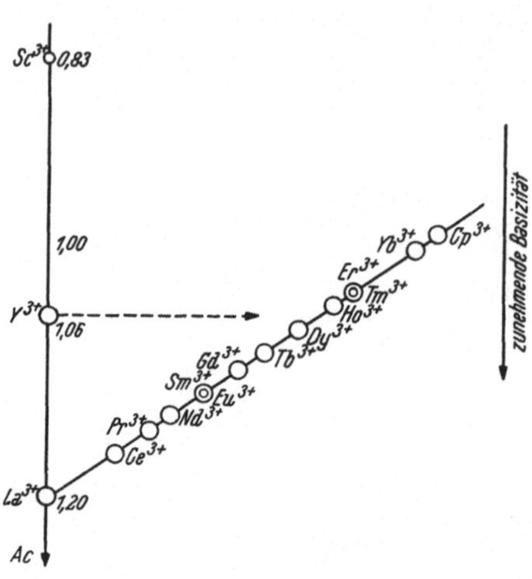

Abb. 112. Zur Lanthaniden-Kontraktion.

2. Wenn nach dem Aufbauprinzip der Seltenen Erden mit zunehmender Ordnungszahl stets das Elektron in die kernnahe Schale eintritt, so wird dadurch der Atomradius um so mehr verkleinert, je größer die Kernladung wird. Dies sieht man an der Abbildung 112, in der die Atomradien der III-wertigen Ionen aufgetragen sind: vom Scandium bis Lanthan nimmt der Ionenradius normal zu, von Cer angefangen nimmt er ständig bis Cassiopeium ab. Dies wirkt sich so aus, daß z. B. der Ionenradius des Holmiums so klein gefunden wird, wie etwa der des Yttriums; die dann folgenden restlichen Elemente der Seltenen Erden zeigen eine weitere Abnahme. Dieses Verhalten wird als *Lanthaniden-Kontraktion* bezeichnet. Sie ist für das Verhalten der Seltenen Erden aufschlußreich.

3. Nachdem die 4f-Valenzelektronen der N-Schale durch die steigende Kernladung immer fester gebunden werden, ändert sich die Basizität der Seltenen Erden in gleicher Reihenfolge: *die Basizität der Seltenen Erden nimmt mit steigender Ordnungszahl ab*; am stärksten basisch ist das Cer, am schwächsten das Cassiopeium. Als ein angenähertes Maß für die Basizität gilt das Löslichkeitsprodukt (S. 174). Je größer dieses ist, um so stärker ist die Basizität; es muß deshalb um so höher die OH-Ionen-Konzentration sein, um das Hydroxyd auszufällen. Wird in eine Lösung, die alle 14 Elemente der Seltenen Erden enthält, tropfenweise Lauge hinzugefügt, so wird sich zuerst das Cassiopeiumhydroxyd $Cp(OH)_3$ ausscheiden, dann folgt Ytterbium usw., am Schluß das stark basische Cerhydroxyd. Wird die Lösung auch Yttrium enthalten, wie dies allgemein der Fall sein kann, so scheidet sich etwa bei Holmium auch das

Yttriumhydroxyd aus: das Yttrium fällt nach seinem Verhalten in die Reihe der Seltenen Erden, es hat einen diesem gleichen Atomradius.

4. Die Ionen der Seltenen Erden sind zum Teil gefärbt, das ist eine allgemeine Eigenschaft der Ionen von Übergangselementen. Bei den Seltenen Erden ist die Farbigkeit der gelösten Ionen noch besonders gekennzeichnet: sie zeigen scharf ausgeprägte *Absorptionsbanden* für das sichtbare Licht, die noch in großer Verdünnung zu beobachten sind.

5. *Magnetismus der Seltenen Erden.* Die Ionen von Übergangselementen haben einen Gesamtdrehimpuls J, der von Null *verschieden* ist. Entsprechend der Gleichung 1, S. 378 müssen solche Ionen ein magnetisches Moment M_J besitzen, d. h. sie werden paramagnetisch sein.

Der Paramagnetismus der Ionen der Seltenen Erden ist im Durchschnitt auch größer als der der Fe^{+++}-Ionen. Bei den Seltenen Erden läßt sich die Gleichung ausgezeichnet prüfen, wie folgt:

Ion	Grundterm	g	J	Berechnet* $g\sqrt{J(J+1)} = M_J/\mu_0$	Gefunden
Ce^{+++}	$^2F_{5/2}$	6/7	5/2	2,5	2,5
Yb^{+++}	$^2F_{7/2}$	8/7	7/2	4,5	4,5
Cp^{+++}	$^1S_0$	0	0	0	diamagnetisch

* Das magnetische Moment M_J des Ions ausgedrückt in Bohr-Magnetonen-Einheiten.

6. Allgemein besteht zwischen den Färbungen der Ionen und ihrem Magnetismus ein Zusammenhang. In der Abbildung 113 ist der Paramagnetismus (Maßzahl M_J/μ_0) der Ionen der Seltenen Erden in Abhängigkeit von der Ordnungszahl aufgetragen. Man sieht, daß der Paramagnetismus der Seltenen Erden an zwei Stellen ein Maximum hat; gerade an diesen sind die stark gefärbten Ionen vorhanden.

Die chemischen Eigenschaften der Seltenen Erden. Die chemischen Eigenschaften der Seltenen Erden sind untereinander außerordentlich ähnlich. Die „Größenordnung" dieser Ähnlichkeit kann nur noch mit der zwischen Zirkon und Hafnium bestehenden verglichen werden. Die chemischen Eigenschaften der Elemente sind bestimmt durch den

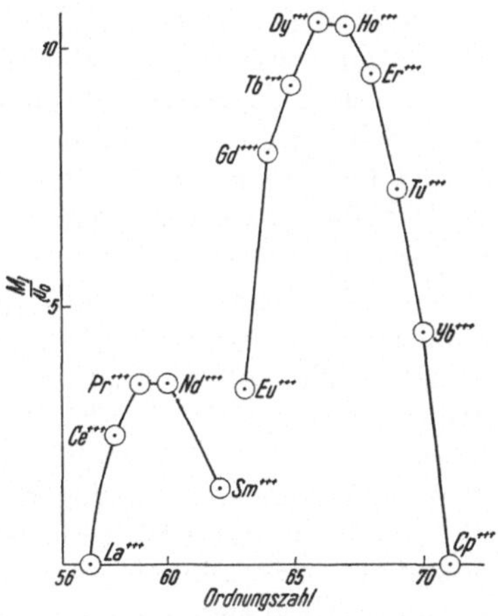

Abb. 113. Paramagnetismus der Elemente der Seltenen Erden in Abhängigkeit von der Ordnungszahl.

Bau und Anordnung der äußersten Elektronenschale; bei den Seltenen Erden ändert sich nichts im Bau der beiden benachbarten O- und P-Schalen, wodurch ihr gleiches Verhalten verständlich ist.

1. Die Seltenen Erden sind durchwegs III-wertig, da die 4f-Elektronen der N-Schale fester gebunden sein werden als die in der O- und P-Schale befindlichen. Nach der Tabelle 13 sind bei den Ceriterden drei Ausnahmen, Cer und Praseodym können IV-wertig, Samarium auch II-wertig sein; bei den Yttererden kann Europium und Ytterbium II-wertig, das Terbium IV-wertig sein. Die von der III-Wertigkeit verschiedenen Wertigkeiten sind (mit Ausnahme beim Cer) nicht glatt zu erhalten.

2. Die Hydroxyde der Seltenen Erden erhält man aus ihren Salzlösungen durch Fällung mit Laugen und bei der Elektrolyse der Nitrate und Chloride. Namentlich die Hydroxyde der Anfangsglieder sind starke Basen, Glühen der Hydroxyde gibt die Sesquioxyde, Ce_2O_3, Pr_2O_3 usw., die auch durch Glühen der Nitrate, Karbonate und Oxalate gewonnen werden; einige von den Sesquioxyden sind *gefärbt*: Nd_2O_3 lichtblau, Er_2O_3 rosa. Die Oxyde sind in Mineralsäuren löslich.

3. *Salze der Seltenen Erden.* Die Salze haben allgemein ein sehr gutes Kristallisationsvermögen, die einfachen Salze, besonders die Sulfate, zeigen in Lösungen das Bestreben, Komplexmolekeln auszubilden; alle Salze bilden leicht Doppelsalze. Unlöslich sind die Karbonate, Phosphate, Fluoride und Oxalate, leicht löslich die Chloride, Nitrate, Sulfate und Azetate.

4. *Trennung der Seltenen Erden.* Die außerordentliche Ähnlichkeit der Seltenen Erden erfordert für ihre Trennung besondere Wege; je näher die zu trennenden Elemente stehen, um so schwieriger wird diese. Besonders erschwerend für die Herstellung der reinen Elemente innerhalb der Seltenen Erden ist der Umstand, daß diese meist alle gemeinsam vorkommen. Nur das Cer, als das erste der Seltenen Erden, hat so weit unterschiedliche chemische Eigenschaften, daß seine Trennung keine Schwierigkeiten bereitet. Für die Trennung kommen in Betracht: a) fraktionierte Kristallisation, besonders von Doppelsalzen, b) fraktionierte Fällung bzw. Lösung, c) fraktionierte Zersetzung der Salze, besonders der Nitrate, d) Überführung in die II- oder IV-Wertigkeitsstufe.

Von allgemeinster Bedeutung ist a). Man stellt von dem zu trennenden Gemisch ein bestimmtes Doppelsalz her und engt die wäßrige Lösung bis zur beginnenden Kristallisation ein, die erhaltene Mutterlauge wird weiter eingeengt, wodurch sich eine zweite Kristallisation ergibt, usf. Für die Lösung der einzelnen Kristallisationen werden die Mutterlaugen verwendet und die Lösungen weiteren Kristallisationen unterworfen. Man erhält auf diese Weise in oft mühevoller langwieriger Arbeit, der ein besonderes Kristallisationsschema zugrunde gelegt wird, leichtlösliche und schwerlösliche Fraktionen und zwischen beiden liegende Fraktionen mittlerer Löslichkeit. Zur Trennung eignen sich z. B. die Doppelsalze: Doppelnitrate $2\,R(NO_3)_3 \cdot 3\,M(NO_3)_2 \cdot 24\,H_2O$, Ammonium- und Alkalidoppeloxalate $R_2(C_2O_4)_3 \cdot x\,(NH_4)_2(C_2O_4)$, Alkalidoppelkarbonate $R_2(CO_3)_3 \cdot$
$K_2CO_3 \cdot 12\,H_2O$ u. a. (R = Erde, M = II-wertiges Metall). Die Nitrate sind in verdünnter Salpetersäure verschieden löslich, man verwendet deshalb auch die einfachen Salze (ebenso Sulfate) zur Trennung.

b) Für die fraktionierte Fällung eignen sich vor allem verschiedene Basen: NH_4OH, $Mg(OH)_2$, Anilin. Siehe oben, Abschn. 3.

c) Je stärker basisch ein Metall ist, eine um so höhere Temperatur muß man für die Zersetzung seiner Nitrate anwenden. Da, wie gesehen, die Seltenen Erden sich durch ihre verschiedene Basizität unterscheiden, kann man die Zersetzungsgeschwindigkeit der Nitrate, die etwa proportional der Basizität sein wird, zur Trennung benützen.

d) Die Überführung von Eu^{III}-sulfat in Eu^{II}-sulfat gelingt durch elektrolytische Reduktion an Quecksilberkathoden. Lösungen von Praseodym und Neodym in geschmolzenem Kaliumhydroxyd geben bei der Elektrolyse an der Anode Abscheidung hochwertiger Praseodymoxyde. Terbium kann man aus einem Gemisch mit Samarium und Europium durch Oxydation mit Kaliumchlorat in KOH-Schmelzen als ein Peroxyd abscheiden.

Keine der Seltenen Erden (mit Ausnahme des Cer) gibt eine sie allein kennzeichnende chemische Reaktion. Um daher den Fortgang der Trennungsmethoden bei den Seltenen Erden zu bestimmen, muß man optische Methoden verwenden: Bogen- und Funkenspektra, das Absorptionsspektrum Phosphoreszenzspektrum und Röntgenspektrum. Ganz besonders letzteres ist von größter Bedeutung, da man sie auch zur quantitativen Bestimmung verwenden kann: die Messung der Intensität der Linien liefert eine Genauigkeit von etwa $\pm 10\%$.

Vorkommen der Seltenen Erden. Bei der Erstarrung der Erdrinde erscheinen die Seltenen Erden in den zuletzt erstarrten Schichten der sogenannten „*Restlauge*", da sie keine Fähigkeit besitzen, mit dem III-wertigen Aluminium und Eisen isomorphe Kristalle auszubilden. Nachdem sich diese bereits in der Hauptkristallisation abgeschieden haben, bleiben die Seltenen Erden bis zuletzt übrig; weil sie sich außerdem untereinander chemisch so wenig unterscheiden, bleiben sie auch alle fast ungetrennt zusammen. Es gibt zwei Gruppen von Vorkommen, solche, in denen eine ganze Reihe der Seltenen Erden vorkommen *(komplette Erdenbestände)*, und solche, in denen nur einzelne Untergruppen betont vorkommen *(selektive Erdenbestände)*. Zu den letzten gehört der *Monazitsand* und der *Orthit* mit vorherrschenden Ceriterden; Yttererden sind vorherrschend in seltenen Mineralen, *Gadolinit*, *Thortveitit*, *Xenotim*, ferner in Tantalaten und Niobaten.

Die Seltenen Erden sind sehr stark verbreitet, wenn auch in sehr geringen Konzentrationen, so kommt es, daß die Hauptmenge in den Kalziummineralen, Apatit und anderen Gesteinen aufgefunden wird. Wegen der angegebenen Anreicherung in den obersten Erdschichten sind Seltene Erden nicht sehr selten; das Cer ist nicht seltener als das Blei, Neodym nicht seltener als Kobalt. Ihr Vorkommen bildet ein besonders gutes Beispiel für „*Tarnung*".

Die technische Herstellung der Seltenen Erden. Feinverteilte Oxyde der Seltenen Erden senden beim Glühen ein helles, weißes (zum Teil auch gefärbtes) Licht aus. Diese Eigenschaft bildet die Grundlage für die Anwendung der Seltenen Erden in der Industrie des AUER-*Glühstrumpfes.*

Als Rohprodukt kommt nur der Monazitsand (im wesentlichen Phosphate) in Betracht, der in großer Mächtigkeit an einigen Stellen der brasilianischen Küste und im Staate Carolina (USA.) vorkommt. Der Sand, viele unbrauchbare Bestandteile enthaltend, wird vor der Verwendung an Seltenen Erden angereichert; er enthält dann etwa 5% Thoriumoxyd, 60% Ceriterden und 3 bis 4% Yttererden. Der wichtigste Bestandteil ist das Thorium, nach dessen Abtrennung die Seltenen Erden als Nebenprodukt anfallen. Der Monazitsand wird mit konz. Schwefelsäure aufgeschlossen; die Thorium und Seltene Erden enthaltende Lösung gibt bei der Neutralisation mit Phosphaten eine Fällung von Phosphaten genannter Elemente; durch Extraktion mit Soda in der Wärme geht das Thorium als Karbonatokomplex rein in Lösung und die Seltenen Erden verbleiben im Rückstand.

Die günstigste Zusammensetzung für den AUER-Glühstrumpf besteht aus 99,1% Thoriumoxyd und 0,9% Ceroxyd.

Die Herstellung der reinen Metalle ist schwierig, man kann sie durch Elektrolyse der geschmolzenen Chloride erhalten; Cer ist biegsam, verhält sich ähnlich wie Blei, Praseodym ist silberweiß glänzend. Technisch wird ein Gemisch von Metallen der Seltenen Erden als *Mischmetall* mit Cer als Hauptbestandteil hergestellt. Cereisen ist eine Mischung: 50% Ce, 40% La, 7% Fe.

Chemisches Verhalten des Cers. Das III-wertige Cer gleicht vollständig dem Verhalten der Seltenen Erden, es besitzt aber zusätzlich die besondere Fähigkeit, leicht auch IV-wertig aufzutreten. Das Ce^{++++}-Ion ist dann allerdings ein den Seltenen Erden fremdes Ion, denn es fehlt ihm eine diese kennzeichnende Besetzung der N-Schale mit 4f-Elektronen.

Das IV-wertige Cer ist nicht besonders stabil, beständig ist das Cerdioxyd CeO_2, ein weißes, in der Hitze gelbes Pulver; das Oxyd erhält man auch durch Glühen von Cersalzen flüchtiger Säuren. Von den Cer IV- salzen ist am beständigsten das leichtlösliche Cer IV- sulfat, es gibt mit Schwefelsäure und Alkalisulfaten Doppelsulfate, z. B. $Ce(SO_4)_2 \cdot 2 K_2SO_4 \cdot 2 H_2O$, gelbgefärbte, wenig lösliche Kristalle. Das Ammoniumhexanitrato-Cer IV $(NH_4)_2[Ce(NO_3)_6]$ ist ein schön rotes Salz, das in starker Salpetersäure wenig löslich ist und sich deshalb für die Abscheidung aus den Seltenen Erden eignet; auch die leichte Hydrolyse der Cer IV-salze ist dafür anwendbar. Im allgemeinen hat das IV-wertige Cer ein dem Thorium sehr ähnliches chemisches Verhalten.

Entsprechend dem Ceroxyd sind auch die Sulfide Ce_2S_3 und Ce_2S_4 bekannt, letzteres jedoch entspricht nicht dem Ce^{IV}. Das CeO_2 ist, da es Edelgaskonfiguration hat, diamagnetisch, die beiden Sulfide jedoch sind paramagnetisch; d. h. Ce_2S_4 ist ein Polysulfid $Ce_2S_3 \cdot S$.

Nachweis. Versetzt man eine Cersalzlösung mit Wasserstoffperoxyd und Alkali, so erhält man einen stark rotbraun gefärbten Niederschlag; diese Reaktion ist sehr empfindlich.

Geschichtliche Bemerkungen. Die um 1800 gefundenen Yttererden und Ceriterden — entdeckt von J. GADOLIN, 1794, in Schweden — wurden bis zum Jahre 1840 so weit erschlossen, daß man mit Sicherheit darin eine Reihe neuer Elemente feststellen konnte; schwedische Forscher, namentlich aus der Schule von BERZELIUS (MOSANDER, HISINGER), förderten diese Untersuchungen. Die Besonderheit der neuen Elemente erweckt ein allseitiges Interesse. Gesicherte Fortschritte konnten sich aber erst nach der Auffindung der Spektralanalyse (1860) ergeben. Ein Jahrzehnt später war die Unterbringung der Seltenen Erden in das erkannte P. S. E. von großer Bedeutung geworden, dies wurde zu einem Problem, das über vier Jahrzehnte lang fast unlösbar erschien. Durch Arbeiten von CH. MARIGNAC (Schweiz), P. T. CLEVE (Schweden) wurde das Ytterbium, Erbium, Holmium und Thulium aufgefunden, und um 1880 waren etwa elf Seltene Erden bekannt, die natürlich noch keineswegs rein waren. Um diese Zeit entdeckt AUER VON WELSBACH (Österreich) die Bedeutung der Seltenen Erden für die Gasbeleuchtung, wodurch sich die Notwendigkeit ergab, reichere Quellen für die Erden aufzufinden; es wird die Aufarbeitung des Monazitsandes durchgeführt, und so steht seit dieser Zeit eine reichliche Menge der Seltenen Erden zur Verfügung. AUER VON WELSBACH verbesserte die Reinigung der Seltenen Erden, indem er ganz besonders die fraktionierte Kristallisation von Doppelsalzen anwendete. G. URBAIN (Frankreich) widmete sich besonders der Erforschung der Yttererden. Im Jahre 1900 waren zwölf Seltene Erden mit Sicherheit bekannt und zum Teil ziemlich rein hergestellt. Aus dem bis dahin für rein gehaltenem Ytterbium wird 1907 als letztes Element der Seltenen Erden das Cassiopeium, fast gleichzeitig von AUER VON WELSBACH und URBAIN, abgetrennt. Durch die von MOSELEY 1913 durchgeführte Röntgenspektroskopie konnte man aber erst die endgültige Zahl der Seltenen Erden feststellen, ebenso konnte erst nach dieser Zeit aus dem Atombau das singuläre Verhalten der Seltenen Erden in allen Einzelheiten abgeleitet werden (N. BOHR). So hat gerade die Einförmigkeit dieser Elemente nicht nur das Gebiet der Analytischen Chemie in allen Zweigen mächtig gefördert, sondern bedeutende Aufgaben des Atombaues und der Geochemie aufgedeckt. Mit dem letzten Gebiet sich befassend, hat V. M. GOLDSCHMIDT (Norwegen) für die Seltenen Erden aufschlußreiche Zusammenhänge erkannt.

LVII. Platinmetalle

Zu den Platinmetallen rechnet man die folgenden Elemente:

Übersicht

Ordnungs-zahl		Atom-gewicht	Isotope	Dichte	Schmelz-punkt °C	Siede-punkt °C	Wertigkeit
44	Ruthenium Ru	101,7	7	12,4	>1950		II, III, IV, V, VI, VIII
45	Rhodium Rh	102,9	Reinelement	12,5	1966	>2500	II, III, IV
46	Palladium Pd	106,7	6	11,9	1555	>2200	II, III, IV
76	Osmium Os	190,2	7	22,7	2500	>5300	II, III, IV, VI, VIII
77	Iridium Ir	193,1	A: 191, 193	22,8	2454	4400	III, VI und einige stab. niedrigere Wertigkeiten
78	Platin Pt	195,2	5	21,6	1773	4400	II, (III), IV

25*

Nach dem P. S. E. haben die Elemente dieser Gruppe von oben nach unten, da sie alle zu den Übergangselementen gehören, weitgehende chemisch und physikalisch ähnliche Eigenschaften; außerdem zeigen die homologen Elementgruppen noch weitere Zusammenhänge, das sind Ru—Os, Rh—Ir und Pd—Pt.

Diese relativ seltenen Elemente rechnet man zu den Edelmetallen. Sie kommen in der Natur fast ausschließlich gediegen vor, meist alle gemeinsam in Mischungen, in denen auch Legierungen mit Platinmetallen und mit Eisen und Kupfer vorliegen; oft ist das Platin vorherrschend. Während früher die Platinmetalle auf sekundären Lagerstätten (Seifen) vorwiegend gefunden wurden, hat zur Zeit eine Förderung an primären Lagerstätten eingesetzt: Die Platinmetalle finden sich in Kupfer- und nickelreichen *Magnetkiesen* (FeS) von Canada und Südafrika.

Die Platinmetalle sind sehr wirksame Katalysatoren, ganz besonders für Reaktionen, an denen Gase beteiligt sind. Sie sind jedoch gegen Gifte empfindlich, so daß diese für die Technik zu kostbaren Katalysatoren durch andere weniger empfindliche und billigere ersetzt werden. Als Elektroden sind sie jedoch für manche elektrochemische Reaktionen unersetzlich. Die Platinmetalle bilden beim Erhitzen mit Sauerstoff beständige Oxyde, beim Palladium und Platin ist diese Fähigkeit am geringsten. Sie zeigen untereinander verschiedene Wertigkeiten, sie besitzen die höchste bekannte Wertigkeit VIII, die nur bei dieser Gruppe anzutreffen ist. In allen Wertigkeitsstufen neigen sie zur Bildung von Komplexverbindungen; alle Verbindungen der Platinmetalle sind im allgemeinen leicht zu Metall reduzierbar.

1. Platin Pt

Platin ist grauweißglänzend, duktil und schweißbar, fein verteilt, ist das Metall schwarz (*Platinschwarz, Platinmoor*). Platin vermag Wasserstoff und Sauerstoff zu absorbieren, bei Rotglut ist es für Wasserstoff durchlässig. Platinmoor kann etwa das 100fache seines Volumens Wasserstoff und auch Sauerstoff aufnehmen. Die gelösten Gase erhalten eine besondere Reaktionsfähigkeit; die Wasserstoffmolekel wird in Atome gespalten. Platin dient deshalb als ein ausgezeichneter Katalysator für Oxydationen und Hydrierungen. Die katalytische Eigenschaft wird noch besonders gesteigert, wenn das Metall kolloidal, also in feinstverteiltem Zustande, gelöst ist. Man macht davon in der Synthese organischer Stoffe und in der Ermittlung ihrer Konstitution ausgedehnten Gebrauch.

Platin zeigt gegen Sauerstoff eine geringe Affinität, es wird von Säure auch bei höheren Temperaturen, von geschmolzenen Salzen usw. nicht angegriffen. Die allseitig große chemische Widerstandsfestigkeit macht Platin zu einem wertvollen Edelmetall. Königswasser, starke Chlorlösungen greifen das Metall jedoch an (auffallenderweise ist es gegen Fluor widerstandsfähig). Auch gegen geschmolzene Alkalien (besonders Alkaliperoxyde) ist es ziemlich empfindlich. In der Hitze wirken ferner Schwefel, Arsen, Phosphor, Antimon, die Metalle Blei, Silber usw. auf

Platin zerstörend, rußende Flammen machen es brüchig. Da Platin im chemischen Laboratorium sehr vielseitig benützt wird, müssen beim Arbeiten damit, Umstände, die zur Entstehung solcher Stoffe führen könnten, vermieden werden.

Platin ist in seinen beständigsten Verbindungen II- und IV-wertig. Es bildet zahlreiche Komplexverbindungen, die allen Oxydationsstufen angehören. Platinoxyde sind nur auf indirektem Wege rein herstellbar, da eine direkte Einwirkung von Sauerstoff bei hohen Temperaturen nur unbestimmte Sauerstoffsysteme liefert. Allgemein können Platinsalze leicht zu Metallen reduziert werden.

Platintetrachlorid $PtCl_4$ ist in Wasser unter Komplexbildung löslich $H_2[PtCl_4(OH)_2]$. Von den zahlreichen Komplexverbindungen des Platins haben nur die des IV-wertigen Platins Bedeutung. Die **Platinchlorwasserstoffsäure** $H_2[PtCl_6]$ gehört zur Gruppe der Acidoverbindungen. Man erhält diese Verbindung sehr leicht beim Lösen von Platin in Königswasser, dem ein Überschuß Salzsäure hinzugefügt ist, und mehrmaligem Eindampfen mit Salzsäure. Das schwerlösliche Ammoniumsalz $(NH_4)_2[PtCl_6]$ (**Ammoniumhexachloroplatin IV**) fällt als zitronengelber Niederschlag aus, wenn die Lösung von Platinchlorwasserstoffsäure zu einem Ammoniumsalz hinzugefügt wird. Das Salz gibt beim Verglühen ein sehr fein verteiltes schwarzes Platin *(Platinschwamm)*. Schwer löslich ist auch das Kaliumsalz $K_2[PtCl_6]$. Beide Salze spielen in der Analytischen Chemie eine Rolle.

Nachweis. Schwefelwasserstoff fällt das schwarze PtS_2, löslich in gelbem Schwefelammonium. Wegen der leichten Überführbarkeit des Metalls in die Platinchlorwasserstoffsäure ist der Nachweis über das Ammonium- oder Kaliumsalz leicht.

2. Ruthenium Ru

Es ist das seltenste Element unter den Platinmetallen. Ruthenium ist chemisch äußerst widerstandsfähig; es wird von Königswasser nicht angegriffen. Die höchste Wertigkeit VIII betätigt es in RuO_4, goldgelbe Kristalle, Schmp. 25°. Dieses Oxyd ist auch bei hoher Temperatur stabil. Gegen Fluor hat das Metall V als die höchste Wertigkeit: RuF_5.

3. Osmium Os

Dieses Metall kommt mit Iridium legiert vor und ist in dieser Form in Königswasser unlöslich. Sehr leicht wird das Osmiumtetroxyd OsO_4, Schmp. 42°, Sdp. 130°, aus den Elementen gebildet, das schon bei gewöhnlicher Temperatur flüchtig ist. Dieses hellgelb gefärbte Oxyd hat einen durchdringenden Geruch und ist den Atmungsorganen sehr schädlich. Das Oxyd, häufig als „*Osmiumsäure*" bezeichnet, wird in der Histologie verwendet. Es ist ein Osmiumoktafluorid OsF_8 (Sdp. 48°) bekannt. Das Metall vermag höchste katalytische Wirkungen hervorzubringen.

4. Rhodium Rh

Das reine Metall wird von Königswasser nicht gelöst. Gleich wie Platin wird es von Chlor angegriffen, ist aber gegen Fluor außerordentlich widerstandsfähig. Rhodium ist fast ausschließlich III-wertig. Die Salze und ihre Lösungen sind rosarot gefärbt (daher der Name des Elements). Platin-Platinrhodium-Thermoelemente dienen zur Messung hoher Temperaturen.

5. Iridium Ir

Chemisch ist Iridium sehr widerstandsfähig, gegen Sauerstoff ist es III-wertig, allein im *Hexafluorid* IrF_6 (Sdp. 56°) scheint es seine höchste Wertigkeit zu entfalten. Iridium hat neben Osmium den höchsten Schmelzpunkt unter den Platinmetallen und besitzt eine große Härte. Spitzen der Goldfüllfedern werden aus diesem Metall gefertigt. Auch für Thermoelemente sind Legierungen mit Rhodium in Verwendung.

6. Palladium Pd

Palladium ist im Vergleich mit den anderen Platinmetallen weicher, duktiler und auch chemisch mehr reaktionsfähig. Es ist das einzige Platinmetall, das von Salpetersäure gelöst wird. Die Affinität gegen Sauerstoff ist auffallend gering. Sehr kennzeichnend für das Palladium ist seine große Absorptionsfähigkeit für Wasserstoff, womit die starke Durchlässigkeit des Metalles für Wasserstoff zusammenhängt; man kann sie schon bei niedrigen Temperaturen ($\approx 300°$) leicht feststellen. Kolloidales Palladium ist ein wirksamer Katalysator für Hydrierungen organischer Verbindungen.

Palladium kann II-wertig, selten IV-wertig auftreten. Bekannt ist das *Trifluorid* PdF_3. Zu den meistverwendeten Salzen gehört das *Palladiumdichlorid* $PdCl_2 . 2 H_2O$ (dunkelrot gefärbt), ferner das Sulfat und Nitrat; sie sind alle im Wasser leicht löslich und gefärbt. Aus den Lösungen läßt sich besonders leicht durch reduzierende Stoffe das Metall ausscheiden. In dieser Hinsicht ist das Verhalten gegen verdünntes Kohlenoxyd bemerkenswert, da dieses, sonst in geringer Konzentration nicht leicht nachzuweisende Gas, aus einer Palladiumlösung das Metall ausfällt: erkenntlich an der Schwärzung der Lösung.

LVIII. Radioaktivität

Natürliche Radioaktivität. 1. Alle natürlichen Elemente mit einer Ordnungszahl größer als 83 sind radioaktiv. Die Ursache der Radioaktivität ist der Zerfall eines Atoms, dem sein Kern unterworfen ist. Die Radioaktivität ist eine Eigenschaft des Kernes der Atome; man erkennt sie an der ihr eigenen Strahlung. Die natürlichen r. a. Stoffe können drei Arten von Strahlen aussenden: α-Strahlen, β-Strahlen und γ-Strahlen. Die zwei erstgenannten Strahlen sind Materiestrahlen, die letzte ist elektromagnetische Strahlung. Die α-Strahlen sind doppelt positiv geladene

He-Atome (Masse 4,002764), β-Strahlen sind negative Elektronenstrahlen (β ist identisch e^-). Man erkennt die drei verschiedenen Strahlungsarten

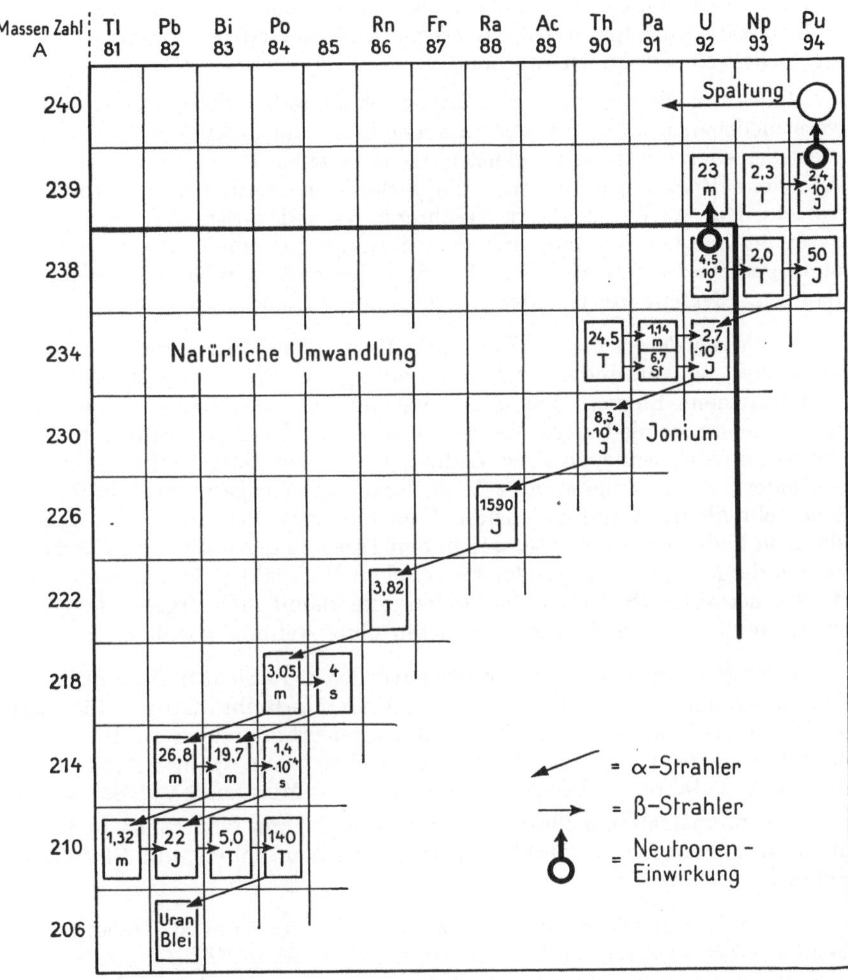

Abb. 114. Zerfallsreihe Uran-Radium.

In der Abb. 114 fehlt der Pfeil $^{238}_{92}\mathrm{U}$ zu $^{234}_{90}\mathrm{Th}$.

u. a. an ihrem Verhalten im Magnetfeld; während die γ-Strahlen ihre Richtung beibehalten, werden die α- und β-Strahlen nach entgegengesetzter Richtung verschieden stark abgelenkt.

Die Teilchen werden mit großer Geschwindigkeit ausgeschleudert, sie beträgt bei α-Teilchen $1/_{15}$ bis $1/_{20}$, bei β-Teilchen fast Lichtgeschwindigkeit. Alle drei Strahlungsarten wirken auf die photographische Platte durch Ausscheidung von Silber. Kennzeichnend für r. a. Stoffe ist, Sidotblende zur Fluoreszenz anzuregen und die Luft zu ionisieren, d. h. sie elektrisch leitend zu machen.

Jedes r. a. Element hat eine kennzeichnende Strahlung. Die von den verschiedenen r. a. Elementen ausgehende α- und β-Strahlen sind untereinander energetisch nicht gleich; die α-Strahlen haben z. B. eine verschiedene Reichweite in Luft, die β-Strahlen werden von Aluminium verschieden stark absorbiert. Während α- und β-Strahlen allein ausgesendet werden können, erfolgt γ-Strahlung niemals allein, sondern stets gemeinsam mit ersteren. Die Strahlung ist unabhängig davon, ob das r. a. Element frei ist oder sich in einer Verbindung befindet.

2. *Verschiebungssätze.* Wenn der Kern eines Elements α-Strahlen aussendet, so vermindert sich die Ladung des Kerns um 2, das entstandene neue Element hat dann eine um 2 verminderte Ordnungszahl und eine um 4 niedrigere Masse. Sendet der Kern β-Strahlen aus, so vergrößert sich seine positive Ladung um 1, die Massenzahl bleibt unverändert; das Atomgewicht erfährt durch den Weggang eines Elektrons eine sehr kleine Abnahme. Diese Verschiebungssätze regeln die Folgen der sich bildenden Elemente, was in den Tabellen der natürlichen Zerfallsreihen dargestellt wird. In der künstlichen Radioaktivität hat man auch Positronstrahler (S. 396) aufgefunden; die damit sich ergebende „Verschiebung" ist nach dem Ausgeführten ohne weiteres gegeben.

3. Es gibt drei Zerfallsreihen der natürlichen Radioaktivität: a) Uran-Radium-Reihe (Abb. 114), b) Uran-Aktinium-Reihe (Abb. 115) und c) Thorium-Reihe (Abb. 116). In den drei Abbildungen sind die einzelnen Reihen näher ausgeführt; angegeben sind Halbwertzeiten; es bedeutet J Jahre, T Tage, St Stunden, m, s Minuten bzw. Sekunden.

Weltraumstrahlung (kosmische Strahlung) kann Neutronen in Uranmineralen erzeugen, wodurch sich in diesen Neptunium und Plutonium bildet.

a) Das im natürlichen Uran zu 99,3% vorkommende Isotop ^{238}U sendet α-Strahlen aus und bildet das Thoriumisotop ^{234}Th, dieses sendet β-Strahlen aus, es entsteht das Protaktinium ^{234}Pa (es gibt zwei Pa-Isotope mit verschiedener Halbwertzeit!). Daraus entsteht wieder ein Uranisotop ^{234}U. Nach zwei aufeinanderfolgenden α-Strahlern bildet sich das Radium ^{226}Ra, nach weiter drei α-Strahlern entsteht r. a. Blei ^{214}Pb und schließlich, wie man aus der Tabelle sieht, als Endprodukt das stabile „*Uranblei*" ^{206}Pb.

b) Die Uran-Aktinium-Reihe beginnt mit dem Isotop ^{235}U, das nur zu 0,7% im gewöhnlichen Uran vorhanden ist. Das Endprodukt ist das stabile „*Aktiniumblei*" ^{207}Pb.

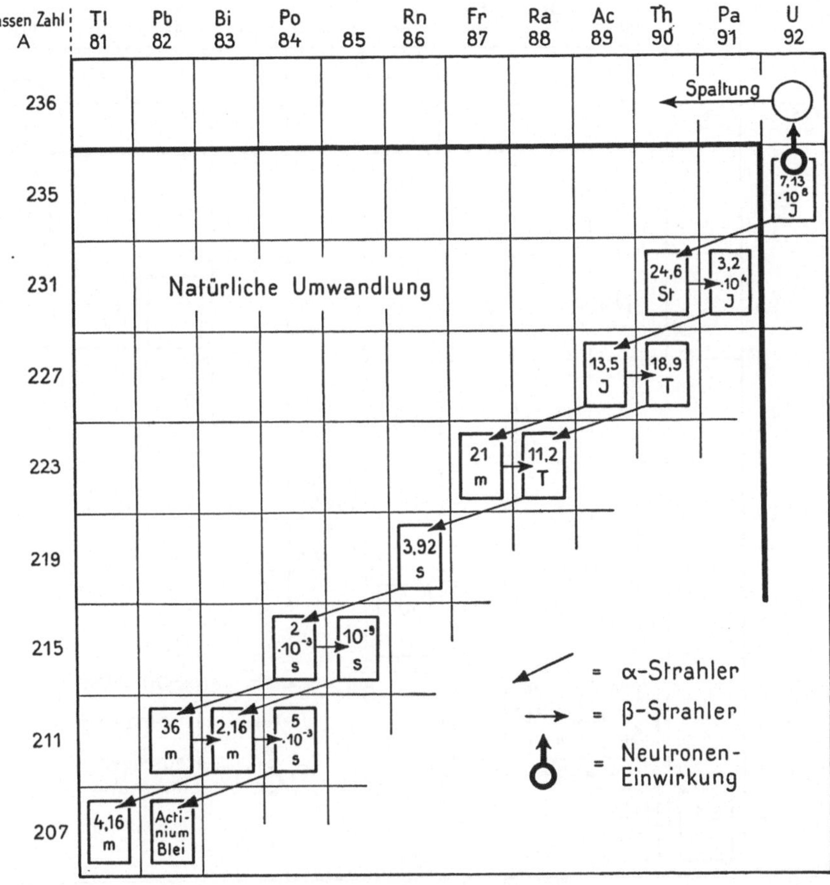

Abb. 115. Zerfallsreihe Uran-Actinium.

c) Die Thoriumreihe beginnt mit ^{232}Th und endet mit dem stabilen „*Thoriumblei*" ^{208}Pb. Die Stellung der Isotope A 215, 216, Ordnungszahl 85 in der Abb. 115 ist z. Z. noch nicht vollständig geklärt.

4. *Die Kinetik des radioaktiven Zerfalls*. Wie S. 179 ausgeführt, zerfällt ein r. a. Element nach dem Gesetz für eine monomolekulare Reaktion. Als Maß für die Geschwindigkeit wird die abgeleitete Größe (T) — die *Halbwertzeit* — verwendet, die für jedes r. a. Element einen ganz bestimmten Wert hat; sie liegt zwischen Jahrmillionen und Sekunden! Statt der Halbwertzeit wird auch die *mittlere Lebensdauer* τ eines Atoms in Betracht gezogen.

Ein r. a. Atom kann nach seiner Entstehung sofort oder erst nach unbekannt langer Zeit zerfallen: man kennt nicht die Ursache für den Zerfall einzelner Atome. Aus diesem Grund hat die Gesetzmäßigkeit der Geschwindigkeit des r. a. Zerfalls statistischen Charakter.

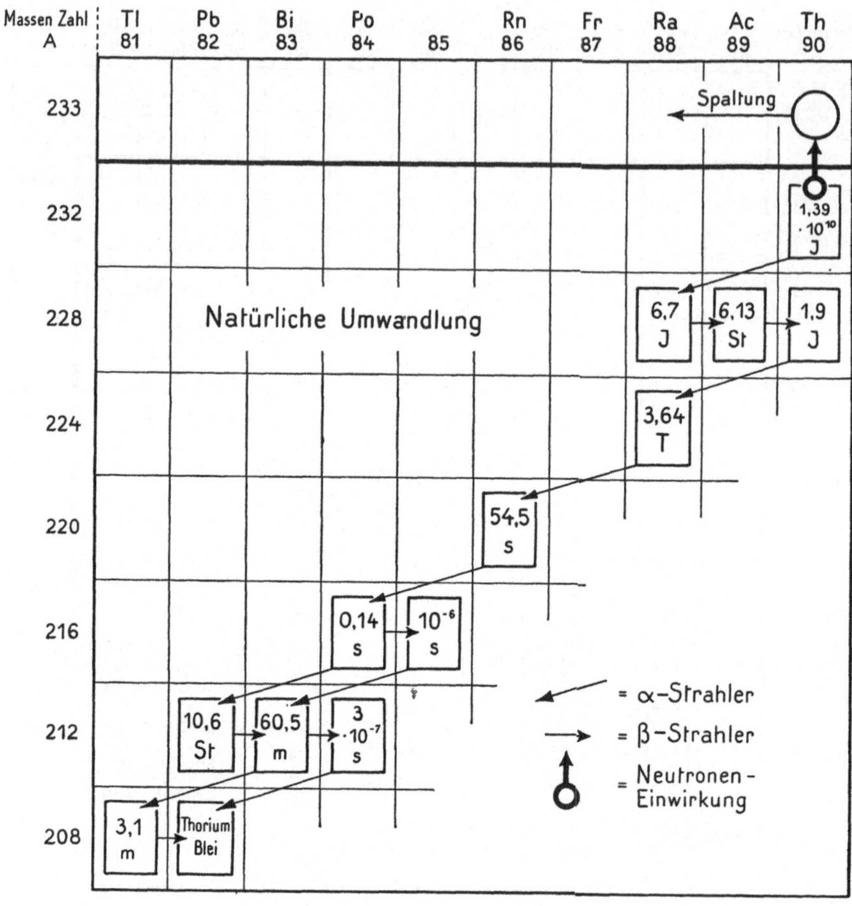

Abb. 116. Zerfallsreihe des Thoriums $^{232}_{90}$Th.

Eine Änderung der Zerfallsgeschwindigkeit tritt innerhalb der experimentell herstellbaren Temperaturunterschiede von etwa 2000° nicht ein.

5. *Das Gleichgewicht im radioaktivem Zerfall.* Von Uran, Thorium oder Aktinium ausgehend, entsteht eine Reihe r. a. Elemente sehr verschiedener Halbwertzeit; es zeigt sich, daß sie alle nach entsprechend langer Zeit in ganz bestimmten Mengen vorhanden sind: von jedem Element wird pro Sekunde ebensoviel gebildet als zersetzt, man bezeichnet dies als „*radioaktives Gleichgewicht*". In diesem Gleichgewicht verhalten sich die Elementmengen wie ihre Halbwertzeit. Z. B. hat das Radium und seine Emanation *(Radon)* die Halbwertzeit 1580 Jahre bzw. 3,85 Tage, demnach ist im Gleichgewicht 1580 . 365/3,85 = 150 000mal mehr Radium als Radon vorhanden.

LIX. Entstehung von Elementen, künstliche Radioaktivität

(Kernreaktionen)

1. Werden Atomkerne von anderen Kernen getroffen, so bilden sich im allgemeinen neue Kerne. Ein solcher Vorgang kann erzwungen werden durch Anwendung eines α-Strahlers, z. B. von Radium C. Die große Geschwindigkeit, mit der die α-Teilchen ausgeschleudert werden, macht es diesen möglich, durch die Elektronenwolke der Atome durchzudringen und den Kern zu treffen. Wird Stickstoff mit α-Strahlen beschossen, so bilden sich zwei neue Kerne, zwei Elemente entstehen: das stabile Sauerstoffisotop $^{17}_{8}\mathrm{O}$ und ein Proton; die Gleichung zu diesem Vorgang lautet:

$$^{14}_{7}\mathrm{N} + {}^{4}_{2}\mathrm{He} = {}^{17}_{8}\mathrm{O} + {}^{1}_{1}\mathrm{H}.$$

Nicht immer liefert ein solcher Vorgang ein stabiles Element, häufiger sind die so gebildeten Kerne instabil: es entsteht ein r. a. Element. Dies ist z. B. der Fall, wenn Phosphorkerne mit Deuteronen sehr großer Geschwindigkeit beschossen werden:

$$^{31}\mathrm{P} + {}^{2}\mathrm{H} = {}^{32}\mathrm{P} + {}^{1}\mathrm{H}.$$

Das gebildete Phosphorisotop $^{32}\mathrm{P}$ ist ein β-Strahler (Halbwertzeit 14,3 Tage). Läßt man langsame Neutronen auf eine Stickstoffverbindung (z. B. Ammoniumnitrat) einwirken, so erfolgt die Umwandlung:

$$^{14}_{7}\mathrm{N} + {}^{1}_{0}n = {}^{14}_{6}\mathrm{C} + {}^{1}_{1}\mathrm{H}.$$

Es entsteht ein aktives Isotop des Kohlenstoffes, Halbwertzeit 5000 Jahre. Man kann die allgemeine Einwirkung eines Neutrons auf einen Kern durch Abb. 117 anschaulich machen:

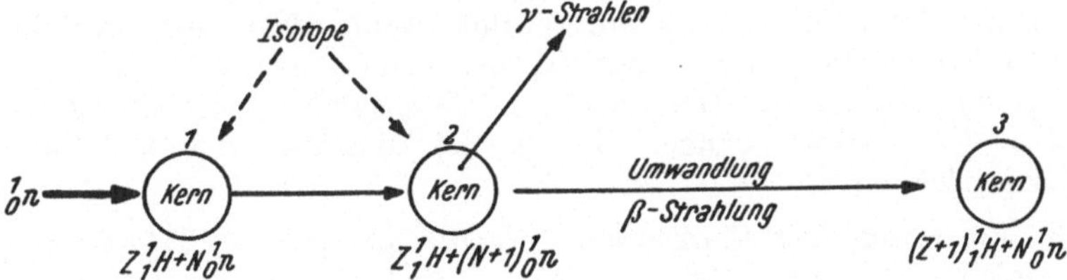

Abb. 117.

Bei Kernreaktionen bedeutet $^{1}_{1}\mathrm{H}$ stets ein Proton, wenn nicht die Bezeichnung p verwendet wird.

Bei der Bildung des Kernes 2, also beim Einfang des Neutrons durch den Kern 1, entweicht ein Teil der freigewordenen Energie als γ-Strahlung. Die Umwandlung zu einem Kern 3 kann durch eine α-Strahlung,

β-Strahlung oder durch Aussendung von Protonen erfolgen, wobei entsprechend verschiedene Kerne entstehen.

Aluminium erfährt unter der Einwirkung von α-Strahlen die folgende Gesamtumsetzung:

$$_{13}^{27}\text{Al} + {}_{2}^{4}\text{He} = {}_{14}^{30}\text{Si} + {}_{1}^{1}\text{H}.$$

Es ist nun bedeutungsvoll, daß die Radioaktivität am Aluminium *bestehen* bleibt, wenn die Quelle für α-Strahlen entfernt wird. Der nun spontane Zerfall ist zu deuten:

$$_{13}^{27}\text{Al} + {}_{2}^{4}\text{He} = {}_{15}^{30}\text{P} + {}_{0}^{1}n \qquad (\alpha;\ n)\ \text{Umwandlung.}$$

Das Isotop des Phosphors zerfällt unter Aussendung von *Positronen*:

$$_{15}^{30}\text{P} = {}_{14}^{30}\text{Si} + e^{+}, \quad \text{Halbwertzeit } 2^{1}/_{4} \text{ Minuten.}$$

Diese Umwandlung kann chemisch verfolgt werden. Die Auflösung des vorbestrahlten Aluminiums müßte einen r. a. Phosphorwasserstoff geben, der als Gas entweicht: dies ist auch festgestellt worden. Löst man das Gas in Königswasser, so bildet sich Phosphorsäure, diese, mit einem Zirkonsalz ausgefällt, gibt das besonders schwer lösliche Zirkonphosphat, das sich ebenfalls als radioaktiv erwiesen hat.

Gegenwärtig ist es möglich, von allen Elementen r. a. Isotope herzustellen. Bei der Einwirkung von α-Strahlen der Radiumemanation ^{222}Rn auf Beryllium hat man folgende Umwandlungen beobachtet:

$$_{4}^{9}\text{Be} + {}_{2}^{4}\text{He} = {}_{6}^{12}\text{C} + {}_{0}^{1}n.$$

Es entsteht das *Neutron*, seine Auffindung ist für die Entwicklung der Kernchemie von grundlegender Bedeutung geworden. J. Chadwick (England) 1932.

2. *Das Neutron.* Dieses hat eine Masse 1,00895, ist also etwas schwerer als das Proton. Es hat keine Ladung und wird aus diesem Grunde beim Durchtritt durch Materie außerordentlich wenig absorbiert. Nur in der unmittelbaren Umgebung eines Kernes erfahren die Neutronen eine Ablenkung (Streuung). Sie vermögen Bleiplatten von mehreren Zentimetern Dicke zu durchdringen, ohne merkliche Einbußen an Geschwindigkeit zu erleiden.

3. *Entstehung der Transurane, Neptunium* $_{93}\text{Np}$, *Plutonium* $_{94}\text{Pu}$, *Americium* $_{95}\text{Am}$ und *Curium* $_{96}\text{Cm}$. Wird das Uranisotop ^{238}U mit raschen Deuteronen beschossen, so treten die folgenden und in Gl. 3 angegebenen Kernreaktionen ein:

$$_{92}^{238}\text{U} + {}_{1}^{2}\text{H} = {}_{92}^{239}\text{U} + {}_{1}^{1}\text{H}, \text{ abgekürzte Bezeichnung: } {}_{92}^{238}\text{U}\ (\text{d, p})\ {}_{92}^{239}\text{U}$$

$$_{92}^{239}\text{U} = {}_{93}^{239}\text{Np} + e^{-}; \tag{1}$$

das intermediär entstandene ^{239}U verwandelt sich spontan in ein Neptuniumisotop $_{93}^{239}\text{Np}$. Es kann auch eintreten:

$$\ce{^{238}_{92}U} + \ce{^{2}_{1}H} = \ce{^{238}_{93}Np} + 2\,\ce{^{1}_{0}}n \quad \left| \ce{^{238}_{92}U}\,(d, 2\,n)\,\ce{^{238}_{93}Np} \right|$$

$$\ce{^{238}_{93}Np} = \ce{^{238}_{94}Pu} + e^-. \tag{2}$$

Es bildet sich ein Isotop des *Plutoniums*. Man erhält dieses auch auf folgendem Weg, wenn ^{238}U mit einem Neutron zusammentrifft:

$$\ce{^{238}_{92}U} + \ce{^{1}_{0}}n = \ce{^{239}_{92}U}, \qquad \ce{^{239}_{93}Np} = \ce{^{239}_{94}Pu} + e^-,$$

$$\ce{^{239}_{92}U} = \ce{^{239}_{93}Np} + e^-, \qquad \ce{^{239}_{94}Pu} = \ce{^{235}_{92}U} + \ce{^{4}_{2}He}. \tag{3}$$

Americium entsteht über ein weiteres Plutoniumisotop mit hochbeschleunigten He-Atomen:

$$\ce{^{238}_{92}U} + \ce{^{4}_{2}He} = \ce{^{241}_{94}Pu} + \ce{^{1}_{0}}n, \qquad \left| \ce{^{238}_{92}U}\,(\alpha, n)\,\ce{^{241}_{94}Pu}, \right.$$

$$\ce{^{241}_{94}Pu} = \ce{^{241}_{95}Am} + e^-. \tag{4}$$

Curium wird in zwei Isotopen erhalten, wenn ^{239}Pu-Kerne mit raschen Helium-Ionen zusammentreffen:

$$\ce{^{239}_{94}Pu} + \ce{^{4}_{2}He} = \ce{^{242}_{96}Cm} + \ce{^{1}_{0}}n,$$

$$\ce{^{239}_{94}Pu} + \ce{^{4}_{2}He} = \ce{^{240}_{96}Cm} + 3\,\ce{^{1}_{0}}n, \qquad \ce{^{239}_{94}Pu}\,(\alpha, 3\,n)\,\ce{^{240}_{96}Cm}. \tag{5}$$

Die angegebenen Transurane sind alle radioaktiv. Eine Zusammenstellung mit ihren Halbwertzeiten findet man in der folgenden Tabelle 14.

Tabelle 14

Ordnungszahl	Element	Wertigkeit	Massenzahl A											
			231	232	233	234	235	236	237	238	239	240	241	242
91	Pa	V	α $32\cdot10^3$ J		β 27 T	β 7 h								
92	U	IV, VI			α $1,6\cdot10^5$ J	α $2,3\cdot10^5$ J	α $7\cdot10^8$ J		β 7 T	α $4,5\cdot10^9$ J	β 23′			
93	Np	VI IV, III				K[1] 4,5 T	K[1] 240 T	β 20 h	α $2,3\cdot10^6$ J	β 2 T	β 2,3 T			
94	Pu	VI IV, III								α 50 J	α $2,4\cdot10^4$ J			
95	Am	(III)											α 500 J	β 400 J
96	Cm	III										α 30 T		α 150 T

[1] Bedeutet K-Einfang, S. 93.

LX. Kernspaltung des Urans.

1. Wie im Kapitel XXVII angegeben, zeigt die Kurve für den Packungsanteil, daß sich Elemente, deren Massenzahl links oder rechts vom Minimum zu liegen kommt, unter Abgabe von Energie in Elemente der Minimumlage umwandeln könnten. In der Tat zeigt sich, daß Kerne der schwersten Elemente durch Neutronen gespalten werden können, wobei sich Elemente bilden, deren Massenzahl etwa zwischen 70 und 150 liegt.

2. Das natürliche Uran enthält drei Isotope ^{238}U (99,3%), ^{235}U (0,7%), ^{234}U (0,006%). Trifft ein Neutron den Kern von ^{235}U, so vereinigen sich beide, es entsteht ein neuer Kern ^{236}U, der aber höchst instabil ist; er spaltet sich in mehrere Bruchstücke, die selbständige leichtere Kerne von Elementen bilden. Bei diesem Vorgang werden Neutronen frei und zugleich eine gewaltige Wärmemenge. Daß bei der Spaltung Neutronen frei werden können, ist darauf zurückzuführen, daß das Verhältnis der Kernbestandteile Neutronen/Protonen kleiner ist bei den leichteren Kernen als bei den schwereren. Die Wärmeentwicklung entspricht den *Massendefekten*, die bei der Atomzertrümmerung auftreten. Die entstandenen Spaltprodukte sind alle r. a. Isotope der natürlichen Elemente. Gleich wie ^{235}U verhält sich Plutonium ^{239}Pu und Thorium ^{232}Th.

Man kann den geschilderten Vorgang etwa durch das folgende Bild anschaulicher machen. Das Neutron trifft auf den Urankern, es entstehen (E_x) Elemente niedrigerer Ordnungszahl und ein *neues* Neutron, z. B. nur eines:

$$\,_0^1 n \rightarrow\,^{235}U \rightarrow (E_x) +\,_0^1 n.$$

3. *Kettenreaktion.* Nach diesem Bild erzeugt jedes Neutron bei der Spaltung ein neues Neutron, das weitere Spaltung verursachen kann, d. h. man hat nach S. 136 eine Kettenreaktion. Die Zahl der pro Zeiteinheit gespaltenen Urankerne, die Geschwindigkeit $v =$ prop. (Zahl der Neutronen) $\times$ (Zahl der U-Kerne); letztere ist konstant zu setzen. In Wirklichkeit wird bei der Kernspaltung nicht ein Neutron, sondern es werden etwa drei frei. Es werden also nach der 1. Sekunde 3 Neutronen, nach der 2. Sekunde 9, nach der 3. Sekunde 27 Neutronen frei, d. h. in der 3. Sekunde wäre die Geschwindigkeit bereits 27mal rascher als in der 1. Sekunde usw. Die Geschwindigkeit der Kettenreaktion wird sich ins Unermeßliche steigern, d. h. sie wird zur Detonation. Das Angedeutete ist nur eine sehr grobe Darstellung der tatsächlichen Vorgänge.

4. *Energie.* Bei der Spaltung eines U-Kernes findet man experimentell, daß etwa 180 MeV frei werden. Bei der Spaltung von 1 Gramm-Atom Uran (238 g) beträgt $\Delta H = -4,3 \cdot 10^9$ kcal $= -4,7 \cdot 10^6$ Kilowatt. Die Spaltung von 1 g Uran liefert eine Wärmemenge, die der Verbrennung von etwa 2000 kg bester Kohle entspricht.

Unter „*Atomenergie*" wird oft die Wärme verstanden, die bei der Spaltung der Atomkerne frei wird. Mit „Atomenergie", richtiger „Atomkernenergie", sind wir jedoch ständig fühlbar in Berührung: Die Wärme unseres Körpers, die Wärme, die der Ofen ausstrahlt, das uns umgebende

Licht, kurz alles, was unserem Leben Wärme bringt und es so erhält, ist Äußerung der „Atomenergie"; diese verwendet die Natur in ihren unübersehbar vielen Vorgängen entsprechend geregelt. Die Erkenntnis allerdings, daß es möglich ist, die „Atomkernenergie" im außerordentlichen Vorgang zu entfesseln, hält die Gegenwart in Atem.

5. *Die Herstellung des Plutoniums.* Für die Kernspaltung durch Neutronen eignet sich das im Uran vorkommende Isotop ^{235}U, dessen Konzentration allerdings sehr klein ist (S. 362). Um also wirksame Kernspaltungen durchführen zu können, müßte dieses Isotop angereichert werden, wozu ja prinzipiell Methoden zur Verfügung stehen (S. 95). Diese haben sich fürs erste als zu langwierig erwiesen, und man hat vorteilhaft die Herstellung des Plutoniums durchgeführt, das ebenfalls durch Neutronen gespalten wird.

Nach der Gl. 3 (S. 397) ist für die Herstellung des Plutoniums eine reiche Neutronenquelle notwendig; eine solche kann vor allem die Kernspaltung des Urans selbst liefern. Dies wird in besonderen *Uranbatterien* (pile) durchgeführt. Es sind Würfel aus Graphit (einige hundert Tonnen wiegend), in deren Bohrungen Stäbe aus Uran und aus Bor hineingeschoben werden. Die Ausmaße dieser Stäbe sind besonders zu beachten, um einen technisch noch kontrollierbaren Verlauf der Entstehung von Plutonium zu gewährleisten. Es ist eine sehr große Wärmemenge durch Kühlung abzuführen, ferner darf eine kritische Größe auch deshalb nicht überschritten werden, um die Gefahr einer Detonation zu vermeiden. Die „Zündung" des Systems kann durch Einwirkung kosmischer Strahlung allein erfolgen.

Ist in den Uranstäben eine genügende Menge Plutonium angereichert, so erfolgt seine Abtrennung vom Uran und den anderen gebildeten r. a. Elementen auf chemischem Weg durch Lösung und Fällungsreaktionen. Die Arbeit erfordert eine besondere Vorsicht, da sich im System die gebildeten r. a. Zerfallsprodukte befinden, die tödliche Wirkungen ausüben. Die Halbwertzeit dieser r. a. Spaltprodukte liegt zwischen Sekunden und vielen Jahren[1]. Das gelöste Uran muß dann wieder in den Prozeß zurückgeführt werden. Der Graphitwürfel dient als *Moderator*, er hat die Aufgabe, die Geschwindigkeit der frei werdenden Neutronen so weit zu regeln, um eine möglichst günstige Ausbeute an Plutonium zu geben. Bor- oder Cadmium-Stäbe verhindern eine mögliche Detonation der Anlage, da sie Neutronen absorbieren.

Es ergibt sich, daß bei der Gewinnung von 1 kg Plutonium/Tag etwa 1 Million Kilowatt Energie erzeugt wird. Bei den hier ausgeführten Kernreaktionen ist nicht nur die große Energie bemerkenswert, sondern viel mehr noch der Umstand, daß sie in Bruchteilen einer Sekunde entwickelt werden kann.

6. *Zur Geschichte der Uranspaltung.* Im Jahre 1935 wird von E. Fermi (Italien) berichtet, daß durch langsame Neutronen das Uran neue r. a. Stoffe liefert, doch ergaben sich keine übersichtlichen Erkenntnisse. O. Hahn

---

[1] Ein besonders langlebiges Isotop ist $^{93}_{43}Tc$, S. 361.

(Deutschland) und seine Schüler beschreiben zu Beginn des Jahres 1939, daß Uran, mit Neutronen behandelt, zerfällt; es bilden sich Barium, Seltene Erden und Krypton. Bald wird auch die große Wärmeentwicklung aufgefunden, die bei so einem Prozeß frei wird. Die Entdeckung wird sofort an zahlreichen Stellen nachgeprüft und bestätigt. Von Bedeutung war die Feststellung, daß im Falle des ^{235}U nur langsame (thermische) Neutronen wirksam sind. Deuterium, Graphit, Cadmium, Beryllium haben sich zur Abbremsung wirksam erwiesen, besonders wertvoll ist das Deuterium, da es die Eigenschaft hat, keine Neutronen zu absorbieren. Die Auffindung des Plutoniums erfolgte durch G. B. SEABORG (USA.) in der Zeit 1940 bis 1942, des Neptuniums 1940 durch E. M. Mc MILLAN (USA.). Die erste kontrollierbar aufgestellte Uranbatterie lief am 2. Dezember 1942 an der *Universität in Chicago* mit etwa 6000 kg Uranmetall unter Leitung von E. FERMI. Die Leistung war zu Beginn $^{1}/_{2}$, dann 200 W. Die erste in großtechnischem Maßstabe durchgeführte Darstellung des Plutoniums erfolgte in Hanford (im Staate Washington) September 1944, Leistung $1{,}5 . 10^6$ kW. Es ist eine Tragik, daß diese großen Erfolge wissenschaftlicher Forschung und weitausholender Technik zuerst in zerstörender Waffe angewendet werden mußten. Am 6. und 9. August 1945 wurden in Hiroshima und Nagasaki je eine Atombombe geworfen, deren fürchterliche Folgen Japan zur Einstellung des Krieges nötigten.

Die Bedeutung der Kernspaltung liegt vor allem darin, daß neue Energiequellen aufgefunden werden konnten, welche die bisher dem Menschen zur Verfügung stehenden millionenmal übertreffen. Es ist noch ein weiter Weg, diese Energie in kontrollierbaren technischen Anordnungen der Wirtschaft dienstbar zu machen, doch ist kein Grund zu zweifeln, daß dies gelingen wird. Nur eine Welt des Friedens unter den Völkern kann die Wohltaten genießen, die diese Entdeckung des Menschen, wohl die größte nach der Auffindung des Feuers, mit sich bringen könnte.

Tabelle 15. *Dissoziationskonstanten anorganischer Säuren* (konz. 0,1 bis 0,01 n)

Säure	Stufe	°C	Konstante
Aluminiumhydroxyd, HAlO		25	$6 \cdot 10^{-12}$
Arsenige Säure	I	Z.-T.	$4 \quad 10^{-10}$
	II	Z.-T.	$3 \cdot 10^{-14}$
Arsensäure	I	18	$5,62 \cdot 10^{-3}$
	II	18	$1,70 \cdot 10^{-7}$
	III	18	$3,95 \cdot 10^{-12}$
Borsäure	I	≈ 20	$7,3 \cdot 10^{-10}$*
	II	≈ 20	$1,8 \cdot 10^{-13}$*
	III	≈ 20	$1,6 \cdot 10^{-14}$*
Chromsäure	II	25	$3,20 \cdot 10^{-7}$*
Cyansäure	—	Z.-T.	$2,2 \cdot 10^{-4}$
Cyanwasserstoffsäure	—	18	$4,79 \cdot 10^{-10}$
Flußsäure (10^{-4} n)	—	25	$3,53 \cdot 10^{-4}$
Germaniumsäure	I	25	$0,9 \cdot 10^{-9}$
	II	25	$1,9 \cdot 10^{-12}$
Jodsäure	—	25	$0,17$*
Kieselsäure H_4SiO_4	I	30	$2,2 \cdot 10^{-10}$
	II	30	$2,0 \cdot 10^{-12}$
	III	30	$1 \cdot 10^{-12}$
	IV	30	$1 \cdot 10^{-12}$
Kohlensäure H_2CO_3	I	25	$4,31 \cdot 10^{-7}$*
(scheinbare Dissoziationskonstante)	II	25	$5,61 \cdot 10^{-11}$*
Phosphorige Säure	I	18	$1,0 \cdot 10^{-2}$
	II	18	$2,6 \cdot 10^{-7}$
Phosphorsäure	I	25	$7,52 \cdot 10^{-3}$
	II	25	$6,23 \cdot 10^{-8}$
	III	18	$1,78 \cdot 10^{-12}$
Diphosphorsäure	I	18	$1,4 \cdot 10^{-1}$
	II	18	$3,2 \cdot 10^{-2}$
Diphosphorsäure	III	18	$1,7 \cdot 10^{-6}$
	IV	18	$6,0 \cdot 10^{-9}$
Salpetersäure	—	Z.-T.	zirka $1,2$*
Salpetrige Säure (0,5 n)	—	12,5	$4,6 \cdot 10^{-4}$
Schwefelsäure	II	20	$1,20 \cdot 10^{-2}$*
Schwefelwasserstoff	I	18	$9,1 \cdot 10^{-8}$
	II	18	$1,1 \cdot 10^{-12}$
Schweflige Säure	I	18	$1,54 \cdot 10^{-2}$*
	II	18	$1,02 \cdot 10^{-7}$
Selenige Säure	I	18	$2,88 \cdot 10^{-3}$
	II	18	$9,55 \cdot 10^{-9}$
Selensäure	—	25	fast wie H_2SO_4
Stickstoffwasserstoffsäure	—	18	$2,14 \cdot 10^{-5}$
Tellurige Säure	I	25	$3 \cdot 10^{-2}$
	II	25	$2 \cdot 10^{-8}$
Tellursäure	I	18	$2,09 \cdot 10^{-8}$
	II	18	$6,46 \cdot 10^{-12}$
Tellurwasserstoffsäure	—	25	$1,88 \cdot 10^{-4}$
Thioschwefelsäure	II	25	$1 \cdot 10^{-2}$
Überjodsäure	—	25	$2,3 \cdot 10^{-2}$
Unterchlorige Säure	—	18	$2,95 \cdot 10^{-8}$*
Unterjodige Säure	—	Z.-T.	2 bis $3 \cdot 10^{-11}$
Unterdiphosphorsäure $H_4P_2O_6$	I	zirka 20	$6,4 \cdot 10^{-3}$
	II	zirka 20	$1,55 \cdot 10^{-2}$
	III	20	$5,4 \cdot 10^{-8}$
	IV	20	$9,4 \cdot 10^{-11}$
Wasser	—	25	$k_w = 1,0 \cdot 10^{-14}$
Zinnsäure	—	25	$4 \quad 10^{-10}$

* Konzentrationsunabhängige Konstanten.

Tabelle 16. *Dissoziationskonstanten anorganischer Basen*

Stoff	Stufe	°C	Konstante
Ammoniak	—	25	$1,79 \cdot 10^{-5}$
Berylliumhydroxyd	II	25	$5 \cdot 10^{-11}$
Bleioxyd, rot, $PbO \cdot H_2O$	—	25	$2,7 \cdot 10^{-4}$
Bleioxyd, weiß, $PbO \cdot x\,H_2O$	—	25	$9,6 \cdot 10^{-4}$
Deuteroammoniumdeuterooxyd ND_4OD	—	25	zirka $1,1 \cdot 10^{-5}$
Galliumhydroxyd	II	18	zirka $1,6 \cdot 10^{-11}$
	III	18	zirka $4 \cdot 10^{-12}$
Hydrazin	—	20	$1,4$ bis $1,7 \cdot 10^{-6}$
Hydroxylamin	—	20	$1,07 \cdot 10^{-8}$
Kalziumhydroxyd	—	25	$3,74 \cdot 10^{-3}$
Silberhydroxyd	—	25	$1,1 \cdot 10^{-4}$
Zinkhydroxyd	II	25	$1,5 \cdot 10^{-9}$

Tabelle 17. *Gewinnungsstätten einzelner mineralischer Rohstoffe auf engen Räumen*[1]

Die Prozentzahlen gelten für die Beteiligung an der gegenwärtigen Jahresproduktion; sie können auch ungefähr den Vorratszahlen gleichgesetzt werden.

Eisenerze	USA., Rußland	60%
Manganerze	Rußland, Brasilien, Indien, Südafrika	85%
Kupfererze	Chile, USA.	60%
Wolframerze	China, Indochina	80%
Molybdänerze	USA.	90%
Quecksilbererze	Spanien, Italien, Jugoslavien	85%
Antimonerze	China, Bolivien	80%
Nickelerze	Kanada	80%
Kobalterze	Belgisch-Kongo, Kanada	90%
Vanadinerze	Peru, Südwestafrika, USA.	90%
Zinnerze	Südostasien, Bolivien	80%
Gold	Südafrika, Rußland, Kanada, USA.	80%
Silber	Mittel-, Nord- und Südamerika	80%
Platinerze	Kanada, Rußland, Südafrika	90%
Uran-Radium	Kanada, Kongostaat	80%
Zirkonerze	Brasilien, USA.	80%
Titanerze	USA., Kanada	85%
Thorium (Seltene Erden)	Brasilien, Indien, USA.	80%
Schwefelkies	Spanien, Italien, Norwegen	60%
Erdöl	USA.	60%
Diamant	Mittel- und Südafrika, besonders Belgisch-Kongo	95%
Helium	USA.[2]	80%
Kalisalze	Deutschland, Frankreich	90%
Magnesit	Rußland, Österreich, Griechenland, Mandschurei	90%
Borate	USA.	95%
Phosphate	Nordafrika, USA., Südseeinseln	90%
Salpeter	Chile	90%
Strontiumerze	England, Deutschland	70%
Schwerspat	Deutschland, USA.	90%
Flußspat	USA., Deutschland	80%
Tafelglimmer	Indien[3], Kanada, Südafrika	85%
Schwefel	USA.	90%
Asbest	Kanada, Rußland, Südafrika	90%
Meerschaum	Türkei (Kleinasien)	85%

[1] Nach F. MACHATSCHK.
[2] Förderung! Der Prozentsatz an Vorräten ist viel geringer.
[3] Abfallglimmer wird überwiegend in USA. gewonnen.

Auszug aus der Literatur über Anorganische Chemie

1. Handbücher.

GMELIN-KRAUT: Handbuch der Anorganischen Chemie, 8. Aufl. Berlin: Verlag Chemie. Gegenwärtig in Neubearbeitung.

HOFMANN, M. K.: Lexikon der anorganischen Verbindungen. Leipzig: S. Hirzel. 1912—1919.

ABEGG, R.: Handbuch der Anorganischen Chemie. Leipzig: S. Hirzel. 1905—1939.

MELLOR: A Comprehensive Treatise on Inorganic and Theoretical Chemistry, Vol. IV. New York: Longmans, Green & Comp. 1923.

PASCAL, H.: Traité de Chemie Minerale, Paris. 1931—1934.

SCHWAB, G. M. Handbuch der Katalyse, 1. und 2. Bd. Wien: Springer-Verlag. 1941.

FREUNDLICH, H.: Kapillarchemie, 2 Bände, 4. Aufl. Leipzig: Akad. Verlagsgesellschaft. 1932.

SIDGWICK, N. V.: The chemical Elements and their Compounds, 2 Vol. Oxford: At the Clarendon Press. 1950.

International Critical Tables of Numerical Data Physics, Chemistry and Technology, Vol. 1—VII. Published for the Nat. Res. Council. New York: McGraw Hill Brok Comp. Inc. 1929.

2. Lehrbücher der Anorganischen und Allgemeinen Chemie, Organischen Chemie.

PAULING, L.: General Chemistry. San Francisco: W. H. Freeman & Comp. 1947.

RIESENFELD, E. H.: Lehrbuch der Anorganischen Chemie, 2. und 3. Aufl. Wien: Fr. Deuticke. 1939.

HOLLEMAN, A. F. und E. WIBERG: Anorganische Chemie, 22. und 23. Aufl. Berlin: W. de Gruyter & Co. 1951.

REMY, H.: Lehrbuch der Anorganischen Chemie, 2 Bände. Leipzig: Akademische Verlagsgesellschaft. 1931.

REMY, H.: Grundriß der Anorganischen Chemie. Leipzig: Akad. Verlagsgesellschaft. 1937.

OSTWALD, W.: Grundlinien der Anorganischen Chemie, 2. Aufl. Leipzig: W. Engelmann. 1904.

HOFMANN, U.: Anorganische Chemie. Neu bearbeitet von U. HOFMANN und W. RÜDORFF. 14. Aufl. Braunschweig: F. Vieweg & Sohn. 1951.

PARTINGTON, J. R.: General and Inorganic Chemistry. London: McMillan & Co. 1946.

PARTINGTON, J. R.: A Text-Book of Inorganic Chemistry. 5th Ed. London: McMillan & Co. 1947.

EMELÉUS, H. J und J. S. ANDERSON: Modern Aspects of Inorganic Chemistry. London: Georg Routleage & Sons, Co. 1938.

LANGENBECK, W.: Lehrbuch der Organischen Chemie. Dresden und Leipzig: Th. Steinkopff. 1940.

HEVESY, G. v.: Die Seltenen Erden vom Standpunkte des Atombaues. Berlin: Julius Springer. 1927.

JANDER, W.: Lehrbuch für das anorganisch-chemische Praktikum, 2. Aufl. Leipzig: S. Hirzel. 1940.

WERNER, A. und V. PFEIFER: Neuere Anschauungen auf dem Gebiete der Anorganischen Chemie, 5. Aufl. Braunschweig: F. Vieweg & Sohn. 1923.

KARRER, P.: Lehrbuch der Organischen Chemie, 6. Aufl. Leipzig: G. Thieme. 1939.

LATIMER, V. M. and J. H. HILDEBRAND: The Reference Book of Inorganic Chemistry. New York: The Macmillan Comp. 1949.

TAYLOR, F. S.: Inorganic and Theoretical Chemistry 8th Ed. London-Toronto: W. Heinemann Ltd. 1949.

MAXTED, E. B.: Modern Advances in Inorganic Chemistry. Oxford: At Clarendon Press. 1947.

3. Besondere Systeme der Anorganischen Chemie.

KLEMENC, A.: Die Behandlung und Reindarstellung von Gasen, 2. Aufl. Wien: Springer-Verlag. 1948.

FARKAS, A.: Ortho-para- and heavy Hydrogen. Cambridge: University Press. 1935.

EITEL, W.: Physikalische Chemie der Silikate. Leipzig: J. A. Barth. 1941.

TAMMANN, G.: Der Glaszustand. Leipzig: L. Voss. 1933.

FRICKE, R. und G. F. HÜTTIG: Hydroxyde und Oxydhydrate. Leipzig: Akad. Verlagsgesellschaft. 1937.

RICHARDS, Th. W.: Experimentelle Untersuchungen über Atomgewichte. Hamburg und Leipzig: L. Voss. 1909.

4. Metalle.

MASING, G.: Grundlagen der Metallkunde. Leipzig: Akad. Verlagsgesellschaft. 1940.

SAUERWALD, F.: Lehrbuch der Metallkunde des Eisens und der Nichteisenmetalle. Berlin: Julius Springer. 1929.

TAMMANN, G.: Lehrbuch der Metallkunde, 4. Aufl. Leipzig: L. Voss. 1932.

EVANS, U. R.: Metallic Corrosion, Passivity and Protection. London: E. Arnold & Co. 1937.

DURRER, R.: Die Metallurgie des Eisens, 3. Aufl. Berlin: Verlag Chemie. 1943.

5. Physikalische Chemie und Ausführungen über Atombau, Valenz- und Kernphysik.

RICE, O. K.: Electronic Structure and Chemical Binding. New York and London: McGraw-Hill Book Comp. Inc. 1940.

BICHOWSKY, F. R. and G. ROSSINI: Thermochemistry of the Chemical Substances. New York: Reinhold Publishing Corporation. 1936.

PAULING, L.: The Nature of the Chemical Bond and the structure of molecules and crystals. Ithaca: Cornell University Press. 1949.

HERZBERG, G.: Atomspektren und Atomstruktur. Dresden und Leipzig: Th. Steinkopff. 1936.

LEWIS, G. N. and M. RANDALL: Thermodynamics and the free Energy of Chemical Substances: New York und London: McGraw-Hill Book Company Inc. 1923.

EUCKEN, A.: Lehrbuch der Chemischen Physik. Leipzig: Akad. Verlagsgesellschaft. 1930. 2. Aufl., Band I: Die korpuskularen Bausteine der Materie, 1938.

EUCKEN, A.: Grundriß der Physikalischen Chemie, 4. Aufl. Leipzig: Akad. Verlagsgesellschaft. 1938.

EGGERT, J.: Lehrbuch der Physikalischen Chemie, 7. Aufl. Leipzig: J. Hirzel. 1948.

ULLICH, H.: Kurzes Lehrbuch der Physikalischen Chemie, 2. Aufl. Dresden und Leipzig: Th. Steinkopff. 1940.

VAN ARKEL, A. E. und J. H. DE BOER: Chemische Bindung als elektrostatische Erscheinung. Leipzig: S. Hirzel. 1931.

KLEMM, W.: Magnetochemie. Leipzig: Akad. Verlagsgesellschaft. 1936.

FINDLAY, A.: Phasenlehre, 2. Aufl. Leipzig: J. A. Barth. 1925.

GRIMM, H. G.: Atomaufbau und Chemie, Handbuch d. Physik, Band XXIV, 2. Aufl. Berlin: Julius Springer. 1933.

MATTAUCH, J. und S. FLÜGGE: Kernphysikalische Tabellen. Berlin: Springer-Verlag. 1942.

SMYTH, H. W.: Atomic Energy for Military purposes. Princeton: University Press. 1946.

HABER, F.: Thermodynamik technischer Gasreaktionen. München und Berlin: R. Oldenbourg. 1905.

6. Elektrochemie und Photochemie.

GRUBE, G.: Grundzüge der Elektrochemie, 2. Aufl. Dresden: Th. Steinkopff, 1930.

McINNES, D. A.: The principles of Electrochemistry. New York: Reinhold Publishing Corporation. 1939.

FOERSTER, Fr.: Elektrochemie wäßriger Lösungen, 4. Aufl. Leipzig: J. A. Barth. 1923.

BONNHOEFFER, K. F. und P. HARTECK: Grundlagen der Photochemie. Dresden: Th. Steinkopff. 1933.

KISTIAKOWSKI, G. B.: Photochemical Processes. New York: The Chemical Catalog Comp. Inc. 1928.

7. Radioaktivität.

HEVESY, G. v. und F PANETH: Lehrbuch der Radioaktivität, 2. Aufl. Leipzig: J. A. Barth. 1932.

MEYER, ST. und E. v. SCHWEIDLER: Radioaktivität, 2. Aufl. Leipzig: B. G. Teubner. 1927.

CURIE, P. Radioactivity. Paris: Hermann & Co. 1936.

8. Analytische Chemie.

BÖTTGER, W.: Physikalische Methoden der Analytischen Chemie, 3 Teile. Leipzig: Akad. Verlagsgesellschaft. 1933—1940.

KOLTHOFF, J. M.: Die Maßanalyse 1. und 2. Teil, 2. Aufl. Berlin: Julius Springer. 1930.

BILTZ, H. und W. BILTZ: Ausführung quantitativer Analysen, 2. Aufl. Leipzig: S. Hirzel. 1937.

CHARLOT, G. und D. BÉZIER: Méthodes modernes, d'Analyse quantitative minérales. Paris: Masson et Cie. 1949.

9. Mineralogie und Geochemie.

MACHATSCHKI, F.: Grundlagen der allgemeinen Mineralogie und Kristallchemie. Wien: Springer-Verlag. 1946.

MACHATSCHKI, F. Vorräte und Verteilung der mineralischen Rohstoffe. Wien: Springer-Verlag. 1948.

GOLDSCHMIDT, V. M. Geochemische Verteilungsgesetze der Elemente, IX. Oslo: Jacob Dybwal. 1938.

10. Allgemeines.

Taschenbuch für Chemiker und Physiker, herausgegeben von D'Ans, J. und E. Lax. Berlin: Springer-Verlag. 1943.

Lange, A.: Handbook of Chemistry. Ohio: Handbook publ. Inc. Ohio: Sandusky. 1948.

Jost, W.: Explosions- und Verbrennungsvorgänge in Gasen. Berlin: Julius Springer. 1939.

Justi, E.: Spezifische Wärme, Enthalpie, Entropie und Dissoziation technischer Gase. Berlin: Julius Springer. 1938.

Farkas, A. und H. W. Melville: Experimental Methods in Gas Reactions. London: McMillan & Co. 1934.

Bugge, G.: Das Buch der großen Chemiker, 2 Bände. Berlin: Verlag Chemie. 1929.

Namen- und Sachverzeichnis

Ergänzungen

K-Einfang. Zur Seite 93 und 397.

Bei einer Umwandlung des Kernes in eine stabile Anordnung kann es vorkommen, daß ein Kern Ladung $(Z + 1)$ sich in einen Kern Ladung Z umwandeln muß, weil damit erst die stabile Anordnung (Zustand tiefster Energie) der Kernbestandteile des Atoms erreicht wird. Diese Umwandlung kann durch Aussendung von Positronen erfolgen, die einer bestimmten Energie bedarf, welche durch die Massendifferenz der beiden Kerne aufzubringen wäre. Ist diese zu gering, so wird das dem Kern nächste Elektron aus der K-Schale aufgenommen. Es muß dann lediglich die Energie zur Neuregelung der Z-Elektronen in den Schalen des Atoms aufgebracht werden; diese ist wesentlich geringer. Die kleine Wahrscheinlichkeit dieses Vorganges, was einer sehr langen Halbwertzeit der Umwandlung entspricht, ist Ursache, daß $^{40}_{19}\mathrm{K}$ neben $^{40}_{18}\mathrm{Ar}$ bestehen kann, und die MATTAUCH-Regel scheinbar nicht erfüllt ist. Es ist verständlich, daß man bei künstlich hergestellten radioaktiven Elementen den K-Einfang besonders häufig beobachten kann; er ist auch zuerst in einem solchen Fall aufgefunden worden.

Entstehung des Heliums aus Wasserstoff. Zur Seite 112.

Die Entstehung des Heliums kann in der Sonnenatmosphäre nach folgenden Reaktionen vor sich gehen:

$$^{12}_{6}\mathrm{C} + {}^{1}_{1}\mathrm{H} = {}^{13}_{7}\mathrm{N},$$

$$^{13}_{7}\mathrm{N} \rightarrow {}^{13}_{6}\mathrm{C} + e^{+},$$

$$^{13}_{6}\mathrm{C} + {}^{1}_{1}\mathrm{H} = {}^{14}_{7}\mathrm{N},$$

$$^{14}_{7}\mathrm{N} + {}^{1}_{1}\mathrm{H} = {}^{15}_{8}\mathrm{O}.$$

Dieser radioaktive Kern zerfällt unter der Gleichung $^{15}_{8}\mathrm{O} \rightarrow {}^{15}_{7}\mathrm{N} + e^{+}$, worauf sich der Vorgang

$$^{15}_{7}\mathrm{N} + {}^{1}_{1}\mathrm{H} = {}^{12}_{6}\mathrm{C} + {}^{4}_{2}\mathrm{H}$$

anschließt, und zum Ausgangselement $^{12}_{6}\mathrm{C}$ zurückführt.

Dieser Vorgang ist von weittragender Bedeutung um die gewaltigen Verluste der Sonnenenergie durch Strahlung zu erklären, die jährlich $3{,}10^{31}$ kcal beträgt. Bei angenommen gleichbleibender Ausstrahlung seit dem Auftreten der ersten Lebewesen auf der Erde vor 1,5 Milliarden Jahren ist es ausgeschlossen, daß es chemische Reaktionen sind, die diesen Verlust decken könnten; auch nicht die Kontraktion der Sonnenmasse, die durch Wärmeentwicklung begleitet ist, genügt dazu, um eine gleichbleibende Energiestrahlung für die folgende Milliarde Jahre zu sichern. Es ist jedoch möglich, daß bei den hohen Temperaturen der Sonne (und der Sterne überhaupt), die sich im Innern ausbilden ($10^{7\circ}$ C) und hohen Drucken (10^{11} Atm), *Kernreaktionen* vor sich gehen. Bei der Umwandlung von 1,008 g Wasserstoff in Helium werden $1{,}6 \cdot 10^{8}$ kcal frei (S. 99). Bestünde die Sonne nur aus 1% Wasserstoff, so genügt diese Energie um die Ausstrahlung der Sonne für die nächste Milliarde Jahre zu sichern. In Wirklichkeit besteht schätzungsweise die Sonnenmasse zu einem Drittel aus Wasserstoff.

Manzsche Buchdruckerei, Wien IX.

Ausgewählte Kapitel aus der Physik. Nach Vorlesungen an der Technischen Hochschule in Graz. Von Prof. Dr. **K. W. F. Kohlrausch,** Graz. In fünf Teilen.

I. Teil: **Mechanik.** Zweite, verbesserte Auflage. Mit 35 Textabbildungen. V, 105 Seiten. 1951.   S 27.—, DM 5.40, $ 1.40, sfr. 5.60

II. Teil: **Optik.** Mit 73 Textabbildungen. VI, 146 Seiten. 1951.   S 32.—, DM 6.—, $ 2.20, sfr. 9.60

III. Teil: **Wärme.** Mit 35 Textabbildungen. VI, 127 Seiten. 1948.   S 28.—, DM 6.—, $ 2.10, sfr. 9.—

IV. Teil: **Elektrizität.** Mit 115 Textabbildungen. VIII, 253 Seiten. 1948.   S 46.—, DM 9.60, $ 3.70, sfr. 16.—

V. Teil: **Aufbau der Materie.** Mit 120 Textabbildungen. X, 306 Seiten. 1949.   S 52.—, DM 13.50, $ 3.30, sfr. 14.—

Ergänzungen zur Experimentalphysik. Einführende exakte Behandlung physikalischer Aufgaben, Fragen und Probleme. Von Prof. Dr. **H. Greinacher,** Bern. Zweite, vermehrte Auflage. Mit 82 Textabbildungen. X, 186 Seiten. 1948.   S 48.—, DM 8.—, $ 2.80, sfr. 12.—

Grundlagen der Atomphysik. Eine Einführung in das Studium der Wellenmechanik und Quantenstatistik. Von Prof. Dr. phil. **H. A. Bauer,** Wien. Vierte, umgearbeitete und bedeutend erweiterte Auflage. Mit 244 Textabbildungen. XX, 631 Seiten. 1951.   Geb. S 186.—, DM 45.—, $ 10.70, sfr. 46.—

Grundlagen der allgemeinen Mineralogie und Kristallchemie. Von Prof. Dr. phil. **F. Machatschki,** Wien. Mit 151 Textabbildungen. VII, 209 Seiten. 1946.   S 42.—, DM 8.—, $ 2.80, sfr. 12.—

Kristalle und Gesteine. Ein Lehrbuch der Kristallkunde und allgemeinen Mineralogie. Von Prof. Dr. **P. Eskola,** Helsinki. Mit 461 Abbildungen im Text. VIII, 397 Seiten. Lex.-8°. 1946.   Geb. S 180.—, DM 39.—, $ 11.90, sfr. 51.—

Das Bestimmen der Minerale. Von Prof. Dr. **A. Köhler,** Wien. Mit 23 Textabbildungen. V, 150 Seiten. Lex.-8°. 1949.   S 64.—, DM 15.—, $ 4.50, sfr. 19.50